JIXIE JIAGONG JINGDU CELIANG JI ZHILIANG KONGZHI

机械加工精度测量及质量控制

第二版

薛岩 于明 等编著

化学工业出版社

·北京·

本书以机械加工工艺为主线，系统介绍和分析了机械加工过程中的精度测量及质量控制技术。主要内容包括：零件的加工质量、极限与配合、几何公差、表面粗糙度、测量技术概述、测量误差及数据处理、几何量精度的测量，以及典型零件（轴类零件、套类零件、盘盖类零件、壳体类零件、齿轮类零件和螺纹类零件等）的精度测量方法及质量控制的措施等。第二版主要增加了3D测量技术的介绍、螺纹类零件的精度测量与质量控制，并且对几何公差及几何精度的测量等内容按最新标准进行了更新。

本书可供机械制造业中工程技术人员、技术工人使用，也可供高等工科院校机械类和近机械类师生参考。

图书在版编目（CIP）数据

机械加工精度测量及质量控制/薛岩等编著.—2版.—北京：化学工业出版社，2020.6（2023.3重印）
ISBN 978-7-122-36233-9

Ⅰ.①机… Ⅱ.①薛… Ⅲ.①机械元件-加工-精密测量②机械元件-加工-质量控制　Ⅳ.①TH13

中国版本图书馆CIP数据核字（2020）第028600号

责任编辑：张兴辉　毛振威
责任校对：王佳伟　　　　　　　　　　　　装帧设计：王晓宇

出版发行：化学工业出版社（北京市东城区青年湖南街13号　邮政编码100011）
印　　装：北京建宏印刷有限公司
787mm×1092mm　1/16　印张23　字数619千字　2023年3月北京第2版第4次印刷

购书咨询：010-64518888　　　　　　　　售后服务：010-64518899
网　　址：http://www.cip.com.cn
凡购买本书，如有缺损质量问题，本社销售中心负责调换。

定　价：99.00元　　　　　　　　　　　　　　　　　　版权所有　违者必究

前言

　　随着我国经济实力的不断提高，机械行业对产品的质量要求越来越高，而零件的加工质量是保证产品质量的基础，零件加工质量的衡量标准即为加工精度。误差在机械加工过程中是不可避免的，需要我们对机械加工工艺过程进行控制，对影响机械加工精度的因素进行分析，提出相应的解决措施，从根本上减少误差的产生，从而提高零件的加工精度。

　　为使相关的工程技术人员能够掌握机械加工的精度要求、测量技术基础及典型零件加工过程中的精度测量及质量控制，我们以贯彻新颁布的国家标准为主，尽可能多地结合生产中典型实例，内容全面、突出实用性。

　　本书主要包括以下几方面的内容：

　　机械加工的精度要求部分，主要介绍了零件的加工质量，以及零件加工精度要求的基础标准：极限与配合、几何公差、表面粗糙度。

　　测量技术基础部分，主要介绍了测量技术概述、测量误差及数据处理、几何量精度的测量。

　　典型零件的精度测量及质量控制部分，主要介绍了轴类零件、套类零件、盘盖类零件、壳体类零件、齿轮类零件和螺纹类零件的结构特点、技术要求、加工工艺分析、精度测量方法以及质量控制示例。

　　第二版修订主要增加了3D测量技术的介绍，螺纹类零件的精度测量与质量控制，并且对几何公差及几何精度的测量等内容按最新标准进行了更新。

　　本书由山东建筑大学薛岩，北部战区济南锅炉检验所于明，德国亚琛工业大学于风翼共同编写。在本书的编写过程中，编写人员付出了大量心血和时间，同时也得到了参编单位的领导和同事的大力支持，在此表示感谢。

　　由于编者水平有限，书中难免存在疏漏和不妥之处，恳请广大读者批评指正。

编著者

目 录

第1篇 机械加工的精度要求

第1章 零件的加工质量 …………… 1
- 1.1 零件的工作能力与加工质量的关系 ………………………………… 1
  - 1.1.1 零件的工作能力 ………… 1
  - 1.1.2 零件的加工质量 ………… 2
- 1.2 零件加工质量的主要影响因素 … 3
  - 1.2.1 工艺系统的原始误差 …… 3
  - 1.2.2 提高加工精度的工艺措施 …………………………………… 11
- 1.3 零件加工质量的控制 …………… 13
  - 1.3.1 零件尺寸精度的控制 …… 13
  - 1.3.2 零件几何精度的控制 …… 15
  - 1.3.3 零件加工表面质量的控制 …………………………………… 17

第2章 极限与配合 ………………… 18
- 2.1 概述 ……………………………… 18
  - 2.1.1 有关尺寸的术语及定义 … 18
  - 2.1.2 有关公差与偏差的术语及定义 ……………………………… 20
  - 2.1.3 有关配合的术语及定义 … 21
- 2.2 极限与配合国家标准 …………… 25
  - 2.2.1 标准公差系列 …………… 25
  - 2.2.2 基本偏差系列 …………… 28
  - 2.2.3 公差带与配合的国家标准 …………………………………… 33
- 2.3 极限与配合的选择 ……………… 35
  - 2.3.1 基准制的选择 …………… 35
  - 2.3.2 公差等级的选择 ………… 37

- 2.3.3 配合的选用 ……………… 39
- 2.4 线性尺寸的未注公差 …………… 42

第3章 几何公差 …………………… 44
- 3.1 概述 ……………………………… 44
  - 3.1.1 几何误差产生的原因及对零件使用性能的影响 ………… 44
  - 3.1.2 几何公差的有关术语 …… 45
  - 3.1.3 几何公差的几何特征及符号 …………………………………… 47
  - 3.1.4 几何公差代号和基准符号 …………………………………… 48
- 3.2 几何公差的标注 ………………… 49
  - 3.2.1 被测要素的标注 ………… 49
  - 3.2.2 基准要素的标注 ………… 66
  - 3.2.3 几何公差标注示例 ……… 67
- 3.3 几何公差的公差带 ……………… 67
  - 3.3.1 形状公差及公差带 ……… 67
  - 3.3.2 方向公差及公差带 ……… 71
  - 3.3.3 位置公差及公差带 ……… 79
  - 3.3.4 跳动公差及公差带 ……… 86
- 3.4 公差原则 ………………………… 91
  - 3.4.1 有关术语及定义 ………… 91
  - 3.4.2 独立原则 ………………… 94
  - 3.4.3 公差原则 ………………… 95
- 3.5 几何公差的选择及未注几何公差的规定 ……………………………… 103
  - 3.5.1 几何特征的选择 ………… 103
  - 3.5.2 基准的选择 ……………… 104

3.5.3 公差原则的选择 ………… 104
3.5.4 几何公差的公差等级的选择 … 105
3.5.5 几何公差的选择方法与举例 … 110

第4章 表面粗糙度 …………… 112

4.1 概述 …………………… 112
  4.1.1 表面粗糙度的概念 ……… 112
  4.1.2 表面粗糙度对机械零件使用性能的影响 …………… 112
4.2 表面粗糙度的评定 …………… 114
  4.2.1 有关基本术语 …………… 114
  4.2.2 表面粗糙度的评定参数 … 115
  4.2.3 表面粗糙度的数值规定 … 116
4.3 表面粗糙度的选择和标注 …… 118
  4.3.1 表面粗糙度评定参数及数值的选择 …………………… 118
  4.3.2 表面结构要求在图样上的标注 …………………… 120

第2篇 测量技术基础

第5章 测量技术概述 …………… 128

5.1 测量技术的基础知识 ………… 128
  5.1.1 测量的定义 …………… 128
  5.1.2 常用术语 ……………… 129
5.2 测量器具的分类及主要技术指标 … 129
  5.2.1 测量器具的分类 ……… 129
  5.2.2 测量器具的主要技术指标 …… 130
5.3 常用测量器具的使用、维护及示例 …………………… 131
  5.3.1 卡尺（普通游标卡尺、高度游标卡尺、深度游标卡尺、带表卡尺、数显卡尺）………… 131
  5.3.2 千分尺（外径千分尺、内径千分尺、杠杆千分尺、深度千分尺、内测千分尺）………… 146
  5.3.3 指示表（内径百分表、杠杆百分表、深度百分表、扭簧比较仪、电感测微仪、气动测量仪）…………………… 157
  5.3.4 角度量具（直角尺、万能角度尺）…………………… 170
  5.3.5 量规（光滑极限量规、螺纹量规）…………………… 175
  5.3.6 立式光学比较仪、测长仪 …… 181
5.4 3D测量技术 ………………… 186
  5.4.1 3D测量技术的意义及分类 …… 186
  5.4.2 接触式3D测量技术（三坐标测量机、测量臂）……… 189
  5.4.3 非接触式3D测量技术（三维激光扫描技术、三维影像测量技术）…………………… 199
5.5 测量方法及测量技术的应用原则 … 203
  5.5.1 测量方法的分类 ……… 203
  5.5.2 测量技术的基本原则 …… 204

第6章 测量误差及数据处理 ……… 206

6.1 测量误差的概述 ……………… 206
  6.1.1 测量误差简介 ………… 206
  6.1.2 测量误差的产生 ……… 207
6.2 测量误差的分类及数据处理 … 209
  6.2.1 系统误差 ……………… 209
  6.2.2 随机误差 ……………… 210

6.2.3 粗大误差 ………………… 213
6.2.4 测量不确定度 …………… 213
6.3 测量精度 ……………………… 215

第7章 几何量精度的测量 ……… 216
7.1 尺寸精度的测量 ……………… 216
 7.1.1 用通用测量器具测量工件 …… 216
 7.1.2 用光滑极限量规测量工件 …… 219

7.2 几何精度的测量 ……………… 224
 7.2.1 几何误差的检测条件 …… 224
 7.2.2 几何误差及其评定 ……… 224
 7.2.3 几何精度的测量示例 …… 227
7.3 表面精度的测量 ……………… 247
 7.3.1 表面粗糙度的测量方法 … 247
 7.3.2 表面粗糙度的测量示例 … 248

第3篇 典型零件的精度测量及质量控制

第8章 轴类零件 ………………… 256
8.1 轴类零件的结构特点与技术要求 … 256
8.2 轴类零件的加工工艺分析 …… 259
8.3 轴类零件的精度 ……………… 261
 8.3.1 轴类零件的精度测量 …… 261
 8.3.2 轴类零件精度影响因素及措施 ……………………… 262
8.4 轴类零件精度测量及质量控制示例 ………………………… 263
 8.4.1 细长轴 …………………… 263
 8.4.2 花键轴 …………………… 267
 8.4.3 车床主轴 ………………… 270

第9章 套类零件 ………………… 276
9.1 套类零件的结构特点与技术要求 … 276
9.2 套类零件的加工工艺分析 …… 283
9.3 套类零件的精度 ……………… 285
 9.3.1 套类零件的精度测量 …… 285
 9.3.2 套类零件精度影响因素及措施 ……………………… 286
9.4 套类零件精度测量及质量控制示例 ………………………… 288
 9.4.1 轴承套 …………………… 288

 9.4.2 液压缸 …………………… 289

第10章 盘盖类零件 ……………… 291
10.1 盘盖类零件的结构特点与技术要求 …………………………… 291
10.2 盘盖类零件的加工工艺分析 … 292
10.3 盘盖类零件的精度 …………… 293
 10.3.1 盘盖类零件的精度测量 … 293
 10.3.2 盘盖类零件精度影响因素及措施 ………………… 294
10.4 盘盖类零件精度测量及质量控制示例 ……………………… 294

第11章 壳体类零件 ……………… 296
11.1 壳体类零件的结构特点与技术要求 …………………………… 296
11.2 壳体类零件的加工工艺分析 … 303
11.3 壳体类零件的精度 …………… 306
 11.3.1 壳体类零件的精度测量 … 306
 11.3.2 壳体类零件精度影响因素及措施 ………………… 307
11.4 壳体类零件精度测量及质量控制示

例 …………………………………… 308
   11.4.1 车床主轴箱 …………… 308
   11.4.2 减速器箱体 …………… 311

第12章 齿轮类零件 …………… 314

12.1 齿轮类零件的结构特点与技术要求 ……………………………… 314

12.2 齿轮类零件的加工工艺分析 …… ……………………………… 315
   12.2.1 齿轮材料、毛坯及热处理 …… ……………………………… 315
   12.2.2 齿轮的加工 …………… 316
   12.2.3 齿轮类零件加工的定位基准和装夹 …………………… 324

12.3 齿轮类零件的精度 …………… 324
   12.3.1 齿轮类零件的精度测量 …… ……………………………… 324
   12.3.2 齿轮类零件精度影响因素及措施 …………………………… 325

12.4 齿轮类零件精度测量及质量控制示例 …………………………… 328
   12.4.1 圆柱齿轮 ……………… 328
   12.4.2 圆锥齿轮 ……………… 331
   12.4.3 蜗杆蜗轮 ……………… 334

第13章 螺纹类零件 …………… 339

13.1 螺纹的分类与技术要求 ……… 339

13.2 螺纹类零件的加工工艺分析 …… ……………………………… 340

13.3 螺纹类零件的精度 …………… 344
   13.3.1 螺纹类零件的精度测量 …… ……………………………… 344
   13.3.2 螺纹类零件精度影响因素及措施 …………………………… 350

13.4 螺纹类零件精度测量及质量控制示例 …………………………… 355

参考文献 ……………………………… **359**

第1篇 机械加工的精度要求

第1章 零件的加工质量

1.1 零件的工作能力与加工质量的关系

1.1.1 零件的工作能力

各种机械产品都是由若干个零件组成的,这些零件工作时都要承受载荷的作用,而零件必须在规定的工作条件和使用寿命期间能够抵抗可能出现的失效,即能够正常工作,这就是机械零件的工作能力。

(1) 衡量机械零件工作能力的主要指标

① 强度 强度是指零件在外力作用下抵抗断裂破坏或塑性变形的能力。保证零件在外力作用下不发生破坏,是零件能正常工作的前提条件,也是衡量机械零件工作能力的最基本原则。

② 刚度 刚度是指零件在外力作用下抵抗弹性变形的能力,即零件在外力作用下产生的变形应在允许的限度之内。刚度是保证强度的重要条件,刚度不足将影响机器的正常工作、影响加工精度、影响自振频率等。

③ 稳定性 稳定性是指零件在压力作用下维持原有形态平衡的能力。某些细长杆件(或薄壁构件)在轴向压力达到一定的数值时,会失去原来的平衡形态而丧失工作能力,这种现象称为失稳。

④ 耐磨性 耐磨性是指零件抗磨损的能力。

⑤ 耐热性 耐热性是指零件在受热的条件下,仍能保持其优良的力学性能的性质。

⑥ 抗振性 抗振性是指零件在外界一定频率和幅值的交变载荷作用下,不致发生共振,振幅也不得超过一定限度的能力。

⑦ 耐腐蚀性 耐腐蚀性是指零件抵抗周围介质腐蚀破坏作用的能力。

(2) 机械零件的失效

机械零件的失效是指零件丧失预定的功能或达不到设计要求的性能。常见的失效形式有：

① 断裂　属于强度问题。零件在外力作用下，其危险截面的应力超过零件的强度极限而导致的断裂；或在变应力的作用下，危险截面发生的疲劳断裂。

② 过大的塑性变形　仍然属于强度问题。当作用于零件上的应力超过了材料的屈服极限，零件将产生残余变形，破坏零件之间的相互位置和配合关系，降低工作精度。

③ 过量的弹性变形　属于刚度问题。弹性变形在允许的范围之内是可以的，但过量后，会使零件不能正常工作，有时还会引起振动。

④ 零件的表面失效　零件的表面破坏主要是腐蚀、磨损和接触疲劳（点蚀）、胶合、表面塑性流动、压溃等，会改变相对位置关系和配合关系，降低工作精度。

另外，还有连接的松动、运动精度达不到要求、打滑或过热、压力容器或管道的泄漏等失效形式。

1.1.2　零件的加工质量

质量是表示产品优劣程度的参数，机械产品的质量体现在机械产品的工作性能和使用寿命上，这两者在很大程度上取决于零件的工作能力，而零件的工作能力直接与零件的机械加工质量有关。因此，对机械零件的加工的质量要求越来越高，保证零件的加工质量是保证机械产品质量的基础。

机械零件的加工质量，包括机械加工精度和表面质量两个方面的要求。通常设计人员会根据零件的具体使用要求来规定零部件的加工精度，并采取适当的工艺方法来对误差范围加以控制。通过精度的控制，一方面可以提高生产效率，另一方面也可以降低加工的成本，提高工件使用寿命。

(1) 加工精度

加工精度是指零件加工后的实际几何参数（尺寸、形状和位置）与理想几何参数相符合的程度。它们之间的差异称为加工误差，加工误差的大小反映了加工精度的高低。加工误差越大精度越低，加工误差越小精度越高。任何加工方法所得到的实际参数都不会绝对准确，从零件的功能看，只要加工误差控制在零件图要求的公差范围之内，就认为保证了零件的加工精度。加工精度包括尺寸精度和几何精度。

① 尺寸精度　指加工后零件的实际尺寸与零件尺寸公差带中心的相符合程度。主要是用来严格限制加工表面与基准尺寸的误差。在机械加工中通常通过设置尺寸精度，把实际值与理想值之间的误差控制在一定范围之内。尺寸精度是加工精度中的重要内容。

② 几何精度　几何精度包括形状精度和位置精度。

形状精度是指加工后零件表面的实际几何形状与理想几何形状的相符合程度。主要是指，在对零件进行加工的时候，通过几何形状精度来控制零件表面几何形状误差的指标。在机械加工中常常用到的几何形状精度主要是直线度、平面度、圆度以及圆柱度。

位置精度是指加工后零件有关表面之间的实际位置与理想位置的相符合程度。主要是指，用来限制加工表面与基准的相互位置误差的指标。在机械加工中通常用到的相互位置精度主要是平行度、垂直度、倾斜度、同轴度、对称度以及位置度。

尺寸精度和几何精度构成了完整的机械加工精度。在机械加工中由于多种因素的限制，误差是永远存在着的，机械加工中的误差只能控制而不能消除，因而进行精度控制在机械加工中就显得非常重要。

(2) 加工表面质量

加工表面质量是指机械加工后零件表面层的微观几何结构以及表层金属材料性质发生变

化的情况，它是零件加工后表面层状态完整性的表征。加工表面质量包括两个方面的内容：加工表面的几何形状误差及表面层金属的力学物理性能和化学性能。

① 加工表面的几何形状误差　加工表面的几何形状误差，包括如下四个部分：表面粗糙度是加工表面的微观几何形状误差，其波长与波高比值一般小于50；表面波纹度是加工表面不平度中波长与波高的比值等于50～1000的几何形状误差；纹理方向是指表面刀纹的方向，它取决于表面形成过程中所采用的机械加工方法，在第4章表4-13中给出了各种纹理方向及其符号标注；伤痕是在加工表面上一些个别位置上出现的缺陷，例如砂眼、气孔、裂痕等。

当波长与波高比值大于1000时，称为宏观几何形状误差，例如圆度误差、圆柱度误差等，它们属于加工精度范畴。

② 表面层金属的力学物理性能和化学性能　由于机械加工中力因素和热因素的综合作用，加工表面层金属的力学物理性能和化学性能将发生一定的变化，主要反映在以下三个方面。

a. 表面层金属的冷作硬化。表面层金属硬度的变化用硬化程度和深度两个指标来衡量。在机械加工过程中，工件表面层金属都会有一定程度的冷作硬化，使表面层金属的显微硬度有所提高。一般情况下，硬化层的深度可达0.05～0.30mm；若采用滚压加工，硬化层的深度可达几毫米。

b. 表面层金属的金相组织。机械加工过程中，由于切削热的作用会引起表面层金属的金相组织发生变化。在磨削淬火钢时，由于磨削热的影响会引起淬火钢中的马氏体的分解，或出现回火组织等。

c. 表面层金属的残余应力。由于切削力和切削热的综合作用，表面层金属晶格会发生不同程度的塑性变形或产生金相组织的变化，使表层金属产生残余应力。

加工表面质量的主要指标是表面粗糙度。

1.2　零件加工质量的主要影响因素

零件的机械加工是在由机床、夹具、刀具和工件组成的工艺系统中进行的。零件的尺寸、几何形状和表面间相对位置的获得，取决于工件和刀具在切削运动过程中的相对位置和相互运动关系，所以零件的尺寸、几何形状和表面间相对位置的精度，取决于机床、夹具、刀具和工件这个工艺系统的精度。工艺系统中的各种误差，都以不同的程度和方式反映为加工误差。工艺系统的误差是"因"，是根源，加工误差是"果"，是表现，因此，把工艺系统的误差称为原始误差。工艺系统中的各项原始误差，都会使工件和刀具的相对位置或相互运动关系发生变化，造成加工误差，从而影响零件的加工精度。分析产生各种原始误差的因素，积极采取措施控制原始误差，是保证和提高加工精度的关键。

1.2.1　工艺系统的原始误差

工艺系统的原始误差是指，由于工艺系统本身的结构状态、操作过程以及加工过程中的物理力学现象，使得刀具和工件之间的相对位置关系发生偏移的各种因素。一部分原始误差与工艺系统本身的初始状态有关；一部分原始误差与切削过程有关。这两部分误差又受环境条件、操作者技术水平等因素的影响。

(1) 与工艺系统本身的初始状态有关的原始误差

① 加工原理误差　是指采用了近似的成形运动或近似的刀刃轮廓进行加工而产生的误差。通常，为了获得规定的加工表面，刀具和工件之间必须实现准确的成形运动，机械加工中称为加工原理。理论上应采用理想的加工原理和完全准确的成形运动以获得精确的零件表

面。但在实践中，完全精确的加工原理常常很难实现，有时加工效率很低；有时会使机床或刀具的结构极为复杂，制造困难；有时由于结构环节多，造成机床传动中的误差增加，或使机床刚度和制造精度很难保证。因此，采用近似的加工原理以获得较高的加工精度，是保证加工质量和提高生产率以及经济性的有效工艺措施。

例如，齿轮滚齿加工用的滚刀本身有两种原理误差：一是刀刃齿廓近似造形原理误差，由于制造上的困难，采用阿基米德基本蜗杆或法向直廓基本蜗杆代替渐开线基本蜗杆；二是由于滚刀刀刃数有限，实际加工出的齿形是一条折线而不是光滑的渐开线，但由此造成的齿形误差远比由滚刀制造和刃磨误差引起的齿形误差小得多，故忽略不计。又如模数铣刀成形铣削齿轮，模数相同而齿数不同的齿轮，齿形参数是不同的，理论上，同一模数不同齿数的齿轮就要用相应的一把齿形刀具加工。实际上，为精简刀具数量，常用一把模数铣刀加工某一齿数范围的齿轮，也采用了近似刀刃轮廓。

② 调整误差　机械加工过程中经常需要进行一些调整工作，调整的作用主要是使刀具与工件之间达到正确的相对位置。在调整过程中不可能绝对准确，难免会产生误差，这是调整过程中调整幅度难以控制造成的，调整误差最终也会影响到机械加工质量与精度。工艺系统的调整有两种基本方式，即试切法和调整法。

a. 试切法。是指通过对工件试切、测量、调整刀具、再试切的反复过程，直至达到所需要的尺寸。试切法生产效率低，要求工人的技术水平较高，否则质量不易保证，在单件小批量生产中普遍采用试切法加工。引起试切法调整误差的因素主要有：

ⅰ. 测量误差。指量具本身的精度、测量方法或使用条件下的误差（如温度影响、操作者的细心程度）等，它们都影响调整精度，因而产生加工误差。

ⅱ. 机床进给机构的位移误差。当试切最后一刀时，往往要按刻度盘的显示值来微量调整刀架的进给量，这时常会出现进给机构的"爬行"现象，结果使刀具的实际位移与刻度盘显示值不一致，造成加工误差。

ⅲ. 试切与正式切削时切削层厚度不一致。不同材料刀具的刃口半径是不同的，因此，刀刃所能切除的最小切削层的极限厚度不同。

b. 调整法。是指在成批、大量生产中，先根据样件（或样板）进行初调，试切若干工件，再据此作精确微调。这样既缩短了调整时间，又可得到较高的加工精度。由于采用调整法对工艺系统进行调整时，也要以试切为依据，因此上述影响试切法调整精度的因素，同样也对调整法有影响。此外，影响调整精度的因素还有：

ⅰ. 定程机构误差。在大批量生产中，广泛采用行程挡块、靠模、凸轮等机构保证加工尺寸。这时候，这些定程机构的制造精度和调整，以及与它们配合使用的离合器、电气开关、控制阀等的灵敏度，就成为调整误差的主要来源。

ⅱ. 样件或样板的误差。在调整法中常采用样板或样件来调整刀具和工件的相对位置，这时样件或样板的制造误差、安装误差和对刀误差均会影响调整精度。

ⅲ. 测量有限试件造成的误差。工艺系统初调好以后，一般都要试切几个工件，并以其平均尺寸作为判断调整是否准确的依据。由于试切加工的工件数（称为抽样件数）不可能太多，因此不能把整批工件切削过程中各种随机误差完全反映出来。故试切加工几个工件的平均尺寸与总体尺寸不可能完全符合，因而造成误差。

③ 定位误差　定位是机械加工中的重要步骤，在定位过程中产生的误差就是定位误差。造成定位误差主要有两个因素：一是机械加工选择的实际定位与设计定位，两者之间存在误差，从而造成定位误差；二是机械加工中定位元件不准确，实际尺寸超出了允许变动范围，这是造成定位误差的又一个重要因素。

④ 夹具误差　夹具的作用是使工件相对于刀具和机床占有正确的位置，因此，夹具误

差对工件的加工精度（特别是位置精度）有很大影响。夹具的实际误差就体现在装夹过程中，由此产生基准不重合误差和定位副制造误差。夹具元件磨损使夹具误差增大，为保证工件加工精度，夹具中的关键易损元件（如：铣套、镗套、定位元件等）需选用高耐磨材料制造，且在磨损达到一定程度后及时更换。

所以，在加工过程中，应注意选择合适的夹具，采用正确的夹紧方法，选择合适的夹紧力和夹紧力作用点。保证在加工过程中工件位置不发生变化，工作可靠，并增加工件的安装刚性，减少振动。

⑤ 安装误差　是指工件在夹具中定位和夹紧时产生的误差。例如加工一批工件，每个工件的定位基准面与夹具定位元件的紧贴程度不同，还有工件的设计基准和定位基准不重合，都会造成安装误差。

⑥ 测量误差　是指确定工件尺寸的量具、量仪或机床检测元件（感应同步器、光栅、激光干涉仪）本身的误差和测量过程引入的误差之和。测量误差中包括仪器误差和测量过程误差。仪器误差：量具和量仪在设计原理、制造和安装上的缺陷带来的误差。测量过程误差：量具、量仪或机床上的检测元件在使用过程中，由于测量方法、环境条件和操作人员经验等引入的误差。

⑦ 刀具误差　主要指的是，在机械加工过程中由于刀具自身的磨损，导致机械加工中工件尺寸形状的误差。刀具误差是机械加工误差中的一个典型误差，刀具对加工精度和质量的影响，随刀具的种类不同而不同。当采用定尺寸刀具（如钻头、铰刀、键槽铣刀、浮动镗刀及圆拉刀等）加工时，刀具的尺寸精度直接影响工件的尺寸精度；当采用成形刀具（如成形车刀、成形铣刀、成形砂轮等）加工时，刀具的形状误差、安装误差将直接影响工件的形状精度；采用齿轮滚刀、花键滚刀、插齿刀等刀具展成加工时，刀具切削刃的形状必须是加工表面的共轭曲线，因此刀刃的形状误差会影响加工表面的形状精度；对于车刀、铣刀、镗刀等一般刀具，其制造精度对加工精度无直接影响，但这类刀具的耐用度较低，刀具容易磨损，刀具磨损后，就会影响工件的尺寸精度及形状精度，因此对刀具要及时进行修磨。

任何刀具在切削过程中，都不可避免产生磨损。正确地选用刀具材料、合理选用刀具几何参数和切削用量、正确采用冷却液等，均能最大限度减少刀具磨损；必要时，还可以用补偿装置对刀具磨损尺寸进行补偿。

⑧ 机床误差　机械加工主要是在机床上实现的，安装及磨损产生的机床误差是造成加工误差的主要原始误差因素，直接影响着机械加工质量和精度。机床误差主要包括机床主轴回转误差、导轨导向误差、传动链的传动误差以及主轴、导轨间的位置误差等几个方面。

a. 机床主轴回转误差。机床主轴是用来装夹工件或刀具，并将运动和动力传给工件或刀具的重要零件。它的回转精度是机床精度的一项重要指标，主要影响零件加工表面的几何形状精度、位置精度和表面粗糙度。主轴回转误差是指主轴实际回转轴线对其平均回转轴线的变动量，理论上讲，主轴回转时，其回转轴线的空间位置是固定不变的，即瞬时速度为零。实际上，由于主轴部件在加工、装配过程中的各种误差和回转时的受力、受热等因素，使主轴在每一瞬时回转轴心线的空间位置处于变动状态，造成轴线漂移，也就是存在着回转误差。主轴回转轴线的运动误差可以分解为径向圆跳动、轴向圆跳动和角度摆动三种基本形式。

ⅰ. 产生机床主轴回转误差的主要因素有：不同轴孔及轴颈的同轴度误差、主轴系统的热变形或者刚度问题、轴承本身的误差、轴承的间隙、与轴承配合零件的误差等。但是，它们对机床主轴回转误差的影响是依据加工方式的不同而有所不同的。主轴回转误差可以分解为径向圆跳动、轴向圆跳动和角度摆动三种不同形式。例如，车外圆时，径向圆跳动使加工面产生圆度和圆柱度误差；车端面时，轴向圆跳动使工件端面产生垂直度、平面度误差；机床主轴的角度摆动使回转轴线与工作台的导轨不再是平行的，对镗孔造成影响。

ⅱ．提高主轴回转精度的措施有以下几项。

提高主轴部件的制造精度。首先应提高轴承的回转精度，如选用高精度的滚动轴承，或采用高精度的多油楔动压轴承和静压轴承。其次是提高与轴承相配合零件（箱体支承孔、主轴轴颈）的加工精度。

对滚动轴承进行预紧。对滚动轴承适当预紧以消除间隙，甚至产生微量过盈。这是因为轴承内、外圈和滚动体弹性变形的相互制约，既增加了轴承刚度，又对轴承内、外圈滚道和滚动体的误差起均化作用，所以可提高主轴的回转精度。

使主轴的回转误差不反映到工件上。直接保证工件在加工过程中的回转精度而不依赖于主轴，是保证工件形状精度的最简单而又有效的方法。

b．机床导轨导向误差。导轨是机床中确定主要部件相对位置的基准，也是运动的基准，它的各项误差将会在加工过程中直接作用于工件，影响被加工工件的精度。机床导轨精度，是指机床导轨副的运动件实际运动方向与理想运动方向的符合程度。在机床的精度标准中，直线导轨的导向精度一般包括下列主要内容：导轨在水平面内和垂直面内的直线度误差，前后导轨的平行度误差及导轨对主轴回转轴线的平行度或垂直度误差。

导轨导向误差对加工精度的影响，因加工方法和加工表面不同而异。在分析导轨导向误差对加工精度的影响时，主要应考虑导轨导向误差引起刀具与工件在误差敏感方向的相对位移。

ⅰ．产生导轨导向误差的主要因素有：机床前后导轨平行度出现扭曲；长时间运转，导轨的不均匀磨损；导轨润滑系统出现问题，润滑不到位，导轨研伤；导轨防护罩损坏，加工铁屑、残料等异物进入，研伤导轨；机床安装不正确或地基不良。对加工精度的不良影响主要表现为：进行切削的时候，导轨在水平面内出现弯曲的现象；如果向前突起，就会出现"鼓形误差"；如果向后突起，就会出现"鞍形误差"。

ⅱ．减少机床导轨误差的措施有：首先在设计时应从结构、材料、润滑、防护装置等方面采取措施，以提高导轨的导向精度和耐磨性；在制造时应尽量提高导轨副的制造精度；机床安装时，应校正好水平和保证地基质量；另外，使用时要注意调整导轨副的配合间隙，同时保证良好的润滑和维护。

c．机床传动链传动误差。是指机床传动链中，首、末两端传动元件之间相对运动过程中出现的与理想参数之间的不符程度，它是螺纹、齿轮、蜗轮以及其他零件按展成原理加工时，影响其加工精度的主要因素。我们通常使用传动链条末端传动元件的转角误差来测量该误差。

ⅰ．产生机床传动链传动误差的主要原因有以下几个方面：传动链条单元制造工艺方面导致误差；由齿轮、蜗杆、丝杠、螺母等传动元件在装配、加工和使用过程中，产生其他误差或者正常使用中发生元件磨损；机床长时间大负载运行，造成各个传动机构的一些固定锁紧装置松动；机床使用久了正常磨损；操作不当，人为损坏等。传动线路越长，传动机构越复杂，则传动误差越大。

ⅱ．减少传动链传动误差的措施有以下几项。

尽量缩短传动链。传动件数越少，传动链越短，传动精度就越高。

提高传动件特别是末端传动副（如丝杠螺母副、蜗轮蜗杆副等）的制造和装配精度。此外，可采用各种消除间隙装置以消除传动齿轮间的间隙。

尽可能采用降速传动，且传动比最小的一级传动件应在最后。

采用校正装置。校正装置的实质是在原传动链中人为地加入一误差，其大小与传动链本身的误差相等而方向相反，从而使之相互抵消。

(2) 与切削过程有关的原始误差

① 工艺系统力效应引起的变形　切削加工时，工艺系统在切削力、夹紧力以及重力等的作用下，将产生相应的变形和位移，破坏了工件和刀具间在静态下调整好的相互位置关

系，造成加工误差。

a.工艺系统受力变形对加工精度的影响。

ⅰ.切削力作用点位置变化引起的工件形状误差。切削过程中，工艺系统的刚度会随切削力作用点位置的变化而变化，因此使工艺系统受力变形亦随之变化，从而导致加工后每一个工件的截面直径尺寸各不相同，加工后工件出现鼓形、锥度、鞍形等。

ⅱ.切削力大小变化引起的加工误差。加工时，如果毛坯形状误差较大或材料硬度很不均匀，也会引起切削力的变化，造成工件加工误差。工件的毛坯外形虽然具有粗略的零件形状，但它在尺寸、形状以及表面层材料硬度上都有较大的误差。毛坯的这些误差在加工时使切削深度不断发生变化，从而导致切削力的变化。发生改变的切削力再作用于工艺系统上，使工艺系统的受力变形也产生相应的变化，切削力增大，变形也随之增大，切削力减小，变形也随之减小，这种现象在工艺学上称为"误差复映"。每件毛坯的形状误差、位置误差都可以通过复映系数体现在工件加工的误差上，这都是切削余量不均所引发的。当遇到大批量加工生产时，一般采用定尺寸调整法进行加工，将刀具调整至一定程度的切深后，就连续性批量加工，之后不会再进行试刀或调整切深。

ⅲ.夹紧力引起的加工误差。工件在装夹时，由于工件刚度较低或夹紧力着力点不当，会使工件产生相应的变形，造成加工误差。用三爪卡盘夹持薄壁套筒时，假定工件是正圆形，夹紧后工件因弹性变形而呈三棱形，虽镗出的孔为正圆形，但松夹后，套筒弹性变形恢复使孔变成相反的三棱形。为了减少加工误差，应使夹紧力均匀分布，可采用开口过渡环或采用专用卡爪夹紧。

ⅳ.组成工艺系统的零部件刚度不足导致的加工误差。一方面工件刚度比较低时，切削力和自身重力作用下引起的工件变形对加工精度影响很大，特别是细长棒材的加工；另一方面刀具的刚度也会产生一定的影响。例如，加工直径较小的内孔时，采用镗床加工，假若镗刀的刀杆刚度较差，在镗孔加工过程中受力变形，会严重影响内孔的加工精度，导致加工误差。此外，机床零部件的刚度也会对零件的加工精度产生影响。

b.减小工艺系统受力变形对加工精度影响的措施。

ⅰ.提高工艺系统的刚度。

提高机床构件自身刚度。在设计机床时，注意提高支承件、传动件的刚度及主轴系统自身的刚度。支承件如床身、立柱、横梁等刚度的提高，可以从截面形状和筋板布置来考虑。在横截面面积相等的前提下，有如下结论：空心截面的惯性矩比实心截面的大，而刚度与惯性矩成正比关系，那么就可以通过采用空心截面来提高刚度；空心截面的外形尺寸愈大，惯性矩愈大，因此可用加大轮廓尺寸、减小壁厚来提高刚度，而不用增加壁厚的方法；方形截面的抗弯刚度比圆形截面好，但抗扭刚度比圆形截面小；长方形截面的抗弯刚度在其高度方向上比正方形截面的大，但抗扭刚度则比正方形截面小；封闭截面的刚度显然高于不封闭截面的刚度，因此，机床中的立柱、横梁、床身等尽可能采用封闭截面的结构。

提高工件安装时的刚度。工件安装时刚度的提高可以采用增加辅助支承的方法，这样既不会造成过定位，又可以保证加工精度。

提高加工时刀具的刚度。在加工时，刀具的悬伸应尽量短，刀杆应尽可能粗些，以提高自身的刚度，要特别注意多刀加工时，整个刀具系统的刚度。

提高连接表面的接触刚度。接触刚度是指互相接触的表面，受力后抵抗其变形的能力。由于部件的接触刚度远远低于实体的刚度，所以提高接触刚度是提高工艺系统刚度的关键。

采用合理的装夹和加工方式。如加工细长轴时，若改为反向进给（从主轴箱向尾座方向进给），使工件从原来的轴向受压变为轴向受拉，也可提高工件刚度。

此外，增加辅助支承也是提高工件刚度的常用方法。例如加工细长轴时采用中心架或跟刀架就是一个很典型的实例。

ⅱ．减小载荷及其变化。采取适当的工艺措施，如：合理选择刀具几何参数，即增大前角、让主偏角接近 90°等；合理选择切削用量，即适当减少进给量和背吃刀量以减小切削力，就可以减少受力变形；将毛坯分组，使一次调整中加工的毛坯余量比较均匀，就能减小切削力的变化，减小复映误差。

② 工艺系统热效应引起的变形　在机械加工过程中，工艺系统会受到各种热的影响而产生温度变形，一般也称为热变形，这种变形将破坏刀具与工件的正确几何关系和运动关系，造成工件的加工误差。热变形对加工精度影响比较大，特别是在精密加工和大件加工中，热变形所引起的加工误差通常会占到工件加工总误差的 40%～70%。

a.引起工艺系统热变形的热源。热源可分为内部热源和外部热源两大类。

ⅰ．内部热源。主要指切削热和摩擦热，它们产生于工艺系统内部，其热量主要是以热传导的形式传递的。

切削热是切削加工中最主要的热源，它对工件加工精度的影响最为直接。在切削（或磨削）过程中，消耗于切削层的弹性、塑性变形能量及刀具、工件和切屑之间摩擦产生的机械能，绝大部分都转变成了切削热。切削热 $Q(J)$ 的大小与被加工材料的性质、切削用量及刀具几何参数等有关。影响切削热传导的主要因素是工件、刀具、夹具、机床等材料的导热性能，以及周围介质的情况。

摩擦热主要是机床和液压系统中运动部件产生的，如电动机、轴承、齿轮、丝杠副、导轨副、离合器、液压泵、阀等各运动部分产生的摩擦热。

ⅱ．外部热源。主要指工艺系统外部的、以对流传热为主要形式的环境温度（它与气温变化、通风、空气对流和周围环境等有关）和各种辐射热（包括由阳光、照明、暖气设备等发出的辐射热）。

b.工艺系统的热变形对加工精度的影响，主要分为以下三种。

ⅰ．机床热变形引起的加工误差。在工艺系统热变形中，机床热变形最为复杂，工件、刀具的热变形相对来说要简单一些。这主要是因为在加工过程中，影响机床热变形的热源较多，也较复杂，而对工件和刀具来说，热源比较简单。

机床在工作过程中，受到内、外热源的影响，各部分的温度将逐渐升高。由于各部件的热源不同，分布不均匀，以及机床结构的复杂性，其热变形随位置不同而不同，温度高的地方热变形大，温度低处热变形小。因此主要表现在主轴系统和导轨两大部分：主轴系统的热变形会产生主轴的位移和倾斜，影响工件的尺寸及几何形状；导轨的热变形会产生中凹或中凸，影响工件的几何精度。

机床空运转时，各运动部件产生的摩擦热基本不变。运转一段时间之后，各部件传入的热量和散失的热量基本相等，即达到热平衡状态，变形趋于稳定。机床达到热平衡状态时的几何精度称为热态几何精度。在机床达到热平衡状态之前，机床几何精度变化不定，对加工精度的影响也变化不定。因此，精密加工应在机床处于热平衡之后进行。一般机床如车床、磨床等，其空转的热平衡时间为 4～6h，中小型精密机床为 1～2h，大型精密机床往往要超过 12h，甚至达数十小时。

机床类型不同，其内部主要热源也各不相同，热变形对加工精度的影响也不相同。车、铣、钻、镗类机床，主轴箱中的齿轮、轴承摩擦发热和润滑油发热是其主要热源，使主轴箱及与之相连部分如床身或立柱的温度升高而产生较大变形。对卧式车床热变形试验结果表明，影响主轴倾斜的主要因素是床身变形，它约占总倾斜量的 75%，主轴前后轴承温度差所引起的倾斜量只占 25%。

对于不仅在水平方向上装有刀具，在垂直方向和其他方向上也都可能装有刀具的自动车床、转塔车床,其主轴热位移,无论在垂直方向还是在水平方向,都会造成较大的加工误差。

ⅱ.刀具热变形引起的加工误差。刀具热变形主要是由切削热引起的。通常传入刀具的热量并不太多,但由于热量集中在切削部分,而且刀具通常具有自身体积小、热容量小、热量集中、不易发散等特点,经常会出现较高的温升现象。刀具发生延展,尺寸变大,严重影响工件的切削量的大小,从而影响加工精度。例如车削时,高速钢车刀的工作表面温度可达 700~800℃,而硬质合金刀刃可达 1000℃以上。刀具热变形主要对精加工工序或精密零件的加工过程影响较大,对于粗加工过程可以忽略刀具受热影响。

连续切削时,刀具的热变形在切削初始阶段增加很快,随后变得缓慢,经过不长的时间后(10~20min)便趋于热平衡状态。此后,热变形变化量就非常小,刀具总的热变形量可达 0.03~0.05mm。

ⅲ.工件热变形引起的加工误差。工件热变形的热源主要是切削热。对于精密零件,周围环境温度和局部受到日光等外部热源的辐射热也不容忽视。当工件受热变形时,如果再按照预定的图纸进行加工,则加工后的工件必然与设计要求的参数之间产生较大的偏差。例如用车床车制轴类零件时,由于加工过程存在切削热,加工开始阶段温度较低,随着加工的进程温度逐渐升高,受热胀冷缩的影响,切削量增大,在加工冷却后它的直径和长度又都会发生收缩,这样就会产生实际尺寸小于理想尺寸的加工误差;同时在加工过程中由于工件的受热不均,会产生径向加工误差和圆柱度误差;对于有孔的零件加工过程中会产生同轴度误差;加工薄片类零件,则容易出现上翘曲变形的现象,从而在冷却后产生中凹的形状误差。

此外,需要注意的是,不同的机床和加工方法所产生的热源不同,工件受热方式不同,工件的尺寸、材料不同,其产生的加工误差也不相同。比如加工孔状零件,钻削加工和镗孔加工就有很大区别;孔的大小也会影响加工中的散热,从而影响工件的加工精度;在车削一般轴类工件时可不考虑热变形伸长问题,但是车削细长轴时,因为工件长热变形伸长量大,所以一定要考虑到热变形的影响,不能在工件温度较高时测量。

c.减少工艺系统热变形对加工精度影响的措施,主要有以下几种。

ⅰ.减少热源的发热和隔离热源。工艺系统的热变形对粗加工精度的影响一般可不考虑,而精加工主要是为了保证零件加工精度,所以工艺系统热变形的影响不能忽视。为了减小切削热,宜采用较小的切削用量。如果粗、精加工在一个工序内完成,粗加工的热变形将影响精加工的精度。一般可以采取:在粗加工后停机一段时间使工艺系统冷却,同时将工件松开,待精加工时再夹紧的工艺措施,从而减少粗加工热变形对精加工精度的影响。当零件精度要求较高时,则以粗、精加工分开为宜。

ⅱ.均衡温度场。如 M7150A 型磨床,该机床床身较长,加工时工作台纵向运动速度较高,所以床身上部温升高于下部。为均衡温度场所采取的措施是:将油池搬出主机做成一单独油箱;在床身下部配置热补偿油沟,使一部分带有余热的回油经热补偿油沟后送回油池。采取这些措施后,床身上、下部温差降至 1~2℃,导轨的中凸量由原来的 0.0265mm 降为 0.0052mm。

ⅲ.采用合理的机床部件结构及装配基准。采用热对称结构,在变速箱中,将轴、轴承、传动齿轮等对称布置,可使箱壁温升均匀,箱体变形减小;在工件方面,应尽量避免薄壁、薄片、空心等易热变形的结构,因为外圆尺寸相同的管件和实心材料,前者热变形大;在刀具方面应尽量减小悬伸长度,控制热变形方向,避开误差敏感方向;合理选择机床零部件的装配基准;注意选材等。

ⅳ.加速达到热平衡状态。对于精密机床特别是大型机床,达到热平衡的时间较长。为了缩短这个时间,可以在加工前,使机床作高速空运转,或在机床的适当部位设置控制热源,人为地给机床加热,使机床较快地达到热平衡状态,然后进行加工。

ⅴ.控制环境温度。精密机床应安装在恒温车间,其恒温精度一般控制在±1℃以内,精密级为±0.5℃。恒温室平均温度一般为20℃,冬季可取17℃,夏季取23℃。

③ 残余应力重新分布引起的变形 残余应力也称内应力,是指在没有外力作用下或去除外力后工件内存留的应力。具有残余应力的零件处于一种不稳定的状态,它内部的组织有强烈的倾向要恢复到一个稳定的无应力状态,即使在常温下,零件也会不断地、缓慢地进行这种变化,直到残余应力完全松弛为止。在这一过程中,零件将会翘曲变形,原有的加工精度会逐渐丧失。

a.残余应力是由于金属内部相邻组织发生了不均匀的体积变化而产生的。促成这种变化的因素主要来自冷、热加工。

ⅰ.毛坯制造和热处理过程中产生的残余应力。在毛坯的热加工中,由于毛坯各部分厚薄不均匀,冷却速度不一致产生内应力。毛坯的结构愈复杂,各部分的厚度愈不均匀,散热的条件相差愈大,则在毛坯内部产生的残余应力也愈大。具有残余应力的毛坯由于残余应力暂时处于相对平衡的状态,在短时间内还看不出有什么变化。当加工时某些表面被切去一层金属后,就打破了这种平衡,残余应力将重新分布,零件就明显地出现了变形。

工件在铸、锻、焊、热处理等加工过程中,由于金相组织变化而引起体积变化,或工件各处温度不同,冷却速度不一,会使工件产生内应力。例如图1-1所示为一内外厚薄相差较大的铸件在铸造过程中产生残余应力的情形。

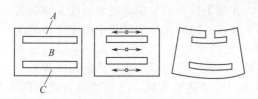

图1-1 铸件残余应力的形成及变形

ⅱ.冷校直引起的残余应力。细长的轴类零件,如光杠、丝杠、曲轴、凸轮轴等在加工和搬运中很容易弯曲变形,因此大多在加工中安排冷校直工序。冷校直引起的残余应力,可以用图1-2来说明。弯曲的工件(原来无残余应力)要校直,必须使工件产生反向弯曲,使工件产生一定的塑性变形,如图1-2(a)所示。当工件外层应力超过屈服强度时,其内层应力还未超过弹性限,故其应力分布情况如图1-2(b)所示。

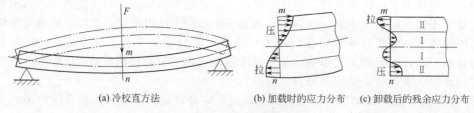

(a) 冷校直方法　　　(b) 加载时的应力分布　　(c) 卸载后的残余应力分布

图1-2 冷校直引起的残余应力

ⅲ.切削加工带来的残余应力。工件在进行切削加工时,表层产生塑性变形,晶格扭曲,拉长,密度减小,比容增大,因此体积膨胀,受到里层阻碍,故表层受压应力,里层产生平衡的拉应力;表层在切削时受到摩擦力的作用而被拉伸,但里层金属阻碍其拉长,因此表层受压应力,里层产生平衡的拉应力。从以上两点可知,工件在加工时受力的作用,使其表层产生压应力。

b.减少或消除残余应力,一般可采取下列措施。

ⅰ.增加消除内应力的热处理工序。例如对铸、锻、焊接件进行退火或回火;对精度要求高的零件,如床身、丝杠、箱体、精密主轴,在粗加工后进行时效处理等,以消除内应力。

时效处理分为天然时效、人工时效和振动时效三种。其中,天然时效是把毛坯或工件放在露天下,长期搁置,经过夏热冬寒、日暖夜凉的反复作用,内应力逐渐消除,效果较好,但造成再制品和资金的积压；人工时效进行热处理，又分为高温时效和低温时效，前者是将工件加热到 500～680℃，保温炉冷却至 200～300℃ 出炉，又称为去应力退火、低温退火或高温回火，低温时效是加热到 100～160℃，保温几十小时出炉，低温时效效果好，但时间长；振动时效是工件受到激振器的敲击，或工件在大滚筒中回转互相撞击，一般振动 30～50min，可消除内应力。

ⅱ. 合理安排工艺过程。例如粗、精加工分开在不同工序中进行，使粗加工后有一定时间让残余应力重新分布，以减少变形对精加工的影响。在加工大型工件时，粗、精加工往往在一个工序中完成，这时应在粗加工后松开工件，让工件有自由变形的可能，然后再用较小的夹紧力夹紧工件后进行精加工。对于精密零件如精密丝杠，在加工过程中不允许采用冷校直，可用加大余量的方法。

ⅲ. 铸件、锻件设计时，在结构上应尽量考虑壁厚均匀，不要相差过大，提高零件的刚性。

ⅳ. 机械加工时应注意减小切削力，运输过程、储存中都应避免工件变形。

1.2.2 提高加工精度的工艺措施

为了保证和提高机械加工精度，必须找出造成加工误差的主要因素即原始误差，然后采取相应的工艺措施来控制或减少这些因素的影响。

(1) 减少原始误差的方法分类

生产实际中尽管有许多减少误差的方法和措施，但从误差减少的技术上看，可将它们分成以下两大类。

① 误差预防　指减少原始误差或减少原始误差的影响，亦即减少误差源或改变误差源至加工误差之间的数量转换关系。实践与分析表明，当加工精度要求高于某一程度后，利用误差预防技术来提高加工精度所花费的成本将按指数规律增长。

② 误差补偿　通过分析、测量现有误差，人为地在系统中引入一个附加的误差源，使之与系统中现有的误差相抵消，以减少或消除零件的加工误差。在现有工艺条件下，误差补偿技术是一种有效而经济的方法，特别是借助计算机辅助技术，可达到很好的效果。

(2) 误差预防技术

这是保证加工精度的最基本方法。因此，在制订零件加工工艺规程时，应对零件每道加工工序的能力进行精确评价，并尽可能合理采用先进的工艺和设备，使每道工序都具备足够的工序能力。

① 直接减少原始误差　直接减少原始误差，是生产中提高零件加工精度应用较广的一种基本方法。它是在查明影响加工精度的主要原始误差因素之后，设法对其直接进行消除或减少。比如，提高零件加工所使用机床的几何精度，保证机床的加工精度，减小主轴回转误差、传动链误差、导轨误差，从机床源头控制加工精度减小误差；合理选择刀具材料，减小刀具的磨损，保证刀具的精度，减少刀具误差；选择合适夹具，提高夹具质量，保证夹具精度，减小夹具对加工精度的影响；在工件加工过程中，注意加工过程的降温，减小工件受热变形引起的加工误差；控制切削力，提高工艺系统刚度，减小加工过程中因为工件的受力而导致的加工误差等，均属于直接减少原始误差的方法。

② 转移原始误差　转移原始误差，就是通过一定的措施把影响加工精度的原始误差转移到不影响（或影响小）加工精度的方向（即非敏感方向）或其他零部件上去。

机械加工的误差是由其敏感方向的误差直接造成的，因此在机械加工过程中，只要将误差转移到非敏感方向，就会使加工过程的误差对机械精度不造成影响。非敏感方向一般是加工表面的切线方向，将误差往该方向转移，能够使加工精度得到很大的提高。例如，大型机床因其横梁较差，因此在受到重力作用以后容易发生扭曲变形，为了避免这种问题的产生，可以在机床的结构基础上添加一根承重附和梁，该附和梁能够起到承受机床自身重力的作用，因此不容易发生扭曲变形，同时也减少了机床加工产生的误差。

误差转移法实质上是转移工艺系统的几何误差、受力变形和热变形等。当机床精度达不到零件加工要求时，常常不是只要求提高机床精度，而是从工艺上或夹具上想办法，创造条件，使机床的几何误差转移到不影响加工精度的方面。例如，磨削主轴锥孔时，为保证锥孔与轴颈的同轴度，不是靠机床主轴的回转精度来保证，而是靠夹具保证，当机床主轴与工件之间用浮动连接以后，机床主轴的原始误差就被转移掉了。

③ 均分原始误差　均分原始误差的实质就是把原始误差按其大小平均分为 n 组，每组毛坯误差范围就缩小为原来的 $1/n$，然后按各组平均尺寸调整刀具与夹具位置，这样就可以缩小整组零件尺寸的分散范围，提高零件加工的精度。当多项误差同时发生时，可以依据实际情况，将不同部件的误差综合起来，形成分区，将原始误差分散到各个小部分，最终实现原始误差的分化。

在加工中由于毛坯或上道工序误差的存在，往往造成本工序的加工误差，或者由于工件材料性能改变、上道工序的工艺改变，引起原始误差发生较大的变化，这时最好是采用分组调整均分误差的办法。均分误差是对风险的统一调整和划分，这种方法比起只是一味提高零件毛坯精度、上道工序加工精度或定位基准精度等措施要经济得多，在提高机械加工质量的操作中应用广泛。例如某厂采用芯轴装夹工件剃齿，由于配合间隙太大，剃齿后工件齿圈径向圆跳动超差。为了不因为提高齿坯加工精度而减少配合间隙，可以采用误差分组法，将工件内孔尺寸按大小分成 4 组，分别与相应的 4 根芯轴之一相配合，这样就保证了剃齿的加工精度要求。

④ 均化原始误差　均化原始误差的实质就是利用有密切联系的表面相互比较、相互检查从对比中找出差异，然后进行相互修正或互为基准加工，使工件被加工表面的误差不断缩小和均化，以达到很高的加工精度。在生产中，许多精密基准件（如平板、直尺等）都是利用误差均化法加工出来的。

例如，对配合精度要求很高的轴和孔，常采用研磨工艺。研具本身精度并不高，分布在研具上的磨料粒度大小也可能不一样，但由于研磨时工件与研具间作复杂的相对运动，使工件上各点均有机会与研具的各点相互接触并受到均匀的微量切削。高低不平处逐渐接近，几何形状精度也逐步共同提高，并进一步使误差均化，因此，就能获得精度高于研具原始精度的加工表面。

又如，三块一组的精密标准平板，就是利用三块平板相互对研、配刮的方法加工的。因为三块平板要能够分别两两密合，只有在都是精确平面的条件下才有可能。此时误差均化法就是通过对研、配刮加工，使被加工表面原有的平面度误差不断缩小而使误差均化的。

⑤ 就地加工法　就地加工法也称自身加工修配法，是指在机械加工中，对某些重要表面在装配之前不进行精加工，待装配之后，再在自身机床上对这些表面作精加工。就地加工法在机械零件加工中，常用来作为保证零件加工精度的有效措施。例如，在加工和装配中，有些精度问题牵涉到零件或部件间的相互关系，相当复杂，如果只要求提高零部件本身精度，有时不仅困难甚至不可能，若采用就地加工法，就可能很方便地解决看起来非常困难的精度问题。如牛头刨、龙门刨工作台面装配在自身机床上进行"自刨自"精加工，以保证对滑枕、横梁的平行度；平面磨床工作台面在装配后作"自磨自"精加工，在机床上面修正卡盘平面度和卡爪同轴度等都属于就地加工法。

（3）误差补偿技术

误差补偿，就是通过人为制造一种新的误差的方式，去抵消原来工艺系统中存在的原始误差，这样就能够尽量地减小加工过程中出现的误差，从而有效提升工件加工精度。当原始误差是负值时，人为的误差就取正值；反之，取负值，并尽量使两者大小相等。或者利用一种原始误差去抵消另一种原始误差，也是尽量使两者大小相等，方向相反，从而达到减少加工误差，提高加工精度的目的。

用误差补偿的方法来消除或减小常值系统误差一般来说是比较容易的，因为用于抵消常值系统误差的补偿量是固定不变的。对于变值系统误差的补偿就不是用一种固定的补偿量所能解决的，于是生产中就发展了所谓积极控制的误差补偿方法。积极控制有三种形式。

① 在线检测 这种方法是在加工过程中，随时测量出工件的实际尺寸（或形状精度、位置精度等），随时给刀具以附加的补偿量，来控刀具和工件间的相对位置。这样，工件尺寸的变动范围始终在自动控制之中，现代机械加工中的在线测量和在线补偿就属于这种形式。例如，龙门铣床因铣削头自重产生下凹变形，可以通过刮研横梁导轨，按照变形曲线使导轨面预先产生一个向上凸的变形，从而抵消由于铣头自重产生的弯曲变形，保证了铣床的加工精度。同样道理，加工曲轴时前后刀架同时切削，径向力方向相反；精磨磨床床身导轨预加载荷，用配重代替工作时的部件等。

② 偶件自动配磨 这种方法是将互配件中的一个零件作为基准，去控制另一个零件的加工精度。在加工过程中自动测量工件的实际尺寸，并和基准件的尺寸比较，直至达到规定的差值时，机床就自动停止加工，从而保证精密偶件间要求很高的配合间隙。例如，柴油机高压油泵柱塞的自动配磨，采用的就是这种形式。

③ 积极控制起决定作用的误差因素 在某些复杂精密零件的加工中，当无法对主要精度参数直接进行在线测量和控制时，就应该设法控制起决定作用的误差因素，并把它控制在很小的变动范围以内。例如，精密螺纹磨床的自动恒温控制，就是这种控制方式的一个典型例子。加工中直接测量和控制工件螺距累积误差是不可能的。采用校正尺的方法来补偿母丝杠的热伸长，只能消除常值系统误差，即只能补偿母丝杠和工件丝杠间温差的恒值部分，而不能补偿各自温度变化而产生的变值部分。尤其是现在对精密丝杠的要求越来越高，丝杠的长度也越做越长，利用校正尺补偿已不能满足加工精度要求。因此，应设法控制影响工件螺距累积误差的主要误差因素——加工过程中母丝杠和工件丝杠的温度变化。

1.3 零件加工质量的控制

零件加工质量的控制就是对加工精度和加工表面质量的控制。

1.3.1 零件尺寸精度的控制

零件尺寸精度的控制就是采取一定的措施，使零件加工表面与基准间的误差保持在一定的范围之内，从而减少相应误差的产生。加工过程当中，零件的尺寸精度可以通过定尺寸刀具法、试切法、调整法、数控加工法及控制加工条件法等方法进行改善。

(1) 定尺寸刀具法

用具有一定形状和尺寸的刀具加工，使加工表面得到要求的形状和尺寸。加工精度取决于刀具本身的尺寸精度、磨损和刀具安装，适用于各种类型的生产。例如：钻孔、铰孔、拉孔、镗孔和攻螺纹等加工方法，对零件表面尺寸精度进行控制，如图1-3所示。不过，在使用过程中，一定要保证定尺寸刀具的安装精度，掌握刀具磨损规律并进行补偿，否则定尺寸刀具误差及其磨损直接影响加工的尺寸精度。这种加工方法加工精度比较稳定，几乎与工人技术水平无关，生产率较高，但是刀具的制造相对复杂。

(2) 试切法

以"试切—测量—调整—再试切"的循环方法，得到刀具与工件的正确位置，以获得加工表面的尺寸精度。试切法是首先正确计算背吃刀量，然后进行反复试切。先期对加工件进行小部分的试切，根据测量结果进一步调整刀具及相关工具的位置，直至加工尺寸与加工精度要求一致后，再进行全面加工。试切工件的数量，由所要求的尺寸公差及实际加工尺寸的分散范围而定。试切法可以避免因尺寸精度把握不当产生的误差，及造成的材料浪费。但是这种方法效率较低，且依赖技工水平，只适用于单件、小批量生产的情况。图1-4所示为镗孔试切尺寸取得的过程，其加工精度取决于测量精度和进刀机构精度。

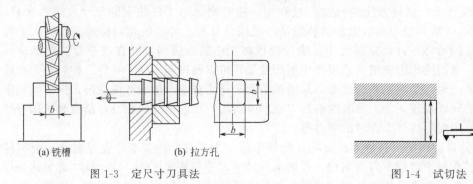

图1-3　定尺寸刀具法　　　　　　　　　图1-4　试切法

(3) 调整法

预先调整好刀具与工件的相对位置，并在一批零件的加工过程中保持这个相对位置不变，加工精度取决于调整精度。在大批量生产过程中，由于受热、磨损等因素的影响，一批零件加工后，将会产生积累性的误差。因此，在加工的过程中采取动态控制的方法，边加工边测量边调整（根据刀具或砂轮的磨损规律，对机床作定期补充调整），直到加工尺寸达到要求时停止加工，从而获得较高的精度。这种方法效率较高，一般适用于大批量生产的情况。

(4) 数控加工法

采用数字控制法加工零件时，只要将刀具用对刀装置安装在一定的位置上，依靠软件输入的信息，通过计算机和数字控制装置，就能使数控机床保证刀具和工件间按预定的相对运动轨迹运动，获得所要求的加工尺寸。适用于各种加工类型的零件加工。

(5) 控制加工条件法

① 装夹条件　通过正确选择定位基准，提高夹具的制造精度，仔细找正及装夹，合理确定夹紧力和夹紧方法等措施，可以大大降低工件的安装误差。

② 加工温度　由于切削温度过高，会使工件尺寸发生变化。因此在加工过程中，应尽量减少切削热的产生，降低切削区温度。可以采用粗、精加工分开，使用冷却效果好的切削液进行充分、有效地冷却，使机床热平衡后再进行加工及控制环境温度等方法，控制工艺系统的热变形。还可以考虑结合机床本身的特质，使得整个机床的材料结构统一，能够实现均匀的升温，进而避免温度落差导致的误差。例如，在热量较大的部件上安设散热装备，让主要受热地区的散热速度与其他部分相同。

③ 加工工具及使用

a. 加工时应避免切削力过大，引起刀具的振动而改变后续的切削厚度，并使刀架产生位移。可以采用：加大车刀主偏角、增大前角、减小刀尖圆弧半径、减小刀具棱面宽度、减小背吃刀量和进给量、及时换刀减少后刀面磨损等措施。

b. 铰孔时，选择合适的铰削余量，避免余量过大使切削热多而导致铰刀直径增大孔径扩大，余量过小会留下底孔的刀痕，使表面粗糙度达不到要求；采用较低的切削速度并使用切削液，以免积屑瘤对加工质量产生不良影响；铰刀与主轴之间采用浮动连接，可以防止铰刀轴线与主轴轴线相互偏斜而引起的孔轴线歪斜和孔径扩大等现象；直径大于80mm的孔不适宜铰削。

c.钻孔时，必须找正尾座，使钻头轴线跟工件回转轴线重合，以防孔径扩大和钻头折断；要经常修磨钻头，避免钻头两切边不等长或两钻顶半角不相等、静点偏离、主轴同轴度等原因造成钻出的孔径偏大。

d.磨削时，要及时修整砂轮，保持砂轮的锐利，当砂轮钝化后，会在工件表面滑擦、挤压，造成工件表面烧伤，强度降低。

④ 精加工时抑制积屑瘤产生　由于积屑瘤在加工中会产生一定的振动，而刀具刀尖的实际位置也会随着积屑瘤的变化而改变，影响工件的尺寸精度，因此在精加工时要避免积屑瘤的产生。可以从以下三个方面考虑，采取相应的措施减少和避免积屑瘤的出现。

a.材料的性质　材料的塑性越好，产生积屑瘤的可能性越大。因此对于中、低碳钢以及一些有色金属在精加工前应对它们进行相应的热处理，如正火或调制等，以提高材料的硬度、降低材料的塑性。

b.切削速度　当加工中出现不想要的积屑瘤时，可通过提高或降低切削速度，避免中速切削，来消除积屑瘤。但要与刀具的材料、角度以及工件的形状相适应。

c.冷却润滑　冷却液的加入一般可消除积屑瘤的出现，而在冷却液中加入润滑成分效果会更好。

1.3.2　零件几何精度的控制

（1）形状精度的控制

形状精度控制的主要方法有：成形运动法和非成形运动法两种。

① 成形运动法　以刀具的刀尖作为一点，相对工件作有规律的切削运动，从而使零件表面获得所要求形状的加工方法。在生产中，为了提高效率，常用刀具整个刃口来代替刀尖。成形运动法大致分为以下三类：轨迹法、成形法和展成法（范成法）。

a.轨迹法。让刀具相对于工件作有规律的运动，以其刀尖轨迹获得所要求的表面几何形状，加工的形状精度由形成成形运动轨迹的相对位置精度决定。一般为简单几何形状表面的加工，如圆柱面、圆锥面、平面等，如图1-5所示。

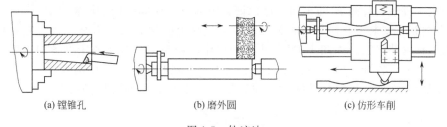

(a) 镗锥孔　　　　　(b) 磨外圆　　　　　(c) 仿形车削

图1-5　轨迹法

b.成形法。由成形刀具刀刃形状取得所要求的表面形状，加工的形状精度取决于成形运动的精度及刀刃的形状精度。例如，成形车刀（或成形砂轮）加工回转曲面、成形铣刀加工曲面、车磨螺纹牙型，其形状由刀具形状决定，如图1-6所示。这种方法可以简化机床，提高生产率。

c.展成法。利用工件和刀具作展成切削运动进行加工的方法。展成法所得被加工表面是切削刃和工件作展成运动过程中所形成的包络面，切削刃形状必须是被加工面的共轭曲线，它所获得的精度取决于切削刃的形状和展成运动的精度等。这种方法用于各种齿轮齿廓、花键键齿、蜗轮轮齿的加工，其特点是刀刃的形状与所需表面几何形状不同。例如

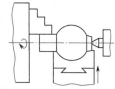

图1-6　成形法

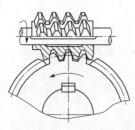

图 1-7 展成法

齿轮加工,刀刃为直线(滚刀、齿条刀),而加工表面为渐开线,如图 1-7 所示。展成法形成的渐开线是滚刀与工件按严格速比转动,刀刃的一系列切削位置的包络线。

② 非成形运动法　通过对加工表面形状的检测,由工人对其进行相应的修整加工,以获得所要求的形状精度。

尽管非成形运动法是获得零件表面形状精度的最原始方法,效率相对比较低,但当零件形状精度要求很高(超过现有机床设备所能提供的成形运动精度)时,常采用此方法。例如,0 级平板的加工,就是通过三块平板配刮方法,来保证其平面度要求的。零件表面形状精度,是靠加工过程中对加工表面的积极检验和工人熟练操作技术获得的。到目前为止,对某些复杂的成形表面和形状精度要求很高的表面仍采用非成形运动法。

(2) 位置精度的控制

位置精度一般可以通过机床本身进行精度控制,但是对于一些精度要求严格、质量要求较高的工件,可以综合采用机床精度控制、夹具精度控制以及工件的装夹精度控制来实现。例如,对工件的定位安装精度,可以通过一次安装法和多次安装法获得。

① 一次安装法　有位置精度要求的零件,各有关表面是在工件同一次安装中完成并保证的。例如,轴类零件外圆与端面的垂直度、箱体孔系中各孔之间的平行度、垂直度,同一轴线上各孔的同轴度。

② 多次安装法　零件有关表面间的位置精度,是由加工表面与工件定位基准面之间的位置精度决定的。例如,轴类零件上键槽对轴中心面的对称度,箱体平面与平面之间的平行度、垂直度等。

a. 直接安装法。工件直接安装在机床上,从而保证加工表面与定位基准面之间的位置精度。例如,在车床上加工与外圆同轴的内孔,可用三爪卡盘直接安装工件,如图 1-8 所示。

b. 找正安装法。可分为直接找正安装和划线找正安装两种。

ⅰ. 直接找正安装。是用划针、百分表或通过目测,直接在机床上找正工件位置的装夹方法。如图 1-9(a) 所示是用四爪单动卡盘装夹套筒,先用百分表按工件外圆 A 进行找正后,再夹紧工件进行外圆 B 的车削,以保证套筒的 A、B 圆柱面的同轴度。

ⅱ. 划线找正安装。是用划针根据毛坯或半成品上所划的线,为基准找正它在机床上正确位置的一种安装方法。如图 1-9(b) 所示的车床床身毛坯,为保证床身各加工面和非加工面的位置、尺寸及各加工面的余量,可先在钳工台上划好线,然后在龙门刨床工作台上用可调支承支起床身毛坯,用划针按线找正并夹紧,再对床身底平面进行粗刨。

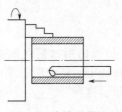

图 1-8　直接安装法

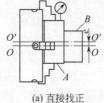

(a) 直接找正

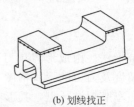

(b) 划线找正

图 1-9　找正安装法

c. 夹具安装法。通过夹具保证加工表面与定位基准面之间的位置精度,即用夹具上的定位元件使工件获得正确位置的一种方法。这种方法定位迅速、方便,定位精度高、稳定。但专用夹具的制造周期长、费用高,故广泛用于成批、大量生产中。

一次安装中,加工有相互位置要求的多个面时,主要取决于机床或夹具的精度。如

图 1-10(a) 所示，为同时铣削 a 面和 b 面，保证两端面的平行度要求；图 1-10(b) 所示，为一次安装中先后车削端面 1，外圆 2、3，镗内孔 4，以保证内圆和外圆的同轴度及端面对孔轴线的垂直度要求。

在不同的安装中，加工有相互位置要求的面时，加工面相对于基准面的位置精度，主要取决于工件在机床或夹具上的定位精度。

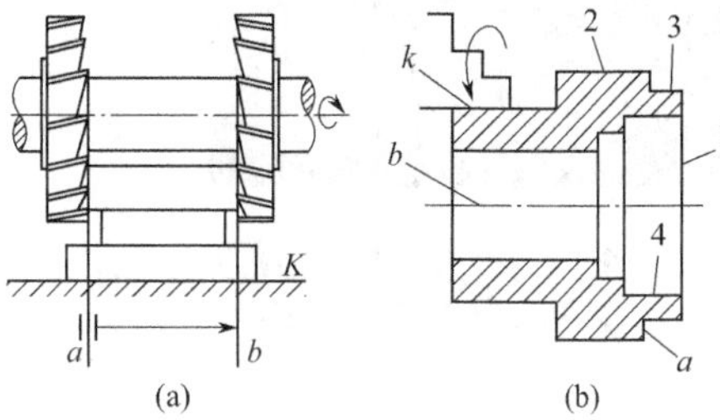

图 1-10 一次安装加工多面

1.3.3 零件加工表面质量的控制

由于机械加工表面对机器零件的使用性能，如耐磨性、接触刚度、疲劳强度、配合性质、抗腐蚀性能及精度的稳定性等，有很大的影响，因此对机器零件的重要表面应提出一定的表面质量要求。由于影响表面质量的因素是多方面的，只有了解和掌握影响机械加工表面质量的因素，才能在生产实践中采取相应的工艺措施，对表面质量根据需要提出比较经济适用的要求，减少零件因表面质量缺陷而引起的加工质量问题，从而提高机械产品的使用性能、寿命和可靠性。

零件加工表面质量包括表面粗糙度、表面残余应力以及加工硬化等方面。零件加工表面粗糙度是机械产品加工表面质量评价的一个方面。所有参加机械加工过程的因素，都会在不同程度上对产品加工表面的表面粗糙度产生影响，这些影响是通过刀具几何参数、切削性能、切削用量、切削温度、切削力等的变化表现出来的。因此，降低表面粗糙度的工艺措施，可以从以下几点考虑。

① 合理选择刀具的几何角度　适当增大前角、后角，增大刀尖圆弧半径，减小主、副偏角，可以减少残留面积；在刀具使用过程中，要对其后刀面的磨损宽度进行合理的限制。

② 改善材料切削性能　采取正火、调质等热处理方法，减小材料塑性、细化材料晶粒。影响加工表面粗糙度比较大的工件材料性质是材料的塑性以及金相组织：低碳钢和低合金钢材料的塑性较大，在使用之前用正火处理能对塑性有降低作用，通过这种措施能在切削加工之后，粗糙度达到较小值。适宜的金相组织对于工件材料作用也很大：塑性材料的加工过程中，刀具会对金属进行挤压进而出现了塑性变形，再加上由于刀具促使切屑与工件分离产生撕裂作用，表面粗糙度值会变得更大。

③ 合理选择切削用量　合理选择切削速度，避开积屑瘤、鳞刺产生的切削速度区；减少进给量；切削深度不宜过小。对于塑性材料的切削，要进行高速切削，这对切削产生的变形有减小作用，还能够对积屑瘤的产生有抑制作用，有效降低表面粗糙度；在进行脆性材料切削时，切削速度没有对表面粗糙度造成很大影响。同时，减小进给量，可对残留面积的高度有降低作用，进而可以减小表面粗糙度。然而，也不能有太小的进给量，否则刀刃会因为切削厚度太小不能进行切入工作，进而剧烈地挤压和摩擦工件，促使粗糙度值变大。用较高的切削速度来进行塑性材料切削，能有效避免积屑瘤产生。

④ 正确使用切削液　采用合适的切削液是消除热变形的有效方法，可以保证充分冷却润滑，改善切削条件，使润滑性能增强，使切削区域金属材料的塑性变形程度下降，从而减小已加工表面的粗糙度值。乳化液、硫化油、植物油等性能各有不同，应合理选用。

⑤ 采用辅助加工方法　主要是在机床上下功夫。可以采用超精加工、珩磨、研磨、抛光等方法，作为终工序加工；采用超精密切削和低粗糙度磨削。

⑥ 提高工艺系统的精度和刚度　主运动和进给运动系统的精度要高；系统的刚度和抗振性要好；受力变形和热变形要小。

第 2 章 极限与配合

现代化的机械工业，要求零件具有互换性，不仅能显著提高劳动生产率，而且能有效保证产品质量和降低成本。为使零件具有互换性，就尺寸而言，并不要求零件准确地加工成某一尺寸，而只要求这些零件的尺寸处在合理的变动范围之内。这个变动范围既要保证相互结合的零件之间形成一定的关系，以满足不同的使用要求，又要考虑制造的经济性，这就形成了"极限与配合"的概念。"极限"主要反映机械零件使用要求与制造要求的矛盾；而"配合"则反映组成机器的零件之间的关系。

极限与配合的标准化，有利于机器的设计、制造、使用和维修，是实现机械工业广泛组织专业化协作生产的一个基本条件。

2.1 概述

2.1.1 有关尺寸的术语及定义

（1）有关孔和轴的定义

孔和轴的区分：从装配后的包容面与被包容面之间关系看，被包容面属于轴，包容面属于孔；从工件的加工过程来看，随着加工余量的切除，轴的尺寸是由大变小，而孔的尺寸是由小变大。

① 孔　通常是指工件的圆柱形或非圆柱形（如键槽等）的内表面尺寸要素，其公称尺寸代号用 D 来表示。

② 轴　通常是指工件的圆柱形或非圆柱形（如键等）的外表面尺寸要素，其公称尺寸代号用 d 来表示。

必须指出，尺寸要素是指由一定大小的线性尺寸或角度尺寸确定的几何形状。

（2）有关尺寸的术语定义

尺寸是指以特定单位表示线性尺寸值的数值。由数字和单位组成，用于表示零件几何形状的大小。线性尺寸包括直径、半径、长度、高度、宽度、深度、厚度和中心距等。机械制图国家标准规定：在图样中（包括技术要求和其他说明）的尺寸以 mm 为单位时，不需要标注其计量单位的代号或名称，若采用其他单位时必须注明相应的单位符号。

① 公称尺寸　公称尺寸是由图样规范确定的理想形状要素的尺寸。它是根据零件的强度计算、结构和工艺上的需要，设计给定的尺寸，需选用标准尺寸按表 2-1 所示定出。选用标准尺寸可以压缩尺寸的规格数，从而减少标准刀具、量具、夹具的规格数量，以获得最佳经济效益。通过它应用极限偏差可算出极限尺寸，孔与轴配合的公称尺寸是相同的。

② 实际（组成）要素　由接近实际（组成）要素所限定的工件实际表面的组成要素部分。由于在测量过程中，不可避免地存在测量误差（测量误差的产生是受测量仪器的精度、环境条件及操作水平等因素的影响），同一零件的相同部位用同一量具重复测量多次，其测

量的实际(组成)要素的尺寸也不完全相同。因此实际(组成)要素的尺寸并非尺寸的真值。另外,由于零件形状误差的影响,同一截面内不同部位的实际(组成)要素的尺寸也不一定相同,在同一截面不同方向上的实际(组成)要素的尺寸也可能不相同,如图2-1所示。

表 2-1 标准尺寸(摘自 GB/T 2822—2005)(部分)

R			Ra			R			Ra		
R10	R20	R40	Ra10	Ra20	Ra40	R10	R20	R40	Ra10	Ra20	Ra40
10.0	10.0		10	10			35.5	35.5		**36**	**36**
	11.2				**11**			37.5			**38**
12.5	12.5	12.5	**12**	12	12	40.0	40.0	40.0	40	40	40
		13.2			**13**			42.5			**42**
	14.0	14.0		14	14		45.0	45.0		45	45
		15.0			15			47.5			**48**
16.0	16.0	16.0	16	16	16	50.0	50.0	50.0	50	50	50
		17.0			17			53.0			53
	18.0	18.0		18	18		56.0	56.0		56	56
		19.0			19			60.0			60
20.0	20.0	20.0	20	20	20	63.0	63.0	63.0	63	63	63
		21.2			**21**			67.0			67
	22.4	22.4		22	**22**		71.0	71.0		71	71
		23.6			**24**			75.0			75
25.0	25.0	25.0	25	25	25	80.0	80.0	80.0	80	80	80
		26.5			26			85.0			85
	28.0	28.0		28	28		90.0	90.0		90	90
		30.0			30			95.0			95
31.5	31.5	31.5	**32**	32	32	100.0	100.0	100.0	100	100	100
		33.5			**34**						

注:Ra系列中的黑体字,为R系列相应各项优先数的化整值。

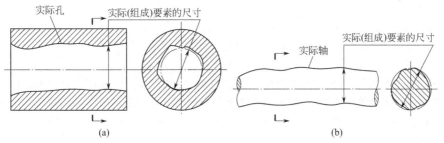

图 2-1 实际(组成)要素

③ 提取组成要素 是按规定方法,由实际(组成)要素提取有限数目的点所形成的实际(组成)要素的近似替代。对于一个孔或轴的任意横截面中的任一距离,也即一切提取组成要素上两相对点之间的距离,称为提取组成要素的局部尺寸。换言之,用两点法(如用游标卡尺或千分尺测量)所得到的尺寸为提取组成要素的局部尺寸,如图2-2中任一尺寸。

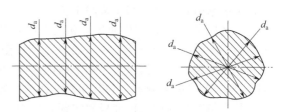

图 2-2 提取组成要素的局部尺寸

④ 极限尺寸 由一定大小的线性尺寸或角度尺寸确定的几何形状称为尺寸的要素。尺寸要素允许的尺寸的两个极端称为极限尺寸。提取组成要素的局部尺寸应位于其中,也可达

到极限尺寸。它是以公称尺寸为基数来确定的。也即,尺寸要素允许的最大尺寸,称为上极限尺寸,孔、轴分别用 D_{max} 和 d_{max} 来表示;而尺寸要素允许的最小尺寸,称为下极限尺寸,孔、轴分别用 D_{min} 和 d_{min} 来表示。实际(组成)要素必须位于其中,也可达到极限尺寸。若完工的零件测量时,任一位置的实际(组成)要素的尺寸都在此范围内,即实际(组成)要素的尺寸小于或等于上极限尺寸,大于或等于下极限尺寸的零件为合格。

2.1.2 有关公差与偏差的术语及定义

(1) 尺寸偏差(简称偏差)

尺寸偏差是指某一尺寸[实际(组成)要素的尺寸、极限尺寸等]减其公称尺寸所得的代数差,它包括实际偏差和极限偏差(上极限偏差、下极限偏差)。

实际偏差是指实际(组成)要素的尺寸减其公称尺寸所得的代数差(孔用 D_a 表示,轴用 d_a 表示)。

上极限偏差为上极限尺寸减其公称尺寸所得的代数差(孔用 ES 表示,轴用 es 表示)。即

$$ES = D_{max} - D \tag{2-1}$$
$$es = d_{min} - d \tag{2-2}$$

下极限偏差为下极限尺寸减其公称尺寸所得的代数差(孔用 EI 表示,轴用 ei 表示)。即

$$EI = D_{min} - D \tag{2-3}$$
$$ei = d_{min} - d \tag{2-4}$$

由于实际(组成)要素的尺寸和极限尺寸可能大于、小于或等于公称尺寸,故尺寸偏差可以是正、负或零。

(2) 尺寸公差(简称公差)

尺寸公差是允许尺寸的变动量。它等于上极限尺寸减下极限尺寸之差,或上极限偏差减下极限偏差之差。它是一个没有符号的绝对值(孔用 T_h 表示,轴用 T_s 表示),即

$$T_h = |D_{max} - D_{min}| = |ES - EI| \tag{2-5}$$
$$T_s = |d_{max} - d_{min}| = |es - si| \tag{2-6}$$

必须指出,公差大小确定了允许尺寸变动范围的大小。若公差值大则允许尺寸变动的范围大,因而要求加工精度低;反之,公差值小则允许尺寸变动的范围小,因而要求加工精度高。

以上所述公称尺寸、极限尺寸、极限偏差和公差之间的关系如图 2-3 所示。

(3) 零线与公差带

① 零线 在极限与配合图解中,如图 2-3 所示,零线是表示公称尺寸的一条直线,以其为基准来确定偏差和公差。极限偏差位于零线的上方,则表示偏差为正;位于零线的下方,则表示偏差为负;当与零线重合时,表示偏差为零。

② 公差带 表示零件的尺寸相对其公称尺寸所允许变动的范围,叫作公差带。用图所表示的公差带,称为公差带图,如图 2-4 所示。在公差带图解中,公差带是由代表上极限偏差和下极限偏差或上极限尺寸和下极限尺寸的两条直线所限定的一个区域。它是由公差大小(由标准公差等级来确定)和其相对零线的位置,即基本偏差来确定。

基本偏差是在国家标准极限与配合制中,确定公差带相对零线位置的那个极限偏差。它可以是上极限偏差或下极限偏差,一般为靠近零线的那个极限偏差,如图 2-4 所示,孔的基本偏差为下极限偏差,而轴的基本偏差为上极限偏差。

(4) 公差与偏差的区别

通过以上讨论分析可见公差与偏差有两点区别:

① 从概念上讲，极限偏差是相对于公称尺寸偏离大小的数值，即确定了极限尺寸相对公称尺寸的位置，它限制实际偏差的变动范围。而公差仅表示极限尺寸变动范围的一个数值。

② 从作用上讲，极限偏差表示了公差带的确切位置，可反映零件配合的松紧程度。而公差只表示公差带的大小，反映了零件的加工精度。

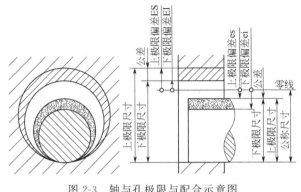 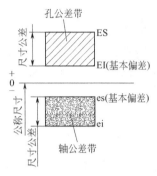

图 2-3　轴与孔极限与配合示意图　　　　图 2-4　公差带图

2.1.3　有关配合的术语及定义

所谓配合是指公称尺寸相同，相互结合的孔与轴公差带之间的关系。

（1）间隙或过盈

孔的尺寸减去相配合轴的尺寸所得的代数之差。此差值为正时是间隙，用大写字母 X 表示；为负时是过盈，用大写字母 Y 表示。

（2）配合的种类

国家标准根据零件配合的松紧程度的不同要求，即孔和轴公差带之间的关系不同，将配合分为三大类：间隙配合、过盈配合和过渡配合。

在机器中，由于零件的作用和工作情况不同，故相结合两零件的配合性质（即装配后相互配合零件之间配合的松紧程度）也不一样，如图 2-5 所示三个滑动轴承，图 2-5(a) 所示为轴直接装入座孔中，要求自由转动且不打晃；图 2-5(c) 所示要求衬套装在座孔中要紧固，不得松动；图 2-5(b) 所示衬套装在座孔中，虽也要紧固，但要求容易装入，且要求比图 2-5(c) 的配合要松一些。

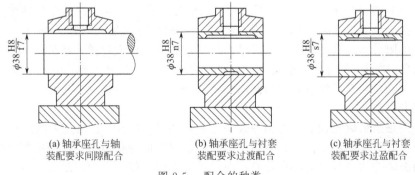

(a) 轴承座孔与轴　　　　(b) 轴承座孔与衬套　　　　(c) 轴承座孔与衬套
　装配要求间隙配合　　　　装配要求过渡配合　　　　装配要求过盈配合

图 2-5　配合的种类

① 间隙配合　　间隙配合是指具有间隙（包括最小间隙等于零）的配合。此时，孔的公差带完全在轴的公差带之上，如图 2-6 所示。由于孔和轴在各自的公差带内变动，因此装配后每对孔、轴间的间隙也是变动的。当孔制成上极限尺寸、轴制成下极限尺寸时，装配后得

到最大间隙，用 $X_{\max}$ 表示；当孔制成下极限尺寸、轴制成上极限尺寸时，装配后得到最小间隙，用 $X_{\min}$ 表示。即

$$X_{\max} = D_{\max} - d_{\min} = \text{ES} - \text{ei} \tag{2-7}$$

$$X_{\min} = D_{\min} - d_{\max} = \text{EI} - \text{es} \tag{2-8}$$

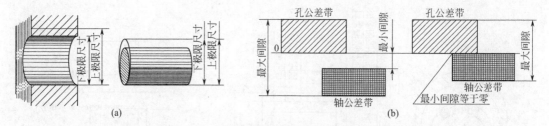

图 2-6　孔与轴的间隙配合

② 过盈配合　过盈配合是指具有过盈（包括最小过盈等于零）的配合。此时孔的公差带完全在轴的公差带之下，如图 2-7 所示。同样孔和轴装配后每对孔、轴间的过盈也是变化的。当孔上极限尺寸减去轴下极限尺寸时，装配后得到最小过盈，其值为负，用 $Y_{\min}$ 表示；当孔制成下极限尺寸、轴制成上极限尺寸时，装配后得到最大过盈，其值为负，用 $Y_{\max}$ 表示。即

$$Y_{\min} = D_{\max} - d_{\min} = \text{ES} - \text{ei} \tag{2-9}$$

$$Y_{\max} = D_{\min} - d_{\max} = \text{EI} - \text{es} \tag{2-10}$$

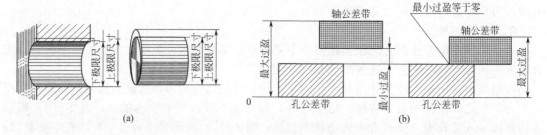

图 2-7　孔与衬套的过盈配合

③ 过渡配合　过渡配合是可能具有间隙或过盈的配合。此时，孔的公差带与轴的公差带相互交叠，如图 2-8 所示。在过渡配合中，孔和轴装配后每对孔、轴间的间隙或过盈也是变化的。当孔上极限尺寸减去轴下极限尺寸时，装配后得到最大间隙，按公式(2-7) 计算；当孔制成下极限尺寸、轴制成上极限尺寸时，装配后得到最大过盈，按公式(2-10) 计算。

必须指出："间隙配合、过盈配合、过渡配合"是对一批孔、轴而言，具体到一对孔和轴装配后，只能是间隙或过盈，包括间隙或过盈为零；而不会出现"过渡"。

（3）配合公差

配合公差是指组成配合的孔与轴的公差之和，用 T_f 表示。它是允许间隙或过盈的变动量，是一个没有符号的绝对值。它表明了配合松紧程度的变化范围。在间隙配合中，最大间隙与最小间隙之差的绝对值为配合公差；在过盈配合中，最小过盈与最大过盈之差的绝对值为配合公差；在过渡配合中，配合公差等于最大间隙与最大过盈之差的绝对值，即

$$T_f = |X_{\max} - X_{\min}| \tag{2-11}$$

$$T_f = |Y_{\min} - Y_{\max}| \tag{2-12}$$

$$T_f = |X_{\max} - Y_{\max}| \tag{2-13}$$

上述三种配合的配合公差亦为孔公差与轴公差之和,即
$$T_f = T_h + T_s \tag{2-14}$$

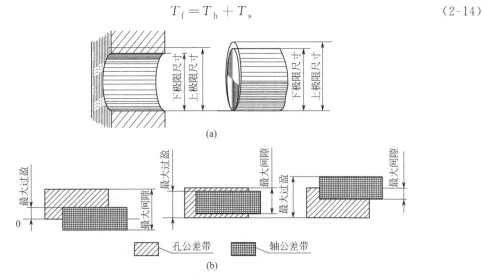

图 2-8 孔与衬套的过渡配合

由此可见,配合机件的装配精度与零件的加工精度有关,若要提高机件的装配精度,使得配合后间隙或过盈的变化范围减少,则应减少零件的公差,也就是提高零件的加工精度。

以上三种配合的轴孔公差带关系的实例,如图 2-9 所示。

用直角坐标表示出相配合的孔与轴其间隙或过盈的变化范围的图形称为配合公差带图。图 2-10 所示为图 2-9 三种配合的轴孔的配合公差带图,零线上方表示间隙,下方表示过盈。图中上左侧为 $\phi30\text{H7/g6}$ 间隙配合的配合公差带,右侧为 $\phi30\text{H7/k6}$ 过渡配合的配合公差带,中间下方为 $\phi30\text{H7/p6}$ 过盈配合的配合公差带。

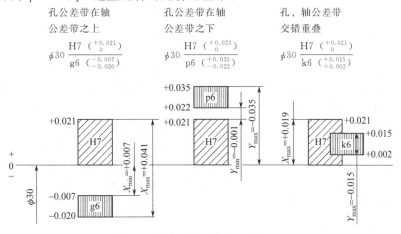

图 2-9 轴孔公差带关系的实例

(4) 配合制

配合制是指同一极限制的孔和轴组成的一种配合制度。从前述三种配合的公差带图可知,变更孔、轴公差带的相对位置,可以组成不同性质、不同松紧的配合,但为了简化起见,无需将孔、轴公差带同时变动,只要固定一个,变更另一个即可满足不同使用性能要求的配合。因此,极限与配合标准对孔和轴配合公差带之间的关系,规定了两种配合:基孔制配合和基轴制配合。在一般情况下,优先选用基孔制配合。如无特殊需要,允许将任一孔、

轴公差带组成配合。在孔、轴的配合时，究竟属于哪一种配合取决于孔、轴公差带的相互位置关系。在基孔制和基轴制配合中，基本偏差为 A～H（a～h）用于间隙配合；基本偏差为 J～ZC（j～zc）用于过渡配合和过盈配合。

① 基孔制配合　基孔制是指基本偏差为一定的孔的公差带与不同基本偏差的轴的公差带形成各种配合的一种制度。在基孔制配合中选作基准的孔为基准孔，代号为 H，基准孔的下极限偏差为基本偏差，且数值为零，上极限偏差为正值，其公差带偏置在零线上方，如图 2-11 所示。图 2-12 为基孔制的几种配合示意图。

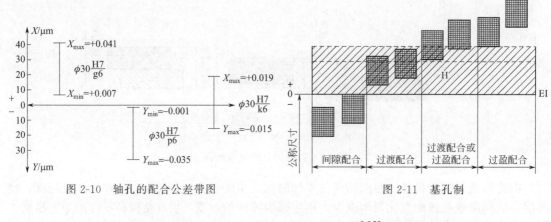

图 2-10　轴孔的配合公差带图

图 2-11　基孔制

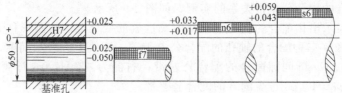

图 2-12　基孔制的几种配合示意图

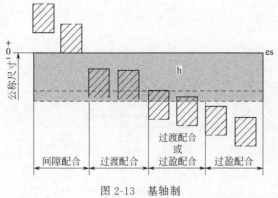

图 2-13　基轴制

② 基轴制配合　基轴制是指基本偏差为一定的轴的公差带与不同基本偏差的孔的公差带形成各种配合的一种制度。在基轴制配合中选作基准的轴为基准轴，代号为 h，基准轴的上极限偏差为基本偏差，且数值为零，下极限偏差为负值，其公差带偏置在零线下方，如图 2-13 所示。图 2-14 为基轴制的几种配合示意图。

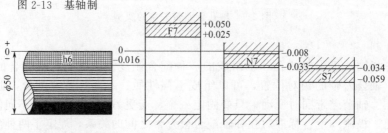

图 2-14　基轴制的几种配合示意图

2.2 极限与配合国家标准

极限与配合国家标准 GB/T 1800.1—2009、GB/T 1800.2—2009、GB/T 1801—2009、GB/T 1803—2003、GB/T 1804—2000，是光滑圆柱体零件或长度单一尺寸的公差与配合的依据，也适用于其他光滑表面和相应结合尺寸的公差以及由它们组成的配合。

2.2.1 标准公差系列

(1) 标准公差等级

标准公差（用符号 IT 表示）是国家标准规定的用以确定公差带大小的任一公差值，而公差等级是指确定尺寸精确程度的等级。由于不同零件和零件上不同部位的尺寸，对其精确程度的要求往往也不同。为了满足生产使用要求，国家标准对公称尺寸至 3150mm 内规定了 20 个标准公差等级。其代号分别为 IT01、IT0、IT1～IT18，其中 IT01 级精度最高，其余依次降低，IT18 级精度最低。其相应的标准公差值在公称尺寸相同的条件下，是随着公差等级的降低而依次增大。IT01～IT18 标准公差等级的公差数值如表 2-2 所示。由表 2-2 可见，在同一个尺寸段中，公差等级数越大，尺寸的公差数值也越大，即尺寸的精度越低。在极限与配合制中，同一公差等级（例如 IT7）对所有公称尺寸的一组公差被认为具有同等精确程度。

生产实践中，在规定零件尺寸的公差时，应尽量按表 2-2 来选用标准公差。

(2) 标准公差因子

在极限与配合制中，用以确定标准公差的基本单位，称为标准公差因子，用 i 表示。该因子是公称尺寸的函数。由大量的试验数据和统计分析得知，在一定工艺条件的情况下加工，其加工误差和测量误差按一定规律随公称尺寸的增大而增大。由于公差是用来控制误差的，因此公差和公称尺寸之间也应符合这个规律。对于公称尺寸不大于 500mm 的常用尺寸段，这个规律在公差因子计算公式中表达为

$$i = 0.45\sqrt[3]{D(\text{或} d)} + 0.001D(\text{或} d) \tag{2-15}$$

式中，D(或 d) 为孔或轴的公称尺寸 (mm) 的几何平均值；i 为标准公差因子，μm。

公式 (2-15) 中，等号右边第一项反映了加工误差与公称尺寸之间呈立方抛物线关系，第二项反映了由温度影响而引起的测量误差，此项与公称尺寸呈线性关系。

对于公称尺寸大于 500～3150mm 的大尺寸段，其标准公差因子计算公式表达为

$$I = 0.004D(\text{或} d) + 2.1(\mu m) \tag{2-16}$$

式中，D(或 d) 为孔或轴的公称尺寸 (mm) 的几何平均值；I 为标准公差因子，μm。

这是因为大尺寸，其测量误差是主要因素，特别是温度变化对测量结果的影响比较大，因此，标准公差因子与公称尺寸呈线性关系。

表 2-2 标准公差数值（摘自 GB/T 1800.1—2009）（部分）

公称尺寸/mm		公差等级																		
		IT01	IT0	IT1	IT2	IT3	IT4	IT5	IT6	IT7	IT8	IT9	IT10	IT11	IT12	IT13	IT14	IT15	IT16	IT17	IT18
>	至	μm													mm						
—	3	0.3	0.5	0.8	1.2	2	3	4	6	10	14	25	40	60	0.1	0.14	0.25	0.4	0.6	1	1.4
3	6	0.4	0.6	1	1.5	2.5	4	5	8	12	18	30	48	75	0.12	0.18	0.3	0.48	0.75	1.2	1.8
6	10	0.4	0.6	1	1.5	2.5	4	6	9	15	22	36	58	90	0.15	0.22	0.36	0.58	0.9	1.5	2.2

续表

公称尺寸 /mm		公差等级																		
		IT01	IT0	IT1	IT2	IT3	IT4	IT5	IT6	IT7	IT8	IT9	IT10	IT11	IT12	IT13	IT14	IT15	IT16	IT17	IT18
>	至	μm													mm						
10	18	0.5	0.8	1.2	2	3	5	8	11	18	27	43	70	110	0.18	0.27	0.43	0.7	1.1	1.8	2.7
18	30	0.6	1	1.5	2.5	4	6	9	13	21	33	52	84	130	0.21	0.33	0.52	0.84	1.3	2.1	3.3
30	50	0.6	1	1.5	2.5	4	7	11	16	25	39	62	100	160	0.25	0.39	0.62	1	1.6	2.5	3.9
50	80	0.8	1.2	2	3	5	8	13	19	30	46	74	120	190	0.3	0.46	0.74	1.2	1.9	3	4.6
80	120	1	1.5	2.5	4	6	10	15	22	35	54	87	140	220	0.35	0.54	0.87	1.4	2.2	3.5	5.4
120	180	1.2	2	3.5	5	8	12	18	25	40	63	100	160	250	0.4	0.63	1	1.6	2.5	4	6.3
180	250	2	3	4.5	7	10	14	20	29	46	72	115	185	290	0.46	0.72	1.15	1.85	2.9	4.6	7.2
250	315	2.5	4	6	8	12	16	23	32	52	81	130	210	320	0.52	0.81	1.3	2.1	3.2	5.2	8.1
315	400	3	5	7	9	10	18	25	36	57	89	140	230	360	0.57	0.86	1.4	2.3	3.6	5.7	8.9
400	500	4	6	8	10	15	20	27	40	63	97	155	250	400	0.63	0.7	1.55	2.5	4	6.3	9.7
500	630	—	—	9	11	16	22	32	44	70	110	175	280	440	0.7	1.1	1.75	2.8	4.4	7	11
630	800	—	—	10	10	18	25	36	50	80	125	200	320	500	0.8	1.25	2	3.2	5	8	12.5
800	1000	—	—	11	15	21	28	40	56	90	140	230	360	560	0.9	1.4	2.3	3.6	5.6	9	14
1000	1250	—	—	13	18	24	33	47	66	105	165	260	420	660	1.05	1.65	2.6	4.2	6.6	10.5	16.5
1250	1600	—	—	15	21	29	39	55	78	125	195	310	500	780	1.25	1.95	3.1	5	7.8	12.5	19.5
1600	2000	—	—	18	25	35	46	65	92	150	230	370	600	920	1.5	2.3	3.7	6	9.2	15	23
2000	2500	—	—	22	30	41	55	78	110	175	280	440	700	1100	1.75	2.8	4.4	7	11	17.5	28
2500	3150	—	—	26	36	50	68	96	135	210	330	540	860	1350	2.1	3.3	5.4	8.6	13.5	21	33

注：1. 公称尺寸大于500mm 的IT1～IT5 的标准公差值为试行的。
2. 公称尺寸小于或等于1mm 时，无IT14～IT18。

表2-2 所列的标准公差数值是按公式计算后，根据一定规则圆整尾数后而确定的。常用尺寸段（公称尺寸至500mm）的标准公差计算公式如表2-3 所示，公称尺寸大于500～3150mm 的各公差等级的标准公差计算公式如表2-4 所示。

表2-3 公称尺寸至500mm 的标准公差计算公式

公差等级	公式	公差等级	公式	公差等级	公式
IT01	$0.3+0.008D$	IT5	$7i$	IT12	$160i$
IT0	$0.5+0.012D$	IT6	$10i$	IT13	$250i$
IT1	$0.8+0.020D$	IT7	$16i$	IT14	$400i$
IT2	$(IT1)\times(IT5/IT1)1/4$	IT8	$25i$	IT15	$640i$
		IT9	$40i$	IT16	$1000i$
IT3	$(IT1)\times(IT5/IT1)2/4$	IT10	$64i$	IT17	$1600i$
IT4	$(IT1)\times(IT5/IT1)3/4$	T11	$100i$	IT18	$2500i$

表 2-4 公称尺寸大于 500～3150mm 的标准公差计算公式

公差等级	公式	公差等级	公式	公差等级	公式
IT1	$2I$	IT7	$16I$	IT13	$250I$
IT2	$2.7I$	IT8	$25I$	IT14	$400I$
IT3	$3.7I$	IT9	$40I$	IT15	$640I$
IT4	$5I$	IT10	$64I$	IT16	$1000I$
IT5	$7I$	IT11	$100I$	IT17	$1600I$
IT6	$10I$	IT12	$160I$	IT18	$2500I$

从表 2-3 和表 2-4 可见，常用公差等级 IT5～IT18，其标准公差因子 I 或 i 的系数值（如：7、10、16、…、2500）符合 R5 优先数系。所以，在表 2-2 中每个横行其标准公差从 IT5～IT18 是按公比 $q=\sqrt[5]{10}\approx 1.6$ 递增，从 IT6 开始每增加 5 个等级，标准公差值增加到 10 倍。

在常用尺寸段（公称尺寸至 500mm）中，对于高精度的 IT01、IT0、IT1 三个公差等级，其标准公差与公称尺寸呈线性关系，这主要是考虑测量误差的影响；标准公差等级 IT2～IT4 的标准公差数值大致按公比 $q=$（IT5/IT1）$^{1/4}$ 的等比数列递增。

在计算公式(2-15) 和公式(2-16) 中，系数和常数都采用优先数系的派生系列 R10/2。

（3）公称尺寸分段

公称尺寸分主段落和中间段落。标准公差和基本偏差是按表中的主段落计算的。中间段落仅用于公称尺寸至 500mm 的轴的基本偏差 a～c 及 r～zc，或孔的基本偏差 A～C 及 R～ZC 和公称尺寸大于 500～3150mm 的轴的基本偏差 r～u，或孔的基本偏差 R～U。

如果按公式计算标准公差值，则每一个公称尺寸就有一个对应的公差值，这样将使编制的公差值表格庞大，使用会很不方便。实际上计算结果表明，对同一个公差等级、公称尺寸相近时，公差值相差甚微，此时取相同数值对实际影响很小。因此，标准中将常用尺寸分为若干段，以简化公差表格，如表 2-5 所示。

表 2-5 公称尺寸分段（摘自 GB/T 1800.1—2009） mm

主段落		中间段落		主段落		中间段落	
大于	至	大于	至	大于	至	大于	至
—	3	无细分段				120	140
3	6					140	160
6	10					160	180
10	18	10	14	180	250	180	200
		14	18			200	225
						225	250
18	30	18	24	250	315	250	280
		24	30			280	315
30	50	30	40	315	400	315	355
		40	50			355	400
50	80	50	65	400	500	400	450
		65	80			450	500
80	120	80	100	500	360	500	560
		100	120			560	630

续表

主段落		中间段落		主段落		中间段落	
大于	至	大于	至	大于	至	大于	至
630	800	630 710	710 800	800	1 000	800 900	900 1 000
1 100	1 250	1 000 1 120	1 200 1 250				
1 250	1 600	1 250 1 400	1 400 1 600	1 600	2 000	1 600 1 800	1 800 2 000
2 000	2 500	2000 2 240	2 240 2 500	2 500	3 150	2500 2 8000	2 800 3 150

分段后的标准公差计算公式中的公称尺寸应按每一尺寸分段首尾两尺寸的几何平均值代入计算，即：$D=\sqrt{D_1 \times D_2}$。而对于小于或等于3mm的公称尺寸段，用1mm和3mm的几何平均值 $D=\sqrt{1 \times 3}=1.732$mm 来计算标准公差和基本偏差。实际工作中，标准公差用查表法来确定。

2.2.2 基本偏差系列

如前所述，基本偏差是确定公差带的位置参数，与公差等级无关。为了满足各种不同配合的需要，必须将孔和轴的公差带位置标准化。为此，标准对孔和轴各规定了28个公差带位置，分别由28个基本偏差代号来确定。

（1）基本偏差的代号

基本偏差代号用拉丁字母表示，对孔用大写A，…，ZC表示；对轴用小写a，…，zc表示。轴和孔的基本偏差代号各28个。

必须指出：以轴为例，字母中除去与其他代号易混淆的5个字母i、l、o、q、w，增加了七个双字母代号cd、ef、fg、js、za、zb、zc，其排列顺序见图2-15。孔的基本偏差代号与轴类同，这里不再重述。

（2）基本偏差系列图及特征

在图2-15基本偏差系列图中，表示了公称尺寸相同的28种孔和轴基本偏差相对零线的位置。图中画的基本偏差是"开口"公差带，这是因为基本偏差只表示公差带的位置，而不表示公差带的大小。"开口"的一端则表示将由公差等级来确定，即由公差等级确定公差带的大小。

由图2-15可以看出，孔和轴的各基本偏差图形是基本对称的，它们的性质和关系可归纳如下：

① 孔的基本偏差中，A~G的基本偏差为下极限偏差EI，其值为正值；J~ZC的基本偏差为上极限偏差ES，其值为负值，J、K除外。轴的基本偏差中，a~g的基本偏差为上极限偏差es，其值为负值；j~zc的基本偏差为下极限偏差ei，其值为正值，j除外。

② H和h分别为基准孔和基准轴的基本偏差代号，它们的基本偏差分别是EI=0、es=0。

③ 基本偏差代号JS和js的公差带对称分布在零线两侧，因此，它们的基本偏差既可以是上极限偏差，也可以是下极限偏差。

④ 孔和轴的基本偏差系列图中具有倒影关系。

（3）基本偏差数值

① 轴基本偏差数值的确定　轴的基本偏差数值是以基孔制配合为基础，按照各种配合

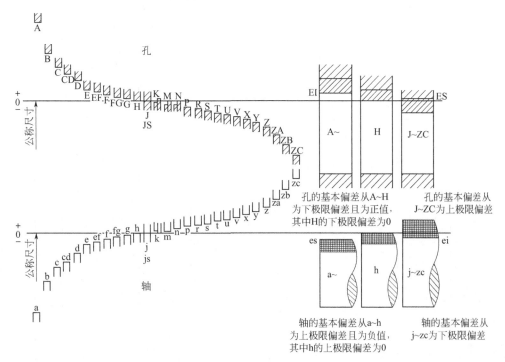

图 2-15 孔和轴基本偏差系列图

的要求,再根据生产实践经验和统计分析结果得出一系列的计算公式,计算后圆整成尾数而得出列表值,公称尺寸至 1000mm 轴的基本偏差数值,如表 2-6 所示。

② 孔基本偏差数值的确定 根据孔和轴基本偏差的倒影关系,按一定的规则换算后可得到孔的基本偏差数值表,公称尺寸至 1000mm 孔的基本偏差数值见表 2-7。但在查孔的基本偏差表时应注意以下两种情况。

a. 直接查表(倒影关系)。当孔的基本偏差在 A~S 时,EI=-es;当孔的基本偏差在 J~N(>IT8)和 P~ZC(>IT7)时,ES=-ei。其中 es 和 ei 是指待求孔的基本偏差相对应的同尺寸、同名轴的基本偏差(如 ϕ72G7 和 ϕ72g7)。所谓的倒影关系,是将轴的基本偏差双变号(上、下极限偏差变,数值正负号变),即得待求孔的基本偏差。

b. 查表加值。当孔的基本偏差在 K、M、N(≤IT8)和 P~ZC(≤IT7)时,ES=-ei+Δ。孔的公差等级在上述规定范围之内时,孔的基本偏差等于在上述双变号的基础上加上一个 Δ 值,Δ 值可在表 2-7 中 "Δ" 栏处查得。

③ 轴和孔基本偏差值的查表

【例 2-1】查表确定尺寸 ϕ35j6、ϕ72K8、ϕ90R7 的极限偏差。

解:① ϕ35j6,查表 2-2 得:IT6=0.016mm;查表 2-6 得:基本偏差 ei=-0.005mm,则 es=ei+IT6=-0.005+0.016=+0.011(mm)。由此可得:ϕ35j6 $\left(^{+0.011}_{-0.005}\right)$ mm。

② ϕ72K8,查表 2-2 得:IT8=0.046mm;查表 2-7 得:基本偏差 ES=-0.002+Δ=(-0.002+0.016)=+0.014(mm),则 EI=ES-IT8=+0.014-0.046=-0.032(mm)。由此可得:ϕ72K8 $\left(^{+0.014}_{-0.032}\right)$ mm。

③ ϕ90R7,查表 2-2 得:IT7=0.035mm;查表 2-7 得:基本偏差 ES=-0.051+Δ=(-0.051+0.013)=-0.038(mm),则 EI=ES-IT7=-0.038-0.035=-0.073(mm)。由此可得:ϕ90R7 $\left(^{-0.038}_{-0.073}\right)$ mm。

表 2-6 轴的基本偏差数值表（摘自 GB/T 1800.1—2009）（部分）

单位：μm

公称尺寸/mm		基本偏差数值																							
		上极限偏差 es												下极限偏差 ei											
		所有标准公差等级												IT5和IT6	IT7	IT8	IT4至IT7	≤IT3 >IT7	所有标准公差等级						
大于	至	a	b	c	cd	d	e	ef	f	fg	g	h	js	j	j	j	k	k	m	n	p	r	s	t	u
—	3	−270	−140	−60	−34	−20	−14	−10	−6	−4	−2	0		−2	−4	−6	0	0	+2	+4	+6	+10	+14		+18
3	6	−270	−140	−70	−46	−30	−20	−14	−10	−6	−4	0		−2	−4		+1	0	+4	+8	+12	+15	+19		+23
6	10	−280	−150	−80	−56	−40	−25	−18	−13	−8	−5	0		−2	−5		+1	0	+6	+10	+15	+19	+23		+28
10	14	−290	−150	−95		−50	−32		−16		−6	0	偏差=±$\frac{ITn}{2}$，式中 ITn 是 IT 值数	−3	−6		+1	0	+7	+12	+18	+23	+28		+33
14	18	−290	−150	−95		−50	−32		−16		−6	0		−3	−6		+1	0	+7	+12	+18	+23	+28		+33
18	24	−300	−160	−110		−65	−40		−20		−7	0		−4	−8		+2	0	+8	+15	+22	+28	+35		+41
24	30	−300	−160	−110		−65	−40		−20		−7	0		−4	−8		+2	0	+8	+15	+22	+28	+35	+41	+48
30	40	−310	−170	−120		−80	−50		−25		−9	0		−5	−10		+2	0	+9	+17	+26	+34	+43	+48	+60
40	50	−320	−180	−130		−80	−50		−25		−9	0		−5	−10		+2	0	+9	+17	+26	+34	+43	+54	+70
50	65	−340	−190	−140		−100	−60		−30		−10	0		−7	−12		+2	0	+11	+20	+32	+41	+53	+66	+87
65	80	−360	−200	−150		−100	−60		−30		−10	0		−7	−12		+2	0	+11	+20	+32	+43	+59	+75	+102
80	100	−380	−220	−170		−120	−72		−36		−12	0		−9	−15		+3	0	+13	+23	+37	+51	+71	+91	+124
100	120	−410	−240	−180		−120	−72		−36		−12	0		−9	−15		+3	0	+13	+23	+37	+54	+79	+104	+144
120	140	−460	−260	−200		−145	−85		−43		−14	0		−11	−18		+3	0	+15	+27	+43	+63	+92	+122	+170
140	160	−520	−280	−210		−145	−85		−43		−14	0		−11	−18		+3	0	+15	+27	+43	+65	+100	+134	+190
160	180	−580	−310	−230		−145	−85		−43		−14	0		−11	−18		+3	0	+15	+27	+43	+68	+108	+146	+210
180	200	−660	−340	−240		−170	−100		−50		−15	0		−13	−21		+4	0	+17	+31	+50	+77	+122	+166	+236
200	225	−740	−380	−260		−170	−100		−50		−15	0		−13	−21		+4	0	+17	+31	+50	+80	+130	+180	+258
225	250	−820	−420	−280		−170	−100		−50		−15	0		−13	−21		+4	0	+17	+31	+50	+84	+140	+196	+284
250	280	−920	−480	−300		−190	−110		−56		17	0		−16	−26		+4	0	+20	+34	+56	+94	+158	+218	+315
280	315	−1050	−540	−330		−190	−110		−56		−18	0		−16	−26		+4	0	+20	+34	+56	+98	+170	+240	+350
315	355	−1200	−600	−360		−210	−125		−62		−18	0		−18	−28		+4	0	+21	+37	+62	+108	+190	+268	+390
355	400	−1350	−680	−400		−210	−125		−62		−18	0		−18	−28		+4	0	+21	+37	+62	+114	+208	+294	+435
400	450	−1500	−760	−440		−230	−135		−68		−20	0		−20	−32		+5	0	+23	+40	+68	126	+232	+330	+490
450	500	−1650	−840	−480		−230	−135		−68		−20	0		−20	−32		+5	0	+23	+40	+68	+132	+252	+360	+540
500	560					−260	−145		−76		−22	0						0	+26	+44	+78	+150	+280	+400	+600
560	630					−260	−145		−76		−22	0						0	+26	+44	+78	+155	+310	+450	+660
630	710					−290	−160		−80		−24	0						0	+30	+50	+88	+175	+340	+500	+740
710	800					−290	−160		−80		−24	0						0	+30	+50	+88	+185	+380	+560	+840
800	900					−320	170		−86		−26	0						0	+34	+56	+100	+210	+430	+620	+940
900	1000					−320	170		−86		−26	0						0	+34	+56	+100	+220	+470	+680	+1050

注：1. 公称尺寸小于或等于 1mm 时，基本偏差 a 和 b 均不采用。
2. 公差带 js7 至 js11，若 ITn 值数为奇数，则取偏差=±(ITn−1)/2。

表 2-7 孔的基本偏差数值表（摘自 GB/T 1800.1—2009）（部分）

单位：μm

公称尺寸/mm		基本偏差数值																															
		下极限偏差 EI												上极限偏差 ES																	Δ 值				
		所有标准公差等级											IT6	IT7	IT8	≤IT8	>IT8	≤IT8	>IT8	≤IT8	>IT8	≤IT7	标准公差等级大于 IT7							标准公差等级					
		A	B	C	CD	D	E	EF	F	FG	G	H	JS	J	J	J	K	K	M	M	N	N	P 至 ZC	P	R	S	T	U	IT3	IT4	IT5	IT6	IT7	IT8
大于	至																																	
—	3	+270	+270	+60	+34	+20	+14	+10	+6	+4	+2	0	偏差=±$\frac{IT_n}{2}$，式中 IT_n 是 IT 值数	+2	+4	+6	0	0	−2	−2	−4	−4		−6	−10	−14		−18	0	0	0	0	0	0
3	6	+270	+150	+70	+46	+30	+20	+14	+10	+6	+4	0		+5	+6	+10	−1+Δ		−4+Δ	−4	−8+Δ	0	在大于 IT7 的相应数值上增加一个 Δ 值	−12	−15	−19		−23	1	1.5	1	3	4	6
6	10	+280	+150	+80	+56	+40	+25	+18	+13	+8	+5	0		+5	+8	+12	−1+Δ		−6+Δ	−6	−10+Δ	0		−15	−19	−23		−28	1	1.5	2	3	6	7
10	14	+290	+150	+95		50	+32		+16		+6	0		+6	+10	+15	−1+Δ		−7+Δ	−7	−12+Δ	0		−18	−23	−28		−33	1	2	3	3	7	9
14	18																																	
18	24	+300	+160	+110		+65	+40		+20		+7	0		+8	+12	+20	−2+Δ		−8+Δ	−8	−15+Δ	0		−22	−28	−35		−41	1.5	2	3	4	8	12
24	30																											−41	−48						
30	40	+310	+170	+120		+80	+50		+25		+9	0		+10	+14	+24	−2+Δ		−9+Δ	−9	−17+Δ	0		−26	−34	−43	−48	−60	1.5	3	4	5	9	14
40	50	+320	+180	+130																							−54	−70						
50	65	+340	+190	+140		+100	+60		+30		+10	0		+13	+18	+28	−2+Δ		−11+Δ	−11	−20+Δ	0		−32	−41	−53	−66	−87	2	3	5	6	11	16
65	80	+360	+200	+150																						−43	−59	−75	−102						
80	100	+380	+220	+170		+120	+72		+36		+12	0		+16	+22	+34	−3+Δ		−13+Δ	−13	−23+Δ	0		−37	−51	−71	−91	−124	2	4	5	7	13	19
100	120	+410	+240	+180																						−54	−79	−104	−144						
120	140	+460	+260	+200		+145	+85		+43		+14	0		+18	+26	+41	−3+Δ		−15+Δ	−15	−27+Δ	0		−43	−63	−92	−122	−170	3	4	6	7	15	23
140	160	+520	+280	+210																						−65	−100	−134	−190						
160	180	+580	+310	+230																						−68	−108	−146	−210						
180	200	+660	+340	+240		+170	+100		+50		+15	0		+22	+30	+47	−4+Δ		−17+Δ	−17	−31+Δ	0		−50	−77	−122	−166	−236	3	4	6	9	17	26
200	225	+740	+380	+260																						−80	−130	−180	−258						
225	250	+820	+420	+280																						−84	−140	−196	−284						
250	280	+920	+480	+300		+190	+110		+56		+17	0		+25	+36	+55	−4+Δ		−20+Δ	−20	−34+Δ	0		−56	−94	−158	−218	−315	4	4	7	9	20	29
280	315	+1050	+540	+330																						−98	−170	−240	−350						
315	355	+1200	+600	+360		+210	+125		+62		+18	0		+29	+39	+60	−4+Δ		−21+Δ	−21	−37+Δ	0		−62	−108	−190	−268	−390	4	5	7	11	21	32
355	400	+1350	+680	+400																						−114	−208	−294	−435						
400	450	+1500	+760	+440		+230	+135		+68		+20	0		+33	+43	+66	−5+Δ		−23+Δ	−23	−40+Δ	0		−68	−126	−232	−330	−490	5	5	7	13	23	34
450	500	+1650	+840	+480																						−132	−255	−360	−540						
500	560					+260	+145		+76			0					0		−26		−44			−78	−150	−280	−400	−600						
560	630																								−155	−310	−450	−660						
630	710					+290	+160		+80			0					0		−30		−50			−88	−175	−340	−500	−740						
710	800																								−185	−380	−560	−840						
800	900					+320	+170		+86			0					0		−34		−56			−100	−210	−430	−620	−940						
900	1000																								−220	−470	−680	−1050						

注：1. 公称尺寸小于或等于 1mm 时，基本偏差 A 和 B 及大于 IT8 的 N 均不采用。公差带 JS7 至 JS11，若 IT_n 值数是奇数，则取偏差=±$\frac{(IT_n − 1)}{2}$。
2. 对小于或等于 IT8 的 K、M、N 和小于或等于 IT7 的 P 至 ZC，所需 Δ 值从表内右侧选取。例如：18～30mm 段的 K7：Δ = 8μm，所以 ES = (−2+8) μm = +6μm；18～30mm 段的 S6：Δ = 4μm，所以 ES = (−35+4) μm = −31μm。特殊情况：250～315mm 段的 ES = −9μm（代替 −11μm）。

(4) 公差与配合在图样上的标注

在机械图样中，尺寸公差与配合的标注应遵守国家标准（GB/T 4458.5—2003）规定，现摘要叙述。

① 零件图中的标注　在零件图中标注孔、轴的尺寸公差有下列三种形式。

a. 在孔或轴的公称尺寸的右边注出公差带代号，如图 2-16 所示。孔、轴公差带代号由基本偏差代号与公差等级代号组成，如图 2-17 所示。

图 2-16　标注公差带代号　　　　图 2-17　公差带代号的形式

b. 在孔或轴的公称尺寸的右边注出该公差带的极限偏差数值，如图 2-18 所示。上极限偏差应注在公称尺寸的右上角；下极限偏差应与公称尺寸在同一底线上，且上、下极限偏差数字的字号应比公称尺寸数字的字号小一号。

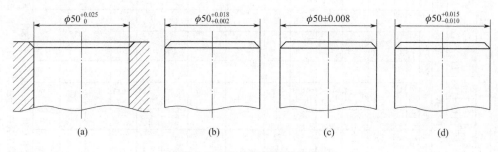

图 2-18　标注极限偏差数值

当上极限偏差或下极限偏差为零时，要注出偏差数值"0"，并与另一个偏差值的个位数对齐，如图 2-18(a) 所示。上、下极限偏差的小数点必须对齐，小数点后的位数必须相同，如图 2-18(b) 所示；小数点后右端的"0"一般不注出；为了使上、下极限偏差值的小数点后的位数相同，可以用"0"补齐，如图 2-18(d) 所示。若上、下极限偏差值相等，符号相反时，偏差数值只注写一次，并在偏差值与公称尺寸之间注写符号"±"，且两者数字高度相同，如图 2-18(c) 所示。

c. 在孔或轴的公称尺寸的右边同时注出公差带代号和相应的极限偏差数值，此时后者应加上圆括号，如图 2-19 所示。

② 装配图中的标注　装配图中一般标注配合代号，配合代号由两个相互结合的孔或轴的公差带代号组成，写成分数形式，分子为孔的公差带代号，分母为轴的公差带代号，如图 2-20 所示。

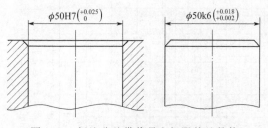

图 2-19　标注公差带代号和极限偏差数值

在图 2-20 中 $\phi50H7/k6$ 的含义为：公称尺寸 $\phi50mm$，基孔制配合，基准孔的基本偏差为 H，公差等级为 7 级；与其配合的轴基本偏差为 k，公差等级为 6 级。图 2-20 中 $\phi50F8/h7$ 是基轴制配合。

在装配图中,当零件与常用标准件有配合要求的尺寸,可以仅标注相配合的非标准件(零件)的公差带代号,如图 2-21 所示。

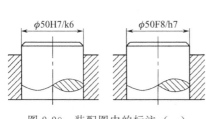

图 2-20 装配图中的标注(一)

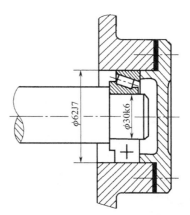

图 2-21 装配图中的标注(二)

2.2.3 公差带与配合的国家标准

标准公差等级代号由符号 IT 和数字组成,例如:IT7 表示标准公差等级为 7 级。当其与代表基本偏差的字母一起组成公差带时,省略标准公差符号 IT 字母,如 h7 等。根据 GB/T 1800.1—2009 规定的 20 个标准公差等级和孔、轴各 28 个基本偏差,二者组合后孔可有 543 种不同位置和大小的公差带,而轴可有 544 种。孔和轴各 500 多种的公差带,又可组成大量的配合。这很显然是不科学、不经济的。

因此,为了简化公差带和配合的数量,从而减少定值刀具、量具和工艺装备的品种和规格,国家标准 GB/T 1801—2009 对公称尺寸不大于 500mm 的孔、轴分别规定了一般、常用和优先选用的公差带,如图 2-22 和图 2-23 所示。图中列出了一般公差带,孔有 105 种,轴有 116 种;框格内为常用公差带,孔有 44 种,轴有 59 种;圆圈内为优先公差带,孔和轴各有 13 种。

在选用公差带时,应按优先、常用、一般公差带的顺序选取。当一般公差带也不能满足使用要求时,允许按国家标准规定的基本偏差和标准公差等级组成所需的公差带。

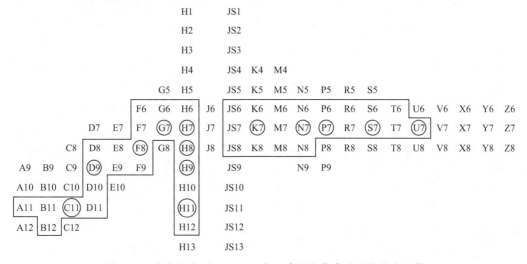

图 2-22 公称尺寸≤500mm 一般、常用和优先选用孔的公差带

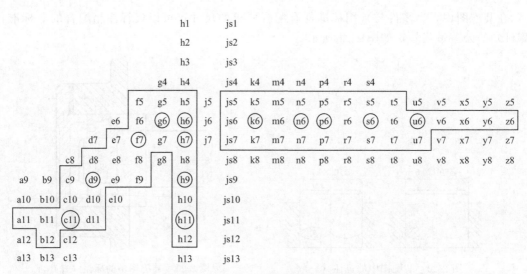

图 2-23 公称尺寸≤500mm 一般、常用和优先选用轴的公差带

在所规定的孔、轴常用和优先选用公差带的基础上，国家标准规定了公称尺寸至 500mm 的基孔制常用配合 59 种，优先配合 13 种，见表 2-8；基轴制常用配合 47 种，优先配合 13 种，见表 2-9。

表 2-8 基孔制优先、常用配合（摘自 GB/T 1801—2009）

基准孔	轴																				
	a	b	c	d	e	f	g	h	js	k	m	n	p	r	s	t	u	v	x	y	z
	间隙配合								过渡配合				过盈配合								
h6						$\frac{H6}{f5}$	$\frac{H6}{g5}$	$\frac{H6}{h5}$	$\frac{H6}{js5}$	$\frac{H6}{k5}$	$\frac{H6}{m5}$	$\frac{H6}{n5}$	$\frac{H6}{p5}$	$\frac{H6}{r5}$	$\frac{H6}{s5}$	$\frac{H6}{t5}$					
H7						$\frac{H7}{f6}$	$\frac{H7}{g6}$	$\frac{H7}{h6}$	$\frac{H7}{js6}$	$\frac{H7}{k6}$	$\frac{H7}{m6}$	$\frac{H7}{n6}$	$\frac{H7}{p6}$	$\frac{H7}{r6}$	$\frac{H7}{s6}$	$\frac{H7}{t6}$	$\frac{H7}{u6}$	$\frac{H7}{v6}$	$\frac{H7}{x6}$	$\frac{H7}{y6}$	$\frac{H7}{z6}$
H8					$\frac{H8}{e7}$	$\frac{H8}{f7}$	$\frac{H8}{g7}$	$\frac{H8}{h7}$	$\frac{H8}{js7}$	$\frac{H8}{k7}$	$\frac{H8}{m7}$	$\frac{H8}{n7}$	$\frac{H8}{p7}$	$\frac{H8}{r7}$	$\frac{H8}{s7}$	$\frac{H8}{t7}$	$\frac{H8}{u7}$				
H8				$\frac{H8}{d8}$	$\frac{H8}{e8}$	$\frac{H8}{f8}$		$\frac{H8}{h8}$													
H9			$\frac{H9}{c9}$	$\frac{H9}{d9}$	$\frac{H9}{e9}$	$\frac{H9}{f9}$		$\frac{H9}{h9}$													
H10			$\frac{H10}{c10}$	$\frac{H10}{d10}$				$\frac{H10}{h10}$													
H11	$\frac{H11}{a11}$	$\frac{H11}{b11}$	$\frac{H11}{c11}$	$\frac{H11}{d11}$				$\frac{H11}{h11}$													
H12		$\frac{H12}{b12}$						$\frac{H12}{h12}$													

注：1. $\frac{H6}{n5}$，$\frac{H7}{p6}$ 在公称尺寸小于或等于 3mm 和 $\frac{H8}{r7}$ 在小于或等于 100mm 时，为过渡配合。

2. 标注 ▼ 的配合为优先配合。

表 2-9 基轴制优先、常用配合（摘自 GB/T 1801—2009）

基准轴	孔																			
	A	B	C	D	E	F	G	H	JS	K	M	N	P	R	S	T	U	V	X	Y	Z
	间隙配合								过渡配合			过盈配合									
h5						$\frac{F6}{h5}$	$\frac{G6}{h5}$	$\frac{H6}{h5}$	$\frac{JS6}{h5}$	$\frac{K6}{h5}$	$\frac{M6}{h5}$	$\frac{N6}{h5}$	$\frac{P6}{h5}$	$\frac{R6}{h5}$	$\frac{S6}{h5}$	$\frac{T6}{h5}$					
h6						$\frac{F7}{h6}$	▼$\frac{G7}{h6}$	▼$\frac{H7}{h6}$	$\frac{JS7}{h6}$	▼$\frac{K7}{h6}$	$\frac{M7}{h6}$	▼$\frac{N7}{h6}$	▼$\frac{P7}{h6}$	▼$\frac{R7}{h6}$	▼$\frac{S7}{h6}$	▼$\frac{T7}{h6}$	▼$\frac{U7}{h6}$				
h7					$\frac{E8}{h7}$	▼$\frac{F8}{h7}$		▼$\frac{H8}{h7}$	$\frac{JS8}{h7}$	$\frac{K8}{h7}$	$\frac{M8}{h7}$	$\frac{N8}{h7}$									
h8				$\frac{D8}{h8}$	$\frac{E8}{h8}$	$\frac{F8}{h8}$		$\frac{H8}{h8}$													
h9				▼$\frac{D9}{h9}$	$\frac{E9}{h9}$	$\frac{F9}{h9}$		▼$\frac{H9}{h9}$													
h10				$\frac{D10}{h10}$				$\frac{H10}{h10}$													
h11	▼$\frac{A11}{h11}$	▼$\frac{B11}{h11}$	▼$\frac{C11}{h11}$	$\frac{D11}{h11}$				▼$\frac{H11}{h11}$													
h12		$\frac{B12}{h12}$						$\frac{H12}{h12}$													

注：标注▼的配合为优先配合。

2.3 极限与配合的选择

极限与配合的选择内容包括：基准制、公差等级和配合的选择。选择的原则是在满足使用要求的前提下，获得最佳的经济效益。

2.3.1 基准制的选择

选择基准制时，应综合考虑相关零件的结构特点，加工与装配工艺以及经济效益等因素，且应遵循以下原则来确定。

（1）优先选用基孔制

采用基孔制可以减少定值刀、量具的规格数量，有利于刀、量具的标准化、系列化，因而经济合理、使用方便。这是因为对于中、小尺寸的孔多采用定值刀具（如钻头、铰刀、拉刀等）加工，用定值量具（如光滑极限量规等）检验。这些刀具的形状较为复杂、材料较贵、制造较难，且每一种规格的定值刀、量具只能加工和检验一种尺寸的孔。例如，$\phi 30H7/f6$、$\phi 30H7/n6$、$\phi 30H7/k6$ 是公称尺寸相同的基孔制配合，虽然它们的配合性质各不相同，但孔的公差带是相同的，所以只需用同一规格的定值刀、量具来加工和检验即可。这三个尺寸中轴的公差带虽然各不相同，但由于车刀、砂轮等刀具对不同极限尺寸的轴是同样适用的，因而，不会增加刀具的费用。由此可见采用基孔制配合不但可以减少孔的公差带的数量，而且大大减少了孔定值刀、量具的数量，从而获得较高的经济效益。

(2) 有明显经济效益时选用基轴制

采用冷拉钢材做轴时，由于钢材本身的精度（可达 IT8）已能满足设计要求，故轴不再加工，此时采用基轴制较为经济合理。

在同一公称尺寸的轴上需要装配几个具有不同配合的零件时，采用基轴制，否则将会造成轴加工困难或无法加工。图 2-24 所示为活塞、活塞销和连杆的连接，按使用要求活塞销与连杆头内衬套孔的配合为间隙配合，而活塞销与活塞的配合为过渡配合。这两种配合的公称尺寸相同，如果采用基孔制配合，三个孔的公差带虽然一样，但活塞销必须做成两头粗中间细的阶梯形状（直径相差比较小），如图 2-25(a) 所示。此时，活塞销的两头直径必大于连杆头衬套孔的直径。这样在装配时，活塞销要挤过衬套孔壁不仅困难，而且会刮伤孔的表面。另外，这种阶梯形状的活塞销比无阶梯的加工要困难得多。在此情况下如果采用基轴制，如图 2-25(b) 所示的活塞销采用无阶梯结构，衬套孔和活塞孔分别采用不同的公差带，既可以满足使用要求，又可以减少加工的工作量，降低加工成本，同时还可以方便装配。

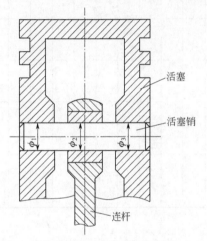

图 2-24 活塞销、活塞、连杆头衬套孔的配合
ϕ_1—间隙配合；ϕ_2，ϕ_3—过渡配合

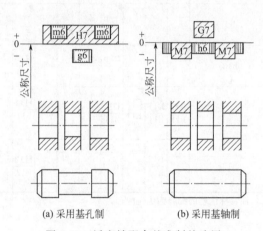

图 2-25 活塞销配合基准制的选用

(3) 由常用标准件选用基准制

当设计的零件与常用标准件配合时，基准制的选择应依常用标准件而定。如零件与滚动轴承相配合时，与轴承内圈配合的轴应选用基孔制，而与轴承外圈配合的孔则应选用基轴制，如图 2-21 和图 2-26（只注出与滚动轴承相配合的轴和孔的公差带代号）所示。

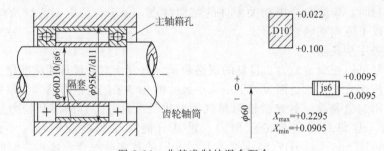

图 2-26 非基准制的混合配合

(4) 特殊情况下可采用混合配合

在一般情况下，优先选用基准制配合。如有特殊要求，允许将任一孔、轴公差带组成配合。图 2-26 所示为机床主轴箱的一部分，由于齿轮轴筒与两个轴承孔相配合，根据轴承的

使用要求已选定为 $\phi 60js6$，而两个隔套只起间隔两个轴承的轴向定位作用，为了装拆方便隔套松套在齿轮轴筒上的配合间隙应大些，其定心精度要求也不高，因而选用 $\phi 60D10$ 与齿轮轴筒配合；同样主轴箱壳孔同时与轴承外圈和隔套外径配合，根据轴承的使用要求已选定为 $\phi 95K7$，而隔套的外径则选用 $\phi 95d11$ 已达到上述使用要求。在此情况下无论采用基孔制还是基轴制都难以达到使用要求。

2.3.2 公差等级的选择

合理地选择公差等级是为了更好地处理机械零件、部件的使用要求与制造工艺及成本之间的矛盾。公差等级选择过低，虽然其零部件的制造工艺简单、成本低，但产品的精度也低、质量得不到保证；反之，选择过高，使得零部件的制造工艺复杂，加工成本也会增高。因此，选择过高或过低都不利于综合经济效益的提高。所以，选择公差等级的原则是：在满足使用要求的前提下，尽量选择低的公差等级。

选择公差等级常用类比法，也就是参考从生产实践中总结出来的经验资料，进行比较选择。用类比法选择公差等级时，应掌握各个公差等级的应用范围和各种加工方法所能达到的公差等级，以便有所依据。表 2-10 是各种加工方法可能达到的公差等级，表 2-11 是公差等级的大致应用范围，表 2-12 是各种公差等级的主要应用范围。

表 2-10　各种加工方法可能达到的公差等级

加工方法	公差等级(IT)																			
	01	0	1	2	3	4	5	6	7	8	9	10	11	12	13	14	15	16	17	18
研磨	—	—	—	—	—	—	—													
珩						—	—	—	—											
圆磨							—	—	—	—										
平磨							—	—	—	—										
金刚石车							—	—	—											
金刚石镗							—	—	—											
拉削							—	—	—	—										
铰孔								—	—	—	—	—								
车									—	—	—	—	—	—	—					
镗									—	—	—	—	—	—	—					
铣										—	—	—	—	—						
刨、插												—	—	—	—					
钻												—	—	—	—					
滚压、挤压												—	—	—						
冲压												—	—	—	—	—				
压铸													—	—	—	—				
粉末冶金成型								—	—	—										
粉末冶金烧结									—	—	—	—								
砂型铸造、气割																	—	—	—	—
锻造																	—	—		

表 2-11 公差等级大致应用范围

应用	公差等级(IT)																			
	01	0	1	2	3	4	5	6	7	8	9	10	11	12	13	14	15	16	17	18
块规	—	—	—																	
量规			—	—	—	—	—	—	—											
配合尺寸							—	—	—	—	—	—	—	—						
特别精密零件				—	—	—	—													
非配合尺寸														—	—	—	—	—	—	—
原材料公差									—	—	—	—	—	—	—	—				

表 2-12 公差等级的主要应用范围

公差等级	主要应用范围
IT01、IT0、IT1	一般用于高精密量块和其他精密尺寸标准块的公差。IT1 也用于检验 IT6、IT7 级轴用量规的校对量规
IT2～IT5	用于特别精密零件的配合及精密量规
IT5(孔 IT6)	用于高精密和重要的配合处。例如,机床主轴的轴颈、主轴箱体孔与精密滚动轴承的配合;车床尾座孔与顶针套筒的配合;发动机活塞销与连杆衬套孔和活塞孔的配合 配合公差很小,对加工要求很高,应用较少
IT6(孔 IT7)	用于机床、发动机、仪表中的重要配合。如机床传动机构中齿轮与轴的配合;轴与轴承的配合;发动机中活塞与汽缸、曲轴与轴套、汽门杆与导套的配合等 配合公差较小,一般精密加工能够实现,在精密机床中广泛应用
IT7、IT8	用于机床、发动机中的次要配合;也用于重型机械、农业机械、纺织机械、机车车辆等的重要配合上。如机床上操纵杆的支承配合;发动机活塞环与活塞环槽的配合;农业机械中齿轮与轴的配合等 配合公差中等,加工易实现,在一般机械中广泛应用
IT9、IT10	用于一般要求,或精度要求较高的槽宽的配合
IT11、IT12	用于不重要的配合处。多用于各种没有严格要求,只要求便于连接的配合。如螺栓和螺孔、铆钉和孔等的配合
IT12～IT18	用于未注公差的尺寸和粗加工的工序尺寸上,包括冲压件、铸锻件的公差等。如手柄的直径、壳体的外形、壁厚尺寸、端面之间的距离等

采用类比法选择公差等级时,除考虑以上各表内容外,还应注意以下两点。

(1) 考虑孔和轴的工艺等价性

孔和轴的工艺等价性,是指孔和轴的加工难易程度应相同。对于基准制配合的公称尺寸≤500mm 的高精度配合(＜IT8)时,由于孔比轴加工困难,加工成本也高一些。为了使孔和轴的加工难易程度相当,即具有工艺等价性,其公差等级选择是孔比轴低一级,见表 2-8 和表 2-9 优先和常用配合的选用;当精度＝IT8 时,孔比轴低一级或同级,而低精度(＞IT8)或公称尺寸大于 500mm 的孔和轴采用同级配合。

(2) 考虑非基准件配合与成本

若相配合零件的精度要求不高,则相配件的公差等级可以相差 2～4 级,以降低加工成本。如图 2-26 中的隔套与轴筒和箱体孔分别选取 $\phi60D10/js6$ 和 $\phi95K7/d11$。

【例 2-2】 某配合的公称尺寸为 $\phi30$mm，根据使用要求，配合间隙应在 $+21\sim+56\mu$m 范围内，试确定孔和轴的公差等级。

解： 按已知条件配合允许的最大间隙 $[X_{max}]=+56\mu$m，最小间隙 $[X_{min}]=+21\mu$m。

① 求允许的配合公差 $[T_f]$

根据公式(2-11)可知 $[T_f]=|[X_{max}]-[X_{min}]|=|+56-(+21)|=35(\mu m)$。

② 查表确定孔和轴的公差等级

根据公式(2-14)可知孔和轴的配合公差 $T_f=T_h+T_s$，从满足使用要求考虑，所选的孔和轴应是 $T_h+T_s\leqslant[T_f]$，为降低成本应选用公差等级最低的组合。

查表 2-2 可得，IT6=13μm，IT7=21μm。考虑到工艺等价性，按孔的公差等级比轴低一级的原则，选取孔为 IT7，轴为 IT6。由此可得配合公差

$T_f=T_h+T_s=$IT7+IT6=21+13=34<35(μm)，可满足使用要求。

2.3.3 配合的选用

当基准制和公差等级选定后，就确定了基准孔或基准轴的公差带，以及相应的非基准轴或非基准孔的公差带的大小，因此配合的选择实际是要确定非基准轴或非基准孔的公差带的位置，也即选择非基准轴或非基准孔的基本偏差代号。

选择配合的方法有：计算法、试验法、类比法。在生产实际中，通常多采用类比法。为此，首先必须掌握各种基本偏差的特点，并了解它们的应用实例，然后再根据具体要求情况加以选择。以下重点阐述类比法。

(1) 配合选择的大致方向

选择配合时，应首先根据配合的具体要求，如工作时配合件的运动速度、运动方向、运动精度、间歇时间等，承受负荷情况，润滑条件，温度变化，装卸条件，以及材料的物理力学性能等。参照表 2-13 大致确定应选择的配合类别，即从宏观的角度初定配合种类。

(2) 基本偏差的特点及应用

在明确所选择的配合类别后，参照表 2-14 中各种基本偏差的特点及应用，来正确地选择配合。表 2-15 是优先配合的特征及应用，仅供设计选择配合时参考。

表 2-13 孔、轴配合类别选择的大致方向

	有相对运动(转动或移动)		间隙配合
孔和轴之间	无相对运动	传递较大扭矩，不可拆卸	过盈配合
		定心精度要求高，加键传递扭矩，需要拆卸	过渡配合
		加键传递扭矩，经常拆卸	间隙配合

表 2-14 各种基本偏差的特点及应用

配合	轴、孔基本偏差	特点及应用
间隙配合	a(A) b(B)	可得到特别大的间隙，应用很少。主要应用于工作温度高、热变形大的零件的配合，如发动机中活塞与汽缸套的配合为 H9/a9
	c(C)	可得到很大间隙，适用于缓慢、松弛的动配合。一般用于工作条件较差(如农业机械，矿山机械)、工作时受力变形大及装配工艺性不好的零件的配合，推荐配合为 H11/c11；也适用于高温工作的间隙配合。如内燃机排气阀杆与导管的配合为 H8/c7

续表

配合	轴、孔基本偏差	特点及应用
间隙配合	d(D)	与IT7~IT11级对应，适用于较松的间隙配合，如密封盖、滑轮、空转带轮轴孔等与轴的配合；以及大尺寸的滑动轴承孔与轴颈的配合，如涡轮机、球磨机、轧滚成型和重型弯曲机等的滑动轴承。活塞环与活塞环槽的配合可选用 H9/d9
	e(E)	与IT6~IT9对应，适用于具有明显间隙、易于转动的轴与轴承的配合，以及高速、重载支承的大尺寸轴和轴承的配合。如涡轮发电机、大型电机、内燃机主要轴承处的配合为 H8/e7
	f(F)	多与IT6~IT8对应，用于一般转动的配合。当受温度影响不大时，被广泛采用普通润滑油润滑的轴和轴承孔。如齿轮箱、小电动机、泵等的转轴与滑动轴承孔的配合为 H7/f6
	g(G)	多与IT5~IT7对应，形成配合的间隙较小，制造成本高，仅用于轻载精密装置中的转动配合。最适合不回转的精密滑动配合也用于插销的定位配合，滑阀、连杆销等处的配合
	h(H)	多与IT4~IT11对应，广泛应用于无相对转动零件的配合，一般的定位配合。若没有温度、变形的影响，也用于精密滑动轴承的配合。如车床尾座孔与滑动套筒的配合为 H6/H5
过渡配合	js(JS)	多用于IT4~IT7具有平均间隙的过渡配合，用于略有过盈的定位配合，如联轴器、齿圈与钢制轮毂的配合，滚动轴承外圈与外壳孔的配合多采用 JS7。一般用手或木锤装配
	k(K)	多用于IT4~IT7平均间隙接近零的配合，用于稍有过盈的定位配合，如滚动轴承内、外圈分别与轴颈、外壳孔的配合。一般用木锤装配
	m(M)	多用于IT4~IT7平均过盈较小的配合，用于精密定位的配合，如蜗轮的青铜轮缘与轮毂的配合为 H7/m6。一般用木锤装配，但在最大过盈时，需要相当的压入力
	n(N)	多用于IT4~IT9平均过盈较大的配合，很少形成间隙。用于加键传递较大扭矩的配合，如冲床上齿轮与轴的配合，推荐采用 H6/n5；键与键槽的配合采用 N9/h9。一般用木锤或压力机装配
过盈配合	p(P)	用于小过盈的配合，与H6或H7的孔形成过盈配合，而与H8的孔形成过渡配合。对于合金钢制件的配合，为易于拆卸需要较轻的压入配合；而对于碳钢和铸铁制件形成的配合则为标准压入配合
	r(R)	用于传递大扭矩或受冲击负荷而需要加键的配合，如蜗轮与轴的配合为 H7/r6。与 H8 孔的配合，公称尺寸在 100mm 以上时为过盈配合，公称尺寸小于 100mm 时，为过渡配合
	s(S)	用于钢和铸铁制件的永久性和半永久性装配，可产生相当大的结合力。如套环压在轴、阀座上用 H7/s6 的配合。当尺寸较大时，为了避免损伤配合的表面，需用热胀或冷缩法装配
	t(T)	用于钢和铸铁制件的永久性结合，不用键可传递扭矩，需用热套法或冷轴法装配。如联轴器与轴的配合用 H7/t6
	u(U)	用于大过盈配合，一般应验算在最大过盈时，零件材料是否损坏。如火车轮毂轴孔与轴的配合为 H6/u5，需用热胀或冷缩法装配
	v(V) x(X) y(Y) z(Z)	用于特大的过盈配合，目前使用的经验和资料很少，需经试验后才能应用。一般不推荐

表 2-15 优先配合的特征及应用

优先配合		特征及应用说明
基孔制	基轴制	
H11/c11	C11/h11	间隙非常大，摩擦情况差。用于要求大公差和大间隙的外露组件，要求装配方便很松的配合，高温工作和松的转动配合
H9/d9	D9/h9	间隙比较大，摩擦情况较好，用于精度要求低、温度变化大、高转速或径向压力较大的自由转动的配合

续表

优先配合		特征及应用说明
基孔制	基轴制	
H8/f7	F8/h7	摩擦情况良好,配合间隙适中的转动配合。用于中等转速和中等轴颈压力的一般精度的转动,也可用于长轴或多支承的中等精度的定位配合
H7/g6	G7/h6	间隙很小,用于不回转的精密滑动配合,或用于不希望自由转动,但可自由移动和滑动,并精密定位的配合,也可用于要求明确的定位配合
H7/h6 H8/h7 H9/h9 H11/h11	H7/h6 H8/h7 H9/h9 H11/h11	均为间隙配合,其最小间隙为零,最大间隙为孔和轴的公差之和,用于具有缓慢的轴向移动或摆动的配合
H7/k6	K7/h6	过渡配合,装拆方便,用木锤打入或取出。用于要求稍有过盈、精密定位的配合
H7/n6	N7/h6	过渡配合,装拆困难,需要用木锤费力打入。用于允许有较大过盈的更精密的配合,也用于装配后不需拆卸或大修时才拆卸的配合
H7/p6	P7/h6	小过盈的配合,用于定位精度特别重要时,能以最好的定位精度达到部件的刚性及对中性要求,而对内孔承受压力无特殊要求,不依靠配合的紧固性传递摩擦负荷的配合
H7/s6	S7/h6	过盈量属于中等的压入配合,用于一般钢和铸铁制件,或薄壁件的冷缩配合,铸铁件可得到最紧的配合
H7/u6	U7/h6	过盈量较大的压入配合,用于传递大的扭矩或承受大的冲击负荷,或不宜承受大压力的冷缩配合,或不加紧固件就能得到牢固结合的场合

(3) 公差与配合选择实例

【例 2-3】某基孔制配合,公称尺寸为 $\phi 40\text{mm}$,允许配合间隙为 $+0.075 \sim +0.210\text{mm}$,试确定配合代号。

解:① 求允许的配合公差 $[T_f]$ 由已知条件可知 $[X_{max}] = +0.210\text{mm}$,$[X_{min}] = +0.075\text{mm}$,则根据公式(2-11)可知允许的配合公差为:

$$[T_f] = |[X_{max}] - [X_{min}]| = |+0.210 - (+0.075)| = 0.135(\text{mm})$$

② 确定孔和轴的公差 查表 2-2 得:孔和轴公差之和小于并接近 0.135mm 的标准公差等级为 IT9=0.062mm,故孔和轴的公差等级均选 9 级,孔的公差带代号为 H9,ES=+0.062,EI=0。

③ 确定轴的基本偏差代号 在基孔制间隙配合中,轴的基本偏差为上极限偏差,由公式(2-8)可知 $[es] = -[X_{min}] = -0.075\text{mm}$。

查表 2-6 可知,基本偏差值接近 -0.075mm 的基本偏差代号为 d,其基本偏差值 es=-0.080mm,故轴的公差带代号选作 d9,ei=-0.142。

因此,所选的配合代号为 H9/d9。

④ 验算 所选配合极限间隙为:

$$X_{max} = ES - ei = +0.062 - (-0.142) = +0.204(\text{mm}) < [X_{max}]$$
$$X_{min} = EI - es = 0 - (-0.080) = +0.080(\text{mm}) > [X_{min}]$$

由此可见 X_{max} 小于已知条件中的最大配合间隙,X_{min} 大于已知条件中的最小配合间隙,所以该配合满足使用要求。

【例 2-4】某基孔制配合,公称尺寸为 $\phi 16\text{mm}$,允许配合的最大间隙为 $+0.012$,最大过盈为 -0.020mm,试确定配合代号。

解:① 求允许的配合公差 $[T_f]$ 由已知条件可知 $[X_{max}] = +0.012\text{mm}$,$[Y_{max}] =$

−0.020mm，则根据公式(2-14)可知允许的配合公差为

$$[T_f] = |[X_{max}] - [Y_{max}]| = |+0.012 - (-0.020)| = 0.032(mm)$$

② 确定孔和轴的公差　查表2-2得：IT6=0.011mm，IT7=0.018mm，由工艺等价性，取孔的标准公差等级为IT7，轴为IT6，则有 T_f=IT7+IT6=0.018+0.0117=0.029（mm），可见配合公差值小于0.032mm，故孔的公差带代号为H7 ES=+0.018，EI=0。

③ 确定轴的基本偏差代号　在基孔制过渡配合中，轴的基本偏差为下极限偏差，由公式(2-7)可知

$$[ei] = ES - [X_{max}] = +0.018 - (+0.012) = +0.006(mm)$$

查表2-6可知，基本偏差代号 m 的基本偏差 ei=+0.007mm，故轴的公差带代号选作m6，es=+0.018。

因此，所选的配合代号为 H7/m6。

④ 验算　所选配合的最大间隙和最大过盈为

$$X_{max} = ES - ei = +0.018 - (+0.007) = +0.011(mm) < [X_{max}]$$
$$Y_{max} = EI - es = 0 - (+0.018) = -0.018(mm) < [Y_{max}]$$

由此可见 X_{max} 和 Y_{max} 都分别小于已知条件中的最大配合间隙和最大配合过盈，所以该配合满足使用要求。

2.4　线性尺寸的未注公差

对机械零件上各几何要素的线性尺寸、角度尺寸、形状和各要素之间的位置等要求，取决于它们的功能。因此，零件在图样上表达的所有要素都有一定的公差要求。但是，当对某些在功能上无特殊要求的要素，则可给出一般公差，即未注公差。

线性尺寸的一般公差主要用于较低精度的非配合尺寸，零件上无特殊要求的尺寸，以及由工艺方法可保证的尺寸。如零件在车间普通工艺条件下，由机床设备一般加工能力即可保证的公差，即尺寸后不需带有公差。

(1) 一般公差的作用

零件图上应用一般公差后具有以下优点：

① 简化制图，使图样清晰易读。

② 设计者只要熟悉一般公差的规定和应用，不需要逐一考虑几何要素的公差值，节省了图样设计的时间。

③ 只要明确哪些几何要素可由一般工艺水平保证，可简化对这些要素的检验要求，从而有利于质量管理。

④ 突出了图样上注出公差的要素的重要性，以便在加工和检验时引起重视。

⑤ 明确了图样上几何要素的一般公差要求，对供需双方在加工、销售、交货等各个方面都是非常有利的。

(2) 线性尺寸的一般公差的标准

《一般公差　未注公差的线性和角度尺寸的公差》（国家标准GB/T 1804）中对一般公差规定了四个公差等级：精密级f，中等级m，粗糙级c，最粗级v，按未注公差的线性尺寸和倒圆半径与倒角高度尺寸分别给出了各公差等级的极限偏差数值，如表2-16和表2-17所示。

由表2-16和表2-17可见，一般公差的极限偏差，无论孔、轴或长度尺寸一律呈对称分布。这样的规定，可以避免由于对孔、轴尺寸理解的不一致而带来不必要的纠纷。

表 2-16　线性尺寸的极限偏差数值（摘自 GB/T 1804—2000）　　　　　mm

公差等级	尺寸分段							
	0.5~3	>3~6	>6~30	>30~120	>120~400	>400~1000	>1000~2000	>2000~4000
精密级 f	±0.05	±0.05	±0.1	±0.15	±0.2	±0.3	±0.5	—
中等级 m	±0.1	±0.1	±0.2	±0.3	±0.5	±0.8	±1.2	±2
粗糙级 c	±0.2	±0.3	±0.5	±0.8	±1.2	±2	±3	±4
最粗级 v	—	±0.5	±1	±1.5	±2.5	±4	±6	±8

表 2-17　倒圆半径与倒角高度尺寸的极限偏差数值（摘自 GB/T 1804—2000）　　　mm

公差等级	尺寸分段			
	0.5~3	>3~6	>6~30	>30
精密级 f	±0.2	±0.5	±1	±2
中等级 m				
粗糙级 c	±0.4	±1	±2	±4
最粗级 v				

（3）线性尺寸一般公差的表示法

当零件上的要素采用一般公差时，在图样上只标注公称尺寸，不标注极限偏差或公差带代号，零件加工完后可不检验，而是在图样上、技术文件或标准（企业或行业标准）中作出总的说明。

例如，在零件图样上标题栏上方标明：GB/T 1804—m，则表示该零件的一般公差选用中等级，按国家标准 GB/T 1804 中的规定执行。

第 3 章

几何公差

3.1 概 述

3.1.1 几何误差产生的原因及对零件使用性能的影响

零件在加工过程中,由于机床、夹具、刀具和零件所组成的工艺系统本身具有一定的误差,以及受力变形、热变形、振动和磨损等各种因素的影响,使得加工后零件的各个几何要素不可避免地产生各种误差。这些误差使得零件的实际形状与理想形状之间总是存在着差异。另外,从零件的功能来看,并不希望将其做成理想形状,只需将各类误差控制在一定的范围内,便可以满足互换性要求。在实际生产中就是通过图样上给定的公差值来控制加工时产生的各类误差。加工误差包括尺寸偏差、几何误差(形状、方向、位置和跳动误差),以及表面粗糙度。本章仅介绍几何公差的内容。

几何误差对零件的使用性能有很大影响。如图 3-1 所示,台阶轴加工后的各实际尺寸虽然都在尺寸公差范围内,但可能会出现鼓形、锥形、弯曲、正截面不圆等形状,这样,实际要素和理想要素之间就有一个变动量,即形状误差;轴加工后各段圆柱的轴线可能不在同一条轴线上,如图 3-2 所示,这样实际要素与理想要素在位置上也有一个变动量,即位置误差。

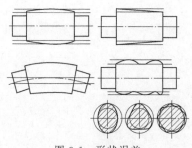

图 3-1 形状误差

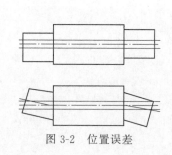

图 3-2 位置误差

几何误差对零件使用性能的影响可归纳为以下几点。

① 可装配性 如箱盖、法兰盘等零件上各螺栓孔的位置误差,将影响可装配性。

② 配合性质 如轴和孔配合面的形状误差,在间隙配合中会使间隙大小分布不均匀,如有相对运动会加速零件的局部磨损,使得运动不平稳;在过盈配合中则会使各处的过盈量分布不均匀,而影响连接强度。

③ 工作精度 如车床床身导轨的直线度误差,会影响床鞍的运动精度;车床主轴两支承轴颈的形状、位置误差,将影响主轴的回转精度;齿轮箱上各轴承孔的位置误差,会影响齿轮齿面载荷分布的均匀性和齿侧间隙。

④ 其他功能 如液压系统中零件的形状误差会影响密封性;承受负荷零件结合面的形状误差会减小实际接触面积,从而降低接触刚度及承载能力。

实际上几何误差对零件的影响远不止这几点，它将直接影响到工夹量仪的工作精度，尤其是对于高温、高压、高速、重载等条件下工作的精密机器或仪器更为重要。因此，在设计零件时，为了减少或消除这些不利的影响，需对零件的几何误差予以合理的限制，给出一个经济、合理的误差许可变动范围，即对零件的几何要素规定必要的几何公差。

3.1.2 几何公差的有关术语

任何零件就其几何特征而言，都是由若干个点、线、面所构成的，如图 3-3 所示。构成零件的几何特征点、线、面，分别称为点要素、线要素和面要素，统称要素。

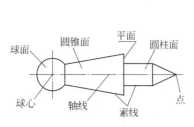

图 3-3 零件的要素

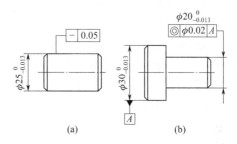

图 3-4 被测要素和基准要素

根据要素存在的状态、位置、功能关系及结构特征的不同，要素可分为：

(1) 尺寸要素

尺寸要素是指由一定大小的线性尺寸或角度尺寸确定的几何形状。

(2) 理想和实际要素

① 理想要素　是指设计图样给定的理论正确几何要素，是没有任何误差、完全正确的几何要素，又称公称要素，如图 3-5(a) 所示。

② 实际要素　是指零件上实际存在的要素。即零件加工完后，测量时所得的要素，称为提取要素。由于存在着测量误差，提取要素并非是该要素的真实状况。

(3) 被测和基准要素

① 被测要素　是指给出了形状和位置公差的要素。被测要素是检测的对象。如图 3-4 (a) 中，对 $\phi 25_{-0.013}^{0}$ mm 轴的素线给出了直线度公差要求；对 $\phi 20_{-0.013}^{0}$ mm 轴的轴线提出了同轴度公差要求，所以素线和轴线是被测要素。

② 基准要素　是指用于确定被测要素的方向或位置的要素。理想的基准要素简称为基准。它是确定被测要素的理想方向或位置的依据。如图 3-4 (b) 中的 $\phi 20_{-0.013}^{0}$ mm 轴的轴线的理想位置应与 $\phi 30_{-0.013}^{0}$ mm 轴的轴线重合，所以 $\phi 30$ 轴的轴线是基准要素。

(4) 单一和关联要素

① 单一要素　是指仅对其本身给出形状公差要求的要素。如图 3-4 (a) 中，对 $\phi 25_{-0.013}^{0}$ mm 轴的素线只提出了直线度要求，因而该素线为单一要素。

② 关联要素　是指对其他要素有方向或位置关系的要素，即要求被测要素对于基准要素保持一定的方向或位置。如图 3-4 (b) 中 $\phi 20_{-0.013}^{0}$ mm 轴的轴线即为关联要素。

(5) 组成和导出要素

① 组成要素　是指属于工件实际表面上或表面模型上的几何要素。组成要素所定义的是要素本身，例如工件的表面、棱线。

② 导出要素　是指实际不存在于工件表面上的几何要素。导出要素的类型包括由一个或几个组成要素中定义出的中心点、中心线或中心面，即构成零件轮廓的对称中心的点、线、面。如圆心、球心、曲面体的轴线、两平行平面的对称中心平面等。导出要素是随着组

成要素的存在而存在，可从公称要素、拟合要素或提取要素中得到导出要素，例如圆柱的中心线是从圆柱表面这一组成要素中获取的导出要素，如图 3-5 所示。

（6）提取要素

提取要素是指零件加工完成后，按规定方法通过检测手段所得到的要素，如图 3-5(c) 所示。

① 提取组成要素　是指由实际（组成）要素提取有限数目的点所形成的实际（组成）要素的近似替代。该替代的方法，由要素所要求的功能确定。每个实际（组成）要素可以有几个这种替代。

② 提取导出要素　是指由一个或几个提取组成要素得到的中心点、中心线或中心面。提取圆柱面的导出中心线称为提取中心线；两相对提取平面的导出中心面称为提取中心面。

（7）拟合要素

拟合要素是指按规定方法由提取要素形成的并具有理想形状的几何要素。通常由提取要素形成拟合要素时，两者之间应按照最小二乘法获得，如图 3-5(d) 所示。

① 拟合组成要素　是指由提取组成要素形成的并具有理想形状的组成要素。

② 拟合导出要素　是指由一个或几个拟合组成要素导出的中心点、中心线或中心面。

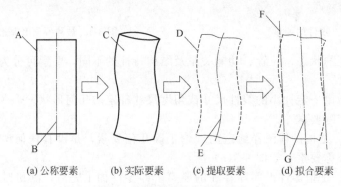

(a) 公称要素　　(b) 实际要素　　(c) 提取要素　　(d) 拟合要素

图 3-5　提取要素与拟合要素

A—公称组成要素；B—公称导出要素；C—实际要素；D—提取组成要素；
E—提取导出要素；F—拟合组成要素；G—拟合导出要素

（8）方向要素、组合连续要素、联合要素和成组要素

① 方向要素　是指由工件的提取要素建立的理想要素，用于标识公差带宽度（局部偏差）的方向。使用方向要素可以改变在面要素上的线要素公差带的宽度方向。当公差值适用在规定的方向，而非规定的几何形状的法线方向时，可以使用方向要素。其几何形状由被测要素的几何形状来确定，可以是平面、圆柱面或圆锥面。

② 组合连续要素　是指由多个单一要素无缝组合在一起的单一要素，可以是封闭的，也可以是非封闭的。封闭的组合连续要素，可以用"全周"符号、"全表面"符号和 UF（联合要素）修饰符定义。非封闭的组合连续要素，可以用"区间"符号和 UF 修饰符定义。

③ 联合要素　是指由连续的或不连续的组成要素组合而成的要素，并将其视为一个单一要素。由联合要素可以获得导出要素。联合要素不能将多个自然分离的要素定义在一起，如：两个同轴、公称直径不同的完整圆柱，不能视为一个联合要素；两个平行、但不同轴的圆柱要素（或方管），不能构建为一个联合要素；而由一组圆弧要素定义的圆柱要素，如花键的外径轮廓是一个联合要素。

④ 成组要素　是指由一组相互之间具有确定理论正确方向和（或）位置约束的，一个以上的单一要素、联合要素或（和）组合连续要素等组合而成的要素。组成成组要素的几何要素可以是组合连续要素、联合要素、单一要素、尺寸要素或成组要素，见下文图 3-11(c)

所示。

(9) 相交平面、定向平面和组合平面

① 相交平面　是指由工件的提取要素建立的平面，用于标识提取面上的线要素（组成要素或导出要素）或提取线上的点要素。

② 定向平面　是指由工件的提取要素建立的平面，用于标识公差带的方向。只有当被测要素是导出要素（中心点、中心线）且公差带由两平行直线或平行平面定义时，或被测要素是中心点、圆柱时，才可以使用定向平面。定向平面可用于定义矩形局部区域的方向。

③ 组合平面　是指由工件上的一个要素建立的平面，用于定义封闭的组合连续要素。当使用全周符号时，应同时使用组合平面。

3.1.3　几何公差的几何特征及符号

国家标准 GB/T 1182—2018 中规定了多项几何公差，几何公差包括形状公差、方向公差、位置公差和跳动公差，各几何公差的几何特征及符号见表 3-1 所示。由表可见，形状公差无基准要求；方向和位置公差有基准要求；而在几何特征是线、面轮廓度中，无基准要求为形状公差，有基准要求为方向或位置公差。

需要说明的是：特征符号的线宽为 $h/10$（h 为图样中所注尺寸数字的高度），符号的高度一般为 h，圆柱度、平行度和跳动公差的符号倾斜约 $75°$。

表 3-2 为国家标准 GB/T 1182—2018 几何公差的几何特征附加符号，仅供参考。

表 3-1　几何公差的几何特征及符号（摘自 GB/T 1182—2018）

公差类型	几何特征	符　号	有或无基准	公差类型	几何特征	符　号	有或无基准
形状公差	直线度	—	无	方向公差	平行度	∥	有
	平面度	▱	无		垂直度	⊥	有
	圆度	○	无		倾斜度	∠	有
	圆柱度	⌭	无	位置公差	位置度	⌖	有或无
位置公差或形状公差	线轮廓度	⌒	有或无		同心度(用于中心点)	◎	有
					同轴度(用于轴线)	◎	有
	面轮廓度	⌓	有或无		对称度	═	有
				跳动公差	圆跳动	↗	有
					全跳动	⌰	有

表 3-2　几何公差的几何特征附加符号（摘自 GB/T 1182—2018）

名称	符号	名称	符号
基准目标	$\dfrac{\phi 2}{A1}$	螺纹大径	MD
理论正确尺寸(TED)	$\boxed{50}$	延伸公差带	Ⓟ
包容要求	Ⓔ	独立公差带	SZ
可逆要求	Ⓡ	组合公差带	CZ
最大实体要求	Ⓜ	联合要素	UF

续表

名称	符号	名称	符号
最小实体要求	Ⓛ	导出要素	Ⓐ
任意横截面	ACS	方向要素框格	←[// | B]
全周（轮廓）	⊙—⊙	相交平面框格	◁[// | B]
全表面（轮廓）	⊚—⊚	定向平面框格	◁[// | B]
区间	↔	组合平面框格	○[// | B]

3.1.4 几何公差代号和基准符号

几何公差应采用代号标注，如图 3-6 所示。

几何公差框格由几何特征的符号、框格、公差数值和基准代号的字母等组成，如图 3-6 (a) 所示。框格应用细实线水平或垂直画出，自左到右顺序是第一格填写几何公差的几何特征的符号；第二格填写几何公差数值和有关符号，如果公差带为圆形或圆柱形，公差值前应加注符号"ϕ"，如果公差带为圆球形，公差值前应加注符号"$S\phi$"；第三格和以后各格填写基准代号的字母和有关符号：以单个要素为基准时，即一个字母表示的单个基准，如图 3-6 (b) 所示，或以两个或三个基准建立的基准体系，如图 3-6(c) 所示。表示基准的大写字母按基准的优先顺序自左而右的填写或以两个要素建立的公共基准时，用中间加连字符的两个大写字母来表示，如图 3-6(d) 所示。

几何公差规范标注符号由带箭头的指引线、公差框格、辅助平面或要素框格及相邻标注四个部分组成，如图 3-6(e) 所示。指引线用细实线画出，指引线箭头与尺寸线箭头画法相同，箭头应指向公差带的宽度或直径方向。其中，辅助平面或要素框格不是必选的标注，如果需标注其中的若干个，相交平面框格应在最接近公差框格的位置标注，其次是定向平面框格或方向要素框格（此两个不应一同标注），最后则是组合平面框格。当标注此类框格中的任何一个时，指引线可连接于公差框格的左侧或右侧，或最后一个可选框格的右侧。

相邻标注又称补充标注，也不是必选的标注，一般位于公差框格的上/下或左/右。当用于所有共用一条指引线的框格的标注时，应给出在上或下部相邻的标注区域内，标注意义一致且应使用其中一个区域；当仅用于一个公差框格的标注时，应给出在此框格的水平相邻标注区域内，其位置取决于指引线在公差框格的何端；当用于只有一个公差框格的标注时，在上下相邻标注区域与水平相邻标注区域内的标注具有相同意义，应仅使用一个区域，且优先选择上相邻的标注区域。在上下相邻标注区域内的标注应左对齐；在水平相邻标注区域内的标注，如果位于公差框格的右侧应左对齐，如果位于公差框格的左侧应右对齐。

基准符号如图 3-6(f) 所示，大写的基准字母写在基准方格内，方格的边长为 $2h$，用细实线与一个涂黑的或空白的等腰三角形相连。涂黑或空白的三角形具有相同的含义。

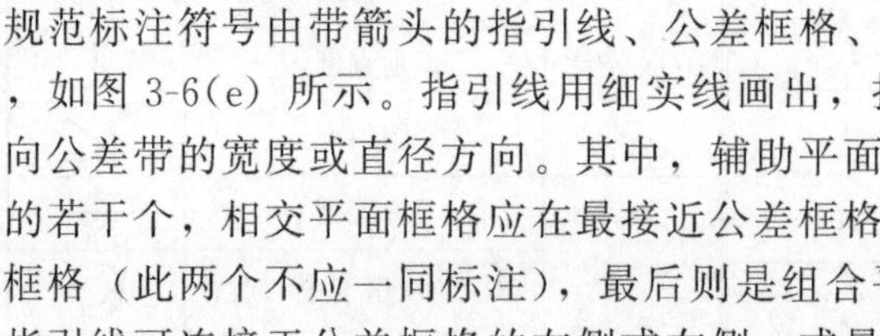

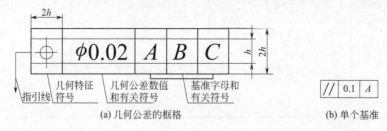

(a) 几何公差的框格 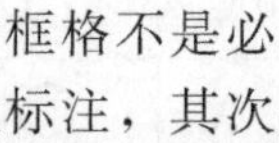　　　　　　　(b) 单个基准

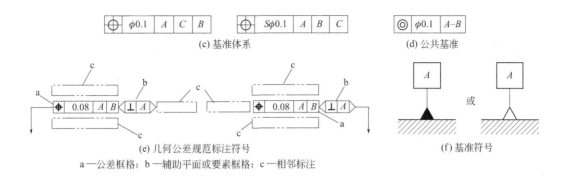

图 3-6 几何公差标注代号

3.2 几何公差的标注

在技术图样中，几何公差采用代号标注，当无法采用代号时，允许在技术要求中用文字说明。

3.2.1 被测要素的标注

用带箭头的指引线将被测要素与公差框格相连。指引线引自公差框格的任意一侧。

① 当被测要素为零件的轮廓线或表面的积聚投影时，将指引线的箭头指向该要素的轮廓线或其延长线上（但必须与尺寸线明显地错开），如图 3-7(a) 和（c）所示。

② 当被测要素为零件的表面时，指向被测要素的指引线箭头可以直接指在引出线的水平折线上，引出线以圆点终止，如图 3-8 所示。当该面要素可见时，此圆点是实心的，引出线为实线；当该面要素不可见时，这个圆点为空心，引出线为虚线。指引线箭头也可以直接用圆点代替，如图 3-7(b) 和（d）所示。

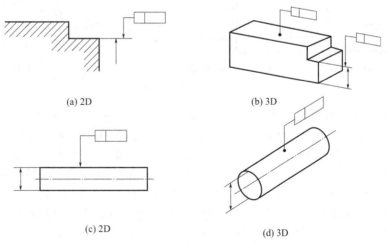

图 3-7 组成要素的标注（一）

③ 当被测要素为零件上某一段形体的轴线、中心面或中心点时，则指引线的箭头应与该尺寸线的箭头对齐或重合，如图 3-9 所示。也可以将修饰符④（导出要素，只能用于回转体）放在回转体的公差框格内公差值的后面，这时指引线不与尺寸线对齐，直接指在组成要素上用圆点或箭头终止，如图 3-10 所示。

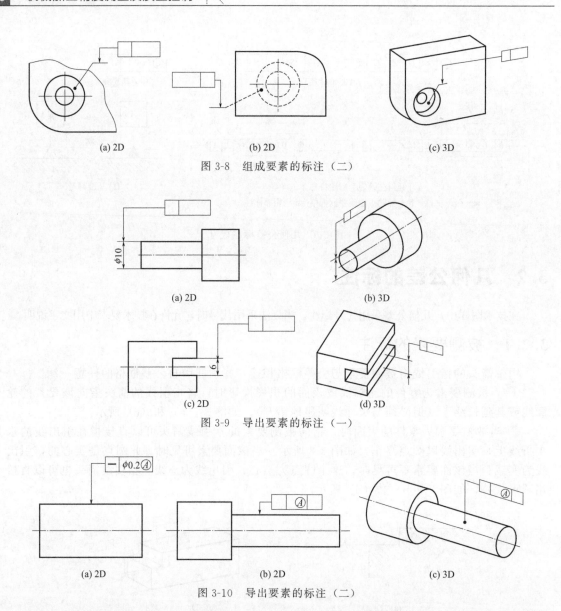

图 3-8 组成要素的标注（二）

图 3-9 导出要素的标注（一）

图 3-10 导出要素的标注（二）

④ 当几个被测要素具有相同的几何公差要求，但这些被测要素具有相互独立的公差带时，可共用一个公差框格，从框格一端引出多个指引线的箭头指向被测要素，如图 3-11(a) 所示；也可以几何公差框格上方使用"$n\times$"的形式进行标注，如图 3-11(b) 所示。这时，可以在几何公差值的后面加注独立公差带的符号 SZ，一般不需标出，是缺省规范。

当几个被测要素具有相同的几何公差要求，且这些被测要素组合成一个成组要素时，仍然可共用一个公差框格，但是要在公差框格内公差值的后面加注组合公差带的符号 CZ，如图 3-11(c) 所示。

⑤ 当同一被测要素具有多项几何公差要求时，使用多层公差标注方法，几个公差框格可并列共用一个指引线箭头，如图 3-12 所示，推荐将公差框格按公差值从上到下依次递减的顺序排列。

⑥ 局部被测要素的标注。

a. 对于被测要素是要素内部某个局部区域的标注。当被测要素是要素内部某个局部区域时，可以按下面几种方式进行标注。

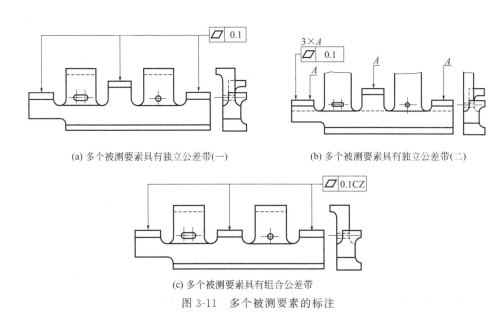

(a) 多个被测要素具有独立公差带(一)　　(b) 多个被测要素具有独立公差带(二)

(c) 多个被测要素具有组合公差带

图 3-11　多个被测要素的标注

ⅰ．用粗点画线来定义部分表面，并用 TED（理论正确尺寸）确定其位置与尺寸，如图 3-13(a) 所示。

ⅱ．用粗点画线及阴影定义部分表面，并用 TED 确定其位置与尺寸，如图 3-13(b)～(d) 所示。

ⅲ．将局部区域的拐角点（位置用 TED 确定）定义为组成要素的交点，并且用大写字母及端部是箭头的指引线定义。字母标注在公差框格上方，最后两个字母之间布置区间符号，如图 3-13(e) 所示。

ⅳ．用两条直的边界线（位置用 TED 定义）、大写字母及带箭头的指引线定义，并且与区间符号标注组合使用，见后文图 3-25 与图 3-26 所示。

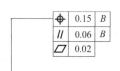

图 3-12　多层公差标注

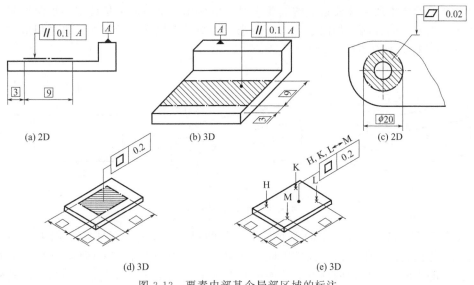

图 3-13　要素内部某个局部区域的标注

b. 对于被测要素是要素内部任意局部区域的标注。当被测要素是整个要素内部任意局部区域时，应将区域的范围加在公差值的后面，并用斜杠分开。如图 3-14(a) 所示，为被测要素上任意线性局部区域的标注方式。如图3-14(b)所示,为被测要素上任意圆形局部区域,要使用直径符号加直径值来标注。如图3-14(c)所示,为被测要素上任意矩形局部区域,区域范围用"长度×高度"形式确定,该区域在长度和高度两个方向都可移动,使用定向平面框格标识出第一个数值所适用的方向,即75为平行于基准C方向的尺寸。

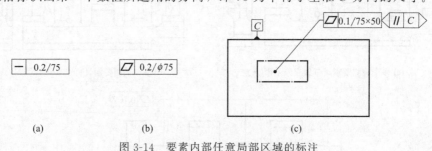

图3-14 要素内部任意局部区域的标注

⑦ 辅助平面或要素框格的标注

a.相交平面框格的标注。相交平面是由工件的提取要素建立的平面,主要用来标识线要素要求的方向,例如在平面内线要素的直线度、线轮廓度,以及在表面上全周符号规范的线要素等。相交平面应使用相交平面框格规定,并作为公差框格的延伸部分标注在其右侧。如图3-15所示,相交平面分别按照平行于、垂直于、保持特定角度于或对称于(包含)其框格中标注的基准构建。下面两种情况,需要使用相交平面框格。

图3-15 相交平面框格

ⅰ.当被测要素是组成要素上的线要素,但几何特征要求的方向并未明确时,应使用相交平面框格来确定,以免产生误解,除非被测要素是圆柱、圆锥或球的母线的直线度或圆度。如图3-16(a)所示,相交平面框格表示被测要素是提取表面上与基准平面A平行的直线,这些直线的直线度允许值是0.1mm。在图3-16(b)中,相交平面框格表示被测要素是提取表面上与基准平面A垂直的直线,这些直线的直线度允许值是0.1mm。

ⅱ.当被测要素是组成要素上给定一个方向的所有线要素,而且特征符号并未明确表明被测要素是平面要素还是该要素上的线要素时,应使用相交平面框格确定出被测要素是线要素,及这些线要素的方向。如图3-16(c)所示,相交平面框格表示被测要素是提取表面上与基准平面C平行的所有直线。

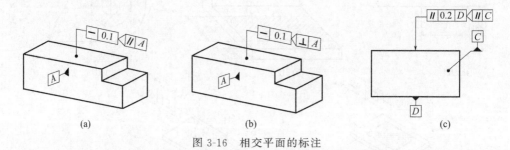

图3-16 相交平面的标注

b.定向平面框格的标注。定向平面是由工件的提取要素建立的平面,用来明确公差带的方向,既能控制公差带构成平面的方向(即组成公差带的两平行平面的方向),又能控制公差带宽度的方向(间接地明确方向公差的控制方向,两平行平面的法线方向),或能控制圆柱形公差带的轴线方向。定向平面应使用定向平面框格规定,并且标注在公差框格的右侧。如图3-17所示,定向平面分别按照平行于、垂直于、保持特定角度于其框格中标注的基准构建,同时受公差框格内基准的约束。

在下列情况中应标注定向平面。

ⅰ.当被测要素是导出要素（中心线或中心点），且公差带的宽度是由两平行平面或一个圆柱面限定，可以使用定向平面框格定义公差带的方向，如给定方向的直线度、给定方向的平行度。如图3-18(a)所示，定向平面框格表示被测要素的公差带方向与基准平面 B 平行，即组成定向公差带的两平行平面（间距为0.1mm）不仅平行于基准轴线 A，而且平行于基准平面 B。如图3-18(b)所示，定向平面框格表示被测要素的公差带方向与基准平面 B 呈理论正确角度 $\alpha(°)$，即组成定向公差带的两平行平面（间距为0.1mm）不仅平行于基准轴线 A，而且与基准平面 B 呈理论正确角度 $\alpha(°)$。

图3-17 定向平面框格

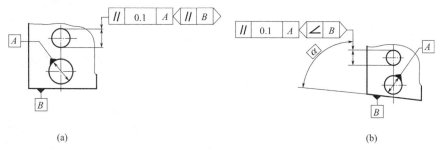

图3-18 定向平面的标注

ⅱ.当需要定义任意矩形局部区域时，也可以标注定向平面，见图3-14(c)。图中的定向平面框格表示矩形局部区域（75mm×50mm）被测要素的公差带方向与基准平面 C 平行，即组成形状公差带的两平行平面（间距为0.1mm）应沿被测矩形局部区域的长度方向（75mm）与基准平面 C 保持平行。

c.方向要素的标注。方向要素是由提取要素建立的要素，用来确定公差带宽度的方向。在下列两种情况中应标注方向要素框格，用来标识公差带的宽度方向：一是当被测要素是组成要素且公差带宽度的方向与规定的面要素不垂直时；二是对于非圆柱体或非球体的回转体表面使用圆度公差时。在二维标注中，只有当指引线的方向及公差带宽度方向使用TED标注时，指引线的方向才可以定义公差带宽度的方向。

当使用方向要素框格时，应作为公差框格的延伸部分标注在其右侧。平行度、垂直度、倾斜度或跳动方向符号在框格的第一格，标识基准与构建方向要素的字母在第二格，如图3-19所示。另外指引线可以根据需要，与公差框格相连，或与方向要素框格相连，如图3-20所示。

图3-19 方向要素框格

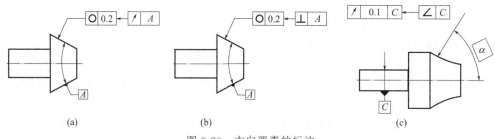

图3-20 方向要素的标注

公差带宽度的方向应参照方向要素框格中标注的基准构建，当方向定义为与被测要素的面要素垂直时，应使用跳动符号，并且被测要素（或其导出要素）应在方向要素框格中作为基准标注，如图 3-20(a) 所示，表示圆度规范在被测要素表面垂直的方向上。当方向所定义的角度等于 0°或 90°时，应分别使用平行度符号或垂直度符号，如图 3-20(b) 所示，表示圆度规范在垂直于被测要素的轴线方向上。当方向所定义的角度不是 0°或 90°时，应使用倾斜度符号，而且应明确定义出方向要素与方向要素框格的基准之间的 TED 夹角，如图 3-20(c) 所示，表示被测要素的方向在与基准 C 呈一定的理论夹角 α 的方向上。

d. 组合平面的标注。组合平面是由工件上的一个要素建立的平面，用于定义封闭的组合连续要素，而不是整个工件。当使用全周符号确定被测要素集合时，应同时使用组合平面框格定义。组合平面可以标识一组单一要素，与平行于组合平面的任意平面相交为线要素或点要素。使用组合平面框格时，应作为公差框格的延伸部分标注在其右侧，如图 3-21 所示。组合平面分别按照平行于、垂直于其框格中标注的基准构建。组合平面框格标注示例，见图 3-22 与图 3-23。在图 3-23(a) 中，组合平面框格表示图样上所标注的面轮廓度要求，是对与基准 A 平行的由 a、b、c 和 d 组成的组合连续要素的要求。

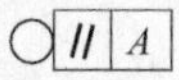

图 3-21 组合平面框格

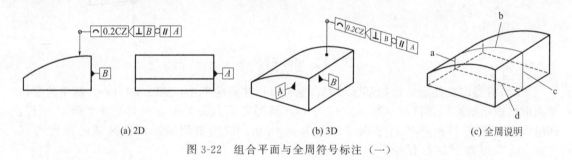

(a) 2D　　　　　　　　(b) 3D　　　　　　　　(c) 全周说明

图 3-22 组合平面与全周符号标注（一）

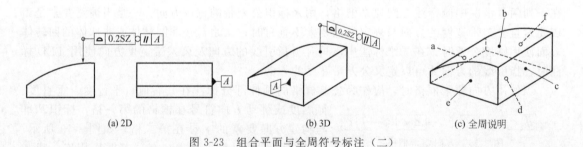

(a) 2D　　　　　　　　(b) 3D　　　　　　　　(c) 全周说明

图 3-23 组合平面与全周符号标注（二）

以上介绍的方向要素框格、组合平面框格、相交平面框格以及定向平面框格，均可标注在公差框格的右侧。如果需标注其中的若干个，相交平面框格应在最接近公差框格的位置标注，其次是定向平面框格或方向要素框格（此两个不应一同标注），最后则是组合平面框格。当标注此类框格中的任何一个时，指引线可连接于公差框格的左侧或右侧，或最后一个可选框格的右侧。

⑧ 组合连续被测要素的标注　当被测要素是组合连续要素时，应使用以下方法之一标注。

a. 连续的（单一或组合）封闭被测要素——全周符号与全表面符号的应用。如果将几何公差规范作为单独的要求，应用到横截面的轮廓上或封闭轮廓所表示的所有要素上，应使用全周符号○标注。全周要求仅适用于组合平面所定义的面要素，而不是整个工件。如图 3-22 所示，几何要求应用于封闭组合且连续的表面上的一组线要素上（由组合平面定义的），应将标识相交平面的框格布置在公差框格与组合平面框格之间，此要求适用于所有横截面中的线 a、b、c 和 d。使用线轮廓度时，如果相交平面与组合平面相同，可以省略组合平面符号。在图 3-23 中，所标注的面轮廓度作为单独要求适用于四个面要素 a、b、c 和 d，不包括面要素 e 和 f。

如果将几何公差规范作为单独的要求应用到工件的所有组成要素上，应使用全表面符号◎标注，如图 3-24 所示，所标注的面轮廓度适用于所有的面要素 a～h，并将其视为一个联合要素。

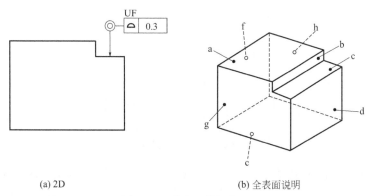

图 3-24　全表面符号标注

通常全周或全表面符号应与 SZ（独立公差带）、CZ（组合公差带）或 UF（联合要素）组合使用。

如果全周或全表面符号与 SZ 组合使用，说明该几何特征作为单独的要求应用到所标注的要素上。例如被测要素的公差带互不相关，而使用全周或全表面符号等同于使用多根指引线——指向每个被测要素，也等同于公差框格上的"$n\times$"标注。

如果全周或全表面符号与 CZ 组合使用，说明该几何特征要作为所有要求的一组公差带应用到被测要素上。例如所有要素的公差带相互之间处于理论正确关系，而且从一个公差带到下一个公差带的过渡区域是这两个公差带的延伸，相交成尖角，就要与 CZ 组合使用。

如果全周或全表面符号与 UF 组合使用，说明该几何特征所标注的被测要素作为一个要素使用。

b. 连续（单一或组合）的非封闭被测要素。如果被测要素不是横截面的整个轮廓或轮廓表示的整个面要素，应标识出被测要素的起止点，并使用区间符号"↔"。区间符号用于标识被测要素测量界限范围，即被测要素起止点的点要素、线要素或面要素都要使用大写英文字母及端部是箭头的指引线定义。如果该点要素或线要素不在组成要素的边界上，要用 TED 确定其位置。如图 3-25 所示，表明该被测要素是从线 J 开始到线 K 结束的上方面要素（面要素 a、b、c 与 d 的下部不在范围内），使用 UF 修饰符表明将组合要素视为一个要素进行要求。如图 3-26 所示，表明一组连续的非封闭组合被测要素具有同一要求，并且将该组合以"$n\times$"的形式标注在公差框格的上方。

⑨ 各种规范元素的标注

a. 延伸公差带规范元素。延伸被测要素是从实际要素中构建出来的拟合要素。当被测要素是要素的延伸部分或其导出要素时，需要在公差框格的第二个格中的公差值之后，加修饰符Ⓟ。延伸要素的起点默认在参照平面（参照平面是与被测要素相交的第一个平面）所在的位置，并且结束在延伸要素在实体外方向上相对于其起点的偏置长度上。延伸要素可采用以下两种方式标注。

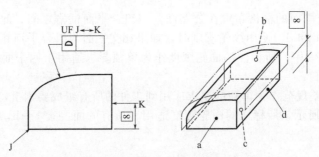

图 3-25　连续的非封闭被测要素的标注

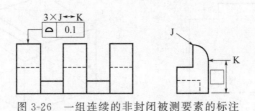

图 3-26　一组连续的非封闭被测要素的标注

ⅰ. 直接标注。当使用虚拟的组成要素直接在图样上标注被测要素的投影长度,并以此表示延伸要素的相应部分时,该虚拟要素应采用细双点画线表示,同时延伸的长度应使用前面有修饰符 ⓟ 的 TED 数值标注,如图 3-27(a) 所示。

如果延伸要素的起点与参照表面有偏置,应使用 TED 数值规定偏置量,如图 3-27(b) 所示。

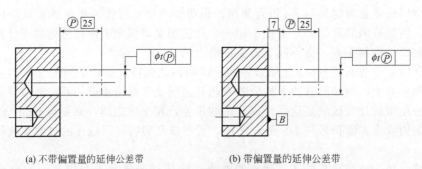

(a) 不带偏置量的延伸公差带　　　　(b) 带偏置量的延伸公差带

图 3-27　延伸要素的直接标注

ⅱ. 间接标注。当省略代表延伸要素的细双点画线(这种标注方式仅适用于盲孔)时,应使用间接方式标注延伸要素的长度。即在几何公差框格中公差值后面,标注 ⓟ,再标注延伸长度数值,如图 3-28 所示。

修饰符 ⓟ 可以根据需要与其他形式的修饰符一起使用,图 3-28(b) 中几何公差框格里数值 25 之后的 ⓐ 表示被测要素是导出要素。

如果延伸要素的起点与参照表面有偏置,修饰符后的第一个数值表示到延伸要素最远界限的距离,而第二个数值(偏置量)前面有减号,表示到延伸要素最近界限的距离(延伸要素的长度为这两个数值的差值),如图 3-28(c) 所示 "32－7"。偏置量若为零,则应不标注,即图 3-28(a) 所示。

b. 变宽度公差带规范元素。几何公差框格第二个格中的公差值是强制性的规范元素,定义了公差带的宽度,公差带的局部宽度应与被测要素垂直。特殊情况下,比如非圆柱形或球形的回转体(圆锥)表面的圆度,应标注公差带宽度的方向。通常公差值沿被测要素的长

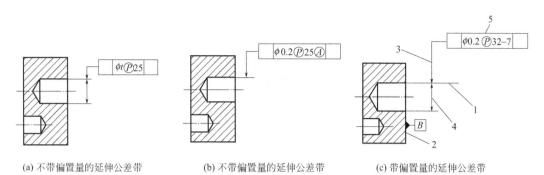

(a) 不带偏置量的延伸公差带　　　(b) 不带偏置量的延伸公差带　　　(c) 带偏置量的延伸公差带

图 3-28　延伸要素的间接标注

1—延长线；2—参照表面；3—与公差框格相连的指引线；4—表明被测要素为导出要素的标注（与修饰符Ⓐ等效）；5—修饰符定义了公差适用于部分延伸要素，并由下列数值限定

度方向保持定值，如果公差带的宽度在被测要素上规定的两个位置之间从一个值到另一个值发生线性变化，此两值应采用"—"分开标明，并在公差框格的上方使用区间符号，标识出数值所适用的两个位置，如图 3-29 所示。如果公差带宽度的变化是非线性的，应通过其他方式标注。

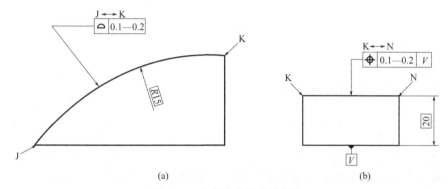

图 3-29　变宽度公差带的标注

c. 偏置公差带规范元素。缺省情况下，由 TED 数值确定的轮廓，公差带以理论正确要素（TEF）为参照要素，关于其对称；但是如果允许公差带的中心偏置于 TEF 时，根据是否给定偏置量，分别标注 UZ 或者 OZ。

ⅰ. UZ（给定偏置量的）偏置公差带规范元素。当允许公差带的中心不在 TEF 上，而且相对于 TEF 有一个给定的偏置量时，应在几何公差值后面标注符号 UZ，并在 UZ 后面给出偏置的方向及偏置量大小。UZ 仅可用于组成要素，当 UZ 与位置度符号组合使用时，只可用于平面要素。UZ 主要用于对轮廓形状和特定位置的控制。

若偏置的公差带中心是向实体外部方向偏置，偏置量前标注"+"；若偏置的公差带中心是向实体内部方向偏置，偏置量前标注"−"。如图 3-30 所示，表明轮廓度的公差带中心位于自 TEF 向实体内部方向偏置 0.5mm 的位置上。如图 3-31 所示，表明上表面位置度的公差带中心位于自与基准 P 相距为 20mm 的理论正确平面向实体外部方向偏置 0.003mm 的位置上。如果公差带的偏置量在两个值之间线性变化，则应注明两个值，并用"："隔开，如图 3-32 所示。此时，一个偏置量可为零且不需标注正负号，同时应在公差框格临近处使用区间符号标注，标识出每个偏置量所适用的公差带两端，该标注与图 3-29 类似。如果偏置量不是线性的，则应另行规定。

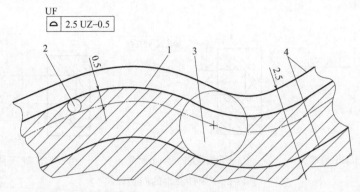

图 3-30 给定偏置量的偏置公差带（一）

1—理论正确要素，其实体位于轮廓的下方；2—定义理论偏置要素的球，球的直径为偏置量 0.5mm；
3—定义公差带中心的球，球的直径为公差带的大小 2.5mm；4—公差带的两个界限

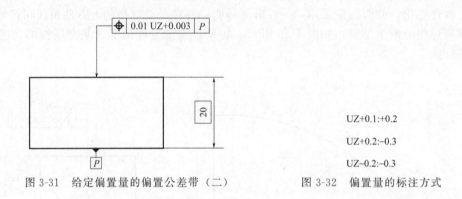

图 3-31 给定偏置量的偏置公差带（二）   图 3-32 偏置量的标注方式

ⅱ．OZ（未给定偏置量的）线性偏置公差带规范元素。如果公差带允许相对于 TEF 的对称状态有一个常量的偏置，但未规定数值，则应在几何公差值的后面标注符号 OZ，如图 3-33 所示。

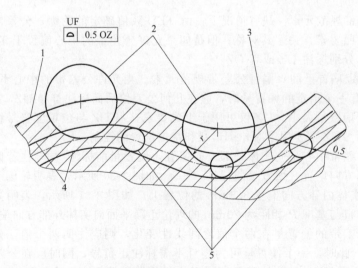

图 3-33 未给定偏置量的线性偏置公差带

1—理论正确要素；2—定义理论偏置要素的球或圆；3—理论偏置要素，与 TEF 相距 r，r 即
未给定的偏置量（常量）；4—公差带的两个界限；5—定义公差带的球或圆

标注 OZ 时，因为对偏置量没有限制，所以有 OZ 修饰符的公差通常会和一个无 OZ 修饰符的较大公差组合使用，起到综合控制被测要素的轮廓形状和位置的作用。其中轮廓形状控制在偏置公差带内，偏置公差带控制在固定公差带内且可在其中浮动。OZ 一般不单独使用。

ⅲ. VA（未给定偏置量的）角度偏置公差带规范元素。当公差带是基于 TEF 定义的，且为角度尺寸要素，其角度可变（未给定偏置量）时，应在公差框格内几何公差值的后面标注 VA 修饰符，如图 3-34 所示。对于圆锥，其 TEF 的公称角度尺寸不能使用 TED 定义，此时应为线轮廓度公差与面轮廓度公差标注 VA，以明确 TEF 的角度尺寸是不固定的。因为角度偏置量无界限，所以有 VA 修饰符的公差通常与另一个公差组合使用。

d. 滤波器规范元素。目前，在 GPS 标准中还未规定缺省的滤波器，滤波器规范是可选规范元素。因此，如果图样或其他技术文件中没有明确给出滤波器，那么就是未使用滤波操作。被测要素的滤波应使用两个规范元素的组合标注，一个标注规定的滤波器类型，另一个标注滤波器的嵌套指数。标注时，在低通滤波器的指数后应添加"—"；在高通滤波器的指数前应添加"—"。如果带通滤波器的双侧都使用相同的滤波器类型，应首先给出低通滤波器指数，再给出高通滤波器指数，之间以"—"分开。滤波器的符号、名称及嵌套指数如表 3-3 所示。

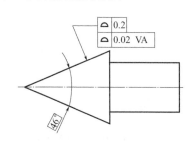

图 3-34 未给定偏置量的角度偏置公差带

表 3-3 滤波器的符号、名称及嵌套指数

序号	符号	名称	嵌套指数
1	G	高斯	截止长度或截止 UPR
2	S	样条	截止长度或截止 UPR
3	SW	样条小波	截止长度或截止 UPR
4	CW	组合小波	截止长度或截止 UPR
5	RG	稳健高斯	截止长度或截止 UPR
6	RS	稳健样条	截止长度或截止 UPR
7	OB	开放球	球半径
8	OH	开放水平分隔	分隔长度
9	OD	开放盘	盘半径
10	CB	封闭球	球半径
11	CH	封闭水平分隔	分隔长度
12	CD	封闭盘	盘半径
13	AB	交替球	球半径
14	AH	交替水平分隔	分隔长度
15	AD	交替盘	盘半径
16	F	傅里叶	波长或 UPR 数
17	H	包	H0 表示凸包

注：对于开放型要素，如直线、平面与圆柱体的轴向，嵌套指数是截止长度，以 mm 标注；对于封闭型要素，如在圆周方向的圆柱、圆环及球，嵌套指数应以 UPR 标注（波数/转）。

滤波器的标注规范示例如下。

ⅰ.使用低通滤波器的平行度公差示例。如图3-35所示，S表示样条滤波器。数值0.25表示0.25mm的截止波长，因为数值后面有"—"，所以这是低通滤波器，会去除比截止值短的波长。因此，规范要求被测要素需先使用0.25mm低通滤波器进行滤波。在公差框格边上的相交平面框格，表示此规范适用于与基准C平行的线要素，所以每条单独滤波后的线应在公差带范围内与基准V平行，公差带为距离0.2mm的两条平行直线之间的区域。

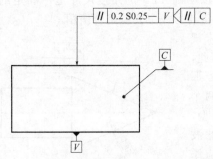

图3-35 使用低通滤波器的平行度公差示例

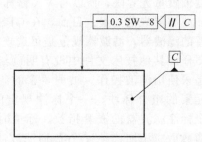

图3-36 使用高通滤波器的直线度公差示例

ⅱ.使用高通滤波器的直线度公差示例。如图3-36所示，SW表示样条小波滤波器。数值8表示8mm的截止波长，而且因为数值前面有"—"，所以这是高通滤波器，会去除比截止值长的波长，因此规范要求被测要素需先使用8mm高通样条小波滤波器进行滤波。高通滤波器只能用于形状规范，因为它们去除了被测要素的位置与方向属性。与公差框格相邻的相交平面框格，表示规范适用于平行于基准C的线要素，因此每条单独滤波后的线要素应在公差带范围内保持直线，公差带为距离0.3mm的两条平行直线之间的区域。

ⅲ.使用双侧具有相同滤波器的带通滤波器的直线度公差示例。如图3-37所示，G表示高斯滤波器。因为有两个用"—"分开的数值，所以是带通滤波器。第一个值0.25，表示截止值0.25mm的低通滤波器，会去除比截止值短的波长。数值8，表示截止值8mm的高通滤波器，会去除比截止值长的波长。因此，规范要求被测要素需使用0.25mm低通高斯滤波器与8mm高通高斯通滤波器进行滤波，两个共同形成了一个带通滤波器，可保留0.25mm与8mm之间的波长。带通滤波器包括高通滤波器，所以只能用于形状规范。与公差框格相邻的相交平面框格，表示规范适用于平行于基准C的线要素，每条单独滤波后的线要素应在公差带范围内保持直线，公差带为距离0.4mm的两条平行直线之间的区域。

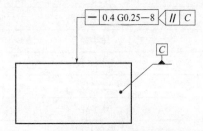

图3-37 使用双侧具有相同滤波器的带通滤波器的直线度公差示例

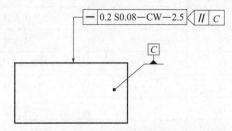

图3-38 使用双侧具有不同滤波器的带通滤波器的直线度公差示例

ⅳ.使用双侧具有不同滤波器的带通滤波器的直线度公差示例。如图3-38所示，使用了两种不同的滤波器，低通滤波器应写在高通滤波器的前面。S表示样条滤波器，数值0.08表示截止波长0.08mm，数值后面有"—"，所以是低通滤波器，会去除比截止值短的波长。

CW 表示组合小波滤波器，数值 2.5 表示截止波长 2.5mm，数值前面有"—"，所以是高通滤波器，会去除比截止值长的波长。规范所适用的要素需使用 0.08mm 低通样条滤波器与 2.5mm 高通组合小波滤波器进行滤波，两者共同形成了带通滤波器，可保留 0.08mm 与 2.5mm 之间的波长。与公差框格相邻的相交平面框格，表示规范适用于平行于基准 C 的线要素，每条单独滤波后的线要素应在公差带范围内保持直线，公差带为距离 0.2mm 的两条平行直线之间的区域。

ⅴ. 使用低通滤波器的圆度公差示例。如图 3-39 所示，G 表示高斯滤波器。因为是圆度公差，所以将被测要素视为一个封闭轮廓，因此嵌套指数是以 UPR 给出。数值 50，表示 50UPR，因为数值后面有"—"，所以是低通滤波器，会去除短的波长（更高的 UPR 数）。因此规范所适用的要素需用 50UPR 的高斯低通滤波器进行滤波。每条单独滤波后的圆周线应在公差带范围内，公差带为半径差 0.01mm 的两个同心圆之间的区域。

ⅵ. 使用低通滤波器的圆柱度公差示例。如图 3-40 所示，CB 表示封闭球滤波器。数值 1.5，表示构件元素应适用于半径 1.5mm 的球，因为数值后面有"—"，所以是低通滤波器，会去除短的波长（更高的 UPR 数）。滤波后的表面应在公差带范围内，公差带为半径差 0.05mm 的两个同轴圆柱之间的区域。

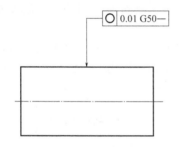

图 3-39　使用低通滤波器的圆度公差示例

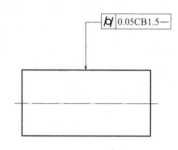

图 3-40　使用低通滤波器的圆柱度公差示例

ⅶ. 使用两种不同的低通滤波器的平面度公差示例。如图 3-41 所示，第一个 S 表示样条滤波器，其方向由相交平面表示。数值 0.25 表示 0.25mm 的截止波长，因为后面有"—"，所以是低通滤波器，会去除比截止值短的波长。用"×"将两个滤波器分开。第二个 G 表示高斯滤波器，其方向与相交平面所表示的方向垂直。数值 0.8，表示 0.8mm 的截止波长，因为后面有"—"，所以是低通滤波器，会去除比截止值短的波长。因此规范所适用的要素需在水平方向上用 0.25mm 的低通样条滤波器以及在垂直方向上用 0.8mm 的低通高斯滤波器进行滤波。滤波后的表面应在距离为 0.02mm 的两个平行平面之间。

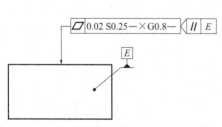

图 3-41　使用两种不同的低通滤波器的
平面度公差示例

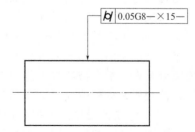

图 3-42　使用两种不同的低通滤波器的
圆柱度公差示例

ⅷ. 使用两种不同的低通滤波器的圆柱度公差示例。如图 3-42 所示，G 表示高斯滤波器。因为是圆柱度公差，被测要素在轴线方向上是开放要素且在圆周方向上是封闭要素。因此，在轴线方向上嵌套指数以 mm 给出，而在圆周方向上嵌套指数以 UPR 给出。根据约定，轴线滤波器数值应先于圆周滤波器数值给出。因此，数值 8 表示 8mm，而数值 15 表示 15UPR。因为后面都有"—"，所以都是低通滤波器，会去除比截止值短的波长。规范所适用的要素，需在轴线方向上用 8mm 的高斯低通滤波器以及在圆周方向上用 15UPR 的高斯低通滤波器进行滤波。滤波后的表面应在公差带范围内，公差带为半径差 0.05mm 的两个同轴圆柱之间的区域。因为两个滤波器是同一类型，所以类型符号只标注一次。

ⅸ.使用傅里叶滤波器的圆度公差示例。如图 3-43 所示，F 表示傅里叶滤波器，适用于一个单一波形（波长或 UPR 数）或一系列波形。当规范适用于封闭要素（圆）时，数值 7 表示所定义的波形为 7UPR，因此规范适用于要素的第 7 道波形。每条单独滤波后的圆周线应在公差带范围内，公差带为半径差 0.02mm 的两个同心圆之间的区域。因为 UPR 值与波长是相反的而且是先定义短的波长，所以较高的 UPR 值先标注给封闭要素的带通滤波器。

图中，如果标注"F7-"，表示规范所适用的已滤波要素，其包含的所有波形长于或等于 7UPR（较小的 UPR 数），即所有的波形成分是从 1UPR 到 7UPR。如果标注"F-7"，表示规范所适用的已滤波要素，其包含的所有波形短于或等于 7UPR（较大的 UPR 数），即所有的波形成分是 7UPR 以上的波形。如果标注"F7-2"，表示规范所适用的已滤波要素，其包含的所有波形成分在 2UPR 到 7UPR 之间。

ⅹ.使用凸包滤波器的位置度公差示例。如图 3-44 所示，H 表示包滤波器，数值 0 表示是凸包滤波器。滤波后的表面应在距离 0.2mm 的两个平面范围内，它们相对于基准 D 的方向与位置都是理论正确状态。

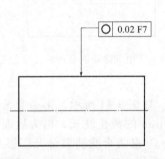

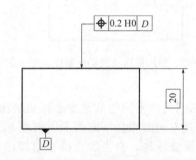

图 3-43　使用傅里叶滤波器的圆度公差示例　　图 3-44　使用凸包滤波器的位置度公差示例

e.在方向公差或位置公差中，拟合被测要素的规范元素。对于有方向公差或位置公差要求的被测要素为关联被测要素，规范默认应用于所标注的被测要素的提取组成要素或导出要素本身。当规范不适用于所标注的被测要素本身，而适用于与其拟合的要素时，需要标注拟合被测要素的相关符号。如果标注滤波器，拟合的是滤波要素；如果拟合被测要素与滤波器一起使用，则拟合的是作为非理想要素的滤波要素。当被测要素是导出要素时，拟合的要素是间接拟合要素。拟合被测要素范围应等于其拟合的要素范围。

拟合被测要素的规范元素标注规范，见如下内容。

ⅰ.ⒸⒸ用于标注被测要素为拟合最小区域（切比雪夫）要素，且无实体约束，可用于公称直线、平面、圆、圆柱、圆锥及圆环等要素。如图 3-45 所示，规范要求被测要素是采用最小区域（切比雪夫）要素法对实际的上表面进行拟合后得到的拟合要素，其相对于基准 H 的位置度公差值为 0.2mm。

ⅱ.ⒸⒸ用于标注被测要素为拟合最小二乘（高斯）要素，可用于公称直线、平面、圆、

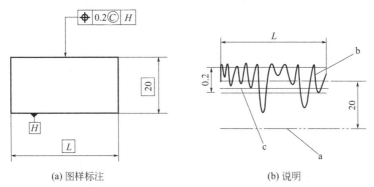

(a) 图样标注　　　　　(b) 说明

图 3-45　最小区域（切比雪夫）拟合被测要素

a—基准 H；b—实际要素或滤波要素；c—最小区域（切比雪夫）要素（被测要素）

注：被测要素是面要素，为便于说明而将其表示为线要素

圆柱、圆锥及圆环等要素。如图 3-46 所示，规范要求被测要素是采用最小二乘（高斯）法对实际上表面进行拟合后得到的拟合要素，其相对于基准 D 的位置度公差值为 0.2mm。

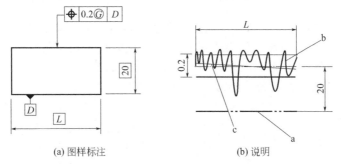

(a) 图样标注　　　　　(b) 说明

图 3-46　最小二乘（高斯）拟合被测要素

a—基准 D；b—实际要素或滤波要素；c—最小二乘（高斯）要素（被测要素）

注：被测要素是面要素，为便于说明而将其表示为线要素

ⅲ.Ⓝ用于标注被测要素是拟合最小外接要素或其导出要素，最小外接要素的拟合使该拟合要素在外接于非理想要素的约束下尺寸最小化，仅可用于线性尺寸要素。如图 3-47 所示，规范要求被测要素是采用最小外接法对被测孔进行拟合后得到的中心要素，其相对于基准体系 C、A、B 的位置度公差值为 ϕ0.2mm。

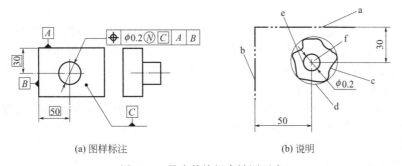

(a) 图样标注　　　　　(b) 说明

图 3-47　最小外接拟合被测要素

a—基准 A；b—基准 B；c—实际要素或滤波要素；d—最小外接要素；e—公差带；f—被测要素（d 的中心线）

注：被测要素为直线（拟合要素的中心线），为便于说明而将其表示为点

ⅳ.Ⓣ用于标注被测要素是基于 L 公称尺寸的拟合贴切要素,且该要素应约束在非理想要素的实体外部,仅可用于公称直线及平面要素。如适用于被测要素是所标注要素的相切直线或相切平面。如图 3-48 所示,规范要求被测要素是采用贴切法对实际上表面进行拟合得到的拟合要素,其相对于基准 F 的平行度公差值为 0.1mm。

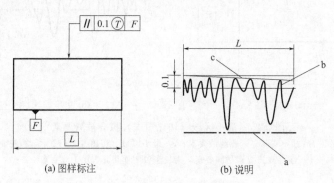

图 3-48　贴切拟合被测要素
a—基准 F;b—实际要素或滤波要素;c—贴切要素(被测要素)
注:被测要素是面要素,为便于说明而将其表示为线要素

ⅴ.Ⓧ用于标注被测要素是拟合最大内切要素或其导出要素,最大内切要素的拟合使该拟合要素在内切于非理想要素的约束下的尺寸最大化,仅可用于线性尺寸要素。如图 3-49 所示,规范要求被测要素是采用最大内切法对被测孔进行拟合后得到的导出要素,其相对于基准体系 C、A、B 的位置度公差值为 $\phi 0.2$mm。

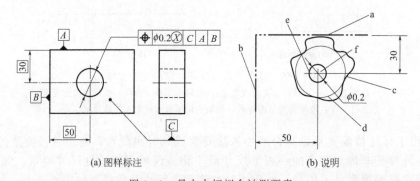

图 3-49　最大内切拟合被测要素
a—基准 A;b—基准 B;c—实际要素或滤波要素;d—最大内切要素;e—公差带;f—被测要素(d 的中心线)
注:被测要素为直线(拟合要素的中心线),为便于说明而将其表示为点

f. 在形状公差中,获得(评定)参照要素的拟合规范元素。(评定)参照要素的拟合规范元素,仅用于无基准要求的形状误差的评定中。对于有形状公差要求的波长要素,为确定被测要素的理想要素的位置,即(评定)参照要素,需要进行拟合操作。(评定)参照要素的拟合规范元素标注规范,内容如下。

ⅰ.C 用于标注最小区域(切比雪夫)拟合,它将被测要素上的最远点与参照要素之间的距离最小化。参照要素的拟合缺省情况下为 C,可以省略不标注,如图 3-50(a)所示。

ⅱ.CE 用于标注实体外部约束的最小区域(切比雪夫)拟合,它将被测要素上的最远点与参照要素之间的距离最小化,同时将参照要素保持在实体外部,如图 3-50(b)所示。

ⅲ.CI 用于标注实体内部约束的最小区域(切比雪夫)拟合,它将被测要素上的最远点与参照要素之间的距离最小化,同时将参照要素保持在实体内部,如图 3-50(c)所示。

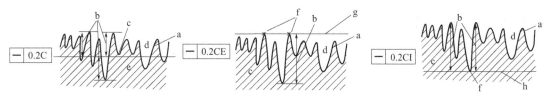

(a) 无附加约束的最小区域拟合　　(b) 实体外部约束的最小区域拟合　　(c) 实体内部约束的最小区域拟合

图 3-50　最小区域（切比雪夫）拟合

a—被测要素；b—最小化的最大距离；c—无附加约束的最小区域拟合直线-参照要素；d—实体外部；
e—实体内部；f—拟合要素与被测要素的接触点；g—实体外部约束的最小区域拟合直线-参照要素；
h—实体内部约束的最小区域拟合直线-参照要素

ⅳ. G 用于标注最小二乘（高斯）拟合，它将被测要素与参照要素间局部误差的平方和最小化。最小二乘拟合与图 3-50 所示的最小区域拟合类似，除了最小化的不是拟合要素的最大距离，而是被测要素与参照要素之间的误差的平方和。

ⅴ. GE 用于标注实体外部约束的最小二乘（高斯）拟合，它将被测要素与参照要素间局部误差的平方和最小化，同时将参照要素保持在实体外部。

ⅵ. GI 用于标注实体内部约束的最小二乘（高斯）拟合，它将被测要素与参照要素间局部误差的平方和最小化，同时将参照要素保持在实体内部。

ⅶ. X 用于标注最大内切拟合，其仅适用于线性尺寸的被测要素，在最大化参照要素尺寸的同时，维持其完全处于被测要素内部，如图 3-51 所示。

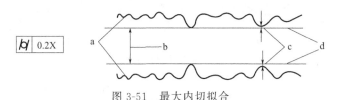

图 3-51　最大内切拟合

a—被测尺寸要素；b—拟合要素（最大化）的尺寸；c—不稳定拟合
条件下的等距；d—最大内切拟合尺寸要素

ⅷ. N 用于标注最小外接拟合，其仅适用于线性尺寸的被测要素，在最小化参照要素尺寸的同时，维持其完全处于被测要素外部，如图 3-52 所示。

当滤波器与参照要素应用于同一规范时，滤波器类型应位于参照要素之前。如图 3-53 所示的圆度公差标注，表示采用截止波长 50UPR 的高斯低通滤波器进行滤波，并采用最小外接拟合法确定（评定）参照要素的位置。

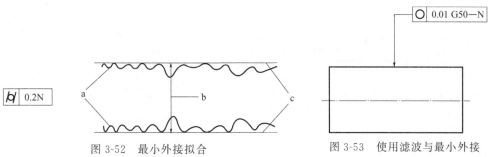

图 3-52　最小外接拟合

a—被测尺寸要素；b—拟合要素（最小化）
的尺寸；c—最小外接拟合尺寸要素

图 3-53　使用滤波与最小外接
拟合参照要素的规范

3.2.2 基准要素的标注

① 当基准要素为零件的轮廓线或表面时,则基准符号中三角形放置在要素的轮廓线或其延长线上,与尺寸线明显地错开,如图 3-54 所示。

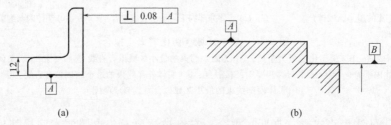

图 3-54 基准要素的标注(一)

② 当基准要素为零件的表面时,基准符号中的三角形也可放置在该轮廓面引出线的水平线上,其引出线的端部应画一圆黑点。当轮廓面为不可见时,则引出线为虚线,端点为空心圆,如图 3-55 所示。

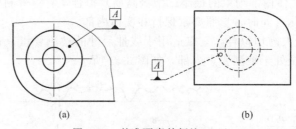

图 3-55 基准要素的标注(二)

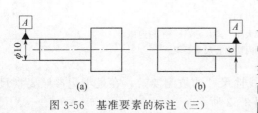

图 3-56 基准要素的标注(三)

③ 当基准要素为零件上尺寸要素确定的某一段轴线、中心平面或中心点时,则基准符号中的三角形应放置在与该尺寸线在同一直线上,如图 3-56(a) 所示。如果尺寸界线内安排不下两个箭头时,则另一箭头可用三角形代替,如图 3-56(b) 所示。

④ 当基准要素为要素的局部时,可用粗点画线限定范围,也可用粗点画线及阴影定义部分表面,并加注理论正确尺寸,如图 3-57 所示。

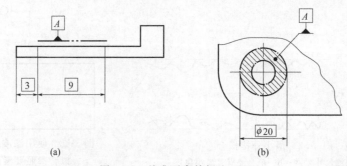

图 3-57 基准要素的标注(四)

3.2.3 几何公差标注示例

几何公差在图样上的标注示例,如图 3-58 和图 3-59 所示。

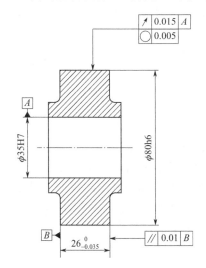

图 3-58 几何公差标注示例(一)

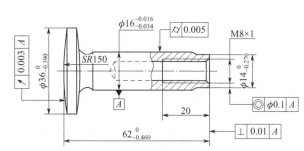

图 3-59 几何公差标注示例(二)

① 图 3-58 机件上所标注的几何公差,其含义如下:

a. $\phi 80h6$ 圆柱面对 $\phi 35H7$ 孔的轴线圆跳动公差为 0.015mm。

b. $\phi 80h6$ 圆柱面的圆度公差为 0.005mm。

c. $26_{-0.035}^{0}$ 的右端面对左端面的平行度公差为 0.01mm。

② 图 3-59 所示的气门阀杆,其上所标注几何公差的含义如下:

a. $SR150$ 的球面对 $\phi 16_{-0.034}^{-0.016}$ 圆柱轴线的圆跳动公差为 0.003mm。

b. $\phi 16_{-0.034}^{-0.016}$ 圆柱面的圆柱度公差为 0.005mm。

c. $M8 \times 1$ 螺纹孔的轴线对 $\phi 16_{-0.034}^{-0.016}$ 圆柱轴线的同轴度公差为 $\phi 0.1$mm。

d. 阀杆的右端面对 $\phi 16_{-0.034}^{-0.016}$ 圆柱轴线的垂直度公差为 0.01mm。

3.3 几何公差的公差带

3.3.1 形状公差及公差带

(1) 形状公差

形状公差是指单一实际要素的形状所允许的变动全量,所谓全量是指被测要素的整个尺寸范围。

形状公差包括直线度、平面度、圆度、圆柱度、线轮廓度和面轮廓度。其中直线度公差被测要素可以是组成要素,也可以是导出要素,其公称被测要素的属性与形状为明确给定的一条直线或一组直线要素,属于线要素。平面度公差被测要素可以是组成要素,也可以是导出要素,其公称被测要素的属性与形状为明确给定的一个平面,属于面要素。圆度公差被测要素是组成要素,其公称被测要素的属性与形状为明确给定的一条圆周线或一组圆周线,属于线要素(对于圆柱要素,圆度用于与被测轴线垂直的横截面上;对于球形要素,圆度用于包含球心的横截面上;对于非圆柱体和非球形要素,应标注方向要素框格给定方向)。圆柱度公差被测要素是组成要素，其公称被测要素的属性与形状为明确给定的圆柱表面，属于面要素。线轮廓度公差被测要素是组成要素或导出要素，其公称被测要素的属性和形状由一个线要素或一组线要素明确给定，其公称被测要素的形状，除了其本身是一条直线的情况以外，其他均应通过图样上完整的标注或基于 CAD 模型的查询明确给定。面轮廓度公差被测要素是组成要素或导出要素，其公称被测要素的属性和形状由一个区域要素明确给定，其公称被测要素的形状，除了其本身是一个平面的情况以外，其他均应通过图样上完整的标注或基于 CAD 模型的查询明确给定。

（2）形状公差带

几何公差带是由一个或两个理想的几何线要素或面要素所限定的、由一个或多个线性尺寸表示公差值的区域。

形状公差用形状公差带来表示，其公差带是限制实际要素变动的区域，零件的实际要素在该区域内为合格。形状公差带包括公差带的形状、大小、位置和方向 4 个要素，其形状随要素的几何特征及功能要求而定。由于形状公差都是对单一要素本身提出的要求，因此形状公差都不涉及基准，故公差带也没有方向和位置的约束，可随被测实际要素的有关尺寸、形状、方向和位置的改变而浮动，公差带的大小由公差值确定。

表 3-4 给出了形状公差带的定义、标注示例及解释，仅供参考。

表 3-4　形状公差带的定义、标注示例及解释（摘自 GB/T 1182—2018）

几何特征及符号	公差带的定义	标注示例及解释
直线度 —	1. 在给定平面内 公差带为在平行于（相交平面框格给定的）基准 A 的给定平面内和给定方向上，间距等于公差值 t 的两平行直线所限定的区域，见图 1 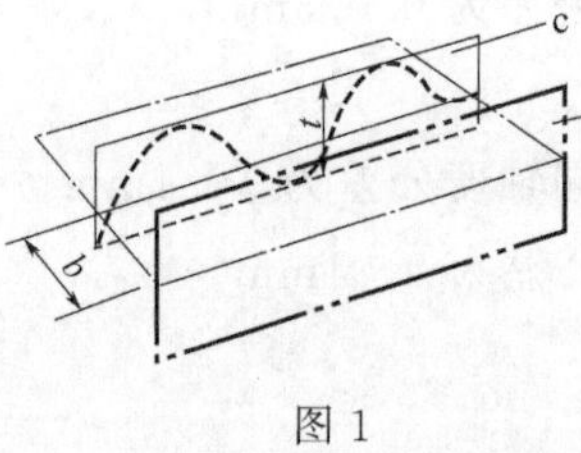 图 1 a—基准 A；b—任意距离；c—平行于基准 A 的相交平面	在由相交平面框格规定的平面内，被测上平面的提取（实际）线应限定在间距等于 0.1 的两平行直线之间，见图 2 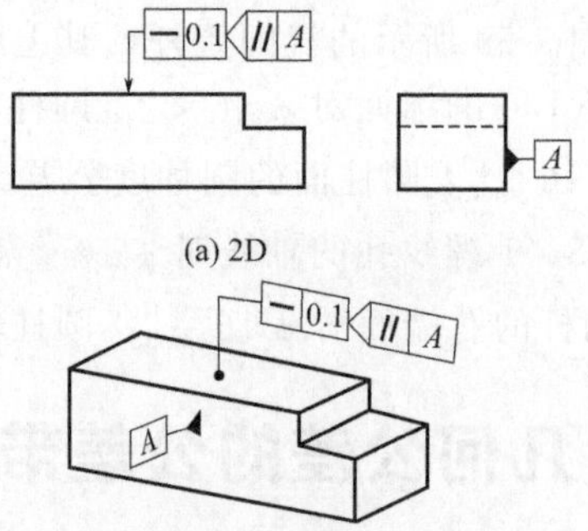 (a) 2D (b) 3D 图 2
	2. 在给定方向上 公差带为间距等于公差值 t 的两平行平面所限定的区域，见图 3 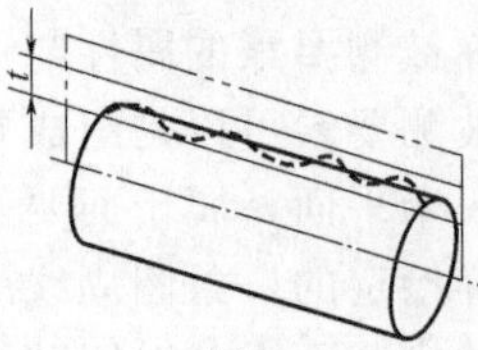 图 3	圆柱表面的提取（实际）的素线应限定在间距等于 0.1 的两平行平面之间，见图 4 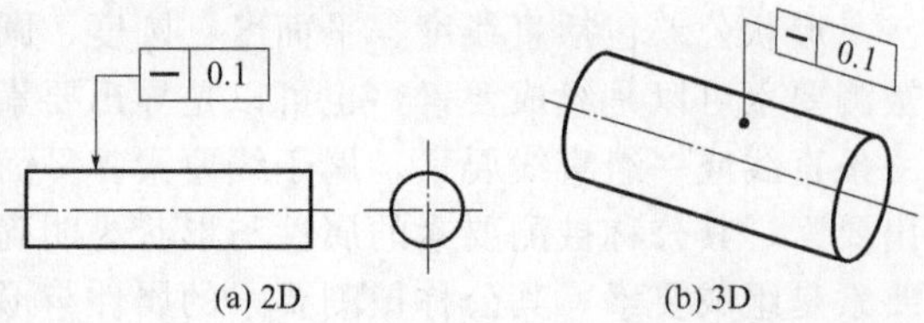 (a) 2D　　(b) 3D 图 4

续表

几何特征及符号	公差带的定义	标注示例及解释
直线度 —	3.在任意方向上 公差带为直径等于公差值 ϕt 的圆柱面所限定的区域,见图5 注意:公差值前加注符号 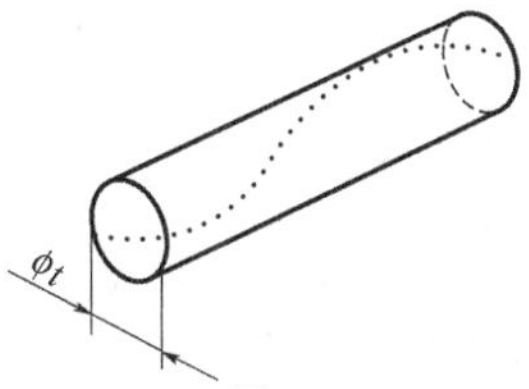 ϕ 图5	外圆柱面的提取(实际)中心线应限定在直径等于 $\phi 0.08$ 的圆柱面内,见图6 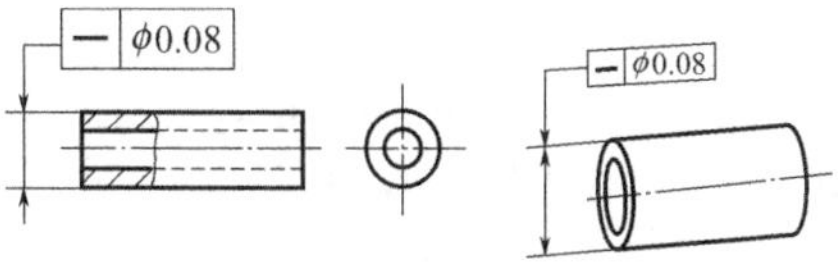 (a) 2D　　(b) 3D 图6
平面度 ▱	公差带为间距等于公差值 t 的两平行平面所限定的区域,见图7 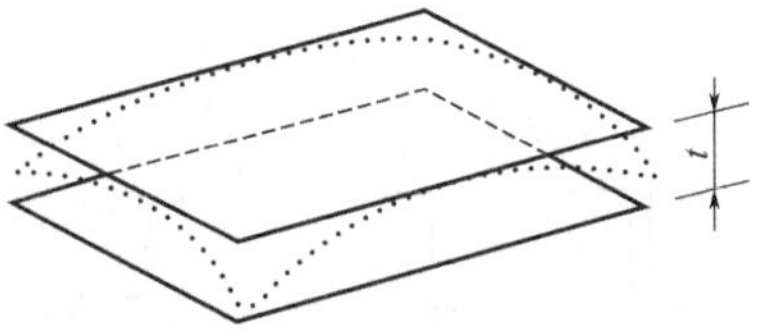 图7	提取(实际)表面应限定在间距等于0.08的两平行平面之间,见图8 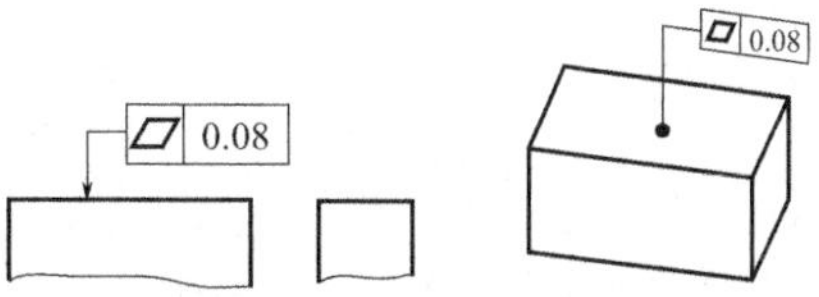 (a) 2D　　(b) 3D 图8
圆度 ○	公差带为在给定横截面内,半径差等于公差值 t 的两同心圆所限定的区域,见图9 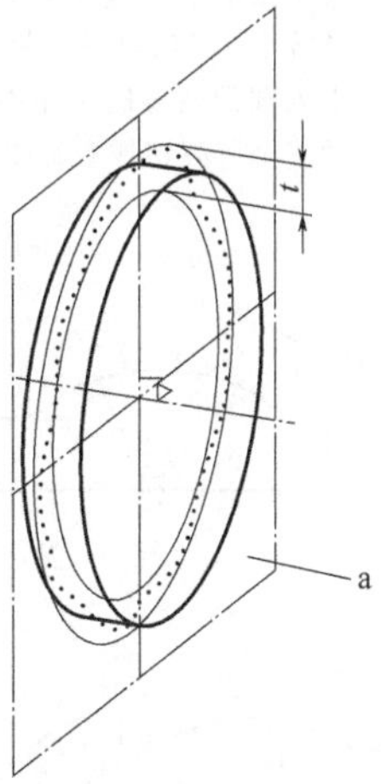 图9 a—任意相交平面(任意横截面)	在圆柱面的任意横截面内,提取(实际)圆周应限定在半径差等于0.03的两共面同心圆之间。这是圆柱表面的缺省应用方式,而对于圆锥表面应使用方向要素框格进行标注,见图10 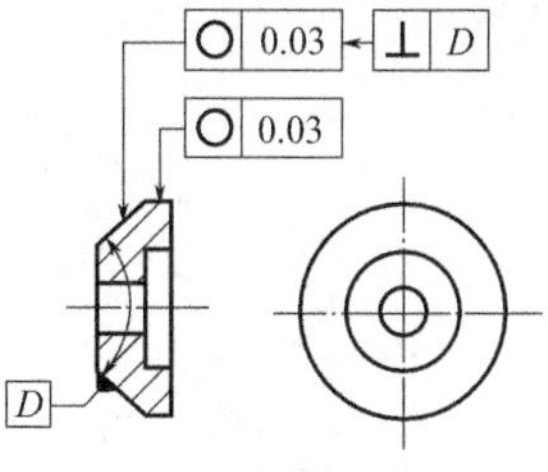 (a) 2D 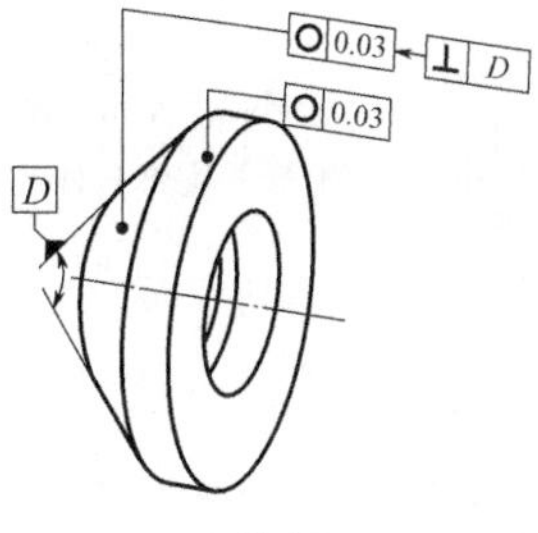 (b) 3D 图10

几何特征及符号	公差带的定义	标注示例及解释
圆度 ○	公差带为在给定横截面内,沿表面距离为 t 的两个在圆锥面上的圆所限定区域,见图11 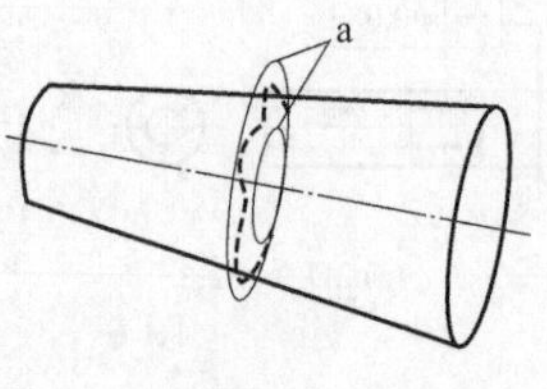 图11 a—在圆锥表面上垂直于基准 C 的圆	提取圆周线位于该表面的任意横截面上,由被测要素和与其同轴的圆锥相交定义,并且其锥角可确保该圆锥与被测要素垂直。该提取圆周线应限定在距离等于0.1的位于相交圆锥上的两个圆之间,如方向要素框格所示的,垂直于被测要素表面的公差带,见图12 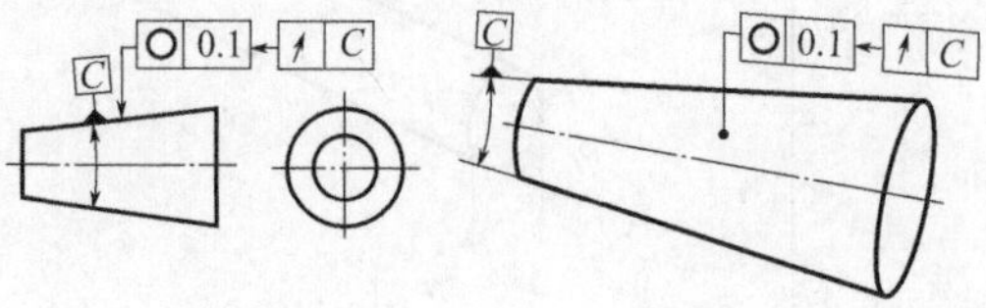 (a) 2D (b) 3D 图12
圆柱度 ⌭	公差带为半径差等于公差值 t 的两同轴圆柱面所限定的区域,见图13 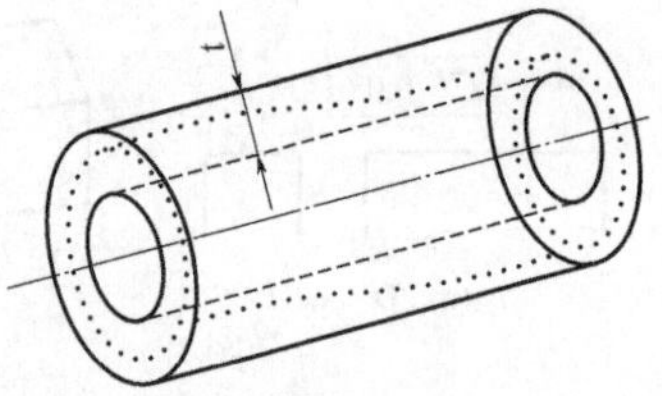 图13	提取(实际)圆柱表面应限定在半径差等于0.1的两同轴圆柱面之间,见图14 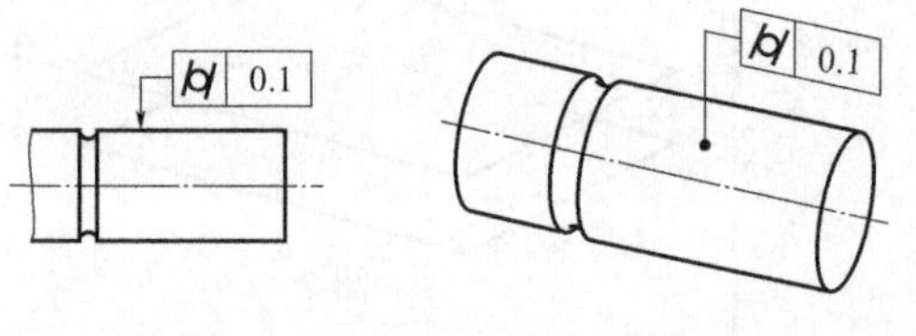 (a) 2D (b) 3D 图14
线轮廓度 ⌒	无基准的线轮廓度 公差带为直径等于公差值 t、圆心位于具有理论正确几何形状上的一系列圆的两包络线所限定的区域,见图15 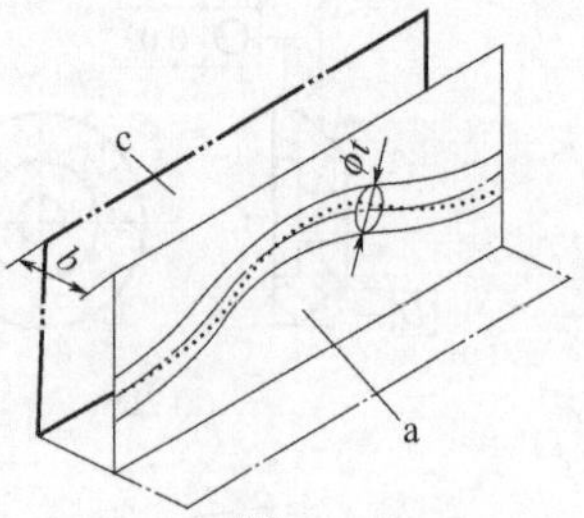 图15 a—基准平面 A;b—任意距离; c—平行于基准平面 A 的平面	在任一平行于基准平面 A 的截面内,提取(实际)轮廓线应限定在直径等于0.04、圆心位于被测要素理论正确几何形状上的一系列圆的两等距包络线之间,可使用 UF 表示组合要素上的三个圆弧组成联合要素,见图16 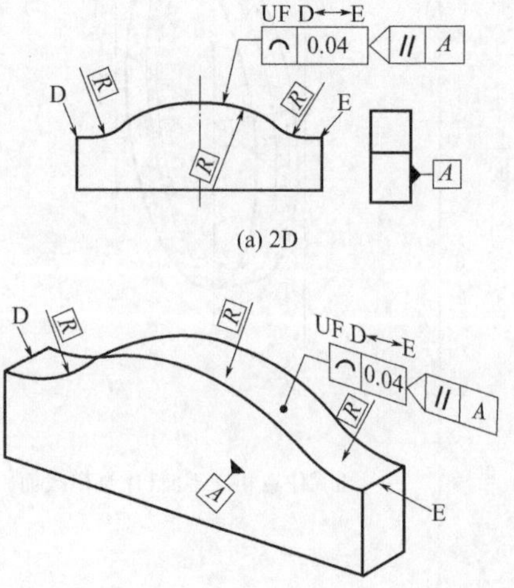 (a) 2D (b) 3D 图16

续表

几何特征及符号	公差带的定义	标注示例及解释
面轮廓度 ⌓	无基准的面轮廓度 公差带为直径等于公差值 t、球心位于具有理论正确几何形状上的一系列圆球的两包络面所限定的区域，见图 17 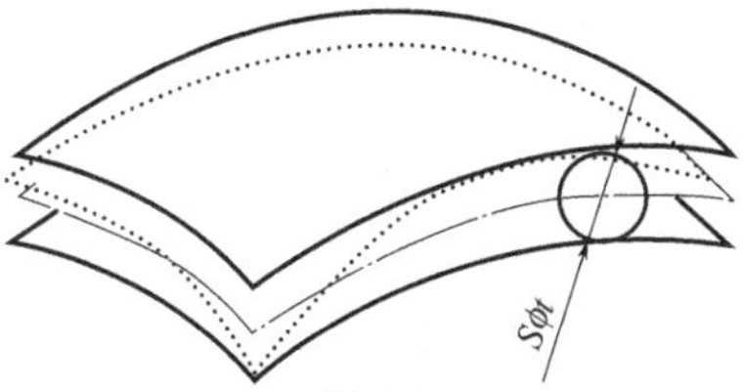 图 17	提取(实际)轮廓面应限定在直径等于 0.02、球心位于被测要素理论正确几何形状上的一系列圆球的两等距包络面之间，见图 18 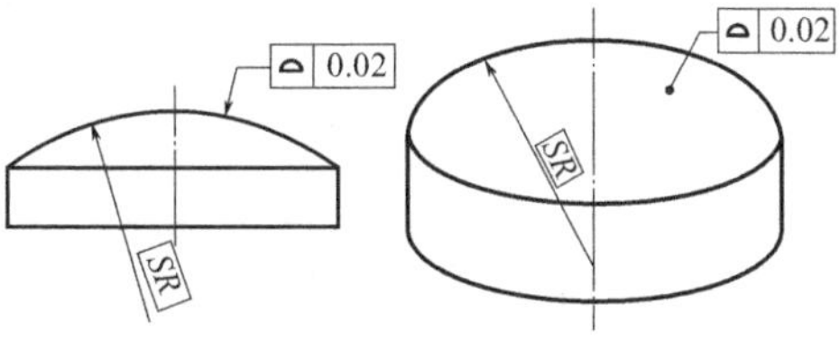 (a) 2D (b) 3D 图 18

3.3.2 方向公差及公差带

方向公差是指关联实际要素对基准在方向上允许的变动全量，包括平行度、垂直度和倾斜度三种。方向公差带的方向是固定的，由基准来确定，而其位置则可在尺寸公差带内浮动。

方向公差被测要素可以是组成要素或者是导出要素，其公称被测要素的属性和形状可以是一个线要素、一组线要素或者一个面要素。若被测要素是公称状态为平表面上的一系列直线，应标注相交平面框格，否则默认被测要素为平面。基准要素可以是组成要素或者是导出要素。因此被测要素相对于基准要素的方向公差可分为线对基准体系、线对基准线、线对基准面、一组在表面上的线对基准面、面对线和面对面六种情况。

方向公差的公差带在控制被测要素相对于基准方向误差的同时，能自然地控制被测要素的形状误差，因此，通常对同一被测要素当给出方向公差后，不再对该要素提出形状公差要求。如果确实需要对它的形状精度提出更高要求时，可以在给出方向公差的同时，再给出形状公差，但形状公差值一定要小于方向公差值。

表 3-5 给出了方向公差的公差带定义、标注示例及解释，仅供参考。

表 3-5 方向公差带的定义、标注示例及解释（摘自 GB/T 1182—2018）

几何特征及符号		公差带的定义	标注示例及解释
平行度 //	相对于基准体系的中心线平行度公差	公差带为间距等于公差值 t、平行于两基准(基准轴线和平面)且沿规定方向的两平行平面所限定的区域，见图 1 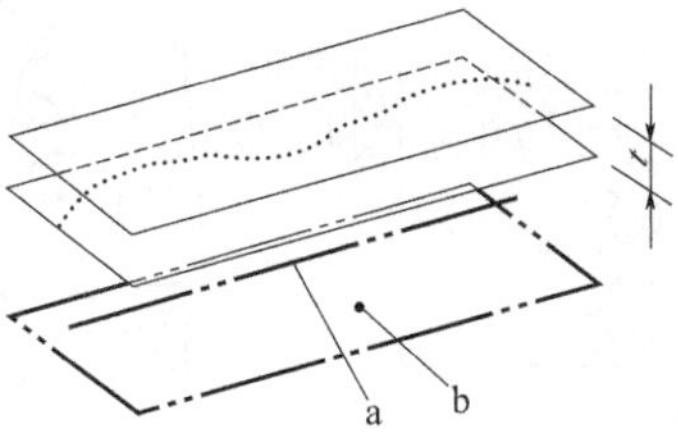 图 1 a—基准 A；b—基准 B	提取(实际)中心线应限定在间距等于 0.1、平行于基准轴线 A 的两平行平面之间。限定公差带的平面均平行于由定向平面框格规定的基准平面 B。基准 B 为基准 A 的辅助基准，见图 2 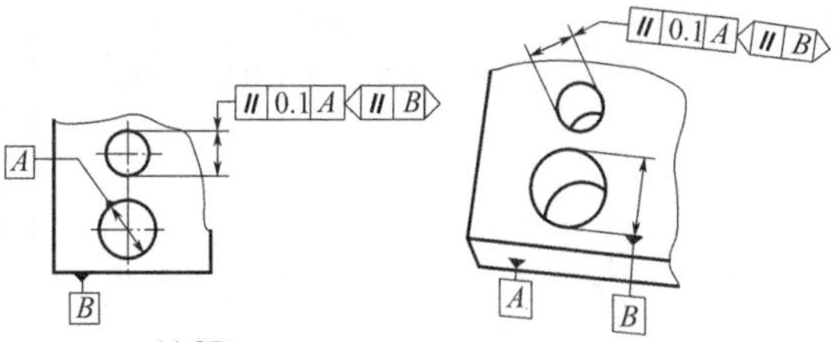 (a) 2D (c) 3D 图 2

续表

几何特征及符号		公差带的定义	标注示例及解释
平行度 //	相对于基准体系的中心线平行度公差	公差带为间距等于公差值 t、平行于基准轴线 A 且垂直于基准平面 B 的两平行平面所限定的区域,见图 3 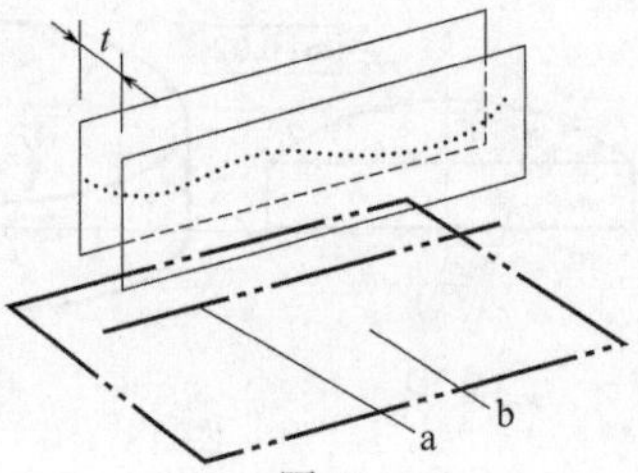 图 3 a—基准轴线 A;b—基准平面 B	提取(实际)中心线应限定在间距等于 0.1、平行于基准轴线 A 的两平行平面之间。限定公差带的平面均垂直于由定向平面框格规定的基准平面 B。基准 B 为基准 A 的辅助基准,见图 4 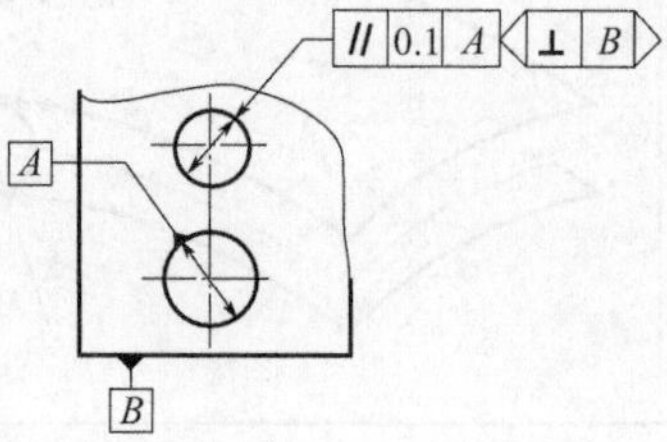 (a) 2D 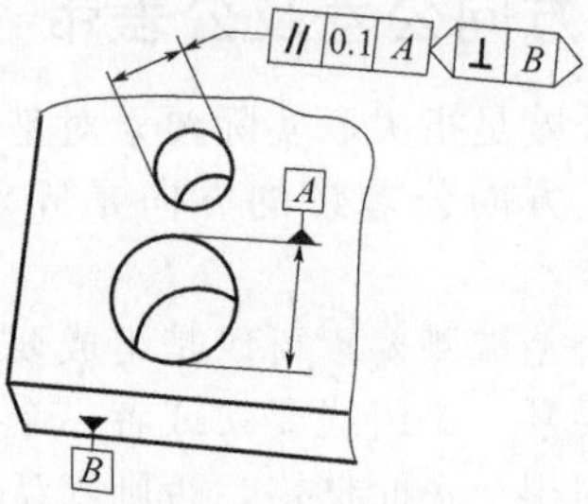 (b) 3D 图 4
		公差带为两对间距分别等于 0.1 和 0.2,且平行于基准轴线 A 的平行平面之间。定向平面框格规定了 0.2 的公差带垂直于定向平面 B;定向平面框格规定了 0.1 的公差带平行于定向平面 B,见图 5 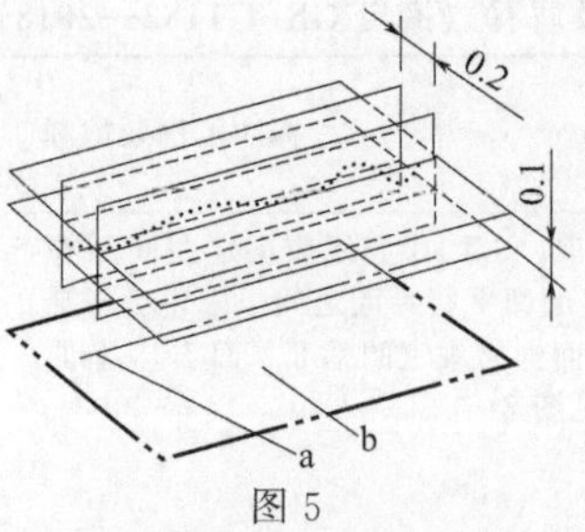 图 5 a—基准轴线 A;b—基准平面 B	提取(实际)中心线应限定在两对间距分别等于 0.1 和 0.2,且平行于基准轴线 A 的平行平面之间。定向平面框格规定了公差带宽度相对于基准平面 B 的方向,其中 0.2 的公差带的限定平面垂直于定向平面 B,0.1 的公差带的限定平面平行于定向平面 B,见图 6 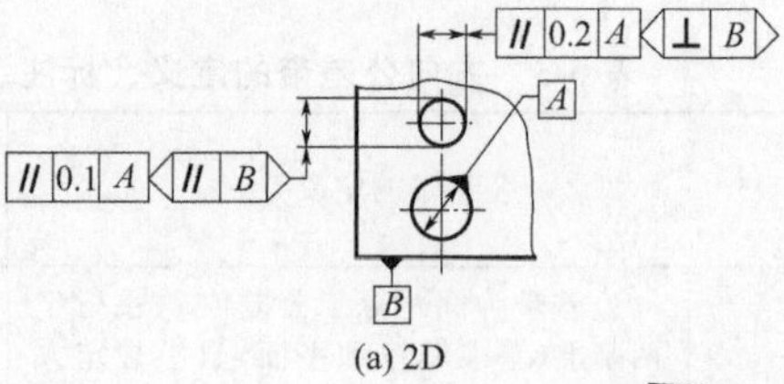 (a) 2D 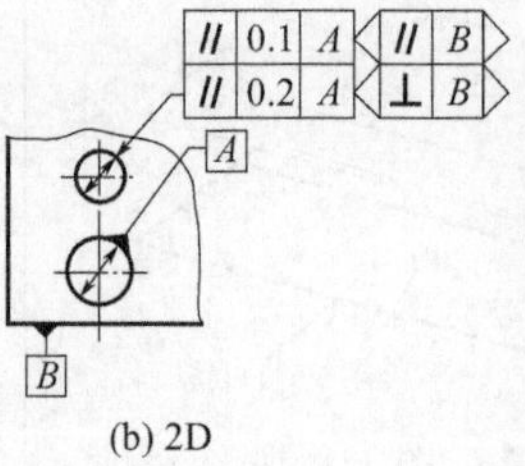 (b) 2D 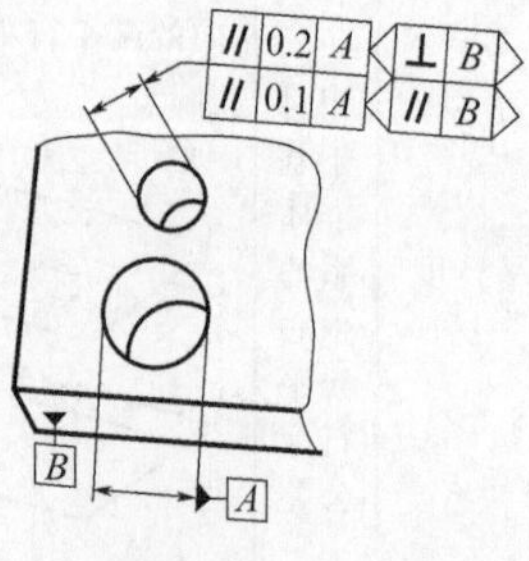 (c) 3D 图 6

续表

几何特征及符号		公差带的定义	标注示例及解释
平行度 //	相对于基准直线的中心线平行度公差	公差带为平行于基准轴线、直径等于公差值 ϕt 的圆柱面所限定的区域,见图 7 注意:公差值前加注符号 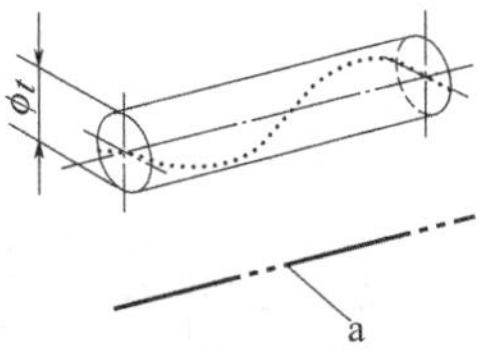 ϕ 图 7 a—基准轴线 A	提取(实际)中心线应限定在平行于基准轴线 A、直径等于 $\phi 0.03$ 的圆柱面内,见图 8 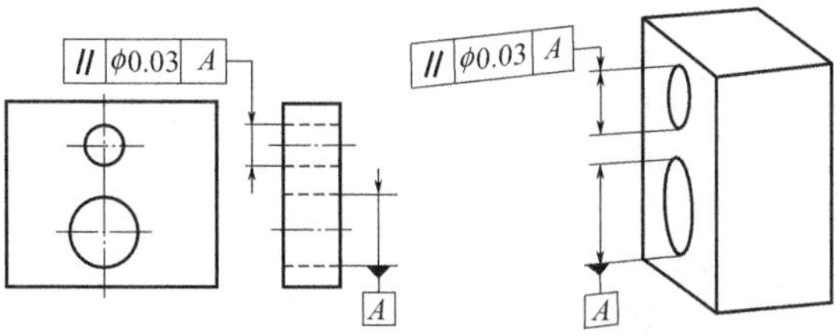 (a) 2D　　(b) 3D 图 8
	相对于基准面的中心线平行度公差	公差带是平行于基准平面、距离为公差值 t 的两平行平面所限定的区域,见图 9 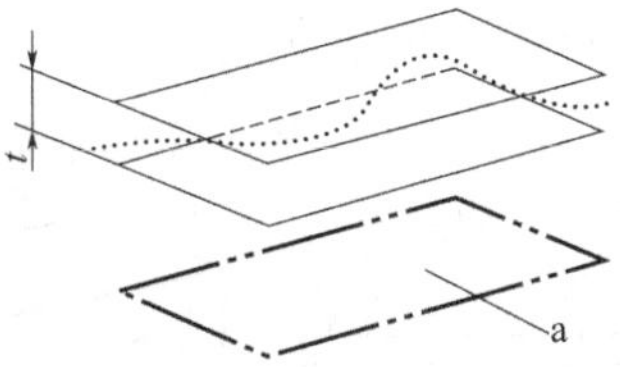 图 9 a—基准平面 B	提取(实际)中心线应限定在平行于基准平面 B、间距等于 0.01 的两平行平面之间,见图 10 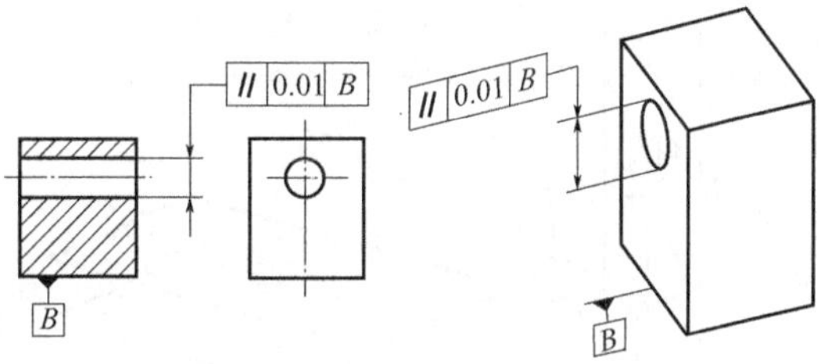 (a) 2D　　(b) 3D 图 10
	相对于基准面的一组在表面上的线平行度公差	公差带为间距等于公差值 t 的两平行直线所限定的区域,该两平行直线平行于基准平面 A 且处于平行于基准平面 B 的平面内,见图 11 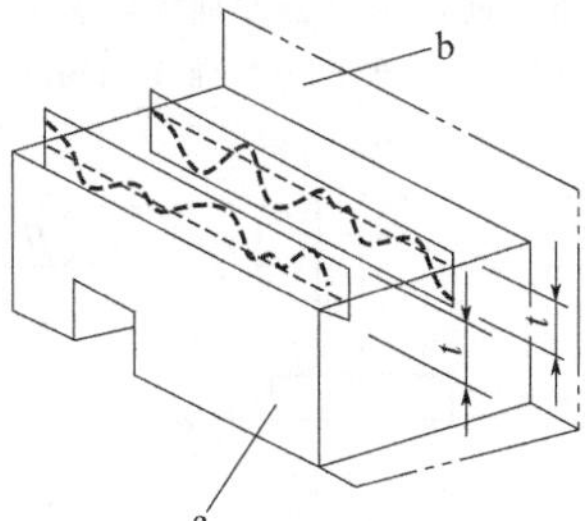 图 11 a—基准 A；b—基准 B	每条由相交平面框格规定的、平行于基准平面 B 的提取(实际)线,应限定在间距等于 0.02、平行于基准平面 A 的两平行线之间。基准 B 为基准 A 的辅助基准,见图 12 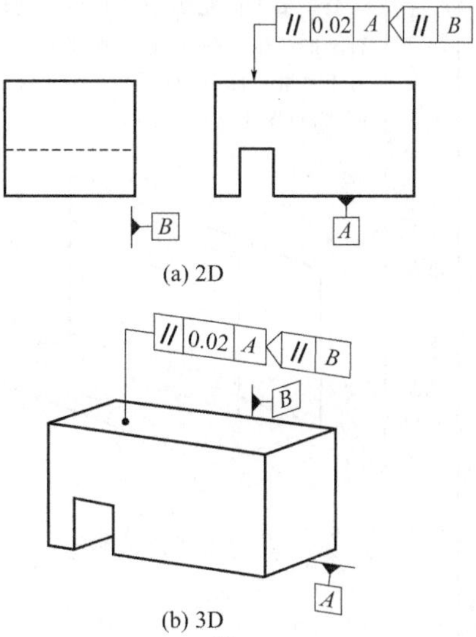 (a) 2D (b) 3D 图 12

续表

几何特征及符号		公差带的定义	标注示例及解释
平行度 //	相对于基准直线的平面平行度公差	公差带为间距等于公差值 t、平行于基准轴线的两平行平面所限定的区域，见图 13 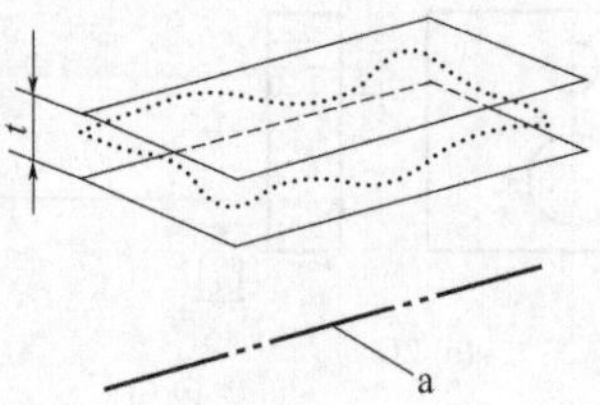 图 13 a—基准 C	提取（实际）表面应限定在间距等于 0.1、平行于基准轴线 C 的两平行平面之间，见图 14 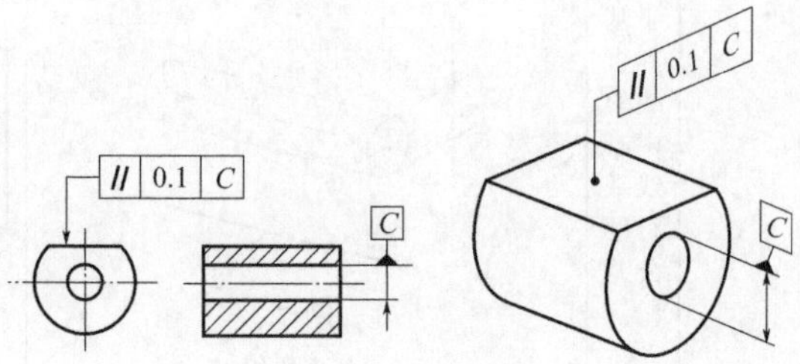 (a) 2D　　(b) 3D 图 14
	相对于基准面的平面平行度公差	公差带为间距等于公差值 t、平行于基准平面的两平行平面所限定的区域，见图 15 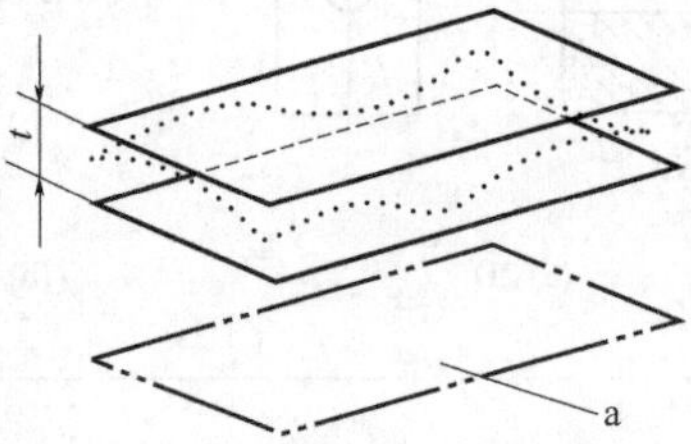 图 15 a—基准 D	提取（实际）表面应限定在间距等于 0.01、平行于基准平面 D 的两平行平面之间，见图 16 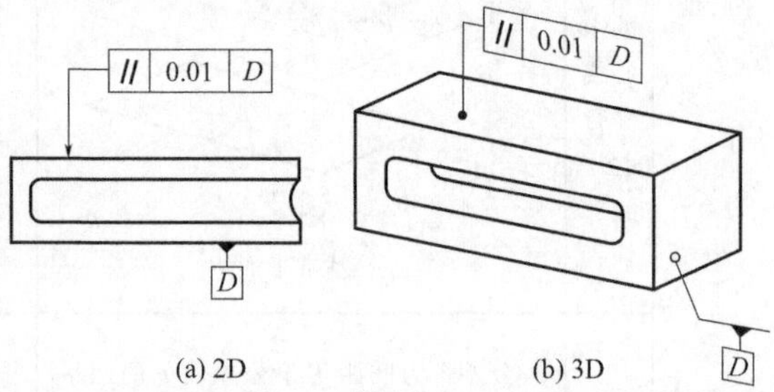 (a) 2D　　(b) 3D 图 16
垂直度 ⊥	相对于基准体系的中心线垂直度公差	公差带为间距等于公差值 t 的两平行平面所限定的区域，该两平行平面垂直于基准平面 A，且平行于辅助基准平面 B，见图 17 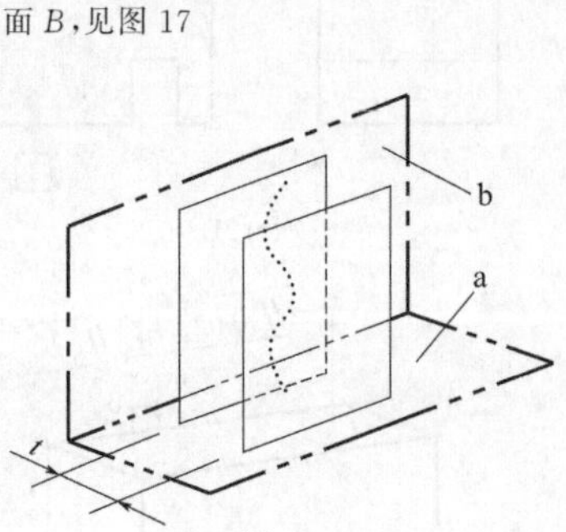 图 17 a—基准 A；b—基准 B	圆柱面的提取（实际）中心线应限定在间距等于 0.1 的两平行平面之间，该两平行平面垂直于基准平面 B 规定。基准 B 为基准 A 的辅助基准，见图 18 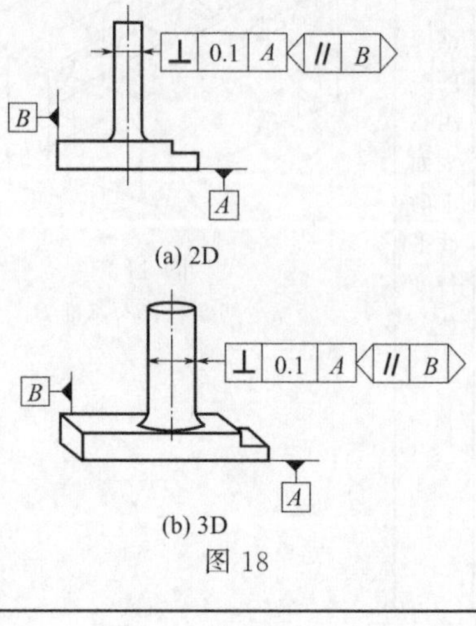 (a) 2D (b) 3D 图 18

续表

几何特征及符号	公差带的定义	标注示例及解释
垂直度 ⊥	相对于基准体系的中心线垂直度公差	公差带为间距等于公差值 0.1 和 0.2,且相互垂直的两组平行平面所限定的区域,该两组平行平面都垂直于基准平面 A,其中一组平行平面垂直于辅助基准平面 B,见图 19;而另一组平行平面平行于辅助基准平面 B,见图 20	圆柱面的提取(实际)中心线应限定在间距等于 0.1 和 0.2,且垂直于基准平面 A 的两组平行平面之间。公差带的方向使用定向平面框格由基准平面 B 规定,基准 B 是基准 A 的辅助基准,见图 21

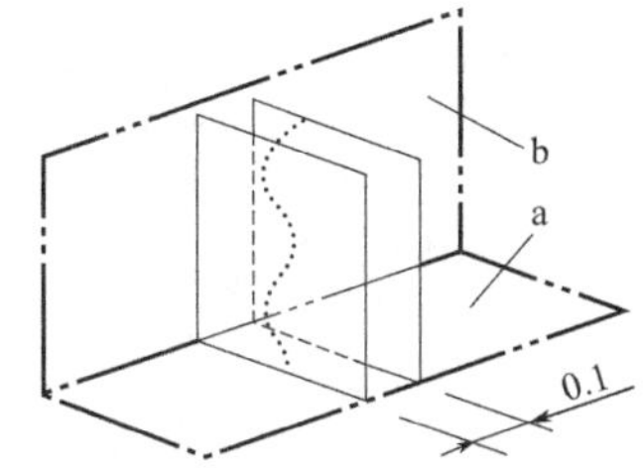

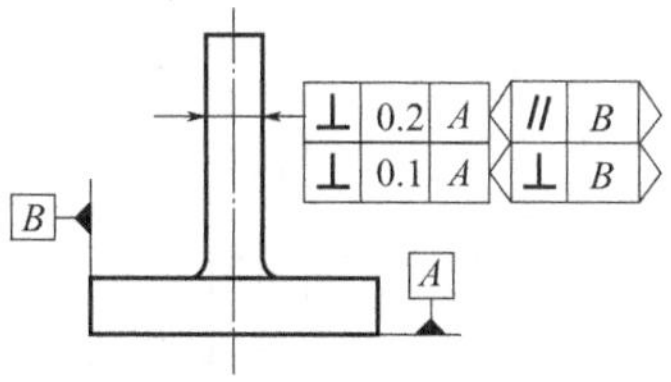

图 19
a—基准 A;b—基准 B

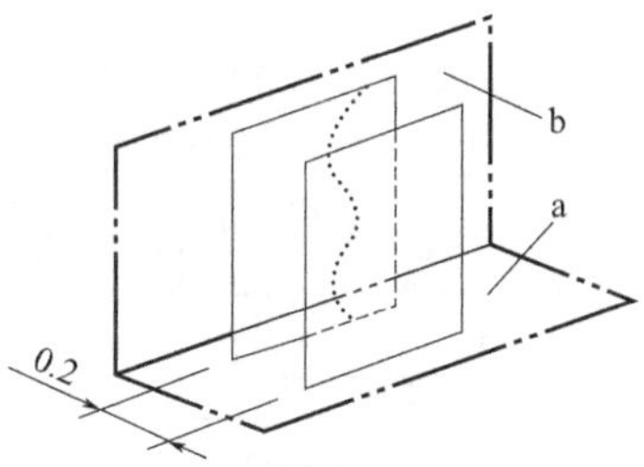

图 20
a—基准 A;b—基准 B

(a) 2D

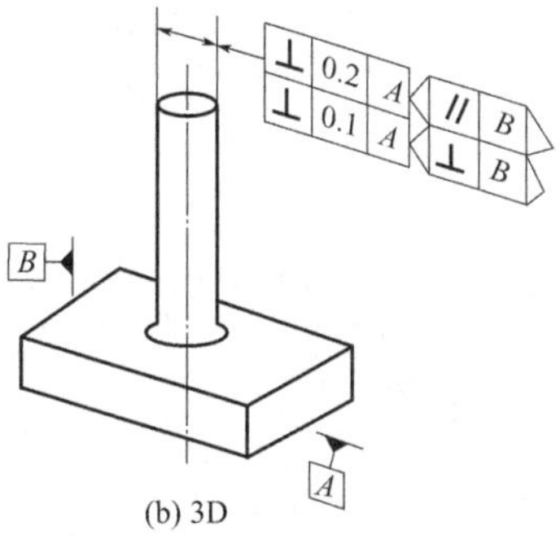

(b) 3D
图 21

| | 相对于基准直线的中心线垂直度公差 | 公差带为间距等于公差值 t、垂直于基准轴线的两平行平面所限定的区域,见图 22 | 提取(实际)中心线应限定在间距等于 0.06、垂直于基准轴线 A 的两平行平面之间,见图 23 |

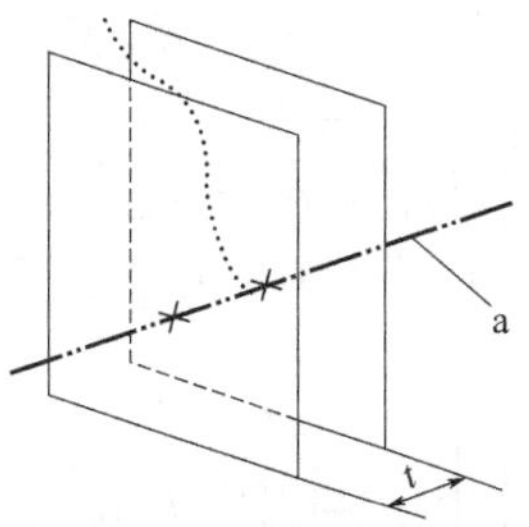

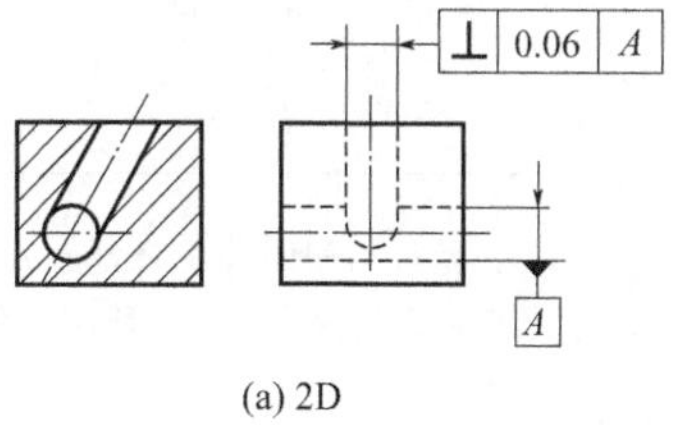

图 22
a—基准 A

(a) 2D

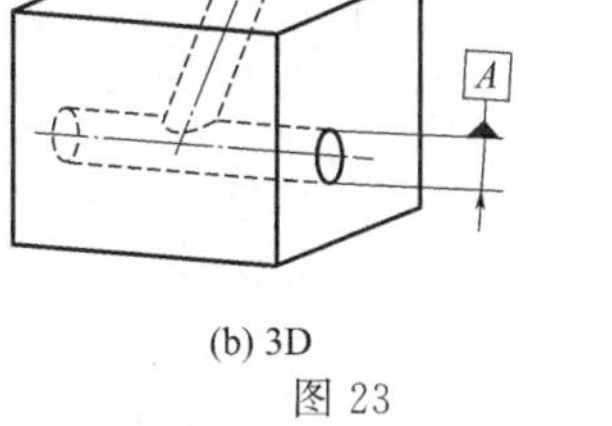

(b) 3D
图 23

续表

几何特征及符号		公差带的定义	标注示例及解释
垂直度 ⊥	相对于基准面的中心线垂直度公差	公差带为直径等于公差值 ϕt、轴线垂直于基准平面的圆柱面所限定的区域，见图 24 注意：公差值前加注符号 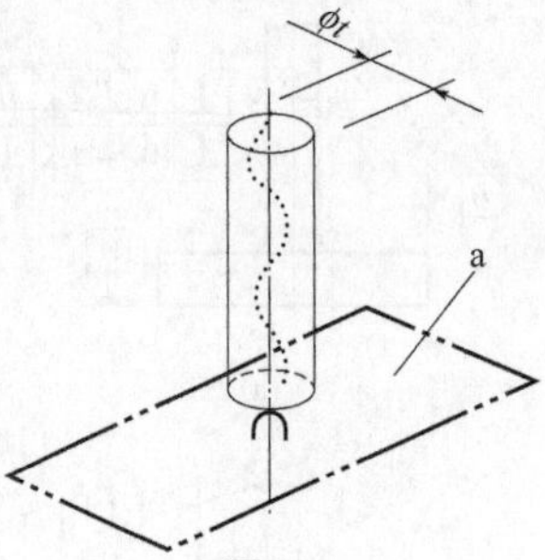 ϕ 图 24 a—基准 A	圆柱面的提取（实际）中心线应限定在直径等于 $\phi 0.01$、垂直于基准平面 A 的圆柱面内，见图 25 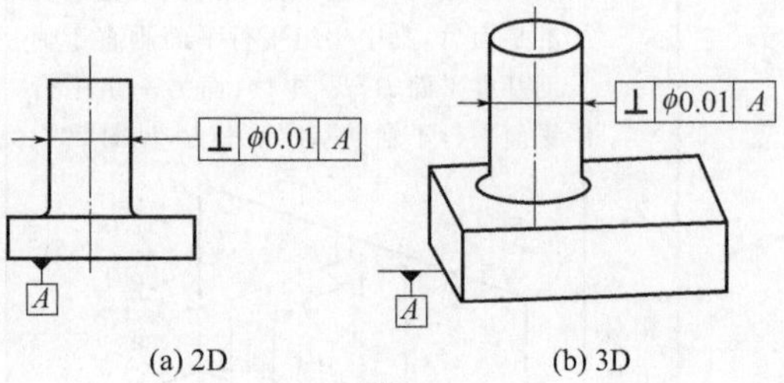 (a) 2D　　(b) 3D 图 25
	相对于基准直线的平面垂直度公差	公差带为间距等于公差值 t、且垂直于基准轴线的两平行平面所限定的区域，见图 26 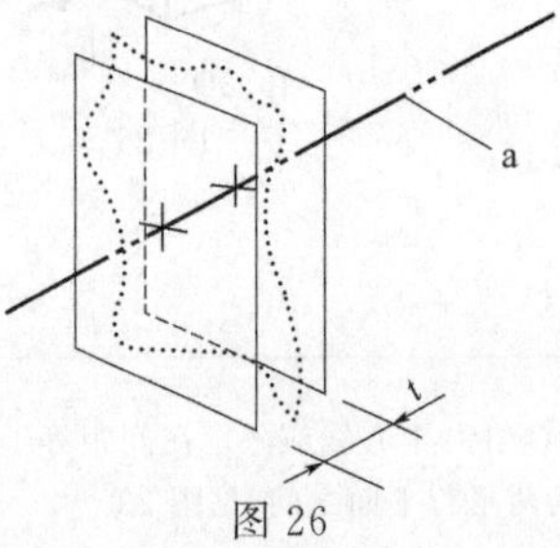 图 26 a—基准 A	提取（实际）表面应限定在间距等于 0.08 的两平行平面之间，该两平行平面垂直于基准轴线 A，见图 27 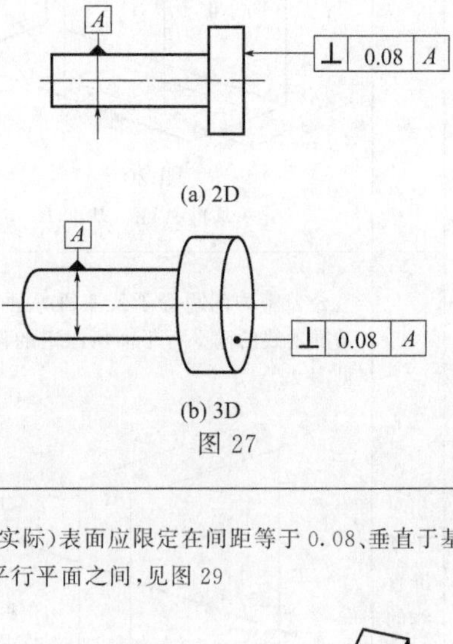 (a) 2D (b) 3D 图 27
	相对于基准面的平面垂直度公差	公差带为间距等于公差值 t、垂直于基准平面的两平行平面所限定的区域，见图 28 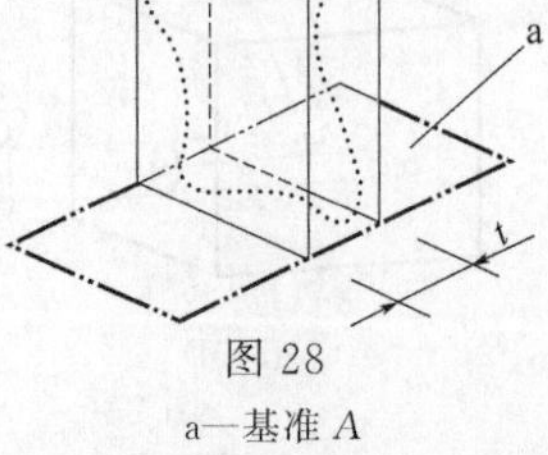 图 28 a—基准 A	提取（实际）表面应限定在间距等于 0.08、垂直于基准平面 A 的两平行平面之间，见图 29 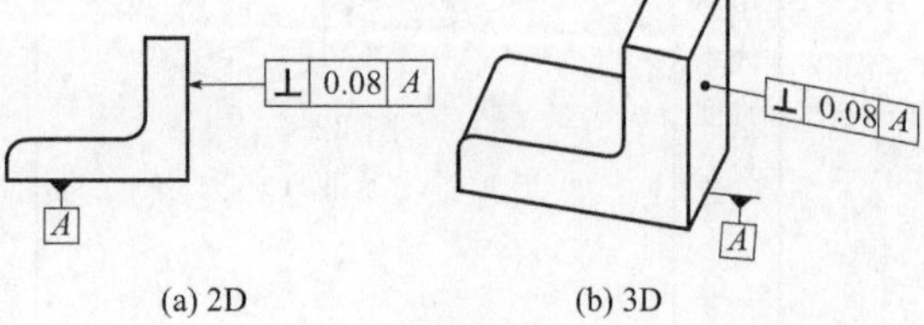 (a) 2D　　(b) 3D 图 29

续表

几何特征及符号	公差带的定义	标注示例及解释
倾斜度 ∠	相对于基准直线的中心线倾斜度公差	被测线与基准线在不同的平面内 公差带为直径等于公差值 ϕt 的圆柱面所限定的区域,该圆柱面按规定角度倾斜于基准,见图30 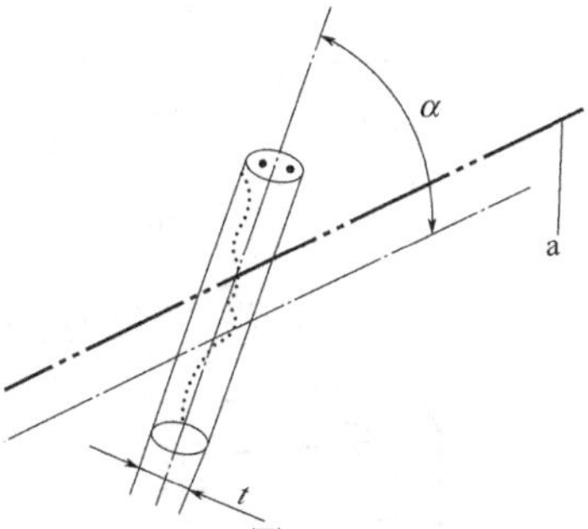 图30 a—公共基准 $A-B$	提取(实际)中心线应限定在直径等于 $\phi 0.08$ 的圆柱面所限定的区域,该圆柱按理论正确角度 60° 倾斜于公共基准轴线 $A-B$,见图31 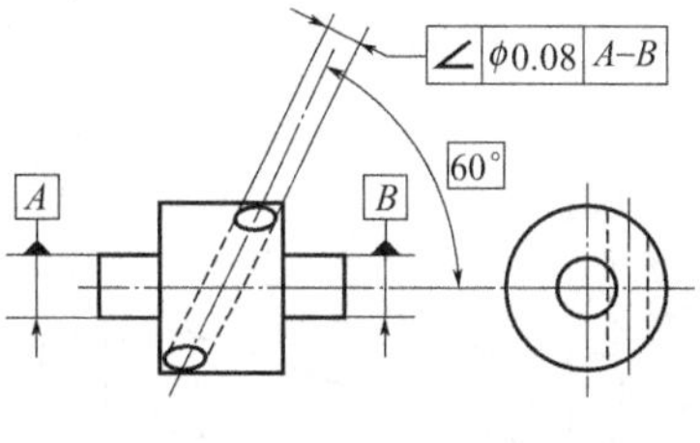 (a) 2D 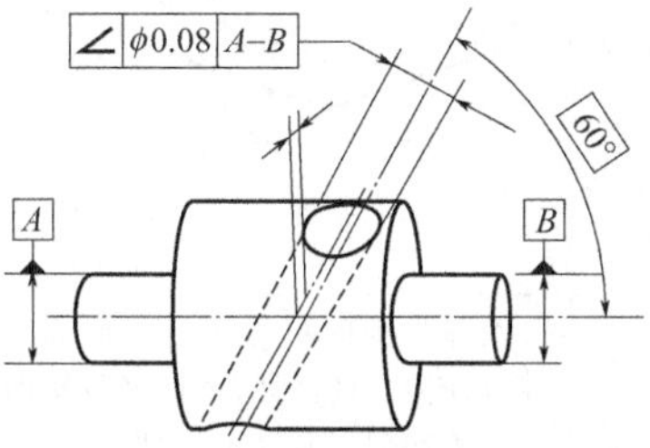 (b) 3D 图31
		被测线与基准线在不同的平面内 公差带为间距等于公差值 t 两平行平面所限定的区域,该两平行平面按规定角度倾斜于基准轴线,见图32 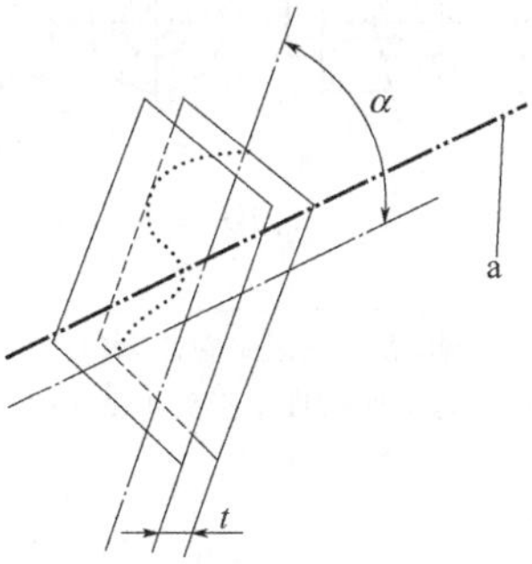 图32 a—公共基准 $A-B$	提取(实际)中心线应限定在间距等于 0.08 的两平行平面之间,该两平行平面按理论正确角度 60° 倾斜于公共基准轴线 $A-B$,见图33 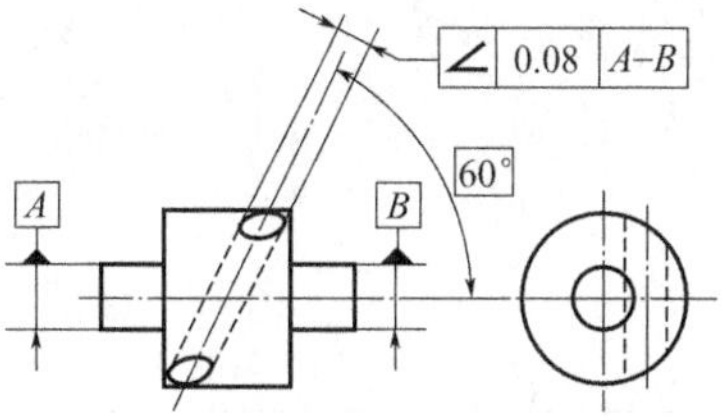 (a) 2D 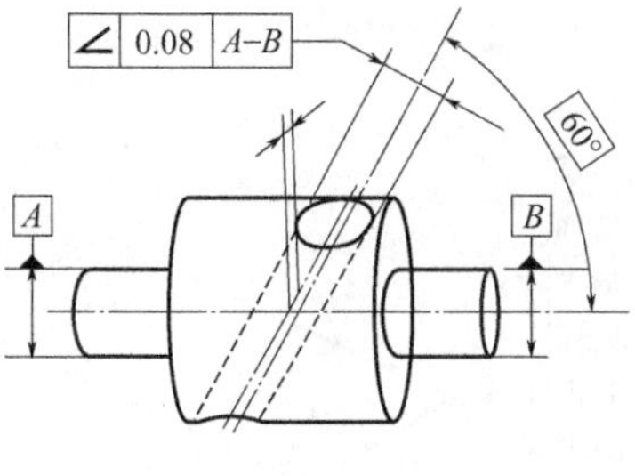 (b) 3D 图33

续表

几何特征及符号	公差带的定义	标注示例及解释
倾斜度 ∠	**相对于基准体系的中心线倾斜度公差** 公差带为直径等于公差值 ϕt 圆柱面所限定的区域,该圆柱面公差带的轴线按给规角度倾斜于基准平面 A 且平行于基准平面 B,见图34 注意:公差值前加注符号 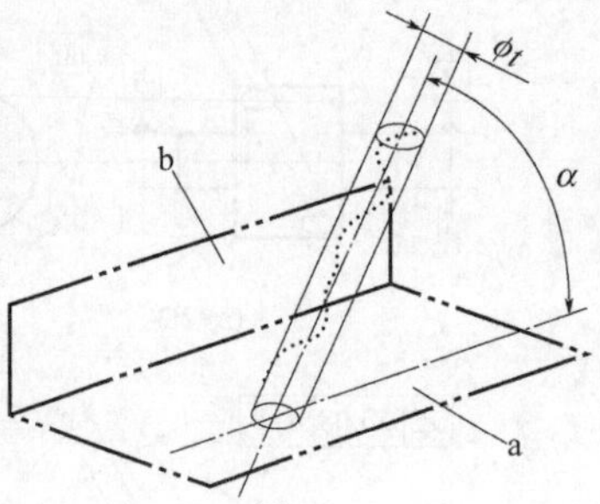 ϕ 图34 a—基准 A;b—基准 B	提取(实际)中心线应限定在直径等于 $\phi0.1$ 的圆柱面内,该圆柱面的中心线按理论正确角度60°倾斜于基准平面 A 且平行于基准平面 B,见图35 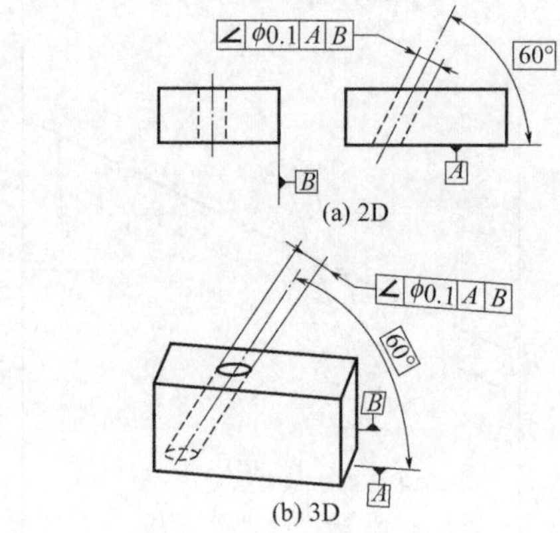 (a) 2D (b) 3D 图35
	相对于基准直线的平面倾斜度公差 公差带为间距等于公差值 t 两平行平面所限定的区域,该两平行平面按规定角度倾斜于基准轴线,见图36 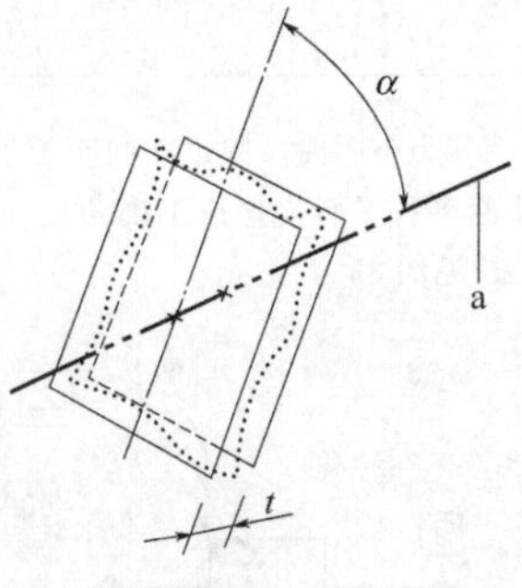 图36 a—基准 A	提取(实际)表面应限定在间距等于0.1的两平行平面之间,该两平行平面按理论正确角度75°倾斜于基准轴线 A,见图37 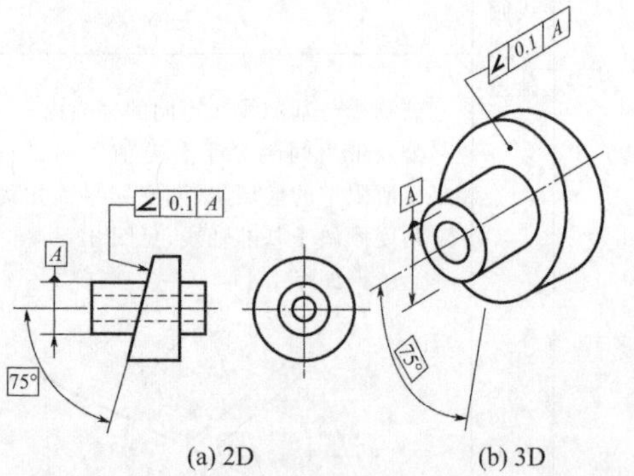 (a) 2D (b) 3D 图37
	相对于基准面的平面倾斜度公差 公差带为间距等于公差值 t 两平行平面所限定的区域,该两平行平面按规定角度倾斜于基准平面,见图38 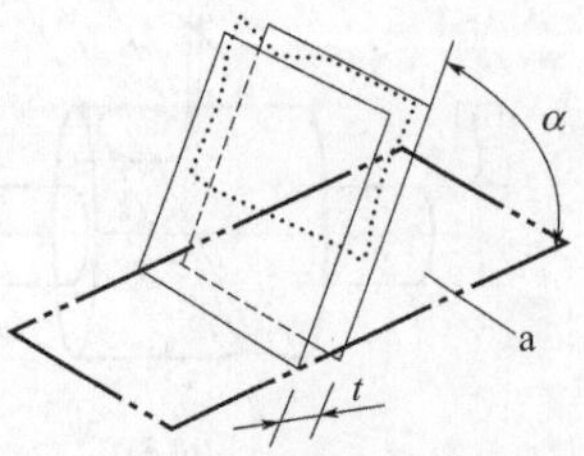 图38 a—基准 A	提取(实际)表面应限定在间距等于0.08的两平行平面之间,该两平行平面按理论正确角度40°倾斜于基准平面 A,见图39 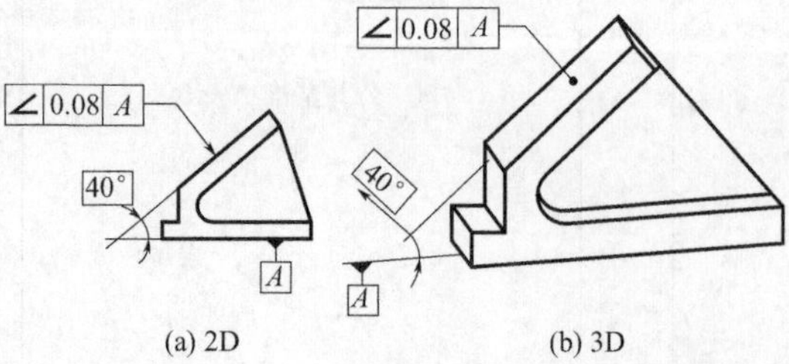 (a) 2D (b) 3D 图39

3.3.3 位置公差及公差带

位置公差是指关联实际要素对基准在位置上允许的变动全量。

位置公差包括位置度、同轴（同心）度和对称度三种。其中位置度公差被测要素可以是组成要素或导出要素，其公称被测要素的属性为一个组成要素或导出的点、直线或平面，或为导出曲线或导出曲面。当有多种可能时，除非标注了相交平面框格，否则缺省的被测要素为面要素。公称被测要素的形状，除了要素为直线和平面的情况外，应通过图样上完整的标注或 CAD 模型的查询明确给定。同轴（同心）度公差被测要素为导出要素，其公称被测要素的属性与形状是点要素、一组点要素或直线要素，当所标注的要素的公称状态为直线，且被测要素为一组点时，应标注 ACS（任意横截面）修饰符，否则缺省的被测要素是线要素。此时，每一个点的基准也是同一横截面上的一个点。锁定在公称被测要素与基准之间的角度和线性尺寸由缺省的 TED 给定。对称度公差被测要素可以是组成要素或导出要素，其公称被测要素的属性与形状可以是点要素、一组点要素、直线、一组直线或平面。若所标注的要素的公称状态为平面，且被测要素为该表面上的一组直线时，应标注相交平面框格。当所标注的要素的公称状态为直线，且被测要素为线要素上的一组点要素时，应标注 ACS。

位置公差带具有以下两个特点：相对于基准位置是固定的，不能浮动，其位置是由理论正确尺寸相对于基准所确定；位置公差带既能控制被测要素的位置误差，又能控制其方向和形状误差。因此，当给出置位公差要求的被测要素，一般不再提出方向和形状公差的要求。只有对被测要素的方向和形状精度有更高要求时，才另行给出形状和方向公差要求，且应满足 $t_{位置} > t_{方向} > t_{形状}$。

表 3-6 给出了位置公差的公差带定义、标注示例及解释，仅供参考。

表 3-6 位置公差带的定义、标注示例及解释（摘自 GB/T 1182—2018）

几何特征及符号		公差带的定义	标注示例及解释
位置度 ⌖	导出点的位置度公差	公差带为直径等于公差值 $S\phi t$ 的圆球面所限定的区域，该圆球面的中心的位置由相对于基准平面 $A、B、C$ 的理论正确尺寸确定，见图 1 注意：公差值前加注符号 $S\phi$ 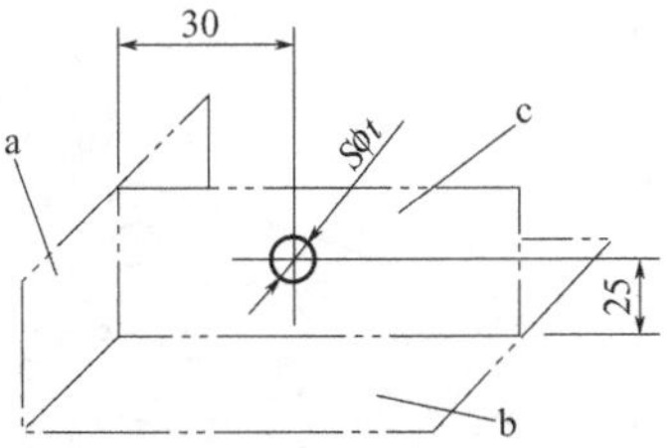 图 1 a—基准 A；b—基准 B；c—基准 C	提取(实际)球心应限定在直径等于 $S\phi 0.3$ 的圆球内，该圆球的中心由基准平面 A、基准平面 B、基准中心平面 C 及被测球所确定的理论正确位置一致，见图 2 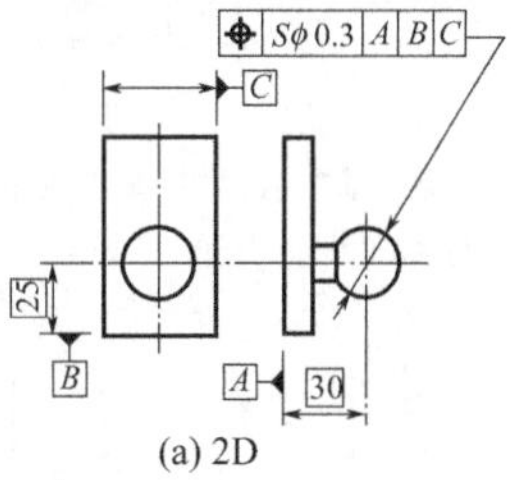 (a) 2D 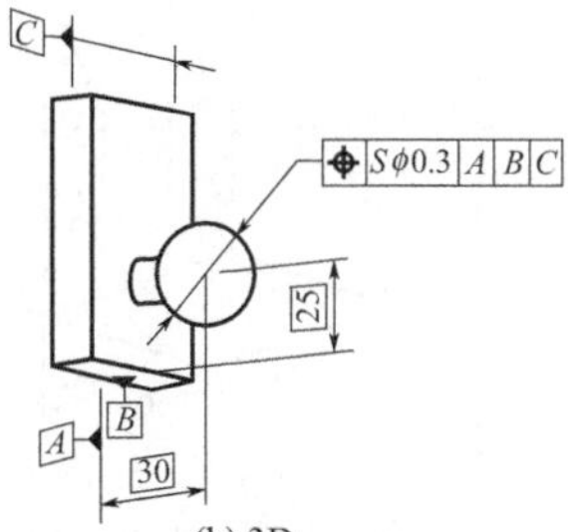 (b) 3D 图 2

几何特征及符号		公差带的定义	标注示例及解释
位置度 ⌖	中心线的位置度公差	当给定一个方向的公差时，6个被测要素的每个公差带为间距等于公差值0.1、对称于被测要素中心线的两平行平面所限定的区域，中心平面的位置由相对于基准平面 A、B 的理论正确尺寸确定，见图3 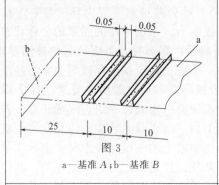 图 3 a—基准 A；b—基准 B	各条刻线的提取（实际）中心线应限定在间距等于0.1、对称于基准平面 A、B 与被测线所确定的理论正确位置的两平行平面之间，见图4 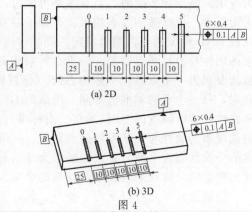 (a) 2D (b) 3D 图 4
		当给定两个方向的公差时，公差带为间距等于公差值0.05和0.2、对称于理论正确位置的两对相互垂直的平行平面所限定的区域。该理论正确位置由相对于基准平面 C、A 和 B 的理论正确尺寸确定，见图5和图6 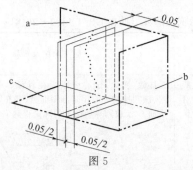 图 5 a—第二基准 A，与基准 C 垂直；b—第三基准 B，与基准 C 以及第二基准 A 垂直；c—基准 C 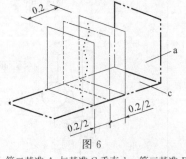 图 6 a—第二基准 A，与基准 C 垂直；b—第三基准 B，与基准 C 以及第二基准 A 垂直；c—基准 C	各孔的提取（实际）中心线在给定方向上应各自限定在间距分别等于0.05和0.2、且相互垂直的两对平行平面内。每对平行平面的方向由基准体系确定，且对称于由基准平面 C、A、B 及被测孔所确定的理论正确位置，见图7 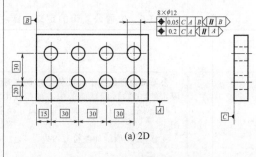 (a) 2D 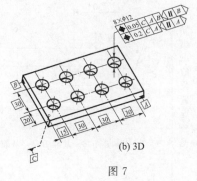 (b) 3D 图 7

续表

几何特征及符号		公差带的定义	标注示例及解释
位置度 ⌖	中心线的位置度公差	任意方向上的位置度，公差带为直径等于公差值 ϕt 的圆柱面所限定的区域，该圆柱面轴线的位置由相对于基准平面 C、A、B 的理论正确尺寸确定，见图8 注意：公差值前加注符号 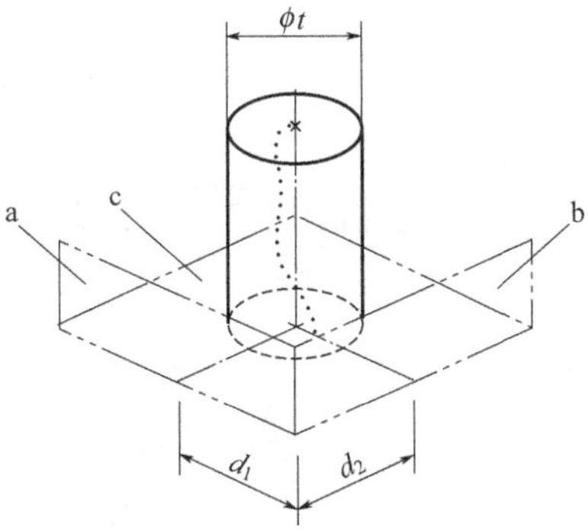 ϕ 图8 a—基准A；b—基准B；c—基准C	提取（实际）中心线应限定在直径等于 $\phi 0.08$ 的圆柱面内，该圆柱面的轴线应处于由基准平面 C、A、B 与被测孔所确定的理论正确位置上，见图9 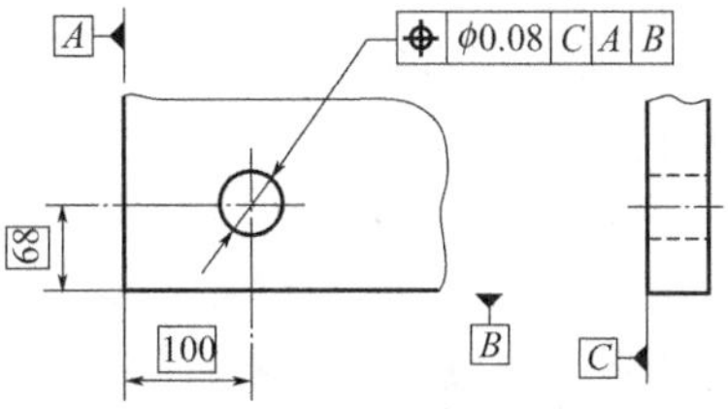 (a) 2D 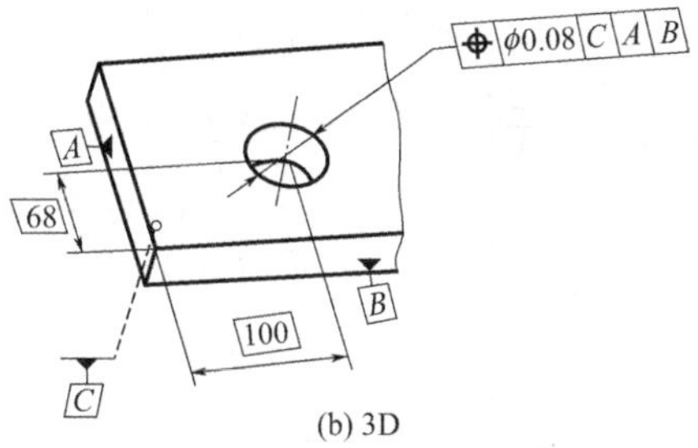 (b) 3D 图9 各孔的提取（实际）中心线应各自限定在直径等于 $\phi 0.1$ 的圆柱面内。该圆柱面的轴线应处于由基准平面 C、A、B 与被测孔所确定的理论正确位置上，见图10 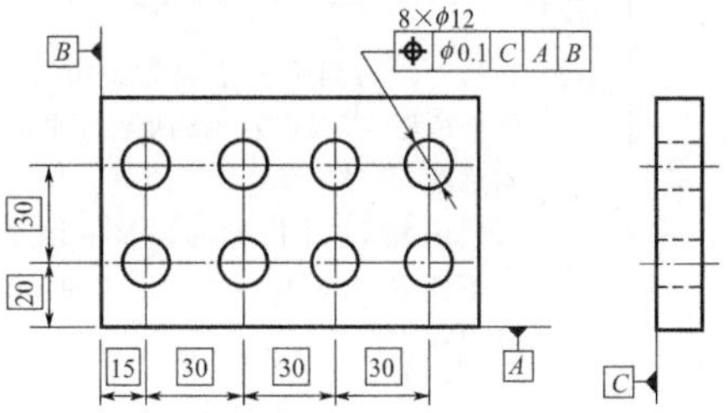 (a) 2D 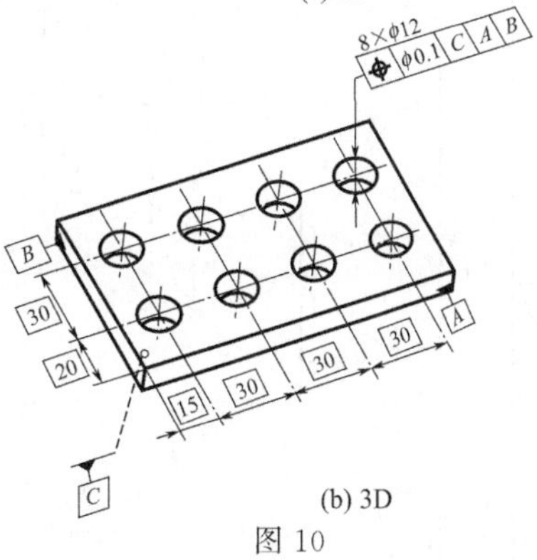 (b) 3D 图10

几何特征及符号		公差带的定义	标注示例及解释
位置度 ⌖	平表面的位置度公差	公差带为间距等于公差值 t 的两平行平面所限定的区域。该两平行平面对称于由相对于基准 A、B 的理论正确尺寸所确定的理论正确位置，见图 11。 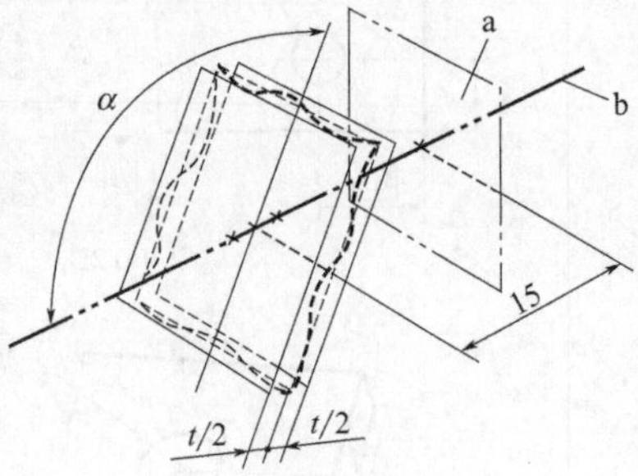 图 11 a—基准 A；b—基准 B	提取(实际)表面应限定在间距等于 0.05 的两平行平面之间。该两平行平面对称于由基准平面 A、基准轴线 B 与该被测表面所确定的理论正确位置，见图 12 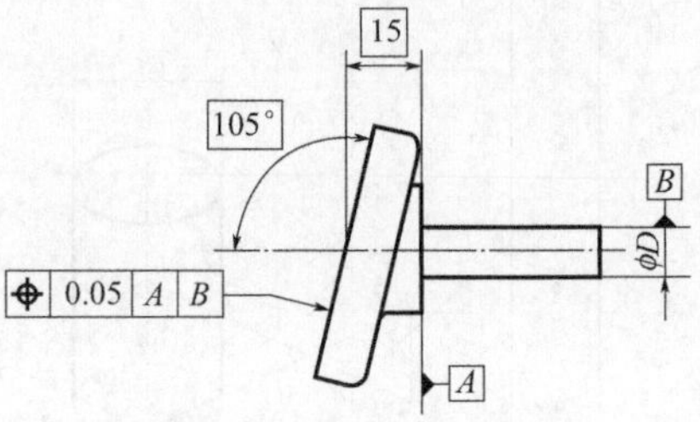 (a) 2D 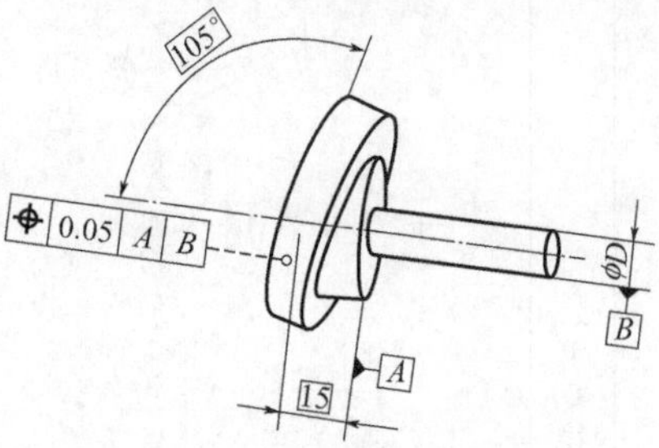 (b) 3D 图 12
		公差带为间距等于公差值 0.05 的两平行平面所限定的区域。该两平行平面绕基准 A 对称配置，见图 13。 使用 SZ，八个凹槽的公差带相互之间的角度不锁定；若使用 CZ，公差带的相互角度应锁定在 45° 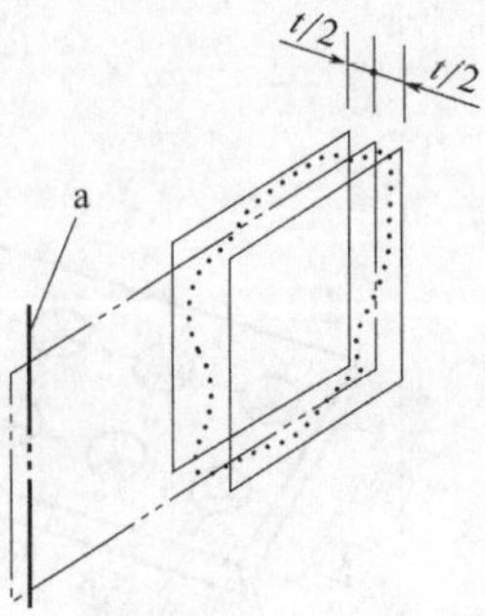 图 13 a—基准 A	提取(实际)中心面应限定在间距等于 0.05 的两平行平面之间，该两平行平面对称于由基准轴线 A 与中心表面所确定的理论正确位置，见图 14 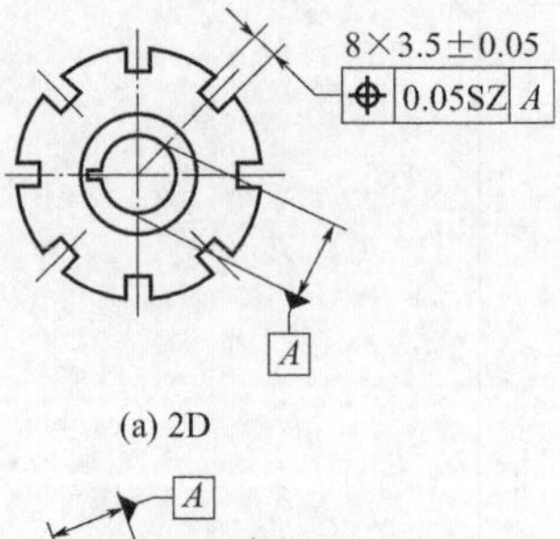 (a) 2D 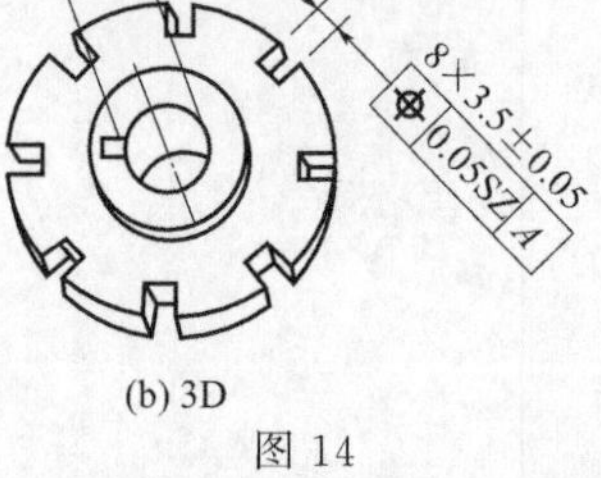 (b) 3D 图 14

续表

几何特征及符号	公差带的定义	标注示例及解释
同轴度和同心度 ◎	点的同心度公差：公差带为直径等于公差值 ϕt 的圆周所限定的区域，该圆周的圆心与基准点重合，见图 15。 注意：公差值前加注符号 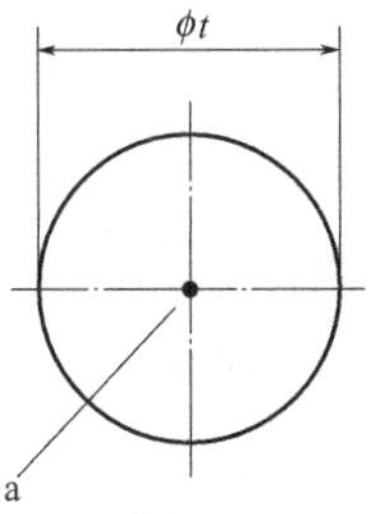 ϕ 图 15 a—基准点 A	在任意横截面内，内圆的提取（实际）中心应限定在直径等于 $\phi 0.1$，以基准点 A（在同一横截面内）为圆心的圆周内，见图 16 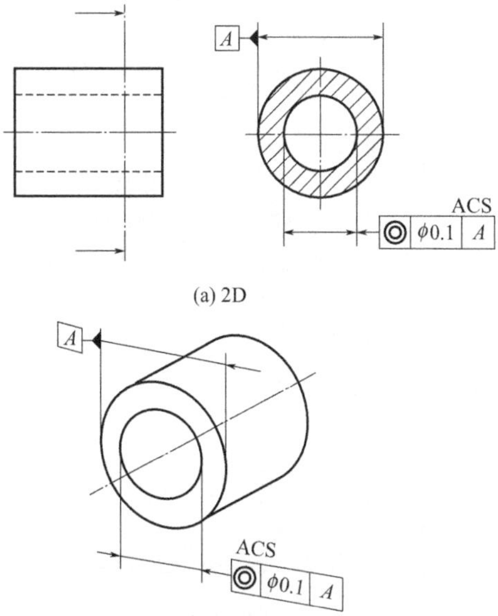 (a) 2D (b) 3D 图 16
	中心线的同轴度公差：公差带为直径等于公差值 ϕt 的圆柱面所限定的区域，该圆柱面的轴线与基准轴线重合，见图 17。 注意：公差值前加注符号 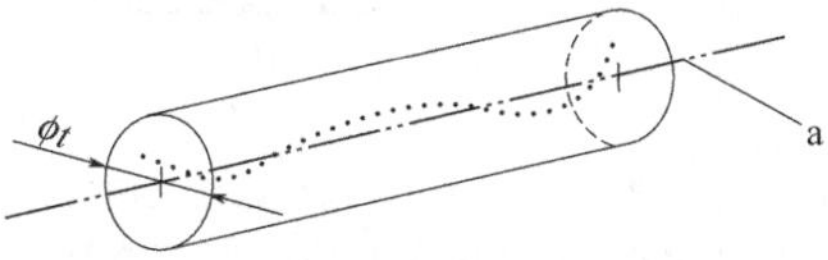 ϕ 图 17 a—基准 A—B（图 18）或基准 A（图 19）或垂直于第一基准 A 的第二基准 B（图 20）	被测圆柱面的提取（实际）中心线应限定在直径等于 $\phi 0.08$、以公共基准轴线 A-B 为轴线的圆柱面内，见图 18 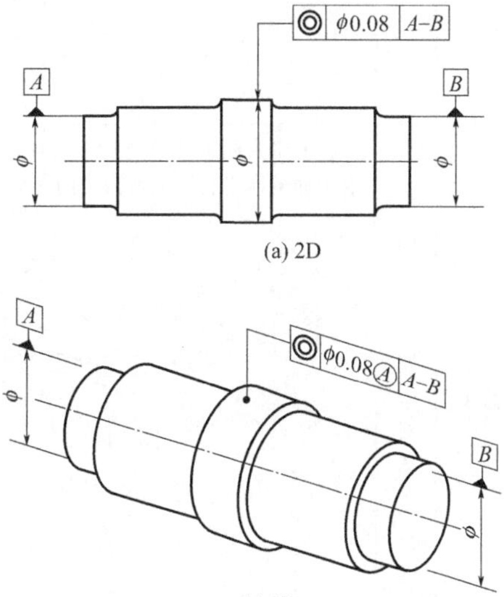 (a) 2D (b) 3D 图 18

续表

几何特征及符号	公差带的定义	标注示例及解释
同轴度和同心度 ◎	中心线的同轴度公差 公差带为直径等于公差值 ϕt 的圆柱面所限定的区域,该圆柱面的轴线与基准轴线重合,见图17 注意:公差值前加注符号 ϕ 图 17 a—基准 A—B(图18)或基准 A(图19)或垂直于第一基准 A 的第二基准 B(图20)	被测圆柱面的提取(实际)中心线应限定在直径等于 $\phi 0.1$、以基准轴线 A 为轴线的圆柱面内,见图19 (a) 2D (b) 3D 图 19 被测圆柱面的提取(实际)中心线应限定在直径等于 $\phi 0.1$、以垂直于基准平面 A 的基准轴线 B 为轴线的圆柱面内,见图20 (a) 2D (b) 3D 图 20
对称度 =	中心平面的对称度公差 公差带为间距等于公差值 t,对称于基准中心平面的两平行平面所限定的区域,见图21 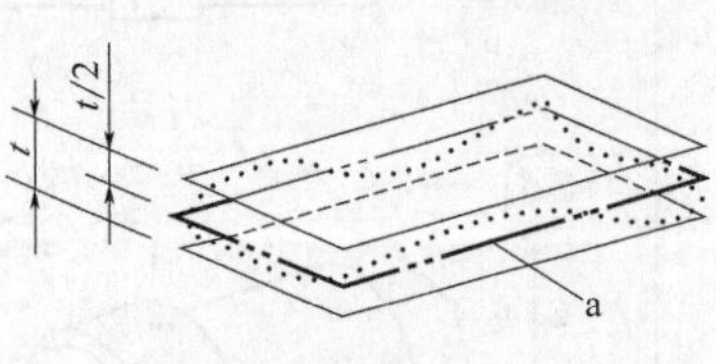 图 21 a—基准 A	提取(实际)中心面应限定在间距等于0.08、对称于基准中心平面 A 的两平行平面之间,见图22 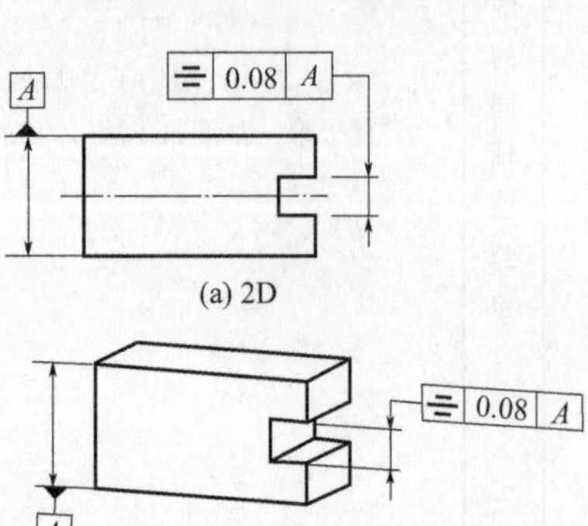 (a) 2D (b) 3D 图 22

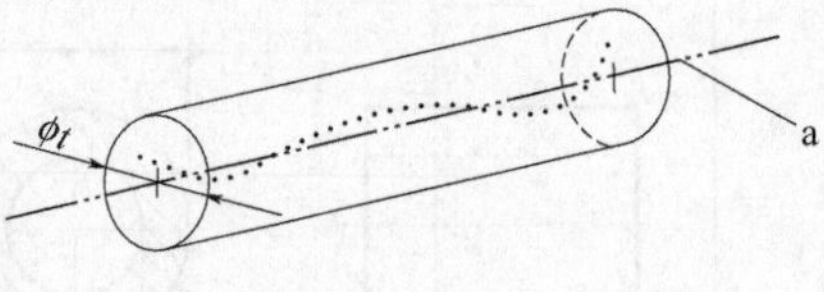

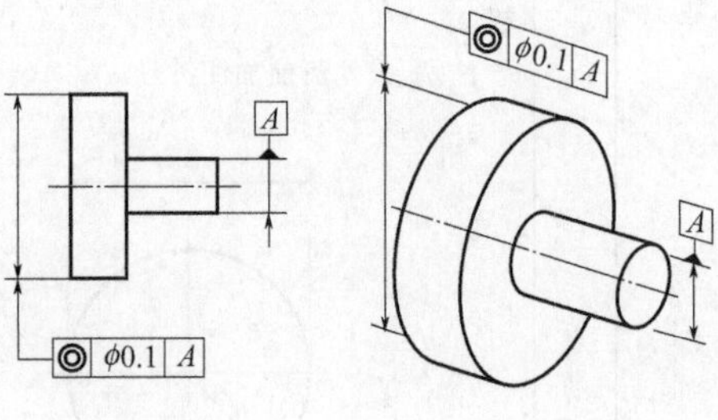

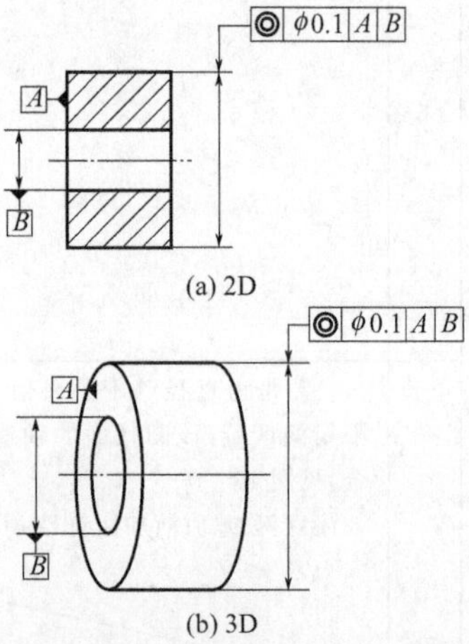

续表

几何特征及符号	公差带的定义		标注示例及解释
对称度 ⌯	中心平面的对称度公差	公差带为间距等于公差值 t，对称于基准中心平面的两平行平面所限定的区域，见图 21 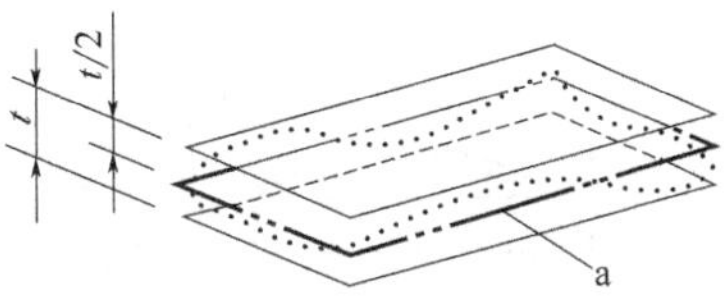 图 21 a—基准 A	提取(实际)中心面应限定在间距等于 0.08、对称于公共基准中心平面 A—B 的两平行平面之间，见图 23 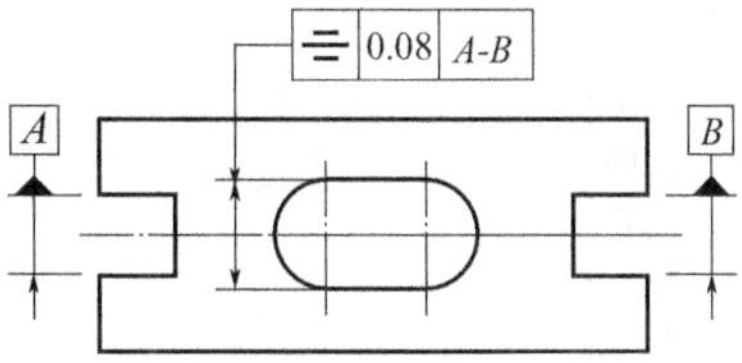 (a) 2D 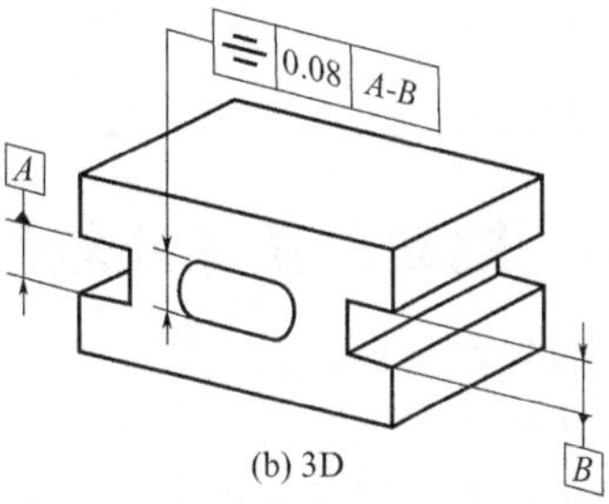 (b) 3D 图 23
线轮廓度 ⌒	相对于基准体系的线轮廓度公差	公差带为直径等于公差值 t、圆心位于由基准平面 A 和基准平面 B 确定的被测要素理论正确几何形状上一系列圆的两包络线所限定的区域，见图 24 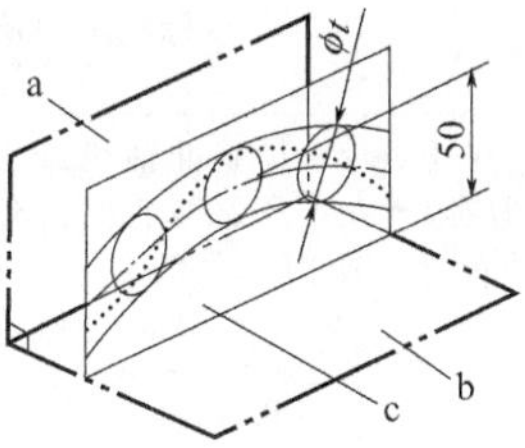 图 24 a—基准 A；b—基准 B； c—平行于基准 A 的平面	在任一由相交平面框格规定的平行于基准平面 A 的截面内，提取(实际)轮廓线应限定在直径等于 0.04、圆心位于由基准平面 A 和基准平面 B 确定的被测要素理论正确几何形状上的一系列圆的两等距离包络线之间，见图 25 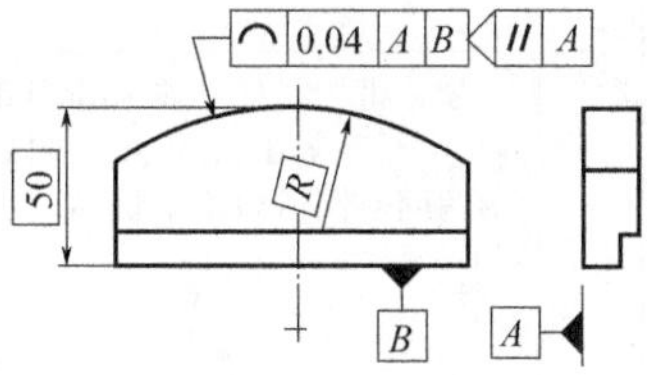 (a) 2D 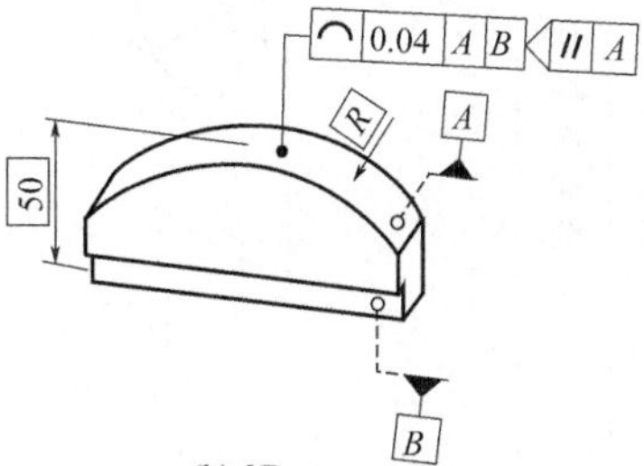 (b) 3D 图 25

几何特征及符号		公差带的定义	标注示例及解释
面轮廓度 ⌒	相对于基准的面轮廓度公差	公差带为直径等于公差值 t、球心位于由基准平面 A 确定的被测要素理论正确几何形状上的一系列圆球的两包络面所限定的区域，见图 26 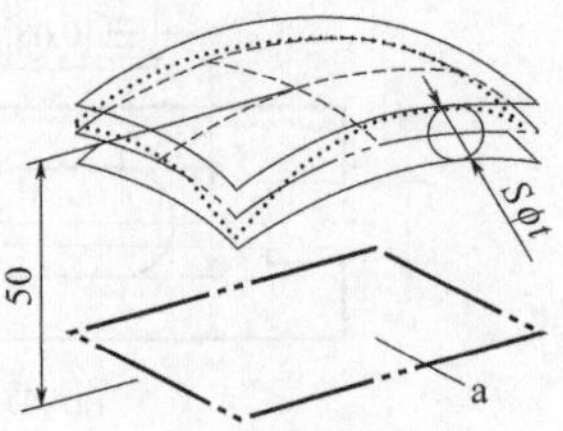 图 26 a—基准 A	提取(实际)轮廓面应限定在直径等于 0.1、球心位于由基准平面 A 确定的被测要素理论正确几何形状上的一系列圆球的两等距包络面之间，见图 27 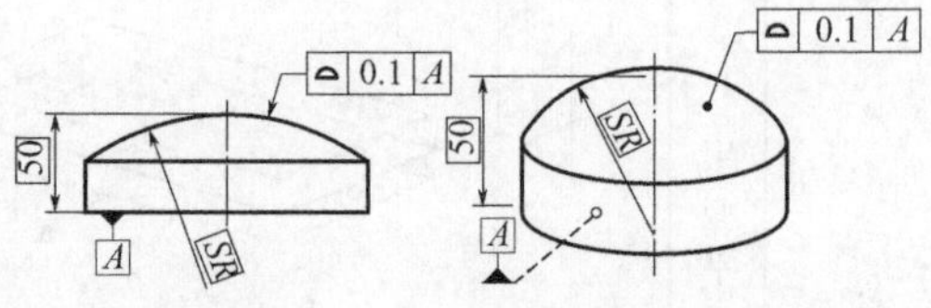 (a) 2D　　(b) 3D 图 27

3.3.4 跳动公差及公差带

跳动公差是指关联实际要素绕基准回转一周或连续回转时所允许的最大跳动量。

跳动公差包括圆跳动和全跳动两种，其中圆跳动又分为径向、轴向和斜向圆跳动三种，全跳动又分为径向和轴向全跳动两种。圆跳动公差被测要素是组成要素，其公称被测要素的形状与属性由圆环线或一组圆环线明确给定，属线要素。全跳动公差被测要素是组成要素，其公称被测要素的形状与属性为平面或回转体表面，公差带保持被测要素的公称形状，但对于回转体表面不约束径向尺寸。

表 3-7 给出了跳动公差的公差带定义、标注示例及解释，仅供参考。

表 3-7　跳动公差带的定义、标注示例及解释（摘自 GB/T 1182—2018）

几何特征及符号		公差带的定义	标注示例及解释
圆跳动 ↗	径向圆跳动公差	公差带为在任一垂直于基准轴线的横截面内、半径差等于公差值 t、圆心在基准轴线上的两同心圆所限定的区域，见图 1 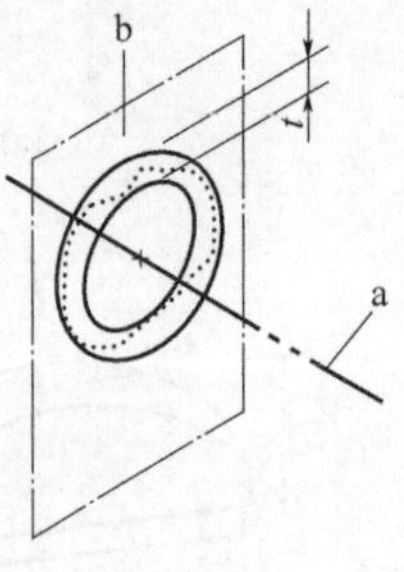 图 1 a—基准 A(图 2)；垂直于基准 B 的第二基准 A(图 3)；基准 A—B(图 4)。b—垂直于基准 A 的横截面(图 2)；平行于基准 B 的横截面(图 3)；垂直于基准 A—B 的横截面(图 4)	在任一垂直于基准轴线 A 的横截面内，提取(实际)圆应限定在半径差等于 0.1、圆心在基准轴线 A 上的两共面同心圆之间，见图 2 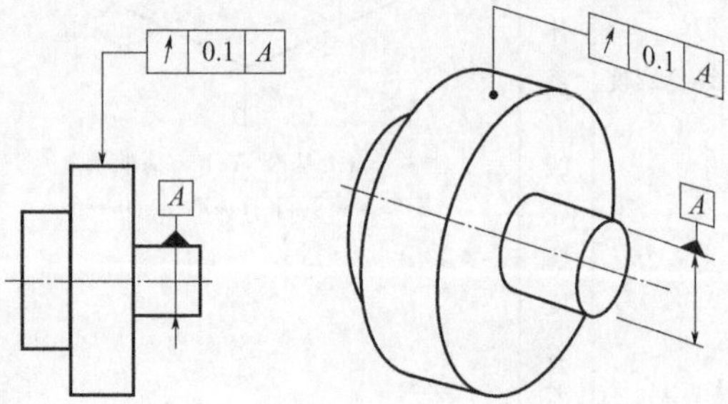 (a) 2D　　(b) 3D 图 2

续表

几何特征及符号		公差带的定义	标注示例及解释
圆跳动	径向圆跳动公差	公差带为在任一垂直于基准轴线的横截面内、半径差等于公差值 t、圆心在基准轴线上的两同心圆所限定的区域，见图 1 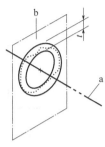 图 1 a—基准 A（图 2）；垂直于基准 B 的第二基准 A（图 3）；基准 A—B（图 4）。b—垂直于基准 A 的横截面（图 2）；平行于基准 B 的横截面（图 3）；垂直于基准 A—B 的横截面（图 4）	在任一平行于基准平面 B、垂直于基准轴线 A 的横截面内，提取（实际）圆应限定在半径差等于 0.1，圆心在基准轴线 A 上的两共面同心圆之间，见图 3 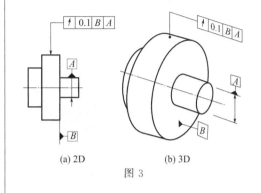 (a) 2D　　(b) 3D 图 3 在任一垂直于公共基准 A—B 的横截面内，提取（实际）圆应限定在半径差等于 0.1，圆心在基准轴线 A—B 上的两共面同心圆之间，见图 4 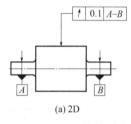 (a) 2D 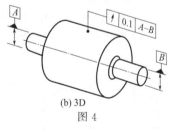 (b) 3D 图 4 在任一垂直于基准轴线 A 的横截面内，提取（实际）圆弧应限定在半径差等于 0.2 的共面同心圆之间，见图 5 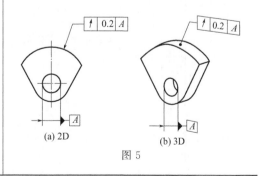 (a) 2D　　(b) 3D 图 5

续表

几何特征及符号		公差带的定义	标注示例及解释
圆跳动	轴向圆跳动公差	公差带为与基准轴线同轴的任一半径的圆柱截面上,轴向距离等于公差值 t 的两圆所限定的圆柱面区域,见图6 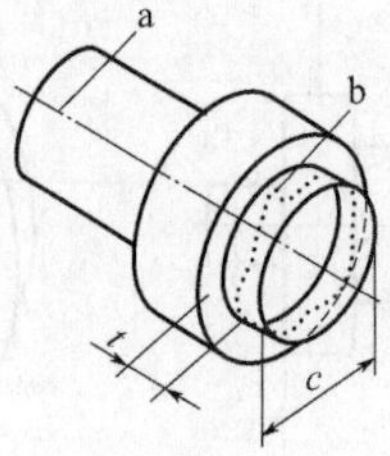 图6 a—基准 D；b—公差带； c—与基准 D 同轴的任意直径	在与基准轴线 D 同轴的任一圆柱形截面上,提取(实际)圆应限定在轴向距离等于0.1的两个等圆之间,见图7 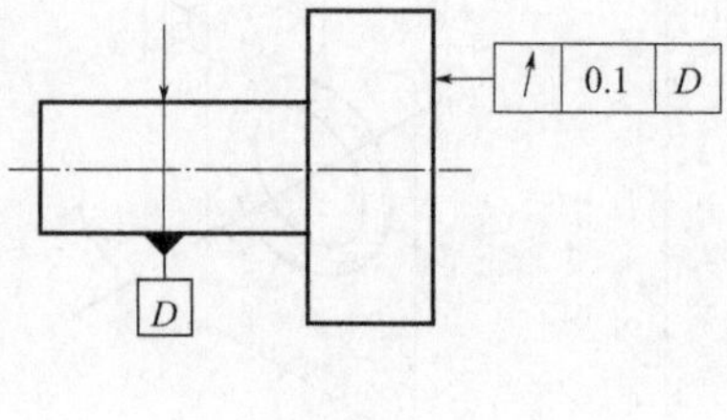 (a) 2D 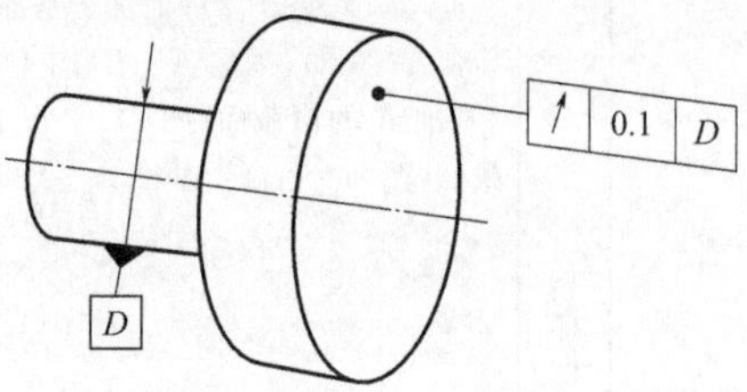 (b) 3D 图7
	斜向圆跳动公差	公差带为与基准轴线同轴的某一圆锥截面上,间距等于公差值 t 的两圆所限定的圆锥面区域,见图8 除非另有规定,测量方向应沿被测表面的法向 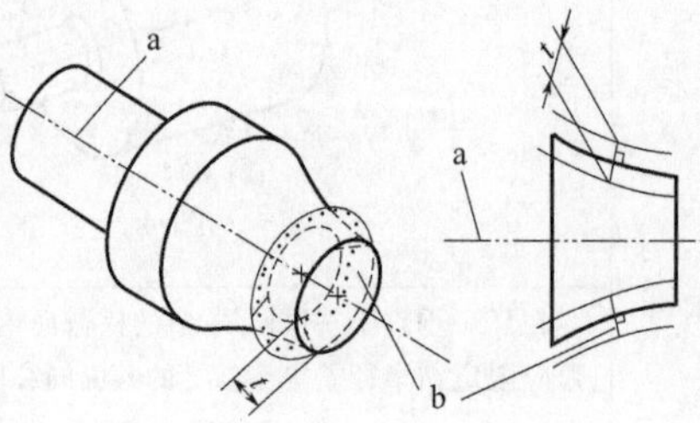 图8 a—基准 C；b—公差带	在与基准轴线 C 同轴的任一圆锥截面上,提取(实际)线应限定在素线方向间距等于0.1的两个不等圆之间,并且截面的锥角与被测要素垂直,见图9 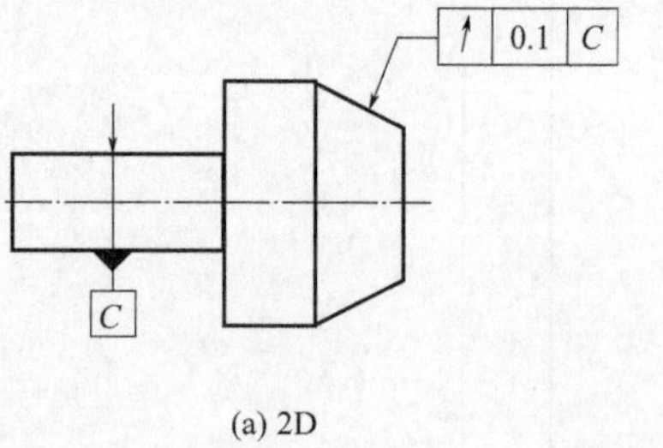 (a) 2D 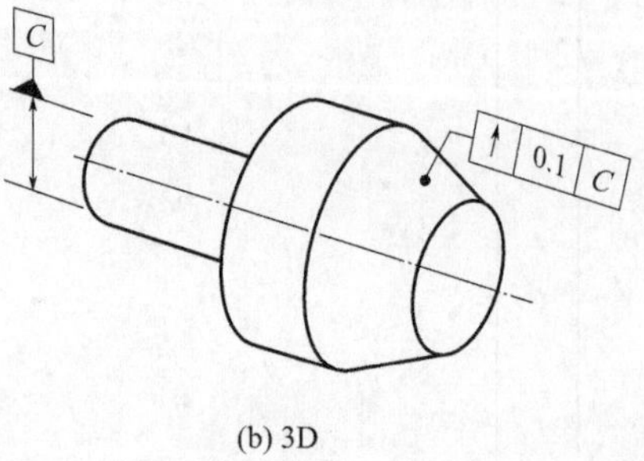 (b) 3D 图9

续表

几何特征及符号	公差带的定义	标注示例及解释
圆跳动 ↗ 斜向圆跳动公差	公差带为与基准轴线同轴的某一圆锥截面上，间距等于公差值 t 的两圆所限定的圆锥面区域，见图 8。 除非另有规定，测量方向应沿被测表面的法向。 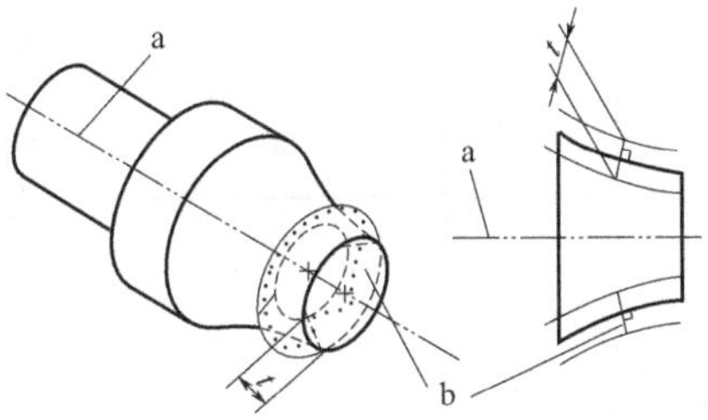 图 8 a—基准 C；b—公差带	当被测要素的素线不是直线时，圆锥截面的锥角要随所测圆的实际位置而改变，以保持与被测要素垂直，见图 8 右图及图 10 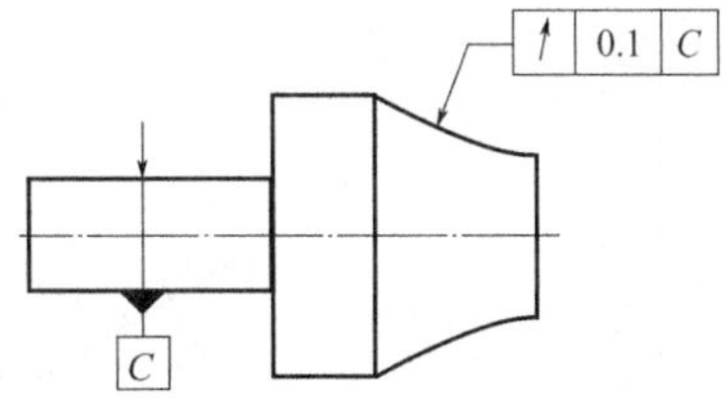 (a) 2D 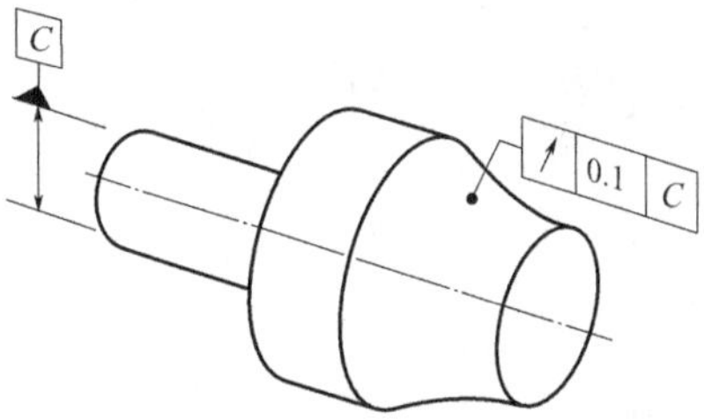 (b) 3D 图 10
给定方向的圆跳动公差	公差带为与基准轴线同轴的、具有给定锥角的任一圆锥截面上，间距等于公差值 t 的两个不等圆所限定的区域，见图 11 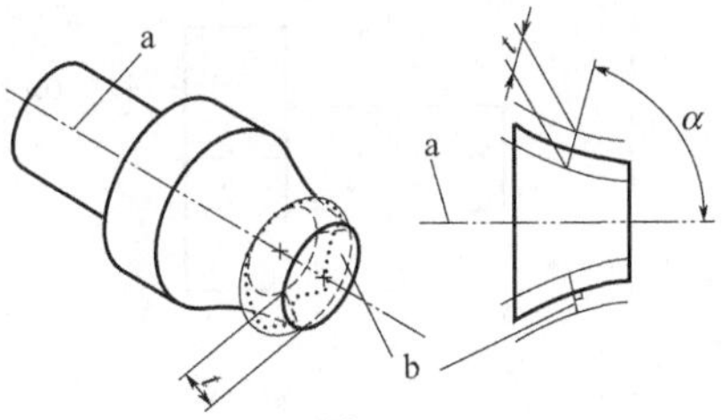 图 11 a—基准 C；b—公差带	在相对于方向要素（给定角度 α）的任一圆锥截面上，提取（实际）圆应限定在圆锥截面内间距等于 0.1 的两圆之间，见图 12 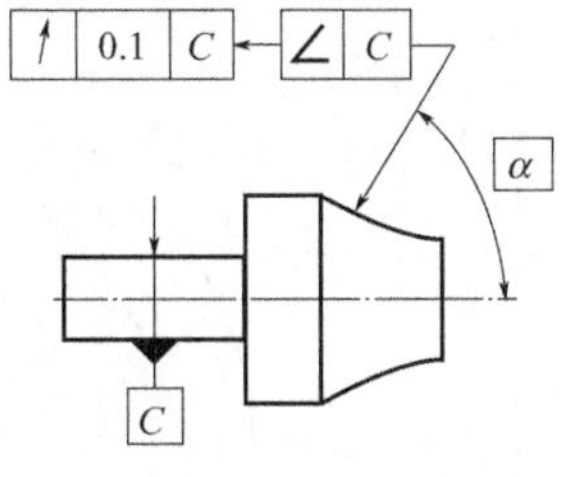 (a) 2D 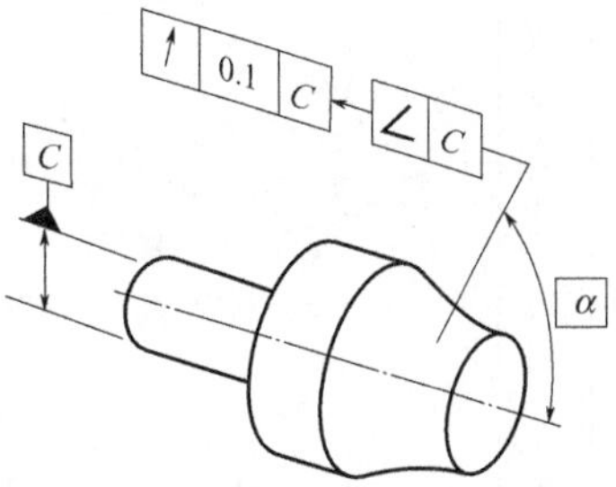 (b) 3D 图 12

续表

几何特征及符号		公差带的定义	标注示例及解释
全跳动 ↗↗	径向的全跳动公差	公差带为半径差等于公差值 t，与基准轴线同轴的两圆柱面所限定的区域，见图13 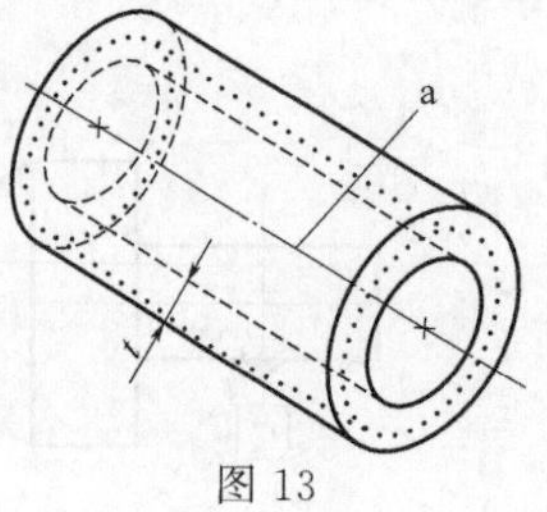 图13 a—公共基准 $A-B$	提取（实际）表面应限定在半径差等于0.1与公共基准轴线 $A-B$ 同轴的两圆柱面之间，见图14 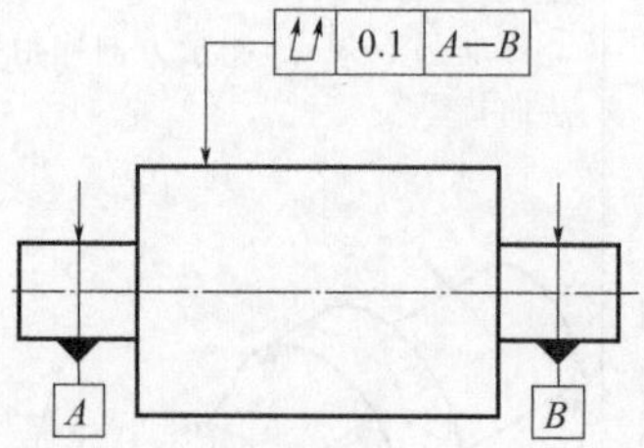 (a) 2D 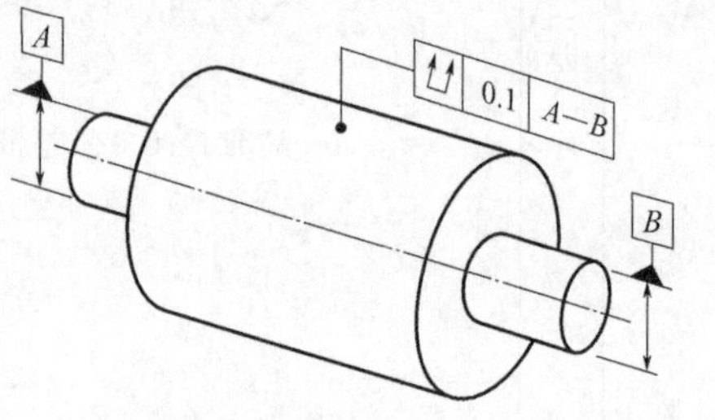 (b) 3D 图14
	轴向的全跳动公差	公差带为间距等于公差值 t，且垂直于基准轴线的两平行平面所限定的区域，见图15 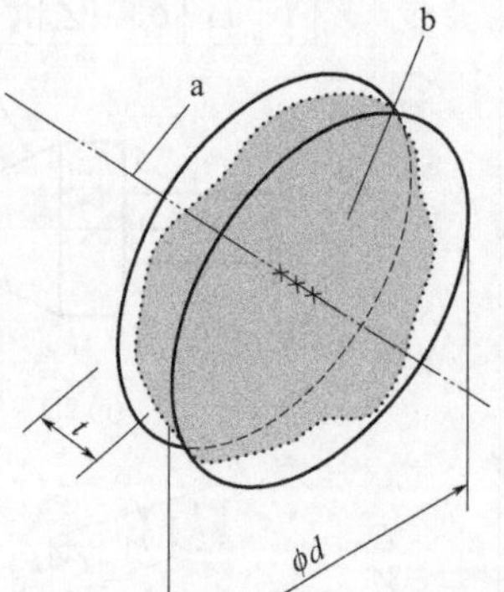 图15 a—基准 D；b—提取表面	提取（实际）表面应限定在间距等于0.1，且垂直于基准轴线 D 的两两平行平面之间，见图16 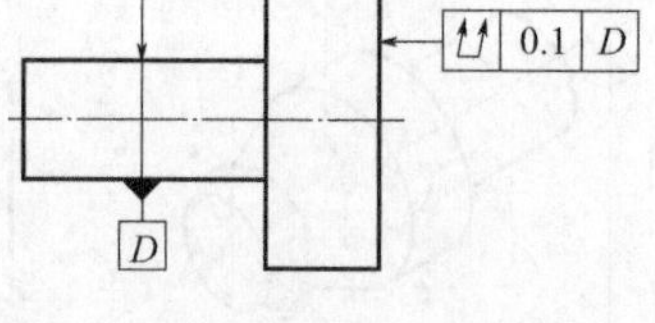 (a) 2D 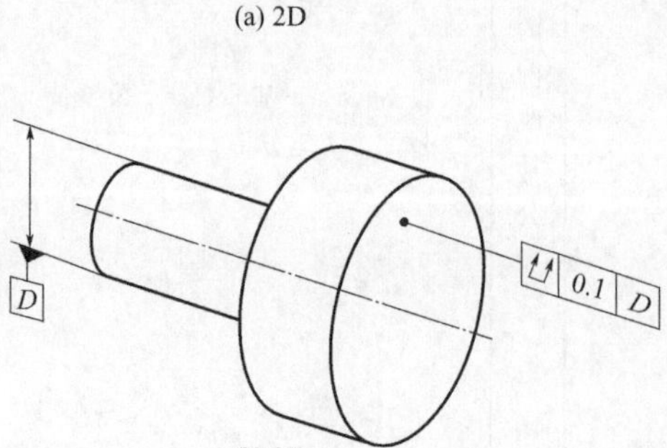 (b) 3D 图16

3.4 公差原则

在设计零件时，对同一要素常常需要既规定尺寸公差，又规定几何公差。因此，必须知道尺寸公差与几何公差的关系。用来规范和确定尺寸公差与几何公差之间相互关系的原则和要求，称为公差原则。为了正确地理解和应用公差原则，首先介绍相关的术语及定义。

3.4.1 有关术语及定义

（1）尺寸要素

① 线性尺寸要素　线性尺寸要素是指，拥有一个或多个本质特征的几何要素，其本质特性中只有一个可作为变量参数，其余的则是"单一参数族"的一部分，且遵守此参数的单一约束属性。例如，一个单一的圆柱孔或轴是线性尺寸要素，其线性尺寸就是它的直径；两个相互平行的平表面是线性尺寸要素，其线性尺寸是这两个平行平表面间的距离。

② 角度尺寸要素　由角度尺寸确定的几何形状，一个圆锥面是一个角度尺寸要素。

（2）提取组成要素的局部尺寸

提取组成要素的局部尺寸，见 2.1.1 节中的图 2-2 所示。

（3）作用尺寸

① 体外作用尺寸　在被测要素的给定长度上，与实际内表面孔的体外相接的最大理想面的尺寸或与实际外表面轴的体外相接的最小理想面的尺寸。对于单一要素的体外作用尺寸，如图 3-60(a) 所示；而对于关联要素的体外作用尺寸，此时该理想面的轴线或中心平面必须与基准保持图样上给定的几何关系，如图 3-60(b) 所示。内、外表面的体外作用尺寸分别用 D_{fe} 和 d_{fe} 表示。

② 体内作用尺寸　在被测要素的给定长度上，与实际内表面孔的体内相接的最小理想面的尺寸或与实际外表面轴的体内相接的最大理想面的尺寸。对于单一要素的体内作用尺寸，如图 3-61(a) 所示；而对于关联要素的体内作用尺寸，此时该理想面的轴线或中心平面必须与基准保持图样上给定的几何关系，如图 3-61(b) 所示。内、外表面的体外作用尺寸分别用 D_{fi} 和 d_{fi} 表示。

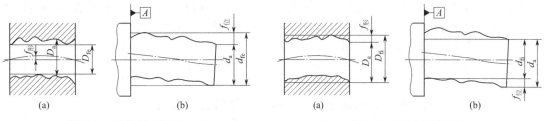

图 3-60　体外作用尺寸　　　　　　图 3-61　体内作用尺寸

任何零件加工后所产生的尺寸、形状和位置误差都会综合影响零件的功能。在装配时，提取组成要素的局部实际尺寸和几何误差综合起作用的尺寸称为作用尺寸。同一批零件加工后由于实际（组成）要素各不相同，其几何误差的大小也不同，所以作用尺寸也各不相同。但对某一零件而言，其作用尺寸是确定的。由于孔的体外作用尺寸比实际（组成）要素的尺寸小，体内作用尺寸比实际（组成）要素的尺寸大；而轴的体外作用尺寸比实际（组成）要素的尺寸大，体内作用尺寸比实际（组成）要素的尺寸小。因此，作用尺寸将影响孔和轴装配后的松紧程度，也就是影响配合性质。故对有配合要求的孔和轴，不仅应控制其实际（组成）要素的尺寸，还应控制其作用尺寸。

（4）最大实体状态（MMC）和最大实体尺寸（MMS）

最大实体状态是指当尺寸要素的提取组成要素的局部尺寸处处位于极限尺寸，且使其具有材料最多（实体最大）时的状态。确定要素最大实体状态的尺寸，称为最大实体尺寸。即外表面轴的最大实体尺寸（用 d_M 表示）是外尺寸要素的上极限尺寸 d_{max}，而内表面孔的最大实体尺寸（用 D_M 表示）是内尺寸要素的下极限尺寸 D_{min}，即

$$d_M = d_{max} \tag{3-1}$$
$$D_M = D_{min} \tag{3-2}$$

（5）最小实体状态（LMC）和最小实体尺寸（LMS）

最小实体状态是指当尺寸要素的提取组成要素的局部尺寸处处位于极限尺寸，且使其具有材料最少（实体最小）时的状态。确定要素最小实体状态的尺寸，称为最小实体尺寸。即外表面轴的最小实体尺寸（用 d_L 表示）是外尺寸要素的下极限尺寸 d_{min}，而内表面孔的最小实体尺寸（用 D_L 表示）是内尺寸要素的上极限尺寸 D_{max}，即

$$d_L = d_{min} \tag{3-3}$$
$$D_L = D_{max} \tag{3-4}$$

（6）最大实体实效状态（MMVC）和最大实体实效尺寸（MMVS）

最大实体实效状态是指尺寸要素的最大实体尺寸与导出要素的几何公差（形状、方向、位置和跳动）共同作用产生的状态。也就是实际尺寸正好等于最大实体尺寸，产生的几何误差也正好等于图样上规定的几何公差值（常在几何公差值后面加注符号Ⓜ）时的状态，此状态下所具有的尺寸，称为最大实体实效尺寸，用 d_{MV} 和 D_{MV} 分别表示轴和孔的最大实体实效尺寸。对于轴，它等于最大实体尺寸加上给定的几何公差值；而对于孔，它等于最大实体尺寸减去给定的几何公差值，即

$$d_{MV} = d_M + t Ⓜ \tag{3-5}$$
$$D_{MV} = D_M - t Ⓜ \tag{3-6}$$

（7）最小实体实效状态（LMVC）和最小实体实效尺寸（LMVS）

最小实体实效状态是指尺寸要素的最小实体尺寸与导出要素的几何公差（形状、方向、位置和跳动）共同作用产生的状态。也就是实际尺寸正好等于最小实体尺寸，产生的几何误差也正好等于图样上规定的几何公差值（常在几何公差值后面加注符号Ⓛ）时的状态，此状态下所具有的尺寸，称为最大实体实效尺寸，用 d_{LV} 和 D_{LV} 分别表示轴和孔的最小实体实效尺寸。对于轴，它等于最小实体尺寸减去给定的几何公差值；而对于孔，它等于最小实体尺寸加上给定的几何公差值，即

$$d_{LV} = d_L - t Ⓛ \tag{3-7}$$
$$D_{LV} = D_L + t Ⓛ \tag{3-8}$$

如图 3-62(a) 所示的轴，当轴分别处于最大实体状态[见图 3-62(b) 所示]和最小实体状态[见图 3-62(c) 所示]，且其中心线的直线度误差正好等于给出的直线度公差 $\phi 0.012 mm$ 时，此时轴分别处于最大、最小实体实效状态。轴的最大实体实效尺寸 $d_{MV} = d_M + t = 20 + 0.012 = 20.012 (mm)$；最小实体实效尺寸 $d_{LV} = d_L - t = 19.967 - 0.012 = 19.955 (mm)$。

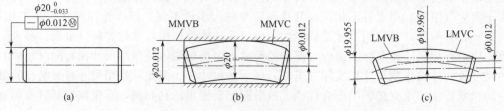

图 3-62 单一要素的实效状态

再如图 3-63(a) 所示的孔，当孔分别处于最大实体状态 [见图 3-63(b) 所示] 和最小实体状态 [见图 3-63(c) 所示]，且其中心线对基准平面 A 的垂直度误差正好等于给出的垂直度公差 $\phi 0.02$mm 时，此时孔分别处于最大、最小实体实效状态。孔的关联最大实体实效尺寸 $D_{MV}=D_M-t=15-0.02=14.98$(mm)；关联最小实体实效尺寸 $D_{LV}=D_L+t=15.05+0.02=15.07$(mm)。

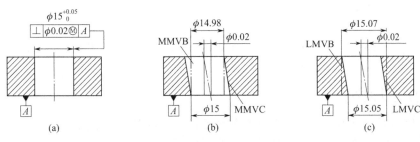

图 3-63 关联要素的实效状态

(8) 边界

边界是指设计给定的具有理想形状的极限包容面（圆柱面或两平行平面）。该包容面的直径或距离称为边界尺寸。

由于零件的实际要素总存在尺寸和几何误差，故其功能将取决于二者的综合效果。边界的作用是综合控制要素的尺寸和几何误差。根据要素的功能和经济性要求，可定义以下几种不同的边界。

① 最大实体边界（MMB） 最大实体边界是指最大实体状态的理想形状的极限包容面。也即边界尺寸为最大实体尺寸，且具有正确几何形状的理想边界，称为最大实体边界。对于关联要素的关联最大实体边界，此时该极限包容面必须与基准保持图样上给定的几何关系。

图 3-64 分别示出了孔和轴的最大实体边界和关联最大实体边界（图中任意曲线 S 为被测要素的实际轮廓，双点画线为最大实体边界）。

② 最小实体边界（LMB） 最小实体边界是指最小实体状态的理想形状的极限包容面。也即边界尺寸为最小实体尺寸，且具有正确几何形状的理想边界，称为最小实体边界。对于关联要素的关联最小实体边界，此时该极限包容面必须与基准保持图样上给定的几何关系。

图 3-65 分别示出了孔和轴的最小实体边界和关联最小实体边界（图中任意曲线为被测要素的实际轮廓，双点画线为最小实体边界）。

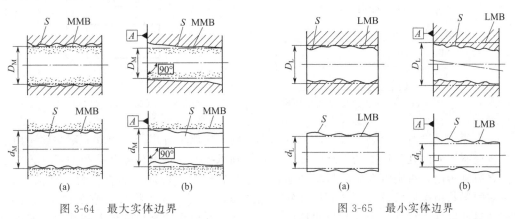

图 3-64 最大实体边界　　图 3-65 最小实体边界

③ 最大实体实效边界（MMVB） 最大实体实效边界是指边界尺寸为最大实体实效尺

寸，且具有正确几何形状的理想包容面。对于关联要素的最大实体实效边界，此时该极限的理想包容面必须与基准保持图样上给定的几何关系。

如图 3-62(b) 和图 3-63(b) 所示，分别示出了轴的最大实体实效边界和孔的关联最大实体实效边界。

④ 最小实体实效边界（LMVB）　最小实体实效边界是指边界尺寸为最小实体实效尺寸，且具有正确几何形状的理想包容面。对于关联要素的最小实体实效边界，此时该极限的理想包容面必须与基准保持图样上给定的几何关系。

图 3-62(c) 和图 3-63(c) 分别示出了轴的最小实体实效边界和孔的关联最小实体实效边界。

3.4.2　独立原则

根据零件功能的要求，尺寸公差与几何公差的关系可以是相对独立无关的，也可以是相关的，即互相影响、单向补偿或互相补偿。为了保证设计要求，正确判断不同要求时零件的合格性，必须明确尺寸公差与几何公差的内在联系。

独立原则是几何公差和尺寸公差相互关系遵循的基本原则，是指在缺省情况下，图样上给定的每个要素的 GPS 规范或要素间关系的 GPS 规范与其他规范之间相互独立，应分别满足。除非产品的实际规范中，有特定要求或使用特殊符号（如修饰符Ⓔ、Ⓜ等）。

即独立原则是指图样上给定的每一个尺寸和几何（形状、方向、位置和跳动）要求均是独立的，并应分别满足要求。也就是当遵守独立原则时，图样上给出的尺寸公差仅控制提取组成要素的局部尺寸的变动量，而不控制要素的几何误差；而当图样上给出几何公差时，只控制被测要素的几何误差，与实际（组成）要素的尺寸无关。

图 3-66 所示的零件是单一要素遵守独立原则，该轴在加工完后的提取组成要素的局部尺寸必须在 $\phi49.950 \sim \phi49.975$mm 之间，并且无论轴的提取组成要素的局部尺寸是多少，中心线的直线度误差都不得大于图样上给定的直线度公差值 $\phi0.012$mm。只有同时满足上述两个条件，轴才合格。图 3-67 所示的零件是关联要素遵守独立原则，该零件加工完后的实际（组成）要素的尺寸必须在 $\phi9.972 \sim \phi9.987$mm 之间，中心线对基准平面 A 的垂直度误差不得大于图样上给定的垂直度公差值 $\phi0.01$mm。只有同时满足上述两个条件，零件才合格。

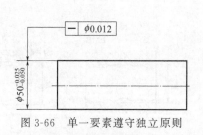

图 3-66　单一要素遵守独立原则

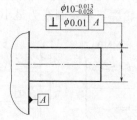

图 3-67　关联要素遵守独立原则

独立原则是进行几何公差设计的一种基本原则，应用十分广泛。独立原则主要应用于要求严格控制要素的几何误差的场合。如，齿轮箱轴承孔的同轴度公差和孔径的尺寸公差必须按独立原则给出，否则将会影响齿轮的啮合质量；轧机的轧辊对它的直径无严格精度要求，但对它的形状精度要求较高，从而保证轧制品的质量，所以其形状公差应按独立原则给出；要求密封性良好的零件，常对其形状精度提出较严格的要求，其尺寸公差和几何公差都应采用独立原则。

3.4.3 公差原则

当零件尺寸和几何公差彼此相关以满足其特定功能时，可以采用公差原则中的包容要求、最大实体要求和最小实体要求，以及附加于最大、最小实体要求的可逆要求。

（1）包容要求

包容要求是尺寸要素的非理想要素不得违反其最大实体边界的一种尺寸要素要求，即提取的组成要素不得超越其最大实体边界，其局部尺寸不得超出最小实体尺寸。包容要求适用于圆柱表面或两平行对应面。当尺寸要素采用包容要求时，应在其尺寸极限偏差或公差带代号之后加注符号Ⓔ。

如图 3-68（a）所示，被测尺寸要素应用包容要求，其尺寸要素的提取要素必须遵守最大实体边界，形状公差与尺寸公差相关。该零件提取的圆柱面应在最大实体边界之内，该边界的尺寸为最大实体尺寸 MMS＝ϕ150mm，其局部尺寸不得小于 LMS＝ϕ149.96mm，见图 3-68（b）～（e）所示。当局部实际尺寸为 LMS 时，其形状误差可以有 0.04mm 的补偿。当局部实际尺寸为 MMS 时，圆柱表面应具有理想的形状。

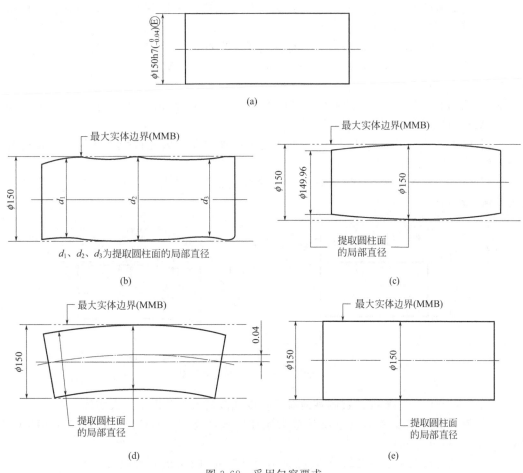

图 3-68 采用包容要求

包容要求的实质是当要素的实际尺寸偏离最大实体尺寸时，允许其形状误差增大。它反映了尺寸公差与形状公差之间的补偿关系。采用包容要求，尺寸公差不仅限制了实际组成要素的尺寸，还控制了要素的形状误差。

包容要求适用于单一要素，主要应用于形状公差，有配合要求且必须保证配合性质的场合，特别是配合公差较小的精密配合，用最大实体边界来保证所要求的最小间隙或最大过盈，用最小实体尺寸来防止间隙过大或过盈过小。

(2) 最大实体要求（MMR）

最大实体要求是指零件尺寸要素的非理想要素（即实际被测要素）不得违反其最大实体实效状态的一种尺寸要素要求，也即尺寸要素的非理想要素不得超越其最大实体实效边界的一种尺寸要素要求。其最大实体实效状态（MMVC）或最大实体实效边界（MMVB）是和被测尺寸要素具有相同类型和理想形状的几何要素的极限状态，该极限状态的尺寸是最大实体实效尺寸（MMVS）。

在应用最大实体要求时，要求被测要素的实际轮廓处处不得超越该边界，当其实际（组成）要素的尺寸偏离最大实体尺寸时，允许其几何误差值超出图样上给定的公差值，而提取组成要素的局部尺寸应在最大实体尺寸和最小实体尺寸之间。

最大实体要求仅适用于导出要素，既可用于被测要素，又可用于基准要素，主要用于需要控制零件的可装配性，但无严格配合性质要求的场合。

① 最大实体要求应用于被测要素　最大实体要求应用于被测要素时，应在公差框格内的几何公差值后加注符号Ⓜ。

a. 如图 3-69 所示的零件，被测轴线有直线度规范要求，并采用最大实体要求。

ⅰ. 被测轴的提取要素不得违反其最大实体实效状态（MMVC），其直径为 MMVS＝MMS＋0.1＝35.1(mm)。

ⅱ. 被测轴的提取要素各处的局部直径应大于 LMS＝34.9mm，且应小于 MMS＝35.0mm。

ⅲ. MMVC 的方向和位置无约束。

ⅳ. 若轴的实际尺寸为 LMS 时，其轴线的直线度误差最大允许值为图样上给定的直线度公差值与尺寸公差值之和 0.2mm。

ⅴ. 若轴的实际尺寸为 MMS 时，其轴线的直线度误差最大允许值为图样上给定的直线度公差值 0.1mm。

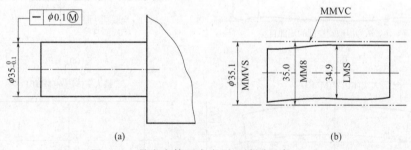

图 3-69　最大实体要求应用于被测要素（一）

b. 如图 3-70 所示的零件，被测轴线有垂直度规范要求，并采用最大实体要求。

ⅰ. 被测孔的提取要素不得违反其最大实体实效状态（MMVC），其直径为 MMVS＝MMS－0.1＝35.1(mm)。

ⅱ. 被测孔的提取要素各处的局部直径应小于 LMS＝35.3mm，且应大于 MMS＝35.2mm。

ⅲ. MMVC 的方向与基准 A 垂直，但其位置无约束。

ⅳ. 若孔的实际尺寸为 LMS 时，其轴线的垂直度误差最大允许值为图样上给定的垂直度公差值与尺寸公差值之和 0.2mm。

ⅴ. 若孔的实际尺寸为 MMS 时，其轴线的垂直度误差最大允许值为图样上给定的垂直度公差值 0.1mm。

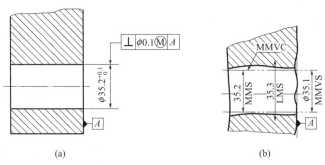

图 3-70　最大实体要求应用于被测要素（二）

c. 如图 3-71 所示的零件，被测轴线对基准体系 A 和 B 有位置度规范要求，并采用最大实体要求。

ⅰ. 被测轴的提取要素不得违反其最大实体实效状态（MMVC），其直径为 MMVS＝MMS＋0.1＝35.1（mm）。

ⅱ. 被测轴的提取要素各处的局部直径应大于 LMS＝34.9mm，且应小于 MMS＝35.0mm。

ⅲ. MMVC 的方向与基准 A 垂直，其位置在与基准 B 相距 35mm 的理论正确位置上。

ⅳ. 若轴的实际尺寸为 LMS 时，其轴线的位置度误差最大允许值为图样上给定的位置度公差值与尺寸公差值之和 0.2mm。

ⅴ. 若轴的实际尺寸为 MMS 时，其轴线的位置度误差最大允许值为图样上给定的位置度公差值 0.1mm。

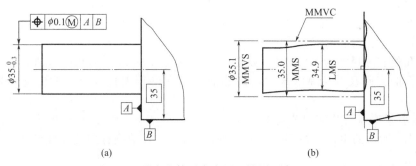

图 3-71　最大实体要求应用于被测要素（三）

② 最大实体要求应用于被测要素和基准要素　最大实体要求应用于被测要素和基准要素时，应在公差框格内的公差值后面及基准字母后加注符号Ⓜ。被测要素的要求同上述内容，基准要素应遵守相应的边界。若基准要素的实际轮廓偏离其相应的边界，即其体外作用尺寸偏离其相应的边界尺寸，则允许基准要素在一定的范围内浮动，其浮动范围等于基准要素的体外作用尺寸与其相应的边界尺寸之差。

基准要素的边界与其本身是否采用最大实体要求有关。当基准要素本身采用最大实体要求时，则其相应的边界为最大实体实效边界，即被测要素的几何公差是在基准要素处于最大实体实效状态时给定的；当基准要素本身不采用最大实体要求时，其边界为最大实体边界。

a. 基准要素本身没有几何规范要求。

如图 3-72 所示的零件，被测尺寸要素孔 ϕ35.2mm，其轴线有同轴度规范要求，并采用最大实体要求。

ⅰ.被测孔的提取要素不得违反其最大实体实效状态（MMVC），其直径为 MMVS＝MMS－0.1＝35.1(mm)。

ⅱ.被测孔的提取要素各处的局部直径应小于 LMS＝35.3mm，且应大于 MMS＝35.2mm。

ⅲ.MMVC 的位置和基准要素 A 的 MMVC 同轴。

ⅳ.若孔的实际尺寸为 LMS 时，其轴线的同轴度误差最大允许值为图样上给定的同轴度公差值与尺寸公差值之和 0.2mm。

ⅴ.若孔的实际尺寸为 MMS 时，其轴线的同轴度误差最大允许值为图样上给定的同轴度公差值 0.1mm。

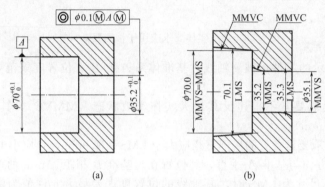

图 3-72　最大实体要求应用于被测要素和基准要素（一）

基准要素孔 ϕ70mm，其轴线采用最大实体要求，但没有标注几何规范要求。

ⅰ.基准要素的提取要素不得违反其最大实体实效状态（MMVC），其直径为 MMVS＝MMS＝70.0mm。

ⅱ.基准要素的提取要素各处的局部直径应小于 LMS＝70.1mm，且应大于 MMS＝70.0mm。

ⅲ.MMVC 的方向和位置无约束。

ⅳ.若孔的实际尺寸为 LMS 时，该孔可以有最大 0.1mm 的形状误差值。

ⅴ.若孔的实际尺寸为 MMS 时，该孔的形状允许误差值为 0，即孔应该具有理想的形状。

b.基准要素本身有几何规范要求。

如图 3-73 所示的零件，被测尺寸要素轴 ϕ35mm，其轴线有同轴度规范要求，并采用最大实体要求。

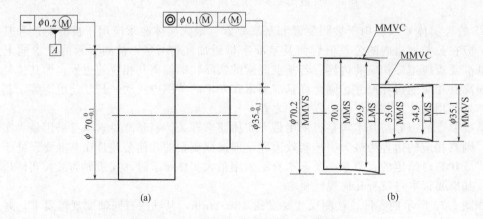

图 3-73　最大实体要求应用于被测要素和基准要素（二）

ⅰ. 被测轴的提取要素不得违反其最大实体实效状态（MMVC），其直径为 MMVS＝MMS+0.1＝35.1(mm)。

ⅱ. 被测轴的提取要素各处的局部直径应大于 LMS＝34.9mm，且应小于 MMS＝35.0mm。

ⅲ. MMVC 的位置和基准要素 A 的 MMVC 同轴。

ⅳ. 若轴的实际尺寸为 LMS 时，其轴线的同轴度误差最大允许值为图样上给定的同轴度公差值与尺寸公差值之和 0.2mm。

ⅴ. 若轴的实际尺寸为 MMS 时，其轴线的同轴度误差最大允许值为图样上给定的同轴度公差值 0.1mm。

基准要素轴 ϕ70mm，其轴线有直线度规范要求，并采用最大实体要求。

ⅰ. 基准要素的提取要素不得违反其最大实体实效状态（MMVC），其直径为 MMVS＝MMS+0.2＝70.2(mm)。

ⅱ. 基准要素的提取要素各处的局部直径应大于 LMS＝69.9mm，且应小于 MMS＝70.0mm。

ⅲ. MMVC 的方向和位置无约束。

ⅳ. 若轴的实际尺寸为 LMS 时，其轴线的直线度误差最大允许值为图样上给定的直线度公差值与尺寸公差值之和 0.3mm。

ⅴ. 若轴的实际尺寸为 MMS 时，其轴线的直线度误差最大允许值为图样上给定的直线度公差值 0.2mm。

③ 最大实体要求的应用　由于最大实体要求在尺寸公差和几何公差之间建立了联系，因此，只有被测要素或基准要素为导出要素时，才能应用最大实体要求。这样可以充分利用尺寸公差来补偿几何公差，提高零件的合格率，保证零件的可装配性，从而获得显著的经济效益。

最大实体要求与包容要求相比，由于实际要素的几何公差可以不分割尺寸公差值，因而在相同尺寸公差的前提下，采用最大实体要求的实际组成要素的几何精度更低些，比采用包容要求可以得到较大的尺寸制造公差与几何制造公差，并且具有良好的工艺性和经济性。最大实体要求主要用于保证装配互换性场合，如零件尺寸精度和几何精度较低、配合性质要求不严的情况；也可用于保证零件自由装配的情况。

如图 3-74 所示为减速器的轴承盖，用四个螺钉把它紧固在箱体上，轴承盖上四个通孔的位置只要求满足可装配性，因此位置公差采用了最大实体要求。另外，基准 B 虽然起到一定的定位作用，但在保证轴承盖端面（基准 A）与箱体孔端面紧密贴合的前提下，基准 B 的位置略有变动并不会影响轴承盖的可装配性，故基准 B 也采用了最大实体要求。而基准轴线 B 对基准平面 A 的垂直度公差值为零，这是为了保证轴承盖的凸台与箱体孔的配合性质，同时又使基准 B 对基准 A 保持一定的位置关系，以保证基准 B 能够起到应有的定位作用。

(3) 最小实体要求（LMR）

最小实体要求是指零件尺寸要素的非理想要素不得违反其最小实体实效状态的一种尺寸要素要求，也即尺寸要素的非理想要素不得超越其最小实体实效边界的一种尺寸要素要求。

在应用最小实体要求时，要求被测要素的实际轮廓处处不得超越该边界，当其实际尺寸偏离最小实体尺寸时，允许其几何误差值超出图样上给定的公差值，而要素的局部实际尺寸应在最大实体尺寸和最小实体尺寸之间。

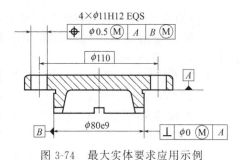

图 3-74　最大实体要求应用示例

最小实体要求适用于导出要素，既可用于被测要素，又可用于基准要素，主要用于控制零件的最小壁厚和需要保证零件强度的场合。

① 最小实体要求应用于被测要素　最小实体要求应用于被测要素时，应在公差框格内的几何公差值后加注符号Ⓛ。

如图3-75所示的零件，被测轴线有同轴度规范要求，并采用最小实体要求。

a. 被测孔的提取要素不得违反其最小实体实效状态（LMVC），其直径为LMVS＝LMS＋0.1＝35.2(mm)。

b. 被测孔的提取要素各处的局部直径应小于LMS＝35.1mm，且应大于MMS＝35.0mm。

c. LMVC的方向与基准A平行，并且其位置在和基准A同轴的理论正确位置上。

d. 若孔的实际尺寸为LMS时，其轴线的同轴度误差最大允许值为图样上给定的同轴度公差值0.1mm。

e. 若孔的实际尺寸为MMS时，其轴线的同轴度误差最大允许值为图样上给定的同轴度公差值和尺寸公差值之和0.2mm。

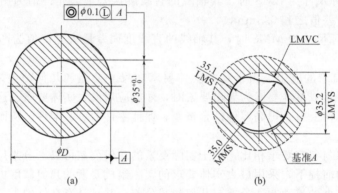

图3-75　最小实体要求应用于被测要素

② 最小实体要求应用于被测要素和基准要素　最小实体要求应用于被测要素和基准要素时，应在公差框格内的几何公差值后面及基准字母后加注符号Ⓛ。被测要素的要求同上述内容，基准要素应遵守相应的边界。若基准要素的实际轮廓偏离其相应的边界，即其体内作用尺寸偏离其相应的边界尺寸，则允许基准要素在一定范围内浮动，其浮动范围等于基准要素的体内作用尺寸与其相应的边界尺寸之差。

基准要素的边界与其本身是否采用最小实体要求有关。当基准要素本身采用最小实体要求时，则其相应的边界为最小实体实效边界；当不采用最小实体要求时，则相应的边界为最小实体边界。由此可见，当基准要素本身采用最小实体要求时，基准要素的最大浮动范围为其尺寸公差和几何公差之和；否则，其最大浮动范围仅为自身的尺寸公差。

对于图3-76所示的零件，分析如下。

a. 被测轴φ70mm，其轴线有同轴度规范要求，并采用最小实体要求。

ⅰ. 被测轴的提取要素不得违反其最小实体实效状态（LMVC），其直径为LMVS＝LMS－0.1＝69.8(mm)。

ⅱ. 被测轴的提取要素各处的局部直径应大于LMS＝69.9mm，且应小于MMS＝70mm。

ⅲ. LMVC在基准要素A轴线的理论正确位置上。

ⅳ. 若轴的实际尺寸为LMS时，其轴线的同轴度误差最大允许值为图样上给定的同轴度公差值0.1mm。

ⅴ. 若轴的实际尺寸为MMS时，其轴线的同轴度误差最大允许值为图样上给定的同轴度公差值和尺寸公差值之和 0.2mm。

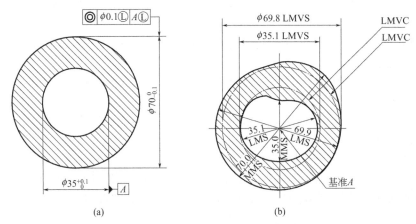

图 3-76 最小实体要求应用于被测要素和基准要素

b. 基准要素孔 $\phi 35$mm，其轴线采用最小实体要求，但没有几何规范要求。

ⅰ. 基准要素孔的提取要素不得违反其最小实体实效状态（LMVC），其直径为 LMVS=LMS=35.1mm。

ⅱ. 基准要素的提取要素各处的局部直径应小于 LMS=35.1mm，且应大于 MMS=35mm。

ⅲ. LMVC 的方向和位置无约束。

ⅳ. 若孔的实际尺寸为 LMS 时，该孔形状误差的允许值为 0，即具有理想的形状。

ⅴ. 若孔的实际尺寸为 MMS 时，该孔可以有 0.1mm 的形状误差值。

③ 最小实体要求的应用　最小实体要求仅用于导出要素，是控制要素的体内作用尺寸：对于孔类零件，体内作用尺寸将孔件的壁厚减薄；而对于轴类零件，体内作用尺寸将使轴的直径变小。因此，最小实体要求可用于保证孔件的最小壁厚和轴件的最小设计强度。在零件设计中，对薄壁结构和强度要求高的轴件，应考虑合理地应用最小实体要求以保证产品质量。

（4）可逆要求（RPR）

可逆要求是最大或最小实体要求的附加要求，表示尺寸公差可以在实际几何误差小于给出的几何公差之间的差值范围内增大。可逆要求仅用于被测要素，在最大实体要求或最小实体要求后面附加可逆要求时，可以改变尺寸要素的尺寸公差。用可逆要求可以充分利用最大实体实效状态和最小实体实效状态下的尺寸，在制造可能性的基础上，可逆要求允许尺寸和几何公差值之间相互补偿。也就是导出要素的几何误差小于给出的几何公差时，允许在满足零件功能要求的前提下扩大尺寸公差。可逆要求总是与最大或最小实体要求一起使用，且可达到与零件几何公差相同的设计意图，它不可以单独使用。可逆要求主要应用于对尺寸公差及配合无严格要求、且仅要求保证装配互换的场合。

① 可逆要求应用于最大实体要求　可逆要求应用于最大实体要求时，应在公差框格内公差值后的符号Ⓜ后面加注符号Ⓡ。此时被测要素的实际轮廓应遵守最大实体实效边界，当其实际（组成）要素的尺寸偏离最大实体尺寸时，允许其几何误差值超出在最大实体状态下给出的几何公差值；当几何公差值小于给出的几何公差值时，也允许其实际（组成）要素的尺寸超出最大实体尺寸。

如图 3-77 所示的零件，两个销柱对基准 A 有位置度规范要求，并采用最大实体要求和可逆要求。

a. 被测销柱轴线的位置度公差是该轴为最大实体状态时给定的，因此两销柱的提取要素不得违反其最大实体实效状态,其直径为 MMVS＝MMS＋0.3＝10.3(mm)。

b. 销柱的提取要素各处的局部直径应大于 LMS＝9.8mm,可逆要求允许尺寸上限增加到 MMS 以上（即局部直径可大于 10mm,增加到 MMVS）。

c. 两个销柱 MMVC 的位置处于其轴线彼此相距为理论正确尺寸 25mm,且和基准 A 保持理论正确位置上。

d. 若轴的实际尺寸为 LMS 时,其轴线的位置度误差最大允许值为图样上给定的位置度公差值和尺寸公差值之和 0.5mm。

e. 若轴的实际尺寸为 MMS 时,其轴线的位置度误差最大允许值为图样上给定的位置度公差值 0.3mm。

f. 若轴的位置度误差小于图样上给定的位置度公差值 0.3mm,可逆要求允许轴的局部实际尺寸得到补偿；当轴的位置度误差值为 0,轴的局部实际尺寸得到最大补偿值 0.3mm,此时轴的局部实际尺寸为 MMS＋0.3(补偿值)＝MMVS＝10.3(mm)。

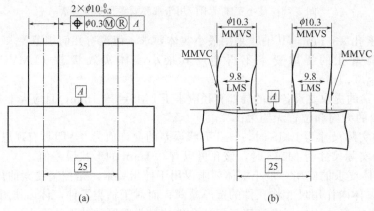

图 3-77　可逆要求应用于最大实体要求

② 可逆要求应用于最小实体要求　可逆要求应用于最小实体要求时,应在公差框格内公差值后的符号Ⓛ后面加注符号Ⓡ。此时被测要素的实际轮廓应遵守最小实体实效边界,当其实际尺寸偏离最小实体尺寸时,允许其几何误差值超出在最小实体状态下给出的几何公差值；当几何公差值小于给出的几何公差值时,也允许其实际尺寸超出最小实体尺寸。

如图 3-78 所示的零件,被测孔 $\phi35$mm,其轴线对基准 A 有位置度规范要求,并采用最小实体要求和可逆要求。

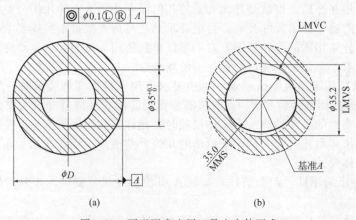

图 3-78　可逆要求应用于最小实体要求

a. 被测孔轴线的位置度公差是该孔为最小实体状态时给定的，因此其最小实体实效状态应完全约束在材料内部，其直径为 LMVS=LMS+0.1=35.2(mm)。

b. 孔的提取要素各处的局部直径应大于 MMS=35mm，可逆要求允许尺寸上限增加到 LMS 以上（即局部直径可大于 35.1mm，增加到 LMVS）。

c. LMVC 的方向平行于基准，且其位置在和基准 A 同轴的理论正确位置上。

d. 若孔的实际尺寸为 LMS 时，其轴线的位置度误差最大允许值为图样上给定的位置度公差值 0.1mm。

e. 若孔的实际尺寸为 MMS 时，其轴线的位置度误差最大允许值为图样上给定的位置度公差值和尺寸公差值之和 0.2mm。

f. 若孔的位置度误差小于图样上给定的位置度公差值 0.1mm，可逆要求允许孔的局部实际尺寸得到补偿；当孔的位置度误差值为 0，孔的局部实际尺寸得到最大补偿值 0.1mm，此时孔的局部实际尺寸为 LMS+0.1(补偿值)=LMVS=35.2(mm)。

3.5 几何公差的选择及未注几何公差的规定

正确地选用几何公差对提高产品的质量和降低制造成本，具有十分重要的意义。几何公差的选择主要包括：几何特征、基准、公差原则和公差等级的选择。

3.5.1 几何特征的选择

在选择几何特征时，应考虑以下几个方面。

(1) 零件的结构特征

分析加工后的零件可能存在的各种几何误差。如圆柱形零件会有圆柱度误差；圆锥形零件会有圆度和素线直线度误差；阶梯轴、孔类零件会有同轴度误差；孔、槽类零件会有位置度误差或对称度误差等。

(2) 零件的功能要求

分析影响零件功能要求的主要几何误差的特征。例如，影响车床主轴工作精度的主要误差是前后轴颈的圆柱度误差和同轴度误差；影响溜板箱运动精度的是车床导轨的直线度误差；与滚动轴承内圈配合的轴颈的圆柱度误差和轴肩的轴向圆跳动误差，会影响轴颈与轴承内圈的配合性质，以及轴承的工作性能与使用寿命。又如，圆柱形零件，仅需要顺利装配或保证能减少孔和轴之间的相对运动时，可选用中心线的直线度；当孔和轴之间既有相对运动，又要求密封性能好，且要保证在整个配合的表面有均匀的小间隙，则需要给出圆柱度以综合控制圆柱面的圆度、素线和中心线的直线度。再如，减速器箱体上各轴承孔的中心线之间的平行度误差，会影响减速器中齿轮的接触精度和齿侧间隙的均匀性，为了保证齿轮的正确啮合，需给出各轴承孔之间的平行度公差。

另外，当用尺寸公差控制几何误差能满足精度要求，且又经济时，则可只给出尺寸公差，而不再另给出几何公差。这时的被测要素应采用包容要求。如果尺寸精度要求低而几何精度要求高，则不应由尺寸公差控制几何误差，而应按独立原则给出几何公差，否则会影响经济效益。

(3) 各个几何公差的特点

在几何公差中，单项控制的几何特征有直线度、平面度、圆度等；综合控制的几何特征有圆柱度、各个位置公差。选择时应充分发挥综合控制几何特征的功能，这样可减少图样上给出的几何特征项目，从而减少需检测的几何误差数。

（4）检测条件的方便性

确定几何特征项目，必须与检测条件相结合，考虑现有条件的可能性与经济性。检测条件包括：有无相应的检测设备、检测的难易程度、检测效率是否与生产批量相适应等。在满足功能要求的前提下，应选用测量简便的几何特征来代替测量较难的几何特征。常对轴类零件提出跳动公差来代替圆度、圆柱度、同轴度等，这是因为跳动公差检测方便，且具有综合控制功能。例如，同轴度公差常用径向圆跳动或径向全跳动公差来代替；端面对轴线的垂直度公差可用轴向圆跳动或轴向全跳动公差来代替。这样会给测量带来方便。但必须注意，径向全跳动误差是同轴度误差与圆柱度误差的综合结果，故用径向全跳动代替同轴度时，给出的径向全跳动公差值应略大于同轴度公差值，否则会要求过严。用轴向圆跳动代替端面对轴线的垂直度，不是十分可靠；而轴向全跳动公差带与端面对轴线的垂直度公差带相同，故可以等价代替。

3.5.2 基准的选择

选择基准时，主要应根据零件的功能和设计要求，并兼顾到基准统一原则和零件结构特征等方面来考虑。

（1）遵守基准统一原则

所谓基准统一原则是指零件的设计基准、定位基准和装配基准是零件上的同一要素。这样既可减少因基准不重合而产生的误差，又可简化工夹量具的设计、制造和检测过程。

① 根据要素的功能及几何形状来选择基准。如轴类零件，通常是以两个轴承支承运转的，其运转轴线是安装轴承的两段轴颈的公共轴线。因此，从功能要求和控制其他要素的位置精度来看，应选用安装时支承该轴的两段轴颈的公共轴线作为基准。

② 根据装配关系，应选择零件上精度要求较高的表面。如零件在机器中定位面，相互配合、相互接触的结合面等作为各自的基准，以保证装配要求。

③ 从加工和检验的角度考虑，应选择在夹具、检具中定位的相应要素为基准。这样能使所选基准与定位基准、检测基准、装配基准重合，以消除由于基准不重合引起的误差。

④ 基准应具有足够刚度和尺寸，以保证定位稳定性与可靠性。

（2）选用多基准

选用多基准时，应遵循以下原则：

① 选择对被测要素的功能要求影响最大或定位最稳的平面（可以三点定位）作为第一基准；

② 选择对被测要素的功能要求影响次之或窄而长的平面（可以两点定位）作为第二基准；

③ 选择对被测要素的功能要求影响较小或短小的平面（一点定位）作为第三基准。

3.5.3 公差原则的选择

选择公差原则时，应根据被测要素的功能要求，并考虑采用公差原则的可行性与经济性。

（1）选择独立原则

选择独立原则应考虑以下几点问题。

① 当零件上的尺寸精度与几何精度需要分别满足要求时采用。如齿轮箱体孔的尺寸精度与两孔中心线的平行度；连杆活塞销孔的尺寸精度与圆柱度；滚动轴承内、外圈滚道的尺寸精度与形状精度。

② 当零件上的尺寸精度与几何精度要求相差较大时采用。如滚筒类零件的尺寸精度要求较低，形状精度要求较高；平板的形状精度要求较高，尺寸精度无要求；冲模架的下模座无尺寸精度要求，平行度要求较高；通油孔的尺寸精度有一定的要求，形状精度无要求。

③ 当零件上的尺寸精度与几何精度无联系时采用。如滚子链条的套筒或滚子内、外圆柱面的中心线的同轴度与尺寸精度；齿轮箱体孔的尺寸精度与两孔中心线间的位置精度；发动机连杆上孔的尺寸精度与孔中心线间的位置精度。

④ 保证零件的运动精度时采用。如导轨的形状精度要求严格，尺寸精度要求次之。

⑤ 保证零件的密封性时采用。如汽缸套的形状精度要求严格，尺寸精度要求次之。

⑥ 零件上未注公差的要素采用。凡未注尺寸公差和未注几何公差的要素，都采用独立原则，如退刀槽、倒角、倒圆等非功能要素。

(2) 包容要求

选择包容要求应考虑以下两点问题。

① 应保证国家标准规定的极限与配合的配合性质。如 $\phi20H7$ⒺT孔和 $\phi20h6$Ⓔ轴的配合，可以保证最小间隙等于零。

② 尺寸公差与几何公差无严格比例关系要求的场合。如一般的孔与轴配合，只要求作用尺寸不超越最大实体尺寸，实际尺寸不超越最小实体尺寸。

(3) 最大实体要求

① 在零件上保证关联作用尺寸不超越最大实体尺寸时采用。如关联要素的孔与轴有配合性质要求，标注 0Ⓜ。

② 用于被测导出要素，来保证自由装配。如轴承盖、法兰盘上的螺栓安装孔等。

③ 用于基准导出要素，此时基准轴线或中心平面相对于理想边界的中心允许偏离。

(4) 最小实体要求

① 用于被测导出要素，来保证孔件最小壁厚及轴件的最小强度。

② 用于基准导出要素，此时基准轴线或中心平面相对于理想边界的中心允许偏离。

(5) 可逆要求

用于零件上具有最大实体要求与最小实体要求的场合，来保证零件的实际轮廓在某一控制边界内，而不严格区分其尺寸公差和几何公差是否在允许的范围内。

3.5.4 几何公差的公差等级的选择

在几何公差国家标准中，将几何公差分为注出公差和未注公差两种。一般情况下对几何精度要求较高时，在图样上注出几何公差；否则不需注出，而用未注公差来控制。如用一般机床加工能够保证精度的，就不需注出几何公差。

3.5.4.1 几何公差等级和公差值

零部件的几何误差对机器或仪器的正常工作有很大影响，因此，合理、正确地选择几何公差值，对保证机器或仪器的功能要求、提高经济效益是十分重要的。

国家标准 GB/T 1184—1996《形状和位置公差 未注公差值》中规定了各种几何公差等级和公差值（除了线、面轮廓度未规定之外），其中圆度和圆柱度公差为 13 个等级，即 0 级、1 级、2 级、…、12 级；其余各类几何公差分为 12 级，即 1 级、2 级、…、12 级。各个等级是依次降低，各几何公差等级的公差值见表 3-8～表 3-11。而位置度公差只规定了数系，如表 3-12 所示。

表 3-8 直线度、平面度（摘自 GB/T 1184—1996）

主参数 L/mm	公差等级											
	1	2	3	4	5	6	7	8	9	10	11	12
	公差值/μm											
≤10	0.2	0.4	0.8	1.2	2	3	5	8	12	20	30	60
>10～16	0.25	0.5	1	1.5	2.5	4	6	10	15	25	40	80
>16～25	0.3	0.6	1.2	2	3	5	8	12	20	30	50	100
>25～40	0.4	0.8	1.5	2.5	4	6	10	15	25	40	60	120
>40～63	0.5	1	2	3	5	8	12	20	30	50	80	150
>63～100	0.6	1.2	2.5	4	6	10	15	25	40	60	100	200
>100～160	0.8	1.5	3	5	8	12	20	30	50	80	120	250
>160～250	1	2	4	6	10	15	25	40	60	100	150	300
>250～400	1.2	2.5	5	8	12	20	30	50	80	120	200	400
>400～630	1.5	3	6	10	15	25	40	60	100	150	250	500
>630～1000	2	4	8	12	20	30	50	80	120	200	300	600

主参数 L 图例

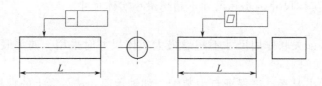

表 3-9 圆度、圆柱度（摘自 GB/T 1184—1996）

主参数 $d(D)$/mm	公差等级												
	0	1	2	3	4	5	6	7	8	9	10	11	12
	公差值/μm												
≤3	0.1	0.2	0.3	0.5	0.8	1.2	2	3	4	6	10	14	25
>3～6	0.1	0.2	0.4	0.6	1	1.5	2.5	4	5	8	12	18	30
>6～10	0.12	0.25	0.4	0.6	1	1.5	2.5	4	6	9	15	22	36
>10～18	0.15	0.25	0.5	0.8	1.2	2	3	5	8	11	18	27	43
>18～30	0.2	0.3	0.6	1	1.5	2.5	4	6	9	13	21	33	52
>30～50	0.25	0.4	0.6	1	1.5	2.5	4	7	11	16	25	39	62
>50～80	0.3	0.5	0.8	1.2	2	3	5	8	13	19	30	46	74
>80～120	0.4	0.6	1	1.5	2.5	4	6	10	15	22	35	54	87
>120～180	0.6	1	1.2	2	3.5	5	8	12	18	25	40	63	100

主参数 $d(D)$ 图例

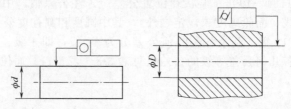

表 3-10　平行度、垂直度、倾斜度（摘自 GB/T 1184—1996）

主参数 L/mm	公差等级											
	1	2	3	4	5	6	7	8	9	10	11	12
	公差值/μm											
≤10	0.4	0.8	1.5	3	5	8	12	20	30	50	80	120
>10～16	0.5	1	2	4	6	10	15	25	40	60	100	150
>16～25	0.6	1.2	2.5	5	8	12	20	30	50	80	120	200
>25～40	0.8	1.5	3	6	10	15	25	40	60	100	150	250
>40～63	1	2	4	8	12	20	30	50	80	120	200	300
>63～100	1.2	2.5	5	10	15	25	40	60	100	150	250	400
>100～160	1.5	3	6	12	20	30	50	80	120	200	300	500
>160～250	2	4	8	15	25	40	60	100	150	250	400	600
>250～400	2.5	5	10	20	30	50	80	120	200	300	500	800
>400～630	3	6	12	25	40	60	100	150	250	400	600	1000
>630～1000	4	8	15	30	50	80	120	200	300	500	800	1200

主参数 L,d(D) 图例

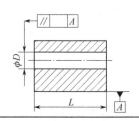
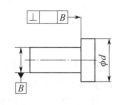
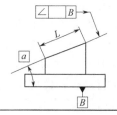

表 3-11　同轴度、对称度、圆跳动和全跳动（摘自 GB/T 1184—1996）

主参数 d(D)、B、L/mm	公差等级											
	1	2	3	4	5	6	7	8	9	10	11	12
	公差值/μm											
≤1	0.4	0.6	1.0	1.5	2.5	4	6	10	15	25	40	60
>1～3	0.4	0.6	1.0	1.5	2.5	4	6	10	20	40	60	120
>3～6	0.5	0.8	1.2	2	3	5	8	12	25	50	80	150
>6～10	0.6	1	1.5	2.5	4	6	10	15	30	60	100	200
>10～18	0.8	1.2	2	3	5	8	12	20	40	80	120	250
>18～30	1	1.5	2.5	4	6	10	15	25	50	100	150	300
>30～50	1.2	2	3	5	8	12	20	30	60	120	200	400
>50～120	1.5	2.5	4	6	10	15	25	40	80	150	250	500
>120～250	2	3	5	8	12	20	30	50	100	200	300	600
>250～500	2.5	4	6	10	15	25	40	60	120	250	400	800

主参数 d(D)、B、L 图例[当被测要素为圆锥面时，取 $d=(d_1+d_2)/2$]

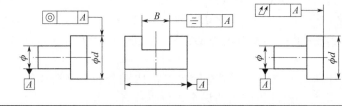
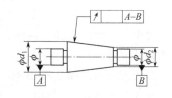

表 3-12　位置度公差值数系（摘自 GB/T 1184—1996）

1	1.2	1.5	2	2.5	3	4	5	6	8
1×10^n	1.2×10^n	1.5×10^n	2×10^n	2.5×10^n	3×10^n	4×10^n	5×10^n	6×10^n	8×10^n

注：n 为正整数。

3.5.4.2　几何公差等级或公差值的选择

几何公差等级的选择是以满足零件功能要求为前提，并考虑加工成本的经济性和零件的结构特点，尽量选取较低的公差等级。

确定几何公差等级的方法有两种：计算法和类比法。通常多采用类比法。所谓类比法是根据零部件的结构特点和功能要求，参考现有的手册、资料和经过实际生产验证的同类零部件的几何公差要求，通过对比分析后确定较为合理的公差值的方法。使用类比法确定几何公差值时，应注意考虑以下几点。

① 各类公差之间关系应协调，遵循的一般原则是：形状公差＜方向公差＜位置公差＜跳动公差＜尺寸公差。

但必须指出，细长轴中心线的直线度公差远大于尺寸公差；位置度和对称度公差往往与尺寸公差相当；当几何公差与尺寸公差相等时，对同一被测要素按包容要求处理。

a. 同一要素上给出的形状公差值应小于其方向公差值。如相互平行的两个平面，在其中一个表面上提出平面度和平行度公差时，则平面度公差值应小于平行度公差值。

b. 圆柱形零件的形状公差值（中心线的直线度除外）一般应小于其尺寸公差值。

c. 平行度公差值应小于其相应的距离尺寸的尺寸公差值。

② 位置公差应大于方向公差。这是因为，一般情况下位置公差可包含方向公差要求。

③ 综合公差应大于单项公差。如圆柱度公差大于圆度公差、素线和中心线的直线度公差。

④ 形状公差与表面粗糙度之间的关系也应协调。一般来说，中等尺寸和中等精度要求的零件，其表面粗糙度参数（见第 4 章 4.2.2）Ra 值可占形状公差值的 $20\%\sim 25\%$，即 $Ra=(0.2\sim 0.25)t_{形}$。

⑤ 考虑零件的结构特点选择。对于下列情况应较正常情况选择降低 $1\sim 2$ 级几何公差等级。

a. 对于刚性较差的零件如细长的轴或孔；

b. 跨距较大的轴或孔；

c. 宽度较大（大于 1/2 长度）的零件表面。

这是因为加工以上几种情况的零件时易产生较大的形状误差。

另外，孔件相对于轴件也应低些。

⑥ 位置度公差值需计算来确定。位置度公差常用于控制螺栓或螺钉连接中，孔的中心距的位置精度要求，在螺栓或螺钉与光孔之间的间隙大小取决于其位置度公差值。其位置度公差值的计算公式是

$$\text{螺栓连接：} t \leqslant kX_{\min}=k(D_{\min}-d_{\max}) \qquad (3\text{-}9)$$

$$\text{螺钉连接：} t \leqslant 0.5kX_{\min}=k(D_{\min}-d_{\max}) \qquad (3\text{-}10)$$

式中，k 为间隙利用系数，考虑到装配调整对间隙的需要，一般取 $k=0.6\sim 0.8$；如果不需调整取 $k=1$。

按公式(3-9) 和公式(3-10) 计算出公差值，经圆整后按表 3-12 选择位置度公差值。

表 3-13～表 3-16 列出了一些几何公差等级应用的场合，仅供读者参考。

表 3-13　直线度、平面度几何公差等级的应用

公差等级	应　用　举　例
5	1级平板，2级宽平尺，平面磨床的纵导轨、垂直导轨、立柱导轨以及工作台，液压龙门刨床和六角车床床身导轨，柴油机进气、排气阀门导杆
6	普通机床导轨面，如普通车床、龙门刨床、滚齿机、自动车床等的床身导轨、立柱导轨，柴油机壳体
7	2级平板，机床主轴箱，摇臂钻床底座和工作台，镗床工作台，液压泵盖，减速器壳体结合面
8	机床传动箱体，交换齿轮箱体，车床溜板箱体，柴油机汽缸体，连杆分离面，缸盖结合面，汽车发动机缸盖，曲轴箱结合面，液压管件和法兰连接面
9	3级平板，自动车床床身底面，摩托车曲轴箱体，汽车变速箱壳体，手动机械的支承面

表 3-14　圆度、圆柱度几何公差等级的应用

公差等级	应　用　举　例
5	一般计量仪器主轴、测杆外圆柱面，陀螺仪轴颈，一般机床主轴轴颈及主轴轴承孔，柴油机、汽油机活塞、活塞销，与6级滚动轴承配合的轴颈
6	仪表端盖外圆柱面，一般机床主轴及前轴承孔，泵、压缩机的活塞、汽缸，汽油发动机凸轮轴，纺机锭子，减速器转轴轴颈，高速船用柴油机、拖拉机曲轴主轴颈，与6级滚动轴承配合的外壳孔，与0级轴承配合的轴颈
7	大功率低速柴油机曲轴轴颈、活塞、活塞销、连杆、汽缸，高速柴油机箱体轴承孔，千斤顶或压力油缸活塞，机床传动轴，水泵及通用减速器转轴轴颈，与0级滚动轴承配合的外壳孔
8	大功率低速发动机曲柄轴颈，压气机连杆盖、连杆体，拖拉机汽缸、活塞，炼胶机冷铸轴辊，印刷机传墨辊，内燃机曲轴轴颈，柴油机凸轮轴承孔、凸轮轴，拖拉机、小型船用柴油机汽缸套
9	空气压缩机缸体，液压传动筒，通用机械杠杆与连杆用套筒销子，拖拉机活塞环、套筒孔

表 3-15　平行度、垂直度、倾斜度和轴向跳动几何公差等级的应用

公差等级	应　用　举　例
4,5	普通车床导轨，重要支承面，机床主轴孔对基准的平行度，精密机床重要零件，计量仪器、量具、模具的基准面和工作面，机床床头箱体重要孔，通用减速器壳体孔，齿轮泵的油孔端面，发动机轴和离合器的凸缘，汽缸支承端面，安装精密滚动轴承的壳体孔的凸肩
6,7,8	一般机床的基准面和工作面，压力机和锻锤的工作面，中等精度钻模的工作面，机床一般轴承孔对基准的平行度，变速器的壳体孔，主轴花键对定心直径部位轴线的平行度，重型机械滚动轴承端盖，卷扬机、手动传动装置中的传动轴，一般导轨，主轴箱体孔，刀架、砂轮架、汽缸配合面对基准轴线以及活塞销孔对活塞轴线的垂直度，滚动轴承内、外圈端面对轴线的垂直度
9,10	低精度零件，重型机械滚动轴承端盖，柴油机、煤气发动机箱体曲轴孔、曲轴轴颈，花键轴和轴肩端面，皮带运输机法兰盘等端面对轴线的垂直度，手动卷扬机及传动装置中轴承孔端面、减速器壳体平面

表 3-16　同轴度、对称度、径向跳动几何公差等级的应用

公差等级	应　用　举　例
5,6,7	应用范围广。用于形位精度要求较高、尺寸公差等级为IT8及高于IT8的零件。5级常用于机床主轴轴颈，计量仪器的测量杆，汽轮机主轴，柱塞油泵转子，高精度滚动轴承外圈，一般精度滚动轴承内圈。7级用于内燃机曲轴、凸轮轴、齿轮轴、水泵轴，汽车后轮输出轴，电机转子，印刷机传墨辊的轴颈，键槽
8,9	常用于形位精度要求一般，尺寸公差等级IT9~IT11的零件。8级用于拖拉机发动机分配轴轴颈，与9级精度以下齿轮相配的轴，水泵叶轮，离心泵体，棉花精梳机前后滚子，键槽等。9级用于内燃机气缸套配合面，自行车中轴

3.5.4.3　未注几何公差的规定

图样上没有具体注明几何公差值的要素，其几何精度由未注几何公差来控制。国家标准将未注几何公差分为三个公差等级，即H、K、L级，依次降低。表3-17～表3-20列出了

未注几何公差值，仅供读者参考。

表 3-17 直线度、平面度未注几何公差值（摘自 GB/T 1184—1996）　　　　mm

公差等级	基本长度范围					
	≤10	>10~30	>30~100	>100~300	>300~1000	>1000~3000
H	0.02	0.05	0.1	0.2	0.3	0.4
K	0.05	0.1	0.2	0.4	0.6	0.6
L	0.1	0.2	0.4	0.8	1.2	1.6

表 3-18 垂直度未注几何公差值（摘自 GB/T 1184—1996）　　　　mm

公差等级	基本长度范围			
	≤100	>100~300	>300~1000	>1000~3000
H	0.2	0.3	0.4	0.5
K	0.4	0.6	0.8	1
L	0.6	1	1.5	2

表 3-19 对称度未注几何公差值（摘自 GB/T 1184—1996）　　　　mm

公差等级	基本长度范围			
	≤100	>100~300	>300~1000	>1000~3000
H	0.5			
K	0.6		0.8	1
L	0.6	1	1.5	2

表 3-20 圆跳动未注几何公差值（摘自 GB/T 1184—1996）　　　　mm

公差等级	公差值
H	0.1
K	0.2
L	0.5

3.5.5 几何公差的选择方法与举例

3.5.5.1 选择方法

① 根据功能要求确定几何公差特征。
② 参考几何公差与尺寸公差、表面粗糙度、加工方法的关系，再结合实际情况，修正后确定出公差等级，并查表得出公差值。
③ 选择基准要素。
④ 选择标注方法。

3.5.5.2 举例

【例 3-1】试确定齿轮油泵中齿轮轴两端轴颈 $\phi15f6$ 的几何公差，并选择合适的标注方法。

解：（1）齿轮轴两端轴颈 $\phi15f6$ 几何公差的确定

由于齿轮轴处于较高转速下工作，两端轴颈与两端端盖轴承孔为间隙配合时，为了保证沿轴截面与正截面内各处的间隙均匀，防止磨损不一致，以及避免跳动过大，应严格控制其形状误差。因此，选择圆度和圆柱度几何特征。

① 确定公差等级　参考表 3-14 可选用 6 级。由于圆柱度为综合公差，故可选用 6 级，而圆度公差选用 5 级。查表 3-9 可知圆度公差值为 $t=2\mu m$，圆柱度公差值为 $t=3\mu m$。

② 选择公差原则　考虑到既要保证可装配性，又要保证对中精度与运转精度和齿轮接触良好等要求，可采用单一要素的包容要求。

（2）齿轮轴两轴颈 $\phi 15f6$ 位置公差的确定

为了可装配性和运动精度，应控制两轴颈的同轴度误差，但考虑到两轴颈的同轴度在生产中不便于检测，可用径向圆跳动公差来控制同轴度误差。

参考表 3-16 推荐同轴度公差等级可取 5～7 级，综合考虑取为 6 级较合适。

查表 3-11 可知，圆跳动公差值 $t=8\mu m$。

（3）基准的确定

从加工和检验的角度考虑，选择在夹具、检具中定位的相应要素为基准，以消除由于基准不重合引起的误差。故选择两端定位中心孔的公共轴线为基准。

（4）几何公差的标注

齿轮轴轴颈的几何公差的标注如图 3-79 所示。

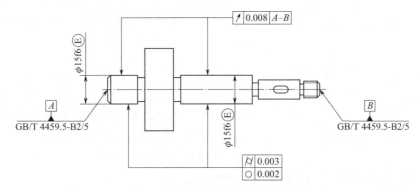

图 3-79　齿轮轴轴颈的几何公差

第4章 表面粗糙度

4.1 概述

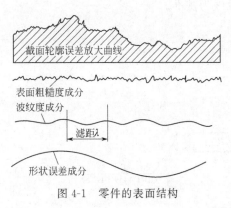

图4-1 零件的表面结构

零件的实际表面结构是按所定特征加工而形成的,如图4-1所示。零件表面的实际轮廓是由粗糙度轮廓(R轮廓)、波纹度轮廓(W轮廓)和原始轮廓(P轮廓)构成的。各种轮廓所具有的特性都与零件的表面功能密切相关。因此,国家标准GB/T 131—2006《产品几何技术规范(GPS) 技术产品文件中表面结构的表示法》中规定,表面结构是表面粗糙度、表面波纹度和表面原始轮廓的总称,其特性也是表面粗糙度、表面波纹度和表面原始轮廓特性的总称。通常可按波距λ(波形起伏间距)来区分,波距小于1mm的属于表面粗糙度,波距在1~10mm的属于表面波纹度,波距大于10mm的属于几何形状误差。

所以,表面结构是通过不同的测量与计算方法得出的一系列参数的表征,也是评定零件表面质量和保证表面功能的重要技术指标。下面以表面粗糙度为主要评定指标阐述表面结构的应用。

4.1.1 表面粗糙度的概念

零件表面经过加工后,看起来很光滑,经放大观察却凹凸不平,如图4-2所示。这是因为零件在机械制造过程中,由于刀具或砂轮切削后遗留的刀痕、切屑分离时的材料的塑性变形,以及机床的振动等原因,会使被加工的零件表面产生微小的峰谷。这种加工后的零件表面上,具有的较小间距和微小峰谷所组成的微观几何形状特征称为表面粗糙度,也称为微观不平度。表面粗糙度不同于表面形状误差(主要由机床几何精度方面的误差引起的表面宏观几何形状误差),也不同于表面波纹度(在加工过程中主要由机床-刀具-工件系统的振动、发热、回转体不平衡等因素引起的介于宏观和微观几何形状误差之间的误差)。

4.1.2 表面粗糙度对机械零件使用性能的影响

表面粗糙度会影响机械零件的使用性能和寿命,特别是对在高温、高压和高速条件下工作的机械零件影响尤为严重,其影响主要有以下几个方面。

(1) 对摩擦和磨损的影响

由于零件表面存在微观不平度,当两个零件的表面相接触时,实际上有效接触面积只是

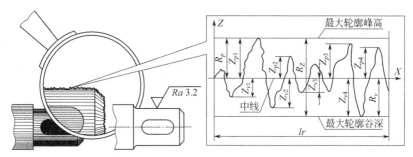

图 4-2 零件的表面粗糙度

名义接触面积的一小部分,表面越粗糙,有效接触面积就越小。在两个零件作相对运动时,开始阶段由于接触面小,压强大,在接触点的凸峰处会产生弹性变形、塑性变形及剪切等现象,这样凸峰很快就会被磨掉。

必须指出,并不是零件表面越光滑磨损量就一定越小。这是因为零件的耐磨性不仅受表面粗糙度的影响,还与磨损下来的金属微粒的润滑以及分子间的吸附作用等因素有关。当零件的表面过于光滑时,不利于在该表面上储存润滑油,易使相互运动的表面间形成半干摩擦或干摩擦。所以,特别光滑的表面有时反而加剧磨损。实践证明,磨损量与评定参数 Ra 值之间的关系,如图 4-3 所示。一般情况下,粗糙度 Ra 值在 $0.8 \sim 0.4 \mu m$ 的表面具有极好的耐磨性。

(2) 对配合性能的影响

相配零件间的配合关系是用过盈量或间隙值来表示的。表面粗糙度会影响配合性质的稳定性,进而影响机器或仪器的工作精度和可靠性。对于有相对运动的间隙配合,如果太粗糙,初期磨损量就很大,配合间隙迅速加大,改变了配合性质,降低配合精度;对于过盈配合,表面粗糙度越大,两表面相配合时表面凸峰易被挤掉,会使过盈量减少,从而降低了配合件间连接强度,影响配合的可靠性。对于过渡配合表面,则兼有上述两种配合的影响。因此配合质量要求高时,表面的粗糙度值要小。

(3) 对疲劳强度的影响

零件的表面越粗糙,其表面的凹谷越深,波谷的曲率也就越小,应力集中就会越严重。零件在交变载荷的作用下,其表面微观不平的凹谷处和表面层的缺陷处容易引起应力集中而产生疲劳裂纹,造成零件的疲劳破坏,如图 4-4 所示。因此,对于一些承受交变载荷的重要零件,如曲轴的曲拐与轴颈交界处,精加工后常进行光整加工,以减小零件的表面粗糙度值,提高其疲劳强度。

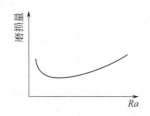

图 4-3 磨损量与 Ra 的关系

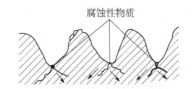

图 4-4 表面粗糙度对疲劳强度和抗腐蚀性的影响

(4) 对接触刚度的影响

零件表面越粗糙,两个零件表面间的实际接触面积也就越小,单位面积受力也就越大,这就会使峰尖处的局部塑性变形加剧,接触刚度降低,导致影响机器的工作精度和抗振性。

(5) 对抗腐蚀性的影响

零件的耐蚀性在很大程度上取决于表面粗糙度。大气中所含气体和液体与金属表面接触时,会凝聚在金属表面上而使金属腐蚀。表面粗糙度值越大,加工表面与气体、液体接触的面积越大,腐蚀物质越容易沉积于凹坑中,耐蚀性能就越差,见图 4-4。因此,减小零件表面粗糙度值,可以提高零件的耐腐蚀性能。

零件的表面质量对零件的使用性能还有其他方面的影响。例如,对于液压缸和滑阀,较大的表面粗糙度值会影响密封性;对于工作时滑动的零件,合适的表面粗糙度值能提高运动的灵活性,减少发热和功率损失;零件表面层的残余应力会使加工好的零件因应力重新分布而变形,从而影响其尺寸和形状精度等。总之,提高加工表面质量,对保证零件的使用性能、提高零件的使用寿命是很重要的。

4.2 表面粗糙度的评定

4.2.1 有关基本术语

(1) λc 滤波器

轮廓滤波器是除去某些波长成分而保留所需表面成分的滤波器。λc 滤波器是确定粗糙度与波纹度成分之间相交界限的中波滤波器,当测量信号通过 λc 滤波器后将抑制波纹度的影响。

(2) 粗糙度轮廓

粗糙度轮廓是对原始轮廓采用 λc 滤波器抑制长波成分以后形成的轮廓,是经过人为修正的轮廓。

(3) 粗糙度轮廓中线

用标称形式的线,穿过原始轮廓,按最小二乘法拟合所确定的中线,即轮廓上各点到该线的距离 $Z(x)$ 的平方和为最小的线,称为原始轮廓中线。用 λc 轮廓滤波器抑制的长波轮廓成分相对应的中线,称为粗糙度轮廓中线,如图 4-5 所示。也即为了定量地评定粗糙度轮廓而确定的一条基准线。

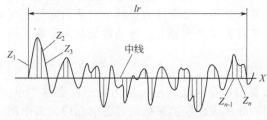

图 4-5 粗糙度轮廓中线

(4) 取样长度 lr

在 X 轴方向上用于判别被评定轮廓不规则特征的长度。评定粗糙度的取样长度 lr 在数值上与轮廓滤波器 λc 的截止波长相等。规定取样长度的目的在于限制和减弱其他形状误差,特别是表面波纹度轮廓对测量结果的影响。取样长度不能太长也不能太短:太长,有可能将表面波纹度的成分引入到表面粗糙度结果中;太短,不能准确反映待测量表面的粗糙度情况。

(5) 评定长度 ln

用于判别被评定轮廓的 X 轴方向上的长度。评定长度 ln 包含一个或几个取样长度。这是因为由于零件表面各部分的粗糙度不一定很均匀,在一个取样长度内往往不能合理地反映这些表面的粗糙度特征,故应取连续的几个取样长度分别测量,取其平均值作为测量结果。常用的取样长度和评定长度与粗糙度高度参数数值的关系,如表 4-1 所示。

一般情况下,当测量 Ra 和 Rz 时,推荐按表 4-1 选取相应的评定长度。如被测表面均匀性较好,测量时可选用小于 $5 \times lr$ 的评定长度值;均匀性较差的表面可选用大于 $5 \times lr$ 的评定长度。

表 4-1 取样长度和评定长度与粗糙度高度参数数值的关系

参数及数值/μm		lr/mm	ln/mm
Ra	Rz		($ln = 5 \times lr$)
⩾0.008~0.02	⩾0.025~0.10	0.08	0.4
>0.02~0.1	>0.10~0.50	0.25	1.25
>0.1~2.0	>0.50~10.0	0.8	4.0
>2.0~10.0	>10.0~50.0	2.5	12.5
>10.0~80.0	>50.0~320	8.0	40.0

4.2.2 表面粗糙度的评定参数

国家标准规定表面粗糙度的参数有两个高度参数（轮廓的算术平均偏差和轮廓的最大高度）和两个附加参数（轮廓单元的平均宽度和轮廓的支承长度率）。

（1）轮廓的算术平均偏差 Ra

在一个取样长度 lr 内，轮廓的纵坐标值 $Z(x)$ 绝对值的算术平均值。Ra 按下列公式计算

$$Ra = \frac{1}{lr} \int_1^{lr} |Z(x)| dx \tag{4-1}$$

或近似为

$$Ra = \frac{1}{n} \sum_{i=1}^{n} |Z_i| \tag{4-2}$$

式中，Z 为轮廓线上的点到基准线（中线）之间的距离；lr 为取样长度，如图 4-6 所示。

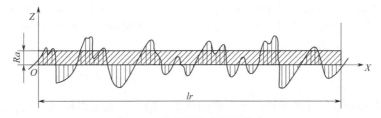

图 4-6 轮廓的算术平均偏差

（2）轮廓的最大高度 Rz

在一个取样长度 lr 内，最大轮廓峰高 Rp 和最大轮廓谷深 Rv 之和，即 $Rz = Rp + Rv$，如图 4-7 所示。

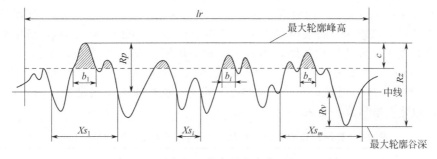

图 4-7 轮廓最大高度

高度参数是表面粗糙度的基本参数，但仅有高度参数还不能完全反映出零件表面粗糙度的特性。如图 4-8 所示的粗糙度的疏密度和图 4-9 所示的粗糙度轮廓的形状。在图 4-8 中，图（a）和图（b）的高度参数值大致相同，但波纹的疏密度不同，因此，其表面特性如密封

性也不相同。而图 4-9 中的 3 个图形的高度参数也大致相同,但其耐磨性、抗腐蚀性也不同。所以,当高度参数不能满足零件表面粗糙度要求时,可根据需要选择附加参数。

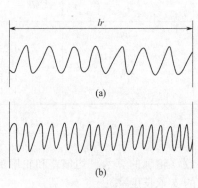

图 4-8 粗糙度的疏密度

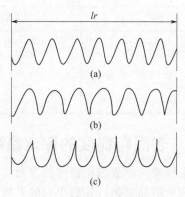

图 4-9 粗糙度的轮廓形状

(3) 轮廓单元的平均宽度 Rsm

含有一个轮廓峰高和相邻轮廓谷深的一段中线长度 Xs_i,如图 4-7 所示,称为轮廓单元的宽度。在一个取样长度内轮廓单元宽度 Xs 的平均值,就是轮廓单元的平均宽度,即

$$Rsm = \frac{1}{m}\sum_{i=1}^{m} Xs_i \tag{4-3}$$

(4) 轮廓的支承长度率 $Rmr(c)$

平行于中线且与轮廓峰顶线相距为 c 的一条直线与轮廓峰相截所得到的各段截线 b_i(见图 4-7)之和,称为轮廓的材料实际长度 $Ml(c)$。轮廓材料实际长度 $Ml(c)$ 与评定长度 ln 之比,称为轮廓支承长度率。即

$$Rmr(c) = \frac{Ml(c)}{ln} \times 100\% = \frac{1}{ln}\sum_{i=1}^{n} b_i \times 100\% \tag{4-4}$$

必须指出,$Rmr(c)$ 的值应对应于不同的截面 c 给出,水平截距 c 可用 μm 或 c 与 Rz 的比值的百分数表示。另外,轮廓支承长度率与表面粗糙度的形状有关,它影响表面的耐磨程度。

4.2.3 表面粗糙度的数值规定

国家标准 GB/T 1031—2009 中规定各个评定参数的数值见表 4-2～表 4-5 所示。表 4-2 列出了轮廓算术平均偏差 Ra 的数值,它是由数系 R10/3(0.012～100μm)所组成。表 4-3 列出了轮廓的最大高度 Rz 的数值,它是由数系 R10/3(0.025～1600μm)所组成。表 4-4 列出了轮廓微观不平度的平均间距,即轮廓单元平均宽度 Rsm 的数值,它是由数系 R10/3(0.006～12.5mm)所组成。表 4-5 列出了轮廓支承长度率 $Rmr(c)$ 的数值。另外,根据表面功能和生产的经济合理性,当选用表 4-2～表 4-5 系列值不能满足要求时,可选取 Ra、Rz 和 Rsm 的补充系列值,见表 4-6～表 4-8。

表 4-2 轮廓的算术平均偏差 Ra 的数值(摘自 GB/T 1031—2009)   μm

	0.012	0.2	3.2	50
Ra	0.025	0.4	6.3	100
	0.05	0.8	12.5	
	0.1	1.6	25	

表 4-3 轮廓的最大高度 Rz 的数值（摘自 GB/T 1031—2009） μm

Rz	0.025	0.4	6.3	100	1600
	0.05	0.8	12.5	200	
	0.1	1.6	25	400	
	0.2	3.2	50	800	

表 4-4 轮廓单元的平均宽度 Rsm 的数值（摘自 GB/T 1031—2009） μm

Rsm	0.006	0.1	1.6
	0.0125	0.2	3.2
	0.025	0.4	6.3
	0.050	0.8	12.5

表 4-5 轮廓的支承长度率 $Rmr(c)$（摘自 GB/T 1031—2009）

$Rmr(c)/\%$	10	15	20	25	30	40	50	60	70	80	90

表 4-6 轮廓的算术平均偏差 Ra 的补充系列值（摘自 GB/T 1031—2009） μm

Ra	0.008	0.080	1.00	10.0
	0.010	0.125	1.25	16.0
	0.016	0.160	2.0	20
	0.020	0.25	2.5	32
	0.032	0.32	4.0	40
	0.040	0.50	5.0	63
	0.063	0.63	8.0	80

表 4-7 轮廓的最大高度 Rz 的补充系列值（摘自 GB/T 1031—2009） μm

Rz	0.032	0.50	8.0	125
	0.040	0.63	10.0	160
	0.063	1.00	16.0	250
	0.080	1.25	20	320
	0.125	2.0	32	500
	0.160	2.5	40	630
	0.25	4.0	63	1 000
	0.32	5.0	80	1 250

表 4-8 轮廓单元的平均宽度 Rsm 的补充系列值（摘自 GB/T 1031—2009） mm

Rsm	0.002	0.020	0.25	2.5
	0.003	0.023	0.32	4.0
	0.004	0.040	0.5	5.0
	0.005	0.063	0.63	8.0
	0.008	0.080	1.00	10.0
	0.010	0.125	1.25	
	0.016	0.160	2.0	

4.3 表面粗糙度的选择和标注

4.3.1 表面粗糙度评定参数及数值的选择

(1) 评定参数的选择

零件的表面粗糙度对其使用性能的影响是多方面的。因此,在选择表面粗糙度评定参数时,应能充分合理地反映表面微观几何形状的真实情况,对大多数表面来讲,一般只给出高度特征参数即可反映被测表面粗糙的特征。即表面粗糙度参数应从高度参数 Ra、Rz 中选出。只有在高度参数不能满足表面功能要求时,才附加选用间距参数和综合参数,一般不作为独立参数选用。如对于密封性、光滑度有要求的表面,应选用间距参数 Rsm;而对于耐磨性有特殊要求的表面,应选用轮廓支承长度率 $Rmr(c)$。

一般应优先选用高度参数之一轮廓算术平均偏差 Ra。这是因为 Ra 值较能客观地反映表面粗糙度特征,而且 Ra 所用的测量仪器(触针式轮廓仪)测量方法简单,测量效率高。因此,在常用的参数值范围内($Ra=0.025\sim6.3\mu m$,$Rz=0.1\sim25\mu m$),国家标准推荐优先选用 Ra。Rz 常用双管显微镜和干涉显微镜的测量。由于 Rz 仅反映峰顶和峰谷两个点,反映出的信息不如 Ra 值全面,且测量效率低,因此不常用。采用 Rz 作为评定参数的原因是:一方面,由于触针式轮廓仪功能的限制,不宜对过于粗糙或太光滑的表面进行测量;另一方面,对于测量部位小,峰谷少或有疲劳强度要求的零件表面,选用轮廓最大高度参数 Rz 来测量,会更方便可靠。

(2) 参数值的选择

表面粗糙度的评定参数值国家标准都已标准化,见表 4-2～表 4-5。一般来说,表面粗糙度参数值选择的越小,零件的使用性能越好。但选择的数值越小,其加工工序就越多,加工成本就越高,经济性能不好。因此,选用参数值的原则是:在满足使用性能要求的前提下,应尽可能地选用较大的参数值[轮廓支承长度率 $Rmr(c)$ 除外]。

在实际工作中,由于表面粗糙度和零件的功能关系非常复杂,根据零件表面的功能要求很难准确地选取粗糙度参数值,因此具体设计时可参照一些已验证的实例,多采用类比法来确定。应考虑以下几点:

① 同一零件上,工作表面应比非工作表面的粗糙度参数值小。

② 摩擦表面应比非摩擦表面的粗糙度参数值小;滚动摩擦表面应比滑动摩擦表面的粗糙度参数值小;运动速度高、单位面积压力大的表面,以及受交变应力作用零件的圆角、沟槽的表面粗糙度参数值要小。

③ 配合性质要求越稳定(要求高的结合面、配合间隙小的配合表面以及过盈配合的表面),其配合表面的粗糙度参数值应越小;配合性质相同的零件尺寸越小,其表面粗糙度参数值应越小;同一公差等级的小尺寸比大尺寸、轴比孔的表面粗糙度参数值要小。

④ 表面粗糙度参数值应与尺寸公差及几何公差协调一致。尺寸公差和几何公差小的表面,其表面粗糙度参数值也应小。

⑤ 对密封性、防腐性要求高,以及外表要求美观的表面,其表面粗糙度参数值应小。

表 4-9 列出了表面粗糙度的表面特征、经济加工方法和应用实例,表 4-10 列出了轴和孔的表面粗糙度参数推荐值,仅供读者参考。

表 4-9 表面粗糙度的表面特征、经济加工方法及应用实例

表面特征		$Ra/\mu m$	$Rz/\mu m$	经济加工方法	应用实例
粗糙表面	可见刀痕	≤20	≤80	粗车、粗刨、粗铣、钻、毛锉、锯断	半成品粗加工的表面,非配合的加工表面,如轴的端面、倒角、钻孔、齿轮带轮的侧面、键槽底面、垫圈接触面等
半光滑表面	微见刀痕	≤10	≤40	车、铣、刨、镗、钻、粗铰	轴上不安装轴承、齿轮处的非配合面,紧固件的自由装配面,轴和孔的退刀槽
半光滑表面	微见刀痕	≤5	≤20	车、刨、铣、镗、磨、拉、粗刮、液压	半精加工表面,箱体、支架、端盖、套筒等和其他零件结合面无配合要求的表面等
半光滑表面	看不见刀痕	≤2.5	≤10	车、铣、刨、磨、镗、拉、刮、压、铣齿	接近于精加工表面,箱体上安装轴承的镗孔表面,齿轮的工作面
光滑表面	可辨加工痕迹方向	≤1.25	≤6.3	车、镗、磨、拉、刮、精铰、磨齿、滚压	圆柱销、圆锥销、与滚动轴承配合的表面,普通车床导轨面,内、外花键的定心表面
光滑表面	微辨加工痕迹方向	≤0.63	≤3.2	精铰、精镗、磨、刮、滚压	要求配合性质稳定的表面,工作时受交变应力的重要零件的表面,较高精度车床的导轨面
光滑表面	不可辨加工痕迹方向	≤0.32	≤1.6	精磨、珩磨、研磨、超精加工	精密机床主轴锥孔,顶尖圆锥面,发动机曲轴、凸轮轴工作表面,高精度齿轮的齿面
极光滑表面	暗光泽面	≤0.16	≤0.8	精磨、研磨、普通抛光	精密机床主轴轴颈表面,一般量具的工作表面,汽缸套内表面,活塞销表面
极光滑表面	亮光泽面	≤0.08	≤0.4	超精磨、精抛光、镜面磨削	精密机床主轴轴颈表面,滚动轴承的滚珠、高压油泵中柱塞和柱塞套配合的表面
极光滑表面	镜状光泽面	≤0.04	≤0.2	超精磨、精抛光、镜面磨削	精密机床主轴轴颈表面,滚动轴承的滚珠、高压油泵中柱塞和柱塞套配合的表面
极光滑表面	镜面	≤0.01	≤0.05	镜面磨削、超精研	高精度量仪、量块的工作表面,光学仪器中的金属镜面

表 4-10 轴和孔的表面粗糙度参数推荐值

表面特征	公差等级	表面	$Ra/\mu m$ 公称尺寸/mm ≤50	>50~500
轻度装卸零件的配合表面,如挂轮、滚刀等	5	轴	0.2	0.4
	5	孔	0.4	0.8
	6	轴	0.4	0.8
	6	孔	0.4~0.8	0.8~1.6
	7	轴	0.4~0.8	0.8~1.6
	7	孔	0.8	1.6
	8	轴	0.8	1.6
	8	孔	0.8~1.6	1.6~3.2

续表

表面特征			$Ra/\mu m$					
	公差等级	表面	公 称 尺 寸/mm					
			≤50		>50～120		>120～500	
过盈配合的配合表面 ① 装配按机械压入法 ② 装配按热处理法	5	轴	0.1～0.2		0.4		0.4	
		孔	0.2～0.4		0.8		0.8	
	6,7	轴	0.4		0.8		1.6	
		孔	0.8		1.6		1.6	
	8	轴	0.8		0.8～1.6		1.6～3.2	
		孔	1.6		1.6～3.2		1.6～3.2	
	—	轴	1.6					
		孔	1.6～3.2					
精密定心用配合的零件表面		表面	径向跳动公差/μm					
			2.5	4	6	10	16	25
			$Ra/\mu m$ 不大于					
		轴	0.05	0.1	0.1	0.2	0.4	0.8
		孔	0.1	0.2	0.2	0.4	0.8	1.6
滑动轴承的配合表面		表面	公 差 等 级				液体湿摩擦条件	
			6～9		10～12			
			$Ra/\mu m$ 不大于					
		轴	0.4～0.8		0.8～3.2		0.1～0.4	
		孔	0.8～1.6		1.6～3.2		0.2～0.8	

4.3.2 表面结构要求在图样上的标注

国家标准 GB/T 131 中规定表面结构参数的标注内容包括轮廓参数（R 轮廓、W 轮廓、P 轮廓）、轮廓特征、满足评定要求的取样长度的个数和要求的极限值，必要时需注出补充要求，如取样长度、加工工艺、表面纹理及方向、加工余量等。

（1）表面结构要求的注写位置和图形符号、代号及画法

零件图上要标注表面结构图形符号，用以说明该表面完工后须达到的表面特征。表面结构图形符号及意义，如表 4-11 所列。

表 4-11 表面结构图形符号及意义

图形符号	意义及说明
∨	基本图形符号：表示表面可用任何方法获得。当不加注粗糙度参数值或有关的说明（例如，表面处理、局部热处理状况等）时，仅适用于简化代号标注
∨̄	扩展图形符号：在基本符号上加一短横，表示指定表面是用去除材料的方法获得，例如：车、铣、钻、磨、剪切、抛光、腐蚀、电火花加工、气割等
∨○	扩展图形符号：在基本符号上加一个圆圈，表示指定表面是用不去除材料的方法获得的，例如：铸、锻、冲压变形、热轧、冷轧、粉末冶金等。也可用于保持上道工序形成的表面，不管这种状况是通过去除材料或不去除材料形成的

续表

图形符号	意义及说明
∨ ∨ ∨	完整图形符号:在上述三个符号的长边上均可加一横线,用于标注有关参数和说明。当给出表面结构要求时,应采用完整图形符号
∨ ∨ ∨	当在图样的某个视图上构成封闭轮廓的各表面有相同的表面结构要求时,在上述三个符号上均可加一小圆圈,标注在图样中零件的封闭轮廓线上。但如果标注会引起歧义时,各表面还是应分别标注

① 表面结构图形符号的画法　表面结构图形符号的画法,如图 4-10 所示,符号的尺寸如表 4-12 所列。

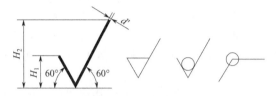

图 4-10　表面结构图形符号的画法

图 4-11　表面结构图形符号的位置

表 4-12　表面结构图形符号和附加标注的尺寸　　　　　　　　　　　mm

数字和字母高度 h(见 GB/T 14690)	2.5	3.5	5	7	10	14	20
符号线宽 d' 和字母线宽 d	0.25	0.35	0.5	0.7	1	1.4	2
高度 H_1	3.5	5	7	10	14	20	28
高度 H_2(最小值)①	7.5	10.5	15	21	30	42	60

① H_2 取决于标注内容。

② 表面结构图形代号中,其参数代号、有关规定在图形符号中注写的位置。注写的位置如图 4-11 所示。其中:

a. 位置 a。注写表面结构的单一要求,其形式是传输带或取样长度值/表面结构参数代号评定长度极限值。

必须指出以下几点:

ⅰ. 粗糙度轮廓的传输带是由短波轮廓滤波器和中波轮廓滤波器来限定的。传输带的标注为轮廓滤波器的截止波长（mm）范围,短波滤波器（λs）截止波长在前,中波滤波器（λc）截止波长在后,并用连字号"-"隔开。如,0.008-2.5/Rz6.3。国家标准 GB/T 18778.1 中规定,默认传输带的定义是截止波长值 $\lambda c = 0.8$mm（中波滤波器）和 $\lambda s = 0.0025$mm（短波滤波器）,可以省略不标注；标准还指出,中波滤波器的截止波长也是取样长度值。传输带波长应标注在参数代号的前面,并用"/"隔开。如,-0.8/Rz6.3,其中 0.8 既是中波滤波器的截止波长又是取样长度值,单位为 mm。

ⅱ. 当评定长度为默认值（5 个取样长度）时,不需标注评定长度；否则,应在参数代号后面标注其取样长度的个数。如,Ra33.2,说明评定长度取 3 个取样长度。

ⅲ. 为了避免评定长度与极限值产生误解,在参数代号和极限值之间应插入空格。

ⅳ. 当表面结构应用最大规则（GB/T 10610—2009 中 5.3）时,应在参数代号之后标注"max"。如,Ramax0.8 和 Rz1max3.2。否则,应用 16% 规则。如,Ra0.8 和 Rz13.2。

在国家标准 GB/T 10610—2009《产品几何技术规范（GPS）表面结构 轮廓法 评定表面结构的规则和方法》中,规定了 16% 规则和最大规则。

16％规则是指当参数的规定值为上限值时,如果所选参数在同一评定长度上的全部实测值中,大于图样或技术产品文件中规定值的个数不超过实测值总数的16％,则该表面合格。当参数的规定值为下限值时,如果所选参数在同一评定长度上的全部实测值中,小于图样或技术产品文件中规定值的个数不超过实测值总数的16％,则该表面合格。

最大规则是指检验时,若参数的规定值为最大值,则在被检表面的全部区域内测得的参数值一个也不应超过图样或技术产品文件中的规定值。

16％规则是所有表面结构要求标注的默认规则,如果表面结构要求应用最大规则,则在表面结构参数的参数代号后面应加上"max"。

ⅴ.当表面结构参数只标注参数代号、参数值和传输带时,它们应默认为参数的单向上极限值(16％规则或最大规则的极限值);当只标注参数代号、参数值和传输带作为参数的单向下极限值(16％规则或最大规则的极限值)时,参数代号前应加注"L"。如,L Ra3.2。

ⅵ.当在完整符号中表示表面结构参数的双向极限时,应标注极限代号。上极限值注写在上方用"U"表示,下极限值注写在下方用"L"表示,上、下极限值为16％规则或最大规则。如果同一参数具有双向极限要求时,在不引起误解的情况下,可以不注写"U"和"L"。

b.位置 a 和 b。注写两个或多个表面结构要求,当注写多个表面结构要求时,图形符号应在垂直方向上扩大,以空出足够的空间进行标注。

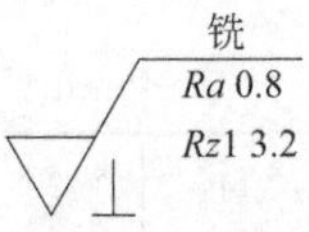

c.位置 c。注写加工方法、表面处理、涂层或其他加工工艺要求等,如车、磨、镀等加工表面。

d.位置 d。注写表面加工纹理和方向的符号,表面纹理及其方向(纹理方向是指表面纹理的主要方向,通常由加工工艺决定)用表4-13中规定的符号标注在完整图形符号中。

图4-12 垂直于视图所在投影面的表面纹理的标注

必须指出,采用定义的符号标注表面纹理(如图4-12中的垂直符号)不适用于文本标注。

表4-13 表面纹理及其方向的标注

符号	示 例	解 释	符号	示 例	解 释
=	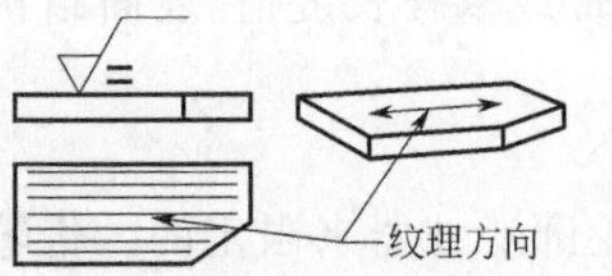	纹理平行于视图所在的投影面	M	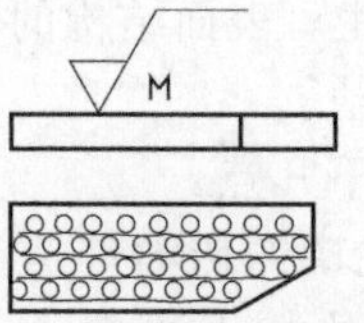	纹理呈多方向
⊥	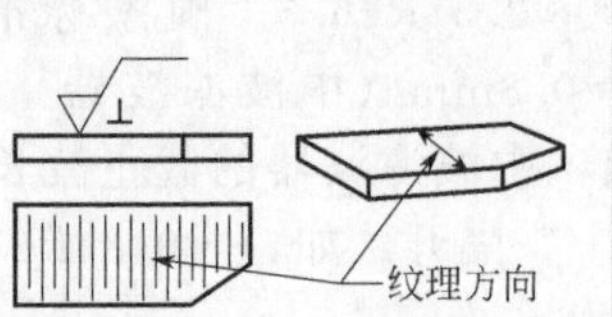	纹理垂直于视图所在的投影面	C		纹理呈近似同心圆,且圆心与表面中心相关
X	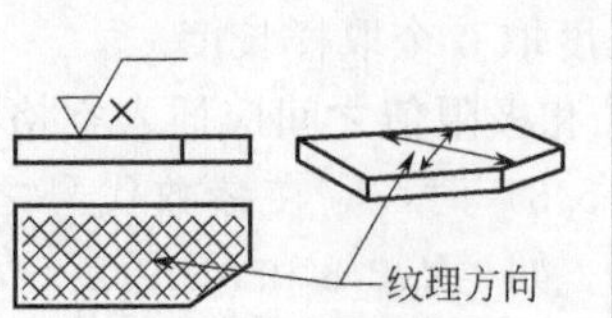	纹理呈两斜向交叉,且与视图所在的投影面相交	R		纹理呈近似放射状,且与表面圆心相关

符号	示例	解释	符号	示例	解释
P	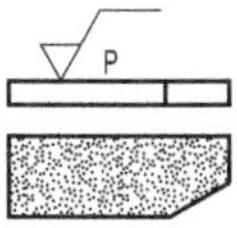	纹理呈微粒、凸起,无方向			

注:如果表面纹理不能清楚地用这些符号表示,必要时,可以在图样上加注说明。

e. 位置 e。注写加工余量(单位为 mm)。在同一图样中,有多个加工工序的表面可标注加工余量。加工余量可以是加注在完整符号上的唯一要求,加工余量也可以同表面结构要求一起标注。例如,在表示完工零件形状的铸锻件图样中给出加工余量,如图 4-13 所示,说明所有表面均有 3mm 的加工余量。

必须指出,图 4-13 中给出加工余量的方式不可用于文本。

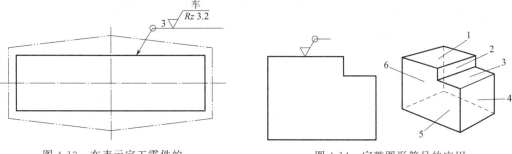

图 4-13 在表示完工零件的图样中给出加工余量的标注

图 4-14 完整图形符号的应用

③ 完整图形符号的应用 如图 4-14 所示。应注意:图中的表面结构符号是指对图形中封闭轮廓的所有表面,即 1~6 个面有共同要求(不包括前后面)。

(2) 表面结构代号的含义及解释

一些常见的表面结构参数代号及其含义,如表 4-14 所列。

表 4-14 常见的表面结构参数代号及其含义

符号	含义
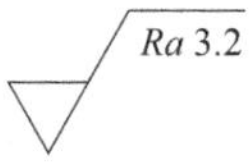 $Ra\ 3.2$	表示表面去除材料,单向上极限值,默认传输带,表面粗糙度轮廓的算术平均偏差值为 $3.2\mu m$,评定长度为默认的 5 个取样长度,默认的 16% 规则
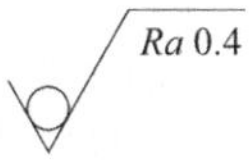 $Ra\ 0.4$	表示表面不允许去除材料,单向上极限值,默认传输带,表面粗糙度轮廓的最大高度为 $0.4\mu m$,评定长度为默认的 5 个取样长度,默认的 16% 规则
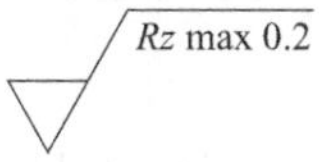 $Rz\ \max\ 0.2$	表示表面去除材料,单向上极限值,默认传输带,表面粗糙度轮廓的最大高度为 $0.2\mu m$,评定长度为默认的 5 个取样长度,最大规则
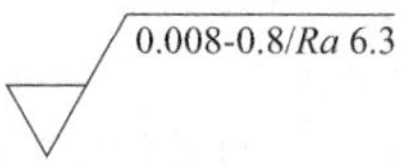 $0.008\text{-}0.8/Ra\ 6.3$	表示表面去除材料,单向上极限值,传输带为 $0.008\sim0.8\text{mm}$,表面粗糙度轮廓的算术平均偏差值为 $6.3\mu m$,评定长度为默认的 5 个取样长度,默认的 16% 规则

续表

符　号	含　义
▽ $-0.8/Ra3\ 6.3$	表示表面去除材料，单向上极限值，传输带：取样长度值为 0.8mm（默认 λs 为 0.0025mm），表面粗糙度轮廓的算术平均偏差值为 $6.3\mu m$，评定长度为（$3\times 0.8=2.4$mm）3 个取样长度，默认的 16% 规则
▽ $U\ Ra\ \max\ 3.2$ / $L\ Ra\ 0.8$	表示表面不允许去除材料，双向极限值，两极限值均使用默认传输带。表面粗糙度轮廓的算术平均偏差：上极限值为 $3.2\mu m$，评定长度为默认的 5 个取样长度，最大规则；下极限值为 $0.8\mu m$，评定长度为默认的 5 个取样长度，默认的 16% 规则
▽ Fe/Zn8c 2C	表示表面处理：在金属基体上镀锌，其最小镀层厚度为 $8\mu m$，并使用铬酸盐处理（等级为 2 级），无其他表面结构要求
▽ Fe/Ni10bCr0.3r $Ra\ 1.6$	表示表面去除材料，单向上极限值，表面粗糙度轮廓的算术平均偏差为 $1.6\mu m$ 表示表面处理：在金属基体上镀镍，其最小镀层厚度为 $10\mu m$，光亮镍镀层，普通镀铬层最小厚度为 $0.3\mu m$
铣 ▽ $0.008\text{-}4/Ra\ 50$ $0.008\text{-}4/Ra\ 6.3$ C	表示表面去除材料，双向极限值，表面粗糙度轮廓的算术平均偏差值：上极限值为 $50\mu m$，下极限值为 $6.3\mu m$；默认传输带为 $0.008\sim 4$mm；默认评定长度为 $5\times 4=20$mm；默认的 16% 规则；表面纹理呈近似同心圆，且圆心与表面中心相关；铣削加工方法。 注：在不会引起争议时，可省略字母"U"和"L"
磨 ▽ $Ra\ 1.6$ $-2.5/Rz\ \max\ 6.3$ ⊥	表示表面去除材料，两个单向上极限值 (1) $Ra=1.6\mu m$ 表示表面粗糙度轮廓的算术平均偏差值的上极限值为 $1.6\mu m$；默认传输带；默认评定长度（$5\times \lambda c$）；默认的 16% 规则 (2) $Rz\max=6.3\mu m$ 表示表面粗糙度的轮廓最大高度为 $6.3\mu m$；传输带为 -2.5mm；评定长度默认（5×2.5mm）；表面纹理垂直于视图的投影面；磨削加工方法；最大规则
▽ Cu/Ep·Ni5bCr0.3r $Rz\ 0.8$ ○	表示表面不去除材料，单向上极限值；表面粗糙度的最大高度为 $0.8\mu m$；默认传输带；默认评定长度（$5\times \lambda c$）；默认的 16% 规则；表面处理：铜件、镀镍、铬；无表面纹理要求；表面要求对封闭轮廓的所有表面有效
▽ Fe/Ep·Ni10bCr0.3r $-0.8/Ra\ 1.6$ $U\text{-}2.5/Rz\ 12.5$ $L\text{-}2.5/Rz\ 3.2$	表示表面去除材料，一个单向上极限值和一个双向极限值 (1) 单向 $Ra=1.6\mu m$ 表示表面粗糙度轮廓的算术平均偏差值的上极限值为 $1.6\mu m$；传输带为 -0.8mm；评定长度为 5×0.8mm$=4$mm；默认的 16% 规则 (2) 双向 Rz 表示表面粗糙度的轮廓最大高度：上极限值为 $12.5\mu m$，下极限值为 $3.2\mu m$；上下极限传输带均为 -2.5mm；上下极限评定长度均为 5×2.5mm$=12.5$mm；默认的 16% 规则；表面处理：铜件、镀镍、铬

(3) 表面结构要求在图样上的标注

国家标准 GB/T 131 中规定的表面结构要求很多，这里仅介绍表面结构中轮廓参数（Ra 和 Rz）在图样上的标注。

当给出表面结构要求时，应标注其参数代号和相应数值。表面结构要求对每一个表面一般只注写一次，并尽可能地注写在相应的尺寸及其公差的同一视图上。所标注的表面结构要求是对完工零件表面的要求。

① 表面结构符号、代号的标注位置与方向。总的原则是使表面结构的注写和读取方向与尺寸的注写和读取方向一致，如图 4-15 所示。代号的注写方向有两种，即水平和垂直注写（倒角、倒圆和中心孔等结构除外）。垂直注写是在水平注写的基础上逆时针旋转 90°；零件的右侧面、下底面和倾斜表面必须采用带箭头的指引线引出水平折线的注写方式。

② 表面结构要求在零件图上的标注。

a. 在轮廓线上或指引线上的标注。表面结构要求可标注在轮廓线上，其符号的尖端应从材料外指向零件的表面，并与零件的表面接触。必要时表面结构符号也可用带箭头或黑点的指引线引出水平折线标注，如图 4-16 和图 4-17 所示。

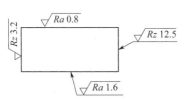

图 4-15 表面结构要求的注写方向

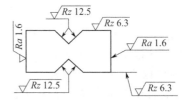

图 4-16 在轮廓线上标注的表面结构要求

b. 在特征尺寸的尺寸线上的标注。在不致引起误解时，表面结构要求可以标注在给定的尺寸线（常用于小尺寸）上，如图 4-18 所示的键槽两侧面的表面结构要求。

c. 在几何公差的框格上的标注。表面结构要求标注在几何公差框格的上方，如图 4-19 和图 4-20 所示。

d. 在延长线上的标注。表面结构要求可以直接标注在零件几何特征的延长线或尺寸界线上，或用带箭头的指引线引出水平折线标注，如图 4-16、图 4-21 和图 4-22 所示。

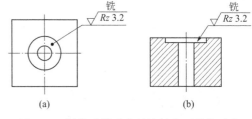

图 4-17 用指引线引出标注的表面结构要求

e. 在圆柱和棱柱表面上的标注。圆柱和棱柱表面的表面结构要求只注写一次，如果每个棱柱表面有不同的表面结构要求时，则应分别单独注出，如图 4-23 所示。

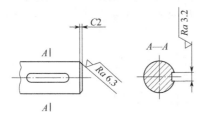

图 4-18 在尺寸线上标注表面结构要求

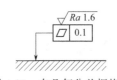

图 4-19 在几何公差框格上方标注表面结构要求（一）

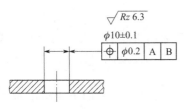

图 4-20 在几何公差框格上方标注表面结构要求（二）

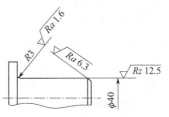

图 4-21 在圆柱特征的延长线上标注表面结构要求（一）

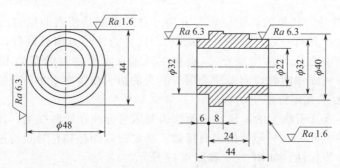

图 4-22 在圆柱特征的延长线上标注表面结构要求（二）

必须注意：对于棱柱棱面的表面结构要求一样只注一次，是指标注在棱面具有封闭轮廓的某个视图（该视图具有积聚性）中。

③ 表面结构要求的简化标注。

a. 所有表面有相同结构要求的简化标注。当零件全部表面有相同的表面结构要求时，其相同的表面结构要求可统一标注在图样的标题栏附近或图形的右下方，与文字说明的技术要求注写位置相同，如图 4-24 所示。

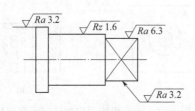
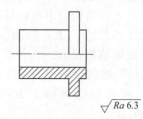

图 4-23 在圆柱和棱柱表面上标注表面结构要求　　图 4-24 全部表面有相同表面结构要求的标注

b. 多数表面有共同要求的简化标注。当零件的多数表面有相同的表面结构要求，把不同的表面结构要求直接标注在图形中，其相同的表面结构要求可统一标注在图样的标题栏附近或图形的右下方。同时，表面结构要求的符号后面应有：

——在圆括号内给出无任何其他标注的基本图形符号，如图 4-25 所示。

——在圆括号内给出不同的表面结构要求，如图 4-26 所示。

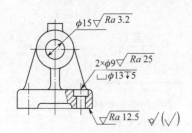
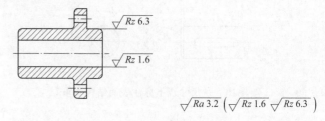

图 4-25 多数表面有相同表面　　图 4-26 多数表面有相同表面结构要求的简化标注（二）
结构要求的简化标注（一）

c. 用带字母的完整图形符号的简化标注。当多数表面有相同的表面结构要求或图纸空间有限时，对有相同的表面结构要求的表面，可用带字母的完整图形符号，并以等式的形式注在标题栏附近或图形的右下方，如图 4-27 所示。

d. 只用表面结构符号的简化标注。可用表面结构符号以等式的形式给出对多个表面相同的表面结构要求，如图 4-28 所示。

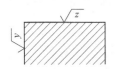

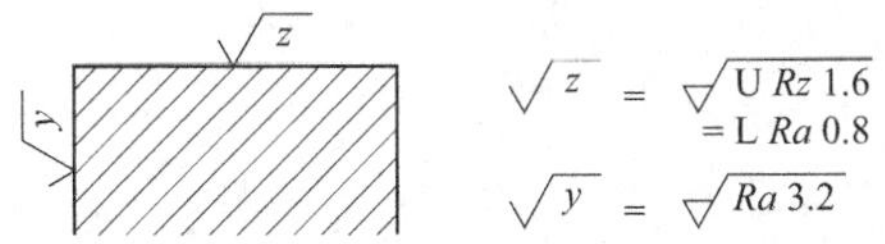

图 4-27 图纸空间有限时的简化标注

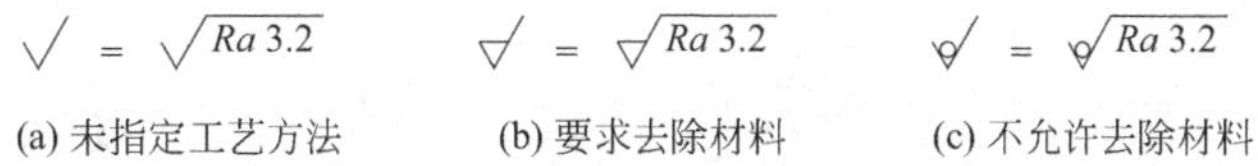

(a) 未指定工艺方法　(b) 要求去除材料　(c) 不允许去除材料

图 4-28 只用表面结构符号的简化标注

④ 两种或多种工艺获得的同一表面的注法。由几种不同的工艺方法获得的同一表面，当需要明确每种工艺方法的表面结构要求时，可注在其表示线（粗虚线或粗点画线）上，如图 4-29 和图 4-30 所示。

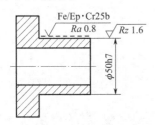

图 4-29 同时给出镀覆前后表面结构要求的标注

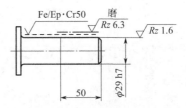

图 4-30 同一表面多道工序（图中三道）表面结构要求的标注

⑤ 同一表面上有不同的表面结构要求时，需用细实线画出其分界线，并注出相应的表面结构代号和尺寸范围，如图 4-30 和图 4-31 所示。

⑥ 零件上连续表面（如手轮）或重复要素（如孔、槽、齿等）的表面，或不连续的同一表面（见图 4-25 支座的下底面）用细实线连接，其表面只标注一个代号，如图 4-32 和图 4-33 所示。

注意：齿轮齿面的表面结构代号须注写在分度线上，见图 4-33。

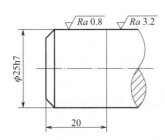

图 4-31 同一表面有不同表面结构要求的标注

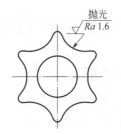

图 4-32 连续表面的表面结构要求的标注

⑦ 键槽的工作面、倒角、倒圆和阶梯孔的表面结构要求标注，如图 4-18、图 4-21 和图 4-25 所示。

⑧ 螺纹的表面结构代号标注，如图 4-34 所示。

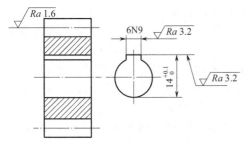

图 4-33 重复表面的表面结构要求的标注

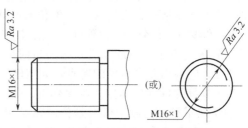

图 4-34 螺纹表面的表面结构要求的标注

第 2 篇 测量技术基础

第 5 章 测量技术概述

测量是认识和分析各种量的基本方法,是进行科学实验的基本手段。测量技术是进行质量管理的技术保证,是在科学技术、工农业生产、国内外贸易、工程项目以及日常生活各个领域中不可缺少的一项工作。

5.1 测量技术的基础知识

5.1.1 测量的定义

测量是以确定量值为目的的一组操作,将被测量与作为测量单位的标准量进行比较,从而确定被测量量值的实验过程。

由测量的定义可知,任何一个测量过程都必须有明确的测量对象和确定的测量单位,还要有与被测对象相适应的测量方法,而且测量结果还要达到所要求的测量精度。因此,一个完整的测量过程应包括以下四个要素。

① 测量对象 研究的测量对象是几何量,即长度、角度、形状、位置、表面粗糙度以及螺纹和齿轮等零件的几何参数。

② 测量单位 我国采用国际单位制的法定计量单位,长度的基本计量单位为米(m),在机械零件制造中,常用的长度单位有毫米(mm)、微米(μm);常用的角度单位为弧度(rad)和度(°)、分(′)、秒(″)。

③ 测量方法 测量方法是指测量时所采用的测量原理、测量器具和测量条件的总和。测量时,应根据测量对象的特点,如精度、大小、材料、数量等来确定所用的测量器具,根据被测参数的特点及其与其他参数的关系,确定合适的测量方法。

④ 测量精度 测量精度是指测量结果与被测量真值之间的一致程度。任何测量过程,总是不可避免地会出现测量误差。测量误差大,说明测量结果离真值远,测量精度低。为此,除了合理地选择测量器具和测量方法,还应正确估计测量误差的性质和大小,以便保证

测量结果具有较高的置信度。

5.1.2 常用术语

在测量技术中,有一些常用术语比较容易混淆,下面简单介绍一下。

① 计量 计量是指为实现单位统一,量值准确可靠的活动。计量不仅要获取量值信息,而且要实现量值信息的传递或溯源。计量作为一类操作,其对象就是测量仪器。在实际工作中包括测量单位的统一,测量方法(如仪器、操作、数据处理等)的研究,量值传递系统的建立和管理,以及同这些工作有关的法律、法规的制定和实施等。

② 检验 检验是指对实体的一个或多个特性进行诸如测量、检查、试验或度量,并将其结果与规定的要求进行比较的活动。从定义可以看出,检验不仅提供数据,还需与规定的要求进行比较之后,作出合格与否的判定。

③ 检定 检定是指查明和确认计量器具是否符合法定要求的程序,它包括检查、加标记和(或)出具检定证书。检定的对象是《实施强制管理的计量器具目录》中的强制检定的计量器具,非强制检定的计量器具可采用校准、比对、测试等方式达到统一量值的目的。

④ 检测 检测是指对给定的产品、材料、设备、生物体、物理现象或工艺过程,按规定程序确定一种或多种特性的技术操作。从定义可以看出,检测仅是一种技术操作,它只需按规定的程序操作并提供所测的结果,不需给出所测数据是否合格的判定。

⑤ 校准 校准是指在规定条件下,为确定计量器具示值误差的一组操作。校准范围主要是非强制检定的计量器具。校准依据应当优先选择国家的标准规范,没有国家标准规范的,可根据计量检定规程或相关产品标准、使用说明书等技术文件编制校准技术条件,再经技术机构技术负责人批准后,方可使用。校准只给出示值偏离数据或曲线,不必判定计量器具是否合格。

检定、校准和检测三者之间的不同之处主要表现在对象不同,活动不同,目的不同。检定:必须使用计量检定规程。校准:应使用满足顾客需要的、适宜的校准规范。检测:应使用国家统一规定的商品检测技术规范,如果没有国家统一制定的技术规范,应执行由省以上政府计量行政部门规定的检测方法。

⑥ 比对 比对是指在规定的条件下,对具有相同准确度等级的同类基准、标准或工作用计量器具之间的量值进行比较的过程。比对一般是精确度相近的标准仪器间相互比较,其数据只能起到旁证与参考的作用,不能对一台仪器给出合格与否的结论。

⑦ 测试 测试是指试验研究性的测量,或理解为测量与试验的全过程。

5.2 测量器具的分类及主要技术指标

5.2.1 测量器具的分类

测量器具可按其测量原理、结构特点及用途等,分为以下四类。

(1) 标准测量器具

标准测量器具是指以固定的形式复现量值的测量器具,因此,又称为计量器具。通常用来校对和调整其他测量器具,或作为标准量与被测工件进行比较,如量块、线纹尺、直角尺和标准量规等。

(2) 通用测量器具

通用测量器具通用性较强,可测量某一范围内的任一尺寸(或其他几何量),并能获得具体读数值。按其结构特点可分为以下几种。

① 固定标尺量具　固定标尺量具是指具有一定标尺标记，在一定范围内能直接读出被测量数值的量具，如卷尺、钢直尺等。

② 游标量具　游标量具是指直接移动测头实现几何量测量的量具，如游标卡尺、游标高度卡尺、游标量角器等。

③ 微动螺旋副式量仪　微动螺旋副式量仪是指用螺旋方式移动测头实现几何量测量的量具，如内径千分尺、外径千分尺、深度千分尺等。

④ 机械式量仪　机械式量仪是指用机械方法来实现被测量的传递和放大以实现几何量测量的量仪，一般都具有机械测微机构。这种量仪结构简单、性能稳定、使用方便。如百分表、杠杆齿轮比较仪、扭簧比较仪等。

⑤ 光学式量仪　光学式量仪是指用光学原理来实现被测量的变换和放大，以实现几何量测量的量仪，一般都具有光学放大（测微）机构。这种量仪精度高、性能稳定。如光学比较仪、工具显微镜、干涉仪等。

⑥ 电动式量仪　电动式量仪是指将被测量通过传感器变换为电量，然后通过对电量的测量来实现几何量测量的量仪，一般都具有放大、滤波等电路。这种量仪精度高、测量信号经模/数（A/D）转换后，易于与计算机接口，实现测量和数据处理的自动化，如电感式量仪、电容式量仪、电动轮廓仪等。

⑦ 气动式量仪　气动式量仪是指以压缩空气为介质，通过气动系统流量或压力的变化来实现几何量测量的量仪。这种量仪结构简单、测量精度和效率都高、操作方便，但示值范围小，如水柱式气动量仪、浮标式气动量仪等。

⑧ 光电式量仪　光电式量仪是指利用光学方法放大或瞄准，通过光电元件再转换为电量进行检测，来实现几何量测量的量仪，如光电显微镜、光纤传感器、激光干涉仪等。

(3) 专用测量器具

专用测量器具是指专门用来测量某种特定参数的测量器具，如圆度仪、渐开线检查仪、极限量规等。

(4) 检验夹具

检验夹具是指量具、量仪和定位元件等组合的一种专用的检验工具，当配合各种比较仪时，可用来检验更多、更复杂的参数。

5.2.2　测量器具的主要技术指标

测量器具的主要技术指标是表征测量器具的性能和功能的指标，是合理选择和使用测量器具、研究和判断测量方法正确性的重要依据。技术指标主要有以下几项。

① 标尺间距　标尺间距是指沿着标尺长度的同一条线测得的两相邻标尺标记之间的距离。标尺间距用长度单位表示，而与被测量的单位和标在标尺上的单位无关。考虑到人眼观察的方便，一般应取标尺间距为 0.75～2.5mm。

② 分度值（标尺间隔）　分度值是指测量器具上对应两相邻标尺标记的两个值之差。通常长度量仪的分度值有 0.1mm、0.05mm、0.02mm、0.01mm、0.005mm、0.002mm、0.001mm 等几种。一般来说，分度值越小，测量器具的精度就越高。

③ 分辨力　分辨力是指显示装置能有效辨别的最小的示值差。由于在一些量仪（如数字式量仪）中，其读数采用非标尺或非分度盘显示，因此就不能使用分度值这一概念，而将其称作分辨力。

④ 示值范围　示值范围是指测量器具极限示值界限内的一组值。例如图 5-1 所示，测量器具的示值范围为 $\pm 100\mu m$。

⑤ 测量范围（即工作范围）　测量范围是指测量器具的误差处在规定极限内的一组被

测量的值。一般测量范围上限值与下限值之差称为量程。例如图 5-1 所示，测量器具的测量范围为 0～180mm，也说它的量程为 180mm。

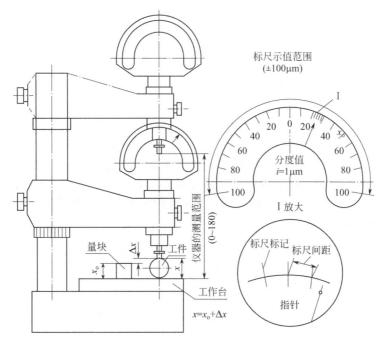

图 5-1　测量器具的示值范围与测量范围

⑥ 灵敏度 S　灵敏度是指测量器具响应的变化除以对应的激励变化。若被测几何量的变化为 Δx，该几何量引起测量器具的响应变化能力为 ΔL，则灵敏度 $S=\Delta L/\Delta x$。当上式中分子和分母为同种量时，灵敏度也称为放大比或放大倍数。对于具有等分标记的标尺或分度盘的量仪，放大倍数 K 等于刻度间距 a 与分度值 i 之比，即 $K=a/i$。一般来说，分度值越小，则测量器具的灵敏度就越高。

⑦ 示值误差　示值误差是指测量仪器上的示值与对应输入量的真值之差。它主要由仪器误差和仪器调整误差引起，一般来说，示值误差越小，则测量器具的精度就越高。

⑧ 修正值　修正值是指用代数方法与未修正测量结果相加，以补偿其系统误差的值。修正值的大小与示值误差的绝对值相等，而符号相反。例如，示值误差 -0.004mm，则修正值为 +0.004mm。

⑨ 测量结果的重复性　测量结果的重复性是指在相同的测量条件下，对同一被测几何量进行连续多次测量所得结果之间的一致性。

⑩ 测量结果的复现性　测量结果的复现性是指在改变了的测量条件下，同一被测量的测量结果之间的一致性。

5.3　常用测量器具的使用、维护及示例

5.3.1　卡尺（普通游标卡尺、高度游标卡尺、深度游标卡尺、带表卡尺、数显卡尺）

5.3.1.1　各类型卡尺的结构特点

卡尺是利用仪器上两测量爪的相对移动，对所分隔距离进行读数的一种通用测量工具，

主要用于测量内尺寸、外尺寸、高度和深度等。

卡尺根据被测尺寸读数方式的不同,分为游标卡尺、带表卡尺和数显卡尺三类;根据测量部位的不同,分为长度卡尺(即普通卡尺)、高度卡尺、深度卡尺和齿厚卡尺四种;根据结构的不同,分为Ⅰ型卡尺、Ⅱ型卡尺、Ⅲ型卡尺、Ⅳ型卡尺和Ⅴ型卡尺。

下面以普通卡尺为例简单介绍各类型卡尺的结构特点。

(1) Ⅰ型卡尺

Ⅰ型卡尺既可以测量工件的内尺寸、外尺寸,又可以测量高度和深度尺寸,还可以用于划直线和平行线,所以称为四用卡尺。

Ⅰ型卡尺如图 5-2 所示,分带深度尺和不带深度尺两种,若带深度尺,测量范围上限不宜超过 300mm。其中,外测量爪用于测量各种外尺寸;刀口内测量爪用于测量深度不大于 12mm 的孔的直径和各种内尺寸;尺身端面和内测量爪的端面配合,可以测量阶梯高度尺寸;尺身端面可以作直尺,用于划直线。带有深度尺的卡尺,深度测量杆固定在尺身的背面,能随着尺框在尺身的导槽内滑动,用于测量各种深度尺寸,测量时,尺身深度测量面的端面是测量定位基准。

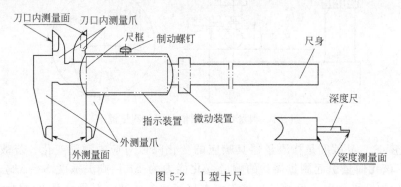

图 5-2　Ⅰ型卡尺

(2) Ⅱ型卡尺

Ⅱ型卡尺与Ⅰ型卡尺的不同点就是,Ⅱ型卡尺有台阶测量面而Ⅰ型卡尺没有。Ⅱ型卡尺分带深度尺和不带深度尺两种,若带深度尺,测量范围上限不宜超过 300mm,如图 5-3 所示。测量长度的范围有 0~200mm 和 0~300mm 两种。

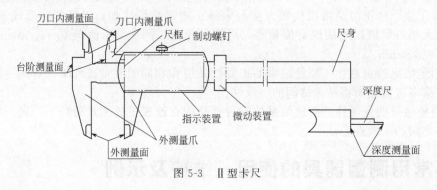

图 5-3　Ⅱ型卡尺

(3) Ⅲ型卡尺

Ⅲ型卡尺与Ⅱ型卡尺的主要不同点有两点,一是处于上方较小的量爪为刀口外测量爪,而不是内测量爪;二是处于下方较大的测量爪为内外测量爪,它具有两个测量面,一个是内测量面,一个是外测量面。因它的一对测量爪同时具有两个测量面,所以又称双面卡尺,如图 5-4 所示。

Ⅲ型卡尺只能测量工件的外尺寸和内尺寸,测量长度的范围有 0～200mm 和 0～300mm 两种。使用Ⅲ型卡尺时,需要注意新卡尺内测量爪的宽度 b,其尺寸允许偏差及平行度公差有严格要求。b 的标准值为 10mm,若对卡尺进行修理,b 值就会发生变化。因此,通常把变化后的 b 值刻在外量爪的侧面,根据这个数值对测量结果进行修正。

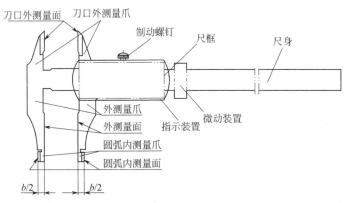

图 5-4　Ⅲ型卡尺

例如,使用一把经过多次修理的Ⅲ型卡尺测量 $\phi15$ 孔的直径。经检查,外量爪侧面刻有"9.95",说明 $b=9.95$mm。测量时,若从卡尺上读出的数值是 5mm,那么被测孔的实际组成要素的尺寸是 $5+9.95=14.95$mm。如果不查看刻在外量爪侧面的 b 值,而是当作标准值 10 使用,则会产生 $10-9.95=0.05$mm 的测量误差。

(4) Ⅳ型卡尺

Ⅳ型卡尺没有刀口外测量爪,其余结构与Ⅲ型卡尺完全相同,如图 5-5 所示。Ⅳ型卡尺可测量较大工件的外尺寸和内尺寸,其长度的测量范围常用的有 0～500mm 和 0～1000mm 两种,较长的有 0～1500mm、0～2000mm 等,因此Ⅳ型卡尺属于大型卡尺(测量范围大于 500mm 的卡尺)。

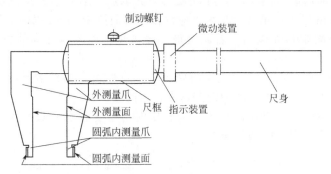

图 5-5　Ⅳ型卡尺

Ⅳ型卡尺在使用中,要特别注意控制温度差和选择适当的支承点位置。

① 控制温度差。温度差在任何测量过程中都会引起测量误差,而大型卡尺对温度变化特别敏感。

检定大型卡尺的环境温度是 (20 ± 6)℃,那么在使用卡尺时,也应该在同样的温度条件下进行。但是,在生产中很难做到这一点,所以要尽量减少温度差对测量结果的影响,也就是说要对测量结果进行修正。由物理学知

$$\delta = [\alpha_1(t_1-t_0)-\alpha_2(t_2-t_0)]L \tag{5-1}$$

式中　δ——温度差引起的测量误差，mm；
　　　α_1——被测量件材料的线胀系数，K^{-1}；
　　　α_2——卡尺材料的线胀系数，K^{-1}；
　　　t_0——标准温度，℃；
　　　t_1——被测量件的温度，℃；
　　　t_2——卡尺的温度，℃；
　　　L——被测量件的尺寸，mm。

从上式可以看出，只有当$\alpha_1=\alpha_2$，而且$t_1=t_2$时，测量误差$\delta=0$。也就是说，只有当被测量件的材料与卡尺的材料相同，而且它们的温度相等，才不会产生测量误差。

例如，测量一长度L为1200mm的铝件，其$t_1=30℃$，$\alpha_1=23.8\times10^{-6}K^{-1}$，用0～1500mm的游标卡尺测量，其$t_2=23℃$，$\alpha_2=11.5\times10^{-6}K^{-1}$。因此

$$\delta=[23.8\times10^{-6}\times(30-20)-11.5\times10^{-6}\times(23-20)]\times1200$$
$$=0.2442(mm)$$

可见，由于温度差和材料的不同而引起的测量误差是比较大的。若将卡尺与被测量件放置在一起，待两者温度一致时（$t_1=t_2=30℃$）再进行测量，则测量误差

$$\delta=[23.8\times10^{-6}\times(30-20)-11.5\times10^{-6}\times(30-20)]\times1200$$
$$=0.1476(mm)$$

可见，使卡尺与被测量件等温后再进行测量，测量误差要小很多。当然，如果能在标准温度下进行测量，则可消除温度差对测量结果的影响。

② 选择适当的支承点位置。支承点是在操作卡尺时，为了使卡尺获得稳定和正确的位置状态而用手扶住或物件托住卡尺的地方。中小型卡尺（测量范围小于500mm），一个人操作即可，但对于大型卡尺，往往需要2～3人同时操作。在这种情况下，支承点选择不当，会使卡尺变形增大，产生较大的测量误差。因为测量时量爪的朝向不同，所以选用支承点的位置也不同。一般有下面两种情况：

a. 量爪在水平面内进行测量时，可设置三个支承点。第一个支承点的位置应设在尺身"0"标记外侧50mm以内；第二个支承点应设在尺框内侧100mm以内；第三个支承点应设在测量上限标记外侧50mm以内，若此处被尺框占用，可改在微动装置外侧50mm以内，如图5-6(a)所示。

b. 量爪朝下进行测量时，只用上述前两个支承点即可。如果卡尺的尾部发生偏重，可在上述第三个支承点的位置加一个辅助支承点，如图5-6(b)所示。

使用时，这样设置支承点可以使卡尺与检定时的位置状态一致，从而保证卡尺变形最小，以此减少卡尺变形引起的测量误差。

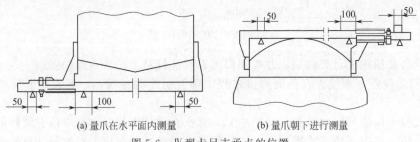

(a) 量爪在水平面内测量　　(b) 量爪朝下进行测量

图5-6　Ⅳ型卡尺支承点的位置

(5) Ⅴ型卡尺

Ⅴ型卡尺如图5-7所示，其与Ⅳ型卡尺的不同点，就是Ⅴ型卡尺有台阶测量面而Ⅳ型卡

尺没有，其他结构完全相同。

图 5-2～图 5-5 及图 5-7 所示五种类型卡尺，仅供图解说明，不表示详细结构。其指示装置可有三种形式：游标卡尺形式、带表卡尺形式和数显卡尺形式，如图 5-8 所示。

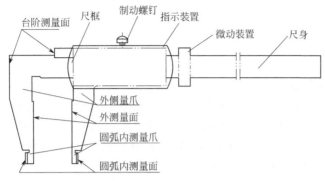

图 5-7　V 型卡尺

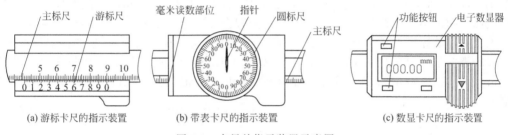

(a) 游标卡尺的指示装置　　(b) 带表卡尺的指示装置　　(c) 数显卡尺的指示装置

图 5-8　卡尺的指示装置示意图

另外，测量范围上限大于 200mm 的卡尺一般具有微动装置，那么测量过程中就应该注意：当两个测量面将与被测量面接触时，应停止推拉尺框。先把微动装置的紧固螺钉拧紧，然后通过旋转微动装置对尺框位置进行微调，使卡尺的两个测量面轻轻接触被测量面，待接触稳定后再读数。

5.3.1.2　游标卡尺的工作原理

游标卡尺是工业上常用的测量仪器，其工作原理是游标原理，即将两根按一定要求标记的直尺对齐或重叠后，其中一根固定不动，另一根沿着它作相对滑动。固定不动的直尺称为主尺，沿主尺滑动的直尺称为游标尺，简称游标。游标尺能对主标尺进行准确地读数。

游标尺与尺身之间有一弹簧片，利用弹簧片的弹力使游标尺与尺身靠紧。游标尺上部有一紧固螺钉，可将游标尺固定在尺身上的任意位置。尺身和游标尺都有量爪，利用内测量爪可以测量槽的宽度和管的内径，利用外测量爪可以测量零件的厚度和管的外径。深度尺与游标尺连在一起，可以测槽和孔的深度。

如图 5-9 所示，其主标尺标记间距 a 为 1mm，若令主标尺标记 $n-1$ 格的宽度等于游标尺标记 n 格的宽度，则游标尺的标记间距 $b=(n-1)/n \times a$，而主标尺标记与游标尺标记间距宽度差（即游标尺的精度值）$i=a-b=a/n$。当游标尺在主标尺两个标记间移动时，游标尺 "0" 线离开主标尺前一标记的距离就等于游标尺标记的序号与游标精度值的乘积，这个乘积就是读数时小数部分的值，此值加上游标尺 "0" 线前面主标尺上的标记值即为测量结果。常取 n 为 10mm、20mm 和 50mm 三种，则相对应游标尺的精度值 i 分别为 0.1mm、0.05mm、0.02mm 三种。

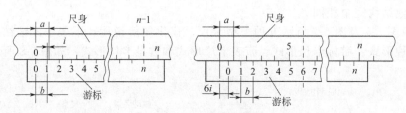

图 5-9 游标的标记原理

5.3.1.3 游标卡尺的读数方法

游标卡尺的读数机构由主标尺和游标尺两部分组成。主标尺与游标尺的分度间隔不同，通常主标尺标记分度间隔为 1mm，游标尺标记分度间隔根据其测量精度不同而不同。

游标卡尺根据游标上的分度格数，常常分为 10 分度、20 分度和 50 分度三种，它们的精度分别为 0.1mm、0.05mm 和 0.02mm。

(1) 不同分度游标卡尺的读数原理

① 10 分度游标卡尺的读数原理 10 分度游标卡尺如图 5-10 所示，其主标尺的最小分度是 1mm，游标尺上有 10 个小的等分标记，它们的总长等于 9mm，因此游标尺的每一分度与主标尺的最小分度相差 0.1mm，当左右测脚合在一起，游标尺的零标记与主标尺的零标记重合时，游标尺上只有第 10 条标记与主标尺的 9mm 标记重合，其余的标记都不重合。游标尺的第一条标记在主标尺的 1mm 标记左边 0.1mm 处，游标尺的第二条标记在主标尺的 2mm 标记左边 0.2mm 处，等等。游标尺的第几条标记与主标尺的标记重合，就是零点几毫米。

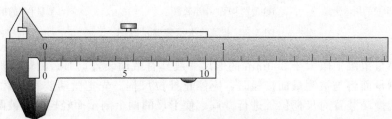

图 5-10 10 分度游标卡尺

② 20 分度游标卡尺的读数原理 20 分度游标卡尺如图 5-11 所示，其主标尺的最小分度是 1mm，游标尺上有 20 个小的等分标记，它们的总长等于 19mm。因此，游标尺的每一分度与主标尺的最小分度相差 0.05mm，当左右测脚合在一起，游标尺的"0"线与主标尺的"0"线重合时，游标尺上只有第 20 条标记与主标尺的 19mm 标记重合，其余的标记都不重合。游标尺的第一条标记在主标尺的 1mm 标记左边 0.05mm 处，游标尺的第二条标记在主标尺的 2mm 标记左边 0.1mm 处。以此类推，游标尺的第 n 条标记与主标尺的标记重合，就是 $0.05 \times n$ 毫米。

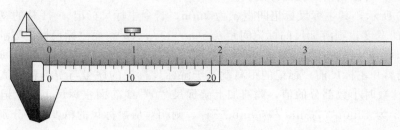

图 5-11 20 分度游标卡尺

③ 50 分度游标卡尺的读数原理　50 分度游标卡尺如图 5-12 所示，其主标尺的最小分度是 1mm，游标尺上有 50 个小的等分标记，它们的总长等于 49mm，因此游标尺的每一分度与主标尺的最小分度相差 0.02mm。当左右测脚合在一起，游标尺的"0"线与主标尺的"0"线重合时，游标尺上只有第 50 条标记与主标尺的 49mm 标记重合，其余的标记都不重合。游标尺的第一条标记在主标尺的 1mm 标记左边 0.02mm 处，游标尺的第二条标记在主标尺的 2mm 标记左边 0.04mm 处，等等。游标尺的第 n 条标记与主标尺的标记重合，就是 $0.02×n$ 毫米。

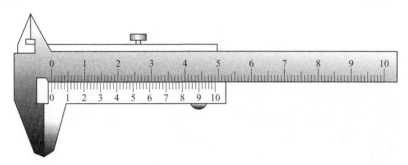

图 5-12　50 分度游标卡尺

（2）读数的步骤

由上所述，在使用游标卡尺测量时，首先要知道所用卡尺的分度值。读数时，应该同时看主标尺标记和游标尺标记，二者要配合起来读。具体步骤如下：

① 读整数　游标尺的"0"线是读整数的基准：游标尺"0"线的左侧，主标尺上距离该"0"线最近的那根标记的数字即为主标尺的整数值。

② 读小数　观察游标尺"0"线的右侧，游标尺哪一根标记与主标尺上的标记对齐，将该标记的序号与游标尺精度值相乘的积，即为主标尺的小数值。

③ 求和　将上述两次读数相加，就是所测的尺寸。即：所测尺寸＝主标尺整数＋游标尺标记序号×游标尺精度值。

（3）快速找到"游标尺上与主标尺重合的标记"的方法

首先按照一般标尺的读数方法估读一个不足 1mm 的数，再根据这个数到游标尺上相应位置去找。

判断游标尺上哪条标记与主标尺标记对准，可以选定相邻的三条线，如左侧的线在主标尺对应线之右，右侧的线在主标尺对应线之左，中间那条线便可以认为是对准了。20、50 分度游标尺很容易出现同时有两条标记与主标尺标记对准的情况，读数时应选对得更准的一条。即在读数时，眼睛要垂直于标记面读数。可以把紧固螺钉拧紧后再读数，以防尺寸变动，使得读数不准。

读数不需要估读到分度值的下一位。主标尺的读数是准确值，用游标尺读取的数值也是准确的。

（4）游标卡尺读数的应用

如图 5-13 所示为 10 分度游标卡尺，精度为 0.1mm。整数读数为：4mm；小数读数为：游标尺上第 1 条标记（图中箭头所指的线）与主标尺标记对齐，所以读数为 $1×0.1mm＝0.1mm$；则被测尺寸＝4mm＋0.1mm＝4.1mm。

如图 5-14 所示为 20 分度游标卡尺，精度为 0.05mm。整数读数为：3mm；小数读数为：游标尺上第 5 条标记（图中箭头所指的线）与主标尺标记对齐，所以读数为 $5×0.05mm＝0.25mm$；则被测尺寸＝3mm＋0.25mm＝3.25mm。

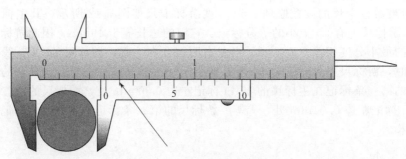

图 5-13　10 分度游标卡尺的应用

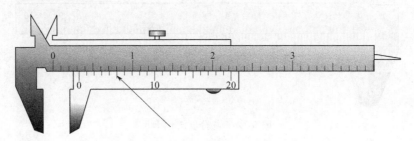

图 5-14　20 分度游标卡尺的应用

如图 5-15 所示为 50 分度游标卡尺，精度为 0.02mm。整数读数为：10mm；小数读数为：游标尺上第 10 条标记（图中箭头所指的线）与主标尺标记对齐，所以读数为 10×0.02mm＝0.20mm；被测尺寸＝10mm＋0.20mm＝10.20mm。

在图 5-15 中，会看到游标尺上有多条标记与主标尺标记对齐，这时就要特别注意进行判断。首先，把紧固螺钉拧紧；然后，确定眼睛垂直于标记面；再找出两标尺上标记对齐的相邻的三条线（一般情况下，游标尺上这三条线左侧的线在主标尺对应线之右，右侧的线在主标尺对应线之左），那么中间那条线便可以认为是对得最准的。

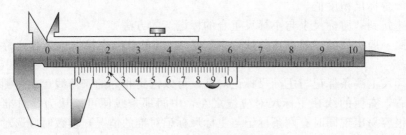

图 5-15　50 分度游标卡尺的应用

5.3.1.4　正确使用普通游标卡尺

正确使用、维护和保养游标卡尺，不仅能够减少测量时的读数误差，还可以延长其使用寿命，降低使用成本。

（1）测量尺寸的正确方法

① 测量前，首先要用软布将量爪擦干净。然后检查卡尺的尺框、微动装置沿尺身的移动是否平稳、无卡滞和松动现象；用制动螺钉能准确、可靠地紧固在尺身上。紧固螺钉拧紧后，检查微动装置是否晃动，读数是否发生变化。

② 检查并校对零位。慢慢推动尺框，使两测量爪并拢，检查两测量面的接触情况，并查看游标尺和主标尺的零标记是否对齐。如果对齐就可以进行测量，如没有对齐则要记下零

误差。游标尺的零标记在主标尺零标记右侧的叫正零误差,在主标尺零标记左侧的叫负零误差(这种规定方法与数轴的规定一致,原点以右为正,原点以左为负)。

③ 测量时,要慢慢推动尺框,使测量爪与被测表面轻轻接触,然后轻微晃动卡尺,使其接触良好。在测量过程中,操作者要慢推轻放,不要用力过大;也不允许测量运动着的工件,使测量爪产生变形或过早磨损,以免影响测量精度。

④ 测量外尺寸时,应先把测量爪张开,尺寸比被测尺寸稍大,使工件能够自由地放入两测量爪之间。再把固定测量爪与被测表面靠上,然后慢慢推动尺框,如图 5-16 所示。使活动测量爪轻轻地接触被测表面,并稍微移动一下活动测量爪,以便找出最小尺寸部位,可获得正确的测量结果。卡尺的两个测量爪应垂直于被测表面,不得倾斜。同样道理,读数之后,要先把活动测量爪移开,再从被测工件上取下卡尺。在活动测量爪还没松开之前,不允许猛力拉下卡尺。

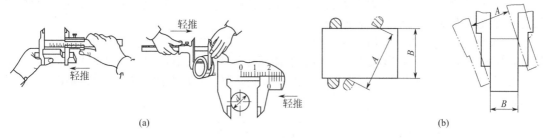

图 5-16 游标卡尺测量外尺寸

⑤ 测量内尺寸时,应先把测量爪张开,尺寸比被测尺寸稍小,以免划伤被测表面。再把固定测量爪靠在孔壁上,然后慢慢拉动尺框,如图 5-17 所示。使活动测量爪沿着直径方向轻轻接触孔壁,再把测量爪在孔壁上稍微游动一下,以便找出最大尺寸部位。注意测量爪应放在孔的直径方向,不得歪斜。

⑥ 测量沟槽宽度时,卡尺的操作方法与测量孔径相似。量爪的位置也应放正,并且垂直于槽壁,如图 5-18 所示。

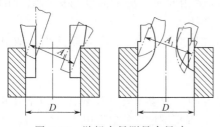

图 5-17 游标卡尺测量内尺寸

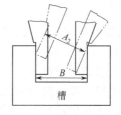

图 5-18 游标卡尺测量沟槽宽度尺寸

⑦ 测量深度时,应使游标卡尺的尺身下端面与被测件的顶面贴合,向下推动深度尺,使之轻轻接触被测底面,如图 5-19 所示。

总之,游标卡尺的使用可概括为轻、平、稳、准四个字。

轻:测量爪接触工件要轻,不能使量爪测量面与工件碰撞。

平:固定量爪与工件接触要平,暂时不用临时放置也要平,以免主尺弯曲变形。

稳:手拿工件、卡尺要稳。

准:读数要看得准确。

(2) 测量时要求注意的问题

① 游标卡尺是比较精密的测量工具,要轻拿轻放,不得碰撞或跌落地下。使用时不要

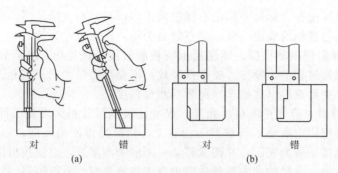

图 5-19　游标卡尺测量深度尺寸

用来测量粗糙的物体，以免损坏测量爪。

② 测量力要适当，测量力太大会造成尺框倾斜，产生测量误差；测量力太小，游标卡尺与工件接触不良，使测量尺寸不准确。

③ 选用适当的量爪测量面形状。量爪测量面形状有平面形、圆弧形和刀口形等，在测量时，应根据被测表面的形状正确选用。如测量平面和圆柱形尺寸，应选用平面形外测量面；测量内尺寸，可选用圆弧形或刀口形内测量面；测量沟槽及凹形弧面则应选用刀口形外测量面，如图 5-20 所示。

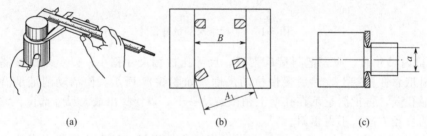

图 5-20　游标卡尺量爪测量面形状的选择

④ 测量温度要适宜，当卡尺和被测量件的温度相同时，测量温度与标准温度的允许偏差可适当放宽。

⑤ 适当增加测量次数，取平均值。实际测量时，对同一尺寸应多测几次，取其平均值来减少偶然误差。

(3) 游标卡尺的维护保养

使用游标卡尺，除了要遵守测量器具维护保养的一般事项外，还要注意以下几点：

① 不允许把卡尺的两个测量爪当作螺钉扳手用，或把测量爪的尖端用作划线工具、圆规等。

② 不准用卡尺代替卡钳、卡板等，或在被测件上来回推拉，以免磨损卡尺，影响测量精度。

③ 移动卡尺的尺框和微动装置时，应先松开紧固螺钉；但也不要松得过量，以免螺钉脱落丢失。移动游标不能用力过猛，两测量爪与待测物的接触不宜过紧，不能使被夹紧的物体在量爪内挪动。

④ 测量结束后，要把卡尺平放，尤其是大尺寸的卡尺更应注意，否则尺身会弯曲变形。

⑤ 带深度尺的游标卡尺，用完后，要把量爪合拢，否则较细的深度尺露在外边，容易变形甚至折断。

⑥ 避免与刀具、工具放在一起，以免划伤游标卡尺的表面。

⑦ 卡尺使用完毕，要用棉纱擦拭干净并上油（黄油或机油）。不可用砂布或普通磨料来擦除标记尺表面及测量爪测量面的锈迹和污物。两测量爪合拢并拧紧紧固螺钉，放入卡尺盒

内盖好,并置于干燥中性的地方,远离酸碱性物质,防止锈蚀。

⑧ 游标卡尺受损后,不允许用锤子、锉刀等工具自行修理,应交专门部门修理,并经检定合格后方能使用。正常使用的游标卡尺,也应定期校验游标卡尺的精准度和灵敏度。

5.3.1.5　正确使用高度游标卡尺

高度游标卡尺简称高度尺,其主要用途是用来测量工件的高度,还可以用于划线及几何误差的测量。高度游标卡尺由底座、尺身及尺框等几部分组成,尺身固定在底座上并垂直于底座表面,如图 5-21 所示。

高度尺的分度值为 0.01mm、0.02mm、0.05mm 和 0.1mm,测量范围可至 2000mm。高度尺的测量原理和读数方法,与前面介绍的普通游标卡尺基本相同。

(1) 正确使用高度游标卡尺的方法

① 使用前,应擦拭干净。检查高度游标卡尺的尺框、微动装置沿尺身的移动是否平稳、无卡滞和松动现象;用手移动尺框时手感力量应均匀;用制动螺钉能准确、可靠地将尺框紧固在尺身上。

② 检查零位。检查零位时,应将高度游标卡尺放在平板上,用手压住底座,不允许晃动。装上量爪,慢慢推下尺框,使量爪的测量面和平板轻轻接触。此时,游标尺上的零标记应与主标尺上的零标记对齐。如果没有对齐,应检查量爪是否紧固,底座工作面与平板表面是否擦净等。若零位仍不正确,则应送到量具修理部门检修。

③ 测量工件表面高度尺寸时,应将被测工件和高度游标卡尺放在同一平板上,然后慢慢移动尺框,当量爪测量面接近被测表面时,拧紧微动装置的紧固螺钉,使微动装置固定在尺身上。通过旋转微动螺母,使测量爪测量面与被测表面紧密接触,如图 5-22 所示。然后,可从主标尺和游标尺上读取被测高度尺寸 h_1。

如果用测量爪的上测量面进行测量,则被测高度尺寸 h_2 应该是高度游标卡尺的读数 h_2' 加上测量爪尺寸 b。

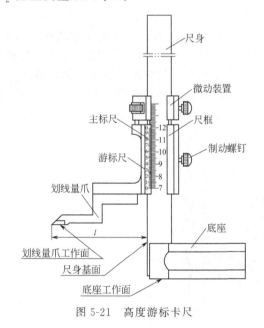

图 5-21　高度游标卡尺

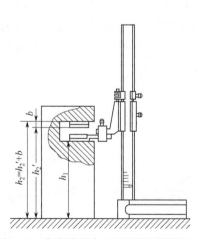

图 5-22　高度游标卡尺测量表面高度尺寸

(2) 高度游标卡尺的使用注意事项

高度游标卡尺的使用注意事项与前面的普通游标卡尺基本相同,另外还需要注意以下几点:

① 搬动高度游标卡尺时，应该用一只手从下面托住底座，另一只手扶住尺身；不允许只提着尺身，以免因底座过重而使尺身变形。

② 对没有装入盒内的高度游标卡尺，不允许倒着放，也不允许将其斜靠着放置在其他物品上。

③ 用完后应该把尺框移动到最低的位置。

（3）高度游标卡尺的应用实例

① 划线。首先，在高度游标卡尺上装上划线量爪，用游标尺对准需要划线的高度，拧紧紧固螺钉将尺框紧固。然后，用手压住卡尺的底座（若是大型高度尺，可以两个人同时压住底座），沿着平板匀速地移动底座，划线量爪的刀口就在工件上划出一条直线。

注意，进行划线的平板表面不能太粗糙，否则会严重磨损卡尺的底座工作面。再就是要用手往下压住卡尺底座，手劲要适当、连续、均匀，划线爪的刀口不能离开被划线表面。

② 测量几何误差。利用高度游标卡尺可以测量工件的几何误差，例如平面度、平行度等。

首先在高度游标卡尺上安装好杠杆百分表，然后把卡尺与被测工件同时放置在一个1级检验平板上。根据被测工件的高度，将卡尺的尺框固定在适当位置，使杠杆百分表的测头与被测表面一端接触，然后调整百分表的示值零位。

若测量被测表面的平面度误差，方法是：在杠杆百分表的测头与被测表面的一端接触并调零后，慢慢移动高度游标卡尺的底座，使百分表的测头与被测表面的各点接触，百分表示值的最大值与最小值之差即为被测表面的平面度误差。

若测量被测表面相对于底面的平行度误差，方法是：在杠杆百分表的测头与被测表面的一端接触并调零后，移动高度游标卡尺，使百分表测头与被测表面的另一端接触，读取百分表的示值。该值为被测表面两端的高度差，高度差与两测量点之间的距离之比，即为被测表面相对于底面的平行度误差。

③ 利用相对测量法测量高度尺寸。在实际生产现场，测量高度尺寸常常采用相对测量法。首先将杠杆百分表安装在高度游标卡尺上，然后根据被测量的高度尺寸选择一组量块。先用量块调整好杠杆百分表示值零位，再移动高度游标卡尺使杠杆百分表的测头与被测表面接触。读出杠杆百分表的示值，该值为被测表面高度尺寸与量块尺寸的偏差值，被测表面的高度尺寸应等于已知的量块尺寸与该偏差值（示值）的代数和，如图 5-23 所示。

在②和③的测量过程中，高度游标卡尺仅作为表架使用。

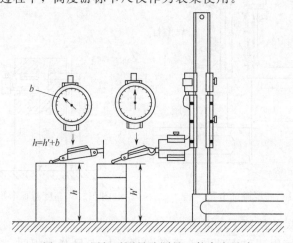

图 5-23 用相对测量法测量工件高度尺寸

5.3.1.6 正确使用深度游标卡尺

深度游标卡尺通常用于测量凹槽、阶梯孔、盲孔等结构的深度尺寸,简称为深度尺,主要由尺身、尺框、指示装置等部分组成,如图 5-24 所示。尺身在尺框中间的滑道里可上下滑动,通过改变尺身测量面与尺框测量面的相对位置,来测量各种深度尺寸。深度卡尺的指示装置也有三种形式,与普通卡尺的相同(见图 5-8)。其中,深度游标卡尺的测量范围常用的有 0～125mm、0～150mm、0～300mm、0～500mm 四种,分度值有 0.02mm、0.05mm 和 0.1mm 三种。其测量原理和读数方法与普通游标卡尺基本相同。

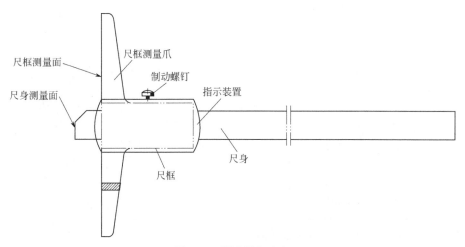

图 5-24 深度游标卡尺

下面简单介绍正确使用深度游标卡尺的方法。

(1) 检查零位

擦净尺身测量面、尺框测量面以及平板表面,把尺框的测量面平放在平板上,左手压紧;右手慢慢推动尺身,使尺身测量面与平板紧密接触。此时,游标尺的零标记与尺身的零标记应对齐,而且游标尺的最末一根标记与尺身的相应标记对齐,说明该深度游标卡尺的零位正确。如果没有对齐,应检查尺框测量面与平板表面是否擦净等。若零位仍不正确,则应送到量具修理部门检修。

(2) 测量方法

测量时,应先松开紧固螺钉,把尺框测量面放在被测工件上,并用左手压紧。右手慢慢轻推尺身,当感到尺身测量面与被测表面接触时,将紧固螺钉拧紧,取下深度游标卡尺进行读数。

(3) 使用注意事项

① 由于深度游标卡尺的尺框测量面比较大,所以在测量前一定要把尺框测量面以及被测表面擦干净,防止切屑等污物落在尺框测量面与被测表面之间,而产生测量误差。

② 在测量过程当中,向下推动尺身时,左手要压住尺框测量面,右手要慢慢轻推尺身,以防尺身测量面与被测表面接触过猛,损坏尺身测量面,降低其测量精度。

③ 读数时,只要右手感到尺身测量面与被测表面接触,即可进行读数。也可以将紧固螺钉拧紧,尺身紧固以后,取下深度游标卡尺再读数。

④ 当要测量的孔或槽尺寸大于深度游标卡尺尺框测量面的宽度时,为了避免卡尺掉入孔内或槽内,可以在孔或槽上加一辅助基准板,然后将卡尺放在辅助板上进行测量。卡尺显示的数值减去辅助板的厚度才是被测孔或槽的深度尺寸,如图 5-25 所示。

5.3.1.7 正确使用带表卡尺

带表卡尺，也叫附表卡尺，如图 5-26 所示为Ⅰ型带表高度卡尺的图解形式。它是利用机械传动系统，将尺框测量面与尺身测量面（或测量爪的深度测量面）的相对移动转变为指针的回转运动，并借助主标尺和圆标尺对其相对移动所分隔的距离进行读数的测量器具。

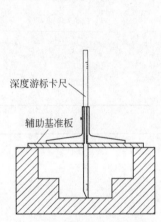

图 5-25　用深度游标卡尺测量大尺寸孔、槽的方法

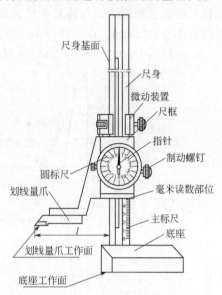

图 5-26　Ⅰ型带表高度卡尺

带表卡尺上所用指示表的分度值有 0.01mm、0.02mm 和 0.05mm 三种，即指示表的指针旋转一圈所表示的长度分别为 1mm、2mm 和 5mm。带表卡尺的测量范围常用的有 0～150mm、0～200mm 和 0～300mm 三种。

带表卡尺的使用方法和注意问题与前面所述卡尺基本相同，下面只介绍不同点。

(1) 零位调整方法

用手轻轻推动尺框，使两测量爪的测量面接触，检查其接触质量。如果两测量面间不见白光，此时指针位于正上方。如果尺框的毫米读数部位压住尺身的"0"标记；且指示表的指针与表盘的"0"标记重合，这种情况称为双对"0"。只有这样，才算零位正确。如果指示表的指针与表盘的"0"标记不重合，则需要转动表盘，使之重合。注意，双对"0"后，在测量过程中，不允许再转动表盘。

(2) 读数方法

带表卡尺的尺身正面中间开有一条沟槽，沟槽内装一根精密齿条，指示表装在尺框上，指示表的齿轮与齿条啮合。当移动尺框时，指示表的齿轮与齿条啮合传动，并驱动指示表的传动机构使指针转动。因此，尺寸的整数部分从尺身上读取，尺寸的小数部分由指示表代替游标尺进行读取。如图 5-27 所示，指示表分度值为 0.01mm，尺身的第 83 条标记露出尺框，故尺寸的整数值为 83mm；指示表的指针接近表盘上的 54，因此小数部分读为 53.9。这样得出的被测尺寸为：$83+53.9\times0.01=83.539$mm。

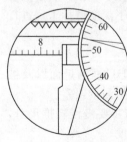

图 5-27　带表卡尺的读数方法

(3) 使用注意事项

① 检查带表卡尺上指示表的安装是否牢固，调零指针是否灵活、可靠。移动尺框时，指针应无跳动，表盘转动应平稳。

② 带表卡尺怕油和水浸入指示表，同时在使用过程中需要注意防振和防尘。振动轻则会导致指针偏移零位，重则会导致内部机芯和齿轮脱离，影响示值。灰尘会影响精度，大的铁屑进入齿条，会使齿轮齿条啮合传动时卡住。

③ 带表卡尺两外测量面手感接触时，指针应指向圆标尺上的"0"标记，并处于正上方12点钟方位，左右偏位不应大于1个标尺分度；此时，毫米读数部位至主标尺"0"标记的距离不应超过标记宽度，压线不应超过标记宽度的1/2。

5.3.1.8 正确使用数显卡尺

数显卡尺是利用电子测量、数字显示原理，对两测量爪相对移动分隔的距离直接显示在显示器上的一种通用测量器具，如图5-28所示为Ⅰ型数显高度卡尺的图解形式。数显卡尺主要由尺身、定栅尺和电子部件三部分组成。测量范围有0～150mm、0～200mm、0～300mm和0～500mm等。

数显卡尺有齿条码盘式、光栅式和容栅式三种类型，因容栅式具有制造方便、体积小等优点，目前应用最广。容栅式数显卡尺的电子部件采用集成电路和液晶显示，它们一同装在一块双面印制板上。这块印制板又兼作传感器的动栅尺，而定栅尺安装在尺身上。当移动尺框时（定栅尺移动），动栅尺就接收到一个与尺框位移成正比的相位变化信号，电路对这个信号进行放大处理，最后驱动液晶显示出位移变化的具体数值。

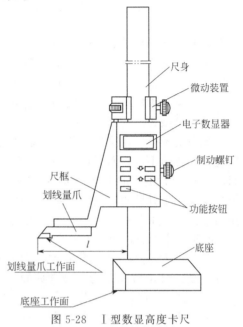

图5-28 Ⅰ型数显高度卡尺

前面介绍的游标卡尺在使用上最大的缺点是读数不方便，视差大。带表卡尺虽然解决了读数难的问题，但带表卡尺是利用齿轮齿条传动、表盘读数，读数分度值不高；而且齿轮齿条易磨损、防尘问题难解决，使用寿命不长。而数显卡尺从根本上解决了以上问题，具有读数方便、无视差、功能全、使用方便和测量效率高等优点，因此应用越来越广泛。

数显卡尺的使用和注意事项与同类普通游标卡尺基本相同，不同点只是校对零位和读数。

（1）校对零位

首先按动开关按钮接通电源，然后慢慢推动尺框，使两测量爪的测量面轻轻接触。待接触平稳，若显示的数字全为"0"，说明零位正确。重复上述操作几次，如果零位没有变化，即可进行测量。如果接触平稳后，显示不为"0"，则按"置0按钮"，使显示值为"0"。数字显示应清晰、完整、无闪跳现象，响应速度不应低于1m/s。

（2）读数

用数显卡尺可以直接显示被测工件的实际组成要素的尺寸，也可只显示被测尺寸的偏差值。例如，一批零件的公称尺寸为50mm，极限偏差为+0.012mm和-0.015mm，则可将卡尺按上述方法先校好零位。再移动尺框，使显示值恰好为50.00mm，之后按"置0按钮"，使显示值全为"0"。这样，在测量这批零件尺寸时，会显示超出或低于50的数值。

（3）使用时注意事项

① 数显卡尺的缺点是对使用环境要求较高，一般要求环境温度为0～40℃，低于0℃时，会使液晶的响应时间及余辉延长，影响测量；温度超过40℃时，电池的寿命将大大缩短。相对湿度不应超过80%。不要在强磁场的环境中使用和存放。

② 严禁强光长时间照射显示器，以防液晶老化。
③ 严禁水和油浸入电子部件内。
④ 数显卡尺的灵敏度很高，为了防止数字跳动，测量力要稳定，待数字稳定后再读数。
⑤ 如果显示的数字不断闪动或不稳定，说明电力不足，需要更换电池。

5.3.2　千分尺（外径千分尺、内径千分尺、杠杆千分尺、深度千分尺、内测千分尺）

5.3.2.1　千分尺的主要形式

千分尺又称螺旋测微器、螺旋测微仪、分厘卡，用它测量尺寸精度可以达到 0.01mm，它比游标卡尺精度高，使用方便、准确，看尺寸时也比较清晰。

千分尺分为机械式千分尺和电子千分尺两类。

（1）机械式千分尺

机械式千分尺，简称千分尺。是利用精密螺旋副原理，对弧形尺架上两测量面间分隔距离进行读数的手携式通用长度测量工具。1848 年，法国的 J.L. 帕尔默取得外径千分尺的专利。1869 年，美国的 J.R. 布朗和 L. 夏普等将外径千分尺制成商品，用于测量金属线外径和板材厚度。千分尺的规格种类繁多，改变千分尺测量面形状和尺架尺寸等就可以制成不同用途的千分尺，主要有外径千分尺、内径千分尺、深度千分尺和内测千分尺等。其中，外径千分尺根据不同的结构和用途又分为：杠杆千分尺、壁厚千分尺、公法线千分尺和螺纹千分尺等。

千分尺主要由尺架、活动套管（即微分筒）、固定套管、测微旋钮、测砧、锁紧旋钮等部分组成。图 5-29 所示为一种常见的千分尺。其结构特征是：

① 结构设计符合阿贝原则。
② 以测微螺杆的螺距作为测量的基准量，测微螺杆和测微螺母的配合应该精密，配合间隙应能调整。
③ 固定套管和活动套管作为示数装置，利用标尺标记进行读数。
④ 有保证一定测力的棘轮棘爪机构。

（2）电子千分尺

电子千分尺，也叫数显千分尺，是 20 世纪 70 年代中期出现的。数显千分尺是利用螺旋副原理，对尺架上两测量面间分隔的距离，用数字显示装置进行读数的外尺寸测量器具。数显千分尺有两种结构形式：一种只有数字显示器，没有固定套管和活动套管读数系统，但还利用螺旋副原理工作，所以仍称为千分尺；另一种数显千分尺仍保留有螺旋副读数系统，如图 5-30 所示。

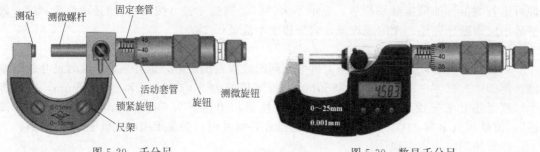

图 5-29　千分尺　　　　　　　　图 5-30　数显千分尺

数显千分尺的用途与千分尺的完全相同，但它比千分尺在使用上要方便得多。因为数显千分尺的测量系统中应用了光栅测长技术和集成电路等，可以任意位置设置、起始值设置以满足特殊要求；公差值设置可进行公差判断；米制和英制尺寸可以相互转换；可以储存测量数据；备有输出接口，可以与计算机、打印机记录器连接，进行数据处理和输出。

5.3.2.2 千分尺的工作原理

千分尺是应用了螺旋副传动的原理，借助测微螺杆与螺纹轴套的精密配合将测微螺杆的旋转运动变为直线位移，即螺杆在轴套中旋转一周，螺杆便沿着旋转轴线方向前进或后退一个螺距的距离。因此，测微螺杆沿轴线方向移动的微小距离，就能用圆周上的读数表示出来。

工作的时候，测微螺杆在螺纹轴套内转动，测微螺杆尾部是一个锥体与微分筒内的锥孔连接，当转动微分筒时，测微螺杆在螺纹轴套内与微分筒同步转动，其直线移动量与微分筒的转动量成正比。即其关系为：

$$L = P\theta/(2\pi)$$

式中　L——测微螺杆的直线位移量，mm；

　　　θ——微分筒的转动量，弧度；

　　　P——测微螺杆的螺距，mm。

在用千分尺测量零件的尺寸时，把被测零件置于千分尺的两个测量面之间，所以两测量面之间的距离就是零件的测量尺寸。当测微螺杆在螺纹轴套中旋转时，由于螺旋线的作用，测微螺杆就有轴向移动，使两测量面之间的距离发生变化。如测微螺杆按顺时针方向旋转一周，两测量面之间的距离就缩小一个螺距。同理，若按逆时针方向旋转一周，则两测量面的距离就增大一个螺距。常用千分尺测微螺杆的螺距为 0.5mm。因此，当测微螺杆顺时针旋转一周时，两测量面之间的距离就缩小 0.5mm。当测微螺杆顺时针旋转不到一周时，缩小的距离就小于一个螺距，它的具体数值，可从与测微螺杆结成一体的微分筒的圆周标尺标记上读出。在微分筒的圆周上刻有 50 格等分标记，当微分筒转一周时，测微螺杆就推进或后退 0.5mm，所以微分筒每转过一小格，两测量面之间转动的距离为 0.5/50，即 0.01mm。

由此可知，千分尺可以正确地读出 0.01mm，也就是千分尺的分度值为 0.01mm。由于还能再估读一位，可读到毫米的千分位，所以螺旋测微器又名千分尺。

为了能读出毫米的整数部分和半毫米部分，在固定套管上刻有一条纵向标记（即轴向中线）作为微分筒读数的基准线。另外，为了计算测微螺杆旋转的整数转，在纵向标记的两侧刻有两排标记，标记间距均为 1mm，上下两排相互错开 0.5mm，所以上排标记读到的是毫米的整数部分，下排标记读到的是半毫米部分，加上微分筒上的小于半毫米的小数部分，就可以在测量范围内读出完整的被测尺寸。

5.3.2.3 千分尺的读数方法

外径千分尺的读数值由三部分组成，毫米的整数部分、半毫米部分和小于半毫米的小数部分。

测量过程中，当测砧和测微螺杆并拢时，活动套管的零点应恰好与固定套管的零点重合。旋出测微螺杆，并使测砧和测微螺杆的测量面正好分别与待测长度的两端接触，那么测微螺杆向右移动的距离就是所测的长度。这个距离的整毫米数及半毫米数由固定套管上读出，小于半毫米的部分则由活动套管读取。

先读毫米的整数部分和半毫米部分。读数时，先以活动套管的端面为基准线，因为活动套管的端面是毫米和半毫米读数的指示线。看活动套管端面左边固定套管上露出的标尺标记，如果活动套管的端面与固定套管的上标记之间无下标记，读取的数为测量结果毫米的整数部分；如活动套管端面与上标记之间有一条下标记，那么就能读取测量结果的半毫米部分。

再读小于半毫米的小数部分。固定套管上的轴向中线是活动套管读数的指示线。读数时，从固定套管轴向中线所对的活动套管上的标记，读取被测工件小于半毫米的小数部分，如果轴向中线处在微分筒上的两条标记之间，即为千分之几毫米，可用估读法确定。

最后，相加得测量值。将毫米的整数部分、半毫米部分和小于半毫米的小数部分相加起来，即为被测工件的测量值。

例如，如图 5-31(a) 所示，首先，活动套管端面左侧露出的固定套管上的数值是 3mm；然后，活动套管上第 10 格线与固定套管上的轴向中线基本对齐，即数值为 0.10mm，再估读 0.002mm。那么，千分尺的正确读数应为 3+0.102＝3.102(mm)。

如图 5-31(b) 所示，首先，活动套管端面左侧露出的固定套管上的数值是 7mm；然后，活动套管端面与固定套管上标记之间有一条下标记，所以要加上 0.5mm；最后，活动套管上第 19～20 格线与固定套管上的轴向中线基本对齐，即数值为 0.19mm，再估读 0.007mm。那么，千分尺的正确读数应为 7+0.5+0.197＝7.697(mm)。

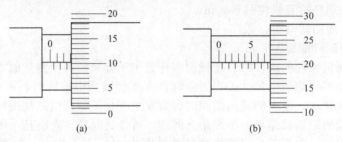

图 5-31　千分尺的读数示例

5.3.2.4　正确使用外径千分尺

外径千分尺是机械制造过程中常用的精密量具，其结构设计基本符合阿贝原则，并有测力装置，可测量精度为 IT8～IT12 级工件的各种外形尺寸，如长度、外径、厚度等。

千分尺测微螺杆的移动量为 25mm，所以测量上限不大于 500mm 的千分尺，按 25mm 分段，如 0～25mm、25～50mm…475～500mm；测量上限大于 500mm 至 1000mm 的千分尺，可把固定测砧做成可调式的或可换测砧，这样可以按 100mm 分段，如 500～600mm、600～700mm…900～1000mm；测量上限大于 1000mm 的千分尺，也可将尺寸分段制成 500mm，目前国产最大的千分尺为 2500～3000mm 的千分尺。

(1) 外径千分尺的结构

外径千分尺的结构如图 5-32 所示，主要由尺架、测微装置、测力装置、锁紧装置等组成。

① 尺架。尺架为一弓形支架，它是千分尺的主体，其他部件都安装在尺架上，尺架的一端带有固定测砧 2，另一端装有测微装置。固定测砧和测微螺杆的测量面上都镶有硬质合金，以提高测量面的使用寿命。测微螺杆 3 可沿轴向移动，改变固定测砧与测微螺杆测量面间的相对位置，从而完成对工件尺寸的测量。尺架的两侧面覆盖着隔热板 12，使用千分尺时，手拿在隔热板上，可以防止人体的热量影响千分尺的测量精度。

② 测微装置。图 5-32 中的件 3～9 是千分尺的测微装置，主要由两部分组成：一是螺旋副传动部分，由测微螺杆 3 与螺纹轴套 4 这对精密的偶合件组成了千分尺的传动装置；二是读数装置部分，由带有刻度的固定套管 5 和微分筒 6 组成读数装置。

其中，固定套管 5 用螺钉固定在螺纹轴套 4 上，而螺纹轴套又与尺架结合成一体。固定套管的外面是微分筒 6，它用锥孔通过接头 8 的外圆锥面与测微螺杆 3 相连。测微螺杆的一端是测量杆，并与螺纹轴套上的内孔定心间隙配合；中间是精度很高的外螺纹，与螺纹轴套上的内螺纹精密配合，可使测微螺杆自如旋转而其间隙很小；测微螺杆的另一端是外圆锥，与接头 8 的内圆锥相配，并通过顶端的内螺纹与测力装置 10 连接。当测力装置的外螺纹与测微螺杆的内螺纹旋紧时，测力装置就通过垫片 9 压紧接头 8，而接头 8 上开有轴向槽，有一定的胀缩弹性，能沿着测微螺杆上的外圆锥胀大，从而使微分筒与测微螺杆和测力装置结合成一体。当用手旋转测力装置 10 时，就带动测微螺杆和微分筒一起旋转，并沿着精密螺纹的螺旋线方向运动，使千分尺两个测量面之间的距离发生变化。

③ 测力装置。如图 5-33 所示，测力装置能够使千分尺测量面与被测工件接触时保持一定的测量力（按规定为 5～10N），主要依靠一对棘轮 3 和 4 的作用。转帽 5 与棘轮 4 连接成一体，并可带动其转动，在弹簧 2 的作用下，棘轮 4 可带动棘轮 3 转动，棘轮 3 通过轮轴 1 和微分筒与测微螺杆连接。弹簧 2 的弹力是控制测量压力的，螺钉 6 使弹簧压缩到千分尺所规定的测量压力。

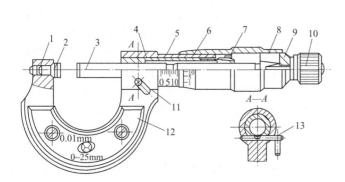 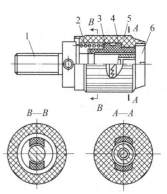

图 5-32　外径千分尺
1—尺架；2—固定测砧；3—测微螺杆；4—螺纹轴套；5—固定套管；
6—微分筒；7—调节螺母；8—接头；9—垫片；10—测力装置；
11—锁紧装置；12—隔热板；13—拔销轴

图 5-33　外径千分尺的测力装置
1—轮轴；2—弹簧；3，4—棘轮；
5—转帽；6—螺钉

当顺时针转动转帽 5 时，若测量压力小于弹簧 2 的弹力，转帽的运动就通过棘轮传给轮轴 1 带动测微螺杆旋转，使千分尺两测量面之间的距离继续缩短，即继续卡紧零件；当测量压力达到或略微超过弹簧的弹力时，棘轮 3 与 4 在其啮合斜面的作用下，压缩弹簧 2，使棘轮 4 沿着棘轮 3 的啮合斜面滑动，转帽的转动就不能带动测微螺杆旋转，同时棘轮发出"咔，咔……"的响声，表示已经达到了额定的测量压力，从而达到控制测量压力的目的。当逆时针转动转帽时，棘轮 4 就用垂直面带动棘轮 3，不会产生压缩弹簧的压力，始终能带动测微螺杆退出被测零件。

④ 锁紧装置。即千分尺的制动器，锁紧装置的作用是把测微螺杆固定在任一需要的位置上，以便防止它的移动。常见的锁紧装置有：拔销式锁紧装置、套式锁紧装置、螺钉式锁紧装置等。

图 5-32 所示的件 13 为拔销式锁紧装置的拔销轴。拔销轴 13 的圆周上，有一个开着深浅不均的偏心缺口，对着测微螺杆。当拔销轴以缺口的较深部分对着测微螺杆时，螺杆就能在螺纹轴套内自由活动；当拔销轴转过一个角度，以缺口的较浅部分对着测微螺杆时，螺杆就被拔销轴压紧在螺纹轴套内不能运动，从而达到制动的目的。

(2) 外径千分尺的使用方法

① 使用前的检查。使用前，应先用棉丝将各部位擦拭干净，以免有脏物影响测量精度。

a. 检查千分尺的外观不应有碰伤、锈蚀、划痕、裂纹等缺陷，标记应均匀、清晰。

b. 转动测力装置，使两测量面接触（若测量上限大于 25mm，需要在两测量面之间放入校对量杆或相应尺寸的量块），接触面上应没有间隙或漏光现象。

c. 转动测力装置时，棘轮应能带动微分筒自由灵活地沿着固定套管活动，在全程内不允许有卡滞、不灵活或明显窜动的现象。用手把微分筒固定住，或用锁紧装置把测微螺杆紧固后，棘轮应能发出清脆的"咔咔"声。

② 校对"0"位。千分尺如果使用不妥，零位就会走动，使测量结果不正确，容易造成产品质量事故。所以在使用千分尺之前必须校对"0"位。

对测量范围 0～25mm 的千分尺：首先转动微分筒，当测微螺杆和测砧两测量面快要接触时，再转动测力机构，使两侧面轻轻地接触，当测力机构发出"咔咔"的爬动声后，即可读数。这时微分筒的"0"标记应对准固定套管的轴向中线，微分筒的端部也正好使固定套管的"0"标记露出来。如果两者位置都是正确的，就认为千分尺的零位是对的，否则就要进行校正。当然，允许微分筒的端面离开（离线）或盖住（压线）固定套管的"0"标记，但离线不得大于 0.1mm，压线不得大于 0.05mm。

对于测量范围大于 25mm 的千分尺：应该在测微螺杆和测砧两测量面间，安放尺寸为其测量下限的调整量具（即校准棒或校对量杆），把它当做被测量工件进行实际的测量。若测量所得数值与调整量具的实际标定尺寸数值相同，说明该千分尺零位正确。若读数与调整量具的实际标定尺寸不符，说明零位不准。调整方法与 0～25mm 的千分尺一样。

③ 零位调整。如果零位是由于微分筒的轴向位置不对，如微分筒的端部盖住固定套管上的"0"标记，或"0"标记露出太多，必须进行校正，可以按照以下步骤进行调整。

a. 使用测力装置，转动测微螺杆使测微螺杆的测量面和测砧的测量面接触，然后锁紧测微螺杆。

b. 用千分尺的专用扳手，插入测力装置轮轴的小孔内（该孔位于固定套管"0"标记的背面），把测力装置松开（逆时针旋转），微分筒就能进行调整。即微分筒轴向移动一点，使微分筒"0"标记与固定套管的轴向中线对准，并使微分筒端部正好与固定套管的"0"标记右边缘相切，然后把测力装置旋紧。

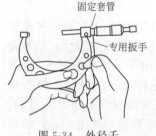

图 5-34　外径千分尺零位的调整

c. 若零位是由于微分筒的零线没有对准固定套管的中线，也必须进行校正。可用千分尺的专用扳手，插入固定套管的小孔内，把固定套管转过一点，使之对准零线，如图 5-34 所示。

d. 但当微分筒的零线与固定套管的中线偏离较大时，需用小起子将固定套管上的紧固螺钉松脱，松开测力装置转动微分筒，进行初步调整，然后按上述三步骤进行微调。

④ 间隙调整。千分尺在使用过程中，由于磨损等原因，会使精密螺纹的配合间隙增大，从而使示值误差超差，必须及时进行调整，以便保持千分尺的测量精度。

要调整精密螺纹的配合间隙，应先用锁紧装置把测微螺杆锁住，再用专用扳手把测力装置松开，拉出微分筒后再进行调整。在螺纹轴套上，接近精密螺纹一段的壁厚比较薄，且连同螺纹部分一起开有轴向直槽，使螺纹部分具有一定的胀缩弹性。同时，螺纹轴套的圆锥外螺纹上，旋着调节螺母 7（见图 5-32）。当调节螺母往里旋入时，因螺母直径保持不变，就迫使圆锥外螺纹的直径缩小，于是精密螺纹的配合间隙就减小了。然后，松开锁紧装置进行试转，看螺纹间隙是否合适。间隙过小会使测微螺杆活动不灵活，可把调节螺母松出一点；间隙过大会使测微螺杆有松动，可把调节螺母再旋进一点。直至间隙调整好后，再把微分筒装上，对准零位后把测力装置旋紧。

⑤ 测量过程中需要注意的问题。千分尺使用得是否正确，对保持量具的精度和保证产品质量的影响很大，所以使用千分尺测量零件尺寸时，必须注意下列几点。

a. 正确操作。测量小型工件时，可采用单手操作或双手操作千分尺进行测量。单手操作时,可以用右手的小指和无名指把尺架压向掌心,食指和拇指旋转微分筒进行测量,如图 5-35(a) 所示。这种方法由于食指和拇指够不着测力装置,所以不旋转测力装置,这样测力的大小凭手指的感觉来控制。同时,手的温度会传到尺架,使尺架变形,所以不宜长时间把千分尺拿在手上。较好的方法是采用双手操作,如图 5-35(b) 所示,用软质东西垫住尺架,把它轻轻夹在虎钳口或其他夹持架上,左手拿着被测工件,右手的拇指和食指旋转千分尺的微分筒,然后旋转测量装置进行测量。

测量大型工件时,可以把被测工件放在 V 形铁或平台上,左手拿住尺架(要求握在尺架的隔热板处),右手操作微分筒和测力装置进行测量,如图 5-35(c) 所示。

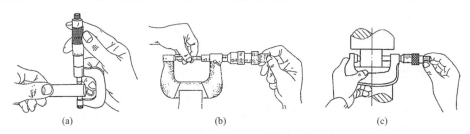

图 5-35 外径千分尺操作方法

b. 测量时,先转动微分筒,当测量面接近被测工件时,改用右手握测力装置的转帽来转动测微螺杆,使测砧表面保持标准的测量压力,即测力装置发出"咔,咔……"的响声,表示压力合适,就可以锁紧测力装置开始读数。要避免因测量压力不等而产生测量误差。

绝对不允许用力旋转微分筒来增加测量压力,使测微螺杆过分压紧零件表面,致使精密螺纹因受力过大发生变形,影响千分尺的精度。有时,用力旋转微分筒后,虽因微分筒与测微螺杆的连接不牢固,对精密螺纹的损坏不严重,但是微分筒打滑后,千分尺的零位走动了,就会造成质量事故。

c. 测量时不要很快地旋转微分筒,以防测微螺杆的测量面与被测件发生猛撞,损坏千分尺或产生测微螺杆咬死的现象。

d. 用千分尺测量零件时,最好在零件上进行读数,松开锁紧装置后再取出千分尺,这样可以减少测量面的磨损。如果必须取下再读数,应先用锁紧装置将测微螺杆锁紧后,再轻轻滑出零件进行读数。

e. 测量时要使整个测量面与被测表面接触,不要只用测量面的边缘测量;要使测微螺杆与零件被测量的尺寸方向一致,如测量外径,测微螺杆要与零件的轴线垂直,不要歪斜。测量过程中,可在旋转测力装置的同时,轻轻地晃动尺架,使测量面与被测表面接触良好。

f. 为了消除测量误差获得正确的测量结果,可在同一位置再测量一次。尤其是测量圆柱形零件时,应在同一圆周的不同方向测量几次,检查零件外圆有无圆度误差,再在全长的各个部位测量几次,检查零件外圆有无圆柱度误差等。

g. 在读数时,要特别注意不要读错 0.5mm。

h. 对于超常温的工件,不要进行测量,以免产生读数误差。

i. 当测量完毕,要退出时,将右手放在微分筒上逆时针转动微分筒退出,不可用测力装置退出,以免测力装置松动。

(3) 外径千分尺的维护与保养

① 千分尺是一种精密的量具,使用时应轻拿轻放,不准握着微分筒旋转摇动千分尺,以防测微螺杆磨损或测量面撞击而损坏千分尺。

② 为防止千分尺两个测量面擦伤,影响测量面的精度,不允许用千分尺测量带有研磨剂的表面,也不准用砂布或油石等擦磨测微螺杆。

③ 不允许测量毛坯或表面粗糙的工件，不准测量正在旋转发热的工件，以免测量面过早磨损。

④ 外径千分尺不能当卡规或卡钳使用，因为这样不但会使测量面过早磨损，甚至会使测微螺杆或尺架发生变形。

⑤ 千分尺在使用完毕后，要用清洁软布把切屑、冷却液等擦干净，平放在其专用盒内存放。如需要长期存放，可在测微螺杆上涂防锈油，两测量面不要接触。当有脏物侵入千分尺，使微分筒旋转不灵时，不要强力旋转，应送交专业人员处理。

⑥ 不准在千分尺的微分筒与固定套管之间及测微螺杆间加进酒精、煤油和机油，不准把千分尺泡在上述油类和冷却液里，如千分尺被上述液体侵入，则用汽油冲洗干净。

⑦ 千分尺在使用过程中，由于磨损，特别是使用不当时，会使千分尺的示值误差超差，所以应定期进行检查，进行必要的拆洗或调整，以便保持千分尺的测量精度。

5.3.2.5 正确使用内径千分尺

内径千分尺主要用于测量孔径、槽宽等内尺寸。内径千分尺主要由固定测头、活动测头、固定套管、微分筒、接长杆和锁紧装置等部分组成，如图 5-36 所示。内径千分尺主要用于测量孔径、槽宽、两个内端面之间的距离等尺寸。

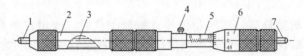

图 5-36　内径千分尺
1—固定测头；2—接长杆；3—芯杆；4—锁紧装置；5—固定套管；6—测微头（微分筒）；7—活动测头

由于结构的限制，内径千分尺不能测量较小的尺寸，被测尺寸必须在 50mm 以上。内径千分尺的测量范围有 50～250mm、50～600mm、100～1225mm、100～1500mm、100～5000mm、250～2000mm 等多种，因为需要用接长杆来扩大其测量范围，所以又称它为接杆千分尺。另外，由于内径千分尺没有测力装置，使用较长的接长杆时会因变形而造成一定的误差，再加上在被测孔内测量位置不易找正等原因，所以难以获得精确的测量结果，一般用于测量 10 级精度以下的内尺寸。

内径千分尺的工作原理和读数方法与普通外径千分尺完全相同，这部分内容就不再重述。下面主要介绍内径千分尺的使用方法和注意事项。

(1) 内径千分尺的使用方法

内径千分尺在使用前要检查其外观和各部位的相互作用，检查方法同外径千分尺。若没有问题，就可以校对"0"位。

① 校对"0"位。检查内径千分尺的零位需要用专用的校对卡板，校对卡板是内径千分尺的附件。

如图 5-37 所示，首先把内径千分尺的两个测量面和校对卡板的两个工作面擦净；然后把千分尺两个测量面的距离调至比校对卡板两个工作面的距离稍小，在将千分尺的固定测头放进校对卡板中，并把它压在一个工作面上；左手扶住该测头和校对卡板，右手将千分尺的活动测头移入校对卡板内，再慢慢转动微分筒，同时上下前后轻轻摆动活动测头，找出最小读数。如果该读数与校对卡板的尺寸相符，说明零位正确。当然，允许有 0.05mm 的压线和 0.10mm 的离线。

零位如果不正确，则需要进行调整。调整方法同外径千分尺。

② 选择接长杆并连接。在测量前，要根据被测尺寸的公称值，按照接长杆选用表中规定的顺序，选取接长杆（每套内径千分尺都附有接长杆选用表）。

在连接接长杆时，如果使用两根或两根以上的接长杆，要遵守以下原则：最长的接长杆与微分筒连接，最短的接长杆放在最后与固定测头连接，中间的接长杆按尺寸大小顺序连接，以减少连接后的轴线弯曲。连接时要旋紧各根接长杆接头的螺纹，防止松动。

③ 测量。先将内径千分尺的测量面和被测工件的表面擦净，旋转微分筒将千分尺的测量范围调整到略小于被测尺寸。然后把固定测头先放入孔内并使它与孔壁紧密接触，再把活动测头放入孔内，右手慢慢旋转微分筒，同时沿着孔的径向和轴向轻轻地摆动活动测头，如图 5-38 所示。直至在径向找到最大值，轴向找到最小值为止，此时这一读数才是被测孔的直径尺寸。

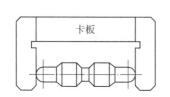

图 5-37　检查内径千分尺零位的示意图

 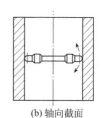

(a) 径向截面　　　　(b) 轴向截面

图 5-38　用内径千分尺测量孔径的示意图

对于较深的孔，如果要判断它是否存在形状误差，应分别在几个径向和轴向截面内测量，根据测得的数据进行分析比较，就可以判定被测孔是否存在形状误差。

(2) 使用内径千分尺时注意的事项

① 支承点的位置。对于较长的内径千分尺，在处于水平方向使用时，为减小由于自身重力产生弯曲变形而引起的测量误差，要合理设置支承点的位置。一般情况下，对于测量范围是 1250～2500mm 的内径千分尺，在测量时用两个支承点，分别支承在距离测头端面为全长的 $0.22L$ 处（L 为千分尺的全长）；对于测量范围是 2500～5000mm 的内径千分尺，在测量时用三个支承点，其中一点在千分尺的中间位置，另两点分别支承在距离测头端面为全长的 $0.1L$ 处。

支承的方法一般是手扶，也可使用可调式 V 形活动支架，注意所有的支承点必须在同一高度。

② 测量力的大小。内径千分尺没有测力装置，在操作时，全靠手的感觉来控制。测量时，千分尺的两个测量面与被测表面的接触应力应不超过千分尺自身重力引起的摩擦力。也就是说，在测量过程中，若松开手，千分尺会在其自身重力的作用下慢慢下滑。

③ 被测表面的曲率半径。所选用的内径千分尺，测头的圆弧半径应小于被测表面的曲率半径，否则就会出现较大的测量误差。一般内径千分尺的测量下限为 50mm 和 75mm 者，被测表面的曲率半径不应小于 20mm；测量下限等于或大于 150mm 者，被测表面的曲率半径不应小于 60mm。

(3) 内径千分尺的维护与保养

① 若内径千分尺已经接上接长杆而暂时不用时，可将它平放在平板上，或垂直吊起来，不允许将它斜靠放置，以避免引起变形。

② 使用完毕，必须把接长杆卸下，擦净后在接长杆的螺纹部位涂防锈油，放入盒内固定位置，置于干燥的地方存放。

③ 内径千分尺和校对卡板都需要进行定期的检定。

5.3.2.6　正确使用杠杆千分尺

杠杆千分尺是利用杠杆传动机构，将尺架上两测量面间的轴向运动转变为指示表指针的回转运动，由指示表读取两测量面间的微小位移量的微米级外径千分尺。主要由外径千分尺的微分头部分和杠杆卡规中指示机构组成,如图 5-39 所示。杠杆千分尺与带表千分尺无本质的差别,只是结构形式稍有不同。杠杆千分尺的指示表机构装在尺架体内,而带表千分尺的指示机构装在活动测砧的位置上。杠杆千分尺在测量时,测微螺杆把被测工件向左推,被测工件推动活动测砧,测砧推动杠杆机构,测微螺杆的微小移动从指示表上显示出来。

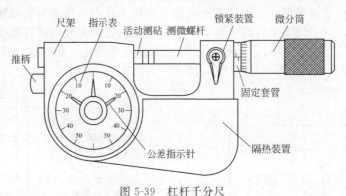

图 5-39 杠杆千分尺

杠杆千分尺微分头的分度值为 0.01mm,指示表的分度值有 0.001mm 和 0.002mm 两种。测量范围一般为 0~25mm、25~50mm、50~75mm、75~100mm。杠杆千分尺用途与外径千分尺相同,但是杠杆千分尺不仅读数精度高,实际测量精度也高。这是由于弓形架的刚度较大,测量力由小弹簧产生,比普通千分尺的棘轮装置所产生的测量力稳定。因此,杠杆千分尺主要用于精密测量。

(1) 杠杆千分尺的使用方法

杠杆千分尺有两种使用方法:绝对测量法和相对测量法。使用杠杆千分尺同使用外径千分尺一样,首先要检查外观并校对"0"位,再进行测量。

① 检查外观质量和各部分的相互作用。杠杆千分尺的测量面上不应有影响使用性能的锈蚀、碰伤、划痕及裂纹等缺陷。固定套筒和微分筒上的标尺标记应清晰。测微螺杆和螺母之间在全量程范围内应充分啮合且配合应良好,不应出现卡滞和明显窜动。测微螺杆伸出尺架的光滑圆柱部分与轴套之间的配合应良好,不应出现明显的摆动。活动测砧的移动应平稳、灵活,锁紧装置应能有效锁紧测微螺杆。

② 校对"0"位。杠杆千分尺和外径千分尺一样,测量范围是 0~25mm 的可以直接校对"0"位。方法是首先擦净两个测量面,旋转微分筒使两个测量面接触,使指示表的指针与表盘上"0"标记重合;而微分筒的"0"标记应对准固定套筒的轴向中线,微分筒的端部也正好使固定套管的"0"标记露出来。这样就认为千分尺的零位是对的,否则就要进行校正。当然,允许微分筒的端面离开(离线)或盖住(压线)固定套管的"0"标记,但离线不得大于 0.1mm,压线不得大于 0.05mm。测量下限大于 25mm 的杠杆千分尺,校正"0"位时,应加上校对量杆的修正值。

"0"位不正确的杠杆千分尺不能使用,因其结构较复杂,不可自行拆卸调整,需交专业人员处理。

③ 用于绝对测量。使用杠杆千分尺对被测工件进行绝对测量时,操作方法与使用外径千分尺相同。所不同的是,杠杆千分尺必须在指针指在"0"位,并且示值稳定之后才能进行读数。固定套管与微分筒上的读数之和即为被测工件的尺寸。此时,指示表仅用来控制测量力,没有充分发挥指示表精确读数的作用,所以一般不用绝对测量法进行测量。

④ 用于相对测量。相对测量又称比较测量,是用量块作为标准调整杠杆千分尺,指示表的示值是相对于量块的偏差值。从而避免螺旋副误差对测量结果的影响,使测量的精度得到提高。

测量时，首先根据被测工件的公称尺寸选择合适的量块组合，用该量块组调整杠杆千分尺指示表的"0"位，然后锁紧测微螺杆。再按下推柄使活动测砧向后退，把被测工件的测量部位放入千分尺的两个测量面之间，松开推柄并轻轻晃动尺架，待两测量面与被测表面接触稳定后，即可进行读数（读数为被测尺寸相对于量块尺寸的偏差值）。读数完毕，再按下推柄，取下被测工件。

如果测量一批同一尺寸的工件，只需要评定被测尺寸是否合格，而不必知道其具体数值时，可以使用杠杆千分尺上的公差指示针。方法是：将两根公差指示针分别调到被测尺寸的上极限偏差值和下极限偏差值处，只要测量时，指示表的指针指在两个公差指示针之间，就说明被测尺寸合格。该测量方法工效高并且精度也高。

(2) 杠杆千分尺使用时注意事项

杠杆千分尺是精密量具，除需按保养外径千分尺的方法进行保养外，还要特别注意轻拿轻放，不要过多地拨动推柄和打开护板，严禁往杠杆传动机构内注入油或液体。

5.3.2.7 正确使用深度千分尺

深度千分尺是利用螺旋副原理，对底板基准面与测量杆测量面间分隔的距离进行读数的深度测量器具，如图 5-40 所示。

深度千分尺测量杆测量面为球面或平面，通过更换测量杆，其测量范围有 0～25mm、0～50mm、0～100mm、0～150mm。深度千分尺的用途与深度游标卡尺相同，但其精度比深度游标卡尺高，常用于测量精度要求较高的盲孔和槽的深度及台阶的高度。

(1) 深度千分尺的使用方法

使用前，要先检查深度千分尺的外观

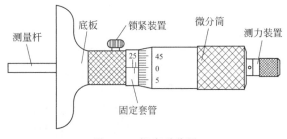

图 5-40 深度千分尺

和各部位的相互作用，检查方法和要求与外径千分尺相同。检查合格后，根据被测的深度或高度的大小选择并安装上合适的测量杆，再校对深度千分尺的"0"位。

对于测量范围是 0～25mm 的深度千分尺可以直接校对"0"位，方法是：取一块 2 级平晶，将平晶、千分尺的底板基准面和测量面擦拭干净，旋转微分筒使其端面退至固定套管的"0"线之外，然后将千分尺的底板基准面贴在平晶的工作面上，左手压住底板，右手慢慢转动微分筒，使测量面与平晶工作面紧密接触之后，检查"0"位是否正确。同外径千分尺一样允许有离线和压线的情况，但离线不得大于 0.1mm，压线不得大于 0.05mm。

对于测量范围大于 25mm 的深度千分尺，需要使用校对量具校对"0"位。方法是：把校对量具的上下面和平晶的工作面擦拭干净，将校对量具放在平晶上，再把千分尺的底板基准面贴在校对量具上进行校对。

在校对"0"位时，如果没有平晶，可以用 0 级研磨平板代替；如果没有校对量具，可以用量块代替。

(2) 使用深度千分尺时注意事项

① 在使用深度千分尺时，要注意深度千分尺与外径千分尺的固定套管和微分筒的标尺标记，两者的方向是相反的。

② 在测量过程中，若看不到孔或槽的底部，要小心操作，避免损坏千分尺。

③ 当被测孔的直径或槽宽大于深度千分尺底板时，可以像深度游标卡尺那样，使用一块辅助定位基准板进行测量（见图 5-25）。

④ 按保养外径千分尺的方法进行保养。

5.3.2.8 正确使用内测千分尺

内测千分尺是指具有两个圆弧测量面,用于测量内尺寸的千分尺。内测千分尺的结构形式如图 5-41 所示,其测量范围有 5~30mm、25~50mm、50~75mm、75~100mm、100~125mm 和 125~150mm。由于内测千分尺的测量下限为 5mm,所以只能测量尺寸大于 5mm 的孔径或槽宽。

当孔或槽的被测表面较粗糙,尺寸精度要求不高时,可以使用游标卡尺进行测量;当精度要求较高时,可以根据被测尺寸的大小,选择相应规格的内测千分尺进行测量。如图 5-41(a) 所示的内径千分尺就是专门用来测量小孔径的。图 5-41(b)、(c) 中所示的内测千分尺是用来测量内沟槽尺寸的,其中图 5-41(b) 所示千分尺的测量下限为 25mm,图 5-41(c) 所示千分尺的测量下限为 50mm,因此图 5-41(c) 比图 5-41(b) 的千分尺多了连接套部分。

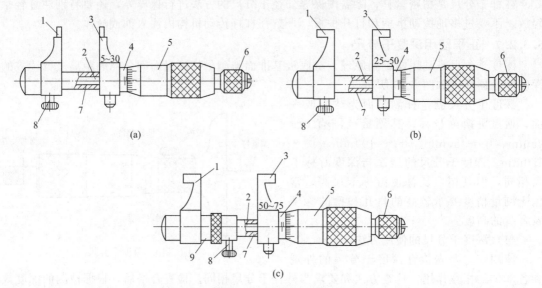

图 5-41　内测千分尺
1—固定测量爪;2—测微螺杆;3—活动测量爪;4—固定套管;
5—微分筒;6—测力装置;7—导向套;8—锁紧装置;9—连接套

(1) 内测千分尺的校对方法

内测千分尺在使用之前,也要检查外观和各部位的相互作用。经检查合格后,用附带的专用环规校对示值。由于内测千分尺的测量下限不是零,所以无法校对 "0" 位,而是校对它的上限值或下限值。方法是:把专用环规和千分尺的测量面擦拭干净,把环规当做工件进行测量,若测得的数值与环规的实际组成要素的尺寸之差在给定的极限偏差范围内,说明该千分尺的示值误差符合要求。

(2) 内测千分尺使用时注意事项

① 测量时,先将两个量爪测量面之间的距离调整到比被测尺寸略小,然后将两个量爪深入孔内。方法是:左手的拇指和食指捏住固定量爪的根部,小指和无名指托住活动量爪,右手旋转微分筒,当量爪测量面将要与孔壁接触时,旋转棘轮,当棘轮发出 "咔咔" 声时,即可读数。注意测量时,尽量使量爪的整个母线工作,否则会加大测量误差。图 5-42 所示为使用内测千分尺的正确和错误方法比较。

② 读数时,应注意:内测千分尺与外径千分尺的读数方法相同,但读数方向相反。这是因为内测千分尺的固定套管和微分筒的标尺标记与外径千分尺的相反。

③ 测量过程中,在两个量爪测量面之间的距离没有调整到比被测孔略小之前,不允许

将两个量爪塞入被测孔内。

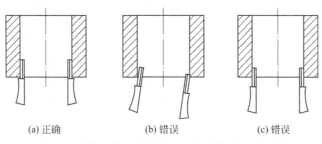

(a) 正确　　　　　　(b) 错误　　　　　　(c) 错误

图 5-42　使用内测千分尺的正确和错误方法比较

5.3.3　指示表（内径百分表、杠杆百分表、深度百分表、扭簧比较仪、电感测微仪、气动测量仪）

5.3.3.1　指示表的主要结构类型

指示表是"带指示表的机械量仪"的简称，主要用于相对测量，可测量工件的尺寸误差、几何误差等。指示表可以单独使用，也可以安装在其他仪器中作测微表头使用。其示值范围较小，示值范围最大的（如百分表）不超出 10mm，最小的（如扭簧比较仪）只有 ± 0.015mm，其示值误差从 $\pm(0.0001 \sim 0.01)$ mm。另外，指示表都有体积小、重量轻、结构简单、造价低等特点，不须附加电源、光源、气源等，也比较坚固耐用。因此，应用十分广泛。

（1）指示表的分类

指示表按测量数值显示方式分为指针（机械）式和数显式两大类；指针（机械）式指示表是利用齿条与齿轮或杠杆与齿轮转动，将测杆的直线位移转变为指针角位移的计量器具；数显式指示表是将测杆的直线位移以数字显示的计量器具。其外形结构如图 5-43 和图 5-44 所示。

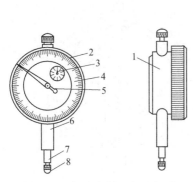

图 5-43　指针式指示表示意图
1—表体；2—表圈；3—转数指针；4—度盘；
5—指针；6—轴套；7—测杆；8—测头

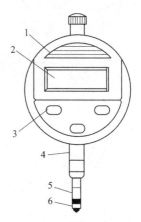

图 5-44　数显式指示表示意图
1—表体；2—显示屏；3—功能键；
4—轴套；5—测杆；6—测头

指示表按用途和结构的不同，一般分为百分表、千分表、杠杆百分表、杠杆千分表、内径百分表、内径千分表、杠杆比较仪和测微计等。

（2）使用指示表之前需要进行检查

① 检查指针式指示表的表圈是否转动平稳、静止可靠，与表体的配合无明显的松动。

② 检查数显式指示表显示屏是否数字显示清晰、完整，无黑斑和闪跳现象，功能键功

能稳定、可靠。

③ 检查测杆是否移动平稳、灵活、无卡滞和松动现象。紧固指示表轴套之后，测杆应能自由移动，不得卡住。

（3）使用指示表时应注意事项

① 测头移动要轻缓，距离不要太大，更不能超量程使用。

② 测量杆与被测表面的相对位置要正确，防止产生较大的测量误差。

③ 表体不得猛烈振动，被测表面不能太粗糙，以免齿轮等运动部件损坏。

5.3.3.2 百分表的工作原理

分度值为 0.01mm 的指示表，称为百分表。百分表的测量范围有 0～3mm、0～5mm、0～10mm，测量范围大于 10mm 的称为大量程百分表。百分表分为机械式百分表和数显式百分表，它们的外形结构见图 5-43 和图 5-44 所示。百分表是一种精度较高的量具，一般以相对测量法测量工件的尺寸误差和几何误差，也可以在其测量范围内对工件的尺寸进行绝对测量，还可以作为各种检验夹具和专用量仪的读数装置。

机械式百分表，简称百分表，其工作原理如图 5-45(b) 所示。当带有齿条的测杆移动时，固定在同一轴上的小齿轮 z_1 和大齿轮 z_2 就一起旋转，因而使固定在另一轴上的中心齿轮 z_3 和指针一起旋转，从表盘上读出测杆的位移量。为了消除齿侧间隙引起的空程误差，在百分表内装有游丝，由游丝产生的扭力矩作用在补偿齿轮 z_4 上，以保证各齿轮无论正转还是反转，都在同一齿侧啮合。一般百分表的 $z_1=16$，$z_2=z_4=100$，$z_3=10$，百分表的放大倍数 $K=150$。

百分表沿表盘圆周刻有 100 格等分标记，而标尺间距 $C=1.5mm$，于是百分表的分度值 $i=C/K=1.5/150=0.01mm$。

参看图 5-45(a)，测量时先将测杆向上压缩 1～2mm（长指针按顺时针方向转 1～2 圈），然后旋转表盘，使表盘的 "0" 标记对准长指针。长指针旋转一周，则短指针旋转一格，根据短指针所在的位置，可以知道长指针相对于 "0" 标记的旋转方向和旋转圈数。

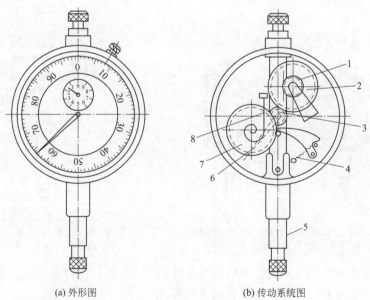

(a) 外形图　　　　　　　　(b) 传动系统图

图 5-45　百分表

1—小齿轮 z_1；2—大齿轮 z_2；3—中心齿轮 z_3；4—拉簧；5—测杆；
6—转数指针；7—补偿齿轮 z_4；8—游丝（转簧）

5.3.3.3 百分表的使用方法

(1) 百分表的使用注意事项

百分表适用于尺寸精度为IT6~IT8级零件的校正和检验，使用百分表，必须注意以下几点。

① 使用前，应检查测量杆活动的灵活性。即轻轻推动测量杆时，测量杆在套筒内的移动要灵活，没有任何轧卡现象，且每次放松后，指针都能回到原来的标记位置。

② 百分表测量时应与表架结合使用，如图5-46所示。使用时，必须把百分表固定在可靠的夹持架上，夹持架要安放平稳，以免测量结果不准确或摔坏百分表。用夹持百分表的套筒来固定百分表时，夹紧力不要过大，以免因套筒变形而使测量杆活动不灵活。

(a) 普通表架　　(b) 万能表架　　(c) 磁性表架

图5-46　安装在专用夹持架上的百分表

③ 用百分表测量平面时，测量杆必须垂直于被测表面；测量圆柱形工件时，测杆要与工件的中心线垂直。也就是说，应使测量杆的轴线与被测尺寸的方向一致，否则将导致测量杆活动不灵活或测量结果不准确。

④ 测量时，不要使测量杆的行程超过它的测量范围；不要使测量头突然撞在零件上；不要使百分表受到剧烈的振动和撞击；亦不要把零件强迫推入测量头下，免得损坏百分表的机件而失去精度。因此，不允许用百分表测量表面粗糙或有显著凹凸不平的零件。

⑤ 用百分表校正或测量零件时，应当使测量杆有一定的初始测力，如图5-47所示。即在测量头与零件表面接触时，测量杆应有0.3~1mm的压缩量，使指针转过半圈左右，然后转动表圈，使表盘的零位标尺标记对准指针。轻轻地拉动手提测量杆的圆头，拉起和放松几次，检查指针所指的零位有无改变。当指针的零位稳定后，再开始测量或校正零件。如果是校正零件，此时开始改变零件的相对位置，读取指针的偏摆值，就是零件安装的偏差数值。

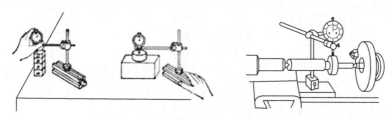

图5-47　百分表尺寸校正与检验方法

⑥ 百分表不需要校对零位。但是，在测量过程中为了读数方便，一般都是指针保持不动，转动表盘，使其上的"0"标尺标记线与指针重合。方法是：先提起测量杆使测头与基准表面接触，并使指针转过半圈至一圈（这样可以保证有一定的起始测量力，同时可以在测量中既能读出正数，也能读出负数），再把测量杆提起1~2mm，然后轻轻放下，这样反复做2~3次，观察百分表的稳定性。如果稳定性合格，就转动表盘，使其"0"标记与指针重合，然后再提起测量杆使其自行落下，如果指针仍与"0"标记重合，说明已经调好零位。否则，再次转动表盘，重新进行调整。

在测量中,也可以不调整零位。而是把测头与基准面接触,以指针所停的位置作为测量的起始位置。这种方法准确也可节省时间,但是一定要记住该位置的数值,所以这种方法计数比较麻烦。

⑦ 在使用百分表的过程中,要严格防止水、油和灰尘渗入表内,测量杆上也不要加油,免得粘有灰尘的油污进入表内,影响表的灵活性。

⑧ 百分表不使用时,应使测量杆处于自由状态,以免使表内的弹簧失效。如内径百分表上的百分表,不使用时,应拆下来保存。

(2) 使用百分表检验几何误差的方法举例

百分表可以用来测量零件的圆度、平面度、直线度、平行度、圆跳动等几何误差,测量时,需要把工件放在V形铁上或专用检测架上,如图5-48所示。

① 检验刀架移动在水平面内的直线度。方法是:将百分表固定在刀架上,使其测头顶在主轴和尾座顶尖间的检验棒侧母线上,如图5-49中的位置A,调整尾座,使百分表在检验棒两端的读数相等。然后移动刀架,在全行程上检验。百分表在全行程上读数的最大代数差值,就是刀架移动在水平面内的直线度误差。

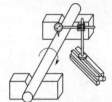
(a) 工件放在V形铁上

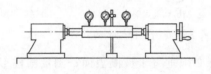
(b) 工件放在专用检测架上

图 5-48 轴类零件的圆度、圆柱度及跳动的检验

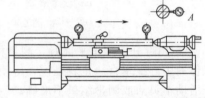

图 5-49 刀架移动在水平面内的直线度检验

② 检查工件表面对基准的平行度。方法是:将工件放在平台上,使测头与工件表面接触,调整指针使其摆动,然后把标记盘零位对准指针,跟着慢慢地移动表座或工件。当指针顺时针摆动时,说明工件偏高;指针逆时针摆动时,说明工件偏低。

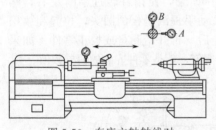

图 5-50 车床主轴轴线对刀架移动的平行度检验

③ 检验车床主轴轴线对刀架移动的平行度。方法是:在主轴锥孔中插入一检验棒,把百分表固定在刀架上,使百分表测头触及检验棒表面,如图5-50所示。移动刀架,分别对侧母线A和上母线B进行检验,记录百分表读数的最大差值。为消除检验棒轴线与旋转轴线不重合对测量的影响,必须旋转主轴180°,再同样检验一次母线A和B,记录百分表读数的最大差值,两次测量结果的代数和之半,就是主轴轴线对刀架的平行度误差。要求水平面内的平行度误差只许向前偏,即检验棒前端偏向操作者;垂直平面内的平行度误差只许向上偏。

④ 检验工件的偏心距。检验工件的偏心距时,如果偏心距较小,可按图5-51所示方法直接测量偏心距。把被测轴装在两顶尖之间,使百分表的测头接触在偏心部位上(最高点),用手转动轴,百分表上指示出的最大数字和最小数字(最低点)之差的二分之一就等于偏心距的实际组成要素的尺寸。偏心套的偏心距也可用上述方法来测量,但必须将偏心套装在芯轴上进行测量。

对于偏心距较大的工件,因受到百分表测量范围的限制,就不能用直接测量的方法,而用如图5-52所示的间接测量偏心距的方法。测量时,把V形铁放在平板上,并把工件放在V形铁中,转动偏心轴,用百分表测量出偏心轴的最高点。找出最高点后,工件固定不动。

再将百分表水平移动，测出偏心轴外圆到基准轴外圆之间的距离 a，然后根据 $D/2=e+d/2+a$ 计算出偏心距

$$e=D/2-d/2-a \tag{5-2}$$

式中，e 为偏心距，mm；D 为基准轴外径，mm；d 为偏心轴直径，mm；a 为基准轴外圆到偏心轴外圆之间最小距离，mm。

用间接方法进行测量，必须把基准轴直径和偏心轴直径用百分尺测量出正确的实际组成要素的尺寸，否则计算时会产生误差。

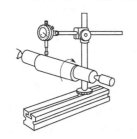
图 5-51　偏心距的直接测量方法

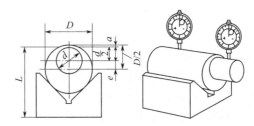
图 5-52　偏心距的间接测量方法

5.3.3.4　百分表的读数方法

机械式百分表在测量过程中，其指针和转数指针的位置都会发生变化。测杆移动 1mm，转数指针就移动一格，所以被测尺寸毫米的整数值部分从转数指示盘（小指示盘）上读出，如图 5-45(a) 所示的毫米整数部分为 1mm。同时，测杆移动 1mm，百分表表盘（大指示盘）指针也转动一圈，也就是说，测杆移动 0.01mm 时，表盘指针转动一小格，所以被测尺寸毫米的小数部分应从大指示盘上读取［见图 5-45(a)］。因指针指在两条标记线之间，需要估读到第三位小数，因此毫米小数部分为 0.638mm。这样整数部分和小数部分相加即得被测尺寸值 1.638mm。

对数显式百分表，直接显示出被测尺寸值，很直观而且不存在估读问题。机械式百分表由于表盘指针尖端与表盘之间有一定的距离，所以在读数时，眼睛一定要垂直于表盘进行读数，否则会产生读数误差。

在读数时，一定要注意表盘指针和转数指针的起始位置，否则很容易读错数。为了测量读数的方便，一般都转动表盘，使其上的"0"标记线对准指针，这样就不需要再记忆表盘指针的起始位置，而可以直接读出被测尺寸的小数部分。

5.3.3.5　正确使用内径百分表

内径百分表是将活动测量头的直线位移转变为指针在圆度盘上的角位移，并由圆度盘读数的内尺寸测量器具，可以用相对测量法完成不同孔径的尺寸及其形状误差的测量。内径百分表的分度值为 0.01mm，测量范围有 6～10mm、10～18mm、18～35mm、35～50mm、50～100mm、100～160mm、160～250mm、250～450mm。

内径百分表的结构和工作原理在前面已作介绍，这里不再重复。下面重点介绍使用内径百分表时应注意的问题。

(1) 使用前的检查

使用内径百分表之前需要检查百分表各镀层、喷漆表面及测头的测量面上不应有影响使用性能的锈蚀、碰伤和划痕等缺陷；并检查活动测头和可换测头表面是否光滑，连接稳固。

(2) 测量过程中的注意事项

① 将百分表装卡在弹性夹头当中，应使指针转过一圈左右，旋紧锁紧螺母，紧固弹性夹头，将百分表锁住。拧紧螺母时，不要用力过大，以防把百分表的套筒夹变形。

② 使用前应先根据被测孔径的公称尺寸，选用相应尺寸的可换测头并装在表杆上，在专用的环规或外径千分尺上调整好尺寸后才能使用。调整内径百分表的尺寸时，选用可换测头的长度及其伸出的距离（大尺寸内径百分表的可换测头，是用螺纹旋上去的，故可调整伸出的距离，小尺寸的不能调整），尽量使被测尺寸在活动测头总移动量的中间位置，因为这时产生的误差最小。

③ 安装测头时，要检查测头测量面是否磨损。如果测量面有棱，说明测量面已经不是圆弧面，这样的测头不能用。另外，测杆、测头、百分表等应配套使用，不要与其他表混用。在正常使用状态下，需要检查测头移动是否平稳、灵活、无卡滞现象。

④ 对好零位的内径百分表，不要松动其弹簧卡头，以防零位变化。

⑤ 内径百分表的示值误差比较大，如测量范围为 35～50mm 的百分表，示值误差为 ±0.015mm。为此，使用时，应当经常在专用环规或千分尺上校对尺寸（习惯上称校对零位），必要时可在由块规附件装夹好的块规组上校对零位，并增加测量次数，以便提高测量精度。

⑥ 测量时，连杆中心线应与工件中心线平行，不得歪斜。应摆动内径百分表，找到轴向平面的最小尺寸（转折点）来读数。测量孔径时，孔轴向的最小尺寸为其直径，同时应在圆周上多测几个点，找出孔径的实际组成要素的尺寸，看是否在公差范围以内。

⑦ 在使用内径百分表的过程中，要远离液体，勿使冷却液、切削液、水或油与内径百分表接触。

(3) 内径百分表的维护和保养

内径百分表的维护和保养与指示表的基本相同。需要注意的是，内径百分表在不使用时，要摘下来，使表解除其所有负荷，让测量杆处于自由状态。并应成套保存于盒内，避免丢失与混用。

5.3.3.6 正确使用杠杆百分表

杠杆指示表又称为杠杆表或靠表，是利用杠杆-齿轮传动机构或者杠杆-螺旋传动机构，将杠杆测头的摆动位移量转变为指针在度盘上的角位移，并由度盘上的标尺标记进行读数的测量器具，称为指针式杠杆指示表，如图 5-53 所示；利用上述机械传动系统，将杠杆测头的摆动位移量通过位移传感器转化为电子数字显示的测量器具，称为电子数显式杠杆指示表，如图 5-54 所示。分度值或分辨力为 0.01mm 的，称为杠杆百分表；分度值或分辨力为 0.001mm 的，称为杠杆千分表。

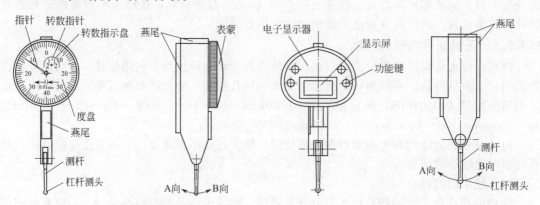

图 5-53 指针式杠杆指示表　　图 5-54 电子数显式杠杆指示表

杠杆百分表的测量范围有 0～0.8mm（±0.4）、0～1mm（±0.5）、0～2mm（±1）三种，它的表盘是对称标记的。杠杆百分表按结构分为正面式、侧面式及端面式三种类型。由于杠杆百分表体积小、精度高，其测量杆细又长，而且能回转 180°，所以特别适用于测量受空间限制的孔或槽等结构的形状误差。也可采用比较测量的方法测量实际组成要素的尺寸，还可以测量小孔、凹槽、孔距、坐标尺寸等。

(1) 使用前的检查

① 在使用杠杆百分表之前，需要检查是否有影响使用性能的外部缺陷；表蒙、显示屏应透明、清洁、无划痕、气泡等影响读数的缺陷；标尺标记不应有目力可见的断线、粗细不均及影响读数的其他缺陷。

② 检查杠杆百分表的测头处于自由状态时，表针是否位于"0"位开始，逆时针方向 $45°\sim90°$ 之间。

(2) 使用杠杆百分表时应注意事项

① 杠杆百分表在正常使用状态下，杠杆测头和指针的转动应平稳、灵活、无卡滞和松动现象。

② 装夹杠杆百分表时，夹紧后不得转动表体，以免把表扭伤。如果需要转动表体，必须先松开夹紧装置后，才能转动表体。

③ 由于杠杆百分表有两个测量方向，所以，在测量前要把换向器搬到所需要的位置（左侧或右侧）。使用时，搬动换向器的次数要少，也不能过多地拨动杠杆表的测头，以免磨损内部机构。

④ 使用杠杆表同百分表一样，可以不对零位。即，在测头与被测量面接触后，只要记住该位置的读数值，即可进行测量。

⑤ 在使用时应注意使测量运动方向与测头中心线垂直，即使测杆的轴线与被测量面平行，以免产生测量误差。

因为，杠杆表的测杆轴线与被测表面的夹角越小，误差就越小。如果由于测量的需要，夹角 α 无法调小时（当 $\alpha > 45°$），其测量结果应进行修正。如图 5-55 所示，当平面上升距离 a 时，杠杆表摆动的距离为 b，也就是杠杆表的读数为 b，因为 $b > a$，所以读数增大。为了得到正确的测量结果，必须对表中示值进行修正，修正后的数值才是正确的测量结果。可以按下式进行修正

$$a = b\cos\alpha \tag{5-3}$$

例如：用杠杆表测量工件时，测杆轴线与工件表面夹角为 $30°$，测量读数为 0.048mm，求正确的测量值。

解：$a = b\cos\alpha = 0.048 \times \cos 30° = 0.048 \times 0.866 = 0.0416(\text{mm})$。

夹角 α 一般通过目测得到，但是这样误差较大。如果需要较准确的 α 角，可以按下式计算得到。

因为 $\sin\alpha = (s-r)/l$，所以

$$\cos\alpha = \cos\arcsin(s-r)/l \tag{5-4}$$

式中 r——杠杆表测头的半径；

s——测杆回转轴心至被测表面的距离；

l——测杆回转轴心至测头中心的距离，如图 5-55 所示。

⑥ 对此表的易磨损件，如齿轮、测头、指针、度盘、表蒙等均可按用户修理需要供应。

(3) 使用杠杆百分表测量的实例

① 平行度的检验。杠杆百分表体积较小，适合于零件上孔的轴线与底平面的平行度的检验。如图 5-56 所示，将工件底平面放在平台上，使测头与 A 端孔表面接触，左右慢慢移动杠杆表座，找出工件孔径最低点。调整指针至零位，将表座慢慢向 B 端推进；也可以将工件转换方向，再使测头与 B 端孔表面接触。A、B 两端指针最低点和最高点在全程内读数的最大差值，就是全部长度上的平行度误差。

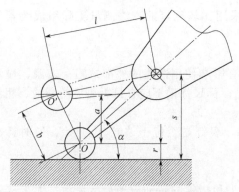

图 5-55 杠杆百分表的测量结果的修正

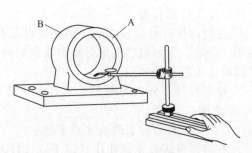

图 5-56 孔的轴线与底平面的平行度的检验

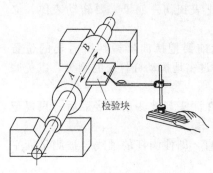

图 5-57 轴上键槽直线度的检验

② 键槽直线度的检验。杠杆表可以用来检验键槽的直线度，如图 5-57 所示。在键槽上插入检验块，把工件放在 V 形铁上。将杠杆表的测头与检验块表面接触，然后进行调整，使检验块表面与工件轴线平行。调整好平行后，使测头接触 A 端平面，调整指针至零位，将杠杆表座慢慢向 B 端移动，在全程上进行检验，读数的最大差值就是水平面内的直线度误差。

③ 圆跳动的检验。可把工件安装在两顶尖的芯轴上，用杠杆表进行检验，如图 5-58 所示。杠杆表绕工件转动一周的最大读数差，就是工件的圆跳动。对于不能安装在顶尖上的工件，可以把工件放在 V 形铁上用杠杆表进行检验，如图 5-59 所示。

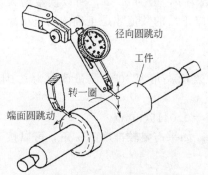

图 5-58 利用顶尖检验圆跳动

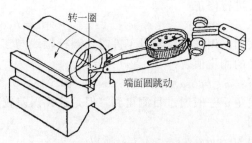

图 5-59 在 V 形铁上检验圆跳动

(4) 杠杆百分表的维护和保养

① 杠杆百分表不能测量粗糙的表面。

② 杠杆表内不得进水和油等液体。不用时，可在测头上涂一层防锈油。

③ 测量完成，必须把表架移开使测头与被测表面脱离，以免测头长时间压在被测表面上，使内部机构处于受力状态。

④ 不用时，可把杠杆表从表架上卸下，擦净后放入盒内，置于无磁、无静电而且干燥处存放。

5.3.3.7 正确使用深度百分表

深度指示表是测量盲孔、凹槽等深度尺寸的计量器具，简称深度表。其中以百分表进行读数的指示表称为深度百分表，以千分表进行读数的称为深度千分表。

深度指示表由指示表、锁紧装置、基座、可换测杆和测头等组成。深度指示表根据读数方式的不同，又分为指针式深度指示表和数显式深度指示表，其外形结构如图 5-60 和图 5-61 所示。

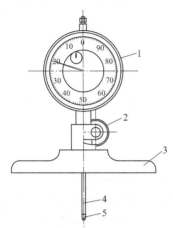

图 5-60　指针式深度指示表
1—指针式指示表；2—锁紧装置；3—基座；
4—可换测杆；5—测头

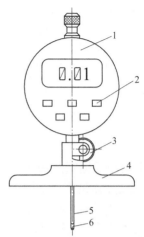

图 5-61　数显式深度指示表
1—数显式指示表；2—功能键；3—锁紧装置；
4—基座；5—可换测杆；6—测头

深度表所用的百分表和千分表是专用的，在表盘上标有"深度专用表"的字样，度盘上有按逆时针方向排列的数字，这一点与一般用的百分表和千分表不同。

深度百分表的分度值为 0.01mm，示值范围为 0～10mm，测量范围为 0～100mm，是通过一组可换测杆来实现的。可换测杆的测量范围有 0～10mm、>10～20mm、>20～30mm、>30～40mm、>40～50mm、>50～60mm、>60～70mm、70～80mm、>80～90mm、>90～100mm。测量前，根据被测量的尺寸值，选择相应的可换测杆，然后将它安装在深度百分表上，用锁紧装置锁紧。

(1) 使用前检查外观

① 测量面不应有碰伤、锈蚀及明显的划痕。非测量面不应有毛刺、脱漆或镀层脱落等外观缺陷。

② 可换测杆应标注测量范围，校对量具上应标注标称尺寸；指示表上应标有分度值、测量范围、制造厂名或厂标、出厂编号。

③ 后续检定的深度指示表允许有不影响计量性能的外观缺陷。

(2) 检查各部分相互作用

① 锁紧装置作用应切实有效。夹紧专用表后，测杆的移动及指针的回转应平稳、灵活，不得有跳动、卡住和阻滞现象。

② 可换测杆的更换要方便，紧固后应可靠。

③ 测杆被压缩时，指针式深度指示表应按顺时针方向转动，且度盘上的标记数应随指针转动方向递减排列；数显式深度指示表显示数字的变化方向应为递减。

(3) 校对零位的方法

深度百分表可以使用专用的校对量具来校对零位，其结构如图 5-62 所示，校对时，用一块平晶或 0 级平板。

首先，将校对量具的两个测量面、平晶或平板以及深度表的基座测量面擦净，然后将校对量具的一个测量面 2 放在平板上，再把深度表放在校对量具的另一个测量面 1 上。左手稍用力向下压基座，观察百分表的指针是否对准正上方的"0"标记。如果未对准，则用右手慢慢转动表盘，使指针对准"0"标记，这样就可以了。

(4) 测量方法

测量深度尺寸时，将校对好零位的深度百分表放入被测的孔或凹槽内，压紧基座使其测量面与被测基准面紧贴，即可从百分表上读数。读数时注意，用深度表测量是相对测量，而用深度游标卡尺和深度千分尺测量属于绝对测量。

例如，若测量一个深为 68mm 的孔，可用标称尺寸是 60mm 的校对量具来校对深度百分表的零位，选用可换测杆的测量范围是 60mm，加上百分表的示值范围是 0～10mm，即可以测出 68mm 的孔深。

若深度百分表基座长度小于被测孔或凹槽的长度，可以像图 5-25 一样，利用一辅助基准板进行测量。

测量完毕，可以将可换测杆卸下进行保养。

5.3.3.8　正确使用扭簧比较仪

扭簧比较仪又称扭簧测微仪，是利用扭簧元件进行尺寸的转换和放大机构，将测量杆的直线位移转变为指针在弧形度盘上的角位移，并由度盘进行读数的机械式长度测量仪器。扭簧比较仪分为小型和大型两种，其外形结构如图 5-63 所示。小型扭簧比较仪套筒直径为 $\phi 8mm$，大型扭簧比较仪的直径为 $\phi 28mm$，均为标准尺寸，可方便地和其他测量装置及量仪配套使用。

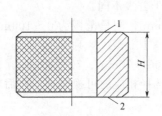

图 5-62　深度百分表专用校对量具
1，2—测量面

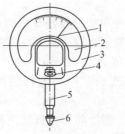

(a) 小型扭簧比较仪　　(b) 大型扭簧比较仪

图 5-63　扭簧比较仪示意图
1—指针；2—分度盘；3—表壳；
4—微动螺钉；5—套管；6—测头

扭簧仪的主要元件是轴向伸长与回转角度呈线性关系的扭簧丝，它是横截面为 $0.01mm \times 0.25mm$ 的弹簧片。指针固定在弹簧片的中间，弹簧片由中间向两端左右扭曲形成扭簧片。

扭簧比较仪的主要用途是以比较法测量精密制件的几何尺寸和几何误差，还可以作某些测量装置的指示计等。测量时，测头推动测杆向上或向下移动，这时内部的钮簧片会被拉伸或缩短，使固定在扭簧片中间的指针发生偏转，在分度盘上指示出测杆的直线移动量，从而实现测量的目的。

使用扭簧比较仪时应注意下列事项。

(1) 使用前检查外观

① 检查扭簧比较仪测量头的测量面和夹持套筒的表面上是否有使用功能的缺陷。

② 度盘上标尺标记应清晰、平直，无目力可见的断线或粗细不均；度盘上应标有"＋""－"符号；表体密封应良好；表蒙透明、洁净，没有影响读数的其他缺陷。

③ 比较仪上必须有制造厂名或商标、分度值和出厂编号。

④ 后续检定和使用中检验的比较仪，允许有不影响计量性能的上述缺陷。

(2) 检查各部分相互作用

① 测杆和指针的移动应平稳、灵活，无卡滞现象，各紧固件和配合部位无明显的松动。

② 零位微调装置的作用可靠，可调范围不少于 5 分度。

③ 指针的移动范围应大于度盘的示值范围。测杆处于自由状态时，指针位于负标尺标记的外侧。指针的指向应与度盘上标尺标记方向一致，无目力可见的偏斜。

（3）使用过程中应注意的事项

① 使用扭簧比较仪与使用百分表一样，可以事先对好零位，也可以不先对零位。

② 使用过程中需要注意的事项与使用百分表基本相同。由于扭簧片不能受太大的力，更怕振动，所以要轻拿轻放，不宜搬来搬去。在运输过程中或不使用时，应取下套管下端的滚花螺母，以保护它不受损伤。

③ 扭簧比较仪指针在其指示位置附近，往复摆动所延续的时间不应超过 1s。

④ 扭簧比较仪测量杆的位置姿态对示值误差有影响，所以，使用时的位置姿态要与检定时的位置姿态一致，即测量杆垂直向下。如果使用时要改变测量杆的位置姿态，应按向下位置姿态进行示值误差检定。

5.3.3.9 正确使用电感测微仪

电感测微仪是一种能够测量微小位移量的高准确度测量仪器，它由电感传感器将被测尺寸转换成电信号，并由数字、指针或光柱将被测尺寸显示出来。电感测微仪按显示器的不同分为数显式、指针式和电子柱式三种形式，其外形如图 5-64～图 5-66 所示。

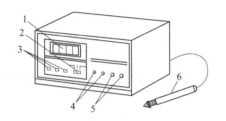

图 5-64　数显式电感测微仪
1—数字表；2—测量功能选择开关；3—量程转换开关；
4—放大倍数调整旋钮；5—零位调整旋钮；6—测头

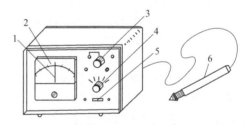

图 5-65　指针式电感测微仪
1—指针；2—指示表；3—放大倍数调整旋钮；
4—量程转换开关；5—测量功能选择开关；6—测头

电感测微仪是一种能够测量微小尺寸变化的精密仪器，由主体和测头两部分组成，配上测量台架和专用测头，能够完成各种精密测量。可以检验工件的厚度、内径、外径、圆度、平行度、直线度、径向圆跳动等。电感测微仪既可用于静态测量，又可用于动态测量和加工过程中的自动控制，还可以接计算机自动进行数据处理。因此，电感测微仪被广泛应用于精密机械制造业、晶体管和集成电路制造业以及国防、科研、计量部门的精密长度测量。

不同的电感测微仪的具体用途不同，在使用前需要根据被测量的对象选择电感测微仪和相应的测头。选择测头之后，需要注意下列事项。

（1）使用前检查外观

① 检查电感测微仪和附件的镀涂层表面应平整、色调均匀，不应有斑点、锈蚀、碰伤以及影响外观质量的其他缺陷。

② 指针式电感测微仪的度盘上标尺标记应清晰、平直，无目力可见的断线或粗细不均；表蒙透明、洁净，无明显的划痕和气泡。

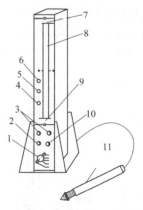

图 5-66　电子柱式电感测微仪
1—量程转换开关；2—平衡电位器；3—放大倍数调整电位器；4—"−"超指示灯；5—合格指示灯；6—"+"超指示灯；7—"+"超量程指示灯；8—指示光柱；9—"−"超量程指示灯；10—调零电位器；11—测头

③ 数显式电感测微仪的数显窗口应无气泡、划痕、斑点等缺陷,数字显示应清晰完整。

④ 电子柱式电感测微仪的显示器光柱应洁净、清晰、亮度均匀。

⑤ 电感测微仪上必须有制造厂名(厂标)、型号、出厂编号和制造许可证标志。

后续检定和使用中检验的比较仪,允许有不影响计量性能的上述缺陷。

(2) 检查各部分相互作用

① 电感测微仪各个旋钮、开关转动应平稳、灵活,不应有卡滞和松动现象。

② 电感器与电箱及其他附件的连接应方便、稳固、可靠。

③ 传感器测杆的移动应灵活,不应有卡滞及转动现象。

(3) 操作过程

① 根据被测量,选择并装夹合适的测头。

② 接通电源,打开开关使仪器进行预热。一般预热 15min,作高精度测量时,预热时间应长一些。

③ 使用专用量块校检仪器倍率,使用哪一挡就校验那一挡。

④ 对零位。由于电感测微仪主要用于相对测量,使用前需要用与被测件公称尺寸相同的量块对零位。

⑤ 读数。由于挡位不同,读数时需要注意挡位和测量范围以及标尺标记的关系。

(4) 使用过程中应注意的事项

① 不允许在强电场、磁场附近使用电感测微仪,使用的电源必须是 50Hz、220V 的交流电源,并应避免电压的突变。

② 仪器和测头不得浸入任何液体。

③ 每次使用前必须校验,而且需要定期检定,不能使用超过检定周期的电感测微仪。检定周期可根据具体使用情况确定,一般不超过一年。

5.3.3.10 正确使用气动测量仪

气动测量仪是一种非接触式的,利用压缩空气作动力的测量器具简称气动量仪。按其显示器的种类可分为浮标式气动测量仪和电子柱式气动测量仪。浮标式气动测量仪如图 5-67 所示,是将被测量尺寸的变化转换成锥度玻璃管内气体流量的变化,并由玻璃管内的浮标指示出被测尺寸,因而也称为流量式气动测量仪;电子柱式气动测量仪如图 5-68 所示,是使用气动传感器将被测尺寸的变化,经气电转换器转换成电信号,由若干个发光管组成光柱显示测量结果。

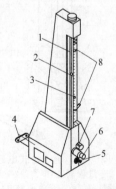

图 5-67 浮标式气动测量仪
1—锥度玻璃管;2—浮标;3—标尺;
4—进气阀;5—输出接头;6—零位调整旋钮;
7—放大倍数调整旋钮;8—界限指针

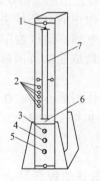 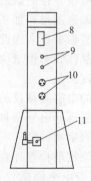

图 5-68 电子柱式气动测量仪
1—满范围正超指示灯;2—指示灯与电位器;3—放大倍数调整旋钮;
4—零位调整旋钮;5—气动传感器接头;6—满范围负超指示灯;
7—指示光柱;8—输出插座;9—开关与保险;
10—电源插头座;11—进气阀气电转换器

气动量仪能够与各种类型的气动传感器配合使用；它与不同的气动测头搭配，可以实现多种参数的测量；还可用于多台拼合检测。气动量仪由于其本身具备很多优点，所以在机械制造行业得到了广泛的应用。

(1) 气动量仪的优点

① 气动量仪可以测量的项目很多，例如可以对工件的内径、外径、槽宽、两孔距、深度、厚度、圆度、锥度、同轴度、直线度、平面度、平行度、垂直度、通气度和密封性等项目进行测量检验。特别对某些用机械量具或量仪难以解决的测量，例如测深孔内径、小孔内径、窄槽宽度等，用气动量仪测量比较容易实现。

② 量仪的放大倍数较高，人为误差较小，不会影响测量精度；另外，由于工作时无机械摩擦，所以没有回程误差。

③ 操作方法简单，稳定性好，读数容易，能够进行连续测量，很容易看出各被测量是否合格。

④ 由于可以实现非接触测量，测头与被测表面不直接接触，不仅减少了测量力对测量结果的影响，而且也可以避免划伤被测工件表面，对薄壁零件和软金属零件的测量尤为适用。另外，测头减少了磨损，从而可以延长其使用寿命。

⑤ 气动量仪主体和测量头之间采用软管连接，适当加长连接管的长度，可实现远距离测量；可以方便地测量大型、重型工件上的某个部位的尺寸。

⑥ 测量条件要求不高，还能适用于高温、放射性等苛刻条件下的测量。

⑦ 结构简单，工作可靠，调整、使用和维修都十分方便。

(2) 气动量仪的调整

气动量仪在使用过程中需要经常调整倍率和零位。量仪的各项性能指标的调整大多在生产过程中进行，其前提是量仪各零件都未使用过、气源符合要求、检定工具是标准的。

① 示值误差的调整　影响浮标式气动量仪示值误差的主要因素是锥度玻璃管、漏气和测头等。

a. 锥度玻璃管内腔形状是决定量仪示值误差大小的关键因素。尤其是研磨工艺加工的锥度玻璃管，内腔形状误差一般比较大。

b. 漏气。检定气动量仪的示值误差时，是在上、下基准点之间调整量仪的基准倍率，而与两个基准点相对应的测量间隙值由微动台或不同的量块给出。如果从锥度玻璃管上端开始至测头这一段的各个接头处、连接管处漏气的话，则实际上会加大测量间隙值，使量仪的示值误差发生变化。所以应仔细检查锥度玻璃管是否装斜，玻璃管压盖是否未压紧，接头的压合处是否有间隙以及分配室是否因组织疏松而漏气等。

c. 标准轴向测头由于经常对零，端面会发生磨损，使得喷嘴圆角减小，造成量仪有效示值范围内中部误差偏正，此时应对其进行修正。

② 最高倍率的调整　对于倍率阀，要注意分配室中倍率螺钉旋入螺钉孔中是否有切屑等脏物未洗净，螺孔是否未加工到深度，螺孔端面是否与螺孔轴线不垂直，或平面不良以及倍率螺钉螺纹部过长等。

③ 最大测量间隙的调整　如果量仪最高倍率能达到要求，则影响量仪最大测量间隙的主要因素是量仪内部和连接管及接头处漏气。

④ 进气压力特性的调整　影响量仪进气压力特性的主要因素是稳压器的压力特性。

⑤ 浮标稳定性的调整　气动量仪的指示稳定性即浮标的稳定性。影响浮标稳定性的因素主要有浮标的形状，气路中存在的不规则漏气以及气路各节流阀处产生的涡流等。浮标大、外圆不圆、外圆表面有毛刺以及磕碰、外形和内腔不同轴等，都会造成浮标转动、摆动和倾斜，此时应更换浮标。

⑥ 多管示值变化的调整　影响多管示值变化的因素有零位阀套的配合过紧、零位弹簧的刚度过大。

⑦ 示值稳定性的调整　影响量仪示值稳定性的因素主要有连接管路及连接处的漏气，倍率螺钉上密封圈外径太小，螺纹配合太松以及零位螺钉螺纹部配合太松等。气源太脏，气路中的过滤器因长时间未清洗致使流经量仪的空气中含油、水分太多也是原因之一。进行长时间示值稳定性实验时，空气中的油垢积附在喷嘴下面的挡板（即垫块或量块）上，时间愈长，积附愈多，这就相当于测量间隙逐渐减小，量仪示值也必然产生变化。

⑧ 示值变差以及响应时间的调整　量仪的示值变差超差，主要看稳压器是否正常，以及是否有较大的脏物进入稳压器或量仪内部。

(3) 使用过程中的注意事项

① 使用量仪之前，除需要检查外观之外，还要在将气动测量头通过软管与量仪连接之后，进行下列检查：在供气管路系统中，不应有影响使用性能的漏气；放大倍数旋钮与调零旋钮转动应灵活，不得有明显的窜动；在测量中浮标不应有严重的摆动与窜动；缓冲弹簧不应有粘挂浮标的现象；量仪上的限界指针应便于上、下调整，并能在任意位置固定；各紧固部分应牢固可靠，各转动部分应灵活，不应有卡滞和松动现象。

② 净化气源是确保气动量仪正常使用的最重要条件，所以量仪必须连接空气过滤器，压缩空气经空气过滤器再连接到量仪上。并应经常放水和更换、清洗过滤元件。为使空气净化效果更佳，可以在量仪所带过滤器之前再加上容量更大些的过滤装置。

③ 应注意气源压力不要低于 $3kgf/cm^2$（约 0.29MPa）；避免将量仪放在太阳直射的地方和温度变化很大的地方；注意及时更换塑料管；在关闭进气阀后又重新打开时，应用标准件重新校对一次零位和倍率；在量仪的有效示值范围选择量仪；测头的测量间隙不得大于最大测量间隙。

④ 量仪主体应垂直安装在没有振动的工作台上。

⑤ 使用完毕，要将测量头和校对规擦净，再存放于干燥且没有日光暴晒的位置。

⑥ 要定期进行检定。检定周期可根据具体使用情况确定，一般不超过一年。

5.3.4　角度量具（直角尺、万能角度尺）

5.3.4.1　直角尺的种类

直角尺是指测量面与基面相互垂直，用于检验直角、垂直度和平行度误差的测量器具，又称为靠尺或 90°角尺。其结构简单、使用方便，是设备安装、调整、划线、检验及平台测量中常用测量器具之一。

直角尺的分类方法较多，按形状不同分为：圆柱直角尺，测量面为一圆柱面的直角尺；矩形直角尺，截面形状为矩形的直角尺；三角形直角尺，截面形状为三角形的直角尺；刀口形直角尺，两测量面为刀口形的直角尺；平面形直角尺，测量面与基面宽度相等的直角尺；宽座直角尺，基面宽度大于测量面宽度的直角尺。这六种直角尺的形式如图 5-69～图 5-74 所示，图中的 α、β 角为直角尺的工作角。

直角尺若按结构不同分为整体式、装配式（或称组合式）两种；按材质不同分为线纹钢直角尺、铸铁直角尺和花岗岩直角尺，其中铸铁直角尺又分为研磨和刮制两种；按准确度等级的高低，分为 00、0、1 和 2 级直角尺。

直角尺应按表 5-1 所规定的材料或其他类似性能的材料制造。

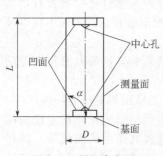

图 5-69　圆柱直角尺

(a) 矩形直角尺　　(b) 刀口矩形直角尺

图 5-70 矩形直角尺

图 5-71 三角形直角尺

(a) 刀口形直角尺　　(b) 宽座刀口形直角尺

图 5-72 刀口形直角尺

(a) 平面形直角尺　　(b) 带座平面形直角尺

图 5-73 平面形直角尺

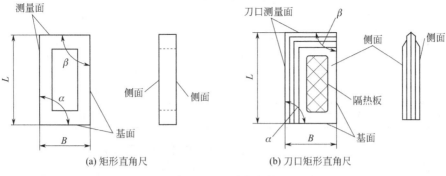

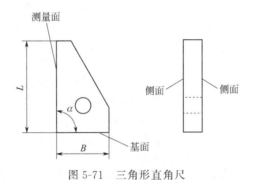

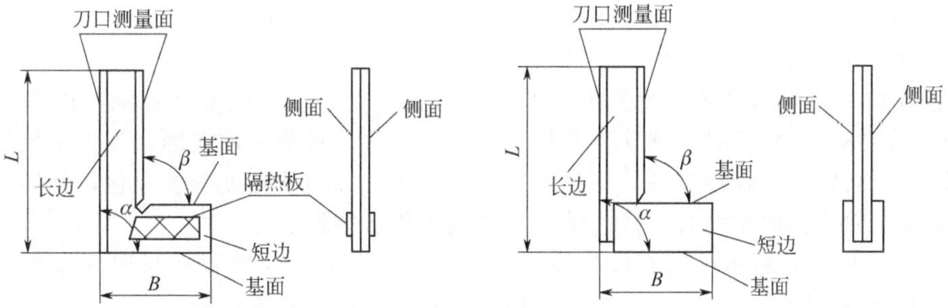

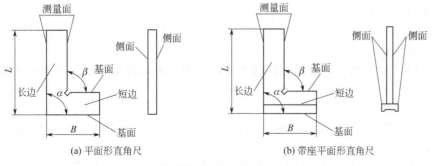

表 5-1　直角尺形式及材料

形　　　式	材　　　料
圆柱直角尺、矩形直角尺、三角形直角尺	合金工具钢、碳素工具钢、花岗岩、铸铁
刀口直角尺、宽座刀口直角尺	合金工具钢、碳素工具钢、不锈钢
刀口矩形直角尺	合金工具钢、不锈钢
平面形直角尺、带座平面形直角尺、宽座直角尺	碳素工具钢、不锈钢

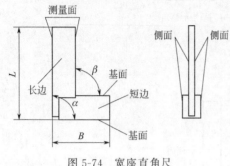

图 5-74　宽座直角尺

5.3.4.2　正确使用直角尺

直角尺主要是用于检验直角和划线。在安装和调修设备时，用来检验零部件的相互垂直位置，也用于量具、仪器、机床、工件的调整和检定工作，如检定仪器导轨运动的垂直度，检测工件相互位置的垂直度误差等。

（1）使用过程中应注意事项

① 不使用无合格证、过使用周期的角尺。直角尺测量面上不应有影响使用性能的锈蚀、碰伤、崩刃等缺陷。

② 合理选用相应精度的直角尺，检验精密量具选用 00 或 0 级直角尺，检验精密零件选用 1 级直角尺，检验一般零件选用 2 级直角尺。

③ 使用前需把直角尺工作面及工件被测表面擦净，检查各工作面不要有碰伤、毛刺和锈蚀，以免损坏角尺，影响测量精度。

④ 直角尺的长边测量面和短边测量面是工作面，所以只能用这两个面去测量，而不允许用长边和短边的侧面，以及侧棱去测量。

⑤ 使用时，将直角尺放在被测工件的工作面上，用光隙法或塞尺鉴别工件角度是否正确。检验工件外（内）角时，须使直角尺的内（外）边与被测工件接触，当把角尺的一边紧贴住工件工作面后，应轻轻压住，不要过分施加压力，以免使角度发生变化，然后使直角尺的另一边与工件工作面相吻合，按光隙大小断定工件合格性。

⑥ 测量时应注意直角尺的安放位置，不能歪斜。直角尺应放置在与形成直角两面交线相垂直的平面内，即垂直地紧靠在被测工件上，否则会产生测量误差。

⑦ 在使用和安放工作边较长的直角尺时，尤其应注意防止工作边的弯曲变形。

⑧ 为求得精确的测量结果，测量时可将直角尺翻转 180°再测一次，取两次读数的算术平均值为其测量结果，这样可消除直角尺本身的偏差。还要注意直角尺和工件温度的一致性，不要测量过冷或过热的工件，直角尺不要长时间握在手中。

⑨ 测量时，直角尺不能在工件表面上来回拉动，应当测完一处，使直角尺离开工件表面后，再测另一处。

⑩ 不要在开动的机器上测量运转的工件，否则会损坏直角尺和测不准工件角度，且易出事故。

（2）直角尺的维护和保养

直角尺的精密度、可靠度、使用寿命在很大程度上取决于维护及保养的好坏，为此必须做到以下几点。

① 要定期进行检定。检定周期可根据具体使用情况确定，一般不超过一年。

② 使用前直角尺和工件必须清洗擦净。

③ 使用直角尺要轻拿轻放，最好戴手套，不准用手接触直角尺工作面。搬用中，不许只提直角尺长边，而应一手托短边，一手扶长边。

④ 直角尺不要倒着放。

⑤ 测量后，直角尺应清洗擦净、涂上防锈油，放入专用盒中，置于干燥和温暖（温度18～20℃）的地方，不许把直角尺与其他加工夹具堆放在一起。

5.3.4.3 万能角度尺的种类

万能角度尺是利用两测量面相对移动所分隔的角度进行读数的通用角度测量器具。其主要结构形式分别为Ⅰ型和Ⅱ型游标万能角度尺（其测量范围分别为0°～320°和0°～360°）、带表万能角度尺和数显万能角度尺四种，分别如图5-75～图5-77所示。

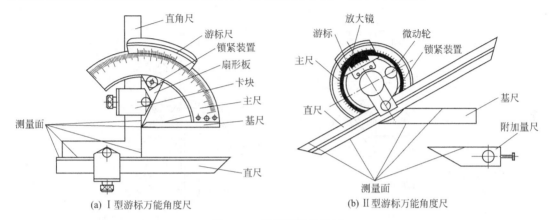

(a) Ⅰ型游标万能角度尺　　　　(b) Ⅱ型游标万能角度尺

图5-75　游标万能角度尺

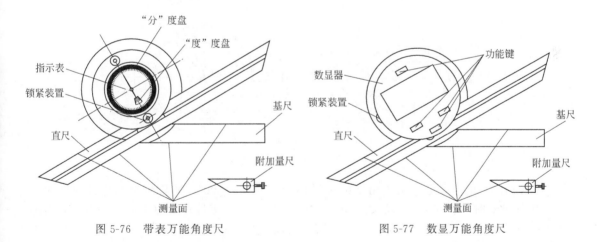

图5-76　带表万能角度尺　　　　图5-77　数显万能角度尺

5.3.4.4 正确使用万能角度尺

万能角度尺又被称为角度规、游标角度尺和万能量角器，它是利用游标读数原理来直接测量机械加工中工件的内、外角度，可测0°～320°的外角及40°～130°的内角，或进行划线的一种角度量具。

（1）万能角度尺的读数机构及读数方法

① 万能角度尺的读数机构。见图5-75(a)，该机构是由刻有基本角度标记的主尺（主标尺）和固定在扇形板上的游标尺组成，扇形板可在主尺上回转移动（有锁紧装置），形成了和游标卡尺相似的游标读数机构。主尺标记每格为1°，游标尺的标记是取主尺的29°等分为

30 格，因此游标标记角格为 29°/30，即主尺与游标尺一格的差值为 (1°−29°/30＝2′)，也就是说万能角度尺读数准确度为 2′。

② 万能角度尺读数方法与游标卡尺完全相同。先读出游标零线前的角度是几度，再从游标上读出角度"分"的数值，两者相加就是被测零件的角度数值。在万能角度尺上，基尺是固定在尺座上的，直角尺是用卡块固定在扇形板上，直尺是用卡块固定在直角尺上。若把直角尺拆下，也可把直尺固定在扇形板上。由于直角尺和直尺可以移动和拆换，使万能角度尺可以测量 0°～320°的任何角度。如图 5-78 所示，直角尺和直尺全装上时，可测量 0°～50°的角度；仅装上直尺时，可测量 50°～140°的角度；仅装上直角尺时，可测量 140°～230°的角度；把直角尺和直尺全拆下时，可测量 230°～320°的角度（即可测量 40°～130°的内角度）。

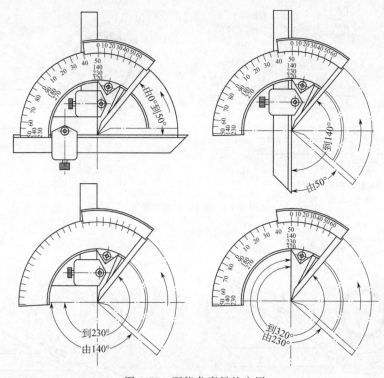

图 5-78 万能角度尺的应用

万能角度尺的主尺上，基本角度的标尺标记只有 0°～90°，如果测量的零件角度大于 90°，则在读数时，应加上一个基数（90°、180°、270°）。当零件角度为：＞90°～180°，被测角度＝90°＋角度尺读数；＞180°～270°，被测角度＝180°＋角度尺读数；＞270°～320°，被测角度＝270°＋角度尺读数。

(2) 万能角度尺的使用方法及注意事项

① 使用前，先将万能角度尺擦拭干净，再检查各部件的相互作用是否移动平稳可靠、止动后的读数是否不动。不得使用丙酮等有机溶剂擦拭。

② 测量前，应先校准零位。万能角度尺的零位，是当直角尺与直尺均装上，而直角尺的底边及基尺与直尺无间隙接触，此时主标尺与游标尺的"0"线对准。调整好零位后，通过改变基尺、直角尺和直尺的相互位置，可测试 0°～320°范围内的任意角。

③ 测量时，放松制动器上的螺母，移动主标尺座作粗调整，应使基尺与零件角度的母线方向一致，再转动游标尺背面的把手，作精细调整，直到角度尺的两测量面在全长上与被

测工件的工作面接触良好为止，以免产生测量误差。然后拧紧锁紧装置上的螺母加以固定，即可进行读数。

④ 测量完毕后，应用汽油或酒精把万能角度尺洗净，用干净纱布仔细擦干，涂以防锈油，然后装入匣内。

⑤ 数显角度尺属精密量具，使用时应防止撞击、跌落，以免丧失精度；应保持清洁，避免水、油等液态物质渗入数显表内影响正常使用；数显角度尺任何部位不能施加电压，不要用电笔刻字，以免损坏电子电路；不使用数据输出插口时，不要将插口盖取下；不得用金属器件任意触及插口内部；长期不使用时，应取出电池。

⑥ 要定期进行检定。检定周期可根据具体使用情况确定，一般不超过一年。

5.3.5 量规（光滑极限量规、螺纹量规）

5.3.5.1 光滑极限量规工作原理及分类

（1）光滑极限量规工作原理

光滑极限量规是指具有以孔或轴的上极限尺寸和下极限尺寸为公称尺寸的标准测量面，能反映控制被检孔或轴边界条件的无标记测量器具。光滑极限量规成对设计和使用，它不能测得工件实际组成要素尺寸的大小，只能确定被测工件的尺寸是否在它的极限尺寸范围内，从而对工件作出合格性判断。因为不用读取数值，可以大大提高检测效率，一般适用于大批量生产的孔和轴的检测。

塞规是用于孔径检验的光滑极限量规，其测量面为外圆柱面。其中，圆柱直径具有被检孔下极限尺寸的为孔用通规，具有被检孔上极限尺寸的为孔用止规，如图5-79(a) 所示。检验时，通规通过被检孔，而止规不通过，则被检孔合格。

卡规是用于轴径检验的光滑极限量规，其测量面为内圆环面。其中，轴用通规尺寸为被检轴的上极限尺寸，轴用止规的尺寸为被检轴的下极限尺寸，如图5-79(b) 所示。检验时，通规通过被检轴，而止规不通过，则被检轴合格。

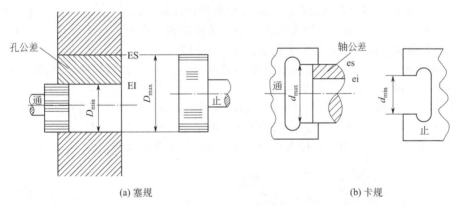

图 5-79 光滑极限量规

光滑极限量规结构简单，使用方便、可靠，检验效率高，因此在大批量生产中得到广泛应用。

（2）光滑极限量规的分类

根据量规不同用途，分为工作量规、验收量规和校对量规三类。

① 工作量规　工人在加工时用来检验工件的量规。一般用的通规是新制的或磨损较少的量规。工作量规的通规用代号"T"来表示，止规用代号"Z"来表示。

② 验收量规　检验部门或用户代表验收工件时用的量规。一般情况下，检验人员用的

通规为磨损较大但未超过磨损极限的旧工作量规；用户代表用的是接近磨损极限尺寸的通规，这样由生产工人自检合格的产品，检验部门验收时也一定合格。

③ 校对量规　用以检验工作量规是否合格的一种高精密量规。由于轴用工作量规为内圆环面，测量比较困难，使用过程中又易磨损和变形，所以必须用校对量规进行检验和校对。为了方便地检验轴用工作量规在制造时是否符合制造公差，在使用中是否已达到磨损极限，所以校对量规可分为三种。

a."校通—通"塞规（代号为TT）。检验轴用量规制造通规时的校对量规。检验时，TT校对量规的整个长度都应进入新制的通端工作环规孔内，而且应该在孔的全长上进行检验。轴用量规的通规合格，能够保证足够的生产公差。

b."校止—通"量规（代号为ZT）。检验轴用量规制造止规时的校对量规。检验时，ZT校对量规的整个长度都应进入新制的止端工作环规孔内，而且应该在孔的全长上进行检验。轴用量规的止规合格，因而能保证产品质量。

c."校通—损"量规（代号为TS）。检验轴用量规使用中的通规磨损极限的校对量规。检验时，TS校对量规不应进入完全磨损的轴用量规的通规孔内，若通过说明该通规磨损已超过极限，应报废。如有可能，可在孔的两端进行检验。

5.3.5.2　光滑极限量规的主要形式

检验圆柱形工件的光滑极限量规的形式很多，常见的有以下几种。

(1) 孔用极限量规

孔用极限量规是塞规，用来检验孔及其他内表面尺寸。常用的有以下几种形式，如图 5-80 所示。

① 全形塞规　全形塞规的测量面为一个完整的圆柱面。其中用于检验直径为 1~6mm 小孔的塞规，又称针状塞规。用于检验直径小于 100mm 孔的全形塞规，通常都做成双头形式，一端为通规，另一端为止规，如图 5-80（a）所示。由于通端在使用过程中容易磨损，一般都采用可拆卸结构，以便于拆换。

② 不全形塞规　不全形塞规的测量面仅保留圆柱面的一部分，如图 5-80（b）所示，用于检验直径为 70~100mm 尺寸较大的孔。为了减轻塞规的重量，便于操作，所以采用不完全圆柱面，且通常做成单头，每个手柄上只装一个测头。

③ 片状塞规　片状塞规用金属板制成，其测量面为不完全圆柱面，如图 5-80（c）所示。这种塞规结构简单，但容易变形。

④ 球端杆规　球端杆规其结构是在一根圆棒两端做成圆球形，圆棒中间装有隔热手柄，如图 5-80（d）所示，两球形顶端间的距离就是测量的工作尺寸。这种塞规结构简单，使用方便，但容易磨损。主要用于直径大于 300mm 的大尺寸孔的检验。

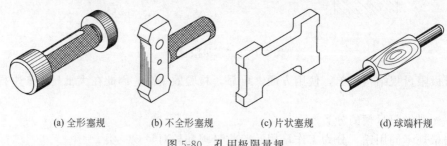

(a) 全形塞规　　(b) 不全形塞规　　(c) 片状塞规　　(d) 球端杆规

图 5-80　孔用极限量规

国家标准 GB/T 10920—2008《螺纹量规和光滑极限量规 型式与尺寸》中，推荐各类孔用极限量规形式和尺寸应用范围，供设计时参考，如图 5-81 所示。

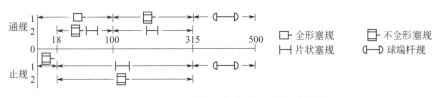

图 5-81　孔用极限量规的形式及应用范围

图 5-81 中横坐标表示被测孔径尺寸，尺寸上方为通规选用形式，下方为止规选用形式。通规和止规都分别规定有推荐顺序"1"和"2"。选用时，应优先考虑"1"栏内推荐形式，必要时可采用"2"栏内形式。例如，设计 $\phi 80F7$ 孔用量规时，可由图 5-81 查得：其通规应采用全形塞规，必要时可采用不全形或片状塞规；其止规应采用片状塞规，必要时可采用不全形塞规。

（2）轴用极限量规

轴用极限量规用来检验轴及其他外表面尺寸，常用的有环规和卡规。

① 环规　环规的工作表面为一完整的圆柱孔，如图 5-82(a) 所示。其检验精度高，能够满足极限尺寸判断原则的要求。但由于受零件结构和重量限制，通常只适用于检验直径较小且零件结构允许通过的轴。

② 卡规　卡规的工作表面是一平行平面，如图 5-82(b)、(c)、(d) 所示。卡规的通端是按轴的上极限尺寸制成，止端是按轴的下极限尺寸制成。使用时，将卡规沿两平行平面卡在轴的外圆柱面上即可。

生产中常见的卡规形式有：片形卡规，如图 5-82(b) 所示，它可分为单头或双头两种结构，是用金属板料制成，制造方便，应用广泛；锻造卡规，如图 5-82(c) 所示；铸造卡规，如图 5-82(d) 所示，其测量面是单独用合金钢制成，镶在卡规体上。还有可调整卡规，用其检验时，可通过螺钉调整两测头的检验尺寸。

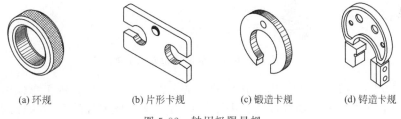

(a) 环规　　(b) 片形卡规　　(c) 锻造卡规　　(d) 铸造卡规

图 5-82　轴用极限量规

标准中推荐的各类轴用极限量规形式和应用尺寸范围，如图 5-83 所示，应用方法与上述孔用极限量规相同。这里不再赘述。

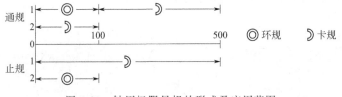

图 5-83　轴用极限量规的形式及应用范围

5.3.5.3　正确使用光滑极限量规

光滑极限量规是没有标尺标记的专用定值量具，在使用量规检验工件时应注意以下事项。

(1) 检查标记和质量证明文件

使用前，要检查量规上的标记是否与被检验工件图样上的标记相符。量规是需要定期检定的量具，因此使用前要检查是否有检定合格证书或标志。

(2) 检查配对情况

量规是成对使用的，即通规和止规配对使用。有的量规把通规和止规做成一体，有的制成单头的。对于单头量规，使用前要检查所选取的量规是否是一对。从外观看，通规的长度比止规长 1/3～1/2。

(3) 检查外观质量

使用量规前，必须清除被测表面和量规工作面上的锈迹、毛刺等污物，以免引起误判或损伤量规工作面。使用时，可在量规工作面上涂上一薄层低黏度油液，来减少量规磨损。

(4) 注意操作方法

正确操作量规不仅能获得正确的检验结果，还能避免量规受到损伤。

① 孔用塞规　用塞规检验孔时，塞规的轴线应与被测孔的轴线重合。将塞规对准孔后，用手稍推塞规，不得用力硬推。塞规的通端要在孔的整个长度上检验，通过。通端塞入被检孔内时，塞规轴向不能倾斜，否则容易产生测量误差，或可能塞规卡在孔内；塞规塞入孔内之后，不许转动，以防止塞规受到不必要的磨损；向外拉出塞规时，要使塞规顺着孔的轴线方向。

塞规的止端应分别从孔的两头（对通孔而言）进行检验，都不能通过。如图 5-84 所示是孔用塞规的使用方法示例。

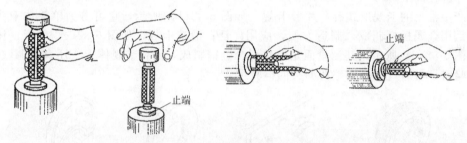

图 5-84　孔用塞规的使用方法示例

② 轴用卡规　用卡规检验轴时，被检验轴的轴线应水平放置，用手拿住卡规，尽可能使卡规从轴的上方垂直于其轴线放入，手不要用力，靠卡规本身的重力从轴的外圆上滑过去。若从轴的侧面沿水平方向放入卡规，要轻轻推入，切忌用力过猛和过大，防止卡规两个工作面变形张开，使止端尺寸变大，影响其使用功能。

另外，卡规应在被测轴的配合长度内，沿被测轴同向不得少于四个位置，分别进行检验。如图 5-85 所示是轴用卡规的使用方法示例。

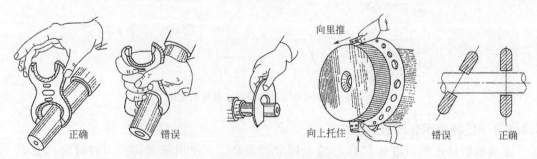

图 5-85　轴用卡规的使用方法示例

量规使用后,应用丝绵擦干净,并涂上防锈油,放在木盒内保存。

量规必须由计量部门定期进行检定,以保持其精度。未经检定的量规不得使用。

5.3.5.4 螺纹量规的分类及工作原理

螺纹量规有塞规和环规,分别用来检验内螺纹和外螺纹。螺纹量规也分为工作量规、验收量规和校对量规三类,其功能与光滑极限量规相同,这里不再介绍。

对于大量生产的普通螺纹,主要的使用要求是良好的旋合性和足够的连接强度。普通螺纹的螺距偏差和半角误差都是由中径公差来综合控制,因此,螺纹应按中径合格性准则(泰勒原则)使用螺纹量规进行综合检验。普通螺纹的综合检验是指一次同时检验螺纹的几个参数,以几个参数的综合误差来判断螺纹的合格性。综合检验操作方便、检验效率高,适用于成批生产且精度要求不太高的螺纹件。

综合检验螺纹的合格性,使用的是光滑极限量规和螺纹量规,它们都是由通规(通端)和止规(止端)组成。其中,光滑极限量规用于检验内、外螺纹实际顶径的合格性。螺纹量规的通规用于控制被测螺纹的作用中径不超出最大实体牙型的中径($d_{2\max}$ 或 $D_{2\min}$),同时控制外螺纹小径和内螺纹大径不超出其最大实体尺寸($d_{1\max}$ 或 $D_{\min}$),通规应具有完整的牙型,并且螺纹的长度要接近于被测螺纹的旋合长度。螺纹量规的止规用于控制被测螺纹的单一中径不超出最小实体牙型的中径($d_{2\min}$ 或 $D_{2\max}$),止规采用截短牙型,并且只有 2~3 个螺距的螺纹长度,以减少牙侧角误差和螺距偏差对检验结果的影响。

检验内螺纹用的螺纹量规称为螺纹塞规,检验外螺纹用的螺纹量规称为螺纹环规,如图 5-86 所示。

外螺纹的综合检验如图 5-87 所示。首先用光滑极限卡规检验外螺纹顶径的合格性,再用螺纹环规的通端检验。若外螺纹的作用中径合格,且底径(外螺纹小径)不大于其上极限尺寸,螺纹环规的通端应该能在旋合长度内与被检外螺纹旋合。若被检外螺纹的单一中径合格,螺纹环规的止端不应通过被检螺纹,但允许旋进 2~3 牙。

图 5-86 螺纹量规

(a) 螺纹塞规

(b) 螺纹环规

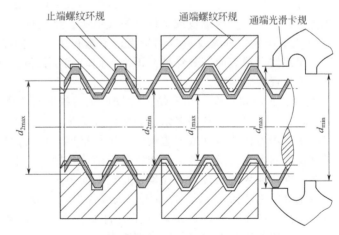

图 5-87 用螺纹环规和光滑极限卡规检验外螺纹

内螺纹的综合检验如图 5-88 所示。首先用光滑极限塞规检验内螺纹顶径的合格性,再用螺纹塞规的通端检验。若内螺纹的作用中径合格,且底径(内螺纹大径)不小于其下极限尺寸,螺纹塞规的通端应该能在旋合长度内与被检内螺纹旋合。若被检内螺纹的单一中径合格,螺纹塞规的止端不应通过被检螺纹,但允许旋进 2~3 牙。

综上所述,使用螺纹量规检验螺纹时,螺纹量规通端能与被检螺纹在被检全长上顺利旋合,而螺纹量规止端不能旋合或不完全旋合,则被检螺纹合格。

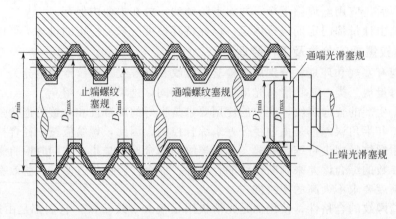

图 5-88　用螺纹塞规和光滑极限塞规检验内螺纹

5.3.5.5　正确使用螺纹量规

在使用螺纹量规检验工件时应注意以下事项。

① 螺纹量规使用前应经相关检验计量机构检验计量合格后，方可投入生产现场使用。

② 使用时应注意被测螺纹公差等级及偏差代号与量规标识的公差等级、偏差代号相同，例如 M24×1.5—6h 与 M24×1.5—5g 两种量规外形相同，其螺纹公差带不相同，错用后将产生批量不合格品。

③ 为减少检验或验收时发生争议，制造者和检验者或验收者应使用同一合格的量规。若使用同一合格的量规困难时：操作者宜使用新的（或磨损较少的）通端螺纹量规和磨损较多的（或接近磨损极限的）止端螺纹量规；检验者或验收者宜使用磨损较多的（或接近磨损极限的）通端螺纹量规和新的（或磨损较少的）止端螺纹量规。

当检验中发生争议时，若判定该工件内螺纹或工件外螺纹为合格的螺纹量规，经检定符合标准要求，则该工件内螺纹或工件外螺纹应按合格处理。

④ 使用前应先检查螺纹量规测量面，不能有锈迹、尖锋、划痕、黑斑等；其标志应正确清楚。在螺纹量规表面充分涂抹润滑油，同时确认被测件表面灰尘、切粉等充分清除后，再使用螺纹量规实施检查。

⑤ 为了减少测量误差，尽量使用螺纹量规与被测件在等温条件下进行测量；使用螺纹量规多次旋入、旋出，将其中多余的润滑油及螺牙上残留的杂物顶出；使用的力要尽量小，不允许把塞规用力往孔里推或一边旋转一边往里推。螺纹量规检查时所用的力量，原则上认为是螺纹量规的本身力量。若是小螺纹量规的话，用铅笔书写时的力量是最好的，一般来说是 3～5N。确认通规能通过后，再确认止规不能通过。

⑥ 测量时，塞规应顺着孔的轴线插入或拔出，不能倾斜；塞规塞入孔内，不许转动或摇晃塞规。注意产品孔口的状况，若是有打痕、飞边等，会引起判断失误。特别是螺栓产品，由于螺牙的不完全歪斜容易造成判断误差。

⑦ 螺纹量规和被测件若是相互轴心不合而发生咬合，会有螺纹量规通不过也拔不出的情形发生。若是出现这种情况，可以使用木棒或是塑胶锤轻轻叩击让其轴心相合，或是在环侧稍加热让其膨胀后拔出。

禁止用重力击打螺纹量规。为了强行将通规通过，拔出不能拔的螺纹量规时，请勿用铁锤等强力击打撞击，否则会出现伤痕、破片、变形等，从而破坏了螺纹量规的性能。

⑧ 螺纹量规是精密量具之一，使用时要轻拿轻放，不得磕碰其工作面。失手落到地面等时，认真确认损伤的程度，用油石除去飞边等方式进行适当处理。

⑨ 螺纹量规有时候会发生磁化，容易沾上铁粉而加速磨耗，这时要进行脱磁。

⑩ 长时间用手拿螺纹量规或是被测件，由于手的热度会发生尺寸变化，必须充分考虑此热度带来的膨胀部分。

⑪ 螺纹量规使用完毕，须立即用清洁软布或细棉纱将量规表面拭去灰尘、指纹等，并做防锈处理，放入专用木盒内。另外，需要将螺纹量规置于干燥、温度变化较小的场所保管。

量规防锈方法：充分擦拭量规后，用油或是挥发油洗涤，然后涂上指纹中和剂后涂抹防锈油；将螺纹量规充分洗涤后用防锈纸包装。

⑫ 螺纹量规要实行周期检定，检定周期由计量部门确定。在用量具应在每个工作日用校对量规计量一次。经校对量规计量超差或者达到计量器具周检期的，由计量管理人员收回作相应的处理措施。

可调节螺纹环规经调整后，测量部位会产生失圆，应由计量修复人员经螺纹磨削加工后再次计量检定，各尺寸合格后方可投入使用。报废螺纹环规应及时处理，不得流入生产现场。

5.3.6 立式光学比较仪、测长仪

5.3.6.1 正确使用立式光学比较仪测量轴径

光学比较仪简称光较仪，也称光学计，是一种结构简单、精度较高的光学机械式计量仪器。光学比较仪主要用作相对法测量，在测量前先用量块或标准件对准零位，被测尺寸和量块（或标准件尺寸）的差值可在仪器的标尺上读取。用光学比较仪在相应的测量条件下，以四等或五等量块为标准，可对五等或六等量块进行检定，还可以测量圆柱形、球形等工件的直径以及各种板形工件的厚度。

光学比较仪由光管和支架座等组成，光管可以从仪器上取下，装在其他支架座上做精密测量使用。按照支架座形式的不同，光学比较仪可分为立式光学比较仪和卧式光学比较仪两种。

立式光学比较仪有标尺式、数显式和投影式三种形式，它们的主要差别是读数方式不同，但原理是相同的。相对而言数显式光较仪使用较方便，精度更高些。这里采用标尺式立式光较仪测量轴径。

(1) 标尺式立式光较仪的结构

标尺式立式光学比较仪的外形如图 5-89 所示，主要由光管 4、工作台 10、底座 12、横臂 14、立柱 16 等几部分组成。其中，立柱 16 固定在底座 12 上，工作台 10 安装在底座上。工作台可通过四个调整螺钉 11 调节前后左右的位置，横臂升降螺母 13 可使横臂 14 沿立柱上下移动，位置确定后，用横臂紧固螺钉 15 紧固。光管 4 插入横臂的套管中，其一端是测杆与测头 8，另一端是目镜 3。光管微调手轮 5 可以调节光管作微量上下移动，调整好以后，用光管紧固螺钉 6 紧固。光管下端装有测杆提升器 7，以便安装被测工件。光管是光较仪的主要组成部分，整个光学系统都安装在光管内。

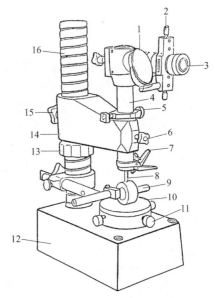

图 5-89 标尺式立式光较仪
1—进光反射镜；2—极限偏差调节螺钉；3—目镜；4—光管；5—光管微调手轮；6—光管紧固螺钉；7—测杆提升器；8—测杆及测头；9—工件；10—工作台；11—工作台调整螺钉；12—底座；13—横臂升降螺母；14—横臂；15—横臂紧固螺钉；16—立柱

（2）标尺式立式光较仪的光学系统

立式光较仪的光学系统如图 5-90（a）所示。光线经进光反射镜 1、棱镜 10 照亮分划板 9 上的标尺 7（标尺上有 ±100 格的标尺标记，位于分划板的左半部），分划板位于物镜 3 的焦平面上。当标尺被照亮后，从标尺发出的光束经直角棱镜 2 和物镜 3 成为平行光束，射向平面反射镜 4，光束被平面反射镜反射回来后，再经物镜、直角棱镜，在分划板的右半部形成标尺的影像，如图 5-90（b）所示。从目镜 8 可以观察到该影像和一条固定指示线。

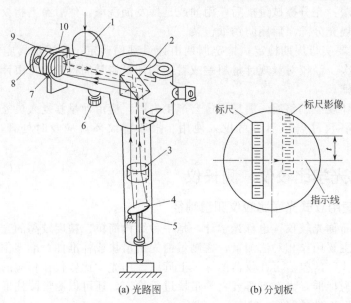

(a) 光路图　　(b) 分划板

图 5-90　立式光较仪的光学系统

1—进光反射镜；2—直角棱镜；3—物镜；4—平面反射镜；
5—测杆；6—微调螺钉；7—标尺；8—目镜；9—分划板；10—棱镜

（3）标尺式立式光较仪的工作原理

立式光较仪是利用光学杠杆放大原理进行测量的，如图 5-91 所示。在物镜焦平面上的焦点 C 发出的光，经物镜后变成一束平行光到达平面反射镜 P。若平面反射镜与光轴垂直，则经过该镜反射的光由原光路回到发光点 C，即发光点 C 与影像点 C' 重合。若反射镜与光轴不垂直，而偏转一个 α 角，则反射光束与入射光束的夹角为 2α，反射光束汇聚于影像点 C''。C 与 C'' 之间的距离为

$$CC'' = f\tan 2\alpha \qquad (5\text{-}5)$$

式中　f——物镜的焦距；
　　　α——反射镜偏转角度。

测量时，测杆推动反射镜绕支点 O 摆动，测杆移动一段距离 S，则反射镜偏转一个 α 角，它们的关系为

$$S = b\tan\alpha \qquad (5\text{-}6)$$

式中　b——测杆到支点 O 的距离。

这样，测杆的微小直线位移 S 就可以通过正切杠杆机构和光学杠杆放大，变成光点和影像点间距离 CC''。由于 α 角很小时，$\tan 2\alpha \approx 2\alpha$，$\tan\alpha \approx \alpha$，因此仪器的放大比

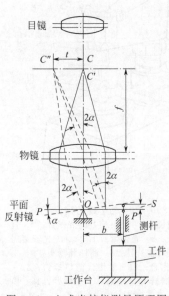

图 5-91　立式光较仪测量原理图

$$K = \frac{CC''}{S} = \frac{f\tan 2\alpha}{b\tan\alpha} \approx \frac{2f}{b} \tag{5-7}$$

光较仪光管中物镜的焦距 $f=200$mm，臂长 $b=5$mm，且通过物镜放大 12 倍，因此量仪的放大倍数 $n=80\times 12=960$ 倍。

为了测出影像点 C'' 移动的距离，可将 C 点用一个标尺代替，其标记间距为 0.08mm，从目镜中看到的标尺影像的标记间距为 $0.08\times 12=0.96$(mm)。由此说明，当测杆移动 0.001mm 时，在目镜中可看到 0.96mm 的位移量。

因此，量仪的分度值 $i=0.96/960=0.001$(mm) $=1(\mu m)$。标尺上刻有 ± 100 格等距标记线，故示值范围为 ± 0.1mm。

(4) 用标尺式立式光较仪测量轴径的步骤

① 选取量块。根据被测零件的公称尺寸，选取合适的量块组合。

② 选取测头。根据被测零件表面的形状选择合适的测头，使测头与被测表面尽量形成点接触。

测头有平面形、球形和刀刃形三种。平面形测头用于测量球面零件；球形测头用于测量平面或圆柱面零件；刀刃形测头用于测量小于 10mm 的圆柱面零件。

③ 调整零位，对照图 5-89。

a. 将所选的量块组的下测量面置于工作台 10 的中央，并使测头 8 对准上测量面的中央。

b. 粗调。松开横臂紧固螺钉 15，转动横臂升降螺母 13，使横臂 14 缓慢下降，直到测头与量块上测量面轻微接触，并在目镜 3 中看到标尺影像为止。然后将横臂紧固螺钉 15 拧紧。

c. 细调。松开光管紧固螺钉 6，转动光管微调手轮 5，直至在目镜 3 中观察到标记影像与指示线接近为止（± 10 格以内），然后拧紧光管紧固螺钉 6。

d. 微调。转动标尺微调螺钉 6（见图 5-90），使标尺的零线影像与指示线重合，然后再压下测杆提升器 7 不少于五次，使零位稳定。

e. 将测头 8 抬起，取出量块组。然后放入被测轴，测量其直径。测量时，将被测轴前后移动，读取示值中的最大值。

f. 根据零件的尺寸精度要求，判断轴径的合格性。

5.3.6.2 正确使用立式测长仪测量轴径

测长仪是一种高效率的单坐标接触式长度测量仪器，由于其设计完全遵循阿贝原则，所以又称为阿贝测长仪。主要用于精密零件及量具的内、外尺寸测量，可进行绝对测量，也可借助量块或其他标准器具作相对测量，还可利用附件测量螺纹中径等。测长仪根据基准的不同可分为：利用精密线纹尺或光栅尺作为基准件的测长仪器和利用光波干涉的干涉测长仪器两种。随着激光技术的发展，出现了激光测长仪，可以达到更高的测量精度。测长仪按照测量轴线方向的不同可分为：立式测长仪和卧式测长仪两种。

立式测长仪的结构如图 5-92 所示，主要由支承装置、长度装置、测量和读数装置等部分组成，利用读数显微镜进行读数，用于对长度、轴径、球径等外形尺寸的绝对或相对测量。

(1) 立式测长仪的读数原理

读数显微镜有各种形式，常用的一种形式是平面螺旋细分式，其光学系统如图 5-93(a) 中双点画线框内所示。物镜组 5 将精密标尺 6 上相距 1mm 宽的两条标尺标记放大成像在固定分划板 4 上。在此分划板上有两条横线，其左端有涂黑三角形指示线，横线上刻有 0～10 共 11 条等间距标记线，毫米标尺的一个间距成像在它上面时恰好与这 10 个间

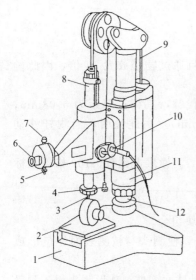

图 5-92 立式测长仪
1—底座；2—工作台；3—测头；4—拉锤；5—手轮；6—目镜；7—调整螺钉；8—测量主轴；9—钢带；10—光源；11—支架；12—立柱

距总长相等，因此其分度值为 0.1mm，示值范围为 0～1mm。紧靠在固定分划板 4 之上有一块可转动分划板 2，转动手轮 3 可使其绕中心回转。在此分划板上，中部刻有 100 条圆周等分线，外围刻有 10 圈阿基米德螺旋双线，螺旋双线的螺距等于固定分划板上的标记间距。可转动分划板每转一转，螺旋双线沿固定分划板上标记移动一格，相当于移动 0.1mm；可转动分划板每转一格圆周分度，螺旋双线只移动 1/100 格，相当于移动 $0.1mm \times 1/100 = 0.001mm$，故圆周等分线的分度值为 0.001mm。这样就可以达到细分读数的目的。

目镜视场中读数的方法，如图 5-93(b) 所示：从目镜中观察，可看到三种标记，先读精密标尺 6 上毫米标记像的毫米数（7mm）；再从此标记像在固定分划板 4 上的位置读出零点几毫米数（0.4mm）；然后转动手轮，使螺旋双线夹住此标记像（要使在两条横线之间的一段标记像准确地落在螺旋双线的正中间），然后从涂黑三角尖伸出的指示线所指向的圆周分度上读出微米数（0.051mm）。故图中的读数是 7.451mm。

(2) 用立式测长仪测量轴径的步骤（见图 5-92）

① 选择合适的测头，并安装在测量主轴 8 上，转动目镜 6 上的调节环来调节视度，使所见标尺标记达到最清晰。

② 移动测量主轴 8，使测头 3 与工作台 2 接触。转动手轮 5 和调整螺钉 7，调整零位。

③ 用拉锤 4 拉起测量主轴，将被测工件置于工作台上。再移动测量主轴，使测头与工件被测表面轻微接触，在测头下面，慢慢前后移动被测工件，读取示值中的最大值。

④ 按要求对工件相应部位进行测量，记录并处理数据。若在轴的验收极限尺寸范围内，则可判该轴径合格。

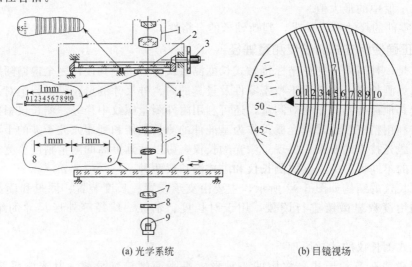

(a) 光学系统　　(b) 目镜视场

图 5-93 读数显微镜的光学系统和目镜视场
1—目镜；2—可转动分划板；3—手轮；4—固定分划板；5—物镜组；6—精密标尺；7—透镜；8—光阑；9—光源

5.3.6.3 正确使用卧式测长仪测量孔径

卧式测长仪是把测量座作卧式布置,测量轴线呈水平方向的测长仪器。卧式测长仪,除了对外尺寸进行直接和间接测量之外,还可以配合仪器的内测附件测量内尺寸。对外尺寸可以测量端面间长度、球的直径、垂直位置和水平位置的圆柱直径等;对内尺寸可以测量平行平面间的距离、内孔直径等。配以附件还可测量螺纹的内、外中径。由此可知,卧式测长仪在测量工作中有着广泛的用途,因此又被称为万能测长仪。

(1) 卧式测长仪简介

卧式测长仪有目镜式、数字式和投影式三种类型。目镜式卧式测长仪基本结构如图 5-94 所示。主要由底座 10、工作台 6、测量座 4 和尾座 9 等组成,另备有其他多种附件。测座上装有测量主轴 5 和读数显微镜 2 (数字卧式测长仪则没有读数显微镜,而用数显箱代替)。测量轴中装有 100mm 长度的精密标尺作为标准尺,其标记间距为 1mm。标准尺和测量轴水平卧放在仪器的底座上,测量轴靠测座内六只精密滚动轴承支撑,能沿轴向在底座的导轨上灵活又平稳地移动。测量座 4 和尾座 9 可在仪器底座的导轨上移动和锁紧。工作台安装在底座中部的马鞍处,它有五个自由度(升降、前后移动和绕垂直轴或水平轴的转动)。测量时,可以进行精细调整,保证测得的长度准确位于基准尺同一细线上,以排除测量时的阿贝误差。

(2) 卧式测长仪的工作原理

卧式测长仪是按照阿贝原则设计的长度测量仪器,它将被测件的被测长度置于标准器的标准长度的延长线上,再将被测长度与标准长度进行比较,从而确定出被测长度的量值。如图 5-95 所示,被测工件 5 放在工作台上,精密标尺 2 装在测量主轴 3 的中心,被测工件与测量主轴测头 4 和尾管测头 6 接触点间的长度,就在测量主轴的轴线即标尺长度延长线上。

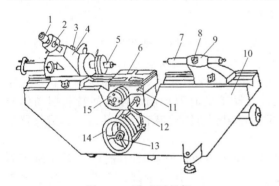

图 5-94 卧式测长仪
1—目镜;2—读数显微镜;3—紧固螺钉;4—测量座;
5—测量主轴;6—工作台;7—尾管;8—尾管紧固螺钉;
9—尾座;10—底座;11—工作台回转手柄;12—摆动手柄;
13—手轮紧固螺钉;14—工作台升降手轮;
15—工作台横向移动微分手轮

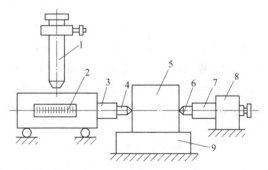

图 5-95 卧式测长仪的工作原理
1—读数显微镜;2—精密标尺;3—测量主轴;
4—测量主轴测头;5—被测工件;6—尾管测头;
7—尾管;8—尾座;9—工作台

测量前,先将测量主轴测头 4 与尾管测头 6 接触,从读数显微镜中读取读数(对于数字卧式测长仪则是按置零钮,使显示数字为零)。第一次读数后,以尾管测头定位,移开测量主轴测头,将被测工件置于工作台上,并使工件和尾管测头接触,然后移动测量主轴测头与工件接触,再一次从读数显微镜读取第二次读数,两次读数之差为测量主轴测头的位移量,即被测长度的量值。读数显微镜的视野和读数方法与立式测长仪完全相同。

上述原理是测量外尺寸的,如果需要测量内尺寸,应在测量主轴和尾管上套上内测钩。

(3) 用卧式测长仪测量孔径的步骤(见图 5-94)

① 接通电源,看目镜 1 中视场,手转目镜上的调节环,使所见标尺标记达到最清晰。

② 将一对内测钩分别套到测量主轴 5 和尾管 7 上，测钩弓部在上方，测钩前部的楔和槽对齐，而后旋紧测钩上的螺钉，将测钩固定在测量主轴和尾管上。

③ 松开手轮紧固螺钉 13，转动工作台升降手轮 14，使工作台 6 下降到较低的位置。将标准环规放在工作台上，用压板夹住，如图 5-96(a) 所示。

也可将量块组装在量块夹子中构成标准内尺寸卡规，用来代替环规。

④ 转动工作台升降手轮 14 使工作台 6 上升，直到测钩伸入环规内壁，拧手轮紧固螺钉 13，将工作台升降手轮 14 紧固。拧尾管紧固螺钉 8 将尾管紧固。用手扶稳测量主轴 5，挂上重锤（在测量头的后面），使主轴缓慢移动，直到内测钩上的测头与孔壁接触后放手。

⑤ 转动工作台横向移动微分手轮 15，使工作台 6 横向移动，直到内测钩与孔壁接触在最大值（从显微镜中读取）处，如图 5-96(b) 所示；再扳动摆动手柄 12，使工作台往复摆动，直到内测钩与孔壁接触在最小值（从显微镜中读取）处，如图 5-96(c) 所示。如此反复两次，此时表示内测钩与孔壁接触点确实位于孔壁的某一直径处，此直径的精确值已刻写在标准环规的端面上。此时记下显微镜中的读数。

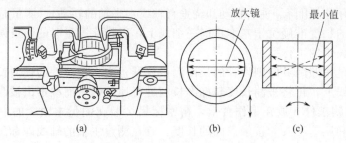

图 5-96　用内测钩测量孔径

如果用内尺寸卡规代替环规，当内测钩与卡规内平面接触后，则要扳动工作台回转手柄 11 使工作台来回转动，和扳动摆动手柄 12 使工作台往复摆动，交替进行，以便在水平面和垂直面都找到最小值，直到接触两点的连线确实是卡规内平面在该处的最短距离为止，此距离代表量块的标准尺寸。由于卡规内平面不大，扳动手柄时要控制工作台回转和摆动的幅度，不能让内测钩滑出内平面。否则，主轴受重锤作用会急剧后退而产生冲击，造成仪器损坏事故。

⑥ 手推测量主轴 5 向右，让内测钩与标准环壁脱离接触，拧紧紧固螺钉 3，使主轴不能滑动。松开手轮紧固螺钉 13，转动工作台升降手轮 14，使工作台下降，取下标准环。尾管测头是定位基准不能移动，然后装上被测孔，按上述方法（第③、④、⑤步）进行调整，记下显微镜中读数。

⑦ 两次读数之差即为被测孔径与标准环（或量块组）的尺寸之差。按规定部位测出孔的实际直径，若在孔的验收极限尺寸范围内，则可判该孔径合格。

5.4　3D 测量技术

5.4.1　3D 测量技术的意义及分类

3D 是 three-dimensional 的缩写，3D 测量就是运用一定的测量设备和测量方法对实物样件进行测量，获取样件表面信息，得到三维坐标。

3D 测量技术的发展起源于 20 世纪 50 年代末，最早的 3D 测量机是三坐标测量机，在测量精度方面较以往的测量方法有了很大提高，可以达到微米级，但是测量速度慢，耗时长，随着科学技术的不断发展与创新，新型的 3D 测量技术迅速发展起来，主要包括三维激光扫描技术、影像测量技术，具有较低的测量成本、更快的测量速度、更高的测量精度等优点。

(1) 3D 测量技术的意义

近年来随着计算机技术的发展，3D 测量技术有了更广泛的应用领域，例如逆向工程、加工制造、虚拟现实、文物保护、服装设计、影视特技制作等。

① 在逆向工程方面　在现代产品开发的过程中，由于消费者越来越追求个性、美观的设计，产品可能出现非标准的、复杂的曲面，计算机数学模型难以描述，可以采用逆向工程的方式来解决。由设计师对模型（可用胶泥或石膏做出）或现有的样品进行 3D 测量，得到其三维尺寸数据，完成数字模型重构、分析和修改等，从而快速、准确地设计出理想的产品。

② 在加工制造方面　在零件加工制造过程中实现高精度在线检测，可以及时调整加工工艺，减少废品的出现，从而降低生产成本。

③ 在虚拟现实方面　在仿真训练系统、虚拟演播室系统中，需要大量的三维彩色模型，如果靠人工建模费时费力且真实感差。采用 3D 测量技术，可以提供这些系统所需要的、大量与现实世界完全一样的三维彩色模型数据。

④ 在文物保护方面　3D 测量技术能以不损伤文物的手段，获得其外形尺寸，记录的信息完整全面，而不是像照片那样仅仅几个侧面的图像。而且这些信息便于长期保存，便于复制、再现、传输、查阅和交流，为文物保护和复原提供了新的方法。

⑤ 在服装设计方面　传统的服装制作，都是按照标准人形尺寸批量生产，随着生活水平的提高，人们开始越来越多地追求个性化服装设计。3D 测量技术可以快速地测得人体的三维数据，建立人体模型，将这些数据与服装技术结合，就可以按每个人的具体尺寸进行服装设计，并且可以直接在计算机上观看最终的着装效果。

⑥ 在影视特技制作方面　在影视特技制作过程中，利用 3D 测量技术将演员、道具、模型等的表面空间数据输入计算机中，构成与真实物体完全一致的模型，有了这些数字化模型，就可以用计算机三维动画软件对它们做进一步的特技处理。这样，不但大大提高了制作水平和艺术效果，也节约了制作费用和时间。

(2) 3D 测量技术的分类

3D 测量技术根据采用的原理或媒介的不同，可以分为两大类：接触式测量和非接触式测量。接触式测量，是在测量时与被测物体相接触的测量方法，它可以分为非破坏式测量和破坏式测量两种。非接触式测量，是在测量时与被测物体不接触的测量方法，它可以分为穿透式测量和反射式测量两种。

① 接触式测量

a. 非破坏式测量。坐标测量机和机械测量臂是接触非破坏式测量的代表。

坐标测量机是较早应用于三维测量的工具，目前仍是工厂的标准立体测量装备。它将一个探针装在三自由度（或更多自由度）的伺服装置上，驱动探针沿三个方向移动。当探针接触物体表面时，测量其在三个方向的移动，就可知道物体表面这一点的三维坐标。控制探针在物体表面移动和触碰，可以完成整个表面的三维测量。其优点是测量精度高，缺点是价格昂贵，物体形状复杂时控制烦琐、速度慢。

机械测量臂借用了坐标测量机的接触探针原理，把驱动伺服机构改为可精确定位的多关节随动式机械臂，由人牵引装有探针的机械臂在物体表面滑动扫描。利用机械臂关节上的角度传感器的测量值，可以计算探针的三维坐标。因为人的牵引使其速度比坐标测量机快，而且结构简单，成本低，灵活性好。

b. 破坏式测量。切片式测量是接触破坏式测量的代表。该方法通过将物体切削获取物体截面的数据,并将截面数据组合而得到物体的三维数据。此方法不但可以获取物体外围三维数据,而且可以获取物体内部的三维数据。该方法的缺点是会对被测物体造成永久性损坏,并且对物体的切削需要精密设备。

② 非接触式测量

a. 穿透式测量。计算机断层摄影术(computed tomography,CT)属于穿透式测量法。在工业 CT 中,让 X 射线穿越物体,然后检测在各个不同方向穿越物体后的射线强度。利用这些不同方向上的投影数据,就可以重建高清晰度的物体断面图像。这种透射方式相对于反射方式,主要有以下一些优点:它不易受物体表面反射特性的影响,能够获得外部不可见的物体内腔形体信息。工业 CT 扫描仪的主要缺点有:CT 造价很高,物质密度的大变化(例如粘着木头的金属)会降低测量精确度,而且因为使用放射性物质,所以具有潜在的危险。

b. 反射式测量。反射式测量分为:非光学测量和光学测量。

ⅰ. 非光学测量。非光学测量是向被测物体表面发出各种波,依据波的反射时间或相位变化,可以推算物体表面的空间位置,如早期的雷达声呐测距等,但由于技术限制只能估算物体的方位和大概距离。近些年来,借助雷达测距器原理,发展了利用激光或超声波等为媒介的测量方法。由于对信号和时间的精确测量比较困难,因此难以对小尺寸的物体进行测量。

ⅱ. 光学测量。光学测量是目前 3D 测量研究的主要方向之一,光学测量分为被动式和主动式两种。

被动式光学测量,采用非结构光照明方式,从一个或多个摄像系统获取的二维图像中确定距离信息,从而形成三维数据。包括采用一幅图像的阴影恢复形状法、利用几何光学的聚焦原理进行距离测量的聚焦或散焦测量法、采用两幅或多幅图像的立体视觉法、对视频流进行基于光流场的运动分析的方法等。在这些方法中,对于从一个摄像系统获取的二维图像中确定距离信息时,需要依赖于物体的大致形态、光照条件等先验知识。如果这些知识不完整,对距离的计算可能会产生误差。对于从两个或多个摄像系统获取的不同视觉方向的二维图像中确定距离信息时,通过相关或匹配等运算可以获取物体的三维数据,但这种双目立体的重建方法常常要求进行大量的数据运算,当被测物体上各点反射率没有明显差异时,这种运算变得更加困难。因此,被动式光学测量常常用于对三维目标的识别以及形态分析,这类方法适用于无法采用结构光照明的环境。虽然这种方法系统结构相对比较简单,但是很难满足多数应用情况下对大数据量和高精度数据的要求。

主动式光学测量,即结构光测量,通常以某种形状结构的光投射到物体表面,监测反射光,从而得到物体的三维信息。相对于被动的和非光学的测量方法,许多主动式测量方法能够很快地获得大量的、高精度的三维数据,相对于工业 CT,它们更安全而且造价低,当然也存在只能测量物体表面可见部分的局限。

主动式光学测量主要有下面几种方法。

投影莫尔法:将光栅像投射到被测物体上,然后在观察侧用第二个光栅观察物体表面的变形光栅像,从而得到莫尔条纹,分析莫尔条纹便可得到物体的高度信息。

位相测量法:采用正弦光栅投影和相移技术,通过获取全场条纹的空间信息和一个条纹周期内相移条纹的时序信息,重建物体的三维立体形状。

傅里叶变换轮廓法:该方法以罗奇光栅产生的结构光场投影到待测三维物体表面,对结构光场进行傅里叶分析、滤波和逆傅里叶分析,就可以从变形图形中提取三维面形信息。

光学三角形法:其基本思想是利用照明光源中的几何信息,帮助提取景物中的三维信息,向物体投射结构光,拍摄结构光在物面调制下的畸变图像,利用几何光学成像原理从图像得到物面的三维信息,结构光的光源可以采用激光或者普通的可见光。

立体视觉与结构光相结合的方法:立体视觉获取物体三维数据的难点在于寻找图像中的匹配点,对物体投射结构光可以帮助获取图像中匹配点,弥补了立体视觉的不足。

(3) 接触式和非接触式 3D 测量技术的优缺点

① 接触式测量的优缺点

a. 优点:

ⅰ. 测量的精度高;

ⅱ. 由于接触物体表面进行测量,因而不受物体表面的颜色、反射特性和曲率影响;

ⅲ. 可快速准确地测量出面、圆、圆柱、圆锥、圆球等物体表面的基本几何形状。

b. 缺点:

ⅰ. 由于接触物体表面进行测量,存在由于接触产生的压力,如果操作失误,容易损伤物体表面和测头;

ⅱ. 由于测头经常接触物体容易磨损,影响测量精度;

ⅲ. 因是逐点进行测量,速度比较慢。

② 非接触式测量的优缺点

a. 优点:

ⅰ. 激光光斑的位置就是物体表面的位置,没有半径补偿的问题;

ⅱ. 测量过程可以用快速扫描,不需要逐点进行测量,速度快;

ⅲ. 由于测量过程不接触物体,可以直接测量较软物体、薄壁物体和高精密物体。

b. 缺点:

ⅰ. 非接触测量多数采用光敏位置探测技术(PSD),而目前 PSD 的测量精度有限;

ⅱ. 非接触测量原理要求测头接收照射在物体表面的激光光斑的反射光或散射光,因此极易受物体表面颜色、斜率等反射特性的影响;

ⅲ. 被测物体形状、尺寸变化较大时,会使成像的焦距变化较大,成像模糊,影响测量精度;

ⅳ. 被测物体表面的粗糙度也会影响测量精度;

ⅴ. 非接触测量主要对物体表面轮廓坐标点进行大量采样,而对边线、凹孔和不连续形状的处理比较困难;

ⅵ. 环境光线及散射光等噪声对 PSD 影响很大,噪声信号的处理比较困难。

由上可见,接触式测量和非接触式测量都有一定的局限性,可以根据测量的实际需要,选择不同的测量方法,或利用不同的测量方法进行互补,从而得到高精度的数据。

5.4.2 接触式 3D 测量技术(三坐标测量机、测量臂)

5.4.2.1 三坐标测量机

坐标测量机是一个不断发展的概念,例如测长仪可称为单坐标测量机,工具显微镜可称为两坐标测量机。随着生产的发展,要求测量机能测出工件的空间尺寸,这就发展成三坐标测量机。三坐标测量机是一种具有可作三个方向移动的探测器,可在三个相互垂直的导轨上移动,此探测器以接触或非接触等方式传送信号,三个轴的位移测量系统经数据处理器或计算机等计算出工件的各点坐标(X、Y、Z)及各项功能测量的仪器,又称为三坐标测量仪。三坐标测量机的测量功能包括尺寸精度、位置精度及轮廓精度等。

三坐标测量机主要应用于机械、汽车、航空、军工、家具、工具原型、机器等中小型配件、模具等行业中的箱体、机架、齿轮、凸轮、蜗轮、蜗杆、叶片、曲线、曲面等的测量,还可用于电子、五金、塑胶等行业中,可以对工件的尺寸、形状进行精密检测,从而完成零件检测、外形测量、过程控制等任务。

1) 三坐标测量机的组成及测量原理

(1) 三坐标测量机的组成

三坐标测量机是典型的机电一体化设备，它由机械系统和电子系统两大部分组成。

① 机械系统（主机） 一般由三个正交的直线运动轴构成，X 向导轨系统装在工作台上，移动桥架横梁是 Y 向导轨系统，Z 向导轨系统装在中央滑架内，如图 5-97 所示。三个方向轴上均装有光栅尺用以度量各轴位移值。人工驱动的手轮及机动、数控驱动的电机一般都在各轴附近。用来触测被检测零件表面的测头装在 Z 轴端部（测头）。

② 电子系统（控制系统） 一般由光栅计数系统、测头信号接口和计算机等组成，用于获得被测坐标点数据，并对数据进行处理。

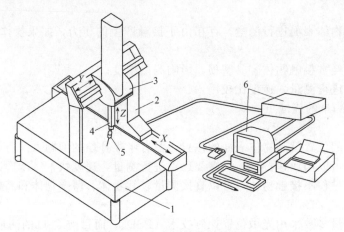

图 5-97 三坐标测量机的组成
1—工作台；2—移动桥架；3—中央滑架；4—Z 轴；5—测头；6—电子系统

(2) 三坐标测量机的测量原理

三坐标测量机是基于坐标测量的通用化数字测量设备。其基本工作原理是：将被测零件放入它允许的测量空间，精确地测出被测零件表面的点在空间三个坐标位置的数值，将这些点的坐标数值经过计算机数据处理，拟合形成测量元素，如圆、球、圆柱、圆锥、曲面等，经过数学计算的方法得出其几何误差和其他几何量数据。

三坐标测量机的测量原理如图 5-98 所示。如果要测量工件上一圆柱孔的直径，可以在垂直于孔轴线的截面 I 内，触测内孔壁上三个点（点 1、2、3），则根据这三点的坐标值就可计算出孔的直径及圆心坐标 O_I；如果在该截面内触测更多的点（点 $1, 2, \cdots, n$ 为测点数），则可根据最小二乘法或最小条件法计算出该截面圆的圆度误差；如果对多个垂直于孔轴线的截面圆（I，II，$\cdots$，n 为测量的截面圆数）进行测量，则根据测得点的坐标值可计算出孔的圆柱度误差以及各截面圆的圆心坐标，再根据各圆心坐标值又可计算出孔轴线位置；如果再在孔端面 A 上触测三点，则可计算出孔轴线对端面的位置度误差。因此，从原理上说，它可以测量任何工件的任何几何元素的任何参数。

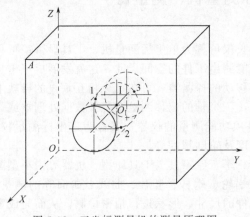

图 5-98 三坐标测量机的测量原理图

(3) 三坐标测量机测量步骤

① 测头校验 测头校验是三坐标测量机进

行工件三坐标测量的第一步，也是很重要的一步。在测头校验的过程中，首先根据工件形状、尺寸选择合适的测头、测针，现在主流的测头、测针都是雷尼绍的，在测量软件中会有匹配。选好后，对测头进行校准，以达到测量所要求的精度。

② 建立坐标系　建立工件的坐标系，如果有工件的模型，也要建立模型坐标系，然后把工件坐标系与模型坐标系拟合。建立坐标系的三个要素是：一个基准平面；一个平面轴线，即 X 轴或者 Y 轴；一个点，作为坐标原点。

③ 工件测量　坐标系建好后就可以进行正常的测量了，工件测量大体分为以下三个步骤：

首先，对工件进行分析，测量其基本元素点、线、面、圆、圆柱、圆锥等；

然后，根据工件的形状，用基本元素进行形状的公差分析；

最后，根据要求输出检测报告。

2) 三坐标测量机的类型

三坐标测量机分类方法很多，可以按以下几方面进行分类。

(1) 按照机械结构分

① 移动桥式　移动桥式是目前中小型中等精度测量机的主要结构形式，也是应用最广泛的一种结构形式，如图 5-99 所示。移动桥式测量机有沿着相互正交的导轨而运行的三个组成部分，装有探测系统的第一部分装在第二部分上，并相对其作垂直运动；第一和第二部分的总成相对第三部分作水平运动；第三部分被架在机座的对应两侧的支柱支承上，并相对机座作水平运动，机座承载工件。

移动桥式测量机结构简单，结构刚性好，承重能力大；工件重量对测量机的动态性能没有影响；本身具有台面，工件安装在固定工作台上，受地基影响相对较小。但是，结构的 X 向驱动位于桥框一侧，单边驱动，桥框移动时易产生绕 Z 轴偏摆，容易产生扭摆误差；光栅也位于桥框一侧，在 Y 向存在较大的阿贝臂，会引起较大的阿贝误差，对测量机的精度有一定影响；测量空间受框架影响。

② 固定桥式　固定桥式结构主要应用于高精度的中小机型，经过改进，这类测量机速度可达 400mm/s，加速度达到 3000mm/s^2，承重达 2000kg。固定桥式测量机有沿着相互正交的导轨而运动的三个组成部分，如图 5-100 所示。装有探测系统的第一部分装在第二部分上，并相对其作垂直运动；第一和第二部分的总成沿着牢固装在机座两侧的桥架上端，作水平运动；在第三部分上安装工件。典型的固定桥式有目前世界上精度最好的出自德国 LEITZ 公司的 PMM-C 测量机。

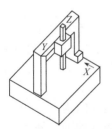  

图 5-99　移动桥式三坐标测量机　　　　图 5-100　PMM-C 固定桥式三坐标测量机

固定桥式测量机，桥框固定不动使得结构稳定，整机刚性强；光栅和驱动机构可安装在工作台下方中部，阿贝臂及工作台绕 Z 轴偏摆小，主要部件的运动稳定性好，运动误差小；X、Y 方向运动相互独立，相互影响小。但是，被测量对象由于放置在移动工作台上，降低了机动的移动速度，承载能力较小；基座长度大于 2 倍的量程，所以占据空间较大；操作空间不如移动桥式测量机开阔。

③ 固定工作台悬臂式　固定工作台悬臂式坐标测量机只能用于精度要求不太高的测量中，一般用于小型测量机。悬臂式测量机有沿着相互正交的导轨而运动的三个组成部分，如图 5-101 所示。装有探测系统的第一部分装在第二部分上，并相对第三部分作水平运动；第三部分以悬臂状被支撑在一端，并相对机座作水平运动，机座承载工件。

固定工作台悬臂式测量机结构简单，测量空间开阔。但是，当滑架在悬臂上作 Y 向运动时，受力点的位置随时变化，会使悬臂的变形发生变化，造成的测量误差较大。

④ 龙门式（高架桥式）　龙门式结构一般应用于 Y 向跨距较大、对精度有较高要求的大型测量机，最长可到数十米，由于其刚性要比水平臂好，因而对大尺寸而言可具有足够的精度。龙门式测量机要求较好的地基，立柱影响操作的开阔性，但减少了移动部分重量，有利于精度及动态性能的提高，因此，近来也发展了一些小型带工作台的龙门式测量机。龙门式测量机有沿着相互正交的导轨而运动的三个组成部分，如图 5-102 所示。装有探测系统的第一部分装在第二部分上并相对其作垂直运动；第三部分在机座两侧的导轨上作水平运动，机座或地面承载工件。典型的龙门式测量机，如来自意大利 DEA 公司的 ALPHA 及 DELTA 和 LAMBA 系列测量机。

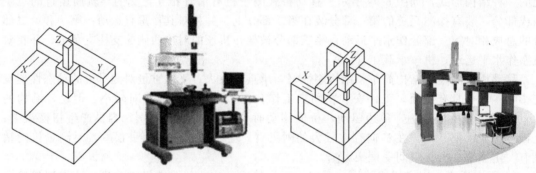

图 5-101　固定工作台悬臂式三坐标测量机　　　图 5-102　龙门式三坐标测量机

龙门式测量机移动部分只是横梁，移动部分质量小，整个结构刚性好，承载能力强；测量范围较大；装卸工件时，龙门可移到一端，操作方便。但是，驱动和光栅尺集中在一侧，造成的阿贝误差较大。

⑤ L 型桥式　L 型桥式坐标测量机是综合移动桥式和龙门式测量机优缺点的测量机，有移动桥式的平台，工作开敞性较好，又像龙门式减少移动的重量，运动速度、加速度可以较大，但要注意辅腿的设计。

L 型桥式坐标测量机有沿着相互正交的导轨而运动的三个组成部分，如图 5-103 所示。装有探测系统的第一部分，装在第二部分上并相对其作垂直运动；第一和第二部分的总成相对第三部分作水平运动；第三部分在机座平面或低于平面上的一条导轨和在机座上另一条导轨的两条导轨上作水平运动，机座承载工件。

⑥ 柱式　柱式坐标测量机有两种结构：单柱移动式结构和单柱固定式结构。

单柱移动式结构，也称为仪器台式结构，它是在工具显微镜的结构基础上发展起来的。这类坐标测量机有两个可移动组成部分，如图 5-104 所示。装有探测系统的第一部分相对机座作垂直运动；第二部分装在机座上并相对其沿水平方向运动，在该部分上安装工件。单柱移动式坐标测量机操作方便、测量精度高。但是，结构复杂、测量范围小，一般应用于高精度小型数控机型。

单柱固定式结构，是在坐标镗床的基础上发展起来的。其结构牢靠、测量范围较大。但是，工件的重量对工作台运动有影响，同时两维平动工作台行程不可能太大，因此仅用于测量精度中等的中小型测量机。

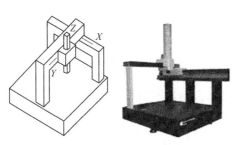
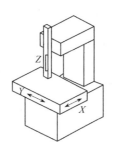

图 5-103　L 型桥式三坐标测量机　　　　图 5-104　柱式三坐标测量机

(2) 按驱动方式分

① 手动型　手动型三坐标测量机由操作员手工使其三轴运动来实现采点，其结构简单，无电机驱动，价格低廉。缺点是测量精度在一定程度上受人的操作影响，多用于小尺寸或测量精度不很高的零件检测。

② 机动型　机动型三坐标测量机与手动型测量机相似，只是运动采点通过电机驱动来实现，这种测量机不能实现编程自动测量。

③ 自动型　自动型三坐标测量机也称 CNC 型，由计算机控制测量机自动采点（当然也可实现上述两种一样的操作），通过编程实现零件自动测量，且精度高。

(3) 按技术水平分

① 数字显示及打印型　数字机打印型三坐标测量机主要用于几何尺寸测量，可显示并打印出测得点的坐标数据。一般采用手动测量，但多数具有微动机构和机动装置，虽然提高了测量效率，解决了数据打印问题，但要获得所需的几何尺寸、几何误差，还需进行人工运算。例如测量孔距，测得的是孔上各点的坐标值，需计算处理才能得出结果。这类测量机技术水平较低，目前已基本被淘汰。

② 带有计算机进行数据处理型　带有计算机数据处理型三坐标测量机技术水平略高，目前应用较多。其测量仍为手动或机动，但用计算机处理测量数据，可完成诸如工件安装倾斜的自动校正计算、坐标变换、孔心距计算、偏差值计算等数据处理工作。并且可以预先储备一定量的数据，通过计量软件存储所需测量件的数学模型，对曲线表面轮廓进行扫描测量。

③ 计算机数字控制型　计算机数字控制型三坐标测量机技术水平较高，可像数控机床一样，按照编制好的程序自动测量。程序编制好的穿孔带或磁卡通过读取装置输入计算机和信息处理线路，通过数控伺服机构控制测量机按程序自动测量，并将测量结果输入计算机，按程序的要求自动打印数据或以纸带等形式输出。由于数控机床加工用的程序可以和计算机的程序互相通用，因而提高了数控机床的利用率。

(4) 按测量范围分

① 小型坐标测量机　小型三坐标测量机在其最长一个坐标轴方向（一般为 X 轴方向）上的测量范围小于 500mm，主要用于小型精密模具、工具、刀具与集成线路板等的测量。测量机的精度较高，测量机可以是手动的，也可以是数控的。

② 中型坐标测量机　中型三坐标测量机在其最长一个坐标轴方向上的测量范围为 500～2000mm，是应用最多的机型，主要用于箱体、模具类的测量，在工业现场得到广泛应用。其精度多为中等，也有高精度的，测量机可以是手动或机动的，也可以是数控的。

③ 大型坐标测量机　大型三坐标测量机在其最长一个坐标轴方向上的测量范围大于

2000mm，主要用于汽车与发动机外壳、航空发动机叶片等大型零件的测量。精度一般为中等或低精度，但自动化程度较高，多为数控型，也有手动或机动的。

(5) 按测量精度分

① 高精度 高精度三坐标测量机称为精密型或计量型测量机，其单轴最大测量不确定度小于 $1\times10^{-6}L$（L 为最大量程，单位为 mm），空间最大测量不确定度小于（2~3）$\times 10^{-6}L$，一般放在具有恒温条件的计量室内，用于精密测量。

② 中等精度 中等精度的三坐标测量机，单轴最大测量不确定度约为 $1\times10^{-5}L$，空间最大测量不确定度为（2~3）$\times 10^{-5}L$。这类测量机一般放在生产车间内，用于生产过程检测，也有一部分在实验室使用。

③ 低精度 低精度三坐标测量机，单轴最大测量不确定度大体在 $1\times10^{-4}L$ 左右，空间最大测量不确定度为（2~3）$\times 10^{-4}L$，这类测量机一般放在生产车间内，用于生产过程检测。

3) 三坐标测量机的日常操作、维护与保养

三坐标测量机作为一种精密的测量仪器，为了能够长期有效地工作，应养成良好的操作习惯并坚持对测量机进行合理规范的日常维护保养。

(1) 开机前的准备

① 三坐标测量机对环境要求比较严格，应按合同要求严格控制温度及湿度。

② 三坐标测量机使用气浮轴承，理论上是永不磨损结构，但是如果气源不干净，有油、水或杂质，就会造成气浮轴承阻塞，严重时会造成气浮轴承和气浮导轨划伤，后果严重。所以每天要检查机床气源，放水放油。定期清洗过滤器及油水分离器。还应注意机床气源前级空气来源，空气压缩机或集中供气的储气罐也要定期检查。

③ 三坐标测量机的导轨加工精度很高，与空气轴承的间隙很小，如果导轨上面有灰尘或其他杂质，就容易造成气浮轴承和导轨划伤。所以每次开机前应清洁机器的导轨，金属导轨用航空汽油擦拭（120♯或180♯汽油），花岗岩导轨用无水乙醇擦拭。切记在保养过程中不能给任何导轨上任何性质的油脂。

④ 定期给光杠、丝杠、齿条上少量防锈油。

⑤ 在长时间没有使用三坐标测量机时，在开机前应做好准备工作：控制室内的温度和湿度（24h以上），在南方湿润的环境中还应该定期把电控柜打开，使电路板也得到充分的干燥，避免电控系统由于受潮后突然加电后损坏。然后检查气源、电源是否正常。

⑥ 开机前检查电源，如有条件应配置稳压电源，定期检查接地，接地电阻小于 4Ω。

(2) 三坐标测量机的日常操作

① 开机步骤

a. 检查是否有阻碍机器运动的障碍物；

b. 检查测量机的气压表指示，不低于 0.45MPa；

c. 接通总系统电源；

d. 对控制柜通电；

e. 对计算机通电；

f. 启动测量软件；

g. 顺时针旋转，松开控制柜上的急停按钮；

h. 打开操纵盒上的急停按钮。

② 安全操作注意事项

a. 在确信已经彻底了解了在紧急情况下如何关机之后，才能尝试运行机器；

b. 被测零件在测量之前应在室内恒温，如果温度相差过大就会影响测量精度；

c. 不要使用压缩空气来清理机器，未经良好处理的压缩空气可能导致污垢，影响空气轴

承的正常工作，尽可能使用吸尘器；

d. 保持工作台面的整洁，被测零件在放到工作台上检测之前，应先清洗去毛刺，防止在加工完成后零件表面残留的冷却液及加工残留物影响测量机的测量精度及测尖使用寿命；

e. 大型及重型零件在放置到工作台上的过程中应轻放，以避免造成剧烈碰撞，致使工作台或零件损伤，必要时可以在工作台上放置一块厚橡胶以防止碰撞；

f. 小型及轻型零件放到工作台后，应紧固后再进行测量，否则会影响测量精度；

g. 在工作过程中，测座在转动时（特别是带有加长杆的情况下）一定要远离零件，以避免碰撞；

h. 测量工件时，如果中间休息，把 Z 轴移到被测工件的上方，并留出一段净空，然后按下操纵盒上的急停按钮；

i. 不要试图让机器急速转向或反向；

j. 手动操控机器探测时应使用较低的速度并保持速度均匀，在自动回退完成之前，不要狠扳操纵杆；

k. 测量小孔或狭槽之前确认回退距离设置适当；

l. 运行一段测量程序之前，检查当前坐标系是否与该段程序要求的坐标系一致。

③ 关机步骤

a. 把测头座转到 90°；

b. 抬起 Z 轴至安全位置；

c. 按下操纵盒及控制柜上的急停按钮，关断气源；

d. 退出测量软件操作界面；

e. 关闭计算机。

(3) 三坐标测量机的常规维护

① 每日的维护

a. 每天第一次开机时，用干净的棉（绸）布或含棉纸巾蘸少量 99% 医用酒精或无水乙醇擦拭导轨面和工作台面，清洁导轨面时必须用干净的汽油，切勿污染光栅尺；

b. 检查系统气压是否正常；

c. 检查各轴导轨是否有新产生的划痕；

d. 检查机器运行是否出现异常。

② 每周的维护　为了避免精密过滤器堵塞而影响测量机正常工作，每周应检查各级过滤器，放掉积水。

③ 每月的维护　检查三联件过滤器的滤芯是否有污染。如果发现严重污染需清洗或更换滤芯，必要时需要附加的空气过滤器和冷冻干燥机以改善气源质量。

④ 每季度的维护

a. 查看控制系统内的污染物，有无松动或毁坏的布线。

b. 检查气路系统的管道，查看有无破裂。

(4) 三坐标测量机传动系统的保养

① 传动系统的保养主要有清洗和防锈两方面，通常每半年进行一次，必要时根据实际情况随时进行；

② 清洗传动光杠使用绸布蘸干净的 120# 航空汽油或工业酒精；

③ 光杠防锈时用医用凡士林与精密仪器油混合加热蒸发掉水分后均匀地涂在光杠表面；

④ 齿轮、齿条可使用小毛刷或牙刷蘸干净的 120# 航空汽油来清洗，清洗后的齿轮齿条待自然晾干后可均匀地涂上凡士林以做防锈处理。

为保证测量机处于良好的使用状态，除了以上常规的维护保养工作外，严禁未经授权人员使用三坐标测量机,严格执行演示室出入制度;由专人对演示室设备的状态进行实时监控;建好设备的使用纪录。

5.4.2.2 测量臂

关节臂式坐标测量机又称便携式三维测量臂、曲臂式坐标测量机,简称测量臂。测量臂是以非正交坐标系建立的,以角度基准取代长度基准,其基本工作原理是:设备在空间旋转时,设备同时从多个角度编码器获取角度数据,而测量臂的臂长为一定值,这样计算机就可以根据指标变换得到测头当前的位置,从而转化为三维坐标的形式。

(1) 测量臂的分类及工作原理

测量臂常见的有两种,全关节式测量臂和平行关节式测量臂。

① 全关节式测量臂及其工作原理　全关节式测量臂由三根刚体臂、三个活动关节和一个测头组成,如图 5-105 所示。三根臂相互连接,其中一个为固定臂,它安于任意基座上支撑测量臂所有部件。另外两个活动臂可运动于空间任意位置,以适应测量需要,其中一个为中间臂,另一个为末端臂。全关节式测量臂的第一根固定臂与第二根中间臂之间、第二根中间臂与第三根末端臂之间、第三根末端臂与接触测头之间均为关节式连接,可作空间回转。测量臂的 3 个活动关节,分别为肩关节(即活动关节 1)、肘关节(即活动关节 2)和腕关节(即活动关节 3),都是双关节,即每个活动关节含两个关节,每个活动关节装有相互垂直的角度编码器,可测量各个臂和测头在空间的位置。测头安装在最后一个转轴上,其结构简图如图 5-106 所示。

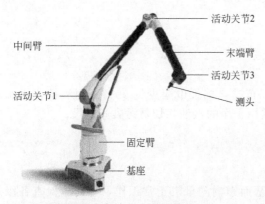

图 5-105　全关节式测量臂的组成

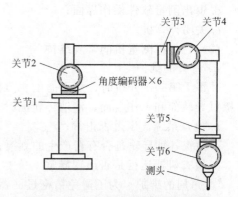

图 5-106　全关节式测量臂结构简图

全关节式测量臂每个关节的回转中心和相应的活动臂构成一个极坐标系统,而活动臂两端关节回转中心距离为极坐标的极径长度,可见该测量系统是由三个串联的极坐标系统组成的。当测头与被测件接触时,测量系统可给出测头在空间的三维位置信号,测头与被测件在不同部位接触时,根据所建立的测量数学模型,由计算机给出被测参数实际值。

② 平行关节式测量臂及其测量原理　平行关节式测量臂(如图 5-107 所示),由三个平行的关节和测头串联而成,一个平移关节,两个旋转关节(全周回转形式,有效地扩大测量范围)。平移关节通过竖直移动平台,由电机、丝杠、导轨、光栅尺和限位器等部件组成,带动测量臂在竖直方向移动,其结构简图如图 5-108 所示。

平行关节式测量臂的两个旋转关节的转动实现 X-Y 平面上的测量,在旋转关节上装有高精度角度编码器,可以精确测得两关节和两连接板之间相对旋转所得角度。Z 向的测量通过平移关节上下移动来实现,平移关节上装有精密导轨和光栅,通过光栅精确记录其移动距离即 Z 坐标。两个旋转关节转动得到测头的 X、Y 坐标,从而精确定位测头的三维坐标。

 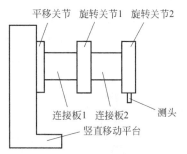

图 5-107　平行关节式测量臂　　　　图 5-108　平行关节式测量臂结构简图

(2) 测量臂相对于三坐标测量机的主要优势

① 体积小、重量轻、便于携带　对于传统的正交式三坐标测量机，必须选择足够大的测量平台，保证测量机的运动轴和标尺足够长，才能测量较大的工件。一台测量范围超过1m的测量机质量以吨计。而测量臂质量通常只有5～10kg，可以将臂折叠起来，放置于专用行李箱中，占用空间小。因为便于携带，并且定位方便，非常适用于室外测量，以及被测量物体不能移动的场合。

② 测量范围大　三坐标测量机如果需要增加测量范围，必须安装导轨、标尺和驱动装置，这样大大地增加了测量机的体积和重量，并使得成本提高。而测量臂增加测量范围只需要加长连接臂的长度。

③ 操作简单，灵活快捷　对外界环境要求较低，操作简单易学，特别适合复杂曲面和非规则物体的测量。测量速度快，可做在线测量，适合车间使用。

④ 测量死角少　三坐标测量机的测量向量取决于测头测角，对于中空、不规则零部件的内部表面等情况，很难在全部空间测量，存在测量死角。而测量臂是被动式测量机，依靠测量者的引导操作达到测量位置，对被测物体无特殊要求。经过杆长优化设计之后，具有多轴串联结构，几乎可以探测到测量空间的任意位置。

⑤ 价格便宜　同样量程范围的两种测量机，测量臂的价格仅是三坐标测量机的1/3～1/5。

由于坐标测量机的使用需求不断扩大，以及测量臂所拥有的优点，在精度要求不是很严格的场合，例如机械零件和中小型物件的快速测量与逆向工程方面，测量臂的应用越来越广，是三坐标测量机的有益补充和替代装备。随着测量臂的测量精度不断提高，将会逐步取代诸多领域中常规测量机的应用。

(3) 测量臂的使用

以全关节式测量臂为例，介绍如下。

① 测量臂的安装　首先将底座安装在平台上，紧固螺纹，如图5-109所示。测量臂底座的安装位置应选择在平整、结实、牢固的平面，可以是铸铁平台、大理石平台、方箱或刚性轨道等，要检查平台上是否有铁屑或杂物，确保底座平稳。

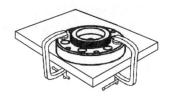 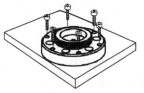

图 5-109　底座的安装

底座安装好后,要将测量臂的固定臂沿竖直方向安放在底座上,如图 5-110 所示。用专用扳手旋紧位于底座中心的紧固螺母,将其他的臂放在安全稳定的位置。在安装过程中要注意安装豁槽的选择,对于配有平衡支撑的测量臂与底座凸起相配的是矩形豁槽,对于没有平衡支撑的测量臂则要选择三角形的豁槽。

最后安装测头。选择适合具体测量任务的测头,在测头形状不受限制的情况下,尽量选择直径大的测头,以减少表面粗糙度带来的影响,提高测量精度。

② 测量臂的操作

a. 固定机器;

b. 检查机器电源是否稳定与接地;

c. 固定好工件,确保在机器的有效范围内能把工件一次测量完整,如果需要做蛙跳测量应先规划好;

d. 开启机器电源开关,对机器进行调零;

e. 建立零件坐标系;

f. 进行检测项目元素测量;

g. 出具检测报告。

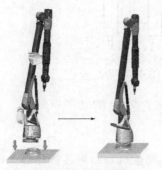

图 5-110　测量臂的安装

③ 测量臂操作的注意事项

a. 影响测量臂精度的环节比较复杂,要获取较高的精度,需要妥善解决多个环节。机械结构要精确可靠和便于测量,准确定位,刚性和重复性要好。硬件方面要有高质量的编码器和稳定准确的角度信息采集,设法消除编码器安装和采集的误差。数模的建立要合理,测量臂的理论初始位置要便于测量,初始角度的测量准确程度对最后精度影响很大。

b. 稳固安装测量臂、校准器及零件,保证相互之间无相对位移是确保测量准确度的前提。在测量过程中,也要注意测量位置的选择,避开加工疵点。

c. 要注意所选测头是否适合被测表面,如果被测对象材料很硬且很粗糙,就不能选择易磨损的针形测头或金属测头进行测量。

d. 操作时,要求单手握好测头安装臂,拇指朝向有按钮的一侧,为了在测量过程中保持稳定,另外一只手可以进行辅助支撑,但不要使用很大的力量压迫测头。

e. 测量元素时,测头应尽量避免与测量面垂直接触,并且一定要掌握好接触力度,既不能太轻,可能采不到实体上;也不能太重,造成测头弯曲损坏或工件变形。最好是另一只手在安装臂处支撑一下测头,感觉测头接触到工件表面即可。采点前,在原地晃动一下测头。然后再按键进行采点,保证测头与被测表面接触充分。

f. 在检测空间一固定点坐标时,由于测量臂在空间的角度和位置不是唯一的,因而各关节在不同角度和位置的误差极大地影响着对同一点的位置检测误差。测头距各关节的距离不同,转角误差对测量结果的影响也不同,越靠近基座处的关节转角误差对测量结果的影响越大。因此,在测量过程中应规划好测量臂安装的方位,减少靠近基座处的关节的转动,还要兼顾测头能到达的区域。测量时,测头不能超出规定的测量范围,以保证各关节处于自由状态,否则不能保证测量精度,同时可能损害设备。

g. 一般来说测量臂的精度比传统的框架式三坐标测量机精度要低,精度一般为 $10\mu m$ 以上,加上只能手动,所以选用时要注意应用场合。测量臂可能有测量死角或精度特别差的区域,应加以说明。

h. 在进行软件操作的过程中,应将测量臂的两臂放在工作台上,或是锁紧支撑装置,以免测量臂突然下垂,造成测头损坏。

④ 测量臂的维护和保养

a. 在日常维护时，应定期清洁。每月至少一次使用酒精擦拭测头，做好仪器的防尘工作，但不要随意拆卸或是接触关节内部。每月用酒精清洁设备的各个螺钉和易生锈部位，酒精干后再擦拭上防锈油。每月使用干棉布擦拭设备的所有部件表面。

b. 测量臂对于环境的要求不是很严格，通常在温度 0~50℃ 之间，湿度小于 80% 的环境下使用。

c. 要避免安装位置有强烈的振动，注意平时安放场所的清洁度，不要有粉尘和油污等。

d. 不使用时应将测量臂用专用绑带固定，尽量将其罩上或放入专用行李箱中，存放在干燥、通风、不受太阳暴晒的地方。

e. 每周检验一次设备的单点重复精度和空间长度重复精度，检查各关节的机械精度，测量臂、测头等是否处于稳定状态，保证测量结果的准确、可靠。并将精度检验后的报告保存到同一文件夹内，作为以后判断设备精度是否合格的依据，建议每年进行一次设备校准。

f. 连接配件要放在固定位置，不要与其他设备的附件混淆。电脑应定期杀毒，不要随意更改电脑的 IP 地址。

5.4.3 非接触式 3D 测量技术（三维激光扫描技术、三维影像测量技术）

5.4.3.1 三维激光扫描技术

三维激光扫描技术是一种先进的全自动高精度立体扫描技术。三维激光扫描系统，一般由激光发射器、接收器、激光自适应聚焦控制单元、光路调节装置、光机电自动传感装置，以及后续处理用的计算机等组成。

(1) 三维激光扫描技术工作原理

三维激光扫描技术，是通过三维激光扫描仪利用激光测距的原理，通过高速测量、记录被测物体表面大量密集的三维坐标、反射率和纹理等信息，可快速复建出被测目标的三维模型及线、面、体等各种图形数据。由于三维激光扫描系统可以密集地大量获取目标对象的数据点，因此相对于传统的单点测量，三维激光扫描技术进化到了面测量，又被称为"实景复制技术"，主要面向高精度逆向工程的三维建模与重构。

通常的扫描应用方案总体可分为三个阶段，现场实测扫描、点云数据处理和高级三维检测，处理后的数据可以直接导入到 AutoCAD、Revit 等软件辅助建模。

① 点云数据处理　从各种三维激光扫描仪中导入数据，并将其转换为三维数据。

a. 利用激光扫描仪，测出坐标、距离、直径、角度等一系列数据；

b. 管理、处理和分析海量数据集，通过部分加载技术有效地管理海量数据集；

c. 从扫描数据中提取目标；

d. 提供点云全自动配准功能，快速检查目标质量，生成点云配准报告；

e. 将所选内容输出到各个 CAD 设计平台；

f. 发布独立的项目数据包，用于脱机检视、浏览、测量和标记注释。

② 高级三维检测　进行点云与点云数据对比、点云与信息模型对比，并生成可交付成果，辅助设计及制造或施工。

a. 检测完工数据，将其与实际数据进行比较；

b. 产生并可视化检查结果，探测任何变化；

c. 获得差异和形变的二维和三维可视化成果，使变形分析更加容易；

d. 在 CAD 设计文件中，输入断面图和几何设计图元，以 dxf 或 dwg 格式导出图形文件；

e. 利用点云处理软件集成的打印界面直接打印结果，实现信息共享。

③ 依据点云建模　经过点云后处理软件处理后的点云，通过导出接口，与 AutoCAD、Revit、SketchUp、3ds Max 等软件无缝衔接，将点云数据导入到以上软件中，进行建模或绘制平面图形。

(2) 三维激光扫描技术的特点

① 非接触测量　采用非接触目标的测量方法，无需反射棱镜，对扫描目标物体不需进行任何表面处理，直接采集物体表面的三维数据，所采集的数据完全真实可靠。

② 数据采样率高　采样点数据远远高于传统测量的采样点数据，脉冲式激光扫描方法的采样点数可达数千点/秒，而相位式的激光扫描方法的采样点数可高达数十万点/秒。

③ 主动发射扫描光源　三维激光扫描技术可以不受扫描环境的影响主动发射激光，通过自身发射的激光的回波信息，得到目标物体表面的三维坐标信息。

④ 具有高分辨率　三维激光扫描可以快速地获取高密度的目标物体的表面海量数据，采样速率高，对目标的描述细致，从而达到高分辨率、高精度的目的。

⑤ 数字化采集，兼容性好　三维激光扫描是通过直接获取数字信息采集数据，所以具有全数字特征，方便进行后期处理和输出，且它的后期处理软件与其他软件有很好的共享性。

⑥ 多学科融合　三维激光扫描技术涉及机械、电子、控制工程、光学、图像处理、计算机视觉、计算机图形学、软件工程等技术，是多种先进技术的集成。

(3) 三维激光扫描仪的分类及测量原理

① 三维激光扫描仪的分类　三维激光扫描仪，如图 5-111 所示，作为现今时效性最强的三维数据获取工具可以分为不同的类型。

图 5-111　三维激光扫描仪

a. 按照三维激光扫描仪的有效扫描距离分类。

ⅰ. 短距离激光扫描仪。其最长扫描距离不超过 3m，一般最佳扫描距离为 0.6～1.2m，通常这类扫描仪适用于小型模具的测量，不仅扫描速度快，而且精度较高。

ⅱ. 中距离激光扫描仪。其最长扫描距离小于 30m，多用于大型模具或室内空间的测量。

ⅲ. 长距离激光扫描仪。其扫描距离大于 30m，主要应用于建筑物、矿山、大坝和大型土木工程等的测量。

ⅳ. 航空激光扫描仪。最长扫描距离通常大于 1km，并且需要配备精确的导航定位系统，可用于大范围地形的扫描测量。

要保证扫描数据的精度，就必须在相应类型扫描仪所规定的标准范围内使用，被测物体越远，测量的精度就相对较低。

b. 按照扫描成像方式的不同分类。

ⅰ. 一维（单点）扫描仪。单点扫描仪的光源为白光或激光点光源，在扫描时看到一个光点在物体表面移动，只能逐点摄取三维数据，由点拼接至面，再由面拼接至立体。这类扫描仪出现的时间最早，是扫描仪从无到有的飞跃。

ⅱ. 二维（线光源）扫描仪。线光源扫描仪是投射一条光线到物体的表面，通过不停地移动线扫描测头，使得光线覆盖到整个零件表面，实现物体的二维表面测量。这类扫描仪中，一种是搭载到高精密运动控制平台上的，一种是手持式的。手持设备应用更加灵活，但测量精度稍微差些。

ⅳ. 三维（面光）扫描仪。三维面光扫描仪的光源主要是白光或蓝光，其工作过程类似于照相，一次性扫描一个测量面，快速、简洁。面光扫描技术速度非常快，一般在几秒内便可以获取百万个测量点，基于多视角的测量数据拼接，可完成对物体 360° 的扫描，是工业设计、工业检测的好助手。

c. 按照扫描仪的工作原理不同分类。

ⅰ. 脉冲测距法（时间差测量法）扫描仪。脉冲测距法是一种高速激光测时测距技术。脉冲式扫描仪在扫描时，由激光器发射出单点的激光，记录激光的回波信号，通过计算激光的飞行时间，利用光速来计算目标点与扫描仪之间的距离。这种原理的测距系统测距范围可以达到几百米到上千米的距离，激光测距系统主要由发射器、接收器、时间计数器、微电脑组成。

脉冲测距法由于采用的是脉冲式的激光源，适用于超长距离的测量，测量精度主要受到脉冲计数器工作频率与激光源脉冲宽度的限制，精度可以达到米数量级。

ⅱ. 激光三角测量法扫描仪。激光三角法是利用三角形几何关系求得距离。先由扫描仪发射激光到物体表面，利用在基线另一端的 CCD 相机接收物体反射信号，记录入射光与反射光的夹角，已知激光光源与 CCD 之间的基线长度，由三角形几何关系推求出扫描仪与物体之间的距离。为了保证扫描信息的完整性，许多扫描仪扫描范围只有几米到数十米。这种类型的三维激光扫描系统，主要应用于工业测量和逆向工程重建中，它可以达到亚毫米级的精度。

② 三维激光扫描仪的测量原理　无论哪种三维激光扫描仪，其工作原理都是相似的。三维激光扫描仪的主要构造是由一台高速精确的激光测距仪，配上一组可以引导激光并以均匀角速度扫描的反射棱镜。激光测距仪主动发射激光，同时接受由被测物体表面反射的信号从而进行测距。针对每一个扫描点，可测得测站至扫描点的斜距，再配合扫描的水平和垂直方向角，可以得到每一个扫描点与测站的空间相对坐标。如果测站的空间坐标是已知的，那么可以求得每一个扫描点的三维坐标。

5.4.3.2　三维影像测量技术

三维影像测量技术，是集光学、机械、电子、计算机图像处理技术于一体的高精度、高效率、高可靠性的测量技术。三维影像测量系统，一般由高解析度 CCD 彩色摄像器、连续变倍物镜、彩色显示器、视频十字线发生器、精密光学尺、多功能数据处理器、3D 数据处理软件与高精密工作台以及后续处理用的计算机等组成，如图 5-112 所示。

(1) 三维影像测量技术工作原理

影像测量是利用表面光或轮廓光照明后，经变焦距物镜通过摄像镜头摄取影像，将能捕捉到的图像通过数据线传输到电脑的数据采集卡中，之后由软件在电脑显示器上成像，通过工作台带动光学尺，在 X、Y、Z 方向上移动，通过软件进行演算，完成数据采集测量工作。

(2) 三维影像测量技术的特点

① 全类型的尺寸测量　可以测量点、线、圆、圆弧、直径、角度和交点、宽、中间点、倾斜角、XYZ 直线距离、3D 点线距离、圆柱、圆锥、轮廓、球形的半径与直径、平面、重心。

图 5-112　三维影像测量系统

② 全面的几何公差构建　可以构建所有的几何特征：直线度、圆度、平面度、圆柱度（纵向的圆柱必须用探针）、线轮廓度、面轮廓度、平行度、垂直度、倾斜度、同轴度（同心度）、对称度、位置度、圆跳动、全跳动。

③ 先进的光源系统　装配四种可调的光源系统，不仅观测到工件轮廓，而且对于工件

的表面形状和高低,也可以实现精准的测量。使用冷光源系统,可以避免工件在测量时因为热变形而产生误差,并避免了由于碰触引起的变形。

④ 超强特征提取　自动过滤毛刺、缺陷等智能化特征弥补。不受零件表面纹理和材质影响的高度方向的精密测量,实现真正的非接触式的3D测量。使得微细制造的零件,在测量高度、平面度及空间角度等位置关系方面成为可能,并且具有高可靠性的测量准确性和重复性。

⑤ 高适应性定位　根据产品特点,可以灵活进行基准的补正、旋转、置零。

⑥ 快捷的扫描功能　对产品轮廓进行线性扫描,系统全自动测量过程中,优异的影像识别能力使得全自动测量成为可能。

⑦ 方便的批量测量　可储存测量程序到文件中,并重复运用编制好的测量程序进行产品的大批量测量。批量的产品数据可以通过一个按钮实现自动测量和自动输出结果,改变传统的依靠经验的手动测量方式,使自动测量的重复性控制在微米级,极大程度地提高检测水平,促进制造品质的提高。

⑧ 良好的可操作性　极具人性化的软件界面及硬件设备,使得仪器操作简单易上手。测量软件的操作便捷,比如自动抓边、自动聚焦的功能使得最大程度减少了人为误差,使得以往通过视觉对准位置进行的粗略估算的测量方式得到质的提升。可以加装激光、探针、转台等传感器,实现一个坐标系下的多元传感的综合应用,提供了复杂测量难题的解决方案。

(3) 三维影像测量仪的分类及测量原理

① 三维影像测量仪的分类　三维影像测量仪依操作方式分类有手动、马达驱动和计算机数字控制式等三种型式。

a. 手动三维影像仪。手动三维影像仪需要操作者用手握住主轴使其沿着轴移动。测量时,需注意探头与工件间的测量压力、探头移动,因加速度造成轴产生弯曲,会导致一些测量数据的误差。

b. 马达驱动式三维影像仪。马达驱动式三维影像仪一般可由游戏杆控制。它具有高测量精度、操作起来相对手动式比较容易、且提供教导式测量等优点。

c. 计算机数字控制式三维影像仪。计算机数字控制式三维影像仪除了具有马达驱动式的功能之外,还可自动依照计算机所预先设定的程序执行测量,除提供尺寸测量外,也可作曲面的轮廓测量。甚至有些厂商出品的三维影像仪,也提供了自动装拆工件的功能。

② 三维影像测量仪的测量原理　三维影像测量仪又称为非接触式三维光学测量仪,是用于测量三维几何尺寸和几何公差的仪器。三维影像测量仪使用本身配置的硬件(CCD、变焦系统及机械系统),将所能捕捉到的图像通过数据线传输到电脑的数据采集卡中,由光学放大系统对被测物体进行放大,经过CCD摄像系统采集影像特征并送入计算机后,由操作员用鼠标在电脑上进行测量,以上的过程基本在几万分之一秒完成。可高效地检测各种复杂精密零部件的轮廓和表面形状尺寸、角度及位置,全自动地进行微观检测与质量控制。

三维影像测量仪还可将测量数据导入AutoCAD中,形成完整的工程图,生成dxf、igs等格式的文档,也可输入到Word、Excel及SPC统计分析软件中,生成CPK及各种统计报表。与传统的手摇式影像测量仪和二维影像测量仪相比,功能更加强大、操作更加简便、测量更加智能。

三维影像测量仪可根据工件大小选择不同行程的工作台。光源可以使用轮廓光、表面光、环形光。亮度也可调,可以在各种光线条件下选择最合适的光源亮度,保证测量特征清晰、特征易于捕捉和全自动测量程序的可靠性。

5.5 测量方法及测量技术的应用原则

5.5.1 测量方法的分类

广义的测量方法,是指测量时采用的测量原理、测量器具和测量条件的总和。而在实际测量工作中,测量方法通常是指获得测量结果的具体方式,它可以按下面几种情况进行分类。

(1) 按被测几何量获得的方法分类

① 直接测量　直接测量是指被测几何量的量值直接由测量器具读出。例如,用游标卡尺、千分尺测量轴径的大小。

② 间接测量　间接测量是指欲测量的几何量的量值由实测几何量的量值按一定的函数关系式运算后获得。例如,测量较大圆柱形零件的直径 D 时,可以先测出其周长 L,然后通过公式 $D=L/\pi$,求得零件的直径。

直接测量过程简单,其测量精度只与这一测量过程有关,而间接测量的精度不仅取决于实测几何量的测量精度,还与所依据的计算公式和计算的精度有关。一般来说,直接测量的精度比间接测量的精度高。因此,应尽量采用直接测量,对于受条件所限无法进行直接测量的场合采用间接测量。

(2) 按示值是否是被测几何量的全部量值分类

① 绝对测量　绝对测量是指测量时测量器具的示值就是被测几何量的全部量值。例如,用游标卡尺、千分尺测量轴径的大小。

② 相对测量　相对测量又称比较测量,这时测量器具的示值只是被测几何量相对于标准量(已知)的偏差,被测几何量的量值等于已知标准量与该偏差值(示值)的代数和。例如,用立式光学比较仪测量轴径,测量时先用量块调整示值零位,该比较仪指示出的示值为被测轴径相对于量块尺寸的偏差。

(3) 按测量时被测表面与测量器具的测头是否接触分类

① 接触测量　接触测量是指在测量过程中,测量器具的测头与被测表面接触,即有测量力存在。例如,用立式光学比较仪测量轴径。

② 非接触测量　非接触测量是指在测量过程中,测量器具的测头不与被测表面接触,即无测量力存在。例如,用光切显微镜测量表面粗糙度,用气动量仪测量孔径。

对于接触测量,测头和被测表面的接触会引起弹性变形,即产生测量误差。而非接触测量则无此影响,故易变形的软质表面或薄壁工件多用非接触测量。

(4) 按工件上同时测量被测几何量的多少分类

① 单项测量　单项测量是指对工件上的各个被测几何量分别进行测量。例如,用公法线千分尺测量齿轮的公法线长度偏差,用跳动检查仪测量齿轮的径向跳动等。

② 综合测量　综合测量是指对工件上几个相关几何量的综合效应同时测量得到综合指标,以判断综合结果是否合格。例如,用齿距仪测量齿轮的齿距累积偏差,实际上反映的是齿轮的公法线长度变动和径向跳动两种偏差的综合结果。

综合测量的效率比单项测量的效率高。一般来说单项测量便于分析工艺指标;综合测量便于只要求判断合格与否,而不需要得到具体的测得值的场合。

(5) 按测头和被测表面之间是否处于相对运动状态分类

① 动态测量　动态测量是指在测量过程中,测头与被测表面处于相对运动状态。动态测量能反映被测量的变化过程,例如用电动轮廓仪测量表面粗糙度。

② 静态测量 静态测量是指在测量过程中，测头与被测表面处于相对静止状态。例如千分尺测量轴的直径。

(6) 按测量在加工过程中所起的作用分类

① 主动测量（又称在线测量） 主动测量是指零件在加工过程中进行的测量。其测量结果可直接用以控制加工过程，及时防止废品的产生。

② 被动测量（又称离线测量） 被动测量是指零件在加工完成后进行的测量，它主要用于发现并剔除废品。

以上测量方法的分类是从不同角度考虑的。一个具体的测量过程，可能有几种测量方法的特征。测量方法的选择，应考虑零件的结构特点、精度要求、生产批量、技术条件和经济效果等方面。

5.5.2　测量技术的基本原则

在实际测量中，对于同一被测量往往可以采用多种测量方法。为减小测量不确定度，应尽可能遵守以下基本测量原则。

(1) 基准统一原则

基准统一原则是指产品设计基准、工艺基准、检测基准、装配基准的统一。

产品设计基准、工艺基准、检测基准、装配基准的统一是保证产品质量的先决条件，做不到四基准的统一，产品质量控制就无从谈起。所以，在产品设计制造过程中必须做到四基准统一。设计员在产品设计时既要考虑设计基准、工艺基准，还要考虑检测基准和装配基准；工艺员在编写工艺及工装、夹具设计时，不但要完全领会产品设计员的设计思路，而且要按照产品设计人员的思路能够实现加工；检验员既要明白产品设计思想，还要知道产品加工工艺过程，尽量做到直接检测，减少测量误差；装配工人对产品装配时，在清楚装配关系的同时还要严格按照装配工艺装配操作。

选择统一的基准来加工工件上的多个表面，便于保证各加工表面间的相互位置精度，可以避免基准转换所产生的定位误差，并简化夹具的设计和制造工作。例如：轴类零件常采用顶尖孔作为统一的基准加工外圆表面，这样可以保证各表面之间较高的同轴度；轮盘类零件常用一端面和一短孔为基准完成各工序的加工；壳体类零件常用一大平面和两个距离较远的孔作为基准。

(2) 阿贝原则（长度测量）

阿贝原则定义为：如果要使测量仪器得出正确的测量结果，则必须将仪器的标尺安装在被测件测量中心线的延长线上。因此可以称为共线原则、串联原则。

也就是说，量具或仪器的标准量系统和被测尺寸应成串联形式。若为并联排列，则该计量器具的设计，或者说其测量方法原理不符合阿贝原则。凡违反阿贝原则所产生的误差叫阿贝误差。不符合阿贝原则所产生的误差是一次误差，标准尺与被测件的距离越大，误差越大，它是一种不可忽视的误差。符合阿贝原则所产生的误差是二次误差，当表尺与被称为测件测量中心线的夹角很小时，此误差可忽略不计。

阿贝原则是长度计量的最基本原则，其意义在于，它可以显著减少测量头移动方向偏差对测量结果的影响，避免了因导轨误差引起的一次测量误差。在检定和测试中遵守阿贝原则可提高测量的准确度。

按阿贝原则设计的最典型的仪器是阿贝比长仪、立式光学计、测长仪等。这些仪器，由于导轨的直线度误差所造成的倾斜角的影响只能产生二次误差，因此对仪器导轨直线度的要求可以降低，这就降低了仪器制造成本。但缺点是串联布置，加大了仪器长度尺寸，温度对变形影响也大。因此，在某些情况下不得不违反阿贝原则，采用并联布置的方式。这时应该采取其他有效措施以减少、甚至消除这种测量原理方面产生的误差。例如：游标卡尺测工件、万能工具显微镜纵向测量等。为减少所产生的测量误差（一次误差），一方面要提高导轨的加工精度，另一方面在测量时尽量缩短标准尺与被测件的距离。

(3) 最短测量链原则

最短测量链原则是指为保证一定的测量准确度，测量链的环节应该最少，即测量链最短，可使总的测量误差控制在最小的程度。

在间接测量中，与被测量具有函数关系的其他量与被测量形成测量链。形成测量链的环节越多，被测量的不确定度越大。因此，应尽可能减少测量链的环节数，并减少各环节的误差，以保证测量精度。当然，按此原则最好不采用间接测量，而采用直接测量。所以，只有在不可能采用直接测量，或直接测量的精度不能保证时，才采用间接测量。例如，以最少数目的量块组成所需尺寸的量块组，就是最短链原则的一种实际应用。

(4) 封闭原则（角度测量）

封闭原则又称闭合原则，它是角度测量的基本原则。其定义为：圆周被分割成若干等分，每等分实际上都不会是理想的等分值，都存在误差，但圆周分度首尾相接的间距误差的总和为 0。即：0°和 360°总是重合的。

因此，在测量中，如能满足封闭条件，则其误差的总和必然为零，在没有更高精度的圆分度标准器的情况下，采用"自检法"可以实现高精度测量的目的。如圆周分度器件：圆刻度盘、圆柱齿轮的测量；方形类器件：方箱、方形角尺的测量，都可以利用封闭原则进行"自检"。封闭原则对凡能形成圆周封闭条件的场合均可适用。

(5) 最小变形原则

最小变形原则是指，在测量过程中，要求被测工件与测量器具之间的相对变形最小。

测量过程中，测量器具与被测零件都会因实际温度偏离标准温度和受力（重力和测量力）而产生变形，形成测量误差。如果采用控制测量温度及其变动、保证测量器具与被测零件有足够的等温时间、选用与被测零件线膨胀系数相近的测量器具、选用适当的测量力并保持其稳定、选择适当的支承点等方法，都是实现最小变形原则的有效措施。

(6) 随机原则

随机原则是指，在测量实践中，对那些影响较大的因素进行分析计算，若属系统误差，则可设法消除其对测量结果的影响，而对其他的大多数因素造成的测量误差，包括不予修正的微小系统误差，可按随机误差处理。

对于随机误差，可应用概率与数理统计原理，通过对一系列测量结果的处理，减小其对测量结果的影响。

(7) 重复原则

重复原则是指，对同一被测参数重复进行测量。若测量结果相同或变化不大，则一般表明测量结果的可靠性较高。若用精度相近的不同方法测量同一参数而能获得相同或相近测量结果，则表明测量结果的可靠性很高。

"重复原则"是测量实践中判断测量结果可靠性的常用准则，按"重复原则"还可判断测量条件是否稳定。

第6章 测量误差及数据处理

测量的目的是获取被测量的真实量值,但由于受到种种因素的影响,测量结果总是与被测量的真实量值不一致,即任何测量都不可避免地存在着测量误差。为了减小和消除测量误差对测量结果的影响,需要研究和了解测量误差、测量不确定度及数据处理。

6.1 测量误差的概述

6.1.1 测量误差简介

(1) 测量误差及真值的概念

对于任何测量过程,由于实验原理和实验方法的不完善,所采用的测量装置性能指标的局限,测量环境中的各种干扰因素,以及操作人员技术水平的限制,必然使测得值与被测量的真实量值之间存在着差异。这种测量结果与被测量的真实量值之间的差异,称为测量误差,简称误差。在测量过程中各种各样的测量误差的产生是不可避免的,测量误差自始至终存在于测量过程中,一切测量结果都存在误差。

随着科学技术的发展和人们认识水平的不断提高,可以将测量误差控制得越来越小,但是测量误差的存在仍是不可避免的。因此,每一个实际测得值,往往只是在一定程度上接近被测量的真值。

被测量的真值是指在一定的时间和空间条件下,能够准确反映某一被测量真实状态和属性的量值,也就是某一被测量客观存在的、实际具有的量值。理论真值是在理想情况下表征某一被测量真实状态和属性的量值。理论真值是客观存在的,或者是根据一定的理论所定义的。例如,三角形三内角之和为 $180°$。

由于测量误差的普遍存在,一般情况下被测量的理论真值是不可能通过测量得到的,只能用约定的办法来确定真值。约定真值是人们定义的,得到国际上公认的某个被测量的标准量值,例如:光速被约定为 $3×10^8 \text{m/s}$。

在满足实际需要的前提下,相对于实际测量所考虑的精确程度,其测量误差可以忽略的测量结果,称为实际值。实际值在满足规定的精确程度时用以代替被测量的真值。例如,在标定测量装置时,把高精度等级的计量器具所测得的量值作为实际值。

(2) 测量误差的表示方法

① 绝对误差 绝对误差 δ 的定义为被测量的测得值 l 与真值 L 之差,即

$$\delta = l - L \tag{6-1}$$

上式所表达的测量误差,反映了测得值偏离真值的程度。绝对误差具有与被测量相同的单位,是一个代数差,其值可为正亦可为负。因此,对公称尺寸相同的几何量进行测量时,绝对误差的绝对值越小,说明测得值越靠近真值,测量精度越高;反之,则测量精度越低。

由于被测量的真值 L 往往无法得到,因此常用实际值 A 来代替真值,因此有

$$\delta = l - A \tag{6-2}$$

在用于校准仪表和对测量结果进行修正时,常常使用修正值对测量值进行修正。修正值 C 定义为

$$C = A - l = -\delta \tag{6-3}$$

由上式可知,修正值为绝对误差的负值。测得值加上修正值等于实际值,即 $l + C = A$,通过修正使测量结果得到更准确的数值。

采用绝对误差来表示测量误差往往不能很确切地表明测量质量的好坏。例如,厚度尺寸测量的绝对误差 $\delta = \pm 1\text{mm}$,如果用于机械零件配合面的测量,会影响配合精度,甚至不能装配;但如果用于建筑物墙体测量,就是非常理想的情况了。

② 相对误差 相对误差是指测量误差与被测量的真值之比,它是一个无量纲的数值,通常用百分数表示为

$$\delta_r = (l - L)/L = (\delta/L) \times 100\% \approx (\delta/l) \times 100\% \tag{6-4}$$

由于实际测量中真值无法得到,因此可用实际值 A 或测得值 l 代替真值 L 来计算相对误差。

用实际值 A 代替真值 L 来计算的相对误差称为实际相对误差,用 δ_A 来表示,即

$$\delta_A = (l - L)/L = (\delta/A) \times 100\% \tag{6-5}$$

用测得值 l 代替真值 L 来计算的相对误差称为示值相对误差,用 δ_l 来表示,即

$$\delta_l = (l - L)/L = (\delta/l) \times 100\% \tag{6-6}$$

在实际应用中,因测得值与实际值相差很小,即 $A \approx l$,故 $\delta_A \approx \delta_l$,一般 δ_A 与 δ_l 不加以区别。对公称尺寸不同的几何量进行测量时,要采用相对误差来判断测量精度的高低。采用相对误差来表示测量误差,能够较确切地表明测量的精确程度。

③ 引用误差 绝对误差和相对误差仅能表明某个测量点的误差。实际的测量装置往往可以在一个测量范围内使用,为了表明测量装置的精确程度而引入了引用误差。

引用误差定义为绝对误差 δ 与测量装置的量程 B 的比值,用百分数来表示,即

$$\gamma = (\delta/B) \times 100\% \tag{6-7}$$

测量装置的量程 B 是指测量装置测量范围上限 X_{max} 与测量范围下限 X_{min} 之差,即

$$B = X_{max} - X_{min} \tag{6-8}$$

引用误差实际上是采用相对误差形式,来表示测量装置所具有的测量准确程度。

测量装置在测量范围内的最大引用误差,称为引用误差限 γ_m,它等于测量装置测量范围内最大的绝对误差 δ_{max} 与量程 B 之比的绝对值,即

$$\gamma_m = (\delta_{max}/B) \times 100\% \tag{6-9}$$

测量装置应保证在规定的使用条件下其引用误差限不超过某个规定值,这个规定值称为仪表的允许误差。允许误差能够很好地表征测量装置的测量准确程度,它是测量装置最主要的质量指标之一。

6.1.2 测量误差的产生

在实际测量中,产生测量误差的因素很多,归纳起来主要有以下几个方面。

(1) 测量器具引起的误差

测量器具引起的误差是指测量器具本身的误差,包括测量器具在设计、制造、装配和使用过程中的误差,这些误差的总和反映在示值误差和测量的重复性上。

设计测量器具时,为了简化结构而采用近似设计的方法会产生测量误差。例如,当设计的测量器具不符合阿贝原则时,会产生测量误差。一般符合阿贝原则的测量引起的测量误差很小,可以略去不计。不符合阿贝原则的测量引起的测量误差较大。例如,千分尺的标准线

（测微螺杆轴线）与工件被测线（被测直径）在同一条直线上，而游标卡尺作为标准长度的标尺与被测直径不在同一条直线上。所以用千分尺测量轴径，要比用游标卡尺测量轴径的测量误差更小，即测量精度更高。

测量器具零件的制造和装配误差也会产生测量误差。例如表盘的刻制与装配偏心、仪器中量头的直线位移与指针的角位移不成比例、光学系统的放大倍数误差、齿轮分度误差等。这些误差使测量仪器所指示的数值并不完全符合被测尺寸变化的实际情况，称为示值误差。

(2) 基准件的误差

基准件的误差，是指在测量时，用来与被测尺寸进行比较的基准件（如标尺、量块）制造与检定误差，将直接反映到测量结果中，引起测量误差。

例如在立式光学仪上用2级量块作基准调零，测量直径为20mm的塞规时，仅由2级量块就会产生 $0.6\mu m$ 的测量误差。因此在测量时，要合理地选择基准件的精度，一般要求，基准件的误差应不超过测量误差的1/3。

(3) 测量方法引起的误差

测量方法引起的误差，是指测量方法的不完善（包括计算公式不准确，测量方法选择不当，工件安装、定位不准确等）引起的误差，都会产生测量误差。例如，在间接测量法中因采用近似的函数关系原理而产生的误差，或经过多个数据计算后产生的累积误差。

(4) 测量环境引起的误差

测量环境引起的误差是指测量时，环境条件（温度、湿度、气压、照明、振动、电磁场等）不符合标准的测量条件所引起的误差，它会产生测量误差。例如，被测零件和测量器具的材料不同时，它们的线胀系数也不相同，这将产生一定的测量误差。在测量长度时，规定的环境条件标准温度为20℃，但是在实际测量时被测零件和测量器具的温度与标准温度会有一定的偏差，这时会产生测量误差，可用下列公式计算

$$\Delta L = L[\alpha_1(t_1-20)-\alpha_2(t_2-20)] \tag{6-10}$$

式中　ΔL——由于温度引起的测量误差；

　　　L——被测尺寸；

　　　α_1——被测件的线胀系数；

　　　α_2——测量仪器（量具）的线胀系数；

　　　t_1——被测件的温度；

　　　t_2——测量器具的温度。

(5) 测量人员引起的误差

测量人员引起的误差是指测量人员人为的差错，如测量瞄准不准确、读数或估读错误等，都会产生测量误差。它的大小取决于测量人员的操作技术水平和其他主观因素。例如，当指示器停留在两条标尺记之间要用目力估读指针移过的小数部分，这对于不同的人，将会得到不同的结果，这就形成了测量结果的读数误差。还有眼睛分辨力引起的误差、斜视误差、错觉等。

(6) 测量力引起的变形误差

测量力引起的变形误差是指，使用量仪进行接触测量时，测量力使量仪和工件接触部分变形而产生的测量误差。例如，在测长机上用绝对法测量钢制零件平面，两球面测头 $r=20mm$，测量力 $P=2N$，则变形量为 $0.4\mu m$。在立式光学计上测量 $\phi2$ 的钢球，用硬质合金平面测头，工作台为钢制平面，测量力 $P=2N$，而变形量为 $0.9\mu m$。

6.2 测量误差的分类及数据处理

按测量误差的特点和性质,可分为系统误差、随机误差和粗大误差三类。

6.2.1 系统误差

(1) 系统误差的概念

系统误差是指在重复性条件下,对同一被测量进行无限多次测量,所得结果的平均值与被测量的真值之差。若误差的大小和符号均保持不变,称为定值系统误差;若误差的大小和符号按某一规律变化,称为变值系统误差。例如,在比较仪上用相对法测量零件尺寸时,调整量仪所用量块的误差,会引起定值系统误差;量仪的分度盘与指针回转轴偏心所产生的示值误差,会引起变值系统误差。

根据系统误差的性质和变化规律,从理论上讲,系统误差可以用计算或实验对比的方法确定,用修正值(校正值)从测量结果中予以消除。但在某些情况下,系统误差由于变化规律比较复杂,不易确定,因而难以消除。

(2) 系统误差的发现

发现系统误差必须根据具体测量过程和测量器具进行全面而仔细的分析,但目前还没有能够找到可以发现各种系统误差的方法,下面只介绍适用于发现某些系统误差常用的两种方法。

① 实验对比法　实验对比法是指通过改变产生系统误差的测量条件,进行不同测量条件下的测量,来发现系统误差。这种方法适用于发现定值系统误差。例如,量块按标称尺寸使用时,在测量结果中,就存在着由于量块尺寸偏差而产生的大小和符号均不变的定值系统误差,重复测量也不能发现这一误差,只有用另一块更高等级的量块进行对比测量,才能发现它。

② 残差观察法　残差观察法,是指根据测量列的各个残差大小和符号的变化规律,直接由残差数据或残差曲线图形来判断有无系统误差,这种方法主要适用于发现大小和符号按一定规律变化的变值系统误差。根据测量先后顺序,将测量列的残差作图,观察残差的规律。若残差大体正、负相间,又没有显著变化,就认为不存在变值系统误差,如图 6-1(a)所示;若残差按近似的线性规律递增或递减,就可判断存在着线性系统误差,如图 6-1(b)所示;若残差的大小和符号有规律地周期变化,就可判断存在着周期性系统误差,如图 6-1(c)所示;若残差按某种特定的规律变化,则可判断存在复杂变化的系统误差,如图 6-1(d)所示。但是残差观察法在测量次数不足够多时,也有一定的难度。

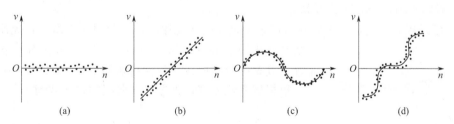

图 6-1　用残差作图判断系统误差

(3) 系统误差的消除

① 从产生误差根源上消除系统误差　这要求测量人员对测量过程中可能产生系统误差的各个环节进行分析,并在测量前就将系统误差从产生根源上加以消除。例如,为了防止测

量过程中仪器示值零位的变动,测量开始和结束时都需检查示值零位。

② 用修正法消除系统误差 这种方法是预先将测量器具的系统误差检定或计算出来,做出误差表或误差曲线,然后取与误差数值相同而符号相反的值作为修正值,将测得值加上相应的修正值,即可使测量结果不包含系统误差。

③ 用抵消法消除定值系统误差 这种方法要求在对称位置上分别测量一次,以使这两次测量中测得的数据与出现的系统误差大小相等,符号相反,取这两次测量中数据的平均值作为测得值,即可消除定值系统误差。例如,在工具显微镜上测量螺纹螺距时,为了消除螺纹轴线与量仪工作台移动方向倾斜而引起的系统误差,可分别测取螺纹左、右牙面的螺距,然后取它们的平均值作为螺距测得值。

④ 用半周期法消除周期性系统误差 对周期性系统误差,可以每隔半个周期进行一次测量,以相邻两次测量数据的平均值作为一个测得值,即可有效消除周期性系统误差。

消除和减小系统误差的关键是找出误差产生的根源和规律。实际上,系统误差不可能完全消除。一般来说,系统误差若能减小到使其影响相当于随机误差的程度,则可认为已被消除。

6.2.2 随机误差

(1) 随机误差的概念

随机误差是指测量结果与在重复条件下,对同一被测量进行无限多次测量所得结果的平均值之差。

随机误差主要是由测量过程中一些偶然性因素或不确定因素引起的,因此在多次测取同一量值时,误差的大小和符号是以不可预定的方式变化的。例如,量仪传动机构的间隙、摩擦、测量力的不稳以及温度波动等引起的测量误差,都属于随机误差。

就某一次具体测量而言,随机误差的绝对值和符号无法预先知道。既可能为正(测量结果偏大),也可能为负(测量结果偏小),且误差绝对值起伏无规则。但对于连续多次重复测量来说,随机误差符合一定的概率统计规律,因此,增加测量次数,可以应用概率论和数理统计的方法来对它进行处理,减小随机误差。

系统误差和随机误差的划分并不是绝对的,它们在一定的条件下是可以相互转化的。例如,按一定公称尺寸制造的量块总是存在着制造误差,对某一具体量块来讲,可认为该制造误差是系统误差,但对一批量块而言,制造误差是变化的,可以认为它是随机误差。在使用某一量块时,若没有检定该量块的尺寸偏差,而按量块标称尺寸使用,则制造误差属随机误差;若检定出该量块的尺寸偏差,按量块实际组成要素的尺寸使用,则制造误差属系统误差。

(2) 随机误差的分布规律及特性

前面已经提到,随机误差就其整体来说是有内在规律的,通常服从正态分布规律,或者服从其他规律的分布,如等概率分布、三角分布、反正弦分布等,其正态分布曲线(俗称高斯曲线),如图 6-2 所示。

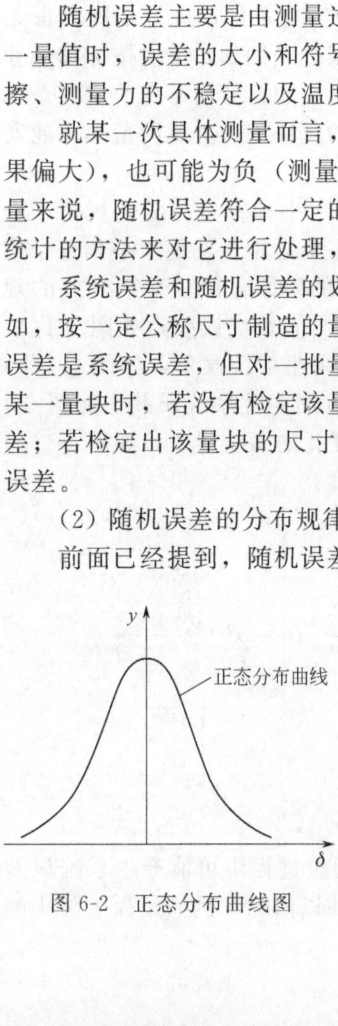

根据概率论原理,正态分布曲线的表达式为

$$y = f(\delta) = \frac{1}{\sigma\sqrt{2\pi}} e^{\frac{\delta^2}{2\sigma^2}} \tag{6-11}$$

式中 y——概率分布密度;

δ——随机误差;

σ——标准偏差;

图 6-2 正态分布曲线图

e——自然对数的底。

从公式(6-11)和图 6-2 看出，随机误差具有以下四个基本特性。

① 单峰性　绝对值越小的随机误差出现的概率越大，反之则越小。
② 对称性　绝对值相等的正、负随机误差出现的概率相等。
③ 有界性　在一定测量条件下，随机误差的绝对值不超过一定界限。
④ 抵偿性　随着测量的次数增加，随机误差的算术平均值趋于零，即各次随机误差的代数和趋于零。这一特性是对称性的必然反映。

(3) 随机误差的评定指标

评定随机误差时，通常以正态分布曲线的两个参数，即算术平均值 $\overline{L}$ 和标准偏差 σ 作为评定指标。

① 算术平均值 $\overline{L}$

对同一尺寸进行 N 次等精度测量，得到的测量结果为 l_1、l_2、$\cdots$、l_N，则

$$\overline{L} = \frac{l_1 + l_2 + l_3 + \cdots + l_N}{N} = \frac{1}{N}\sum_{i=1}^{N}l_i \tag{6-12}$$

由公式(6-1)：$\delta = l - L$ 可知，各次测量的随机误差为

$$\delta_1 = l_1 - L$$
$$\delta_2 = l_2 - L$$
$$\delta_3 = l_3 - L$$
$$\cdots$$
$$\delta_N = l_N - L$$

将等式两边相加得

$$\delta_1 + \delta_2 + \delta_3 + \cdots + \delta_N = (l_1 + l_2 + l_3 + \cdots + l_N) - NL$$

即

$$\sum_{i=1}^{N}\delta_i = \sum_{i=1}^{N}l_i - NL$$

将等式两边同除以 N 得：$\frac{1}{N}\sum_{i=1}^{N}\delta_i = \frac{1}{N}\sum_{i=1}^{N}l_i - L = \overline{L} - L$

即

$$\delta_{\overline{L}} = \frac{1}{N}\sum_{i=1}^{N}\delta_i \tag{6-13}$$

式中　$\delta_{\overline{L}}$——算术平均值 $\overline{L}$ 的随机误差。

由公式(6-13)可知，当 $N \to \infty$ 时，$\frac{1}{N}\sum_{i=1}^{N}\delta_i = 0$，$L = \overline{L}$。即，如果对某一尺寸进行无限次测量，则全部测得值的算术平均值 $\overline{L}$ 就等于其真值 L。实际上，无限次测量是不可能的，也就是说真值是找不到的。但进行测量的次数越多，其算术平均值就会越接近真值。因此，将算术平均值作为最后测量结果是可靠的、合理的。

以算术平均值作为测量的最后结果，则测量中各测得值与算术平均值的代数差称为残余误差 v_i，即 $v_i = l_i - \overline{L}$。残余误差是由随机误差引申而来的，故当测量次数 $N \to \infty$ 时，$\lim\limits_{N \to \infty}\sum_{i=1}^{N}v_i = 0$。

用算术平均值作为测量结果是可靠的，但它不能反映测得值的精度。例如有两组测得值：第一组：12.005，11.996，12.003，11.994，12.002；第二组：11.9，12.1，11.95，12.05，12.00。

可以算出 $\overline{L_1} = \overline{L_2} = 12$，但从两组数据看出，第一组测得值比较集中，第二组测得值比较分散，即说明第一组每一测得值比第二组每一测得值更接近于算术平均值 $\overline{L}$（即真值），也就是说第一组测得值精密度比第二组高。

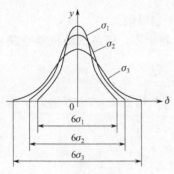

图 6-3 标准偏差对随机误差分布特性的影响

由公式(6-11)可知，概率密度 y 与随机误差 δ 及标准偏差 σ 有关。当 $\delta = 0$ 时，概率密度最大，$y_{max} = 1/(\sigma\sqrt{2\pi})$，且不同的标准偏差对应不同形状的正态分布曲线。如图 6-3 所示，若三条正态分布曲线，$\sigma_1 < \sigma_2 < \sigma_3$，则 $y_{1max} > y_{2max} > y_{3max}$。这表明 σ 越小，曲线越陡，随机误差分布就越集中，测量的精密度也就越高；反之，σ 越大，曲线越平缓，随机误差分布就越分散，测量的精密度也就越低。因此，标准偏差 σ 可作为随机误差评定指标来评定测得值的精密度。

② 标准偏差 σ

a. 测量列中任一测得值的标准偏差 根据误差理论，等精度测量列中单次测量（任一测量值）的标准偏差可用下式计算

$$\sigma = \sqrt{\frac{(\delta_1^2 + \delta_2^2 + \cdots \delta_N^2)}{N}} = \sqrt{\frac{1}{N}\sum_{i=1}^{N}\delta_i^2} \quad (6\text{-}14)$$

理论上，随机误差的分布范围应在正、负无穷之间，但这在生产实践中是不切实际的。一般随机误差主要分布在 $\delta = \pm 3\sigma$ 范围之内，由概率论可知，δ 落在 $\pm 3\sigma$ 范围内出现的概率为 99.73%。所以，可以把 $\delta = \pm 3\sigma$ 看作随机误差的极限值，记作 $\delta_{lim} = \pm 3\sigma$。

b. 测量列中任一测得值的实验标准偏差（即标准偏差的估计值）σ' 由公式(6-6)计算 σ 值必须具备三个条件：真值 L 必须已知；测量次数要无限次；无系统误差。但在实际测量中要达到这三个条件是不可能的，所以常采用残余误差 v_i 代替 δ_i 来估算标准偏差。实验标准偏差值 σ' 为

$$\sigma' = \sqrt{\frac{1}{N-1}\sum_{i=1}^{N}v_i^2} \quad (6\text{-}15)$$

c. 测量列算术平均值的标准偏差 $\sigma_{\overline{L}}$ 标准偏差 σ 代表一组测量值中任一测得值的精密度。但在系列测量中，是以测得值的算术平均值 $\overline{L}$ 作为测量结果的。因此，更重要的是要确定算术平均值的精密度，即算术平均值的标准偏差。

根据误差理论，算术平均值的标准偏差 $\sigma_{\overline{L}}$ 与测量列中任一测得值的标准偏差 σ 存在如下关系

$$\sigma_{\overline{L}} = \frac{\sigma}{\sqrt{N}} \quad (6\text{-}16)$$

同样，算术平均值的实验标准偏差 $\sigma'_{\overline{L}}$ 与任一测得值的实验标准偏差 σ' 的关系为

$$\sigma'_{\overline{L}} = \frac{\sigma'}{\sqrt{N}} = \sqrt{\frac{\sum_{i=1}^{N}v_i^2}{N(N-1)}} \quad (6\text{-}17)$$

(4) 随机误差的处理

随机误差不可能被消除，但可应用概率与数理统计方法，通过对测量列的数据处理，评定其对测量结果的影响。

在具有随机误差的测量列中，常以算术平均值 $\overline{L}$ 表征最可靠的测量结果，以标准偏差 σ

表征随机误差。其处理方法如下:

① 计算测量列算术平均值 $\overline{L}$。
② 计算测量列中任一测得值的实验标准偏差值 σ'。
③ 计算测量列算术平均值的实验标准偏差值 $\sigma'_{\overline{L}}$。
④ 确定测量结果。

多次测量结果可表示为

$$L = \overline{L} \pm 3\sigma'_{\overline{L}} \tag{6-18}$$

6.2.3 粗大误差

(1) 粗大误差的概念

粗大误差是指超出在一定测量条件下预计的测量误差,就是对测量结果产生明显歪曲的测量误差。含有粗大误差的测得值称为异常值,它的数值比较大。粗大误差的产生有主观和客观两方面的原因,主观原因如测量人员疏忽造成的读数误差,客观原因如外界突然振动引起的测量误差。由于粗大误差明显歪曲测量结果,因此在处理测量数据时,直接将其剔除。

(2) 粗大误差的处理

明显地偏离了被测量真值的测得值所对应的误差,称为粗大误差。粗大误差的产生,有测量操作人员的主观原因,如读错数、记错数、计算错误等,也有客观外界条件的原因,如外界环境的突然变化等。粗大误差的数值比较大,会对测量结果产生明显的歪曲,在测量中应尽可能避免。如果粗大误差已经产生,则应根据判断粗大误差的准则予以剔除,通常用拉依达准则来判断。

拉依达准则又称 3σ 准则。当测量列服从正态分布时,残余误差落在 $\pm 3\sigma$ 外的概率很小,仅有 0.27%。因此,将超出 $\pm 3\sigma$ 的残余误差作为粗大误差,即

$$|v_i| > 3\sigma \tag{6-19}$$

则认为该残余误差对应的测得值含有粗大误差,在误差处理时应予以剔除。

6.2.4 测量不确定度

测量的目的是确定被测量的量值,测量的质量会直接影响到国家和企业的经济效益,测量的质量也是科学实验成败的重要因素,测量结果和由测量结果得出的结论还可能成为决策的重要依据。因此,当报告测量结果时,必须对测量结果的质量给出定量说明,以确定测量结果的可信程度。测量不确定度就是对测量结果的质量的定量评定。

(1) 测量不确定度的定义

测量不确定度,是指表征合理地赋予被测量之值的分散性,是与测量结果相联系的参数,直接反映测量结果的置信度。测量不确定度从词义上理解,意味着对测量结果可信性、有效性的怀疑程度或不肯定程度,是定量说明测量结果质量的一个参数。实际上由于测量的不完善和人们的认识不足,所得的被测量值具有分散性,即每次测得的结果不是同一值,而是以一定的概率分散在某个区域内的许多个值。虽然客观存在的系统误差是一个不变值,但由于我们不能完全认知或掌握,只能认为它是以某种概率分布存在于某个区域内,而这种概率分布本身也具有分散性。测量不确定度就是说明被测量之值分散性的参数,它不说明测量结果是否接近真值。

通常测量结果的好坏用测量误差来衡量,但是测量误差只能表现测量的短期质量。测量过程是否持续受控,测量结果是否能保持稳定一致,测量能力是否符合生产盈利的要求,需要用测量不确定度来衡量。测量不确定度越大,表示测量能力越差;反之,表示测量能力越

强。不过，不管测量不确定度多小，测量不确定度范围必须包括真值（一般用约定真值代替），否则表示测量过程已经失效。

（2）测量不确定度与测量误差的区别（见表6-1）

表6-1 测量不确定度与测量误差的区别

测量不确定度	测量误差
是一个无符号的参数值，用标准偏差或标准偏差的倍数表示该参数的值	是一个有正号或负号的量值，其值为测量结果减去被测量的真值
以测量结果为中心，评估测量结果与被测量真值相符合的程度，表明被测量值的分散性	以真值为中心，说明测量结果与真值的差异程度，表明测量结果偏离真值
与人们对被测量、影响量及测量过程的认识有关	客观存在，不以人的认识程度而改变
可以由人们根据实验、数据、经验等信息进行评定，从而可以定量确定测量不确定度值	由于真值未知，往往不能准确得到测量误差的值，当用约定真值代替真值时，可以得到测量误差的估计值
测量不确定度评定时一般不区分其性质，若需要说明时应表述为"由随机效应引入的不确定度分量"和"由系统影响引入的不确定度分量"，不能称为"随机不确定度"或"系统不确定度"	测量误差可分为随机误差和系统误差两类，按定义随机误差和系统误差都是无穷多次测量时的理想概念
不能用测量不确定度对测量结果进行修正，在已修正的测量结果的测量不确定度中应考虑修正不完善引入的测量不确定度分量	已知系统误差的估计值时，可以对测量结果进行修正，得到已修正的测量结果

（3）测量不确定度的来源

在实践中，测量不确定度可能来源于以下几个方面。

① 对被测量的定义不完整或不完善。例如，定义被测量是一根标称为1m长的钢棒的长度。若要求测准到微米级，则该被测量的定义就不完整，因为被测量受温度和压力的影响已比较明显。完整的定义为：标称值为1m的钢棒在25℃和$1.01×10^5$Pa时的长度。

② 实现被测量定义的方法不理想。例如，上例中，由于测量时温度和压力实际上达不到定义的要求，使测量结果引入不确定度。

③ 取样的代表性不够，即被测量的样本不能完全代表定义的被测量。例如，取某材料的一部分作样本机械测量，由于材料的均匀性使得样本不能完全代表定义的被测量，则样本引入不确定度。

④ 对测量过程受环境影响的认识不周全，或对环境条件的测量与控制不完善。

⑤ 测量仪器精度不准或其分辨力、鉴别力不够，或对测量仪器的读数有偏差。

⑥ 测量标准和标准物质的给定值或标定值不准确。

⑦ 数据处理时所引起的常量和其他参量不准。

⑧ 测量方法、测量系统和测量程序引起的测量不确定度。

⑨ 在同一条件下，被测量的各种随机影响和变化。

⑩ 修正系统误差的不完善。

（4）测量不确定度的分类

① 测量结果的不确定度一般包含若干个分量，根据其数值评定方法的不同分为两类。

a. 不确定度的A类估算：通过对观测列进行统计分析所作评定的不确定度。

b. 不确定度的B类估算：通过对观测列进行非统计分析所作评定的不确定度。

② 测量不确定度在使用中根据表示方式不同分为三种。

a. 标准不确定度：以标准偏差表示的测量不确定度。

b. 合成标准不确定度：当测量结果是由若干个其他的值求得时，由各个不确定度分量合成得到。

c. 扩展不确定度：为了提高置信水平，用包含因子 k 乘合成标准不确定度得到的一个区间来表示的测量不确定度。k 的取值大小，决定置信水平的大小。

6.3 测量精度

测量精度是指被测几何量的测得值与其真值的接近程度。它和测量误差是从两个不同角度说明同一概念的术语。测量误差越大，则测量精度就越低；测量误差越小，则测量精度就越高。为了反映系统误差和随机误差对测量结果的不同影响，测量精度可用以下三个概念表述。

（1）正确度

正确度是指在一定测量条件下，连续多次测量所得的测量结果的平均值靠近真值的程度。测量结果的平均值越接近真值，说明测量的正确度越高。正确度反映测量结果受系统误差的影响程度，正确度越高说明系统误差越小。

（2）精密度

精密度是指在一定测量条件下，连续多次测量所得的测量结果之间相互接近的程度。每次测量结果都很接近，即越密集，说明测量的精密度越高。精密度反映测量结果受随机误差的影响程度，精密度越高，则表示随机误差越小。

（3）准确度

准确度又称为精确度，是正确度和精密度的综合。准确度反映了系统误差和随机误差对测量结果的综合影响，准确度高，则反映了测量结果中系统误差和随机误差都小，表征了正确度和精密度都高。

精密度表示测量的再现性，好的精密度是保证获得良好正确度的先决条件，一般说来，测量精密度不高，就不可能有较高的正确度。反之，测量精密度高，正确度不一定高，这种情况表明测定中随机误差小，但系统误差较大。但准确度高的，精密度和正确度一定高。以射击打靶为例，其中图 6-4(a) 表示随机误差小而系统误差大，即精密度高而正确度低；图 6-4(b) 表示系统误差小而随机误差大，即正确度高而精密度低；图 6-4(c) 表示系统误差和随机误差都小，即准确度高；图 6-4(d) 表示系统误差和随机误差都大，即准确度低。

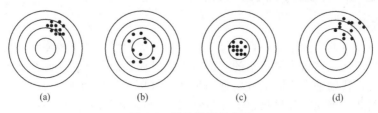

图 6-4　测量精度的表示

第 7 章

几何量精度的测量

零件在加工过程中，由于机床、夹具、刀具和零件所组成的工艺系统本身具有一定的误差，以及受力变形、热变形、振动和刀具磨损等各种因素的影响，使被加工零件的几何要素不可避免地产生各种误差。为了使零件符合规定的精度要求，除了要保证加工零件所用的设备和工艺装备具有足够的精度和稳定性之外，零件加工过程中各几何量精度的控制是一个十分重要的问题。在工程实际中，零件的几何量精度主要包括尺寸精度、几何精度和表面精度，是零件加工、装配过程中不可缺少的技术要求，是保证产品质量的三项基本原则。

零件加工以后能否满足精度要求，首先要对各几何量进行检测加以判断，因此检测是产品达到精度要求的技术保证。检测包括测量和检验两个步骤，首先对几何量进行测量得到具体数值，然后与标准量比较作出合格性判断。

7.1 尺寸精度的测量

由于被测工件的形状、大小、精度要求和使用场合不同，光滑工件尺寸的检验有两种方法：用通用的测量器具和用光滑极限量规。对于单件、小批量生产，常采用通用的测量器具（如游标卡尺、千分尺、指示表等）来测量工件尺寸，并按规定的验收极限判断工件尺寸是否合格，是一种定量检验过程；对于大批量生产，为了提高检验效率，多采用专用的测量器具光滑极限量规，来判断工件尺寸是否在极限尺寸范围内，是一种定性检验过程。

7.1.1 用通用测量器具测量工件

7.1.1.1 验收极限

加工完的工件，其实际组成要素的尺寸应位于上极限尺寸和下极限尺寸之间，包括正好等于极限尺寸时，都应该认为是合格的。但由于测量误差的存在，实际组成要素的尺寸并非工件尺寸的真值，特别是当实际组成要素的尺寸在极限尺寸附近时，加上形状误差的影响，极易造成错误判断。因此，如果只根据测量结果是否超出图样给定的极限尺寸来判断其合格性，有可能会造成误收或误废。误收，是指把尺寸超出规定尺寸极限的工件判为合格；误废，指把处在规定尺寸极限之内的工件判为废品。误收影响产品质量，误废造成经济损失。因此，为了保证产品质量，降低测量成本，需要确定合适的质量验收标准及正确选用测量器具。

（1）验收极限方式的确定

验收极限是判断所检验工件尺寸合格与否的尺寸界限。国家标准 GB/T 3177—2009《产品几何技术规范（GPS） 光滑工件尺寸的检验》中规定，验收极限可按下面两种方式之一确定。

① 内缩方式 验收极限是从规定的最大实体尺寸（MMS）和最小实体尺寸（LMS）分别向工件公差带内移动一个安全裕度 A，如图 7-1(a)、(b) 所示。A 值按工件尺寸公差 T 的 1/10 确定。

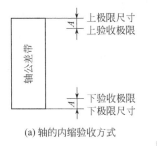 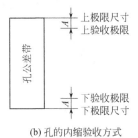 

(a) 轴的内缩验收方式　　(b) 孔的内缩验收方式　　(c) 不内缩的验收方式

图 7-1　验收极限示意图

轴尺寸的验收极限

$$上验收极限 = 最大实体尺寸(MMS) - 安全裕度(A)$$
$$下验收极限 = 最小实体尺寸(LMS) + 安全裕度(A)$$

孔尺寸的验收极限

$$上验收极限 = 最小实体尺寸(LMS) - 安全裕度(A)$$
$$下验收极限 = 最大实体尺寸(MMS) + 安全裕度(A)$$

按内缩方式验收工件，将会没有或很少有误收，并能将误废量控制在所要求的范围内。

② 不内缩方式　验收极限等于规定的最大实体尺寸和最小实体尺寸，即安全裕度 $A=0$，如图 7-1(c) 所示。此方案使误收和误废都有可能发生。

(2) 验收极限方式的选择

验收极限方式的选择要结合尺寸功能要求及其重要程度、尺寸公差等级、测量的不确定度和过程能力等因素综合考虑。一般可按下列原则选取：

① 对采用包容要求的尺寸、公差等级较高的尺寸，应选择内缩方式；

② 当过程能力指数 $C_p \geqslant 1$ 时（$C_p = T/6\sigma$，T 为工件的尺寸公差，σ 为单次测量的标准偏差），可采用不内缩方式；但对采用包容要求的尺寸，其最大实体尺寸一边，验收极限仍应按内缩方式确定；

③ 对偏态分布的尺寸，其验收极限可以只对尺寸偏向的一边（如生产批量不大，用试切法获得尺寸时，尺寸会偏向 MMS 一边），应按内缩方式确定；

④ 对非配合尺寸和一般公差尺寸，其验收极限按不内缩方式确定。

7.1.1.2　通用测量器具的选择

(1) 测量器具选择原则

国家标准 GB/T 3177—2009《产品几何技术规范（GPS）　光滑工件尺寸的检验》中规定，按照测量器具所导致的测量不确定度（简称测量器具的测量不确定度）的允许值（u_1）选择测量器具。选择时，应使所选用的测量器具的测量不确定度数值等于或小于选定的 u_1 值。

测量器具的测量不确定度允许值 u_1 按测量不确定度 u 与工件公差的比值分档：对 IT6～IT11 的分为Ⅰ、Ⅱ、Ⅲ三档；对 IT12～IT18 分为Ⅰ、Ⅱ两档。测量不确定度 u 的Ⅰ、Ⅱ、Ⅲ三档值分别为工件公差的 1/10、1/6、1/4。测量器具的测量不确定度允许值 u_1 约为测量不确定度 u 的 0.9 倍。

(2) 测量器具的测量不确定度允许值 u_1 的选定

选用测量器具的测量不确定度允许值 u_1 时，一般情况下，优先选用Ⅰ档，其次为Ⅱ档、Ⅲ档。

表 7-1～表 7-3 中列出了几种常用测量器具的测量不确定度。

表 7-1　千分尺和游标卡尺的不确定度　　　　　　　　　　　　mm

尺寸范围	测量器具类型			
	分度值 0.01 外径千分尺	分度值 0.01 内径千分尺	分度值 0.02 游标卡尺	分度值 0.05 游标卡尺
	不确定度			
～50	0.004	0.008	0.020	0.050
>50～100	0.005			
>100～150	0.006			
>150～200	0.007	0.013		
>200～250	0.008			
>250～300	0.009			
>300～350	0.010	0.020	—	0.100
>350～400	0.011			
>400～450	0.012			
>450～500	0.013	0.025		
>500～600	—	0.030		0.150
>600～700				
>700～1000				

注：当采用比较测量时，千分尺的不确定度可小于本表列出的数值，一般约为 60%。

表 7-2　比较仪的不确定度　　　　　　　　　　　　mm

尺寸范围	测量器具类型			
	分度值为 0.0005 的比较仪	分度值为 0.001 的比较仪	分度值为 0.002 的比较仪	分度值为 0.005 的比较仪
～25	0.0006	0.0010	0.0017	0.0030
>25～40	0.0007			
>40～65	0.0008	0.0011	0.0018	
>65～90	0.0008			
>90～115	0.0009	0.0012	0.0019	
>115～165	0.0010	0.0013		
>165～215	0.0012	0.0014	0.0020	0.0035
>215～265	0.0014	0.0016	0.0021	
>265～315	0.0016	0.0017	0.0022	

注：测量时，使用的标准器由 4 块 1 级（或 4 等）量块组成。

表 7-3 指示表的不确定度　　　　　　　　　　　　　　　　　　　　　　　mm

尺寸范围	测量器具类型			
	分度值为 0.001 的千分表（0 级在全程范围内，1 级在 0.2mm 内） 分度值为 0.02 的千分表（在 1 转范围内）	分度值为 0.001、0.002、0.005 的千分表（1 级在全程范围内） 分度值为 0.01 的百分表（0 级在任意 1mm 内）	分度值为 0.01 的百分表（0 级在全程范围内，1 级在任意 1mm 内）	分度值为 0.01 的百分表（1 级在全程范围内）
～25	0.005	0.010	0.018	0.030
>25～40				
>40～65				
>65～90				
>90～115				
>115～165	0.006			
>165～215				
>215～265				
>265～315				

注：测量时，使用的标准器由 4 块 1 级（或 4 等）量块组成。

【例 7-1】 被测工件为 $\phi 50f8{}_{-0.064}^{-0.025}$，试确定验收极限并选择合适的测量器具。

解： ① 确定安全裕度 A 和测量器具的不确定度允许值 u_1。

该工件的安全裕度为：$A = T/10 = 0.039/10 = 0.0039\text{(mm)}$

验收极限为：上验收极限 $= d_{MMS} - A$
$$= 49.975 - 0.0039 = 49.9711\text{(mm)}$$

下验收极限 $= d_{LMS} + A$
$$= 49.936 + 0.0039 = 49.9399\text{(mm)}$$

由测量不确定度 u 与工件尺寸公差的关系：
$$u = T/10 = 0.0039\text{mm}$$

所以，测量器具的测量不确定度允许值：
$$u_1 = 0.9u \approx 0.0035\text{mm}$$

② 选择测量器具。

按工件公称尺寸 50mm，查表 7-2 可知，应选用分度值为 0.005mm 的比较仪，其不确定度为 0.0030mm，小于且最接近于允许值。

7.1.2　用光滑极限量规测量工件

　　光滑极限量规成对设计和使用，它不能测得工件实际组成要素的尺寸的具体数值，只能确定被测工件的尺寸是否在它的极限尺寸范围内，从而对工件作出合格性判断。因省略了读取数值，可以大大提高效率，适用于大批量生产零件的测量及检验。光滑极限量规的工作原理、分类、主要形式、使用方法等内容见 5.3.5 节。

7.1.2.1　光滑极限量规的公差带

　　作为量具的光滑极限量规，本身亦相当于一个精密工件，制造时和普通工件一样，不可避免地会产生加工误差，同样需要规定尺寸公差。量规尺寸公差的大小不仅影响量规的制造难易程度，还会影响被测工件加工的难易程度以及对被测工件的误判。

为确保产品质量,国家标准 GB/T 1957—2006 规定,通规和止规都采用内缩方式,即量规公差带必须位于被检工件的尺寸公差带内。图 7-2 所示为光滑极限量规国家标准规定的量规公差带。

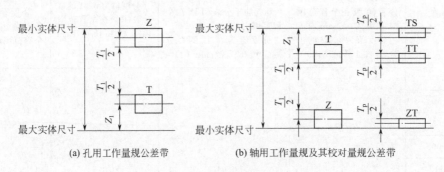

图 7-2 量规公差带图

通规由于经常通过被测工件会有较大的磨损,为了延长使用寿命,除规定尺寸公差 T_1 外,还规定了磨损公差和磨损极限。通规尺寸公差带的中心线由被检工件最大实体尺寸向工件公差带内缩一个距离 Z_1(位置要素),通规的磨损极限等于被检工件的最大实体尺寸。止规不经常通过被测工件,故磨损较少,所以不规定磨损公差,只规定尺寸公差。工作量规的尺寸公差 T_1 和位置要素 Z_1 与被检工件的尺寸公差 T 有关,其数值见表 7-4。

表 7-4 工作量规尺寸公差 T_1 与位置要素值 Z_1(摘自 GB/T 1957—2006) μm

工件公称尺寸/mm	IT6			IT7			IT8			IT9		
	IT6	T_1	Z_1	IT7	T_1	Z_1	IT8	T_1	Z_1	IT9	T_1	Z_1
~3	6	1	1	10	1.2	1.6	14	1.6	2	25	2	3
>3~6	8	1.2	1.4	12	1.4	2	18	2	2.6	30	2.4	4
>6~10	9	1.4	1.6	15	1.8	2.4	22	2.4	3.2	36	2.8	5
>10~18	11	1.6	2	18	2	2.8	27	2.8	4	43	3.4	6
>18~30	13	2	2.4	21	2.4	3.4	33	3.4	5	52	4	7
>30~50	16	2.4	2.8	25	3	4	39	4	6	62	5	8
>50~80	19	2.8	3.4	30	3.6	4.6	46	4.6	7	74	6	9
>80~120	22	3.2	3.8	35	4.2	5.4	54	5.4	8	87	7	10
>120~180	25	3.8	4.4	40	4.8	6	63	6	9	100	8	12
>180~250	29	4.4	5	46	5.4	7	72	7	10	115	9	14
>250~315	32	4.8	5.6	52	6	8	81	8	11	130	10	16
>315~400	36	5.4	6.2	57	7	9	89	9	12	140	11	18
>400~500	40	6	7	63	8	10	97	10	14	155	12	20

国家标准规定工作量规的几何误差,应在其尺寸公差范围内,其几何公差为量规尺寸公差的 50%。考虑到制造和测量的困难,当量规尺寸公差小于或等于 0.002mm 时,其几何公差为 0.001mm。

国家标准还规定轴用卡规的校对量规尺寸公差 T_p，为被校对的轴用工作量规尺寸公差的 50%，其形状误差应在校对量规的尺寸公差范围内。

7.1.2.2 光滑极限量规的设计

(1) 量规的设计原则

为了确保孔和轴能满足配合要求，光滑极限量规的设计应符合极限尺寸判断原则（也称泰勒原则）。即要求孔或轴的体外作用尺寸不允许超过最大实体尺寸，任何部位的实际组成要素的尺寸不允许超过最小实体尺寸。

由于通规用来控制工件的作用尺寸，止规用来控制工件的实际组成要素的尺寸。因此，按照泰勒原则，通规的测量面应是孔或轴相对应的完整表面（即全形量规），其尺寸等于工件的最大实体尺寸，且量规长度等于配合长度；止规的测量面应是点状的（即不全形量规），两测量面之间的尺寸等于工件的最小实体尺寸。

(2) 量规形式的选择

检验圆柱形工件的光滑极限量规的形式很多。合理地选择与使用，对正确判断检验结果影响很大。

使用符合泰勒原则的光滑极限量规检验工件，基本可以保证其公差与配合的要求。图 7-3 所示为量规形式对检验结果的影响。该孔的实际轮廓已超出尺寸公差带，应为废品。当量规的形式符合泰勒原则时，量规能正常地检验出废品。但是，当量规的形式不符合泰勒原则时，即通规制成不全形量规（片状），止规制成全形量规（圆柱形），显然有可能将该孔误判为合格品。

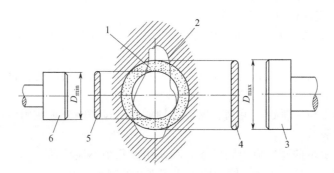

图 7-3 量规形式对检验结果的影响
1—孔公差带；2—工件实际轮廓；3—完全塞规的止规；
4—不完全塞规的止规；5—不完全塞规的通规；6—完全塞规的通规

但在实际生产中，为了使量规制造和使用方便，量规常常偏离泰勒原则。国家标准规定，允许在被检工件的形状误差不影响配合性质的条件下，使用偏离泰勒原则的量规。例如，为了量规的标准化，量规厂供应的标准通规的长度，常不等于工件的配合长度，对大尺寸的孔和轴通常使用不全形的塞规（或球端杆规）和卡规检验，以代替笨重的全形通规；检验小尺寸孔的止规为了加工方便，常做成全形止规；为了减少磨损，止规也可不是两点接触式的，可以做成小平面、圆柱面或球面，即采用线、面接触形式；检验轴的通规，由于环规不能检验曲轴并且使用不方便，通常使用卡规。当采用偏离泰勒原则的量规检验工件时，应从加工工艺上采取措施限制工件的形状误差，检验时应在工件的多个方位上加以检验，以防止误收。图 7-4 所示为常见量规的形式及应用尺寸范围，供设计时参考。或查阅国家标准 GB/T 10920—2008《螺纹量规和光滑极限量规 型式与尺寸》及有关资料，选择合适的量规形式。

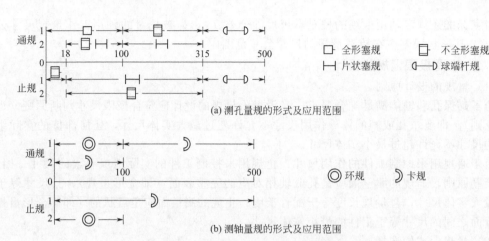

图 7-4 国家标准推荐的量规形式及应用尺寸范围

(3) 量规工作尺寸的计算

光滑极限量规工作尺寸的计算步骤如下:

① 根据 GB/T 1800.1—2009《产品几何技术规范(GPS) 极限与配合 第 1 部分:公差、偏差和配合的基础》,查出被测孔和轴的极限偏差。

② 由表 7-4 查出工作量规的尺寸公差 T_1 和位置要素值 Z_1。

③ 确定工作量规的形状公差。

④ 确定轴用卡规的校对量规尺寸公差。

⑤ 计算各种量规的极限偏差和工作尺寸。

(4) 量规的技术要求

量规应用合金工具钢、渗碳钢、碳素工具钢及其他耐磨材料制造。钢制量规,测量面的硬度不应小于 700HV(或 60HRC)。

量规的测量面不应有锈蚀、毛刺、黑斑、划痕等明显影响外观使用质量的缺陷,其他表面也不应有锈蚀和裂纹。

塞规的测头与手柄的联结应牢固可靠,在使用过程中不应松动。

量规测量面的表面粗糙度 Ra 值不应大于表 7-5 的规定。

表 7-5 量规测量面的表面粗糙度(摘自 GB/T 1957—2006)

工作量规	工作量规的公称尺寸/mm		
	至 120	>120~315	>315~500
	工作量规测量面的表面粗糙度 Ra 值/μm		
IT6 级孔用工作塞规	0.05	0.10	0.20
IT7~IT9 级孔用工作塞规	0.10	0.20	0.40
IT10~IT12 级孔用工作塞规	0.20	0.40	0.80
IT13~IT16 级孔用工作塞规	0.40	0.80	0.80
IT6~IT9 级轴用工作环量规	0.10	0.20	0.40
IT10~IT12 级轴用工作环规	0.20	0.40	0.80
IT13~IT16 级轴用工作环规	0.40	0.80	0.80

(5) 工作量规设计举例

【例 7-2】 计算 $\phi25\text{H}8/\text{f}7$ 孔与轴用量规的工作尺寸。

解： ① 由国家标准 GB/T 1800.1—2009 查出孔与轴的极限偏差分别为

$\phi25\text{H}8$ 孔：ES＝＋0.033mm，EI＝0。

$\phi25\text{f}7$ 轴：es＝－0.020mm，ei＝－0.041mm。

② 由表 7-4 查得工作量规的尺寸公差 T_1 和位置要素值 Z_1。

塞规：尺寸公差 $T_1=0.0034$mm；位置要素 $Z_1=0.005$mm。

卡规：尺寸公差 $T_1=0.0024$mm；位置要素 $Z_1=0.0034$mm。

③ 确定工作量规的形状公差。

塞规：形状公差 $T_1/2=0.0017$mm。

卡规：形状公差 $T_1/2=0.0012$mm。

④ 确定轴用卡规的校对量规尺寸公差 $T_p=T_1/2=0.0012$mm。

⑤ 计算各种量规的极限偏差和工作尺寸。

$\phi25\text{H}8$ 孔用塞规的极限偏差和工作尺寸，见表 7-6。

$\phi25\text{f}7$ 轴用卡规的极限偏差和工作尺寸，见表 7-7。

$\phi25\text{f}7$ 轴用卡规的校对量规极限偏差和工作尺寸，见表 7-8。

$\phi25\text{H}8/\text{f}7$ 孔用与轴用量规的公差带，如图 7-5 所示。

⑥ 工作量规工作尺寸的标注，如图 7-6 所示。

表 7-6 $\phi25\text{H}8$ 孔用塞规的极限偏差和工作尺寸

$\phi25\text{H}8$ 孔用塞规		量规的极限偏差计算公式及数值/mm		量规工作尺寸/mm	通规的磨损极限尺寸/mm
通规(T)	上极限偏差	$EI+Z_1+T_1/2=0+0.005+0.0017$	＋0.0067	$\phi25^{+0.0067}_{+0.0033}$	$D_M=\phi25$
	下极限偏差	$EI+Z_1-T_1/2=0+0.005-0.0017$	＋0.0033		
止规(Z)	上极限偏差	$ES=+0.033$	＋0.033	$\phi25^{+0.0330}_{+0.0296}$	—
	下极限偏差	$ES-T=0.033-0.0034$	＋0.0296		

表 7-7 $\phi25\text{f}7$ 轴用卡规的极限偏差和工作尺寸

$\phi25\text{f}7$ 轴用卡规		量规的极限偏差计算公式及数值/mm		量规工作尺寸/mm	通规的磨损极限尺寸/mm
通规(T)	上极限偏差	$es-Z_1+T_1/2=-0.02-0.0034+0.0012$	－0.0222	$\phi25^{-0.0222}_{-0.0246}$	$d_M=\phi24.980$
	下极限偏差	$es-Z_1-T_1/2=-0.02-0.0034-0.0012$	－0.0246		
止规(Z)	上极限偏差	$ei+T_1=-0.041+0.0024$	－0.0386	$\phi25^{-0.0386}_{-0.0410}$	—
	下极限偏差	ei	－0.041		

表 7-8 $\phi25\text{f}7$ 轴用卡规的校对量规极限偏差和工作尺寸

校对量规		量规的极限偏差计算公式及数值/mm		量规工作尺寸/mm
"校通—通"量规(TT)	上极限偏差	$es-Z_1-T_1/2+T_p=-0.02-0.0034-0.0012+0.0012$	－0.0234	$TT=\phi25^{-0.0234}_{-0.0246}$
	下极限偏差	$es-Z_1-T_1/2=-0.02-0.0034-0.0012$	－0.0246	
"校通—损"量规(TS)	上极限偏差	es	－0.02	$TS=\phi25^{-0.0200}_{-0.0212}$
	下极限偏差	$es-T_p=-0.02-0.0012$	－0.0212	
"校止—通"量规(ZT)	上极限偏差	$ei+T_p=-0.041+0.0012$	－0.0398	$ZT=\phi25^{-0.0398}_{-0.0410}$
	下极限偏差	ei	－0.041	

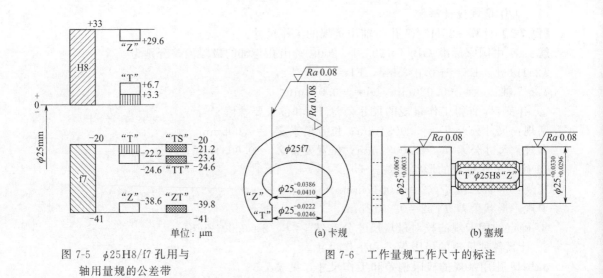

图 7-5 $\phi 25H8/f7$ 孔用与轴用量规的公差带

图 7-6 工作量规工作尺寸的标注

7.2 几何精度的测量

零件加工过程当中，不可避免地会产生几何误差。几何误差包括形状误差、方向误差、位置误差和跳动误差，这些误差越大说明几何精度越低，几何精度低就会影响零件的加工和装配质量，从而影响机械产品的使用性能。因此，必须对零件的几何误差予以限制，即规定必要的几何精度。

7.2.1 几何误差的检测条件

几何误差是指被测要素的提取要素对其拟合要素的变动量。被测要素的提取要素是指被测实际要素，拟合要素是指通过拟合操作，由非理想表面模型或实际表面建立的理想要素。

根据生产实际中的检测方法，在国家标准 GB/T 1958—2017《产品几何技术规范（GPS） 几何公差 检测与验证》中，列出了各项几何误差的多种检测与验证方案，以供参考。生产中可以根据被测对象的特点和有关条件，参照这些方案，设计出最合理的检测与验证方法。

标准中规定几何误差检测与验证时缺省的检测条件为：标准温度为 20℃，标准测量力为 0N。检测条件应在检测与验证规范中规定。实际操作中，所有偏离规定条件并可能影响测量结果的因素，比如测量环境的洁净度、湿度、被测件的重力等，都应在测量不确定度评估时考虑。几何误差检测与验证时，除非另有规定，表面粗糙度、划痕、擦伤、塌边等外观缺陷的影响应排除在外。

7.2.2 几何误差及其评定

7.2.2.1 形状误差及其评定

（1）形状误差

形状误差是指被测要素的提取要素相对其理想要素的变动量。理想要素的形状由理论正确尺寸或/和参数化方程定义，理想要素的位置由对被测要素的提取要素进行拟合得到。拟合的方法有最小区域法 C（切比雪夫法）、最小二乘法 G、最小外接法 N 和最大内切法 X 等，内容详见第 3 章 3.2.1。如果工程图样上没有相应的符号专门规定，获得理想要素位置的拟合方法一般缺省为最小区域法。

最小区域法和最小二乘法根据约束条件不同分为三种情况：无约束（符号为 C 和 G）、实体外约束（符号为 CE 和 GE）、实体内约束（符号为 CI 和 GI）。形状误差值评估时可用的参数有：峰谷参数 T、峰高参数 P（即被测要素上最高的峰点到理想要素的距离值）、谷深参数 V（即被测要素上最低的谷点到理想要素的距离值）和均方根参数 Q（即被测要素各点到理想要素的距离值的均方根值），其中峰谷参数 T 为缺省的评估参数。图样标注示例及解释如图 7-7 所示。

在图 7-7(a) 中，获得理想要素位置的拟合方法为缺省的最小区域法，形状误差值的评估参数采用缺省的峰谷参数。图 7-7(b) 中，符号 G 表示获得理想要素位置的拟合方法采用最小二乘法，形状误差值的评估参数采用缺省的峰谷参数。图 7-7(c) 中，符号 G 表示获得理想要素位置的拟合方法采用最小二乘法，符号 V 表示形状误差值的评估参数为谷深参数。

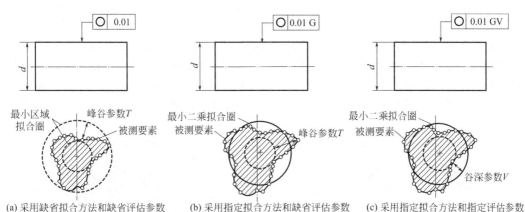

图 7-7 拟合方法和评估参数的图样标注示例及解释

（2）形状误差评定的最小区域法

最小区域法是指采用切比雪夫法对被测要素的提取要素进行拟合得到理想要素位置的方法，即：被测要素的提取要素相对于理想要素的最大距离为最小。采用该理想要素包容被测要素的提取要素时，具有最小宽度 f 或直径 d 的包容区域称为最小包容区域（简称最小区域）。参见图 3-50，表示了不同约束情况下的最小区域法。最小区域的宽度 f 等于被测要素上最高的峰点到理想要素的距离值，与被测要素上最低的谷点到理想要素的距离值之和；最小区域的直径 d 等于被测要素上的点到理想要素的最大距离值的 2 倍，如图 7-8 所示。一般情况下，各形状误差项目最小区域的形状分别与各自的公差带形状一致，但宽度或直径由被测要素的提取要素本身决定。

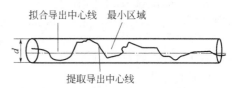

图 7-8 形状误差值为最小包容区域的直径

7.2.2.2 方向误差及其评定

（1）方向误差

方向误差是指被测要素的提取要素对具有确定方向的理想要素的变动量，理想要素的方向由基准和理论正确尺寸确定。当方向公差值后面带有最大内切Ⓧ、最小外接Ⓝ、最小二乘Ⓖ、最小区域Ⓒ、贴切Ⓣ等符号时，是指对被测要素的拟合要素的方向公差要求；若没有这些符号，是指对被测要素本身的方向公差要求。图 7-9 所示是对贴切要素的平行度要求示例及解释。符号Ⓣ表示此规范是对被测要素的拟合要素的方向公差要求，在上表面被测长度范围内，采用贴切法对被测要素的提取要素（或滤波要素）进行拟合得到被测要素的拟合要素（即贴切要素），该贴切要素相对于基准要素 A 的平行度公差值为 0.1mm。

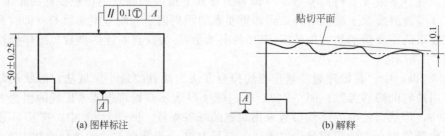

图 7-9　贴切要素的平行度要求

（2）方向误差的评定

方向误差值用定向最小包容区域（简称定向最小区域）的宽度或直径表示。定向最小区域是指用由基准和理论正确尺寸确定方向的理想要素包容被测要素的提取要素时，具有最小宽度或直径的包容区域，如图 7-10 所示。对于方向误差的各几何特征，定向最小区域的形状分别与各自的公差带形状一致，但宽度或直径由被测提取要素本身决定。

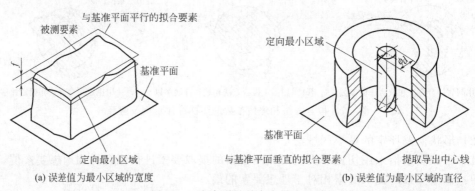

图 7-10　方向误差的定向最小区域

7.2.2.3　位置误差及其评定

（1）位置误差

位置误差是指被测要素的提取要素相对于具有确定位置的理想要素的变动量，理想要素的位置由基准和理论正确尺寸确定。当位置公差值后面带有最大内切Ⓧ、最小外接Ⓝ、最小二乘Ⓖ、最小区域Ⓒ、贴切Ⓣ等符号时，是指对被测要素的拟合要素的位置公差要求；若没有这些符号，是指对被测要素本身的位置公差要求。

（2）位置误差的评定

位置误差值用定位最小包容区域（简称定位最小区域）的宽度或直径表示。定位最小区域是指用由基准和理论正确尺寸确定位置的理想要素包容被测要素的提取要素时，具有最小宽度或直径的包容区域，如图 7-11 所示。对于位置误差的各几何特征，定位最小区域的形状分别与各自的公差带形状相同，但宽度或直径由被测提取要素本身决定。

测量方向误差和位置误差时，在满足零件功能要求的前提下，按需要，允许采用模拟方法体现被测提取要素，如图 7-12 所示。当用模拟方法体现被测提取要素进行测量时，在实测范围内和所要求的范围内，两者之间的误差值，可按正比关系折算。

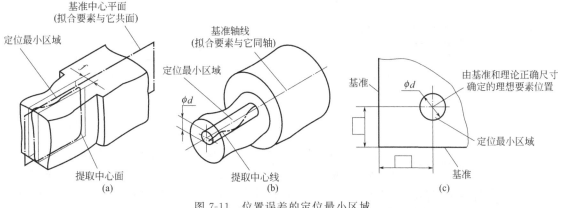

图 7-11 位置误差的定位最小区域

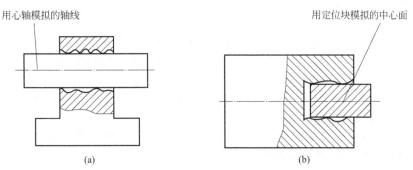

图 7-12 被测要素的提取要素的模拟

7.2.2.4 跳动误差的评定

跳动是一项综合误差,该误差根据被测要素是线要素或是面要素分为圆跳动和全跳动。

圆跳动是指任一被测要素的提取要素绕基准轴线作无轴向移动的相对回转一周时,测头在给定记值方向上测得的最大与最小示值之差,参见下文图 7-51~图 7-53。

全跳动是指被测要素的提取要素绕基准轴线做无轴向移动的相对回转一周,同时测头沿给定方向的理想直线连续移动过程中,由测头在给定记值方向上测得的最大与最小示值之差,参见下文图 7-54 和图 7-55。

7.2.3 几何精度的测量示例

(1) 检测直线度误差

直线度误差是指被测实际直线对理想直线的变动量。

直线度误差的检测方法很多,如刀口尺测量法、指示器测量法、水平仪测量法、自准直仪测量法和坐标测量机测量法等。

① 刀口尺测量法 理想直线可以用平尺(样板直尺)、刀口尺等标准器具模拟,如图 7-13 所示。应用与理想要素比较的检测原则,将平尺或刀口尺与被测直线接触,并使二者之间的最大光隙为最小。此时的最大光隙即为该被测直线的直线度误差。误差的大小是根据光隙测定的。当光隙较小时,可用按标准光隙来估读;当光隙较大时,则可用塞尺(即厚薄规)来测量。按上述方法测量若干条直线,取其中最大误差值作为被测零件的直线度误差。

标准光隙由量块、刀口尺和平面平晶(或精密平板)组合而成,如图 7-14 所示。标准

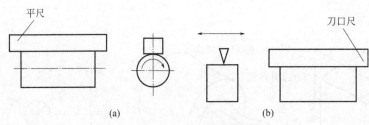

图 7-13 理想直线的模拟

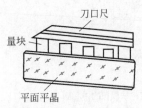

图 7-14 标准光隙的构成

光隙的大小借助于光线通过狭缝时，呈现各种不同颜色的光束来鉴别。一般来说，当间隙大于 $2.5\mu m$ 时，光隙呈白色；间隙为 $1.25 \sim 1.75\mu m$ 时，光隙呈红色；间隙约为 $0.8\mu m$ 时，光隙呈蓝色；间隙小于 $0.5\mu m$ 时，则不透光。当间隙大于 $30\mu m$ 时，可用塞尺来测量。

② 指示器测量法 如图 7-15(b) 所示，采用正弦规和量块组将被测直线的两端点调整为相对于平板等高。沿被测素线方向移动指示器，采用一定的提取方案进行测量，同时记录各被测点示值，获得提取线。按图样缺省规范，对提取线采用最小区域法拟合，得到拟合直线。误差值为提取线上的最高峰点、最低谷点到拟合直线之间的距离值之和。按上述方法测若干条素线，取其中最大的误差值作为该零件的直线度误差。

也可以如图 7-15(d) 所示，将被测零件放置在平板上，并使其紧靠直角座。再沿被测素线方向移动指示器，采用上述方法测得直线度误差。

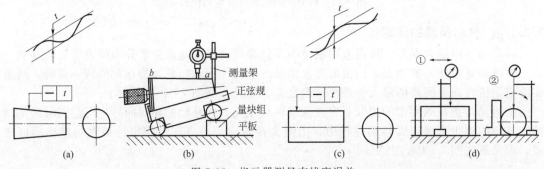

图 7-15 指示器测量直线度误差

③ 水平仪测量法 如图 7-16 所示。将固定有水平仪的桥板放置在被测零件上，调整被测件至水平位置。水平仪按节距 l 沿与基准 A 平行的被测直线方向移动，同时记录水平仪的读数，获得提取线。按图样缺省规范，对提取线采用最小区域法拟合，得到拟合直线。误差值为提取线上的最高峰点、最低谷点到拟合直线之间的距离值之和。按上述方法测若干条

图 7-16 水平仪测量直线度误差

素线，取其中最大的误差值作为该零件的直线度误差。

图例中的相交平面框格，表示被测要素是提取表面上与基准平面 A 平行的直线，其测量方向应与基准平面平行。

④ **自准直仪测量法** 如图 7-17 所示，将反射镜放在被测表面上直线的两端，调整自准直仪，使光轴与两端点连线平行。被测要素的评估参考③。

图 7-17 自准直仪测量直线度误差

⑤ **坐标测量机测量法** 如图 7-18 所示，将被测件安装在坐标测量机的工作台上。采用一定的提取方案对被测圆柱进行提取，得到提取圆柱面。图例中的符号 G，表示采用最小二乘法对提取圆柱面进行拟合，得到拟合圆柱面。再经过分离、提取、拟合、组合，得到提取导出要素（轴线），拟合得到拟合导出要素（轴线）。误差值为提取导出要素上的点到拟合导出要素的最大距离的 2 倍。

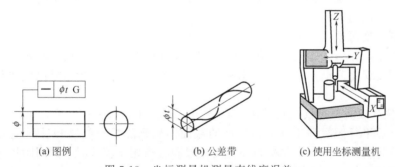

图 7-18 坐标测量机测量直线度误差

上述几种直线度误差测量方法中的图例，被测件合格条件均为：测得的直线度误差值不大于图样上给出的直线度公差值。

(2) 检测平面度误差

平面度误差是指被测实际表面对其理想平面的变动量。

常见的平面度误差测量方法有：指示器测量法、平晶测量法、水平仪测量法和坐标测量机测量法等。如图 7-19(a) 所示图例规范，可按下面四种方法进行测量。

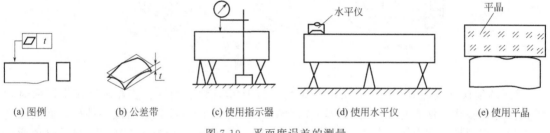

图 7-19 平面度误差的测量

① 指示器测量法。如图 7-19(c) 所示。被测零件支承在平板上，将被测平面上两对角线的角点分别调整等高，或最远的三点调成距测量平板等高。按一定的测量布点方式逐点移动测量装置，同时记录各测量点相对于测量基面（用平板体现）的坐标值，得到提取表面。对提取表面应用最小区域法进行拟合，得到拟合平面。

平面度误差值为提取表面上的最高峰点、最低谷点到拟合平面的距离值之和。

② 水平仪测量法。如图 7-19(d) 所示。将水平仪通过桥板放在被测平面上，用水平仪按一定的布点和方向逐点测量。经计算得到平面度误差值。

③ 平晶测量法。如图 7-19(e) 所示。首先将平晶以微小角度逐渐与被测面相贴合，观察干涉条纹。再将平晶与被测表面按最小区域法直接接触，即保持两者之间接触的最大距离为最小。当出现环形条纹时，应调整平晶的位置，使干涉带数为最少，平面度误差值为封闭的干涉条纹数乘以光波波长之半。当出现不封闭的弯曲条纹时，应调整平晶位置，使之出现 3～5 条干涉带。

平面度误差值为条纹的弯曲度与相邻两条纹间距之比，再乘以光波波长之半。这种方法适用于测量高精度的（平晶能够全部覆盖的）小平面。

④ 坐标测量机测量法。将被测件安装在坐标测量机的工作台上。采用散点布点方式对被测表面进行提取，记录各提取点测量数据值，得到提取表面。采用最小区域法对提取表面进行拟合，得到拟合平面。

平面度误差值为提取表面上的最高峰点、最低谷点到拟合平面的距离值之和。

上述几种平面度误差测量方法中的图例，被测件合格条件均为：测得到的平面度误差值不大于图样上给出的平面度公差值。

(3) 检测圆度误差

圆度误差是指在回转体同一横截面内，被测实际圆对其理想圆的变动量。

常见的圆度误差测量方法有投影仪测量法、圆度仪测量法、指示器测量法和坐标测量机测量法等。

① 投影仪（或类似量仪）测量法　将被测件放置在玻璃工作台上，由灯泡发出的照明光经准直透镜后平行照射到工件上，工件的截面圆轮廓经投影物镜和反射镜成像在投影屏上。将被测圆轮廓的投影与事先绘制好的两极限同心圆相比较（同心圆间距按工件的圆度公差带选取，并放大 K 倍），如图 7-20 所示。

圆度误差值为两极限圆之间的距离值与被测轮廓的放大倍数 K 之比。该方法适用于测量具有刃口形边缘的小型零件。

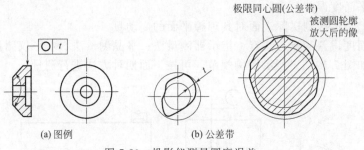

图 7-20　投影仪测量圆度误差

② 圆度仪（或类似量仪）测量法　如图 7-21 所示，将被测件放置在圆度仪上，同时调整被测件的轴线，使它与量仪的回转轴线同轴。采用一定的提取方案沿被测件横截面圆周进行测量，得到提取截面圆。图例中的符号 G50，表示采用嵌套指数为 50UPR 的低通高斯滤

波器对提取截面圆进行滤波,得到滤波截面圆轮廓。并采用最小区域法对滤波后的提取截面圆进行拟合,得到提取截面圆的拟合导出要素(圆心)。

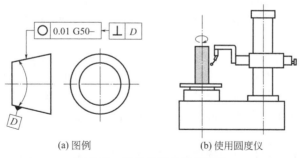

(a) 图例　　　　　　(b) 使用圆度仪

图 7-21　圆度仪测量圆度误差

被测截面圆的圆度误差值为提取截面圆上的点到拟合导出要素之间的最大距离值、最小距离值之差。重复上述操作,沿被测件轴线方向测量多个横截面,得到各个截面的误差值,取其中的最大误差值为圆度误差值。

图例中的方向要素框格,表示公差带的宽度方向垂直于基准 D。

③ 指示器测量法　如图 7-22 所示,将被测件放在支承上,同时固定轴向位置。采用指示器测量时,调整指示器使被测轴线垂直于测量截面,在被测件旋转一周过程中,记录指示器的最大示值、最小示值。采用千分尺测量时,在被测件横截面上多处测量其直径值。

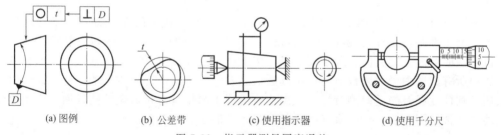

(a) 图例　　(b) 公差带　　(c) 使用指示器　　(d) 使用千分尺

图 7-22　指示器测量圆度误差

被测截面圆的圆度误差值为指示器的最大示值、最小示值差值的一半或最大直径值、最小直径值之差的一半。重复上述操作,沿被测件轴线方向测量多个横截面,得到各个截面的误差值,取最大值为圆度误差值。该方案属于圆度误差的近似测量法(两点法),适用于具有偶数棱的圆截面。

④ 坐标测量机测量法　如图 7-23 所示规范要求,将被测件安装在坐标测量机的工作台上。在被测横截面上,采用一定的提取方案得到提取截面圆。根据图例中的符号 N,采用最小外接法对提取截面圆进行拟合,得到提取截面圆的拟合导出要素(圆心)。

被测截面的圆度误差值为提取截面圆上的点到拟合导出要素(圆心)之间的最大距离值、最小距离值之差。重复上述操作,沿轴线方向测量多个横截面,得到各个截面的误差值,取其中的最大值为圆度误差值。

上述几种圆度误差测量方法中的图例,被测件合格条件均为:测得到的圆度误差值不大于图样上给出的圆度公差值。

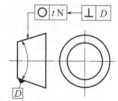

图 7-23　坐标测量机测量圆度误差

(4) 检测圆柱度误差

圆柱度误差是指实际圆柱面对其理想圆柱面的变动量。它是控制圆柱体横截面和轴截面内的各项形状误差，是一个综合指标。如圆度、素线的直线度、轴线的直线度等。

常见的圆柱度误差测量方法有：圆柱度仪测量法、指示器测量法和坐标测量机测量法等。

① 圆柱度仪（或类似量仪）测量法　如图 7-24 所示，将被测件安装在圆柱度仪工作台上，并进行调心和调平。在被测件圆柱面上，采用一定的提取方案得到提取圆柱面。图例中的符号 CB1.5− 表示采用封闭球低通滤波器（球半径为 1.5mm），对提取圆柱面进行滤波，得到滤波后的提取圆柱面。再采用最小区域法对滤波后的提取圆柱面进行拟合，得到被测圆柱面的拟合导出要素（轴线）。

圆柱度误差值为提取圆柱面上各点到拟合导出要素（轴线）的最大、最小距离值之差。

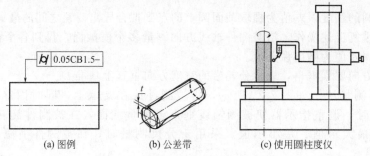

图 7-24　圆柱度仪测量圆柱度误差

② 指示器测量法　如图 7-25 所示，将被测零件放在平板上的 V 形块内（V 形块的长度应大于被测零件的长度）。在被测圆柱横截面上采用一定的提取方案得到提取圆柱面。测量得到该圆截面的最大读数值、最小读数值。按上述方法连续测量若干个横截面，取其各截面内所测得所有读数中最大读数值与最小读数值之差的一半，作为该零件的圆柱度误差值。此方法属于圆柱度误差的近似测量法（三点法）适用于测量具有奇数棱的圆柱面。为了测量的准确性，通常采用夹角 $\alpha=90°$ 和 $\alpha=120°$ 的两个 V 形块分别测量。

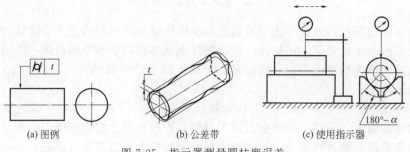

图 7-25　指示器测量圆柱度误差

③ 坐标测量机测量法　同图 7-25(a) 图例规范，采用坐标测量机测量圆柱度误差值，将被测件安装在坐标测量机的工作台上。在被测圆柱面上，采用一定的提取方案得到提取圆柱面。采用最小区域法对提取圆柱面进行拟合，得到被测圆柱面的拟合导出要素（轴线）。圆柱度误差值为提取圆柱面上各点到拟合导出要素（轴线）的最大距离值、最小距离值之差。

上述几种圆柱度误差测量方法中的图例，被测件合格条件均为：测得到的圆柱度误差值不大于图样上给出的圆柱度公差值。

(5) 检测轮廓度误差

轮廓度误差又分为线轮廓度误差和面轮廓度误差。线轮廓度误差是指实际曲线对其理想曲线的变动量,是对非圆曲线的几何精度要求;而面轮廓度误差是指实际曲面对其理想曲面的变动量,是对曲面的几何精度要求。

常见的轮廓度误差测量方法有:轮廓样板测量法、直线式轮廓仪测量法、坐标测量机测量法等。

① 线轮廓度误差值的测量

a. 轮廓样板测量法。如图 7-26(a)、(c) 所示,调正被测件与轮廓样板的位置,使两者之间的最大缝隙为最小。将轮廓样板与被测轮廓直接接触,并使两者之间的最大缝隙为最小。

线轮廓度误差值为被测轮廓与轮廓样板之间的最大缝隙值。该方案属于轮廓度近似、实用的测量方法之一,可测量尺寸较小的和较薄的零件。

图例中的相交平面框格,表示被测要素提取表面上与基准平面 A 平行的轮廓线,其测量方向与基准 A 平行。图例中的"$D \leftrightarrow E$",表示被测要素的测量界限范围,D 和 E 分别表示被测要素的起始点和终止点。图例中的 CZ 表示从 D 到 E 的被测要素具有组合公差带。

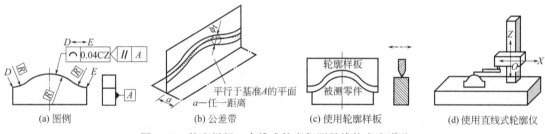

图 7-26 轮廓样板、直线式轮廓仪测量线轮廓度误差

b. 直线式轮廓仪测量法。如图 7-26(a)、(d) 所示,找正被测件并确认被测轮廓在直线式轮廓仪测量范围之内。直线式轮廓仪测头在被测轮廓线上横向移动,同时记录下各测点的 X 坐标值和 Z 坐标值,得到提取线轮廓。采用最小区域法对提取线轮廓进行拟合,得到提取线轮廓的拟合线轮廓的位置。其中,拟合线轮廓的形状由理论正确尺寸 R 确定。

线轮廓误差值为提取线轮廓上的点到拟合线轮廓的最大距离值的 2 倍。对任意截面上的被测要素重复上述操作,取其最大的值作为该被测件的线轮廓度误差值。

c. 坐标测量机测量法。如图 7-27 图例所示,将被测件安装在坐标测量机的工作台上。按一定的提取方案对基准要素 A 进行提取,得到基准 A 的提取表面。采用最小区域法在实体外对基准 A 的提取表面进行拟合,得到其拟合平面,并以该平面体现基准 A。按一定的提取方案对基准要素 B 进行提取,得到基准 B 的提取表面。在保证与基准 A 的拟合平面垂直的约束下,采用最小区域法在实体外对基准 B 的提取表面进行拟合,得到其拟合平面,并以该平面体现基准 B。

在已建立好的基准体系下,沿与基准 A 平行的方向上,采用一定的提取方案对被测轮廓进行测量,测得实际线轮廓的坐标值,得到提取线轮廓。采用最小区域法,对提取线轮廓进行拟合,得到提取线轮廓的拟合线轮廓。其中,拟合线轮廓的形状和位置由理论正确尺寸 (R、50) 和基准 A、B 确定。

线轮廓误差值为提取线轮廓上的点到拟合线轮廓的最大距离值的 2 倍。重复上述操作,测量多条线轮廓,取其最大的值作为该被测件的线轮廓度误差值。

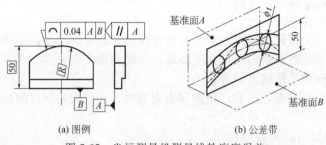

(a) 图例　　　　　　　　　(b) 公差带

图 7-27　坐标测量机测量线轮廓度误差

上述几种线轮廓度误差测量方法中的图例，被测件合格条件均为：测得到的线轮廓度误差值不大于图样上给出的线轮廓度公差值。

② 面轮廓度误差值的测量

a. 仿形测量装置及轮廓样板测量法。如图 7-28 所示，调整被测件相对于仿形系统测量装置和轮廓样板的位置，再将指示器调零。将被测轮廓与轮廓样板的形状进行比较。误差值为仿形测头上各测点的指示器最大示值的 2 倍。重复进行多次测量，取最大值作为该被测件的面轮廓度误差值。

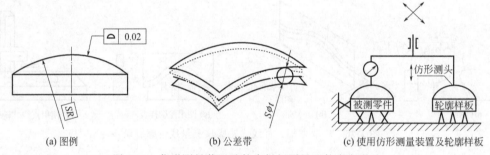

(a) 图例　　　　　　(b) 公差带　　　　　(c) 使用仿形测量装置及轮廓样板

图 7-28　仿形测量装置及轮廓样板测量面轮廓度误差

该方案中，将被测面轮廓与轮廓样板进行比较，轮廓样板为理想要素的实际模拟物。指示器的测头应与仿形测头形状相同。该方案属于轮廓度近似、实用的测量方法之一，可测量一般的中、低精度的零件。

b. 坐标测量机测量法。

ⅰ. 如图 7-29 所示规范，采用坐标测量机测量面轮廓度误差，将被测件安装在坐标测量机的工作台上。按一定的提取方案对基准要素 A、B 进行提取，得到基准 A、B 的提取表面。在实体外约束下，采用最小区域法对 A、B 两实际组成要素在相互平行的方向约束下，和距离由理论正确尺寸 20 定义的位置约束下同时进行拟合，得到两个拟合平面。基准由组合的两拟合平面之间的方位要素建立，其方位要素为两拟合平面的中心平面（基准 $A-B$）。

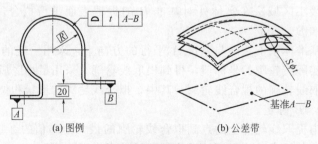

(a) 图例　　　　　　　　　(b) 公差带

图 7-29　坐标测量机测量面轮廓度误差（一）

在已建立好的基准体系下，采用一定的提取方案对被测表面进行测量，测得实际面轮廓的坐标值，得到提取面轮廓。采用最小区域法，对提取面轮廓进行拟合，得到提取面轮廓的拟合面轮廓。其中，拟合面轮廓的形状由理论正确尺寸确定，拟合面轮廓的位置由基准确定。面轮廓误差值为提取面轮廓上的点到拟合面轮廓的最大距离值的 2 倍。

上述两种面轮廓度误差测量方法中的图例，被测件合格条件均为：测得到的面轮廓度误差值不大于图样上给出的面轮廓度公差值。

ⅱ．如图 7-30 所示，仍采用坐标测量机测量，将被测件安装在坐标测量机的工作台上。按一定的提取方案对基准要素 A、B、C 进行提取，得到基准 A、B、C 的提取表面。采用最小区域法对提取表面 A 在实体外进行拟合，得到其拟合平面，并以该平面体现基准 A。在保证与基准 A 的拟合平面垂直的约束下，采用最小区域法在实体外对基准 B 的提取表面进行拟合，得到其拟合平面，并以该平面体现基准 B。在保证与基准 A 的拟合平面垂直，然后又与基准 B 的拟合平面垂直的约束下，采用最小区域法在实体外对基准 C 的提取表面进行拟合，得到其拟合平面，并以该平面体现基准 C。

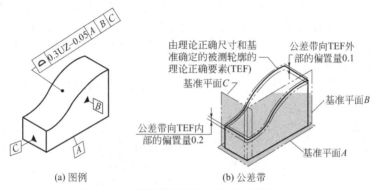

图 7-30　坐标测量机测量面轮廓度误差（二）

在已建立好的基准体系下，采用一定的提取方案对被测表面进行测量，测得实际面轮廓的坐标值，得到提取面轮廓。采用最小区域法，对提取面轮廓进行拟合，得到提取面轮廓的拟合面轮廓。其中，拟合面轮廓的形状由理论正确尺寸确定，拟合面轮廓的位置由基准和由 UZ 所定义的偏置量确定。拟合面轮廓的位置即是面轮廓度公差带的中心位置，在本图例中，拟合面轮廓的位置处于从基准所确定的实际轮廓处再向材料内偏置 0.05mm。

被测件合格条件为：测得到的面轮廓度误差值不大于图样上给出的面轮廓度公差值。即提取面轮廓上的点向轮廓外的偏移量不得大于 0.1mm（即 0.3/2－0.05），向轮廓内的偏移量不得大于 0.2mm（即 0.3/2＋0.05）。

（6）检测平行度误差

平行度误差是指零件上被测要素（平面或直线）对其理想的基准要素（平面或直线）的方向偏离 0°的程度。

常见的平行度误差测量方法有：平板-心轴-指示器测量法、平板-指示器测量法、功能量规测量法、坐标测量机测量法等。

① 平板-心轴-指示器测量法

a．如图 7-31 所示，采用心轴（模拟基准要素）体现基准 C。安装心轴时，尽量使心轴与基准孔之间的最大间隙为最小。将被测零件放在等高的支承上，调整（转动）该零件，使 $L_3=L_4$。选择一定的提取方案对被测表面进行测量，得到提取表面。在给定方向上保持与基准 C 平行的约束下，采用最小区域法对提取表面进行拟合，得到具有方位特征的拟合平行平面（即定向最小区域）。包容提取表面的两定向平行平面之间的距离，即平行度误差值。

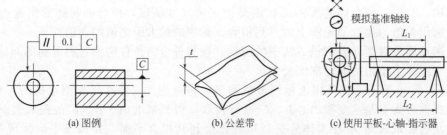

(a) 图例　　(b) 公差带　　(c) 使用平板-心轴-指示器

图 7-31　平板-心轴-指示器测量平行度误差（一）

b. 如图 7-32 所示，被测要素和基准要素均由心轴模拟体现。安装心轴，且尽可能使心轴与基准孔、心轴与被测孔之间的最大间隙为最小；采用等高支承将模拟基准要素的心轴调整至与平板平面平行的方向上。在靠近被测件两端面的两个截面（距离为 L_2）或多个截面上，按截面圆周法提取方案对模拟被测要素（心轴）进行提取操作，得到被测要素的提取截面圆。采用最小二乘法对被测要素的各提取截面圆分别进行拟合，得到各提取截面圆的圆心。将各提取截面圆的圆心进行组合，得到被测要素的提取导出要素（中心线）。在与基准 A 平行的约束下，采用最小区域法对提取导出要素进行拟合，得到具有方位特征的拟合圆柱面（即定向最小区域）。包容提取导出要素的定向拟合圆柱面的直径，即为平行度误差值。

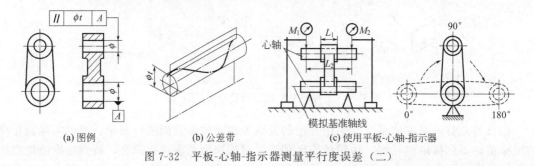

(a) 图例　　(b) 公差带　　(c) 使用平板-心轴-指示器

图 7-32　平板-心轴-指示器测量平行度误差（二）

② 平板-指示器测量法　如图 7-33 所示，将被测件平稳地放置在平板上，且尽可能使基准表面 D 与平板表面之间的最大距离为最小。按一定的提取方案（如矩形栅格方案）对被测表面进行测量，得到提取表面。符号①表示采用（外）贴切法对被测要素的提取表面进行拟合，得到提取表面的（贴切）拟合平面。在与基准 D 平行的约束下，采用最小区域法对提取表面的（贴切）拟合平面进行拟合，得到具有方位特征的拟合平行平面（即定向最小区域）。包容提取表面的（贴切）拟合平面的两定向平行平面之间的距离，即为平行度误差值。

上述几种平行度误差测量方法中的图例规范，被测件合格条件均为：测得到的平行度误差值不大于图样上给出的平行度公差值。

③ 功能量规测量法　如图 7-34 所示，采用插入型功能量规。将被测件放置在固定支座上，固定销为功能量规的定位部位，活动支座为功能量规的导向部位。用功能量规的定位部位体现基准，采用依次检验方式。固定销是用来检验基准 A 的光滑极限量规，其公称尺寸为基准 A 的最大实体尺寸，将被测件的基准孔套在量规的固定销上，基准要素 A 用固定销检验合格。然后在基准的定向约束下，用塞规检验被测要素的平行度误差，如果塞规能够自由通过被测孔，说明被测孔实际轮廓的平行度误差合格，其体外作用尺寸也合格。

采用普通测量器具（如千分尺）测量被测孔的局部实际尺寸，其任一局部实际尺寸均不得超越其最大实体尺寸和最小实体尺寸。

被测件的合格条件为：实际尺寸和体外作用尺寸都合格。

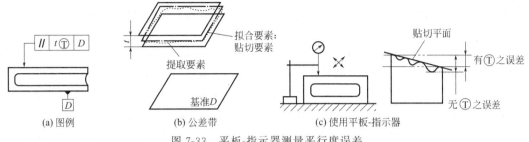

图 7-33 平板-指示器测量平行度误差

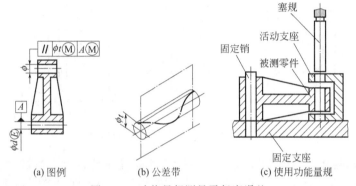

图 7-34 功能量规测量平行度误差

④ 坐标测量机测量法 如图 7-35 所示的规范，将被测件稳定地放置在测量机工作台上。按一定的提取方案（如平行线方案）对基准要素 A 进行提取，得到基准要素 A 的提取表面。采用最小区域法对提取表面在实体外进行拟合，得到其拟合平行平面，并以此平面体现基准 A。

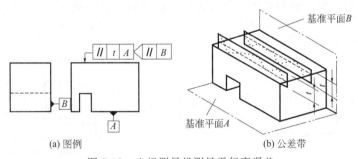

图 7-35 坐标测量机测量平行度误差

沿与平面 A 和平面 B 平行的方向，采用平行线布点方案对被测表面进行测量，得到提取线。在与基准 A 平行的约束下，采用最小区域法对提取线进行拟合，得到具有方位特征的拟合平行线（即定向最小区域）。包容提取线的两定向平行线之间的距离，即为平行度误差值。

被测件合格条件为：测得到的平行度误差值不大于图样上给出的平行度公差值。

图例中的相交平面框格，表示被测要素是提取表面上与基准 B 平行的直线，其测量方向与基准 B 平行。

（7）检测垂直度误差

垂直度误差是指零件上被测要素（平面或直线）对其理想的基准要素（平面或直线）的方向偏离 90°的程度。

常见的垂直度误差测量方法有：平板-指示器测量法、转台-指示器测量法、坐标测量机测量法等。

① 平板-指示器测量法　如图 7-36 所示，将被测件的基准平面固定在直角座上，同时调整靠近基准的和靠近被测表面的指示器示值之差为最小值。采用直角座（模拟基准要素）体现基准 A。按一定的提取方案（如米字形提取方案）对被测表面进行测量，得到提取表面。在与基准 A 垂直的约束下，采用最小区域法对提取表面进行拟合，得到具有方位特征的拟合平行平面（即定向最小区域）。包容提取表面的两定向平行平面之间的距离，即为垂直度误差值。

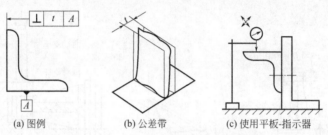

图 7-36　平板-指示器测量垂直度误差

② 转台-指示器法　如图 7-37 所示，将被测件放置在转台上，对被测件进行调心和调平，使被测件的基准要素与转台平面之间的最大距离为最小，同时被测轴线与转台回转轴线对中。采用转台（模拟基准要素）体现基准 A。

选择一定的提取方案对被测中心线的组成要素进行测量，即测量若干个截面轮廓，得到提取圆柱面。按图样规范，符号 Ⓝ 要求对提取圆柱面采用最小外接法进行拟合，得到提取圆柱面的拟合导出要素（轴线）。在与基准 A 垂直的约束下，采用最小区域法对拟合导出要素进行拟合，得到具有方位特征的拟合圆柱面（即定向最小区域）。包容提取导出要素的定向拟合圆柱面的直径，即为被测要素（任意方向）的垂直度误差值。

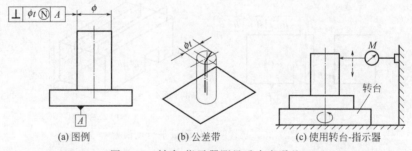

图 7-37　转台-指示器测量垂直度误差

③ 坐标测量机测量法　如图 7-38 图例规范所示，将被测件稳定放置在测量机工作台上。按一定的提取方案对基准要素 A 进行提取，得到基准要素 A 的提取表面。采用最小区域法对提取表面在实体外进行拟合，得到其拟合平行平面，并以此平面体现基准 A。

选择一定的提取方案对被测中心线的组成要素进行测量，得到提取圆柱面。采用最小二乘法对提取圆柱面进行拟合，得到拟合圆柱面的轴线。采用最小二乘法分别对一系列提取截面圆进行拟合，得到一系列截面圆圆心。将各提取截面圆的圆心进行组合，得到被测件的提

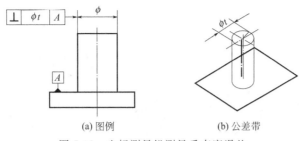

图 7-38　坐标测量机测量垂直度误差

取导出要素（中心线）。在与基准 A 垂直的约束下，采用最小区域法对提取导出要素进行拟合，得到具有方位特征的拟合圆柱面（即定向最小区域）。包容提取导出要素的定向拟合圆柱面的直径，即为被测要素（任意方向）的垂直度误差值。

上述几种垂直度误差测量方法中的图例，被测件合格条件均为：测得的垂直度误差值不大于图样上给出的垂直度公差值。

（8）检测倾斜度误差

倾斜度误差是指零件上被测要素（平面或直线）对其理想的基准要素（平面或直线）的方向偏离某一给定角度（$0°\sim90°$）的程度。

常见的倾斜度误差测量方法有：定角座-指示器测量法、定角导向座-指示器测量法、坐标测量机测量法等。

① 定角座-指示器测量法　如图 7-39 所示，将被测件稳定地放置在定角座（可用正弦尺或精密转台代替）上，且尽可能保持基准表面与定角座之间的最大距离为最小。采用定角座（模拟基准要素）体现基准 A。

选择一定的提取方案（如米字形提取方案），对被测表面进行测量，得到提取表面。在与基准 A 倾斜角为 α 的约束下，采用最小区域法对提取表面进行拟合，得到具有方位特征的定向拟合平行平面（即定向最小区域）。包容提取要素的两定向平行平面之间的距离，即为被测要素的倾斜度误差值。

图 7-39　定角座-指示器测量倾斜度误差

② 定角导向座-指示器测量法　如图 7-40 所示，基准由定角导向座模拟体现，将被测件放在定角导向座上，调整使心轴平行于测量装置导向座定角 α 所在平面。被测要素由心轴模拟体现，安装心轴与被测孔之间的最大间隙为最小。

在模拟被测要素（心轴）上，距离为 L_2 的两个截面或多个截面上，按截面圆周法提取方案对模拟被测要素进行提取操作，得到被测要素的各提取截面圆。采用最小二乘法对被测要素的各提取截面圆分别进行拟合，得到各提取截面圆的圆心。将各提取截面圆的圆心进行组合，得到被测要素的提取导出要素（中心线）。在基准 A 和理论正确角度的约束下，采用最小区域法对提取导出要素（中心线）在给定方向上进行拟合，得到具有方位特征的定向两拟合平行平面（即定向最小区域）。包容提取导出要素的定向拟合平行平面的距离，即为被测要素给定方向的倾斜度误差值。

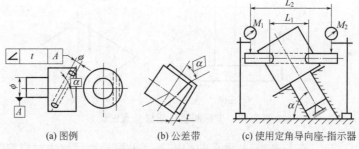

图 7-40　定角导向座-指示器测量倾斜度误差

③ 坐标测量机测量法　如图 7-41 图例规范所示，将被测件稳定放置在测量机工作台上。按一定的提取方案对被测内圆柱面进行提取，得到提取内圆柱面。采用最大内切法对提取内圆柱面在实体外进行拟合，得到其导出拟合轴线，并以此轴线体现基准 A。

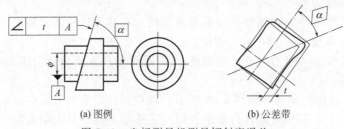

图 7-41　坐标测量机测量倾斜度误差

选取一定的提取方案对被测表面进行测量，得到提取表面。在基准 A 和理论正确角度的约束下，采用最小区域法对提取表面进行拟合，得到具有方位特征的定向拟合平行平面（即定向最小区域）。包容提取表面的两定向平行平面之间的距离，即为被测要素的倾斜度误差值。

上述几种倾斜度误差测量方法中的图例，被测件合格条件均为：测得到的倾斜度误差值不大于图样上给出的倾斜度公差值。

(9) 检测同轴度误差

同轴度误差是指在理论上应该同轴的被测轴线与理想基准轴线的不同轴程度。

常见的同轴度误差测量方法有：圆柱度仪测量法、同轴导向套筒-指示器测量法、坐标测量机测量法等。

① 圆柱度仪测量法

a. 如图 7-42(a) 所示图例规范，将被测件放置在圆柱度仪回转工作台上，并调整被测件使其基准轴线与工作台回转中心同轴。采用周向等间距提取方案，垂直于回转轴线，对基准要素的多个提取截面进行测量，得到基准要素的提取圆柱面。在实体外采用最小外接圆柱法对提取圆柱面进行拟合，得到提取圆柱面的轴线（方位要素），并以此轴线（拟合导出要素）体现基准。

采用周向等间距提取方案，垂直于回转轴线，对被测要素的组成要素进行测量，得到一系列提取截面圆。采用最小二乘法分别对一系列提取截面圆进行拟合，得到一系列提取截面圆圆心。对各提取截面圆的圆心进行组合操作，得到被测要素的提取导出要素。在与基准同轴的约束下，采用最小区域法对提取导出要素进行拟合，得到具有方位特征的拟合圆柱面（即定位最小区域）。包容提取导出要素的定位拟合圆柱面的直径，即为同轴度误差值。

被测件合格条件为：测得到的同轴度误差值不大于图样上给出的同轴度公差值。

b. 如图7-42(b)所示图例规范，将被测件放置在圆柱度仪回转工作台上，并进行调心和调平。采用一定的提取方案，对基准要素 A 进行测量，得到基准要素 A 的提取组成要素。在实体外对 A 的提取组成要素采用最大内切法进行拟合，得到拟合圆柱面的拟合导出要素（轴线），并以此轴线体现基准 A。

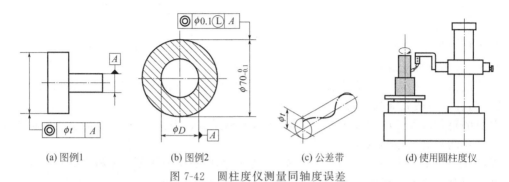

图 7-42　圆柱度仪测量同轴度误差

采用一定的提取方案，对被测要素进行提取，得到提取圆柱面。在与基准 A 同轴的约束下，采用最大内切圆柱法对提取圆柱面进行拟合，得到被测圆柱面的拟合圆柱和轴线。拟合圆柱的直径即为被测圆柱面的体内作用直径。同时，由提取圆柱面上的点到拟合圆柱轴线的距离可计算得到局部实际直径。将体内作用尺寸与最小实体实效尺寸进行比较，局部实际直径与最大实体尺寸进行比较，判定被测件直径是否合格。

被测件合格条件为：体内作用直径不得大于最小实体实效尺寸，局部实际直径不得超越其最大实体尺寸和最小实体尺寸。

② 同轴导向套筒-指示器测量法　如图7-43所示，采用一对同轴导向套筒模拟公共基准轴线 $A—B$。将两指示器分别在铅垂轴截面内，相对于基准轴线对称地分别调零。

图 7-43　同轴导向套筒-指示器测量同轴度误差

测头垂直于回转轴线，采用周向等间距提取方案对被测要素的组成要素进行测量，记录各测量点 M_a、M_b 值。以各圆截面上对应测量点的差值 $|M_a-M_b|$ 的最大值作为该圆截面的同轴度误差。按上述方法，在若干个截面上测量，取各截面测得的示值差值绝对值的最大值作为该被测件的同轴度误差值。

被测件合格条件为：测得到的同轴度误差值不大于图样上给出的同轴度公差值。

③ 坐标测量机测量法　图例和公差带见图7-43(a)、(b)，采用坐标测量机测量同轴度误差值，将被测件放置在坐标测量机工作台上。采用一定的提取方案，对基准要素 A、B 分别进行测量，得到基准要素 A、B 的提取组成要素。采用一组同轴圆柱面，在实体外同时对 A、B 的提取组成要素采用最小外接法进行拟合，得到拟合组成要素共有的拟合导出要素（轴线），并以此共有的轴线体现基准 $A—B$。

选择一定的提取方案对被测中心线的组成要素进行测量,得到提取圆柱面。采用最小二乘法对提取圆柱面进行拟合,得到拟合圆柱面的轴线。垂直于拟合圆柱面的轴线,通过构建和分离操作,获得一系列提取截面圆。采用最小二乘法分别对一系列提取截面圆进行拟合,得到一系列截面圆圆心。将各提取截面圆的圆心进行组合,得到被测要素的提取导出要素(轴线)。在与基准 $A—B$ 同轴的约束下,采用最小区域法对被测要素的提取导出要素(轴线)进行拟合,得到具有方位特征的拟合圆柱(即定位最小区域),其直径即为同轴度误差值。

被测件合格条件为:测得到的同轴度误差值不大于图样上给出的同轴度公差值。

(10) 检测对称度误差

对称度误差是指要求共面的被测要素(中心平面、中心线或轴线)与其理想的基准要素(中心平面、中心线或轴线)的不重合程度。

常见的对称度误差测量方法有:平板-指示器测量法、平板-千分尺测量法、坐标测量机测量法、功能量规-千分尺测量法等。

① 平板-指示器测量法 如图 7-44 所示,将被测件稳定地放置在平板上。选择一定的提取方案,对基准要素的组成要素进行测量,得到两个提取表面(提取组成要素)。采用一组满足平行约束的平行平面,在实体外同时对两个提取组成要素进行最大内切法拟合,得到拟合组成要素的拟合中心平面(方位要素),并以此拟合中心平面体现基准 A。

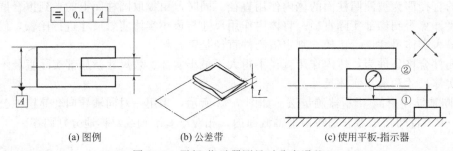

图 7-44 平板-指示器测量对称度误差

选择一定的提取方案,对图 7-44(c) 中被测要素的组成要素①和②分别进行测量,得到两个提取表面(提取组成要素)。将提取表面的各对应点连线中点进行分离、组合操作,得到被测要素的提取导出要素(中心面)。在基准 A 的约束下,采用最小区域法对被测要素的提取导出要素(中心面)进行拟合,得到具有方位特征的两定位拟合平行平面(即定位最小区域)。包容提取导出要素的两定位平行平面之间的距离即为对称度误差值。

② 平板-千分尺测量法 如图 7-45 所示,将被测件稳定地放置在平板上。采用模拟基准要素(平板)与基准要素的组成要素稳定接触,体现基准 A。

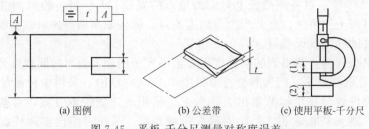

图 7-45 平板-千分尺测量对称度误差

选择一定的提取方案,在多个测量点处用千分尺测量槽的壁厚值(1)和(2)[图 7-45

(c)]，得到上下两测量面多个对应测量点值。上下两测量面对于测量点的壁厚差值的最大值即为被测要素的对称度误差值。

③ 坐标测量机测量法　如图 7-46 所示图例规范，将被测件放置在坐标测量机工作台上。选择一定的提取方案，对基准要素 A、B 进行测量，得到基准要素 A、B 的两组提取组成要素。采用两组满足平行且对称中心平面共面约束的平行平面，在实体外同时对基准要素 A、B 的两组实际表面或提取组成要素采用最小区域法进行拟合，得到拟合组成要素共有的拟合中心平面（方位要素），并以此共有的拟合中心平面体现基准 $A—B$。

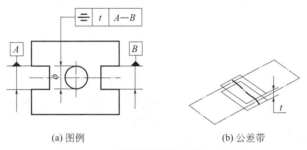

图 7-46　坐标测量机测量对称度误差

按截面圆周法提取方案对被测内圆柱面进行多截面测量，得到被测要素的各截面提取截面圆。采用最小二乘法对提取截面圆分别进行拟合，得到各提取截面圆的圆心。对各提取截面圆的圆心进行组合操作，得到被测内圆柱面的提取导出要素（中心线）。在基准 $A—B$ 的约束下，采用最小区域法对被测要素的提取导出要素（中心线）进行拟合，得到具有方位特征的两定位拟合平行平面（即定位最小区域），其距离即为对称度误差值。

上述对称度误差测量方法中的图例，被测件合格条件均为：测得到的对称度误差值不大于图样上给出的对称度公差值。

④ 功能量规-千分尺测量法　如图 7-47 所示，采用组合型功能量规，被测件与功能量规的检验部位和定位部位相结合，用功能量规的定位部位体现基准。

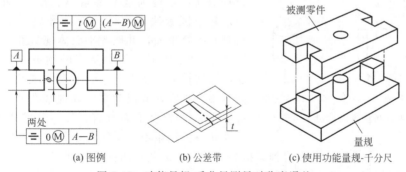

图 7-47　功能量规-千分尺测量对称度误差

采用共同检验方式，同时检验基准要素和被测要素的合格性。定位块用来检验和体现公共基准 $A—B$ 的合格性，其宽度的公称尺寸为基准的最大实体实效尺寸，如果基准要素可以自由地通过两定位块，说明基准要素合格。圆柱销用来检验被测要素的合格性，如果在基准定位约束的前提下，被测表面自由通过圆柱销，说明被测要素的对称度误差合格，被测要素的体外作用尺寸也合格。

采用千分尺测量被测要素的局部实际尺寸，其任一局部实际尺寸均不得超越其最大实体尺寸和最小实体尺寸。

被测件的合格条件为：局部实际尺寸和体外作用尺寸全部合格。

（11）检测位置度误差

位置度误差是指被测实际要素对其理想位置的变动量，其理想位置是由基准和理论正确尺寸确定的。理论正确尺寸是不附带公差的精确尺寸，用以表示被测理想要素到基准之间的距离，在图样上用加方框的数字表示，以便与未注公差的尺寸相区别。

常见的位置度误差测量方法有：平板-指示器测量法、坐标测量机测量法、功能量规-千分尺测量法等。

① 平板-指示器测量法　如图 7-48 所示，将被测件安装在专用测量支架上，调整被测件在支架上的位置，使指示器的示值差为最小，指示器按专用的标准零件调零。

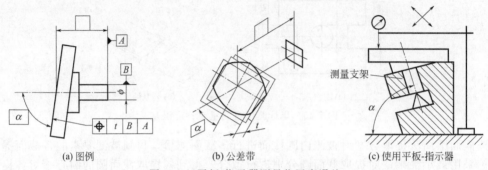

图 7-48　平板-指示器测量位置度误差

采用专用测量支架上的孔和支撑点（模拟基准要素）体现基准 B 和 A。

按米字形提取方案对被测要素进行提取操作，得到提取表面。在基准 B、A 约束下，以由理论正确尺寸确定的理想平面为中心，采用最小区域法对提取表面进行拟合，得到具有方位特征的两定位拟合平行平面（即最小定位区域），其距离即为被测面的位置度误差值。

② 坐标测量机测量法　如图 7-49 所示图例规范，将被测件放置在坐标测量机工作台上。按米字形提取方案分别对基准要素 A、B、C 进行提取操作，得到基准要素 A、B、C 的提取表面。采用最小区域法在实体外对基准要素 A 进行拟合，得到其拟合平面，并以此平面体现基准 A。在保证与基准要素 A 的拟合平面垂直的约束下，采用最小区域法在实体外对基准要素 B 的提取表面进行拟合，得到其拟合平面，并以此平面体现基准 B。在保证与基准要素 A 的拟合平面垂直，又与基准要素 B 的拟合平面垂直的约束下，采用最小区域法在实体外对基准

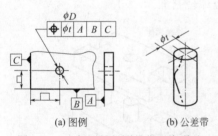

图 7-49　坐标测量机测量位置度误差

要素 C 的提取表面进行拟合，得到其拟合平面，并以此平面体现基准 C。

采用等间距布点策略沿被测圆柱横截面圆周进行测量，在轴线方向等间距测量多个横截面，得到多个提取截面圆。采用最小二乘法分别对每个提取截面圆进行拟合，得到各提取截面圆的圆心。将各提取截面圆的圆心进行组合，得到被测件的提取导出要素（中心线）。在基准 A、B、C 的约束下，以由理论正确尺寸确定的理想轴线的位置为轴线，采用最小区域法对提取导出要素进行拟合，得到包容提取导出要素（中心线）的圆柱，其直径即为被测孔的位置度误差值。对于多孔孔组的位置度误差的测量与评估，可按上述方法逐孔测量和计算。

上述两种测量方法中的图例，被测件合格条件均为：测得到的位置度误差值不大于图样上给出的位置度公差值。

③ 功能量规-千分尺测量法 如图 7-50 所示，采用整体型或组合型功能量规，被测轮廓与功能量规的检验部位相结合，同时保证量规的定位部位与被测件的基准表面稳定接触，用功能量规的定位部位体现基准。

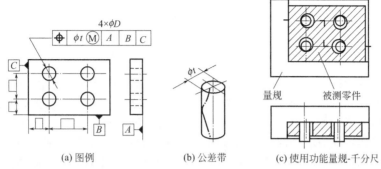

图 7-50 功能量规-千分尺测量位置度误差

采用千分尺（或其他测量器具）测量被测要素实际轮廓的局部实际尺寸，其任一局部实际尺寸均不得超越其大实体尺寸和最小实体尺寸。

功能量规的检验部位与被测要素的实际轮廓相结合，如果被测件能够通过功能量规，说明被测要素实际轮廓的体外作用尺寸合格。

被测件的合格条件为：局部实际尺寸和体外作用尺寸全部合格。

(12) 检测跳动误差

跳动误差是指被测实际要素绕基准轴线回转一周或连续回转时所允许的最大跳动量。跳动误差又分为圆跳动误差（包括径向圆跳动、轴向圆跳动和斜向圆跳动）和全跳动误差（径向全跳动和轴向全跳动）。

常见的跳动误差测量方法有：导向套筒-指示器测量法、同轴顶尖-指示器测量法等。

① 圆跳动误差的检测

a. 导向套筒-指示器测量径向圆跳动。如图 7-51 所示，将被测件支承在两个同轴圆柱导向套筒内，并在轴向定位。采用同轴圆柱导向套筒（模拟基准要素）体现基准 $A—B$。

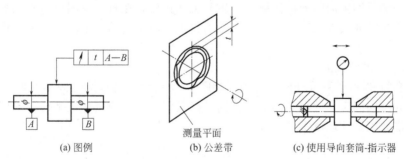

图 7-51 导向套筒-指示器测量径向圆跳动

在垂直于基准 $A—B$ 的截面（单一测量平面）上，且当被测件回转一周的过程中，对被测要素进行测量，得到一系列测量值（指示器示值）。取其指示器示值最大差值，即为单一测量平面的径向圆跳动。重复上述操作，在若干个截面上进行测量。取各截面上测得的径向圆跳动量中的最大值，作为该零件的径向圆跳动。

b. 导向套筒-指示器测量轴向圆跳动。如图 7-52 所示，将被测件固定在导向套筒内，并在轴向上固定。采用导向套筒（模拟基准要素）体现基准 A。

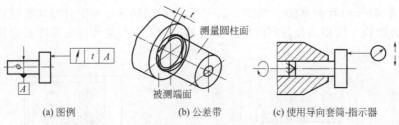

图 7-52 导向套筒-指示器测量轴向圆跳动

在被测要素（端面）及其测量界限位置处，沿被测件的轴向，构建相应与基准 A 同轴的测量圆柱面；在测量圆柱面上，且当被测件回转一周的过程中，对被测要素进行测量，得到一系列测量值（指示器示值）。取指示器示值最大差值，即为单一测量圆柱面的轴向圆跳动。重复上述操作，在对应被测要素（端面）不同直径位置处的测量圆柱面上进行测量。取各测量圆柱面上测得的轴向圆跳动量中的最大值，作为该零件的轴向圆跳动。

c. 导向套筒-指示器测量斜向圆跳动。如图 7-53 所示，将被测件固定在导向套筒内，并在轴向固定。采用导向套筒（模拟基准要素）体现基准 A。

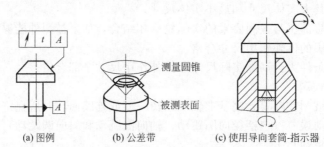

图 7-53 导向套筒-指示器测量斜向圆跳动

在被测要素（圆锥面）某一半径位置处，沿与锥面素线垂直的方向（或图样规范明确要求的方向）上，构建与基准 A 同轴的测量圆锥面；在测量圆锥面上，且当被测件回转一周的过程中，对被测要素进行测量，得到一系列测量值（指示器示值）。取指示器示值最大差值，即为单一测量圆锥面的斜向圆跳动。重复上述操作，在对应被测要素不同半径位置处的测量圆锥面上进行测量。取各测量圆锥面上测得的斜向圆跳动量中的最大值，作为该零件的斜向圆跳动。

② 全跳动误差的检测

a. 导向套筒-指示器测量径向全跳动。如图 7-54 所示，将被测件固定在两个同轴导向套筒内，同时在轴向固定，并调整两导向套筒，使其同轴且与测量平板平行。采用同轴导向套筒（模拟基准要素）体现基准 $A—B$。

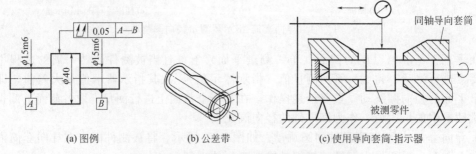

图 7-54 导向套筒-指示器测量径向全跳动

在被测件相对于基准 $A—B$ 连续回转、指示器同时沿基准 $A—B$ 方向作直线运动的过程中，对被测要素进行测量，得到一系列测量值（指示器示值）。取指示器示值最大差值，即为该零件的径向全跳动。

b. 导向套筒-指示器测量轴向全跳动。如图 7-55 所示，将被测件支承在导向套筒内，并在轴向固定，导向套筒的轴线应与测量平板垂直。采用导向套筒（模拟基准要素）体现基准 A。

(a) 图例　　　　(b) 公差带　　　　(c) 使用导向套筒-指示器

图 7-55　导向套筒-指示器测量轴向全跳动

在被测件相对于基准 A 连续回转、指示器同时沿垂直于基准 A 方向做直线运动的过程中，对被测要素（端面）进行测量，得到一系列测量值（指示器示值）。取指示器示值最大差值，即为该零件的轴向全跳动。

上述测量跳动误差方法的图例中，被测件的合格条件均为：测得的跳动量不大于图样上给出的跳动公差值。

7.3　表面精度的测量

零件加工以后的表面质量直接影响机械产品的整体质量和使用寿命，表面粗糙度作为表面加工质量的代表参数，是零件制造过程中很重要的技术指标，也是机械产品质量检测的一项主要内容。

7.3.1　表面粗糙度的测量方法

表面粗糙度的测量方法主要有：比较法、光切法、干涉法和针描法四种。

（1）比较法

比较法是将被测要素表面与表面粗糙度样板（见图 7-56）直接进行比较，两者的加工方法和材料应尽可能相同，从而用视觉或触觉来直接判断被加工表面的粗糙度。这种方法简单，适于现场车间使用。但评定的可靠性很大程度上取决于检测人员的经验，仅适用于评定表面粗糙度要求不高的零件。

（2）光切法

光切法是利用光切原理来测量表面粗糙度的 Rz 值。常用的仪器是光切显微镜（又称双管显微镜），后文图 7-63 所示为双管显微镜外观。它可用于测量车、铣、刨及其他类似方法加工的零件表面，也可用于观察木材、纸张、塑料、电镀层等表面的粗糙度。对于大型零件的内表面，可以采用印模法（即用

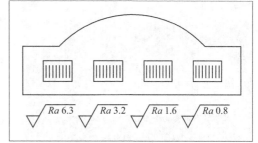

图 7-56　表面粗糙度样板

石蜡、塑料或低熔点合金,将被测表面印模下来)印制表面模型,再用光切显微镜对其表面模型进行测量。

(3) 干涉法

干涉法是利用光波干涉的原理来测量表面粗糙度的一种方法。被测表面直接参与光路,用它与标准反射镜比较,以光波波长来度量干涉条纹弯曲程度,从而测得该表面的粗糙度。该方法常用于测量表面粗糙度的 Rz 值,其测量范围是 $0.025 \sim 0.8 \mu m$。常用的仪器是干涉显微镜,后文图 7-67 所示为 6JA 型干涉显微镜外形。

(4) 针描法

针描法是利用触针直接在被测量零件表面上轻轻划过,从而测量出零件表面粗糙度的一种方法。最常用的仪器是电动轮廓仪,如图 7-57 所示为 T1000 型电动轮廓仪的外形。其原理是将被测量零件放在工作台的 V 形块上,调整零件或驱动箱的倾斜角度,使零件被测表面平行于传感器的滑行方向。调整传感器及触针(材料为金刚石)的高度,使触针与被测零件表面适当接触,利用驱动器以一定的速度带动传感器,此时触针在零件被测表面上滑行,使触针在滑行的同时还沿着加工纹理的垂直方向运动,触针的运动情况实际反映了被测零件表面轮廓的情况。当传感器匀速移动时,触针将随着表面轮廓的几何形状作垂直起伏运动,把这个微小的位移经传感器转换成电信号,经过放大、滤波、运算处理,即可获得表面粗糙度的参数 Ra 值。

针描法测量表面粗糙度的最大优点是可以直接读取 Ra 值,测量效率高。此外,它还能测量平面、内(外)圆柱面、圆锥面、球面、任意曲面以及小孔、槽等形状的零件表面的测量。但由于触针与被测零件表面接触应可靠,故需要适当的测量力,这对材料较软或粗糙度 Ra 值很小的零件表面容易产生划痕,且过于光滑的被测表面,由于表面凹谷细小,针尖难以触及凹谷底部,而使测量不出轮廓的真实情况。另外,由于触针的针尖圆弧半径的限制,在测量过于粗糙的零件表面,则会损伤触针。所以针描法测量零件表面粗糙度 Ra 值的范围一般在 $0.02 \sim 5 \mu m$。

7.3.2 表面粗糙度的测量示例

7.3.2.1 用电动轮廓仪测量表面粗糙度值 Ra

电动轮廓仪型号繁多,外形有较大差异,但根据采用传感器的不同,主要有两大类:一类采用差动电感式传感器,另一类采用压电式传感器。

(1) 仪器简介

T1000 型电动轮廓仪是一种自动化程度较高,易于操作,可用电池驱动的便携式表面粗糙度测量仪器,测量过程及数据处理由单片机控制,测量参数的预置和测量运行由薄膜式按键来执行,所有参数和测量值都显示在一个八位显示屏上。

图 7-57 所示为 T1000 的外形,主要包括:传感器、驱动箱、电箱、微型打印机四部分。

T1000 正面、背面控制键:显示、操作键,见图 7-58 和图 7-59。

T1000 型电动轮廓仪可以测量的表面粗糙度参数有:Ra、Rz、$Rmr(c)$ 等。其测量范围:触针位移为 $\pm 40 \mu m$,Ra 为 $8 \mu m$。

该仪器可测量平面、外圆柱面、直径 $\phi 3.5 mm$ 以上的内孔面,对于大型零件可以手持驱动箱直接

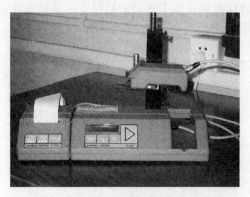

图 7-57 T1000 型电动轮廓仪的外形

在零件上测量；小型和形状复杂的零件需将驱动箱安装在立柱上测量；因传感器可以旋转90°，所以还可以测量曲轴等形状复杂的零件。

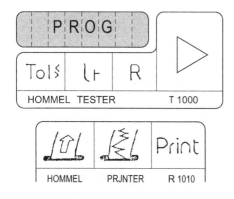

1. TOL 键：确定公差带等。
2. Lt 键：选择测量长度等。
3. R 键：选择评定参数等。
4. ▷键：确认选择的各项参数，启动测量等。
5. Print 键：参数打印选择键。

图 7-58　T1000 正面图

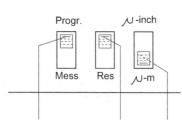

1. 左键：参数输入和测量状态转换开关。
2. 中间键：复位开关。
3. 右键：公英制单位转换开关。

图 7-59　T1000 背面图，操作方式转换开关

(2) T1000 型电动轮廓仪工作原理

T1000 型电动轮廓仪，由单片机控制测量和数据处理，采用差动电感式传感器，传感器的原理如图 7-60 所示。

在传感器测杆的一端装有触针，当传感器匀速移动时，被测表面轮廓上的峰谷起伏使触针上下运动，此运动经支点使磁芯同步上下运动，从而使磁芯外的差动线圈的电感量发生变化。由于差动线圈和测量电桥相连接，

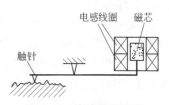

图 7-60　传感器的原理

从而使电桥失去平衡，于是就输出一个与触针位移量成比例的电信号，电信号需经进一步处理方可获得表面粗糙度参数。

(3) 操作步骤（见图 7-58 和图 7-59）

① 选择测量参数和相关数据。

a. 将转换开关置于 "Progr."。

b. 按 "▷" 打开电源。

c. 按 R 键显示 Ra，按确认键选定 Ra。

d. 按 Print 键，选定打印 Ra。

e. 按 TOL 键，然后按确认键，预置 Ra 公差带。

f. 再次按 TOL 键，显示 T⩾xx.xx。

g. 再次反复按 TOL 键和确认键，选定 Ra 上公差带。

h. 按 TOL 键，显示 T≤xx.xx。

i. 重复 f 操作，选定 Ra 下公差带。

j. 按 Print 键，选定打印公差带数值。

② 将仪器背面的转换开关置于"Mess"，使仪器进入测量状态。

③ 调整传感器的位置。

a. 松开锁紧螺钉，使传感器与被测表面接触，并且保证传感器的运动方向与加工纹理方向垂直，如果是手持传感器直接在零件上测量，需要按图 7-61 的方式放置传感器。

b. 传感器定位。当传感器直接放在工件上测量时，其位置自动确定。如果将驱动箱放在立柱上，则必须人工定位。其方法是：同时按 TOL 键和确认键，显示器将显示传感器的位置偏差，Pos—xx.x，调整传感器位置，使显示值不超出 $\pm 20\mu m$，如图 7-62 所示。

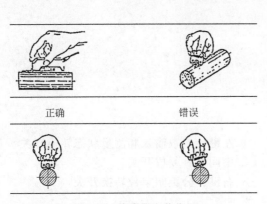

图 7-61 传感器安装位置

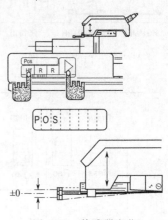

图 7-62 传感器定位

④ 选定测量（评定）长度 ln。

a. 同时按 Lt 键和确认键，显示器显示原来预置的数值。

b. 反复按 Lt 键，调到要求的测量长度，并按确认键。

⑤ 按确认（启动）键，进行测量，测量完成后传感器自动返回原始位置。显示器显示测量值，按 R 键可显示 Ra 的数值。

⑥ 按图形打印键，打印机将打印表面粗糙度曲线和参数值。

7.3.2.2 用光切显微镜测量表面粗糙度值 Rz

光切显微镜由照明管和观察管组成，故又称双管显微镜。

(1) 仪器简介

光切显微镜的外形结构如图 7-63 所示。其中，物镜组的两只物镜装成一体，两光轴对台面倾斜，固定成 $45°$，两物镜焦点交于一点，使用时无需再进行调整。

在目镜千分尺 14（见图 7-64）的视场里有两块分划板：固定分划板上刻有 8mm 长的标尺标记，可动分划板上刻有十字线和双标线。标尺筒的圆周上刻有 100 条标尺标记。转动标尺筒一周，通过螺杆使可动分划板上双标线相对标尺移动 1mm。由于放大 $2M$ 倍，故目镜千分尺的分度值小于 0.01mm，如表 7-9 所示。

表 7-9 光切显微镜的主要技术数据

可换物镜放大倍数	物镜组的放大倍数	目镜视场直径/mm	目镜千分尺分度值/μm	测量范围 Rz/μm
60	31.3	0.3	0.16	0.8~1.6
30	17.3	0.6	0.29	1.6~6.3
14	7.9	1.3	0.63	6.3~20
7	3.9	2.5	1.28	20~63

第 7 章 几何量精度的测量 251

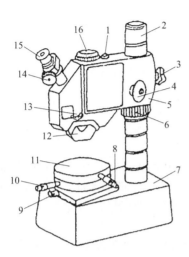

图 7-63 光切显微镜

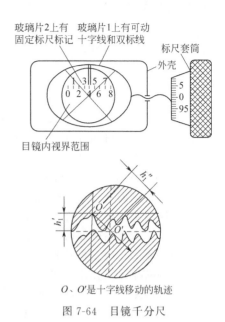

图 7-64 目镜千分尺

1—光源；2—立柱；3—锁紧螺钉；4—微调手轮；5—横臂；6—升降螺母；
7—底座；8—纵向千分尺；9—固定螺钉；10—横向千分尺；11—工作台；
12—物镜组；13—手柄；14—目镜千分尺；15—目镜；16—照相机座

(2) 光切显微镜工作原理

光切显微镜是利用光切原理测量表面粗糙度的。如图 7-65 所示，由光源 1 发出的光，穿过狭缝 3，形成带状光束，经物镜 4，斜向 45°射向工件，凹凸不平的表面上呈现出曲折光带，再以 45°反射，经物镜 5，到达目镜分划板 6 上。从目镜 7 里看到的曲折亮带，有两个边界，光带影像边界的曲折程度表示影像的峰谷高度 h'。h' 与表面凸起的实际高度 h 之间的关系为

$$h' = \frac{hM}{\cos 45°} = \sqrt{2}\, hM \tag{7-1}$$

式中 M——物镜放大倍率。

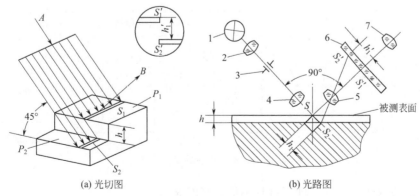

(a) 光切图　　　　　(b) 光路图

图 7-65 光切法原理

1—光源；2—聚光镜；3—狭缝；4，5—物镜；6—目镜分划板；7—目镜

在目镜视场里，对高度 h' 是沿 45°方向测量的，设用目镜千分尺读数的值为 H，则 h'

与 H 之间的关系为
$$h' = H\cos 45° \tag{7-2}$$

上两式合一后得
$$h = \frac{H\cos 45°}{\sqrt{2}M} = \frac{H}{2M} = iH \tag{7-3}$$

式中，令 $1/(2M) = i$，作为目镜千分尺装在光切显微镜上使用时的分度值。此值由仪器说明书给定，可用标准标记尺校准。

(3) 操作步骤

① 准备工作　估计被测表面的 Rz 值，参考表 7-9 选择一对合适的物镜，分别安装在照明管与观察管的下方。并按表 4-1 选用取样长度与评定长度。

接通电源。擦净工件。将工件放在工作台上，转动工作台，使要测量的截面方向与光带方向平行，未指明截面时，一般尽可能使表面加工纹理方向与光带方向垂直。移动工作台，将工件上要测量的点移到光带处，对外圆柱表面则将最高点移到光带处。

② 调节仪器　(见图 7-63)

a. 粗调焦。松开横臂 5 上锁紧螺钉 3，缓慢地旋转升降螺母 6，使横臂 5 带着双管一起向下移动。同时观察目镜，当视场中可看到清晰的工件表面加工痕迹时，停止移动，拧紧锁紧螺钉 3（调焦时为避免镜头碰工件，最好由下向上移动双管）。

略微转动目镜 15 上的滚花环，直到视场中的十字线最清晰为止。

b. 精调焦。转动微调手轮 4，使视场中光带最窄，并使一个边界最清晰。此时的边界代表光切面，见图 7-64。

c. 对线。松开目镜千分尺上的螺钉，转动镜架使目镜中十字线的横线与光带方向大致平行以体现轮廓中线，此时标记尺对光带方向倾斜 45°，拧紧螺钉。

③ 轮廓的最大高度 Rz　用目镜中十字线的横线瞄准轮廓，从目镜千分尺上读数，以确定轮廓高度。测量方法是：转动目镜的标记筒，使横线与轮廓影像的清晰边界在取样长度 lr 的范围内与最高点（峰）相切，记下数值 H_p（见图 7-66），再移动横线与同一轮廓影像的最低点（谷）相切，记下数值 H_v。H_p 和 H_v 数值是相对于某一基准线（平行于轮廓中线）的高度。设中线 m 到基准线的高度为 H，则 $y_p = H_p - H$，$y_v = H - H_v$，代入 $Rz = H_p - H_v$。

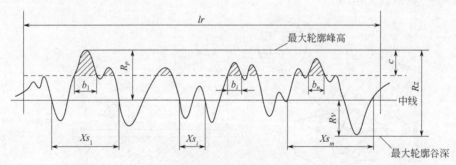

图 7-66　表面轮廓的最大高度

将记下的读数代入上式，即可得轮廓最大高度 Rz。

测量时，目镜视场可能小于取样长度。此时需要转动工作台上的纵向千分尺 8（见图 7-63），使工件平移，以便找出在所选取样长度上轮廓的最大高度。

再移动工作台，测出评定长度范围内 n 个取样长度上的 Rz 值，并取平均值，即得所测表面的微观不平度最大高度 Rz。若不超出允许值，则可判该表面的粗糙度合格。

$$Rz = \sum_{i=1}^{n} Rz_i / n \tag{7-4}$$

7.3.2.3 用干涉显微镜测量表面粗糙度值 Rz

干涉显微镜如图 7-67 所示，其外壳是方箱。箱内安装光学系统；箱后下部伸出光源 9；箱后上部伸出参考平镜及其调节的部件；箱前上部伸出观察管，其上装测微器 2；箱前下部窗口装照相机 3；箱的两边有各种调整用的手轮 11 等；箱的上部是圆工作台 15，它可水平移动、转动和上下移动。

干涉显微镜可测量轮廓峰谷高度的范围是 $0.025 \sim 0.8 \mu m$。

对小工件，将被测表面向下放在圆工作台上测量；对大工件，可将仪器倒立放在工件的被测表面上进行测量。

仪器备有反射率为 0.6 和 0.04 的两个参考平镜，不仅适用于测量高反射率的金属表面，也适用于测量低反射率的工件（如玻璃）表面。

(1) 干涉显微镜工作原理

干涉显微镜是利用光波干涉原理来测量表面粗糙度的。可用仪器的光学系统如图 7-68 所示。由光源 1 发出的光经滤片成单色光，经聚光镜 2、8 投射到分光镜 9 上，并被分成两路：一路光反射向左（遮光板 13 移去），经物镜组 14，射向参考平面镜 15 再反射回来；另一路透射向上，经补偿镜 10 和物镜组 11 射向被测表面 12，再反射回来。两路光到分光镜 9 会合，向前射向目镜组 20 或照相机。

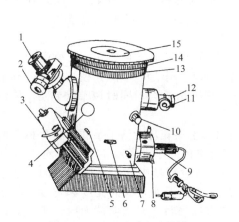
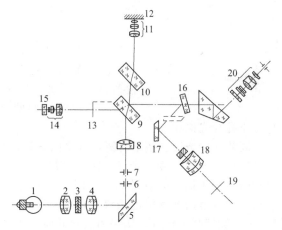

图 7-67 6JA 型干涉显微镜
1—目镜；2—测微器；3—照相机；
4, 6, 10~12—手轮；5, 7—手柄；
8—螺钉；9—光源；13, 14—滚花轮；
15—圆工作台

图 7-68 干涉显微镜光学系统图
1—光源；2, 4, 8—聚光镜；3—滤色片；5—反光镜；
6—视场光阑；7—孔径光阑；9—分光镜；10—补偿镜；
11, 14—物镜组；12—被测表面；13, 19—遮光板；
15—参考平面镜；16—可调反光镜；17—折射镜；
18—照相物镜；20—目镜组

两路光会合时会发生光波干涉现象。因参考平面镜 15 对光轴微有倾斜，等于与被测表面 12 形成楔形空隙，故在目镜中看到一系列干涉条纹，如图 7-69 所示。一相邻干涉条纹相应的空隙差为半个波长。由于轮廓的峰和谷相当于不同大小的空隙，故干涉条纹呈现弯曲状。其相对弯曲程度与轮廓高度对应。测出干涉条纹的弯曲量 a 与相邻两条纹间距 b 的比值，乘以半个光波波长（$\lambda/2$），可得轮廓的峰谷高度 h，即

$$h = \frac{a}{b} \times \frac{\lambda}{2} \tag{7-5}$$

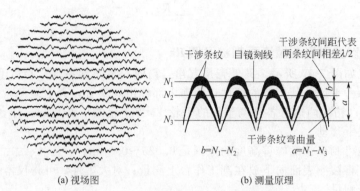

(a) 视场图　　(b) 测量原理

图 7-69　干涉显微镜视场中的干涉条纹

(2) 操作步骤

① 调节仪器（见图 7-67）

a. 通过变压器接通电源，开亮灯泡。

b. 调节参考光路。将手轮 4 转到目视位置，转手轮 10 使图 7-68 中的遮光板 13 移出光路。旋螺钉 8 调整灯泡位置，使视场照明均匀。旋手轮 11，使目镜视场中弓形直边（图 7-70）清晰。

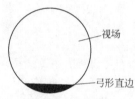

图 7-70　弓形直边

c. 调节被测工件光路。将工件被测面擦净，面向下放在工作台上。转手轮 10，使遮光板转入光路。转滚花轮 13 以升降工作台，直到从目镜视场中看到工件表面的清晰加工痕迹为止。再转手轮 10，使遮光板转出光路。

d. 调节两路光束重叠。松开螺钉取下目镜 1，从观察管中可看到两个灯丝像。转滚花轮 13，使图 7-68 中的孔径光阑 7 开到最大。转手轮 10，使两个灯丝像完全重合，同时调节螺钉 8，使灯丝像位于孔径光阑中央。

e. 调节干涉条纹。装上目镜，旋紧固紧螺钉，转目镜上滚花环看清十字线。将手柄 7 向左推到底，使滤光片插入光路，在目镜视场中就会出现单色的干涉条纹。微转手轮 12，使条纹清晰。将手柄 7 向右推到底，使滤光片退出光路，目镜视场中就会出现彩色的干涉条纹，用其中仅有的两条黑色条纹进行测量。转手轮 11，调节干涉条纹的亮度和宽度。转滚花轮 14 以旋转圆工作台，使要测量的截面与干涉条纹方向平行，未指明截面时，则使表面加工纹理与干涉条纹方向垂直。

② 测量轮廓的峰谷高度

a. 选择光色。表面加工粗糙、痕迹不规则时，常用白光；目测时，彩色干涉条纹识别方便；精密测量时，采用单色光，本仪器使用绿色光。

b. 选取样长度。估计被测表面的 Rz 值参考表 4-1 选取。6JA 型干涉显微镜视场为 0.25mm，在 $Rz \geqslant 0.025 \sim 0.5\mu m$ 时可在一个视场内测量，但若 $Rz > 0.5 \sim 0.8\mu m$，取样长度为 0.8mm 时，则必须移动工作台在三个视场内测量。

c. 调整瞄准线。转目镜千分尺，使目镜里十字线的一条线与整个干涉条纹的方向平行，以体现轮廓中线。拧紧螺钉，以后就用该线瞄准。

d. 测量干涉条纹的间距。转测微器 2，使瞄准线在取样长度范围内先后与相邻两条干涉条纹上的各个峰顶的平均中心重合，从刻度上读得 N_1 值和 N_2 值，见图 7-69(b)，则干涉

条纹的间距为
$$b = N_1 - N_2 \tag{7-6}$$

e. 测量干涉条纹的弯曲量。转标记筒,使瞄准线在取样长度范围内依次与同一条干涉条纹上的最高峰顶中心和最低谷底中心重合,从标记筒上读得 N_1 和 N_3,则干涉条纹的最大弯曲量为

$$a_{\max} = |N_1 - N_3| \tag{7-7}$$

③ 计算表面的轮廓最大高度 Rz

$$Rz = \frac{a_{\max}}{b} \times \frac{\lambda}{2} \tag{7-8}$$

两式中 λ 为所用光的波长,单色光由滤光片的检定证给出,一般绿色光取 $0.53\mu m$,白光取 $0.57\mu m$。

移动圆工作台,在评定长度内连续测量五个 Rz_i,并求平均值,得出在评定长度内的 Rz,若不超出允许值,则可判该表面的粗糙度合格。

第3篇 典型零件的精度测量及质量控制

第8章 轴类零件

轴类零件是机械加工中最常见的典型零件之一。它在机械中主要用来支承传动零件（如齿轮、带轮、凸轮、连杆等），以及承受载荷和传递扭矩。

8.1 轴类零件的结构特点与技术要求

（1）轴类零件的结构特点

常见轴类零件的形状是阶梯状的回转体，其轴向尺寸大于径向尺寸，主体由多段不同直径的回转体组成。

轴上一般有轴颈、轴肩、键槽、螺纹、挡圈槽、销孔、内孔、螺纹孔等要素，根据设计和工艺上的要求，多带有中心孔、退刀槽、倒角、圆角等机械加工结构，有一定的回转精度。轴类零件根据结构形式的不同，可以分为光滑轴、阶梯轴、空心轴和异形轴（包括偏心轴、曲轴、齿轮轴、十字轴、凸轮轴、花键轴）等，如图8-1所示。

（2）轴类零件的技术要求

根据轴类零件的功用和工作条件，其技术要求主要有以下5项。

① 尺寸精度 轴类零件的主要表面常为两类：一类是与轴承的内圈配合的外圆轴颈，即支承轴颈，用于确定轴的位置并支承轴，轴上的各精密表面也均以支承轴颈为设计基准，它的精度将直接影响轴的回转精度，因此轴上支承轴颈的精度最为重要，通常对其尺寸精度要求较高，为IT7～IT5；另一类是与各类传动件配合的轴颈，即配合轴颈，其尺寸精度一般要求稍低，常为IT9～IT6。

② 几何形状精度 轴类零件的几何形状精度主要指轴颈表面、外圆锥面、锥孔等重要表面的圆度、圆柱度等，其误差一般应限制在尺寸公差范围内。对于精度要求较高的精密轴，需在零件图上另行规定其几何形状精度。

③ 相互位置精度 轴类零件的位置精度要求主要是由轴在机械中的位置和功用决定的。通常轴类零件中的配合轴颈对于支承轴颈的同轴度，是其相互位置精度的普遍要求。此外，

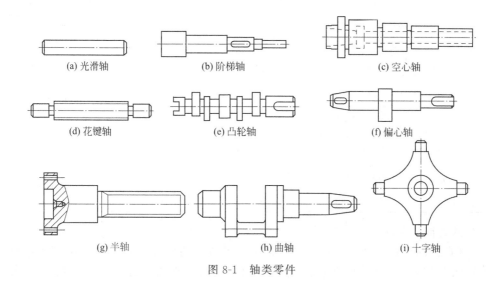

图 8-1 轴类零件

相互位置精度还有内、外圆柱面间的同轴度，轴向定位端面与轴心线的垂直度要求等。如果相互位置精度不符合要求，会影响传动件（齿轮等）的传动精度，并产生噪声等。普通精度的轴，其配合轴段对支承轴颈的径向跳动一般为 0.03～0.01mm，高精度轴（如主轴）通常为 0.005～0.001mm。

④ 表面粗糙度　轴的加工表面都有表面粗糙度的要求，一般应根据加工的可能性和经济性来确定。通常，与轴承相配合的支承轴颈的表面粗糙度为 $Ra1.6\sim0.2\mu m$，与传动件相配合的轴颈表面粗糙度相对偏大为 $Ra3.2\sim0.4\mu m$。

⑤ 其他　热处理、倒角、倒棱及外观修饰等要求。

(3) 轴类零件的加工方法及加工精度

① 外圆表面的加工方法及加工精度　轴类、套类和盘盖类零件是具有外圆表面的典型零件。外圆表面常用的机械加工方法有车削、磨削和各种光整加工方法。车削加工是外圆表面最经济有效的加工方法，但就其经济精度来说，一般适用于作为外圆表面粗加工和半精加工方法；磨削加工是外圆表面主要精加工方法，特别适用于各种高硬度和淬火后的零件精加工；光整加工是精加工后进行的超精密加工方法（如滚压、抛光、研磨等），适用于某些精度和表面质量要求很高的零件。

由于各种加工方法所能达到的经济加工精度、表面粗糙度、生产率和生产成本各不相同，因此必须根据具体情况，选用合理的加工方法，从而加工出满足零件图纸上要求的合格零件。表 8-1 示出了从生产实践中总结出的外圆表面的加工方案、经济精度及适用范围，仅供参考。

表 8-1　外圆表面的加工方案、经济精度及适用范围

序号	加工方案	经济公差等级	表面粗糙度 $Ra/\mu m$	适用范围
1	粗车	IT13～IT11	50～12.5	适用于淬火钢以外的各种金属
2	粗车—半精车	IT10～IT8	6.3～1.6	
3	粗车—半精车—精车	IT8～IT7	1.6～0.8	
4	粗车—半精车—精车—滚压(或抛光)	IT8～IT7	0.4～0.05	

续表

序号	加工方案	经济公差等级	表面粗糙度 $Ra/\mu m$	适用范围
5	粗车—半精车—磨削	IT8～IT7	1.6～0.4	主要用于淬火钢,也可用于未淬火钢,铸铁等,但不宜加工有色金属
6	粗车—半精车—粗磨—精磨	IT6～IT5	1.6～0.1	
7	粗车—半精车—粗磨—精磨—超精加工（或轮式超精磨）	IT5	0.4～0.012	
8	粗车—半精车—精车—金刚石车	IT6～IT5	0.8～0.05	主要用于要求较高的有色金属的加工
9	粗车—半精车—粗磨—精磨—超精磨或镜面磨	IT5 以上	0.1～0.012	极高精度的外圆加工
10	粗车—半精车—粗磨—精磨—研磨	IT5 以上	0.1～0.012	

② 外圆表面的车削加工。

a. 外圆车削的形式。轴类零件外圆表面的主要加工方法是车削加工，根据生产批量不同，可在卧式车床、多刀半自动车床或仿形车床上进行。外圆车削的工艺范围很广，根据毛坯的类型、制造精度以及轴的最终精度要求不同，可采用荒车、粗车、半精车、精车和精细车等不同的加工阶段。

ⅰ. 荒车。毛坯为自由锻件或大型铸件，因加工余量很大，为了减少毛坯外圆形状误差和位置误差，使后续工序加工余量均匀，是以去除外表面的氧化皮为主的外圆加工，一般荒车后尺寸公差可以达到 IT17～IT15 级。

ⅱ. 粗车。对于中小型锻件和铸件毛坯一般直接进行粗车。粗车主要是切去毛坯大部分加工余量（一般车出阶梯轮廓），在工艺系统刚度容许的情况下，应选用较大的切削用量以提高生产效率。粗车可以作为低精度表面的最终工序。

ⅲ. 半精车。是在粗车基础上，进一步提高精度和减小表面粗糙度值，可作为中等精度表面的最终加工工序，也可作为精车或磨削前的预加工工序。对于精度较高的毛坯，可不经粗车，直接半精车。

ⅳ. 精车。可作为工件外圆表面加工的最终加工工序或光整工序前的预加工，对于精度较高的毛坯，可不经过粗车，而直接进行精车。

ⅴ. 精细车。高精度表面的最终加工工序。适用于有色金属零件的外圆表面加工，但由于有色金属不宜磨削，所以可采用精细车代替磨削加工。但是，精细车要求机床精度高、刚性好、传动平稳、能微量进给、无爬行现象。车削中采用金刚石或硬质合金刀具，刀具主偏角要选大些（45°～90°），刀具的刀尖圆弧半径小于 0.1～1.0mm，以减少工艺系统中弹性变形及振动。

b. 车削方法的应用。

ⅰ. 普通车削。适用于各种批量的轴类零件外圆加工，应用十分广泛。单件、小批量生产常采用卧室车床完成车削加工；中批量、大批量生产则采用自动、半自动车床和专用车床完成车削加工。

ⅱ. 数控车削。适用于单件、小批量和中批量生产，近年来应用愈来愈普遍。其主要优点为柔性好，更换、加工零件时设备调整和准备时间短；加工时辅助时间少，可通过优化切削参数和适应控制等提高效率；加工质量好，专用工夹具少，相应生产准备成本低；机床操作技术要求低，不受操作工人的技能、视觉、精神、体力等因素的影响。对于轴类零件，具有以下特征适宜选用数控车削：结构或形状复杂，普通加工操作难度大，工时长，加工效率低的零件；加工精度一致性要求较高的零件；切削条件多变的零件，如零件由于形状特点需要切槽、车孔、车螺纹等，加工中要多次改变切削用量；批量不大，但每批品种多变并有一定复杂程度的零件；对带有键槽、径向孔（含螺钉孔）、端面有分布的孔（含螺钉孔）、方头或带法兰的轴类零件，可以在车削加工中心上加工，除了能进行数控车削外，零件上的各种槽、孔、面等加工表面也可一并加工完毕，工序高度集中，其加工效率更高，加工精度也更为稳定可靠。

③ 外圆表面的磨削加工　砂轮或涂覆磨具以较高的线速度对工件表面进行加工的方法称为磨削加工。磨削加工是一种多刀多刃的高速切削方法，它适用于零件精加工和硬表面的加工，通过磨削加工能有效地提高轴类零件，尤其是淬硬件的加工质量。磨削的工艺范围很广，可以划分为粗磨、精磨、细磨及镜面磨削等。磨削加工采用的磨具（或磨料）具有颗粒小、硬度高、耐热性好等特点，因此可以加工较硬的金属材料和非金属材料，如淬硬钢、硬质合金刀具、陶瓷等。加工过程中同时参与切削运动的颗粒多，能切除极薄极细的切屑，因而加工精度高，表面粗糙度值小。磨削加工作为一种精密加工方法，在生产中得到广泛的应用。目前，由于强力磨削的发展，也可直接将毛坯磨削到所需要的尺寸和精度，从而获得较高的生产效率。

④ 轴类零件键槽加工方法　键槽是轴类零件上常见的结构，其中以普通平键槽应用最广泛，通常在普通立式铣床上用键槽铣刀加工。键槽一般都放在外圆精车或粗磨之后、精加工之前进行。如果安排在精车之前铣键槽，在精车时由于断续切削而产生振动，既影响加工质量，又容易损坏刀具。另一方面，键槽的尺寸也较难控制，如果安排在主要表面的精加工之后，则会破坏主要表面已有的精度。

⑤ 顶尖孔的研磨　因热处理、切削力、重力等的影响，常常会损坏顶尖孔的精度，因此在热处理工序之后和磨削加工之前，对顶尖孔要进行研磨，以消除误差。常用的研磨方法有：用铸铁顶尖研磨；用油石或橡胶轮研磨；用硬质合金顶尖刮研；用中心孔磨床磨削。

8.2　轴类零件的加工工艺分析

（1）轴类零件的材料、热处理及毛坯

① 轴类零件的材料及热处理

a. 轴类零件的材料。一般轴类零件常用材料为 45 钢，45 钢在调质处理之后，经局部高频淬火，再经过适当的回火处理，可以获得一定的强度、硬度、韧性和耐磨性。

对于中等精度而转速较高的轴类零件，一般选用 40Cr 等合金结构钢，这类钢经调质和高频淬火处理，使其淬火层硬度均匀且具有较高的综合力学性能；精度较高的轴，还可使用滚珠轴承钢（如 GCr15）和弹簧钢（如 65Mn），它们经调质和局部淬火后，具有更高的耐磨性、耐疲劳性或结构稳定性；在高转速、重载荷条件下工作的轴类零件，可以选用 18CrMnTi、20Mn2B 等低碳合金钢，经渗碳淬火处理后，具有很高的表面硬度、冲击韧性和心部强度，但热处理所引起的变形比 38CrMoAl 大；对高精度和高转速的轴，可选用 38CrMoAl 钢，这是一种中碳合金氮化钢，由于氮化温度比一般淬火温度低，其热处理变形很小，经调质和表面渗氮处理，可以达到很高的心部强度和表面硬度，从而获得优良的耐磨性和耐疲劳性，故高精度半自动外圆磨床 MBG1432 的头架轴和砂轮轴均采用这种钢材。9Mn2V，这是一种含碳 0.9% 左右的锰钒合金工具钢，淬透性、机械强度和硬度均优于 45 钢，经过适当的热处理之后，适用于高精度机床主轴的尺寸精度稳定性的要求，例如万能外圆磨床 M1432A 头架和砂轮主轴就采用这种材料。

b. 轴类零件的热处理。凡要求局部高频淬火的，要在前道工序中安排调质处理（有的钢材则用正火），当毛坯余量较大时（如锻件），调质放在粗车之后、半精车之前，以便因粗车产生的内应力得以在调质时消除，获得良好的物理力学性能；当毛坯余量较小时（如棒料），调质可放在粗车（相当于锻件的半精车）之前进行。高频淬火处理一般放在半精车之后，如果只需要局部淬硬，精度有一定要求而不需淬硬部分的加工，如车螺纹、铣键槽等工序，均安排在局部淬火和粗磨之后。对于精度较高的轴类零件，在局部淬火及粗磨之后还需低温时效处理，从而使轴类零件的金相组织和应力状态保持稳定。

② 轴类零件的毛坯　轴类零件常采用铸件、棒料和锻件等毛坯形式。对于大型轴或结构复杂的轴（如曲轴、凸轮轴）可使用铸件；一般光轴或外圆直径相差不大的阶梯轴，一般采用热轧制圆棒料和冷拉圆棒料；对外圆直径相差较大的阶梯轴或重要的轴常采用锻件，毛坯经过加热锻造后，可使金属内部纤维组织沿表面均匀分布，可减少切削加工量，又可以改善材料的力学性能，如抗拉、抗弯及抗扭强度。

(2) 轴类零件的加工工艺路线

① 轴类零件的预加工　轴类零件的预加工是指加工的准备工序，即粗、精加工外圆之前的工艺。预加工包括校正、切断、切端面钻中心孔和荒车。

a. 校正。校正棒料毛坯在制造、运输和保管过程中产生的弯曲变形，以保证加工余量均匀及送料装夹的可靠。一般冷态下，在各种压力机或校直机上进行校正。

b. 切断。当采用棒料毛坯时，应在车削外圆前按所需长度切断。切断可在锯床上进行，高硬度棒料的切断可在带有薄片砂轮的切割机上进行。

c. 切端面钻中心孔。两端中心孔是轴类零件加工最常用的定位基准面，为保证钻出的中心孔不偏斜，应先切端面后再钻中心孔。

d. 荒车。如果轴的毛坯是自由锻件或大型铸件，则需要进行荒车加工，以减少毛坯外圆表面的形状误差，使后续工序的加工余量均匀。

② 基本加工路线　外圆加工的方法很多，基本加工路线可归纳为以下四条。

a. 粗车—调质—半精车—精车：对于一般常用材料，这是外圆表面加工采用的最主要的工艺路线。

b. 粗车—调质—半精车—整体淬火—粗磨—精磨：对于黑色金属材料，精度要求高和表面粗糙度值要求较小、零件需要淬硬时，其后续工序只能用磨削而采用的加工路线。

c. 粗车—调质—半精车—精车—金刚石车：对于有色金属，用磨削加工通常不易得到所要求的表面粗糙度值，因为有色金属一般比较软，容易堵塞沙粒间的空隙，因此其最终工序多用精车和金刚石车。

d. 粗车—调质—半精车—粗磨—精磨—光整加工：对于黑色金属材料的淬硬零件，精度要求高和表面粗糙度值要求很小，常用此加工路线。

③ 典型加工工艺路线　轴类零件的主要加工表面是外圆表面，但也有常见的特形表面，因此针对各种精度等级和表面粗糙度要求，按经济精度选择加工方法。对普通精度的轴类零件加工，其典型的工艺路线如下：

毛坯及其热处理—预加工—车削外圆—铣键槽（包括花键槽、沟槽）—热处理—磨削—终检。

(3) 轴类零件加工的装夹和定位基准

轴类零件加工时的工装夹具一般采用顶尖、卡盘、锥堵和芯轴，定位基准分为粗基准和精基准两种。

① 粗基准　以毛坯表面作为定位基准，称为粗基准。

a. 粗基准选择要考虑下列原则：

ⅰ. 选用的粗基准必须便于加工精基准，以尽快获得精基准。

ⅱ. 粗基准应选用面积较大，平整光洁，无浇口、冒口、飞边等缺陷的表面，这样工件定位才稳定可靠。

ⅲ. 当有多个不加工表面时，应选择与加工表面位置精度要求较高的表面作为粗基准。

ⅳ. 当工件的加工表面与某不加工表面之间有相互位置精度要求时，应选择该不加工表面作为粗基准。

ⅴ. 当工件的某重要表面要求加工余量均匀时，应选择该表面作为粗基准。

ⅵ. 粗基准在同一尺寸方向上应只使用一次。

b. 轴类零件的粗加工，可选择外圆表面作为定位粗基准，以此定位加工两端面和中心孔，为后续工序准备精基准。

② 精基准　将零件已加工的表面作为定位基准，称为精基准。选择精基准，首先要根据零件关键表面的加工精度（尤其是有位置精度要求的表面），然后还要考虑所选基准的装夹是否稳定可靠、操作方便，选定精基准所需用的夹具结构是否简单，合理选择定位精基准是保证零件加工精度的关键。

a. 精基准的选择原则。

ⅰ. 基准重合原则。尽量选择设计基准作为精基准，避免基准不重合而引起的定位误差。

ⅱ. 基准统一原则。尽量选择多个加工表面共享的定位基准面作为精基准，以保证各加工面的相互位置精度，避免误差，简化夹具的设计和制造。

ⅲ. 自为基准原则。精加工或光整加工工序应尽量选择加工表面本身作为精基准，该表面与其他表面的位置精度则由先行工序保证。

ⅳ. 互为基准原则。当两个表面相互位置精度以各自的形状和尺寸精度都要求很高时，可以采取互为基准原则，反复多次进行加工。

如果选择基准时不能同时遵循各选择原则甚至相互矛盾，应根据具体情况具体分析，以保证关键表面为主，兼顾次要表面的加工精度。

b. 轴类零件的精基准，其安装方式主要有以下两种。

ⅰ. 以工件的两中心孔作为定位基准。一般以重要的外圆面作为粗基准定位，加工出中心孔，再以轴两端的中心孔为定位精基准。尽可能做到基准统一、基准重合、互为基准，并实现一次安装加工多个表面。中心孔是工件加工统一的定位基准和检验基准，它自身质量非常重要，其准备工作也相对复杂，常常以支承轴颈定位，车（钻）中心锥孔，精车外圆；以外圆定位，粗磨锥孔；中心孔定位，精磨外圆；最后以支承轴颈外圆定位，精磨（刮研或研磨）锥孔，使锥孔的各项精度达到要求。

ⅱ. 以外圆表面和一端中心孔作为定位基准（一夹一顶）。用两中心孔定位虽然定心精度高，但刚性差，尤其是加工较重的工件时不够稳固，切削用量也不能太大。粗加工时，为了提高零件的刚度，可采用轴的外圆表面和一端中心孔作为定位基准来加工。这种定位方法能承受较大的切削力矩，是加工轴类零件最常见的一种定位方法。

（4）轴类零件的加工顺序安排

轴类零件的加工顺序除了应遵循一般的安排原则，如先粗后精、先主后次等。还应注意，外圆表面加工顺序应为：先加工大直径外圆，然后再加工小直径外圆，以免一开始就降低了工件的刚度；轴上的花键、键槽等表面的加工应在外圆精车或粗磨之后，精磨外圆之前；轴上的螺纹一般有较高的精度，如安排在局部淬火之前进行加工，则淬火后产生的变形会影响螺纹的精度，因此螺纹加工宜安排在工件局部淬火之后进行。

8.3　轴类零件的精度

8.3.1　轴类零件的精度测量

（1）加工中的检验

自动测量装置，作为辅助装置安装在机床上。这种检验方式能在不影响加工的情况下，根据测量结果，主动地控制机床的工作过程，如改变进给量，自动补偿刀具磨损，自动退刀、停车等，使之适应加工条件的变化，防止产生废品，故又称为主动检验。主动检验属在线检测，即在设备运行、生产不停顿的情况下，根据信号处理的基本原理，掌握设备运行状况，对生产过程进行预测、预报及必要调整。在线检测在机械加工过程中的应用越来越广。

（2）加工后的检验

单件、小批量生产中，尺寸精度一般用外径千分尺检验；大批量生产时，常采用光滑极限量规检验；长度尺寸大而精度高的工件可用比较仪检验。表面粗糙度一般可用粗糙度样板进行检验；工件表面要求较高时，则用光学显微镜或电动轮廓仪检验。圆度误差可用千分尺测出工件同一截面内直径的最大差值之半来确定，也可用千分表借助 V 形铁来测量，若条件许可，可用圆度仪检验。圆柱度误差通常用千分尺测出同一轴向剖面内最大值与最小值之差的方法来确定。主轴相互位置精度检验，一般以轴两端顶尖孔或工艺锥堵上的顶尖孔为定位基准，在两支承轴颈上方分别用千分表测量。

8.3.2 轴类零件精度影响因素及措施

加工轴类零件的过程中，由于种种原因，会遇到精度和表面粗糙度达不到要求等问题，下面介绍出现这些问题的主要原因及解决方法。

（1）尺寸精度达不到要求的原因及其解决方法

① 由于操作者不小心，测量时出差错，或者标记盘搞错和使用不当，都会影响尺寸精度。因此在测量时，要认真仔细，正确使用标记盘是非常重要的。

例如，各种型号车床的中拖板手柄标尺是不相同的，每一小格标记可用下面公式计算：标记转一格，车床移动距离＝拖板丝杠距离/标尺总共标记格数（mm）。知道每格标记值以后，在使用时还要注意：由于丝杠与螺母之间有间隙，有时标尺虽然转动，但车刀不一定会移动，等间隙转完以后车刀才移动。所以在使用时，如果标记转动超过格数，绝不允许只倒转几格，而是要倒转一圈以后，再重新对准标尺标记。

② 量具本身有误差或使用时没有放正。使用量具之前，须仔细检查和调整，使用时要放正。

③ 由于温度的变化，使工件尺寸改变。在切削过程中，切屑发生变形，切屑的各个分子彼此间相互移动，而它们在移动时发生摩擦而产生了大量的热。此外，由于切屑与刀具前面发生摩擦，刀具后面与工件表面发生摩擦也产生热量，这些热量就直接影响到刀具和工件上去。

例如，车削加工时，热量最高的是切屑（约占 75%），其次是车刀（约占 20%）和工件（约占 4%，还有 1%在空气中）。当工件受热后直径就增大（约 0.01～0.05mm，铸铁变化比钢料大），冷却后直径收缩，造成了废品。因此，不能在工件温度很高时去测量。如果一定要进行测量，在切削时浇注足够的切削液，不使工件温度升高；其次用粗车、精车分开的方法。

④ 毛坯余量不够。由于毛坯本身弯曲没有校直，或者中心孔打偏等原因造成毛坯余量不足。

（2）几何形状精度和相互位置精度达不到要求的主要原因及解决方法

① 产生椭圆度的原因　主轴轴颈的椭圆度是直接反映到工件上去的，如果是滑动轴承，则当载荷大小及方向不变时，主轴轴颈在载荷作用下被压在轴承表面的一定位置上（由于主轴与轴承之间有间隙）。当主轴转过 90°时，主轴的中心位置变动了，这样主轴在旋转一周过程中有两个中心位置，车刀的背吃刀量有变化，而使工件产生椭圆度。当毛坯余量不均匀，加上主轴与轴承之间有间隙，在切削过程中背吃刀量也会发生变化。

前后中心孔不吻合（两中心孔与工件中心成一角度），中心孔与顶尖只接触到一边，磨损不均匀造成轴向窜动而成椭圆前顶尖摆动。

② 产生母线不直（弯曲、凸形、鞍形）和锥度的原因　车床导轨与主轴中心线相互位置不正确，特别是在水平方向。如导轨弯曲，工件产生凸形或凹形；床面导轨与主轴中心线不平行产生锥形等。

工件温度升高，会使轴产生弯曲。例如，在重型车床加工长轴时，温度升高到一定时，工件会伸长，但由于两顶尖距离未变，结果工件由于无法在长度方向伸长而发生弯曲。因此，在车长轴时，尽量降低温度，同时还必须经常退一下后顶尖。

工件内应力的影响。工件内部往往存在内应力，在切削过程中，由于表面层塑性变形，也会产生内应力，这种内应力在工件内部呈平衡状态，使工件保持一定形状。但当工件从夹具或车床上卸下时，就要产生变形。解决这个问题，一般采用时效处理方法。

(3) 表面粗糙度达不到要求的主要原因及解决方法

① 机床刚性不足，如拖板塞铁松动、传动不平衡而引起振动，当然，机床安装不稳固也会引起振动，由于振动而造成工件表面粗糙度降低。

② 刀具刚性不足引起振动，所以尽可能选用粗刀杆，减少刀具伸出长度；工件刚性不足也会引起振动，故在切削细长轴时要应用中心架，或用一夹一顶来代替两顶尖装夹。

③ 车刀切削部分几何参数不正确。可以根据工件材料的可切削特性选用合理、合适的切削角度，降低表面粗糙度。

④ 由于积屑瘤的产生，工件表面粗糙度降低。积屑瘤非常牢固，切削时由于积屑瘤的参与，使工件表面出现拉毛或一道道划沟痕的现象，切削时应尽量避免其产生。

结合上述原因分析，加工中应做到早知道早预防，把问题消灭在萌芽状态，提高工件精度，满足设计要求。

8.4　轴类零件精度测量及质量控制示例

8.4.1　细长轴

细长轴是指轴的长度与直径之比大于 20 的轴类零件，小于 5 的称为短轴，大多数轴介于两者之间。细长轴在切削力、重力和顶尖顶紧力的作用下，横置时很容易弯曲甚至失稳。因此，需要采取一系列有效措施，提高细长轴的加工精度，保证加工要求。

(1) 细长轴车削加工的工艺特点

① 细长轴刚性很差。在车削加工时，如果装夹不当，很容易因切削力及重力的作用而发生弯曲变形，从而引起振动，降低加工精度和表面质量。

② 细长轴的热扩散性差。细长轴热变形伸长量大，在切削热作用下，会产生相当大的线膨胀。如果轴的两端用固定支承，则会因受挤压而产生弯曲变形。

③ 工件高速旋转时，在离心力作用下，加剧工件弯曲与振动。

④ 由于细长轴尺寸比较长，一次走刀时间长，刀具磨损较大，从而增加了工件的几何形状误差。

⑤ 车削细长轴时，由于使用跟刀架，若支承工件的两个支承块对零件压力不适当，会影响加工精度。若压力过小或不接触，就不起作用，不能提高零件的刚度。若压力过大，零件被压向车刀，切削深度增加，车出的直径就小。当跟刀架继续移动后，支承块支承在小直径外圆处，支承块与工件脱离，切削力使工件向外让开，切削深度减小，车出的直径变大，以后跟刀架又跟到大直径圆上，又把工件压向车刀，使车出的直径变小，这样连续有规律的

变化,就会把细长的工件车成"竹节"形,如图8-2所示。

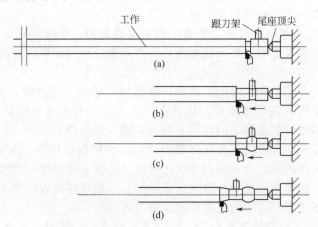

图8-2 车削细长轴时,"竹节"形的形成示意

(2) 细长轴加工精度提高方法及质量控制措施

① 选择合适的装夹方法

a. 双顶尖装夹法。采用双顶尖装夹,工件定位准确,容易保证同轴度。但用该方法装夹工件,其刚性较差,要求顶紧力适当,否则工件弯曲变形较大,而且容易产生振动。因此只适宜于长度与直径比不大、加工余量较小、同轴度要求较高、多台阶轴类零件的加工。

b. 一夹一顶装夹法。采用一夹一顶装夹法,一端用卡盘夹紧,另一端用顶尖顶紧。如果顶尖顶得太紧,除了可能将工件顶弯外,还能阻碍车削时工件的受热伸长,导致工件受到轴向挤压而产生弯曲变形,而且极易产生振动。另外卡爪夹紧面与顶尖孔可能不同轴,装夹后会产生过定位,也能导致工件产生弯曲变形。因此采用一夹一顶装夹方式时,顶尖应采用弹性活顶尖,使工件受到切削热而膨胀伸长时,顶尖能轴向压缩,减少工件弯曲变形;同时可在卡盘与工件间垫入一个开口直径约为4mm的钢丝圈,使卡爪与工件之间的夹持转变为线接触,减小接触面积,使工件在卡盘内能自由地调节其位置,避免夹紧时形成弯曲力矩,在切削过程中发生的变形也不会因卡盘夹死而产生内应力,如图8-3所示。

c. 一夹一拉装夹法。一夹一拉装夹法又称轴向拉夹法,是指在车削细长轴过程中,细长轴的一端由卡盘夹紧,另一端由专门设计的夹头夹紧,夹头给细长轴施加轴向拉力,如图8-4所示。在车削过程中,工件始终受到轴向拉力,在轴向拉力作用下,会使工件由于径向切削力引起的弯曲变形程度减小,补偿了因切削热而产生的轴向伸长量,可用后尾座手轮调整,这是加工细长轴比较理想的一种装夹方法。

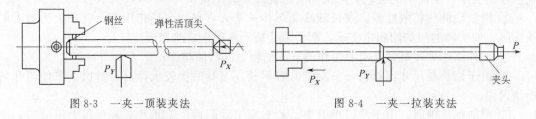

图8-3 一夹一顶装夹法　　图8-4 一夹一拉装夹法

② 直接减少细长轴受力变形

a. 采用中心架。采用一夹一顶的装夹方式车削细长轴时,可以用中心架来增加工件的刚性,相当于在细长轴上增加了一个支撑,适用于允许调头接刀车削的工件,如图8-5所示。当工件可以进行分段切削时,中心架直接支承在工件中间,长度与直径之比可以减少一半,

相当于减少了轴与支承跨距,可以增加细长轴的刚度、减少切削振动,有效防止轴的变形。需要注意的是,在工件装上中心架之前,必须在毛坯中部车出一段支承中心架支承爪的沟槽,其表面粗糙度及圆柱误差要小,并在支承爪与工件接触处经常加润滑油。为提高工件精度,车削前应将工件轴线调整到与机床主轴回转中心同轴。

b. 采用跟刀架。对不适宜调头车削的细长轴,不能用中心架支承,而要用跟刀架支承进行车削。跟刀架的使用相当于在刀具旁设置了一个随动的支承,能有效提高细长轴的刚度,如图 8-6 所示。跟刀架固定在床鞍上,一般有两个支承爪,它可以跟随车刀移动,抵消径向切削力,提高车削细长轴的形状精度和减小表面粗糙度,如图 8-7(a) 所示为两爪跟刀架,因为车刀给工件的切削抗力,使工件贴在跟刀架的两个支承爪上,但由于工件本身的向下重力,以及偶然的弯曲,车削时会瞬时离开支承爪,接触支承爪时产生振动。所以比较理想的中心架需要用三爪跟刀架,如图 8-7(b) 所示。此时,由三爪和车刀抵住工件,使之上下、左右都不能移动,车削时稳定,不易产生振动,因此适用于高速切削。跟刀架与工件接触处的支承块一般用耐磨的球墨铸铁或青铜制成,支承爪的圆弧,应在粗车后与外圆研配,以免擦伤工件,同时必须注意仔细调整,使跟刀架的中心与机床顶针中心保持一致。

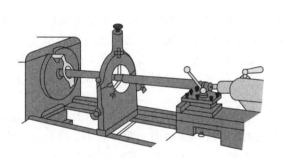

图 8-5 用中心架支承车削细长轴

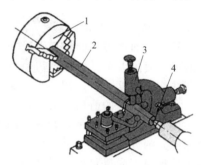

图 8-6 跟刀架支承细长轴
1—三爪卡盘;2—细长轴;3—跟刀架;4—顶尖

采用跟刀架虽然能够增加工件的刚度,基本消除径向切削力对工件的影响。但不能解决轴向切削力把工件压弯的问题,特别是对于长径比较大的细长轴,这种弯曲变形更为明显,因此可用采用轴向拉夹法车削细长轴。

c. 采用垫块。可以根据细长轴的长度在其下面垫放不等距的木块(在切削中随放随取,保证正常进给),如图 8-8 所示。木块直接放在床身上,其厚度以能轻微拖牢细长轴为宜,木块制成半圆弧凹坑,运转时加机油润滑,这种垫块还具有消振作用。

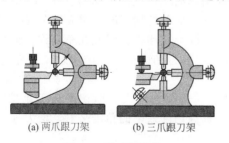

(a) 两爪跟刀架　(b) 三爪跟刀架
图 8-7 跟刀架种类

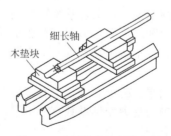

图 8-8 采用垫块切削细长轴

d. 采用双刀切削法。采用双刀车削细长轴需要改装车床中溜板,增加后刀架,采用前后两把车刀同时进行车削,如图 8-9 所示。两把车刀,径向相对,前车刀正装,后车刀反装。两把车刀车削时产生的径向切削力相互抵消,工件受力变形和振动小,加工精度高,适用于批量生产。

e. 采用反向进给切削法。反向进给切削法是指在细长轴的车削过程中，车刀由主轴卡盘开始向尾架方向进给，如图 8-10 所示。由于细长轴左端固定在卡盘内，右端可伸缩，因此采用反向进给法时，在加工过程中产生的轴向切削力使细长轴受拉，消除了轴向切削力引起的弹性弯曲变形。同时，采用弹性的尾架顶尖，可以有效地补偿刀具至尾架一段的工件的受压变形和热伸长量，避免工件的压弯变形，适用于精车长径比 $L/d<50$ 的轴。从受力分析来看，反向进给的平稳性比正向进给好。

f. 采用磁力切削法。磁力切削法的原理与反向切削法原理基本相同。在车削过程中，细长轴由于受到磁力拉伸的作用，可以减少细长轴加工的弯曲变形，提高加工精度。

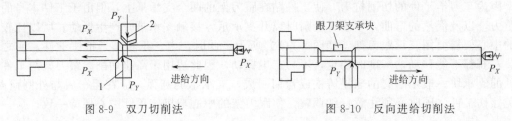

图 8-9 双刀切削法　　　　　图 8-10 反向进给切削法

③ 选择合理的刀具角度　为了减小车削细长轴产生的弯曲变形，要求车削时产生的切削力越小越好，而在刀具的几何角度中，前角、主偏角和刃倾角对切削力的影响最大。

a. 前角。前角大小直接影响切削力、切削温度和切削功率。增大前角，可以使被切削金属层的塑性变形程度减少，切削力明显减小。所以在细长轴车削中，在保证车刀有足够强度前提下，尽量使刀具的前角增大，前角一般取 15°。

b. 主偏角。车刀主偏角是影响径向力的主要因素，其大小影响着 3 个切削分力（轴向、径向及切向）的大小和比例关系。随着主偏角的增大，径向切削力明显减小，因此在不影响刀具强度的情况下应尽量增大主偏角。但主偏角在 60°～90°时，切向切削力有所增大。在 60°～75°范围内，3 个切削分力的比例关系比较合理。在车削细长轴时，一般采用 60°主偏角。

c. 刃倾角。刃倾角影响车削过程中切屑的流向、刀尖的强度及 3 个切削分力的比例关系。随着刃倾角的增大，径向切削力明显减小，但轴向切削力和切向切削力却有所增大。刃倾角在 −10°～+10°范围内，3 个切削分力的比例关系比较合理。在车削细长轴时，常采用正刃倾角 +3°～+10°，以使切屑流向待加工表面。

④ 合理控制切削用量　切削用量选择的是否合理，对切削过程中产生的切削力的大小、切削热的多少是不同的，因此对车削细长轴时引起的变形也是不同的。

a. 切削深度。在工艺系统刚度确定的前提下，随着切削深度的增大，车削时产生的切削力、切削热随之增大，引起细长轴的受力、受热变形也增大。因此在车削细长轴时，应选择多次加工，尽量减少切削深度，从而逐步减少切削力和内应力，减少加工误差，提高加工精度。

b. 进给量。进给量增大会使切削厚度增加，切削力增大。但切削力不是按正比增大，因此细长轴的受力变形系数有所下降。如果从提高切削效率的角度来看，增大进给量比增大切削深度有利。

c. 切削速度。提高切削速度有利于降低切削力。这是因为，随着切削速度的增大，切削温度提高，刀具与工件之间的摩擦力减小，细长轴的受力变形减小。但切削速度过高容易使细长轴在离心力作用下出现弯曲，破坏切削过程的平稳性，所以切削速度应控制在一定范围之内。对长径比较大的工件，切削速度要适当降低。

⑤ 校直和热处理注意事项　细长轴加工过程中校直和热处理工序，是保证其精度，防

止弯曲变形的关键工序。但是校直本身会产生内应力,这对精度要求较高的细长轴来说是不利的。因为内应力有逐渐消失的倾向,由于内应力的消失会引起细长轴的变形,这就影响了细长轴精度的保持。所以,对精度要求高、直径较大的细长轴,在加工过程中不校直,而是采用加大径向总余量和工序间余量的方法逐次切去弯曲变形,经多次时效处理和把工序划分的更细的方法来解决变形问题。每次时效处理后都要重新打中心孔或修磨中心孔,以修正时效处理时产生的变形;并除去氧化皮等,使加工有可靠而精确的定位基面。

为避免细长轴因自重引起弯曲变形,存放时应垂直放置,热处理时要在井式炉中进行。

一般不淬硬细长轴的螺纹经车削而成,而淬硬细长轴的螺纹在螺纹磨床上磨出螺纹。但对牙型半角大和螺距大的螺纹,粗加工还是在淬硬前车削为好。

8.4.2 花键轴

(1) 花键轴的分类及特点

花键轴是在轴的外表制有纵向的花键槽,套在轴上的旋转件也有对应的键槽,可保持跟轴同步旋转。在旋转的同时,有的还可以在轴上作纵向滑动,如变速箱换挡齿轮等。

花键轴按截面形状可以分为矩形、渐开线形、梯形和三角形花键轴四种,其中矩形花键轴应用最广。

矩形花键轴通常应用于飞机、汽车、拖拉机、机床制造业、农业机械及一般机械传动装置中。其特点是:多齿工作,承载能力高,对中性、导向性好,而其齿根较浅的特点可以使其应力集中小,轴与毂强度削弱小,加工比较方便,用磨削方法可以获得较高的精度。

渐开线形花键轴用于载荷较大,定心精度要求高,以及尺寸较大的连接。其特点是:齿廓为渐开线,受载时齿上有径向力,能起自动定心作用,使各齿受力均匀,强度高、寿命长,加工工艺与齿轮相同,易获得较高精度和互换性。

(2) 花键轴的加工方法

花键轴的加工方法很多,主要是采用铣削和磨削等切削加工方法,也可采用冷打、冷轧等塑性变形的加工方法。

① 铣削法　花键轴的铣削法分为成形铣削和展成铣削两种。

a. 成形铣削。成形铣削法主要用于矩形花键轴的加工,根据所用铣刀形式不同分为三种。

ⅰ. 用三面刃铣刀和锯片铣刀加工花键轴。三面刃铣刀和锯片铣刀一般用于单件、小批量的花键轴生产,可在卧式铣床上利用分度头进行铣削加工。键宽由三面刃铣刀保证,本法加工精度较低,生产率也不高。

ⅱ. 用组合铣刀加工花键轴。组合铣刀有两种形式:一是用双飞刀高速铣削花键,即用两组三面刃铣刀同时加工,如图 8-11 所示,这种方法不仅能保证键侧的精度和表面粗糙度,而且效率比一般铣削高数倍,一般用于粗铣加工,键宽留精铣余量约 0.5mm;二是用专用铣刀盘铣花键,如图 8-12 所示,采用两把专用铣刀盘同时铣削花键轴的两条花键槽,铣刀刃廓形可按花键槽的截面形状设计。

ⅲ. 用成形铣刀铣削花键轴。用成形铣刀加工花键轴,可使生产效率大大提高,适用于大批量生产。

b. 展成铣削。展成铣削主要用于渐开线花键轴的加工,采用花键滚刀在立式、卧式滚齿机上或花键轴铣床上加工齿比较长的花键,也可采用插齿刀在插齿机上加工带有凸肩的短花键轴。

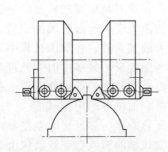
图 8-11　双飞刀高速铣削花键

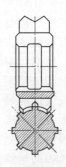
图 8-12　专用铣刀盘铣花键

② 磨削法　花键轴的磨削一般用于矩形花键轴，连接用的渐开线花键很少采用磨削。

以外径定心的矩形花键轴，通常只磨削外径，而内径铣出后不必进行磨削。但是，如果经过淬火而使花键扭曲变形过大，也要对侧面进行磨削加工。以内径定心的矩形花键轴，其内径和键侧均需进行磨削加工。花键轴精度要求高或进行表面淬火后，常采用磨削作为最终加工。单件小批生产时，可在工具磨床或平面磨床上，借用分度头分度两次磨出，如图 8-13(a)、(b) 所示。这种方法砂轮修整简单，调整方便，但 B 尺寸必须控制准确。大批量生产时，可在花键磨床或专用机床上加工，利用高精度等分板分度，一次安装下将花键轴键侧及小径磨削完成。如图 8-13(c) 所示，砂轮修整简单，调整方便，修整时要控制 A 尺寸及圆弧面；如图 8-13(d) 所示，砂轮修整较难，要控制 C 尺寸。

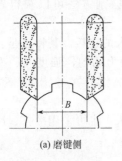
(a) 磨键侧

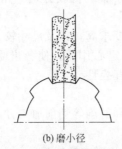
(b) 磨小径

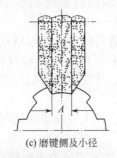
(c) 磨键侧及小径

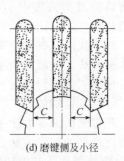
(d) 磨键侧及小径

图 8-13　花键轴磨削

③ 冷打法　在专门的机床上进行。对称布置在工件圆周外侧的两个打头，随着工件的分度回转运动和轴向进给，作恒定速比的高速旋转，工件每转过 1 齿，打头上的成形打轮对工件齿槽部锤击 1 次，在打轮高速、高能运动连续锤击下，工件表面产生塑性变形而成花键。冷打的精度介于铣削和磨削之间，效率比铣削约高 5 倍左右，冷打还可提高材料利用率。

④ 冷轧法　花键轴的冷轧加工有滚轮挤压成形、利用齿条形工具滚轧成形等方法。

a.滚轮挤压成形。滚轮的截面形状与键槽的横截面一致，如图 8-14 所示，在滚压头上安装的滚轮数与花键轴的键数相同，沿径向分布。滚轮在工件表面上自由滚动，冷轧出齿形，全部齿形均在压力机一次工作行程中全部轧出。冷轧过程是压力机推动工件，通过滚压头成形，滚轮不需驱动。工件被挤压表面的剪切应力非常小，对冷塑变形加工很有利，容易保证冷轧精度。

b.利用齿条形工具滚轧成形。齿条形工具上下对称分布，分别由液压缸驱动，作平行交错运动。毛坯为自由驱动，在上下的齿条形工具之间一面滚动，一面产生塑性变形，被冷轧成和齿条形工具相啮合的花键，如图 8-15 所示。用此法冷轧直径较小的花键轴时，生产效率高，表面质量良好，且使用方便。

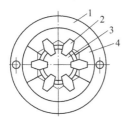
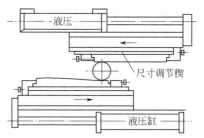

图 8-14　花键轴冷轧原理　　　　图 8-15　用齿条形工具滚轧花键轴
1—刚性圈；2—滚轮；3—工件；4—夹持器

（3）花键轴的加工工艺分析

① 花键轴的加工顺序安排　花键轴的加工顺序一般为：预备加工—车端面、钻中心孔—粗车—调质—研磨中心孔—半精车—车沟槽—车螺纹—滚花键—铣键槽—热处理—磨外圆和台阶面。

② 花键轴的定位基准和装夹方式　为保证花键轴各圆柱面的同轴度和其他位置精度，半精车、精车和磨削时应该选择基准轴线为定位基准，轴两端钻中心孔，用两顶尖装夹。两端中心孔相关尺寸和位置精度以及表面粗糙度是影响加工精度的重要因素，因此，工件在调质等热处理后要安排修磨中心孔的工序。粗车时为了保证工件装夹刚性，常采用一夹一顶的装夹方法，左端采用三爪自定心卡盘夹紧、右端采用活动顶尖支顶。

③ 花键轴的淬火　淬火是使钢强化的基本手段之一，将钢淬火成马氏体，随后回火以提高韧性，是使钢获得高综合力学性能的传统方法。花键轴的工作能力一般取决于强度和刚度，花键轴经过淬火，使花键轴的刚度强度都提高了，从而更加耐用，质量更高。

④ 花键轴加工的技术关键

a. 花键轴的尺寸精度。花键轴尺寸精度是保证传动间隙是否合理的关键因素，间隙过大会产生噪声，间隙过小会产生干涉。

b. 花键轴与各圆柱面的同轴度。同轴度决定传动过程中的平稳性，如果同轴度差，易造成振动，并加剧齿面的磨损。

c. 花键轴齿部硬度。齿部硬度不足，易产生磨损，降低轴的使用寿命；齿部硬度过高，易产生裂纹或断裂现象。

（4）花键轴的精度检验

花键轴的键宽和槽底径（小径）可以用游标卡尺或千分尺检验。

键宽对称度可用高度尺检验，如图 8-16 所示。花键轴铣削完成之后，摇动分度头，使处于水平状态的两键的键侧面 1、3 等高，用高度尺量出键侧面 1、3 至工作台台面的高度；然后将分度头转动 180°，使此两键的键侧面 2、4 朝上，再用高度尺量出键侧面 2、4 至工作台台面的高度，对比是否相等，这样可以测出键宽对称度的误差。

（5）花键轴的加工精度提高方法及质量控制措施

花键轴在加工的过程中，由于种种原因，经常出现加工弊病，主要有以下几种。

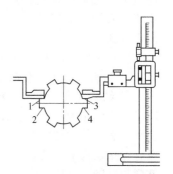

图 8-16　花键轴的检验

① 尺寸误差

a. 键宽尺寸超差和键宽不相等。应采取下列措施：正确调整工作台横向移动距离；正确使用分度头，分度要仔细，保证分度时插孔正确，加工时分度头主轴要锁紧，正确找正工件与分度头的同轴度；用组合铣刀时，铣刀间距离调整要准确，工作台垂直位置及工件轴线与工作台台面平行位置的调整都要准确；用铣削深度控制键槽宽度尺寸时，应注意铣削余量和进给量对精度的影响。

b. 槽深尺寸：键的两端深度不相等，即两端小径不一致。要准确安装、找正夹具，保证工作轴线与工作台纵向进给方向的平行度要求。

② 形状误差 小径圆变形。应采取以下措施：用百分表和标准芯轴重新校正头、尾架顶尖高度，避免产生锥形；用千斤顶或中心架支撑工件中部，克服工件弹性变形，避免出现腰鼓形。

③ 位置误差

a. 键侧对称度误差，使键的两侧深度不相等。此时，要精确调整铣刀对称于工件中心。

b. 外圆与小径圆同轴度误差。采取的相应措施为：研磨花键轴外圆和小径圆的顶尖孔，使工艺基准保持一致；重新调整轴承，避免间隙过大；检查并重新安装顶尖，避免分度头顶尖径向跳动。

c. 平行度误差，包括键侧对中心线不平行、花键两侧面不平行，可采取的措施为：重新检查分度板，分度误差超差时要及时更换或重磨；用百分表和标准芯轴校正两顶尖轴线的重合度和纵向偏差；更换或重磨顶尖；用对刀样板调整砂轮修整器角度，使其符合要求；调整头、尾架顶尖，使其中心连线与工作台导轨平行；修磨工作台导轨。

d. 圆弧与中心线偏移。可采取的措施为：定期修整砂轮，修整后不得发生横向移动，保证砂轮的圆弧中心线与分度机构中心线重合；及时更换过度磨损的砂轮。

④ 表面质量达不到要求

a. 表面粗糙度差。可以通过校直刀杆表面、修整垫圈，避免因刀杆弯曲、刀杆垫圈不平引起的铣刀轴向跳动及切削不平稳现象；选择合适的砂轮特性，如增加粒度号等。

b. 键侧或中段产生波纹、深啃现象。可采取的措施为：调整轴承间隙避免过大，加注润滑油，或改装滚动轴承支架；更换铣刀；紧固顶紧尾座顶尖；中段用千斤顶支持，增加工件的刚度；中途不能停止铣削。

8.4.3 车床主轴

车床主轴是一种典型的轴类零件，它是车床的关键零件之一，它把回转运动和转矩通过主轴端部的夹具传递给工件或刀具。因此在工作中，主轴要承受转矩和弯矩，而且还要求有很高的回转精度。因此，主轴的制造质量将直接影响到整台车床的工作精度和使用寿命。

(1) 车床主轴的材料及结构特点

① 材料 车床主轴属于重要的且直径相差大的零件，材料选用45钢，毛坯为模锻件。

② 结构特点 车床主轴既是阶梯轴又是空心轴，是长径比小于12的刚性轴，如图8-17所示。车床主轴不但传递旋转运动和扭矩，而且是工件或刀具回转精度的基础。其上有安装支承轴承、传动件的圆柱、圆锥面，安装滑动齿轮的花键，安装卡盘及顶尖的内、外圆锥面，连接紧固螺母的螺旋面，通过棒料的深孔等。机械加工工艺主要是车削、磨削，其次是铣削和钻削。

(2) 车床主轴加工工艺分析

① 定位基准的选择 主轴加工中，为了保证各主要表面的相互位置精度，选择定位基准时，应遵循基准重合、基准统一和互为基准等重要原则，并能在一次装夹中尽可能加工出较多的表面。

a. 由于主轴外圆表面的设计基准是主轴轴心线，根据基准重合的原则，应选主轴两端的顶尖孔作为精基准面。用顶尖孔定位，还能在一次装夹中将许多外圆表面及其端面加工出

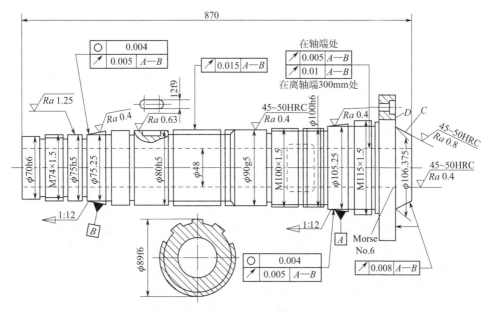

图 8-17 车床主轴

来，有利于保证加工面间的位置精度。所以主轴在粗车之前应先加工顶尖孔。

但是当加工表面位于轴线上时，就不能用中心孔定位，此时宜用外圆定位：比如钻主轴上的通孔，就要采用外圆定位方法，轴的一端用卡盘夹外圆，另一端用中心架架外圆，即夹一头，架一头。作为定位基准的外圆面应为设计基准的支承轴颈，以符合基准重合原则。

b. 粗加工外圆时为提高工件的刚度，可以采用三爪卡盘夹一端（外圆），用顶尖顶一端（中心孔）的定位方式。

c. 由于主轴轴线上有通孔，定位基准——中心孔被破坏。为仍能够用中心孔定位，通孔直径小时，可直接在孔口倒出一 60°锥面代替中心孔；当通孔直径较大时，要采用锥堵或锥堵芯轴。即在主轴的后端加工一个 1∶20 锥度的工艺锥孔，在前端莫氏锥孔和后端工艺锥孔中配装带有中心孔的锥堵，如图 8-18(a) 所示，这样锥堵上的中心孔就可作为工件的中心孔使用了。使用时在工序之间不许更换或拆装锥堵，因为锥堵的再次安装会增加安装误差。当主轴锥孔的锥度较大时，可用锥套芯轴，如图 8-18(b) 所示。

d. 为了保证以支承轴颈与主轴内锥面的同轴度要求，宜按互为基准的原则选择基准面。例如，车小端锥孔和大端莫氏 6 号内锥孔时，以与前支承轴颈相邻而且用同一基准加工出来的外圆柱面为定位基准面（因支承轴颈系外锥面不便装夹）；在精车各外圆（包括两个支承轴颈）时，以前、后锥孔内所配锥堵的顶尖孔为定位基面；在粗磨莫氏 6 号内锥孔时，又以两圆柱面为定位基准面；粗、精磨两个支承轴颈的 1∶12 锥面时，再次用锥堵顶尖孔定位；最后精磨莫氏 6 号锥孔时，直接以精磨后的前支承轴颈和另一圆柱面定位。这样在前锥孔与支承轴颈之间反复转换基准，加工对方表面，定位基准每转换一次，都使主轴的加工精度提高一步。

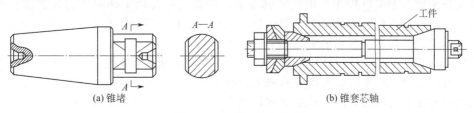

图 8-18 锥堵与锥套芯轴

② 热处理工序的安排

a. 切削前毛坯热处理。主轴锻造后需要进行正火或退火处理，来消除锻造内应力，改善金相组织、细化晶粒、降低硬度、改善加工性能。

b. 粗加工后预备热处理。通常采用调质或正火热处理，安排在粗加工之后进行，以得到均匀细密的回火索氏体组织，使主轴既获得一定的硬度和强度，又有良好的冲击韧性，同时还可以消除粗加工应力。

c. 精加工前最终热处理。一般安排在粗磨前进行，目的是提高主轴表面硬度，并在保持心部韧性的同时，使主轴颈或工作表面获得高的耐磨性和抗疲劳性，以保证主轴的工作精度和使用寿命。最终热处理的方法有局部加热淬火后回火、渗碳淬火和渗氮等，具体应视主轴材料而定。渗碳淬火还需要进行低温回火处理，对不需要渗碳的部位可以镀铜保护或预放加工余量后再去碳层。表面淬火后需要首先磨锥孔，重新配装锥堵，以消除淬火过程中产生的氧化皮，修正淬火变形对精基准的影响，通过精修基准，为精加工做好定位基准的准备。

d. 精加工后的定性处理。对于精度要求很高的主轴，在淬火、回火后或粗磨工序后，还需要进行定性处理。定性处理的方法有低温人工时效和冰冷处理等，目的是消除淬火应力或加工应力，促使残余奥氏体转变为马氏体，稳定金相组织，从而提高主轴的尺寸稳定性，使之长期保持精度。普通精度的车床主轴，不需要进行定性处理。

③ 加工阶段的安排　由于主轴的精度要求高，毛坯为模锻件，加工余量大，精度要求高，故应分阶段加工，分粗、精加工阶段，先粗后精，多次加工，逐步提高精度，多次切削有助于消除复映误差去除应力，并可加入必要的热处理工序；粗、精加工两阶段应间隔一定时间，并分粗、精加工机床进行，合理利用设备，保护机床。

主轴加工工艺过程可划分为三个加工阶段：粗加工阶段，包括铣端面、加工中心孔、粗车外圆等；半精加工阶段，包括半精车外圆，钻通孔、车锥面、锥孔，钻大头端面各孔，精车外圆等；精加工阶段，包括精铣键槽，粗、精磨外圆、锥面、锥孔等。

④ 加工顺序的安排　安排的加工顺序应能使各工序和整个工艺过程最经济合理。按照粗精分开、先粗后精的原则，各表面的加工应按由粗到精的顺序按加工阶段进行安排，逐步提高各表面的精度和减小其表面粗糙度值。由于在机械加工工序中间需插入必要的热处理工序，所以主轴主要表面的加工顺序安排为：外圆表面粗加工（以顶尖孔定位）—外圆表面半精加工（以顶尖孔定位）—钻通孔（以半精加工过的外圆表面定位）—锥孔粗加工（以半精加工过的外圆表面定位，加工后配锥堵）—外圆表面精加工（以锥堵顶尖孔定位）—锥孔精加工（以精加工外圆面定位）。

在安排工序顺序时，还应注意下面几点：

a. 外圆表面的加工顺序。外圆加工顺序安排要照顾主轴本身的刚度，对轴上的各阶梯外圆表面，应先加工大直径的外圆，后加工小直径外圆，避免加工初始就降低主轴刚度。另外，外圆精加工应安排在内锥孔精磨之前，这是因为以外圆定位来精磨内锥孔更容易保证它们之间的相互位置精度。

b. 深孔加工顺序。主轴深孔加工应安排在外圆粗车之后。因为深孔加工是粗加工工序，要切除大量金属，加工过程中会引起主轴变形，所以最好在粗车外圆之后就把深孔加工出来。这样可以有一个较精确的外圆来定位加工深孔，有利于保证深孔加工时壁厚均匀；而外圆粗加工时又能以深孔钻出前的中心孔为统一基准。

另外，深孔加工宜安排在调质后进行。因为主轴经调质后径向变形大，如果先加工深孔后调质处理，会使深孔变形，而得不到修正（除非增加工序）。但是，安排调质处理后钻深孔，就可以避免热处理变形对孔的形状的影响。

c. 次要表面的加工。当主要表面加工顺序确定后，就要合理地插入次要表面加工工序。

对主轴来说次要表面指的是螺纹、螺孔、键槽等。这些次要表面的加工一般不易出现废品，所以应安排在精车后、精磨前，这样不仅可以较好地保证其相互位置精度；而且这些次要表面放在主要表面精加工前，可以避免在加工次要表面过程中损伤已精加工过的主要表面；还可以避免浪费工时，因为主要表面加工一旦出了废品，非主要表面就不需加工了。

对凡是需要在淬硬表面上加工的螺孔、键槽等，都应安排在淬火前加工。非淬硬表面上花键、键槽的加工，应安排在外圆精车之后，粗磨之前。如在精车之前就铣出键槽，将会造成断续车削，既影响质量又易损坏刀具，而且也难以控制键槽的尺寸精度。

对于主轴螺纹，因它和主轴支承轴颈之间有一定的同轴度要求，所以螺纹安排在淬火之后的精加工阶段进行，以免受半精加工产生的残余应力以及热处理变形的影响。

d. 各工序的定位基准面的加工应安排在该工序之前，这样可以保证各工序的定位精度，使各工序的加工达到规定的精度要求。

e. 对于精密主轴更要严格按照粗精分开、先粗后精的原则，而且各阶段的工序还要细分。

f. 主轴的检验。主轴系加工要求很高的零件，需安排多次检验工序。检验工序一般安排在各加工阶段前后，以及重要工序前后和花费工时较多的工序前后，总检验则放在最后。

(3) 主轴的主要精度要求分析

对于主轴，可以从回转精度、定位精度、工作噪声这三个方面分析其精度要求。

① 支承轴颈　支承轴颈尺寸精度为IT5，因为主轴支承轴颈用来安装支承轴承，是主轴的装配基准面，其精度直接影响主轴的回转精度。主轴上各重要表面又以支承轴颈为设计基准，有严格的相互位置要求；主轴有三处支承轴颈表面，前后带锥度的 A、B 面为主要支承，中间为辅助支承。三支承结构跨度大，其圆度和同轴度（用跳动指标限制）均有较高的精度要求，圆度公差为 0.004mm，径向跳动公差为 0.005mm；而支承轴颈 1:12 锥面的接触率≥70%；表面粗糙度 Ra 为 0.4μm。

② 端部锥孔　主轴端部内锥孔是用于安装顶尖或工具莫氏锥柄，锥孔的轴线必须与两个支承轴颈的轴线严格同轴，否则会使工件（或工具）产生同轴度误差。主轴锥孔（莫氏6号）对支承轴颈 A、B 的跳动在轴端面处公差为 0.005mm，离轴端面 300mm 处公差为 0.01mm；锥面的接触率≥70%；表面粗糙度 Ra 为 0.4μm；硬度要求 45~50HRC。

③ 端部短锥和端面　主轴的端部短锥和端面是安装卡盘的定位面，为保证安装卡盘的定心精度，该圆锥面必须与支承轴颈同轴，而端面必须与主轴的回转轴线垂直。头部短锥 C 和端面 D 对主轴的两个支承轴颈 A、B 的径向圆跳动公差为 0.008mm，表面粗糙度 Ra 为 0.8μm。

④ 空套齿轮轴颈　由于该轴颈是与齿轮孔相配合的表面，对支承轴颈应有一定的同轴度要求，否则引起主轴传动啮合不良，当主轴转速很高时，还会影响齿轮传动平稳性并产生噪声。空套齿轮轴颈对支承轴颈 A、B 的径向圆跳动公差为 0.015mm。

⑤ 螺纹　主轴螺纹用于装配压紧螺母，该螺母用来调整安装在轴颈上滚动轴承的间隙。主轴上螺旋面的误差是造成压紧螺母轴向跳动的原因之一，使用应控制螺纹的加工精度。当主轴上压紧螺母的轴向跳动过大时，会使被压紧的滚动轴承内圈的轴心线产生倾斜，从而引起主轴的径向圆跳动。所以主轴螺纹的牙型要正，与螺母的间隙要小。必须控制螺母端面的跳动，使其在调整轴承间隙的微量移动中，对轴承内圈的压力方向正。

(4) 主轴的加工精度提高方法及质量控制措施

主轴加工的主要问题是如何保证主轴支承轴颈的尺寸精度、形状精度、位置精度和表面粗糙度，主轴前端内、外锥面的形状精度、表面粗糙度以及它们对支承轴颈的位置精度。

① 主轴支承轴颈的尺寸精度、形状精度以及表面粗糙度要求，可以采用精密磨削方法

保证，磨削前应提高精基准的精度。磨削安排在最终热处理工序之后进行，用以纠正在热处理中产生的变形，最后达到所需的精度和表面粗糙度。

② 保证主轴前端内、外锥面的形状精度、表面粗糙度同样应采用精密磨削的方法。为了保证外锥面相对支承轴颈的位置精度，以及支承轴颈之间的位置精度，通常采用组合磨削法，在一次装夹中加工这些表面，如图 8-19 所示。机床上有两个独立的砂轮架，精磨在两个工位上进行，工位 Ⅰ 精磨前、后轴颈锥面，工位 Ⅱ 用角度成形砂轮，磨削主轴前端支承面和短锥面，如图 8-20 所示。

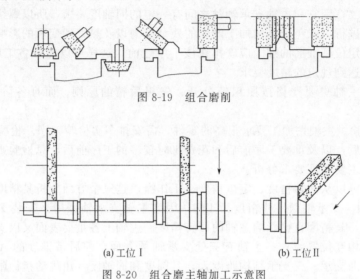

图 8-19　组合磨削

(a) 工位 Ⅰ　　　　　　　　(b) 工位 Ⅱ

图 8-20　组合磨主轴加工示意图

③ 主轴前端锥孔和主轴支承轴颈及前端短锥的同轴度要求高，因此磨削主轴的前端锥孔，常常成为机床主轴加工的关键工序。

主轴锥孔相对于支承轴颈的位置精度是靠采用支承轴颈 A、B 作为定位基准，而让被加工主轴装夹在磨床工作台上加工来保证。以支承轴颈作为定位基准加工内锥面，符合基准重合原则。在精磨前端锥孔之前，应使作为定位基准的支承轴颈 A、B 达到一定的精度。主轴锥孔的磨削一般采用专用夹具，如图 8-21 所示。夹具由底座 1、支架 2 及浮动夹头 3 三部分组成，两个支架固定在底座上，作为工件定位基准面的两段轴颈放在支架的两个 V 形块上，V 形块镶有硬质合金，以提高耐磨性，并减少对工件轴颈的划痕，工件的中心高应正好等于磨头砂轮轴的中心高，否则将会使锥孔母线呈双曲线，影响内锥孔的接触精度。后端的浮动卡头用锥柄装在磨床主轴的锥孔内，工件尾端插于弹性套内，用弹簧将浮动卡头外壳连同工件向左拉，通过钢球压向镶有硬质合金的锥柄端面，限制工件的轴向窜动。采用这种连接方式，可以保证工件支承轴颈的定位精度不受内圆磨床主轴回转误差的影响，也可减少机床本身振动对加工质量的影响。

④ 主轴外圆表面的加工，应该以顶尖孔作为统一的定位基准。但在主轴的加工过程中，随着通孔的加工，作为定位基准面的中心孔消失，工艺上常采用带有中心孔的锥堵塞到主轴两端孔中，让锥堵的顶尖孔起附加定位基准的作用。

⑤ 主轴深孔的加工。一般把长度与直径之比大于 5 的孔称为深孔，深孔加工比一般孔加工要困难和复杂，原因是：深孔加工的刀杆细而长，刚性差，钻头容易引偏；深孔排屑困难，容易堵塞，无法连续加工；切削液不易进入切削区，钻头散热条件差，容易丧失切削能力。所以深孔加工安排在外圆粗车之后，使其有一个较精确的外圆作为定位基准。生产实际中为解决好刀具引导、排屑顺利和润滑冷却充分三个关键问题，一般采取下列措施：

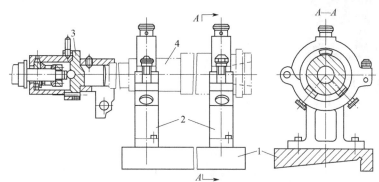

图 8-21 磨削主轴锥孔夹具
1—底座；2—支架；3—浮动夹头；4—工件

a. 采用工件旋转、刀具进给的加工方法，使钻头有自定中心的能力，避免钻孔时钻头偏斜。

b. 采用特殊结构的刀具——深孔钻，以增加其导向的稳定性和断屑能力，来适应深孔加工条件。

c. 在工件上预加工出一段精确的导向孔，保证钻头在切削开始时不引偏。

d. 采用压力输送足够的切削润滑液进入切削区，并利用在压力下的冷却润滑液排出切屑，同时对钻头起到润滑冷却的作用。

第 9 章 套类零件

套类零件是指回转体零件中的空心薄壁件,是机械加工中常见的一种零件,在各类机器中应用很广,主要起支承或导向作用。

9.1 套类零件的结构特点与技术要求

(1) 套类零件的结构特点

套类零件结构比较简单,主要表面由同轴要求较高的内、外回转表面及相应的端面所组成。套类零件多为薄壁件,容易变形,加工困难;结构相对简单。零件尺寸大小各异,就结构形状而言,可分为短套筒与长套筒两类,这两类套筒在装夹与加工方法上有很大的差别。根据设计和工艺上的要求,套类零件多带有键槽、轴肩、螺纹、挡圈槽、退刀槽、中心孔等结构。由于套类零件功用不同,其结构、形状和尺寸有很大的差异,常见的有支承回转轴的各种形式的轴承圈、轴承衬套,电液伺服阀的阀套,各类自动定心夹具定位夹具套筒,模具导杆导向套,钻削夹具的钻套,各类发动机、内燃机上的气缸套和液压系统中的液压缸等。其大致的结构形式如图 9-1 所示。

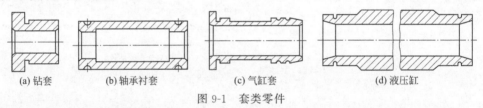

(a) 钻套　　(b) 轴承衬套　　(c) 气缸套　　(d) 液压缸

图 9-1　套类零件

(2) 套类零件的技术要求

套类零件是机械中精度要求较高的重要零件之一,套类零件虽然形状结构不一,但仍有共同特点和精度要求。

① 内孔的技术要求　内孔是套类零件最主要的表面,起支撑和导向作用,通常与旋转轴、活塞、刀具或滑阀相配合。内孔既是装配基准又是设计基准,加工精度和表面粗糙度一般要求较高。其直径尺寸精度一般为IT7,精密轴承套为IT6;几何形状精度一般应控制在孔径公差以内,较精密的套筒应控制在孔径尺寸公差的 $1/3 \sim 1/2$,甚至更小。对较长套筒除了有圆度要求外,还对孔的圆柱度有要求。为保证其耐磨性要求,对表面粗糙度要求较高,内孔表面粗糙度 Ra 为 $2.5 \sim 0.16 \mu m$。有的精密套筒及阀套的内孔尺寸精度要求为IT4~IT5,也有的套筒,如油缸、气缸缸筒由于与其相配的活塞上有密封圈,故对尺寸精度要求较低,一般为IT8~IT9,但对表面粗糙度要求较高,Ra 一般为 $2.5 \sim 1.6 \mu m$。

② 外圆的技术要求　套类零件的外圆表面一般起到支承作用,通常以过渡配合或过盈配合与箱体或机架上的孔相配合。外圆表面直径尺寸精度一般为IT5~IT7,几何形状精度应控制在外径尺寸公差以内,表面粗糙度 Ra 为 $5 \sim 0.63 \mu m$。

③ 各主要表面间的相互位置精度要求　套类零件的位置精度要求,主要有内、外圆之

间的同轴度和端面与孔的垂直度，要求的高低应根据套类零件在机器中的功用和要求而定。如果内孔的最终加工是在套类零件装配（如机座或箱体等）之后进行，可降低对套筒内、外圆表面的同轴度要求；如果内孔的最终加工是在装配之前进行，则同轴度要求较高，通常同轴度为 0.02～0.005mm。套类零件端面或凸缘端面，如果在工作中承受轴向载荷，或是作为定位基准和装配基准，这时端面与孔轴线的垂直度或端面的轴向圆跳动要求，一般为 0.02～0.005mm。

（3）套类零件的加工方法及加工精度

套类零件的主要加工表面为内孔和外圆，其中外圆加工方法与轴类零件相同，这里不再赘述。

① 内孔表面的加工方法及加工精度　内孔的加工方法主要有：钻、车、扩、铰、镗、拉、磨等。其中钻孔、车孔、扩孔与镗孔一般作为孔的粗加工与半精加工，铰孔、拉孔、磨孔及珩磨孔为孔的精加工。加工方法的选择原则，是根据具体孔的大小、深度、精度和结构形状等决定。一般情况下，直径较小（$d<50$mm）的孔，大多采用钻—扩—铰的方案；直径较大的孔，大多采用钻孔后镗削或直接镗孔；淬火钢或精度要求较高的孔，需用磨孔的方法；精密孔，用高精度磨削如研磨、珩磨等。

表 9-1 示出了从生产实践中总结出的孔的加工方案、经济精度及适用范围，仅供参考。

表 9-1　孔的加工方案、经济精度及适用范围

序号	加工方案	经济公差等级	表面粗糙度 $Ra/\mu m$	适用范围
1	钻	IT13～IT11	25～12.5	加工未淬火钢及铸铁的实心毛坯，也可用于加工有色金属（表面粗糙度稍差），孔径<15～20mm
2	钻—铰	IT10～IT8	6.3～1.6	
3	钻—粗铰—精铰	IT8～IT7	3.2～0.8	
4	钻—扩	IT12～IT10	12.5～6.3	同上，但孔径>15～20mm
5	钻—扩—铰	IT9～IT8	6.3～1.6	
6	钻—扩—粗铰—精铰	IT8～IT7	3.2～0.8	
7	钻—扩—机铰—手铰	IT7～IT6	1.6～0.2	
8	钻—(扩)—拉	IT8～IT5	3.2～0.2	大批大量生产
9	粗镗（或扩孔）	IT13～IT11	25～6.3	除淬火钢外各种材料，毛坯有铸出孔或锻出孔
10	粗镗（粗扩）—半精镗（精扩）	IT11～IT9	6.3～1.6	
11	粗镗（扩）—半精镗（精扩）—精镗（铰）	IT8～IT7	3.2～0.8	
12	粗镗（扩）—半精镗（精扩）—精镗—浮动镗刀块精镗	IT7～IT6	1.6～0.2	
13	粗镗（扩）—半精镗—磨孔	IT8～IT6	3.2～0.2	主要用于加工淬火钢，也可用于不淬火钢，但不宜用于有色金属
14	粗镗（扩）—半精镗—粗磨—精磨	IT7～IT5	1.6～0.1	
15	粗镗—半精镗—精镗—金刚镗	IT7～IT5	1.6～0.1	主要用于精度要求较高的有色金属加工
16	钻—(扩)—粗铰—精铰—珩磨 钻—(扩)—拉—珩磨 粗镗—半精镗—精镗—珩磨	IT7～IT4	1.6～0.05	精度要求很高的孔
17	以研磨代替上述方案的珩磨	IT5 以上	0.4 以上	

② 内孔表面各种加工方法技术要点及措施

a. 钻孔。钻孔是在实体材料上加工孔的第一道工序。它主要用于精度要求较高孔的预加工或精度低于 IT11 级孔的终加工。钻孔尺寸精度一般可达 IT13～IT11，表面粗糙度 $Ra25～12.5\mu m$。钻孔刀具常用麻花钻。由于麻花钻具有宽而深的容屑槽、钻头顶部有横刃及钻头只有两条很窄的螺旋棱带与孔壁接触等结构特点，因而钻头的刚性差、导向性能差，钻孔时容易引偏，易出现孔径扩大现象，孔壁加工质量较差。工艺上常采取下列措施，以提高钻孔加工精度。

ⅰ. 在钻孔前，必须把端面车平，保证端面与钻头中心线垂直。把钻头引向工件端面时，引入力不可过大。

ⅱ. 刃磨钻头时，尽量使两主切削刃对称，使两刀刃产生的径向切削力大小一致，减小径向引偏力。

ⅲ. 采用钻套来引导钻头，这样可减少钻孔开始时的引偏，特别是在斜面或曲面上钻孔。钻头装入尾座套筒后，必须检查钻头轴线是否和工件的旋转轴线重合。

ⅳ. 当使用细长钻头钻孔时，事前应该用中心钻钻出一个定心孔，再用麻花钻钻孔，这样钻出的孔同轴度好，尺寸正确。

ⅴ. 钻深孔时，要经常把钻头退出清除切屑。一般钻头钻进深度达到直径的 3 倍，钻头就要退出清除切屑一次，以后每钻进一定深度，钻头就要退出排屑一次，并进行冷却。应防止连续钻进，使切屑堵塞或钻头过热磨损甚至折断，并影响加工质量。如果是长度较大但是要求不高的通孔时，可以采用掉头钻孔的方法。

ⅵ. 钻孔一般属于粗加工，又是半封闭状态加工，摩擦严重，散热困难，所以应加入充足的切削液以起到冷却作用。由于加工零件的材料和加工要求不同，所用切削液的种类和作用就不同。钻削钢料时一般用机油或乳化液；钻削铝件时常用乳化液或煤油；钻削铸铁时则用煤油。

ⅶ. 钻通孔快要钻透时，必须减少进给量，如果采用自动进给，则应改为手动进给。以避免钻头在钻穿时的瞬间抖动，出现"啃刀"现象，影响加工质量，损伤钻头，甚至发生事故。

ⅷ. 钻削直径 $D>30mm$ 的孔应分两次加工，第一次先钻 $(0.5～0.7)D$ 的孔，第二次用钻头将孔扩大到所要求的直径。

b. 车孔。铸造孔、锻造孔或用钻头钻出的孔，为了达到尺寸精度和表面粗糙度的要求，还需要车孔。车孔是常用的孔加工方法，既可以作为粗加工，也可以作为精加工，加工范围很广。车孔尺寸精度一般可达 IT8～IT7，表面粗糙度可达 $Ra3.2～0.8\mu m$，精细车削可以达到更小 $Ra0.4\mu m$，车孔还可以修正孔的直线度。工艺上常采用下列方法，以提高车孔加工精度。

ⅰ. 增加内孔车刀的刚度。尽量增加刀柄的截面积：将内孔车刀刃磨成两个后角，或将后面磨成圆弧状，既可防止内孔车刀的后面与孔壁摩擦，又可使刀柄的截面积增大。尽可能缩短刀柄的伸出长度：如果刀柄伸长太长，就会降低刀柄的刚度，容易引起振动，从而降低加工精度。

ⅱ. 解决排屑问题。排屑问题主要是控制切屑流出的方向。精车孔时，要求切屑流向待加工表面（即前排屑），前排屑主要是采用正值刃倾角的内孔车刀；车削盲孔时，切屑从孔口排出（后排屑），后排屑主要是采用负值刃倾角的内孔车刀。

ⅲ. 车孔时的切削用量要小。内孔车刀的刀柄细长，刚度低，车孔时排屑较困难，因此车孔时的切削用量应比车外圆时适当小些。车小孔或深孔时其切削用量应更小，否则由于内孔铁屑阻塞，会造成内孔车刀严重扎刀而把内孔车废。

ⅳ. 注意中滑板进、退刀方向与车外圆相反。

ⅴ. 精车内孔时，应保持刀刃锋利，否则容易产生让刀（因刀杆刚性差），把孔车成锥形。

ⅵ. 用塞规测量孔径时应保持孔壁清洁，否则会影响塞规测量；当孔径温度较高时，不能用塞规立即测量，以防工件冷缩把塞规"咬住"在孔内；从孔内取出塞规时，应注意防止与内孔刀碰撞。

c. 扩孔。用麻花钻或扩孔钻来扩大工件上已有孔径的加工方法。扩孔加工精度比钻孔高，精度一般可达 IT12～IT10，$Ra12.5～3.2\mu m$。扩孔切削深度小，切屑少，易于排出，也不易刮伤已加工表面；切削刃不必自外缘延伸到中心，避免了因横刃引起的不良影响，加工质量较高；由于容屑槽较浅窄，刀体上可做出 3～4 个刀齿，导向性好，能纠正原孔轴线的歪斜，切削平衡，可提高生产率。扩孔属于粗加工，通常在镗孔和铰孔之前，一般加工孔径小于 $\phi100$ 的孔。工艺上常采用下列措施。

ⅰ. 用麻花钻扩孔时，应将麻花钻外缘处的前角修磨得小些，并对进给量加以适当的控制，以免麻花钻在尾座套筒内打滑。

ⅱ. 较多要求较高时，常用扩孔钻扩孔。扩孔钻形状与钻头相似，但有 3～4 个切削刃，且没有横刃，其顶端是平的，螺旋槽较浅，所以钻芯粗实、刚性好，不易变形，导向性好，切削平稳，对孔的位置误差有一定的校正能力。

d. 铰孔。铰孔是用铰刀从未淬硬孔壁上切除微量金属层，以提高孔的尺寸精度和表面质量的一种加工方法。主要用于加工中、小尺寸的孔，加工的孔径范围一般为 $\phi3～80mm$。铰孔的精度一般为 IT10～IT8，手铰可达 IT6，表面粗糙度 $Ra6.3～0.2\mu m$。

铰孔属于精加工，铰孔精度主要取决于铰刀精度。铰刀是定径刀具，所以铰孔比镗孔容易保证孔的尺寸精度和形状精度，且生产率较高。但是，铰孔只能保证孔本身的精度，而纠正位置误差和原孔轴线歪斜的能力很差；铰孔的适应性差，一把铰刀只能加工一种尺寸与公差的孔；铰削可加工一般的金属工件，如普通钢、铸铁和有色金属，但不适宜加工淬火钢等硬度过高的材料。工艺上常采取下列措施，以提高铰孔加工精度。

ⅰ. 正确使用铰刀。铰削前，检查切削刃是否保持锋利和光洁，没有缺口、裂纹和残留切屑及毛刺等。铰削时，铰刀的中心线与被加工孔的中心线要一致，可以提高铰后孔轴线的位置精度，避免出现孔径扩大或"喇叭口"现象。一般可采用浮动夹头装夹铰刀。

ⅱ. 合理控制切削用量。

切削速度。合理选用切削速度，可以减少积屑瘤的产生，防止表面质量下降。铰削铸铁时，可选为 8～10m/min；铰钢时切削速度要比铸铁时低，粗铰为 4～10m/min，精铰为 1.5～5m/min。

进给量。为提高铰孔精度，降低表面粗糙度值，必须避免产生积屑瘤，因而应用较小的进给量。但是，进给量太小，会使切屑太薄，使切削刃不易切入金属层而打滑，甚至产生啃刮现象，反而破坏了表面质量，还会引起铰刀振动，使孔径扩大。

切削余量。切削余量过小，往往不能完全去掉上工序的加工痕迹，同时由于刀齿不能连续切削而以很大的压力沿孔壁打滑，使孔壁质量下降；切削余量过大，会因切削力大，产生的切削热多，引起铰刀直径增大及颤动，使孔径扩大。一般粗铰余量取 0.1～0.2mm，精铰余量取 0.05～0.1mm。孔径越小、精度越高的孔取小值。

ⅲ. 正确选择冷却液。铰孔时应采用适当的冷却液，以降低刀具和工件的温度，防止产生切削瘤，减少切屑细末黏附在铰刀和孔壁上，从而提高孔的质量。铰削钢材时，必须使用冷却液，一般采用乳化液；铰削铸铁时，可不用冷却液，也可用煤油作为冷却液来提高表面质量。

ⅳ. 当孔加工质量要求较高时，可以采用机铰后再进行手铰的方法。因为手铰，切削速度低，切削温度也不高，不易产生积屑瘤，切削时无振动，刀具中心位置完全由孔自身来引导，所以比机铰加工精度高。

ⅴ.铰孔时铰刀不能倒转,否则会卡在孔壁和切削刃之间,而使孔壁划伤或切削刃崩裂。铰孔结束后,最好从孔的另一端取出铰刀。

e.镗孔。镗孔是在已加工孔上,用镗刀使孔径扩大并提高加工质量的加工方法,是最常用的孔加工方法,可以作为粗加工,也可以作为精加工。镗孔可在车床、铣床、镗床及数控机床上进行,加工范围也很广,可以加工非标孔、大直径孔、短孔、盲孔、有色金属孔及孔系等。对于直径很大($D>100mm$)的孔和大型零件的孔,镗孔是唯一的加工方法。镗孔能够达到的尺寸精度为IT11~IT5,和低的表面粗糙度值$Ra 6.3~0.1\mu m$,用金刚镗则更低。可以修正前道工序的孔轴线的偏斜和不直,生产率较低。工艺上常采取下列措施。

ⅰ.增加工具系统的刚性。包括刀柄、镗杆以及中间连接部分的刚性。由于是悬臂加工,所以特别是小孔、深孔及硬质工件加工时,工具系统的刚性尤为重要。

ⅱ.镗刀安装应略高于中心高,但应尽可能接近中心高。这样可使刀具相对于工件的法向后角增大,切削条件得到改善,如果加工时产生振动,刀尖会向下和向中心偏斜,从而接近理想的中心高。刀具也可轻微地退出,减小削伤工件的可能性。此外,刀具前角也将减小,可稳定工作压力。不过,如果前角减小到0°,就会产生太大的工作压力,导致刀具失效。所以,在镗孔时,应选取正前角的镗刀,在镗1mm的小孔时,镗杆的直径只有0.75mm左右,使刀具承受的切削力减小。

ⅲ.为使切屑有效排出,可采用一种沿切削刃带冷却槽的刀片,使切削液直接流向切削刃,防止切屑堵塞和刀具损坏。

f.拉孔。拉孔是用拉刀通过已有的孔,来完成孔的半精加工或精加工。拉刀是一种多齿的切削刀具,拉削时不仅参加切削的切削刃长度长,而且同时参加切削的刀齿也多,孔径能在一次拉削中完成,生产率很高,适用于大批量生产。而且拉孔尺寸精度高为IT8~IT5,表面粗糙度Ra为$3.2~0.2\mu m$。但是拉孔不能纠正轴线的偏斜;拉刀结构复杂,成本高,制造周期长;一把拉刀只拉一种规格尺寸的孔,要求工件材质均匀;薄壁孔、盲孔、阶梯孔、深孔、大直径孔和很小的孔及淬硬孔,不宜采用拉削,拉削范围为$\phi 10~100mm$。工艺上常采取下列措施,以提高拉孔的加工精度。

ⅰ.拉削前,工件须经过钻孔、扩孔或镗孔。铸、锻出的孔表面有硬皮,会损伤刀齿,拉削前一步需进行预加工。

ⅱ.拉孔时,要求加工孔的轴心线必须与其端面垂直,否则会引起拉刀弯曲和振动,影响拉削的正常进行。可以通过采用球面支承,来补偿工件端面对预加工孔的垂直度误差。

ⅲ.正确选用冷却液,拉削钢件时,一般选用乳化液或硫化液。若使用乳化液,对细化工件表面粗糙度较有利;若使用硫化液,则对提高拉刀的寿命有利。

g.磨孔。磨孔是单件、小批生产中常用的孔的精加工方法,特别是对于不宜或无法进行镗削和铰削的高精度的孔,如淬硬的孔、表面精度断续的孔和长度较短的精密孔,更是主要的精加工方法。一般磨孔尺寸精度能达到IT8~IT5,表面粗糙度$Ra 3.2~0.1\mu m$。对于中、小型回转零件,磨孔在内圆磨床或万能磨床上进行,对于大型薄零件,可采用内圆磨削。内圆磨削速度低,因此磨削精度较难控制,而且砂轮轴受孔径与长度限制,刚性差、易弯曲、振动,影响加工精度与表面粗糙度。工艺上常采取下列措施。

ⅰ.砂轮需要经常修整和更换。因其直径受工件孔径的限制,一般较小,砂轮磨损较快。

ⅱ.磨削用量不能高。砂轮轴直径比较细小,悬伸长度较大,刚性差,转速高,磨削时易发生弯曲变形和振动。

ⅲ.采用正确的冷却方法。砂轮与工件接触面积大,磨削力与磨削热都较大,而冷却液又不宜直接注入磨削区,冷却、排屑条件差,易产生磨削裂纹,使零件的寿命下降,因此脆性材料有时采用干磨削。

ⅳ.控制砂轮超出孔外的长度。磨削时,砂轮与孔的接触长度经常改变。当砂轮有一部分超出孔外,其接触长度变短,切削力变小,砂轮主轴所产生的压移量比磨削孔的中部时小,此时被磨去的金属层较多,形成"喇叭口"。为了减小形状误差,加工时应控制砂轮超出孔外的长度不大于 1/3~1/2 砂轮宽度。

ⅴ.选用较软的砂轮。砂轮与工件内切,接触面积大,单位面积压力小,沙粒不易脱落,散热条件差,工件易发生烧伤,应选用软砂轮。

h.珩磨。珩磨是用镶嵌在珩磨头上的油石(也称珩磨条)对工件表面施加一定压力,珩磨工具或工件同时作相对旋转和轴向直线往复运动,切除工件上极小余量的精加工。珩磨主要用于加工孔径为 5~500mm 或更大的各种圆柱孔,如缸筒、阀孔、连杆孔和箱体孔等,孔深与孔径之比可达 10,甚至更大。在一定条件下,珩磨也能加工外圆、平面、球面和齿面等。圆柱珩磨的表面粗糙度一般可达 $Ra0.32~0.08\mu m$,精珩时可达 $Ra0.04\mu m$ 以下,并能少量提高几何精度,加工精度可达 IT7~IT4。但是,珩磨头与机床主轴是浮动连接,不能修正孔的位置度和直线度。工艺上常采用下列措施。

ⅰ.孔的精度在一定程度上取决于珩磨头上油石的原始精度,珩磨前要很好地修整油石以确保孔的精度。

ⅱ.为冲去切屑和磨粒,改善表面粗糙度和降低切削区温度,加工时需要大量切削液。

ⅲ.加工过程中产生的铁粉和油石粉粒度很小,容易悬浮在切削液中,造成油石堵塞,影响加工表面质量,要求切削液具备较好的渗透、清洗、沉降性能,切削液一般采用黏度小的矿物油加入一定量的非活性硫化脂肪油。

i.研磨。研磨是利用涂敷或压嵌在研具上的磨料颗粒,通过研具与工件在一定压力下的相对运动对加工表面进行的精整加工。研磨可用于加工各种金属和非金属材料,加工的表面形状有平面、内、外圆柱面和圆锥面、凸、凹球面、螺纹、齿面及其他型面。加工精度可达 IT5~IT01,表面粗糙度可达 $Ra0.63~0.01\mu m$。研磨内圆需在精磨、精铰或精镗之后进行,一般为手工研磨。研具为开口锥套,套在锥度芯轴上,研磨剂涂于工件与研具之间,手扶工件作轴向往复移动。工艺上常采取下列措施,以保证研磨精度。

ⅰ.在已硬化处理工件未回火之前,不能进行研磨加工。

ⅱ.工件要装夹好,在研磨较长、较细的工件时要使用稳定的装夹座。

ⅲ.研磨一定时间后,向锥度芯轴大端方向调整锥套,使之直径胀大,以保持对工件孔壁的压力。

ⅳ.研磨时,不能受震动影响,有刚性,且加工条件要好。

ⅴ.工件相对于研具的运动,要尽量保证工件上各点的研磨行程长度相近。

ⅵ.工件运动轨迹均匀地遍及整个研具表面,以利于研具均匀磨损;运动轨迹的曲率变化要小,以保证工件运动平稳;工件上任意一点的运动轨迹尽量避免过早出现周期性重复。

ⅶ.要保证被研磨区域进行冷却,如果不能进行冷却,要使用比可冷却条件下所使用的砂轮等级低一级。

ⅷ.为了减少切削热,研磨一般在低速条件下进行。

③ 深孔的加工 通常把孔的深度与直径之比 $L/D>5$ 的孔称为深孔。深径比不大的孔,可用麻花钻在普通钻床、车床上加工;深径比大的孔,必须采用特殊的刀具、设备及加工方法。深孔加工比一般的孔加工要复杂和困难得多。

a.深孔加工方式。深孔加工方式,根据工件与刀具的相对运动形式分为三种。

ⅰ.工件不旋转,刀具旋转并作轴向进给运动。这时如果刀具的回转中心线对工件的中心线有偏移或倾斜。加工出的孔轴心线必然是偏移或倾斜的。因此,这种加工方式,大多用于笨重或外形复杂,不便于转动或孔的中心线不在旋转中心上的大型工件。

ⅱ．工件旋转，刀具作轴向进给运动。这种方式钻出的孔轴心线与工件的回转中心线能达到一致。如果钻头偏斜，则钻出的孔有锥度；如果钻头中心线与工件回转中心线在空间斜交，则钻出的孔的轴向截面是双曲线，但不论如何，孔的轴心线与工件的回转中心线仍是一致的。这种加工方式，大多在卧式车床上用深孔刀具或用接长的麻花钻，加工中、小型套类及轴类零件的深孔。

ⅲ．工件旋转，同时刀具旋转并作轴向进给运动。由于工件与刀具的旋转方向相反，所以相对切削速度大，生产率高，加工出来的孔的精度也较高。但对机床和刀杆的刚度要求较高，机床的结构也较复杂，因此应用不很广泛。这种加工方法，大多在深孔钻镗床上用深孔刀具，加工大型套类及轴类零件的深孔。

b．深孔加工的冷却与排屑。深孔加工过程中，刀具的冷却和切屑的排出，很大程度上取决于刀具结构特点和冷却液的输入方法。目前应用的冷却与排屑的方法有两种。

ⅰ．内冷却外排屑法。加工时高压冷却液从钻杆的内孔输入，直接喷射到切削区，对钻头起冷却润滑作用，并且带着切屑从刀杆和工件孔壁之间的空隙排出。这种排屑方式，刀具结构简单，不需用专门设备，排屑空间大，但是切屑排出时易划伤孔壁，孔面粗糙度值较大。适用于小直径深孔钻及深孔套料钻。

ⅱ．外冷却内排屑法。加工时冷却液从钻杆外部输入，有一定压力的冷却液经刀杆与孔壁之间的通道进入切削区，起冷却润滑作用，然后在钻杆内孔带着大量切屑排出。这种排屑方式，可通过增大刀杆外径提高刀杆刚性，从而有利于提高进给量和生产率。而且，冷却液从刀杆中冲出，冷却排屑效果好，刀杆稳定性高，有利于提高孔的加工精度。但是，机床需装置受液器与液封。

c．深孔加工方法。

ⅰ．钻削。在单件、小批生产中，加工深孔时，常用接长的麻花钻头，以普通的冷却润滑方式，在改装过的普通车床上进行加工。为了排屑，每加工一定长度之后，须把钻头退出。这种加工方法，不需要特殊的设备和工具。由于钻头有横刃，轴向力较大，两边切削刃又不容易磨得对称，因此加工时钻头容易偏斜。此法的生产率很低，在批量生产中，深孔加工常采用专门的深孔钻床和专用刀具，以保证加工质量和生产率。

ⅱ．镗削。当深孔的加工精度要求较高时，钻削后还要进行镗削。深孔镗削使用深孔钻床，在钻杆上安装深孔镗刀头，可以进行粗镗削和精镗削。为避免镗杆伸出太长而产生振动，镗头前后均设有导向块。镗削采用前排屑方式，生产率较高。

ⅲ．铰削。铰削是用浮动铰刀在深孔钻床上对半精镗后的深孔进行加工。加工时，在钻杆上安装深孔铰刀头，并根据被铰孔尺寸更换导向套。由于铰刀浮动具有自动对中性，导向精度高。

d．深孔加工的工艺特点及加工质量控制措施。深孔加工比一般孔加工要困难和复杂，生产实际中一般采取下列措施来改善深孔加工的不利因素。

ⅰ．加工深孔刀具的刀杆细而长，强度和刚性差。加工时钻头容易引偏和产生振动，影响加工精度，可采取以下措施：在工件上预加工出一段精确的导向孔，保证钻头从一开始就不引偏；采用工件旋转、刀具进给的加工方法，使钻头有自定中心的能力；采用特殊结构的刀具——深孔钻，以增加其导向的稳定性和适应能力。

ⅱ．切屑的排出困难。如果切屑堵塞，会引起刀具崩刃，甚至折断。为了利于排屑，刀具上必须有进、出油孔或通道，使冷却液畅通并排出切屑。尽量使切屑呈碎裂状或粉末状，而不是成带状。

ⅲ．刀具冷却散热差。冷却液不易注入切削区，刀具温度升高快，刀具使用寿命降低，必须采用有效地降温方法，比如采用压力输送切削液并利用在压力下的切削液排出切屑。

9.2 套类零件的加工工艺分析

(1) 套类零件的材料、毛坯及热处理

套类零件材料的选择，主要取决于零件的功能要求、结构特点及使用时的工作条件。常用钢、铸铁、青铜或黄铜和粉末冶金等材料制成。有些特殊要求的套类零件可采用双层金属结构或选用优质合金钢，双层金属结构是应用离心铸造法在钢或铸铁轴套的内壁上浇注一层巴氏合金等轴承合金材料，采用这种制造方法虽增加了一些工时，但能节省有色金属用量，而且又提高了轴承的使用寿命。

套类零件毛坯的选择，与材料、结构、尺寸、生产批量等因素有关，常用棒料、锻件、铸件。孔径较小（如 $d<20\text{mm}$）的套筒一般选择热轧或冷拉棒料，也可使用实心铸件；孔径较大的套筒，常选用无缝钢管或带孔空心铸件和锻件。生产批量较小时，可选择型材、砂型铸件或自由锻件；大批量生产时可采用冷挤压棒料和粉末冶金棒料，不仅节约原材料，而且生产率及毛坯精度质量均可提高。

套类零件的功能要求和结构特点，决定了套类零件的热处理方法有：渗碳淬火、表面淬火、调质、高温时效及渗氮。

(2) 套类零件的加工工艺路线

随用途、结构及精度要求不同，各套类零件的工艺有所不同，但其基本工艺过程为：备料—热处理（锻件正火、调质，铸件退火）—粗车端面、外圆—调头车另一端面、外圆—钻孔、粗精镗孔—钻法兰小孔、插键槽等—热处理—磨内孔、磨端面—磨外圆。

(3) 套类零件加工的定位基准和装夹

套类零件表面相互位置精度要求较高，所以应尽可能在一次装夹中完成各表面加工；或内孔、外圆互为基准，反复加工。

① 套类零件的定位基准

a. 以内孔作为定位基准。对于套类零件，若通孔直径较小，可直接在孔口倒出宽度不大于 2mm 的 60°锥面，代替中心孔。而当通孔直径较大时，则不宜用倒角锥面代之，一般都采用锥堵或锥堵芯轴的顶尖孔作为定位基准。通过内孔安装在芯轴上，简单方便，刚性较好，应用普遍。

锥堵或锥套芯轴应具有较高的精度，锥堵和锥套芯轴上的中心孔即是其本身制造的定位基准，又是空心轴外圆面精加工的基准，因此必须保证锥堵或锥套芯轴上锥面与中心孔有较高的同轴度。在装夹中应尽量减少锥堵的安装次数，减少重复安装误差。实际生产中，锥堵安装后，中途加工一般不得拆装和更换，直至加工完毕。锥堵芯轴要求两个锥面同轴，否则拧紧螺母后会使工件变形。

b. 以外圆作为定位基准。当内孔的直径太小或长度太短或不适于定位时，应先加工外圆，再以外圆定位加工内孔。这种方法一般采用卡盘装夹，动作迅速可靠。

例如，机床上莫氏锥度的内孔加工，不能采用中心孔作为定位基准，可用轴的两外圆表面作为定位基准。当工件是机床主轴时，常以两支撑轴颈（装配基准）为定位基准，可保证锥孔相对支撑轴颈的同轴度要求，消除基准不重合而引起的误差。

② 套类零件的装夹 套类零件加工时的工装夹具一般采用卡盘、锥堵和芯轴。

a. 一次装夹完成各主要表面全部加工，包括内、外圆及端面。

ⅰ. 用三爪自定心卡盘安装工件。三爪自定心卡盘的结构如图 9-2(a) 所示，当用卡盘扳手转动小锥齿轮时，大锥齿轮也随之转动，在大锥齿轮背面平面螺纹的作用下，使三个爪同时向心移动或退出，以夹紧或松开工件。三爪卡盘对中性好，自动定心精度可达到 0.05～

0.15mm。但三爪自定心卡盘由于夹紧力不大,所以一般只适宜于重量较轻的工件。

三爪自定心卡盘可装成正爪或反爪两种形式,反爪用来装夹直径较大的工件,如图9-2(b)和9-2(c)所示。用三爪自定心卡盘装夹精加工过的表面时,被夹住的工件表面应包一层铜皮,以免夹伤工件表面。

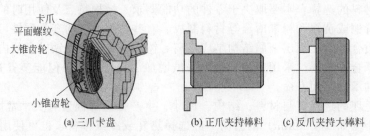

图9-2 三爪自定心卡盘

ⅱ.用四爪卡盘安装工件。四爪卡盘的外形如图9-3(a)所示,它的四个爪通过4个螺杆独立移动。四爪卡盘的特点是能装夹形状比较复杂的非回转体,如方形、长方形等,而且夹紧力大。由于其装夹后不能自动定心,所以装夹效率较低,装夹时必须用划线盘或百分表找正,使工件回转中心与车床主轴中心对齐,如图9-3(b)为用百分表找正外圆的示意图。

ⅲ.用花盘、弯板及压板、螺栓安装工件。对于形状不规则的工件,无法使用三爪或四爪卡盘装夹的工件,可用花盘装夹。花盘是安装在车床主轴上的一个大圆盘,盘面上的许多长槽用以穿放螺栓,工件可用螺栓直接安装在花盘上,工件在花盘上的位置需仔细找正。也可以把辅助支承角铁(弯板)用螺钉牢固夹持在花盘上,工件则安装在弯板上,如图9-4所示。

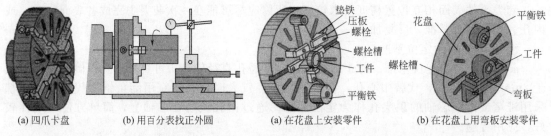

图9-3 四爪卡盘　　　　　图9-4 花盘

b.以内孔定位、芯轴装夹。主要表面在几次安装中进行,最后以内孔定位、芯轴装夹加工外圆,此办法应用较广。芯轴是以外圆柱面定心、端面压紧来装夹工件,如图9-5(a)所示。芯轴与工件孔一般用H7/h6、H7/g6的间隙配合,所以工件能很方便地套在芯轴上。但由于配合间隙较大,一般只能保证同轴度在0.02mm左右。

为了消除间隙,提高芯轴定位精度,芯轴可以做成锥体,但锥体的锥度很小,否则工件在芯轴上会产生歪斜,如图9-5(b)所示。常用的锥度C为1/5000~1/1000。定位时,工件楔紧在芯轴上,楔紧后孔会产生弹性变形,从而使工件不致倾斜。

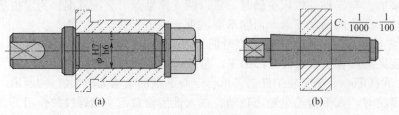

图9-5 芯轴

9.3 套类零件的精度

9.3.1 套类零件的精度测量

(1) 尺寸精度的检验

① 尺寸精度测量　长度用游标卡尺测量；外圆用外径千分尺测量，要测量圆周两点。内孔尺寸检验分为两种情况。

a. 一般精度内孔尺寸的检验。可以采用钢直尺、内卡钳或游标卡尺测量。

b. 精度要求较高时，可以用以下三种方法：使用塞规检验孔径，检验时通规通过被检孔，而止规不通过，则被检孔合格，详细说明见 5.3.5 节的内容；使用内径百分表或内径千分尺测量，测量时应把量具放正，注意松紧适度，并在几个方向上检测，直至在径向找到最大值，轴向找到最小值为止，此时这一读数才是被测孔的直径尺寸，见图 5-38；还可使用三坐标测量仪测量。

需要注意的是，不能在零件温度很高时就进行测量，否则会由于热胀冷缩使孔径尺寸不合要求，应放置一段时间后再测量。

② 尺寸精度达不到要求的原因分析　没有进行试切削，内孔铰不出、孔径尺寸超出，主要是留铰余量太少、尺寸已经车大；孔径超差，主要是铰刀公差本身已经大于零件公差，机床尾座没有对准零位线等。

(2) 形状精度的检验

套类零件上的喇叭口、圆度、锥度等，可以用内径百分表、内径千分尺或三坐标测量仪来测量。例如，在车床上加工的圆柱孔，其形状精度一般仅测量孔的圆度误差，在生产现场可用内径百分（千分）表在孔的圆周上各个方向去测量，测量结果的最大值与最小值之差的一半即为圆度误差。

形状精度达不到要求的原因分析：零件在车削时没有夹紧，造成松动等。

(3) 位置精度的检验

套类零件的位置精度要求通常有内、外圆同轴度和端面与孔的垂直度，由于跳动误差测量操作方便，因此常用径向圆跳动和轴向圆跳动代替上述两项精度的检验。

① 径向圆跳动的检验　一般套类工件测量径向圆跳动时，都可以用内孔作基准，把工件套在精度很高的芯轴上，然后连同芯轴一起安装在两顶尖间，用百分表（或千分表）来检验，如图 9-6 所示。百分表在工件转一周中的读数差，就是径向圆跳动误差。

② 轴向圆跳动的检验　检验套类工件轴向圆跳动的方法，如图 9-7 所示。先把工件安装在精度很高的芯轴上，利用芯轴上极小的锥度使工件轴向定位，然后把杠杆式百分表的圆测头靠在所需要测量的端面上，转动芯轴，测得百分表的读数差，就是轴向圆跳动误差。

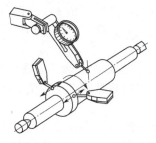
图 9-6　用百分表测量径向圆跳动的方法

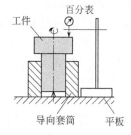
图 9-7　用百分表测量轴向圆跳动的方法

③ 位置精度达不到要求的原因分析　车削内孔时，刀杆碰孔壁而造成内、外圆本身已不同轴；车削端面时，吃刀量太大，造成工件走动，使垂直度达不到要求等。

（4）表面粗糙度的检验

表面粗糙度的检验，可以参照 7.3.1 节介绍的内容进行。

表面粗糙度达不到要求的原因分析：切削用量选择不当；车刀几何角度刃磨不正确或车刀已磨损；车床刚性差，滑板镶条过松或主轴太松引起振动；铰刀本身已拉毛或磨损等。

9.3.2　套类零件精度影响因素及措施

（1）防止套类零件变形的工艺措施

套类零件的结构特点是孔的壁厚较薄，薄壁套类零件在加工过程中，常因夹紧力、切削力和切削热的影响而引起变形，致使加工精度降低。需要热处理的薄壁套筒，如果热处理工序安排不当，也会造成不可校正的变形。为防止薄壁套筒的变形，可以采取以下措施。

① 减小夹紧力对变形的影响

a. 采用径向夹紧时，夹紧力不应集中在工件的某一径向截面上，而应使其均匀分布在较大的面积上，以减小工件单位面积上所承受的夹紧力，从而减少变形。例如：工件外圆用卡盘夹紧时，可以采用软卡爪，用来增加卡爪的宽度和长度，同时软卡爪应采取自镗的工艺措施，以减少安装误差，提高加工精度；还可采用过渡套或弹簧套装夹薄壁工件，使径向夹紧力均匀分布在工件外圆上，不易产生变形；当薄壁套筒以孔为定位基准时，宜采用胀开式芯轴。

b. 夹紧力的位置宜选在零件刚性较强的部位，以改善在夹紧力作用下薄壁零件的变形。

c. 改变夹紧力的方向，采用轴向夹紧工具，使径向夹紧改为轴向夹紧。

d. 在工件上制出加强刚性的工艺凸台或工艺螺纹以减少夹紧变形，加工终了时将凸边切去。例如，先车出工艺螺纹供后续工序装夹时使用，利用该工艺螺纹将工件固定在夹具中，加工完成后，车去该工艺螺纹。

② 减小切削力对变形的影响

a. 选择合适的刀具。应尽可能增加刀杆的刚性：加工孔的刀杆一般悬伸距比较大，刚性差，容易产生振动，并在径向分力的作用下，容易发生让刀现象，影响加工孔的精度；在车刀前面开有断屑槽或卷屑槽，在合适的刃倾角下控制切屑排出的方向，便于排屑；增大刀具主偏角和主前角，使加工时刀刃锋利减小塑形变形，减少径向切削力。

b. 采用内、外圆表面同时加工，使径向切削分力抵消。

c. 将粗、精加工分开，使粗加工产生的变形能在精加工中得到纠正。

d. 可以利用数控系统的循环功能，减小每次进刀的切削深度或切削速度来减小切削力。

③ 减小切削热对变形的影响　工件在加工过程中受切削热后要膨胀变形，从而影响工件的加工精度。为减少热变形对加工精度的影响，有三种方法：一是减少切削热的产生，合理选择刀具几何角度和切削用量；二是加快切削热的传散，在粗、精加工之间留有充分冷却的时间，并在加工时注入足够的切削液；三是采用弹性顶尖，使工件因受热后在轴向有自由延伸的可能。

④ 减小热处理变形的影响　热处理对套筒变形的影响也很大，除了改进热处理方法外，在安排热处理工序时，应安排在粗加工和精加工之间，以使热处理产生的变形在以后的工序中得到纠正。

⑤ 消除材料内应力对变形的影响　去除材料内应力的有效办法是采取时效定性处理，一般在半精加工之后和精加工之间进行。时效定性处理的具体办法是：套类零件首先要经过调制处理，因为调质回火温度一般不超过 560℃，因此时效定性处理温度一般在 450～550℃

范围内保温 3h 左右,绝不能超过 550℃;如果是小直径的套类零件一般在 180~220℃ 范围内保温 4h 左右,然后出炉空冷,即可将内部应力去除,使内部金相组织趋于稳定。

(2) 保证表面间相互位置精度的方法

① 一次安装完成内、外圆表面及端面的加工 在单件、小批量车削套类零件生产中,可以在一次安装中尽可能把工件全部或大部分表面加工完成,如图 9-8 所示,在一次安装中可以加工出内圆、外圆和端面。这种方法消除了

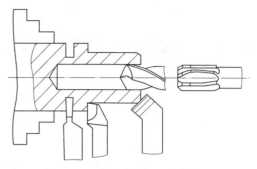

图 9-8 一次装夹中加工多个表面

安装误差对加工精度的影响,如果车床精度较高,可获得较高的相互位置精度。但采用这种方法车削时,需要经常转换刀架,尺寸较难掌握,切削用量也需要经常改变。为了便于装夹工件,其毛坯常采用多件组合的棒料,一般安排在自动车床或转塔车床等工序较集中的机床上加工。对于数控车床,大多可在一次安装中完成,这样既可以保证加工精度又可以提高效率,但由于工序比较集中,对尺寸较大的套筒安装不便,故多用于尺寸较小的套类零件车削加工。

② 以内孔为基准保证位置精度 车削中、小型的轴套和带轮等工件时,可以采用全部加工分在几次安装中进行,先加工孔,然后以内孔为定位基准加工外圆表面的方法。用这种方法加工套筒类零件,由于孔精加工常采用拉孔、滚压孔等工艺方案,生产率较高,同时可以解决镗孔和磨孔时因镗杆、砂轮杆刚性差而引起的加工误差。以内孔为基准加工套筒的外圆时,常用刚度较好的小锥度芯轴安装工件。小锥度芯轴结构简单,易于制造,芯轴用两顶尖安装,其安装误差较小,因此可获得较高的相互位置精度,在套筒类零件加工中应用较多。各种常用的芯轴有实体芯轴和胀力芯轴,如图 9-9 所示。

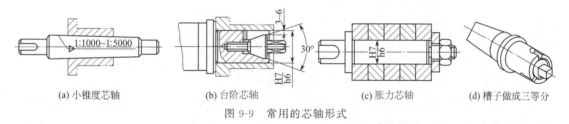

(a) 小锥度芯轴　　(b) 台阶芯轴　　(c) 胀力芯轴　　(d) 槽子做成三等分

图 9-9 常用的芯轴形式

③ 以外圆为基准保证位置精度 全部加工分在几次安装中进行,先加工外圆,然后以外圆为精基准完成内孔的全部加工。该方法工件装夹迅速可靠,但一般三爪自定心卡盘偏心误差较大会降低工件的同轴度。所以,需要采用定心精度较高的夹具,如弹性膜片卡盘、液性塑料夹头,经过修磨的三爪自定心卡盘或软卡爪等,以保证工件获得较高的同轴度。较长的套筒一般采用这种加工方案,由于零件较长,所以在装夹加工时,应采取一些特殊的工艺措施,防止孔轴心线偏斜,影响位置精度。

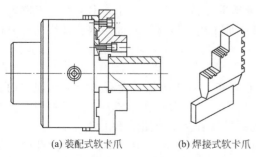

(a) 装配式软卡爪　　(b) 焊接式软卡爪

图 9-10 应用软卡爪装夹工件

如图 9-10 所示软卡爪,用未经淬火的 45 钢制成,这种卡爪是在本身车床上车削成形,因此可确保装夹精度。而且,当装夹已加工表面或软金属时,不易夹伤工件表面。

④ 采用定位精度高的夹具 可以通过采

用弹性膜片卡盘、液性塑料夹头等定心精度较高的专用夹具,获得较高的位置精度。

9.4 套类零件精度测量及质量控制示例

9.4.1 轴承套

轴承套是轴承中的一个零件,其作用是方便装拆、轴向固定及轴向位置调整。轴承套广泛应用于轻负荷便于拆装的场合。有许多轴承在装配和拆卸中会遇到困难,特别是在箱体内部轴承的装配受到条件限制,应用轴承套可以解决装拆的难题。轴承套可以调整松紧,使箱体的加工精度放宽,大大提高了加工工效。安装轴承套还克服了轴承的轴向窜动,轴承套的精度直接影响轴承的径向跳动量。

(1) 轴承套的主要精度要求及加工工艺分析

图 9-11 所示轴承套属于短套筒,其直径尺寸和轴向尺寸均不大,材料为锡青铜 ZQSn6-6-3,具有耐腐蚀性、良好的润滑性及较好的力学性能。

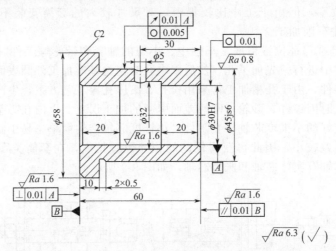

图 9-11 轴承套

尺寸精度要求:轴承套外圆为 IT6 精度,表面粗糙度为 $0.8\mu m$,采用精车可以满足要求;内孔精度为 IT7,表面粗糙度为 $1.6\mu m$,采用铰孔可以满足要求。内孔的加工顺序为:钻孔—车孔—铰孔。

几何精度要求:$\phi 45js6$ 外圆对 $\phi 30H7$ 孔的径向圆跳动公差为 0.01mm;左端面对 $\phi 30H7$ 孔轴线的垂直度公差为 0.01mm。由于外圆对内孔的径向圆跳动要求在 0.01mm 内,用软卡爪装夹无法保证。因此,精车外圆时应以内孔为定位基准,使轴承套在小锥度芯轴上定位,用两顶尖装夹。这样可使加工基准和测量基准一致,容易达到设计要求。车铰内孔时,用双顶尖装夹,并将内孔与端面在一次装夹中加工出,以保证端面与内孔轴线的垂直度在 0.01mm 以内。

(2) 轴承套加工精度影响因素分析

① 尺寸精度达不到要求的原因 操作者粗心大意,看错图样;没有进行试切削;内孔铰不出,孔径尺寸超出,主要是留铰余量太少、尺寸已经车大;孔径超差主要是铰刀公差本身已经大于零件公差,机床尾座没有对准零位线;量具有误差或测量不正确。

② 几何公差达不到要求的原因 零件在车削时没有夹紧,造成松动;车削内孔时,刀杆碰孔壁而造成内外圆本身已不同轴;车削端面时,吃刀量太大,造成工件走动,使垂直度

达不到要求。

③ 表面粗糙度达不到要求的原因　切削用量选择不当；车刀几何角度刃磨不正确，或车刀已磨损；车床刚性差，滑板镶条过松或主轴太松引起振动等；铰刀本身已拉毛或铰刀已磨损。

(3) 轴承套加工精度提高方法及质量控制措施

① 一次安装完成内外表面的全部加工。轴承套作为短套筒零件，其内外圆的粗车和精车一般在车床上进行，精加工也可在磨床上进行。此时，常用三爪或四爪卡盘装夹工件，如图 9-12 所示，

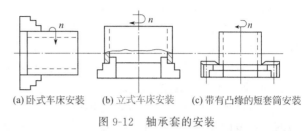

(a) 卧式车床安装　(b) 立式车床安装　(c) 带有凸缘的短套筒安装

图 9-12　轴承套的安装

而且经常在一次安装中完成内外表面的全部加工。这种安装方式可以消除由于多次安装而带来的安装误差，保证零件内外圆的同轴度和轴心线的垂直度。由于有凸缘结构，可先车凸缘端，然后调头夹压凸缘端，这样可以防止套筒刚度降低而产生变形，如图 9-12(c) 所示。不过，这种安装方法，对尺寸较大的套筒安装不方便，多用于尺寸较小的套筒加工。

② 以内孔和外圆互为基准，达到反复提高同轴度的目的。以精加工好的内孔作为定位基准用芯轴装夹工件并用顶尖支承芯轴，由于芯轴加工简单、制造安装误差小，可以保证较高的同轴度。再以外圆作精基准最终加工内孔，为避免因卡盘定向精度低使套筒产生变形，必须采用定向精度高的夹具。

9.4.2　液压缸

液压缸又称为油缸，它是液压系统中的一种执行元件，其功能就是将液压能转变成直线往复式的机械运动。液压缸为典型的长套筒零件，与前述短套类零件在加工方法及工件安装方式上都有较大差别。液压缸的材料一般有铸铁和无缝钢管两种，如图 9-13 所示为用无缝钢管材料的液压缸。

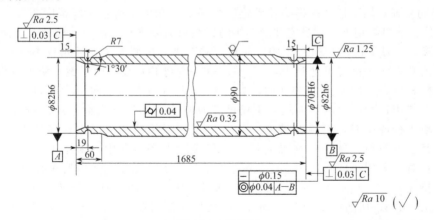

图 9-13　液压缸

(1) 液压缸的主要精度要求及加工工艺分析

该液压缸内孔与活塞相配，因此表面粗糙度、形状精度及位置精度要求都较高。为保证活塞在液压缸内移动顺利，对液压缸内孔有圆柱度要求，对内孔轴线有直线度要求，内孔轴线与两端面间有垂直度要求，内孔轴线对两端支承外圆（$\phi82h6$）的轴线有同轴度要求。除此之外还特别要求：内孔必须光洁无纵向刻痕；若为铸铁材料，则要求其组织紧密，无砂

眼、针孔及疏松缺陷。

液压缸长而壁薄，为保证内、外圆的同轴度，加工外圆时参照空心主轴的装夹方法有三种，即采用双顶尖顶孔口 $1°30'$ 的锥面；一头夹紧外圆另一头用中心架支承（一夹一托）；一头夹紧外圆另一头用后顶尖顶住（一夹一顶）。加工内孔与一般深孔加工时的装夹方法相同，多采用夹一头另一端用中心架托住外圆（一夹一托）的方式。液压缸全部加工分在几次安装中进行，先加工外圆，然后以外圆表面为定位基准加工内孔。为保证工件获得较高的同轴度，必须采用定心精度高的夹具，较长的套类零件多采用这种加工方案。

液压缸内孔的粗加工采用镗削，半精加工多采用浮动铰刀铰削。铰削后，孔径尺寸精度一般为 IT9～IT7，表面粗糙度达 $Ra2.5～0.32\mu m$。液压缸内孔的表面质量要求很高，精加工铰孔后需采用钢珠滚压，以改善内圆表面，使其熨平并形成残余压应力，提高使用寿命。为此，较多的专业生产厂采用专用组合刀具来完成液压缸内孔的粗加工、半精加工、精加工和滚压加工，专业组合刀具是将镗刀、浮动铰刀和钢珠滚压头等集成在一起。内孔经滚压后，尺寸误差在 0.02mm 以内，表面粗糙度为 $Ra0.32\mu m$ 或更小，且表面经硬化后更为耐磨。但是目前对铸造液压缸尚未采用滚压工艺，原因是铸件表面的缺陷（如疏松、气孔、砂眼、硬度不均匀等），哪怕是很微小，都对滚压有很大影响。因此，常以精细镗、珩磨、研磨等精密加工作为缸体内孔加工的最终工序。

(2) 影响加工质量的原因分析及应对措施

① 半精镗造成缸筒壁厚不均匀的原因及对策　在进行半精镗加工时，在保证刀体尺寸规格符合工艺要求的前提下，镗削以刀体导向块与其内孔间隔保持 0.15mm 进行，镗杆由于刚度较差，刀具在切削抗力的反作用下会出现微量位移的问题。镗出的内孔尺寸在镗头导向块的控制下精度能够得到保证，但中心线在入口处会发生偏斜 0.12mm 的误差，该处壁厚差达到 0.2mm。当镗完工件全长 1180mm 之后，壁厚差将增至 1.14mm。由于半精镗与精镗之间的加工余量为 0.50mm，所以精镗后无法修正因中心线偏斜造成缸体壁厚不等现象。最合适的做法就是：使导向套与刀体导向块之间的空隙保持 0.03mm 左右，可以避免刀具发生偏离，也由此解决了缸体壁厚不均匀的问题。

② 浮动精镗对加工精度的影响及措施　为保证内孔大小符合尺度精度要求、尽量使表面平滑，使缸体最终精度达到预定要求，半精镗结束后要进行二次浮动精镗，选择镗刀为可调式浮动镗刀。刀头具有 $1°30'～2°$ 的导向角，并有平直的修光刃，后角较小（$4°～6°$），这样镗削后内孔表面粗糙度可达到 $Ra1.7\mu m$，精度达到 IT8 级。由于镗刀块为自由活动状，工件也为旋转状态，因此刀块的导向较好。镗刀头结构中的导向块为塑料材料，具有相当的弹性。使用这种材料的导向块，不仅可有效防止擦伤工件表面，还能符合导向标准。在对导向块进行调整时，可将其调整为稍微大于镗刀块体积。经过这样处理后，在精镗时能自动磨去过盈量，从而提高导向精度。在实际生产活动中，采用了试验法。在第一次浮动精镗时，采用最佳转速为 30r/min，进给量为 14mm/min，切削深度为 0.3mm，内孔直径保持在 $\phi(64\pm0.02)$mm 范围。第二次精镗时，采用最佳转速为 35r/min，进给量仅为 6.5mm/min，切削深度为 0.06mm，内孔尺寸控制在 $\phi(64+0.06+0.04)$mm。实践表明，该切削量最为有效，能够有效支持接下来的滚压加工工序。

③ 滚压加工对表面质量的影响及措施　滚压加工过程就是球形滚柱的前端 R 形角对工件表面强行压入，使工件表层发生塑性变形的过程。在进行滚压加工时，如果进给量过大，固定时间内滚压密度不足，因此，滚压后的内孔会出现坑坑洼洼的表面，称作波度现象。为不断提高缸体内孔的光滑度，通常首次滚压转速控制在 80r/min，滚压进给量为 25mm/min，提高了内孔表面粗糙度水平。这样就会有效增加固定时间内的滚压次数，滚压密度自然也就提高了，波度现象也就得到了有效缓解，内孔表面质量得到明显改善。

第 10 章 盘盖类零件

盘盖类零件在机器中主要起轴向定位、密封、支撑、连接及防护作用，一般是指端盖、透盖、法兰盘、轴承盘等零件。

10.1 盘盖类零件的结构特点与技术要求

(1) 盘盖类零件的结构特点

盘盖类零件的基本形状多为扁平的圆形或方形盘状结构，轴向尺寸相对于径向尺寸小很多。常见的盘盖类零件主体一般由多个同轴回转体，或由一正方体与几个同轴的回转体组成。在主体上常有一些局部结构：为了加强支承，减少加工面积，常设有凸缘、凸台或凹坑等结构；为了与其他零件相连接，零件上还常有螺纹孔、光孔、沉孔、销孔或键槽等结构；此外，有些盘盖类零件上，还具有轮辐、幅板、肋板以及用于防漏的油沟和毡圈槽等密封结构。

图 10-1(a) 所示的透盖是由四条圆弧和四条直线组成的长圆形薄盘。两端有两个通孔，用于定位或固定。正居中是一圆柱孔凸台和带锥度的通孔，起支撑和定位作用。

图 10-1(b) 所示的齿轮油泵的泵盖，在油泵中起密封作用。结构特点呈椭圆形，中间有两个孔用于支撑齿轮轴，一端有凸台，有两个支撑孔、两个定位孔和六个连接孔。

图 10-1(c) 所示的法兰盘，主要用于轴与轴间或轴与轴上的零件之间的连接。其结构特点呈圆形薄盘，两边被削。盘上有两销孔用于定位，有四个均布的连接沉孔。盘中心一端有凸台，另一端有圆柱，中心通孔带有倒角，便于装配。圆盘与中央圆柱连接处有砂轮越程槽，便于圆柱外表面的精加工和连接可靠。

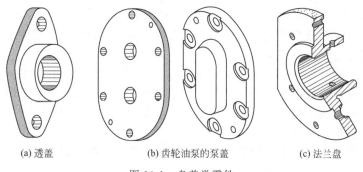

(a) 透盖　　　　　(b) 齿轮油泵的泵盖　　　　　(c) 法兰盘

图 10-1　盘盖类零件

(2) 盘盖类零件的技术要求

盘盖类零件在有配合要求或用于轴向定位的面，其表面粗糙度和尺寸精度要求较高。对支承用端面有较高的轴向尺寸精度、平面度及两端面平行度要求；对连接作用的内孔等有与端面的垂直度要求；外圆与内孔轴线有同轴度要求。

10.2 盘盖类零件的加工工艺分析

(1) 盘盖类零件的材料及热处理

① 盘盖类零件的材料 盘盖类零件主要以钢、铸铁、青铜或黄铜等为主要原料。孔径小的盘一般用热轧或冷拔棒料。根据不同材料,可选择实心铸件;孔径较大时,可作预孔。若是大批量生产,可选冷挤压等先进毛坯制造工艺,不但可以提高生产率,还可以节约材料。

② 盘盖类零件的热处理 盘盖类零件通常使用箱式炉、高频感应淬火机床、渗碳炉、氮化炉、回火炉等,进行正火、退火、调质、渗碳淬火、高频感应淬火、氮化、时效等热处理工序。

(2) 盘盖类零件加工的原则及工艺路线

盘盖类零件加工的主要工序为内孔和外圆表面的精加工,尤其是内孔的加工最为重要。常采用的加工方法有:钻孔、扩孔、铰孔、镗孔、磨孔、拉孔及研磨孔,其中钻孔、扩孔、镗孔一般作为孔的粗加工与半精加工,铰孔、磨孔、拉孔及研磨孔为孔的精加工。在确定孔的加工方案时一般按以下原则进行:加工孔径较小的孔,采用钻—扩—铰的方案;加工孔径较大的孔,采用钻—镗—精加工的方案;对于淬火钢或精度要求较高的零件,采用磨孔的方案。

典型的盘盖类零件通常采用如下的加工工艺路线:准备毛坯—毛坯去除应力处理—粗车表面—回转平面的半精加工和精加工—非回转平面加工—去毛刺处理—热处理(淬火、回火等)—精加工主要表面—检验。

(3) 盘盖类零件加工的定位基准和装夹

① 盘盖类零件定位基准的选择 盘盖类零件定位基准的选择根据零件不同的作用,主要基准的选择也不同。一般有三种定位基准:一是以端面为主(如支承块),其零件加工中的主要定位基准为平面;二是以内孔为主,由于盘的轴向尺寸较小,往往在以孔为定位基准(径向)的同时,一般以端面进行辅助配合;三是以外圆为主(较少),与内孔定位同样的原因,往往也需要有端面的辅助配合。

② 盘盖类零件的装夹

a. 零件以内孔定位时,可采用圆柱芯轴或可胀式芯轴安装;当零件的内、外圆同轴度要求较高时,可采用小锥度芯轴或液性塑料芯轴安装。当零件较长时,可在两端孔口各加工出一小段 60°锥角,用两个圆锥对顶定位;当零件的尺寸较小时,尽量在一次装夹下加工出较多表面,既减小装夹次数及装夹误差,又容易获得较高的位置精度。零件也可根据其结构形状及加工要求设计专用夹具安装。

b. 零件以外圆定位时,可直接采用自定心卡盘安装。当零件壁薄时,为避免自定心卡盘装夹引起零件变形,可以采用径向夹紧、软爪装夹、刚性开口环夹紧或增大卡爪面积等措施。当外圆轴向尺寸较小时,可与已加工过的端面组合定位,采用反爪安装;工件较长时,可采用"一夹一托"法安装。

c. 用虎钳安装。单件或小批量生产时,根据加工部位、要求的不同,也可采用虎钳装夹(如支承块上侧面、十字槽加工)。

(4) 盘盖类零件加工阶段的划分

机械制造中的盘盖类零件要求具有较高的精度,在加工的每个阶段都有相应的加工要求,必须根据要求循序渐进、按部就班地完成,才能保证其加工的质量。

① 在粗加工阶段主要对坯料的黑皮和余量进行去除和加工,为下一步的加工打下基础,注意要有一定余量的预留。合理的定位基准的选择是保证加工质量的前提条件。

② 在半精加工阶段，主要提供定位基准的准确性，进一步为下一工序做好准备，对余量进行控制，为表面的精加工打下良好的基础。

③ 在精加工阶段，需要对加工精度进一步提高，对表面粗糙度进行加工改善，保证零件的各项参数符合标准。考虑到径向圆跳动和轴向圆跳动对盘盖类零件加工精度的影响，在精加工时，尽量将外圆、孔和端面一次装夹加工完成，避免二次装夹。对于需要多次装夹的零件优先加工孔，然后通过孔采用芯轴加工外圆或者端面。

(5) 表面的加工

盘类零件的表面加工也很重要，次要表面尽量与主要表面在同一方向上分布，这样可以在对主要表面的加工中连同次要表面一起加工出来。对于盘盖类零件上回转面的粗、半精加工仍以车削为主，对于精加工则根据零件材料、加工要求以及生产批量大小等因素，选择磨削、精车、拉削或其他。对于盘盖类零件上的非回转面加工，根据表面形状选择适当的加工方法，如铣削、电火花加工等，一般安排在零件的半精加工阶段。

10.3 盘盖类零件的精度

10.3.1 盘盖类零件的精度测量

(1) 尺寸精度的测量

盘盖类零件内孔的测量一般用百分表、千分表测量；对于批量较大的零件，内孔可用光滑极限塞规测量。外圆的尺寸用千分尺或光滑环规和卡规测量。

(2) 几何精度的测量

① 平面度的测量　平面由直线组成，因此，直线度误差测量中的直尺法、光学自准直法、重力法等，也适用于平面度误差的测量。常见的平面度误差测量方法有：指示器测量法、平晶测量法、水平仪测量法和自准仪及反射镜测量法等。

② 圆度的测量　圆度误差的测量方法有半径测量法（圆度仪测量）、直角坐标法（直角坐标装置）、特征参数测量法（用两点法和三点法组合测量）等。

③ 圆柱度的测量　圆柱度误差的检测可在圆度仪上测量若干个横截面的圆度误差，按最小条件确定圆柱度误差。还可以采用两点法、三点法来测量圆柱度误差。

④ 同轴度的测量　同轴度误差的测量，可以采用公共轴线法、直线度法和求距法等。

以上几何精度的测量方法，详见 7.2.3 节的内容。

(3) 表面粗糙度的测量

测量表面粗糙度可以采用：比较法、光切法、干涉法和针描法四种方法。

① 比较法　比较法是将被测要素表面与表面粗糙度样板直接进行比较，两者的加工方法和材料应尽可能相同，从而用视觉或触觉来直接判断被加工表面的粗糙度。这种方法简单，适用于现场车间使用。但评定的可靠性很大程度上取决于检测人员的经验，仅适用于评定表面粗糙度要求不高的零件。

② 光切法　光切法是利用光切原理来测量表面粗糙度的 Rz 值。常用的仪器是光切显微镜（又称双管显微镜），它可用于测量车、铣、刨及其他类似方法加工的零件表面。对于大型零件的内表面，可以采用印模法（即用石蜡、塑料或低熔点合金，将被测表面印模下来）印制表面模型，再用光切显微镜对其表面模型进行测量。

③ 干涉法　干涉法是利用光波干涉的原理来测量表面粗糙度的一种方法。被测表面直接参与光路，用它与标准反射镜比较，以光波波长来度量干涉条纹弯曲程度，从而测得该表面的粗糙度。该方法常用于测量表面粗糙度的 Rz 值，常用的仪器是干涉显微镜。

④ 针描法　针描法是利用触针直接在被测量零件表面上轻轻划过，从而测量出零件表面粗糙度的一种方法，最常用的仪器是电动轮廓仪。其原理是将被测量零件放在工作台的 V 形块上，调整零件或驱动箱的倾斜角度，使零件被测表面平行于传感器的滑行方向。调整传感器及触针（材料为金刚石）的高度，使触针与被测零件表面适当接触，利用驱动器以一定的速度带动传感器，此时触针在零件被测表面上滑行，使触针在滑行的同时还沿着轮廓的垂直方向上下运动，触针的运动情况实际反映了被测零件表面轮廓的情况。这时触针运动的微小变化通过传感器转换成电信号，并经计算和放大处理后由指示表直接显示出表面粗糙度 Ra 值的大小。针描法测量表面粗糙度的最大优点是可以直接读取 Ra 值，测量效率高。

10.3.2　盘盖类零件精度影响因素及措施

盘盖类零件的主要加工表面为内、外圆柱面及平面，其加工过程中采用的方法、影响因素及采取措施，在轴类零件、套类零件和壳体类零件三章中有作详细介绍，这里不再赘述。

10.4　盘盖类零件精度测量及质量控制示例

端盖是应用广泛的机械零件之一，是轴承座的主要外部零件，如图 10-2 所示。端盖的一般作用是：轴承外圈的轴向定位；轴承工作过程的防尘和密封，除本身可以防尘和密封外，也常和密封件配合以达到密封的作用；位于车床电动机和主轴箱之间的端盖，主要起传递扭矩和缓冲吸振的作用，使主轴箱的转动平稳。因此该零件应具有足够的强度、刚度、耐磨性和韧性，以适应其工作条件。

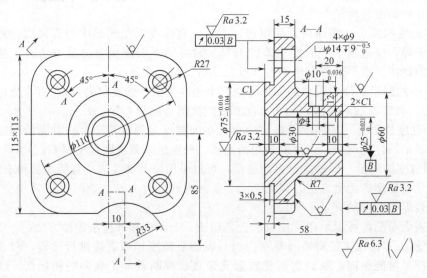

图 10-2　端盖

端盖因其在机器中只是起辅助作用，对机器的稳定运行影响不是很大，因此在具体加工的时候，精度要求也不是很高，加工起来也十分容易。端盖加工工艺的可行性与合理性直接影响零件的质量、生产成本、使用性能和寿命等。

（1）端盖的加工工艺分析

该端盖结构简单，形状普通，属一般的盘盖类零件。主要加工表面有端盖的左、右圆形端面，要求其轴向跳动误差相对中心轴线满足 0.03mm，其次就是 $\phi25$ 孔及 $\phi10$ 孔。$\phi25$ 孔的加工端面为平面，可以防止加工过程中钻头钻偏，以保证孔的加工精度；$\phi10$ 孔的加工表面虽然在圆周上，但通过专用的夹具和钻套能够保证其加工工艺要求。该零件除主要加工表面外，其余的表面加工精度均较低，不需要高精度机床加工，通过铣削、钻床的粗加工就可以达到加工要求。由此可见，该零件的加工工艺性较好。

端盖在工作过程中不承受冲击载荷，也没有各种应力，毛坯选用铸件即可满足工作要求。该端盖的轮廓尺寸不大，形状亦不是很复杂，故采用砂型铸造。

(2) 端盖的加工工艺过程

① 定位基准的选择

a. 精基准的选择。根据该端盖零件的技术要求，选择端盖右端面和 $\phi25$ 孔作为精基准，零件上的很多表面都可以采用它们作基准进行加工，即遵循"基准统一"原则。$\phi25$ 孔的轴线是设计基准，选用其作精基准定位端盖两端面，实现了设计基准和工艺基准的重合，保证了被加工表面的轴向跳动公差要求。选用端盖右端面作为精基准同样是遵循了"基准重合"原则，因为该端盖在轴向方向上的尺寸多以该端面作设计基准。

b. 粗基准的选择。作为粗基准的表面应平整，没有飞边、毛刺或其他表面欠缺。这里选择端盖左端面和 $\phi60$ 外圆面作为粗基准。采用 $\phi60$ 外圆面定位加工内孔可保证孔的壁厚均匀；采用端盖右端面作为粗基准加工左端面，可以为后续工序准备好精基准。

② 加工阶段的划分　该端盖加工质量要求一般，可将加工阶段划分为粗加工、半精加工两个阶段。

在粗加工阶段，首先将精基准（端盖右端面和 $\phi25$ 孔）准备好，使后续工序都可采用精基准定位加工，保证其他表面的精度要求；然后粗铣端盖左端面、方形端面、车 $\phi75$ 外圆、$3\times C1$ 倒角。在半精加工阶段，完成端盖左端面的精铣加工和 $\phi10$ 孔的钻—铰—精铰加工及 $\phi14$ 孔等其他孔的加工。

③ 工序顺序的安排　选用工序集中原则安排端盖的加工工序。该端盖的生产类型为大批生产，可以采用万能型机床配以专用工、夹具，以提高生产率；而且运用工序集中原则使工件的装夹次数少，不但可缩短辅助时间，而且由于在一次装夹中加工了许多表面，有利于保证各加工表面的相对位置精度要求。

a. 机械加工工序。

ⅰ. 遵循"先基准后其他"原则，首先加工精基准——端盖右端面和 $\phi25$ 孔。

ⅱ. 遵循"先粗后精"原则，先安排粗加工工序，后安排精加工工序。

ⅲ. 遵循"先面后孔"原则，先加工端盖右端面，再加工 $\phi25$ 孔。

b. 热处理工序。铸造成型后，对铸件进行退火处理，可消除铸造后产生的铸造应力，提高材料的综合力学性能。该端盖在工作过程中不承受冲击载荷，也没有各种应力，故采用退火处理即可满足零件的加工要求。

c. 辅助工序。在半精加工后，安排去毛刺、清洗和终检工序。

(3) 端盖的加工质量控制措施

① 零件粗车后，增加热处理调质工序。

② 零件精车需留磨削余量，提高磨削加工来保证尺寸精度和几何精度要求。

③ 为了保证端盖工作时轴向定位的精度，要注意两端面的轴向圆跳动误差不能太大。

第11章 壳体类零件

壳体类零件是机器中的基础零件,通过壳体将轴、套、齿轮等零件组装在一起,使其保持正确的相互位置关系,并按照一定的传动关系协调地传递转矩或改变转速。组装后的壳体部件,用壳体的基准平面安装在机器上。因此壳体的加工质量,不但直接影响本身的装配精度,还会直接影响机器的工作精度、使用性能和寿命。

11.1 壳体类零件的结构特点与技术要求

(1) 壳体类零件的结构特点

壳体类零件由于内部需要安装各种零件,因此结构比较复杂,如图11-1所示。壳体类零件大多数为铸造件,虽然结构多种多样,但从工艺分析上看,它们也有共同之处。

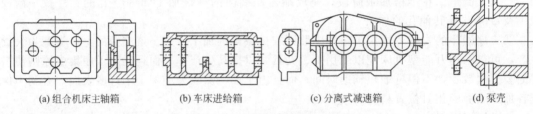

(a) 组合机床主轴箱　　(b) 车床进给箱　　(c) 分离式减速箱　　(d) 泵壳

图11-1　几种壳体类零件的结构

① 外形上通常有4个或4个以上的平面组成的封闭式多面体,常见壳体类零件可分为整体式和分体式两大类。

② 壳体类零件中空、壁比较薄并且不均匀,孔比较多,某些部位有"隔墙"。

③ 壳体类零件的重量和外形尺寸较大。为减少机械加工量、减轻重量、节约材料、提高刚性,在结构上常设有加强筋、内腔凸边、凸台等。

④ 壳壁部分常设计有安装轴、密封盖、轴承盖、油杯、油塞等零件的凸台、凹坑、沟槽、螺孔等结构。

⑤ 壳体类零件结构复杂,加工部位多,既有精度要求很高的轴承孔和装配用的基准平面,也有精度要求不高用于紧固孔的次要表面,因此加工难度比较大。

(2) 壳体类零件的结构工艺性

壳体类零件机械加工的结构工艺性对实现高精度、高产量、低成本具有重要的意义。

① 基本孔　箱体的基本孔,可分为通孔、阶梯孔、交叉孔、盲孔等几类。

a.通孔工艺性最好,通孔内又以孔长L与孔径D之比$L/D \leqslant 1 \sim 1.5$的短圆柱孔工艺性为最好;$L/D > 5$的孔,称为深孔,若深度精度要求较高、表面粗糙度值较小时,加工就很困难。

b.阶梯孔的工艺性较差,其工艺性的好坏与"孔径比"有关。孔径相差越小则工艺性越好；孔径相差越大，且其中最小的孔径又很小，则工艺性越差。

c. 相贯通的交叉孔的工艺性也较差。为改善工艺性，可将其中直径小的孔不铸通，先加工主轴大孔，再加工小孔。

d. 盲孔的工艺性最差，因为在精镗或精铰盲孔时，要用手动送进，或采用特殊工具送进。此外，盲孔的内端面的加工也特别困难，故应尽量避免。若结构上允许，可将盲孔钻通改成阶梯孔，以改善其工艺性。

注意：壁上钻孔时，孔轴线最好与壁垂直。当加工孔口有缺口的孔时，可先将缺口补齐，或者在结构允许时，将缺口处的直径放大一些。

② 同轴孔

a. 同一轴线上孔径大小向一个方向递减（如 CA6140 的主轴孔）时，采用镗孔，可使镗杆从一端伸入，逐个加工或同时加工同轴线上的几个孔，以保证较高的同轴度和生产率。所以单件、小批生产的壳体，一般采用这种孔径分布形式。

b. 同一轴线上孔的直径大小从两边向中间递减（如 C620-1、CA6140 主轴箱轴孔等）时，采用镗孔，可使刀杆从两边进入壳体。这样不仅缩短了镗杆长度，提高了镗杆的刚性，而且为双面同时加工创造了条件。所以大批量生产的壳体，常采用此种孔径分布形式，具有较好的结构工艺性。

c. 同一轴线上孔的直径分布形式，应尽量避免中间隔壁上的孔径大于外壁的孔径。因为加工这种孔时，要将刀杆伸进壳体后装刀、对刀，结构工艺性差。

d. 孔间距不宜太近，应留下安装轴承的空间。

③ 装配基准面 为便于加工、装配和检验，有可靠的定位基准面和良好的装夹可靠性，壳体的装配基准面尺寸应尽量大，形状应尽量简单，必要时要设装夹工艺台阶和工艺孔。

④ 凸台 壳体外壁上的凸台应尽可能在一个平面上，以便可以在一次走刀中加工出来，而无需调整刀具的位置，使加工简单方便。

⑤ 螺纹紧固孔 壳体上螺纹紧固孔的尺寸规格应尽量一致，以减少刀具数量和换刀次数。

此外，应尽可能避免孔内车槽、加工内壁端面和深孔，如果结构上要求必须加工时，应尽可能使内端面的尺寸小于刀具需穿过之孔加工前的直径。壳体外壁上的凸台、小平面等应尽可能在同一平面上，以便于在一次走刀中加工出来。为保证箱体有足够的刚度与抗振性，应酌情合理使用肋板、肋条，采取加大圆角半径，收小箱口，加厚主轴前轴承口厚度等措施。

(3) 壳体类零件的主要技术要求

壳体类零件的质量好坏直接影响到产品整机的使用性能和工作稳定性，尤其是对工作条件要求较高的机器，其对壳体的加工质量要求更高。

① 孔径的精度及表面粗糙度 壳体上轴承支承孔应有较高的尺寸精度、几何形状精度及较小的表面粗糙度要求，否则会影响轴承外圈与壳体孔的配合精度，使轴的旋转精度降低。孔径过大，配合就会过松，则主轴的回转精度和支承刚度就会降低，易产生振动和噪声；孔径过小，配合就会偏紧，轴承将因外圈变形，不能正常运转而缩短使用寿命。安装轴承的壳体孔不圆，也会使轴承外圈变形，而引起主轴径向圆跳动。因此，对孔的精度要求是较高的，一般主要孔的孔径精度为 IT6，表面粗糙度为 $Ra1.6\sim0.8\mu m$。其他支承孔的孔径精度为 IT8～IT7，表面粗糙度为 $Ra3.2\sim1.6\mu m$。主轴支承孔几何形状精度一般应在孔尺寸公差范围之内，要求高的应不超过孔尺寸公差的 1/3～1/2。

② 主要平面的精度及表面粗糙度 壳体类零件的主要平面就是装配基准面或加工中的

定位基准面，它们直接影响壳体与机器总装时的相对位置及接触刚度，影响壳体在加工中的定位精度，因而有较高的平面度和表面粗糙度要求。一般来说壳体装配基准面和定位基准面的平面度为 0.01～0.03mm，表面粗糙度 Ra 为 6.3～1.6μm。壳体上其他平面对装配基准面也有一定的尺寸精度和平面度要求，一般平面间的平行度公差为 0.05～0.02mm，平面间的垂直度公差为 0.04～0.01mm。

③ 孔与孔轴线之间的相互位置精度和尺寸精度　在壳体上有齿轮啮合关系的相邻轴承孔之间，必须具有较高的孔距尺寸精度和轴线的平行度要求，以保证齿轮副的啮合精度，减小工作时产生振动和噪声，还可减少齿轮的磨损。一般孔与孔中心距允许偏差为 $\pm$（0.02～0.06）mm，轴线的平行度公差应为孔距公差的 1/2～1，一般为 0.01～0.04mm。

壳体同轴孔系必须具有较高同轴度，以保证轴的顺利装配和正常回转。一般各同轴孔的同轴度公差为 0.03～0.06mm，如果同轴度要求低，不但会导致壳体装配不便，还会使轴的运转情况恶化，加剧轴承磨损度，使之温度上升，进而影响机器的正常工作和精度。

交叉孔系的加工主要技术要求是控制相关孔的垂直度误差。成批生产中多采用镗模法，垂直度误差主要由镗模保证。单件小批生产时，一般靠普通镗床工作台上的 90°对准装置并借助找正来加工。

④ 孔与平面的相互位置精度　为了方便装配，保证壳体的加工精度，壳体上轴承孔轴线对装配基准面必须有一定的尺寸精度和平面度要求，对端面具有较高的垂直度要求：一般平行度为 0.04mm，垂直度为 0.06mm。如车床主轴孔轴心线对装配基面在水平平面内有偏斜，则加工时会产生锥度；主轴孔轴心线对端面的垂直度超差，装配会将引起机床主轴的轴向跳动等。

(4) 壳体类零件主要表面的加工方法及加工精度

壳体类零件的加工工艺过程，在生产批量、精度要求、结构上差距可能较大，但加工重点均为平面和孔系的加工。通常平面加工较易保证精度，而精度要求较高的支承孔以及孔与孔之间、孔与平面之间的相互位置关系较难保证，往往是生产的关键因素。

① 壳体上平面的加工　加工壳体上平面的常用方法有车削、刨削、铣削、拉削、磨削、刮研、研磨、抛光和超精加工等。

a. 平面车削。一般用于加工轴、轮、盘、套等回转体零件的端面、台阶面等。中、小型零件的平面在卧式车床上进行加工，重型零件的加工可在立式车床上进行。平面车削的精度可达 IT7～IT6，表面粗糙度值可达 Ra12.5～1.6μm。

b. 平面刨削。刨削是单件、小批量生产的平面加工最常用的加工方法，刨削可分为粗刨和精刨。粗刨加工精度一般可达 IT14～IT12，表面粗糙度 Ra 为 50～12.5μm；精刨的加工精度一般可达 IT9～IT7，表面粗糙度 Ra 为 3.2～1.6μm。刨削所需的机床、刀具结构简单，制造安装方便，调整容易，通用性强；切削速度低，有空行程，单刃加工，生产率低，因此在单件、小批生产中，特别是加工狭长平面时被广泛应用。刨削可以在牛头刨床或龙门刨床上利用几个刀架，在工件的一次安装中完成几个表面的加工，能比较经济地保证这些表面间的相互位置精度要求。精刨还可代替刮研来精加工壳体平面。精刨时采用宽直刃精刨刀，在经过拉修和调整的刨床上，以较低的切削速度（一般为 4～12m/min），在工件表面上切去一层很薄的金属（一般为 0.007～0.1mm）。精刨后的表面粗糙度值可达 Ra1.6～0.2μm，平面度可达 0.002mm，变形小，精度高，生产率高。

c. 平面铣削。铣削是平面加工中应用最普遍的一种方法，平面铣削分为粗铣和精铣。粗铣的加工精度一般可达 IT14～IT12，表面粗糙度 Ra 为 50～12.5μm；精铣的加工精度一般可达 IT9～IT7，表面粗糙度 Ra 为 3.2～1.6μm。铣削利用各种铣床、铣刀和附件，可以加工平面、沟槽、弧形面、螺旋槽、齿轮、凸轮和特形面。铣刀由多个刀齿组成，各刀齿依次切削,没有空行程,而且铣刀高速回转,因此与刨削相比,铣削生产率高于刨削,在中批以上生产中多用铣削加工平面。当加工尺寸较大的平面时,可在龙门铣床上,用几把铣刀同时加工各有关平面,这样既可保证平面之间的相互位置精度,也可获得较高的生产率。

d. 平面拉削。是一种高效率、高质量的平面加工方法,主要用于大批量生产中,其工作原理与拉孔相同。平面拉削的加工精度一般可达 IT7~IT6,表面粗糙度 Ra 为 $1.6\sim0.4\mu m$。

e. 平面磨削。平面磨削的加工质量比刨削和铣削都高,而且还可以加工淬硬零件。磨削平面的加工精度一般可达 IT8~IT5 级,表面粗糙度值可达 $Ra1.6\sim0.2\mu m$。生产批量较大时,箱体的平面常用磨削来精加工。平面磨削有两种方式(如图 11-2 所示):周磨,发热小,排屑与冷却好,精度高,间断进给,生产率低;端磨,磨头刚性好,弯曲变形小,磨粒多,生产率高,冷却条件差,磨削精度较低,适用于大批生产中精度不高零件加工。为了提高生产率和保证平面间的相互位置精度,工厂还常采用组合磨削来精加工平面。

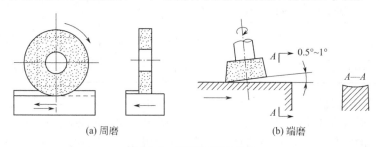

图 11-2 平面磨削的方式

磨削薄片工件时,由于工件刚度较差,工件翘曲变形较为突出。变形的主要原因有两个:工件在磨削前已有挠曲度(淬火变形),当工件在电磁工作台上被吸紧时,在磁力作用下被吸平,但磨削完毕松开后,又恢复原形;工件磨削受热产生挠曲,磨削热使工件局部温度升高,上层热下层冷,工件就会突起,如两端被夹住不能自由伸展,工件势必产生翘曲。针对这种情况,可用开槽砂轮进行磨削。

f. 平面刮研。平面刮研是手工操作,利用刮刀对已加工的未淬火工件表面切除一层微量金属的加工方法。它可使两个平面之间达到紧密接触,能获得较高的形状和位置精度,加工精度可达 IT7 级以上,表面粗糙度值 $Ra0.8\sim0.04\mu m$。刮研生产率低,逐渐被精刨、精铣和磨削代替。但加工过程中变形小,精度、表面质量高,一般用于单件、小批量生产。

g. 平面研磨。平面研磨是平面光整加工应用较广的一种,一般在磨削之后进行。加工后精度可达 IT5~IT3 级,表面粗糙度可达 $Ra0.1\sim0.006\mu m$。既可加工金属材料,也可以加工非金属材料。研磨的方法按研磨剂的使用条件分以下三类:干研磨、湿研磨和软磨粒研磨。单件、小批量生产中常采用手工研磨,大批量生产时常用机械研磨。

h. 平面抛光。平面抛光指利用抛光轮和磨料颗粒对工件表面产生滚压和微量切削,从而获得光亮的加工表面。抛光不能提高工件的尺寸精度或几何精度,而是以得到光滑表面或镜面光泽为目的,表面粗糙度一般可达 $Ra0.63\sim0.01\mu m$。

i. 平面超精加工。平面超精加工是利用装在振动头上的细磨粒油石对工件进行微量切削的一种磨料精密加工方法。超精加工主要是减小表面粗糙度值,可达 $Ra0.2\sim0.012\mu m$,也可适当提高形状精度。

表 11-1 示出了从生产实践中总结出的平面的加工方案、经济精度及适用范围,仅供参考。

表 11-1 平面的加工方案、经济精度及适用范围

序号	加工方案	经济公差等级	表面粗糙度 $Ra/\mu m$	适用范围
1	粗车—半精车	IT9~IT8	6.3~0.8	适用于端面的加工
2	粗车—半精车—精车	IT7~IT6	1.6~0.2	
3	粗车—半精车—磨削	IT9~IT7	6.3~0.4	
4	粗刨(或粗铣)—精刨(或精铣)	IT9~IT7	6.3~0.4	一般不淬硬平面(端铣的表面粗糙度较好)
5	粗刨(或粗铣)—精刨(或精铣)—刮研	IT6~IT5	1.6~0.1	精度要求较高的不淬硬平面,批量较大时宜采用宽刀精刨方案
6	粗刨(或粗铣)—精刨(或精铣)—宽刀精刨	IT6	1.6~0.2	
7	粗刨(或粗铣)—精刨(或精铣)—磨削	IT6	1.6~0.2	精度要求较高的淬硬平面或不淬硬平面
8	粗刨(或粗铣)—精刨(或精铣)—粗磨—精磨	IT6~IT5	1.6~0.1	
9	粗铣—拉	IT9~IT6	6.3~0.2	大量生产,较小的平面(精度视拉刀的精度而定)
10	粗铣—精铣—磨削—研磨	IT5 以上	0.4 以上	高精度平面加工

② 壳体上孔系的加工 孔系是指壳体上若干有相互位置精度要求的孔的组合,孔系可分为平行孔系、同轴孔系和交叉孔系,如图 11-3 所示。保证孔系的位置精度是壳体加工的关键,由于壳体的结构特点,孔系的加工方法一般考虑:孔径小的孔加工采用铰孔,孔径大或长度较短的孔加工则宜用镗孔。

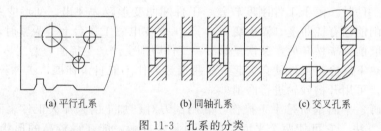

(a) 平行孔系　　(b) 同轴孔系　　(c) 交叉孔系

图 11-3 孔系的分类

a. 平行孔系的加工。平行孔系是指,轴线互相平行且孔距也有精度要求的一系列孔。平行孔系主要保证各孔轴线之间、孔轴线与基准面之间的距离精度和平行度要求;孔的尺寸精度、形状精度和表面粗糙度要求。根据壳体的生产批量的和精度要求的不同,有以下几种加工方法。

ⅰ. 找正法。找正法是在通用机床(镗床、铣床)上,利用辅助工具来找正所要加工孔的正确位置,按找正位置进刀加工。找正法,按找正位置不同可分为三种。

划线找正法。加工前按设计图样要求在壳体毛坯上,划出各孔的位置轮廓线,加工时按所划的线——找正,同时结合试切法进行加工。这种方法所用设备简单、成本低,但找正费时,操作难度大,生产效率低。该方法加工的孔距精度一般为 ±0.3mm,且只用于单件、小批量生产和精度要求不高的孔系加工。

芯轴和量块找正法。如图 11-4 所示,首先,镗第一排孔时将芯轴插入主轴孔内或直接利用镗床主轴,然后根据孔和定位基准的距离组合一定尺寸的块规来校正主轴位置。校正时用塞尺测定块规与芯轴之间的间隙,以避免块规与芯轴直接接触而损伤块规,如图 11-4(a) 所示。镗第二排孔时,分别在机床主轴和已加工孔中插入芯轴,采用同样的方法来校正主轴轴线的位置,以保证孔心距的精度,如图 11-4(b) 所示。采用芯轴和量块找正法,其孔心

距精度可达±0.03mm。

样板找正法。如图 11-5 所示，用 10～20mm 厚的钢板制成样板 1，装在垂直于各孔的端面上或固定于机床工作台上，样板上的孔距精度较壳体孔系的孔距精度较高，一般为±(0.01～0.03)mm，样板上的孔径较工件的孔径大，以便于镗杆通过。样板上的孔径要求不高，但要有较高的形状精度和较小的表面粗糙度值，当样板准确地装到工件上后，在机床主轴上装一个百分表 2，按样板找正机床主轴，找正后，即换上镗刀加工。此法加工孔系不易出差错，找正方便，孔距精度可达±0.05mm。这种样板的成本低，仅为镗模成本的 1/9～1/7，单件小批量生产中，大型的壳体加工可用此法。

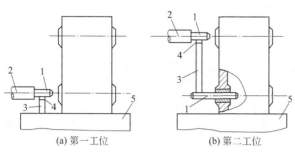

图 11-4 芯轴和量块找正法
1—芯轴；2—镗床主轴；3—块规；4—塞尺；5—镗床工作台

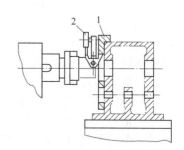

图 11-5 样板找正法
1—样板；2—百分表

ⅱ．镗模法。在成批生产中，广泛采用镗模法加工孔系，如图 11-6 所示。工件 5 装夹在镗模上，镗杆 4 被支承在镗模的导套 6 里，导套的位置决定了镗杆的位置，装在镗杆上的镗刀 3 将工件上相应的孔加工出来。当用两个或两个以上的支承 1 来引导镗杆时，镗杆 4 与镗床主轴 2 必须浮动连接。当采用浮动连接时，机床精度对孔系加工精度影响很小，因而可以在精度较低的机床上加工出精度较高的孔系。孔距精度主要取决于镗模，一般可达±0.05mm。能加工公差等级 IT7 的孔，其表面粗糙度可达 $Ra5～1.25\mu m$。当从一端加工、镗杆两端均有导向支承时，孔与孔之间的同轴度和平行度可达 0.02～0.03mm；当分别由两端加工时，可达 0.04～0.05mm。

用镗模法加工孔系，既可在通用机床上加工，也可在专用机床上或组合机床上加工，如图 11-7 所示，适用于中批和大批量生产。

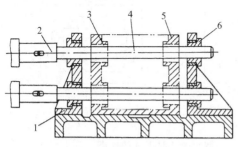

图 11-6 镗模法加工孔系
1—镗架支承；2—镗床主轴；3—镗刀；
4—镗杆；5—工件；6—导套

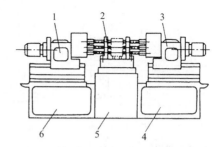

图 11-7 在组合机床上用镗模法加工孔系
1—左动力头；2—镗模；3—右动力头；
4，6—侧底座；5—中间底座

ⅲ．坐标法。坐标法镗孔是在普通卧式镗床、坐标镗床或数控镗铣床等设备上，借助于精密测量装置，精确调整机床主轴与工件间在水平和垂直方向的相对位置，来保证孔心距精度的一种镗孔方法，现场使用最多。

采用坐标法加工孔系时，要特别注意选择基准孔和镗孔顺序，否则，坐标尺寸累积误差会影响孔距精度。基准孔应尽量选择本身尺寸精度高、表面粗糙度值小的孔,一般为主轴孔,这样在加工过程中,便于校验其坐标尺寸。孔心距精度要求较高的两孔应连在一起加工,并且加工时,应尽量使工作台朝同一方向移动,因为工作台多次往复,其间隙会产生误差,影响坐标精度。

现在国内外许多机床厂,已经直接用坐标镗床或加工中心机床来加工一般机床箱体。这样就可以加快生产周期,适应机械行业多品种、小批量生产的需要。

需要注意的是:首先加工的第一排孔(又称原始孔)应位于箱壁的一侧,依次加工其他各孔时,工作台只朝一个方向移动。原始孔还应有较高的尺寸精度和较低的表面粗糙度,以保证加工过程中重新校验坐标原点的准确性。另外,安排加工顺序时要把有孔距要求的两孔紧密地连在一起,以减少坐标尺寸的累积误差对孔距精度的影响。

b. 同轴孔系的加工。同轴孔系的加工主要保证各同轴孔的同轴度。成批生产中,壳体上同轴孔的同轴度几乎都由镗模来保证。单件、小批量生产中,在通用机床上加工,一般不采用镗模,其同轴度用下面几种方法来保证。

ⅰ. 利用已加工孔作支承导向。如图 11-8 所示,当壳体前壁上的孔加工好后,在孔内装一导向套,借以支承和引导镗杆来加工后壁上的孔,从而保证两孔的同轴度要求。这种方法只适于加工前后两壁相隔较近时的同轴孔,一般需有专用的导套。

ⅱ. 利用镗床后立柱上的导向套作支承导向。这种方法其镗杆系两端支承,刚性好。解决了因镗杆悬伸过长而挠度大,进而影响同轴度的问题。但需用较长的镗杆,且后立柱导套的调整麻烦、费时。因此,适用于大型箱体的孔系加工。但此法调整麻烦,镗杆长,很笨重,故只适于单件、小批量生产中,大型壳体或孔间距离较大的孔系加工。

ⅲ. 采用调头镗。当壳体箱壁相距较远时,可采用调头镗,即从箱体两侧进行镗孔,采用两次装夹的办法。工件在一次装夹下,镗好一端孔后,将镗床工作台回转 180°,调整工作台位置,使已加工孔与镗床主轴同轴,然后再加工另一端孔。当壳体上有一较长并与所镗孔轴线有平行度要求的平面时,镗孔前应先用装在镗杆上的百分表对此平面进行校正,如图 11-9(a) 所示,使其和镗杆轴线平行。校正后加工孔 B,孔 B 加工后,回转工作台,并用镗杆上装的百分表沿此平面重新校正,这样就可保证工作台准确地回转 180°,如图 11-9(b) 所示。然后再加工孔 A,从而保证孔 A 和孔 B 同轴。

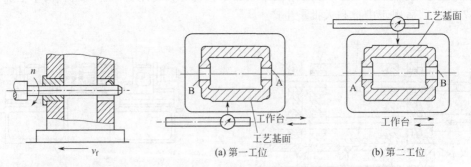

图 11-8 利用已加工孔作支承导向　　图 11-9 调头镗孔时工件的校正

c. 交叉孔系的加工。交叉孔系又称垂直孔系,主要保证各孔轴线的交叉角度,多为 90°。成批生产时,交叉角都是由镗模来保证。

单件、小批量生产时,有两种方法。第一种方法是:在普通镗床上用工作台上的直角对准装置进行加工控制。利用工作台的定位精度,先镗好一个端面上的孔,然后将工作台回转 90°,镗削另一垂直端面上的孔。由于它是挡块装置,结构简单,但换位时接触的松紧程度对位置精度很关键,因此对准精度较低。第二种方法是:用芯轴校正法。当有些镗床工作台

90°对准装置精度很低时,可用芯棒与百分表找正来提高其定位精度,即在加工好的孔中插入与该孔孔径相同的检验芯棒,工作台转位 90°,摇工作台用百分表找正,如图 11-10 所示。如果工件结构许可,可在镗削第一端面上的孔后,同时铣出与镗床主轴相垂直的找正基面,然后转动工作台,找正该基面,使它与镗床主轴平行。

注意,加工时应先将精度要求高或表面粗糙度要求较低的孔全部加工好,然后加工另外与之相交叉(或相交)的孔。

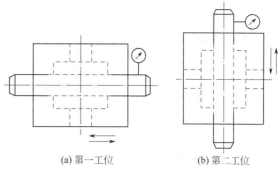

(a) 第一工位　　(b) 第二工位

图 11-10　芯轴校正法加工交叉孔系

11.2　壳体类零件的加工工艺分析

壳体类零件加工工艺的先进与否直接影响产品的质量,合理的工艺也会对提高产品的生产率和合格率起到决定性的作用。

(1) 壳体类零件的材料、热处理及毛坯

① 壳体类零件的材料　壳体类零件的材料常选用各种牌号的灰铸铁,常用的牌号有 HT100～HT400,这是因为灰铸铁容易成形,切削性能好,且吸振性和耐磨性好,价格低。一些负荷较大的壳体常用铸钢件。航空发动机的壳体,常采用铝镁合金或其他铝合金材料,以减轻重量。当单件、小批生产简易壳体,为了缩短毛坯制造的周期而常用钢板焊接结构,焊接结构件与灰铸铁相比,具有缩短制造工期,壁厚均匀,重量轻而且结构强度大等优点。

② 壳体类零件的毛坯　多为铸铁件。当单件、小批生产时,壳体铸件毛坯一般采用木模手工造型,制作简单但毛坯精度较低,余量较大;大批量生产时,通常采用金属模机器造型,毛坯精度高,余量可适当减小;在单件生产时,有时采用焊接件作壳体毛坯,以缩短生产周期。铸铁毛坯在单件、小批生产直径大于 50mm 的孔或成批生产大于 30mm 的孔时,一般都铸出预孔,以减少加工余量。铝合金箱体常用压铸制造,毛坯精度很高,余量很小,一些表面不必经切削加工即可使用。

毛坯铸造时,应防止砂眼和气孔的产生。为了消除铸造时形成的内应力,减少变形,保证其加工精度的稳定性,应使壁厚尽量均匀,毛坯铸造后应安排人工时效处理。

(2) 壳体类零件的加工工艺原则

壳体类零件作为基础件,一般刚性较好,不易变形,加工阶段或工序设计上不易过细,以免增加不必要的工作量,增加制造周期。因此,在安排加工顺序时要注意以下一些基本原则。

① 加工顺序先面后孔　壳体类零件主要表面是由平面和孔组成,先加工平面,后加工孔,是壳体类零件加工的一般规律。因为主要平面是壳体在机器上的装配基准,先加工平面可以为孔的加工提供可靠定位基准。平面的面积大,以平面定位,加工孔的夹具结构简单、可靠,反之则夹具结构复杂、定位也不可靠。另外,孔加工比平面加工困难,先以孔为粗基准加工平面,再以已加工平面为精基准加工孔,这样不仅为孔的加工提高稳定可靠的定位基准,同时可以使孔的加工余量较为均匀。由于壳体上的孔分布在平面上,先加工平面可以切除毛坯表面的硬皮、凹凸不平面和夹砂等缺陷,有利于后序孔加工刀具的引入;镗孔时不易冲击振动和损毁刀具;钻孔时钻头不易引偏;扩孔或铰孔时,刀具不易崩刀,对刀调整也比

较方便。

② 加工过程中粗、精加工分开，先粗后精　壳体类零件结构复杂、壁厚不均、刚性差、生产批量较大、主要平面和孔系加工要求精度又高，因此重要的表面要粗、精加工分开进行，即在主要平面和各支承孔的粗加工之后，再进行精加工，并分别在不同的机床上进行。这样，可以消除由粗加工所造成的内应力、切削力、切削热、夹紧力对加工精度的影响，还可以及时发现毛坯的缺陷情况，在实际加工中大大减小了材料的浪费，并且有利于合理地选用设备等。

粗、精加工分开进行，会使机床、夹具的数量及工件安装次数增加，而提高成本，所以对单件、小批生产、精度要求不高的箱体，常常将粗、精加工合并在一道工序分阶段进行，使整个工艺过程缩短提高工效。但必须采取相应措施，以减少加工过程中的变形，即粗加工后：松开工件，消除夹紧变形，再以较小夹紧力夹紧精加工；冷却后再精加工；较小的切削用量，多次走刀进行精加工。

③ 合理安排热处理工序　壳体类零件由于结构复杂、表面较硬、壁厚不均匀，在铸造过程中，很容易因冷却速度不同步而产生的内应力较大。为了改善切削性能及保持加工后精度的稳定性，毛坯铸造完成后，应进行一次人工实效处理。对于普通精度的壳体，粗加工后可安排自然时效处理；对高精度或形状复杂的壳体，在粗加工之后甚至在半精加工之后，还各要进行一次人工时效处理，以消除粗加工时产生的残余应力，保证壳体加工精度。对于精度要求更高的箱体，在加工过程中应安排较长时间的自然时效（如坐标镗床主轴箱箱体）。

有些精度要求不高的壳体零件毛坯，有时不安排时效处理，而是利用粗、精加工工序间的停放和运输时间，使之得到自然时效。对焊接的壳体，视结构大小常采用去应力退火处理、振动消除应力处理等措施消除焊接应力。

时效处理可分为自然时效和人工时效两种。自然时效是将铸件置于露天场地半年以上，使其缓缓地发生变形，从而使残余应力消除或减小。人工时效就是将铸件加热到 500～650℃进行去应力退火，它比自然时效节省时间，残余应力去除较为彻底。

④ 工序集中、先主后次原则　为了便于保证各加工表面的位置精度，工序安排要相对集中，应在一次装夹中尽量多加工一些表面。壳体零件上相互位置要求较高的孔系和平面，一般尽量集中在同一工序中加工，以减少机床和夹具的使用数量及壳体的搬运和安装次数，从而减少安装误差的影响，有利于保证其相互位置精度要求。

壳体上用于紧固的螺孔、小孔等结构可视为次要表面，因为这些次要孔往往需要根据主要平面（轴孔）定位，所以这些螺孔的加工应在轴孔加工之后进行。对于次要孔和与主要孔相交的孔系，必须先完成主要孔的精加工，再加工次要孔，否则会使主要孔的精加工产生断续切削、振动，影响主要孔的加工质量。

⑤ 主轴孔的加工　由于主轴孔的精度要求比其他孔高，因此，在其他孔精加工以后，还需单独对主轴孔进行精加工和光整加工。半精镗和精镗应在不同精度的机床上进行，也可在同一台机床上，采取在半精镗之后让工件松紧，停留一段时间，然后再夹紧进行精镗的方法。

⑥ 孔系的数控加工　由于壳体类零件具有加工表面多、加工孔系的精度要求高、加工量大的特点，生产中常采用高效自动化的加工方法。过去在大批量生产中，主要采用组合机床和加工自动线，现在数控加工技术，如加工中心、柔性制造系统等已经逐步应用于各种不同批量的生产中。例如，车床主轴箱体的孔系就可选择在加工中心上加工，加工中心的自动换刀系统，使得一次装夹可完成钻、扩、铰、镗、铣、攻螺纹等加工，减少了装夹次数，提高了生产率。

（3）壳体类零件的加工工艺路线

壳体类零件的典型加工路线为：铸件—时效—粗铣平面—精铣平面—粗镗孔—半精镗

孔—精加工孔—检验入库。

因为壳体类零件通常都是采用铸造完成的，所以加工之前首先进行毛坯的铸造；毛坯铸造完毕之后进行时效处理，以达到去除铸件内部应力的目的；再进行毛坯的加工划线；再将划好线的毛坯装夹到车床上进行粗加工。粗加工后，对壳体上平面、各种孔机械精加工，再加工次要面等；加工完毕，对工件进行去毛刺、清洗处理，并对零件进行检验，合格之后入库。

(4) 壳体类零件加工的定位基准和装夹

壳体类零件结构复杂，精度要求高（尤其是主要孔的尺寸精度和位置精度），加工工序多，工艺路线长。要确保壳体类零件的加工作量，首先就要合理地选定定位基准。

① 粗基准的选择　根据壳体类零件功用、结构特点和加工要求，选择粗基准时应保证主要表面（如主轴孔、轴承孔等）的加工余量均匀，保证装入壳体内的零件，如齿轮、拨叉、离合器等与壳体内腔侧壁有足够的空隙。

生产中，壳体类零件一般选择主轴轴承孔的毛坯面和一个与其相距较远的轴承孔作为粗基准。随着生产类型不同，实现以主轴孔为粗基准的工件装夹方式是不同的。在单件、中、小批量生产中，由于毛坯精度较低，直接以主轴承孔定位，不能保证毛坯的定位精度，往往会造成壳体外形歪斜，甚至局部加工余量不足，因此通常以划线找正的方式装夹工件。划线时，以主轴承孔中心线为粗基准，兼顾毛坯的外形和尺寸以及加工面要有足够的加工余量，划出主要定位基准面的加工位置线，然后以此为基准划出其他各加工面的加工位置线。

大批量生产时，由于毛坯的精度较高，可以直接以主轴孔在专用夹具上定位，工件安装迅速生产率高，还能保证定位和加工精度。

② 精基准的选择　因为采用平面作为主要定位基准精准可靠，所以加工壳体类零件时大多采用平面作精基准。精基准的选择，首先考虑基准统一原则，使具有位置精度要求的大部分表面能用同一精基准定位加工，以保证壳体上孔与孔、孔与平面及平面与平面之间较高的位置精度要求。由于装配基准面是诸多孔系和平面的设计基准，因此能使定位基准与设计基准重合，这样就可以避免因基准转换而带来的累积误差。而且由于多道工序采用同一基准，使所用的夹具具有相似的结构形式，可减少夹具设计与制造的工作量，加快生产准备，降低成本。

箱体加工精基准的选择也与生产批量大小有关。

a. 在单件、小批量生产中，常采用以装配基准面作为统一的定位基准，这样使装配、加工都采用同一基准，符合基准统一原则，可以消除基准不重合误差。加工时，箱口朝上，更换导向套、安装调整刀具、测量孔径尺寸、观察加工情况等都很方便。但是，这种定位方式也有它的不足之处。加工箱体内部隔板上的孔时，设置镗杆导向支承，使用活动结构吊架式镗模刚度较差，精度不高，且操作不方便。因此这种定位方式只适用于批量不大或无中间孔壁的简单箱体。

b. 在大批量生产时，常采用"一面两孔"（即一个支承面和该面上的两个孔）作为定位基准，易于实现基准统一原则，可以大大减少夹具设计和制造的工作量。"一面两孔"只占据壳体的一个平面定位，便于工序集中，在一次装夹中，可加工除定位面以外的平面和孔系，有利于保证各加工面的位置精度。"一面两孔"定位夹紧简单、定位可靠、装夹方便，为实现自动化提供了有利的条件。采用"一面两孔"定位时要注意：定位基准最好采用箱体零件的设计基准，以减少定位误差，若定位面的安装面积过小，则应增设工艺台阶；两定位销孔距离应尽量远。

11.3 壳体类零件的精度

11.3.1 壳体类零件的精度测量

(1) 表面粗糙度

壳体类零件的表面粗糙度检验通常采用与标准样板比较或目测评定的方法，只有当 Ra 值很小时，才考虑使用光学量仪或电动轮廓仪测量。外观检查只需根据工艺规程检查完工情况及加工表面有无缺陷即可。

(2) 尺寸精度

壳体上孔的尺寸精度：一般采用塞规检验；单件、小批量生产时，可用内径千分尺或内径千分表检测；若精度要求高或要求确定孔的圆度和圆柱度时，可采用带百分表的内径量规检验；若精度要求很高可用气动量仪检验。

壳体上孔间距的检验：当孔距精度要求不高时，可直接用游标卡尺检验；当孔径精度要求较高时，可用芯轴与千分尺检验，如图 11-11 所示。

(3) 几何精度

壳体类零件各部位的几何精度如下。

① 平面的直线度，可用平尺和塞尺或水平仪与桥板检验。

② 平面的平面度，可用自准直仪或水平仪与桥板检验，也可用标准平板涂色检验。

③ 孔轴线对基准面及孔系轴线之间的平行度，根据孔距精度的高低，可使用等高架、测量平板、芯轴和百分表检验，如图 11-12 所示。当孔系平行度要求不高时，也可用游标卡尺、千分尺或内径百分表直接测量检测心轴间的尺寸。

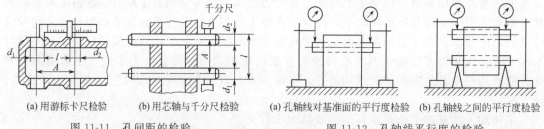

(a) 用游标卡尺检验　　(b) 用芯轴与千分尺检验　　(a) 孔轴线对基准面的平行度检验　　(b) 孔轴线之间的平行度检验

图 11-11　孔间距的检验　　　　　　　图 11-12　孔轴线平行度的检验

④ 同轴孔系同轴度的检验分两种情况：当孔系同轴度要求不高时，可用通用的芯轴及专配的检验套进行检验，如图 11-13(a) 所示。检验时，先将检验套安装在同轴线的两个孔内，再将芯轴插入，若芯轴能自由插入，则认为同轴度合格。当孔系同轴度要求较高时，可采用专用的芯轴及百分表检验，如图 11-13(b) 所示。

⑤ 孔轴线与端面的垂直度检验，可以采用模拟芯轴及百分表或千分表，或将带有圆盘的芯轴插入孔内，用塞尺检查圆盘与端面的缝隙量 Δ 值，可确定孔轴线与端面的垂直度误差，如图 11-14 所示。

⑥ 交叉孔系垂直度的检验，有三种方法。

a. 用一端带 90°锥度的检验芯轴检验同一平面内的两垂直孔轴线的垂直度。这种方法分别将一端带 90°锥度的检验芯轴插入被检孔，并使两检验芯轴的锥面接触，然后用塞尺检验，如两锥面不贴合，其最大间隙值即为两孔轴线的垂直度误差。

b. 用 90°角尺检验同一平面内的两垂直孔轴线的垂直度。这种方法是将检验芯轴在导套的配合下插入一孔内，将镗杆伸入已加工完毕的另一孔内，将 90°角尺与检验芯轴和镗杆贴合，然后用塞尺检测 90°角尺的接触面间隙，所测得的最大间隙即为两孔轴线垂直度误差。

c. 用检验芯轴和百分表检测不在同一平面内的两垂直孔轴线的垂直度。用这种方法检测时，把检验芯轴在导套的配合下插入一孔后，将镗杆伸入另一已加工完毕的被测孔内，并在镗杆上装一百分表。测量时，用手动使主轴旋转，带动百分表测出芯轴两测点的读数值，其最大与最小读数之差即为两孔轴线的垂直度误差。

三坐标测量机可同时对零件的尺寸、形状和位置等进行高精度的测量。

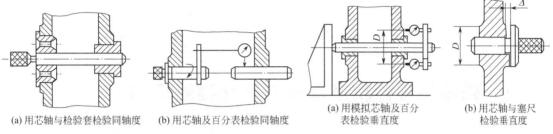

(a) 用芯轴与检验套检验同轴度　　(b) 用芯轴及百分表检验同轴度

图 11-13　检验同轴度

(a) 用模拟芯轴及百分表检验垂直度　　(b) 用芯轴与塞尺检验垂直度

图 11-14　孔轴线与端面垂直度的检验

11.3.2　壳体类零件精度影响因素及措施

安装在壳体上的零部件越多，其结构越复杂，加工难度也越大。根据壳体类零件的功能、使用环境不同，对工件的选材、加工方法及加工工艺的要求也不同。

① 刀具的选用通常根据以下两个原则：粗加工对加工精度要求较低，一般进给量的选择越大，对刀具的要求就越高，所以要适当选择高强度、高耐磨性的刀具。精加工对加工精度要求较高，加工过程也较精细，一般采用小进给量多次加工的方法进行，所以要适当选择高精度、高耐磨性的刀具。

② 采用镗孔加工孔系时，为了减少镗杆的挠曲变形，提高孔系加工的几何精度和相对位置精度，通常可采用下列措施：加大镗杆直径和减小悬伸长度，当镗杆直径大于 $\phi 80mm$ 应加工成空心以减轻重量；采用导向装置，以约束镗杆挠曲变形；减小镗杆自重和切削力对挠曲变形的影响。同样道理，若壳体内一些孔距离内壁较近，主轴无法接近，只能靠接长刀具悬伸加工，易发生振动，需采用减振的接长刀杆。

③ 对于跨距较大的壳体同轴孔系加工尽量采用掉头加工的方法，以缩短刀辅具的长径比，增加刀具刚性，提高加工质量。但是，能一个方向能加工完的孔，应避免采用掉头加工。

④ 对于直径小于 30mm 的孔，由于毛坯不需要铸出毛坯孔。为提高孔的位置精度，在钻孔前应先锪平端面和打中心孔。孔端倒角安排在半精加工之后、精加工之前，以防孔内产生毛刺。

⑤ 在壳体内腔若两层隔板处有同轴度要求的孔，由于在内腔隔板处平面无法先行铣削加工，受铸件拔模斜度的影响，在加工时会使钻头引偏。因此，在两层隔板处必须用中心钻（或用硬质合金钻）钻出中心孔后，扩孔或镗孔至要求的尺寸。

⑥ 对于同轴度要求很高的孔系，考虑加工过程中存在重复定位误差，采用连续换刀，连续加工完该同轴孔系的全部孔后，再加工其他孔，以提高孔系同轴度。

⑦ 壳体上的螺纹孔加工，要根据孔径大小采用不同的加工方式。一般情况下，直径在M6～M22 之间的螺纹孔，通常采用攻螺纹方法加工；M6 以下、M22 以上的螺纹孔，是先完成底孔加工，再攻螺纹，攻螺纹可通过其他手段进行。

⑧ 壳体定位销孔加工，一般采用整体硬质合金钻头钻孔，如果位置度要求较高，则采

用小孔镗刀镗削加工；随着新刀具的不断发展，还可采用高精度复合钻头，双刃带设计，钻铰复合，刀柄与钻头柄部采用液压夹具配合，使其安装配合精度达到IT7级，一次走刀即可保证壳体上定位销孔的位置和尺寸精度要求，而且可有效提高加工效率。

⑨ 壳体类零件在加工过程中易产生夹紧变形和切削变形。在粗加工时，采用较大的夹紧力以承受大切削力；在精加工时，使工件消除变形后重新用较小的夹紧力加工，还可采用辅助支撑减少变形量，其夹紧力应力求靠近主要支撑点，或在支撑点所组成的三角形内，并靠近刚性好的地方，尽量避免在被加工孔的上方。

⑩ 由于主轴承孔的精度要求比其他孔高，因此，在其他轴孔精加工以后，还需单独对主轴承孔进行精加工和光整加工。半精镗和精镗应在不同精度的机床上进行，也可在同一台机床上采取在半精镗之后让工件松夹，停留一段时间，再夹紧进行精镗。

11.4 壳体类零件精度测量及质量控制示例

11.4.1 车床主轴箱

（1）车床主轴箱的加工特点

CA6140型车床主轴箱箱体如图11-15所示，是车床的基础零件，由它将一些轴、轴承、齿轮、离合器、手柄和盖板等零件组装在一起，使其保持正确的相互位置，彼此按照一定的传动关系协调地运动，构成车床主轴箱部件，以其底面和导向面为装配基准平面安装到床身上。车床主轴箱是典型的整体式箱体，结构复杂，箱壁薄，主要加工表面（平面和孔系）多。

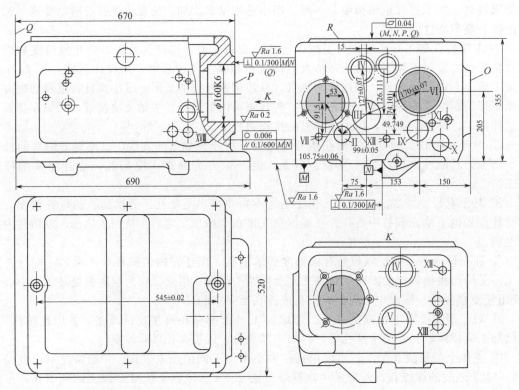

图11-15 CA6140型车床主轴箱箱体简图

(2) 车床主轴箱的主要精度要求分析

主轴箱的加工质量直接影响车床的性能、精度和寿命，所以它的加工质量要求较高，可归纳为以下五项精度要求：

① 轴孔精度 轴孔的尺寸误差和几何形状误差会造成轴承与孔的配合不良。孔径过大，配合过松，使主轴回转轴线不稳定，并降低了支承刚度，易产生振动和噪声；孔径太小，会使配合偏紧，轴承将因外圈变形，不能正常运转而缩短寿命。轴孔不圆，也会使轴承外圈变形而引起主轴径向圆跳动。

从上面分析可知，主轴箱对轴孔的精度要求是较高的，主轴孔的尺寸精度为IT6，其余孔为IT7～IT6。轴孔圆度公差为0.08～0.06mm，轴孔几何形状精度凡不作特殊规定的，一般控制在轴孔尺寸公差范围之内。

② 轴孔的相互位置精度 同一轴线上各孔的同轴度误差和轴孔端面对轴线的垂直度误差，会使轴和轴承装配到箱体内出现歪斜，从而造成主轴径向圆跳动和轴向跳动，同时也加剧了轴承磨损。孔系轴线之间的平行度误差，会影响轴上齿轮的啮合质量。孔轴线之间距离的尺寸偏差对渐开线齿轮传动影响较小，但要防止孔距过小，使齿轮啮合时没有合理侧隙，甚至烧伤、卡死，一般孔距允许偏差为±0.025～±0.060mm。一般同轴上各孔的同轴度约为最小孔尺寸公差的1/2，主轴孔要求较高，各相关轴线间的平行度允差为0.01～0.06mm，主轴孔端面对轴线的垂直度公差为0.01～0.03mm。

③ 轴孔和平面的相互位置精度 CA6140型车床主轴箱的装配基准面是底面M和导向面N，底面同时又是主轴孔Ⅵ的设计基准，它们决定了主轴与床身导轨的相互位置关系，这项精度要求是在总装时通过刮研来达到的。为了减少刮研工作量，规定了主轴轴线对装配基准面的平行度公差要求为600：0.1mm，在垂直和水平两个方向上只允许主轴前端向上和向前偏。

机床主轴轴线对装配基准面的平行度误差会影响机床的加工精度，对端面的垂直度误差会引起机床主轴轴向圆跳动。一般支承孔轴线对装配基准面的平行度公差为0.05～0.01mm，对端面的垂直度公差为0.04～0.01mm。

④ 主要平面的精度 装配基准面的平面度误差会影响主轴箱与床身连接时的接触刚度，而且在加工过程中作为定位基准面还会影响轴孔的加工精度。因此规定底面和导向面必须平直，其平面度公差一般为0.01～0.04mm，可以用涂色法检查接触面积或单位面积上的接触点数来评定平面度。底面和导向面还规定有垂直度公差。箱体前后端面与底面也有垂直度要求，以间接保证前后端面与孔的轴线垂直。顶面的平面度要求是为了保证箱盖的密封性，防止工作时润滑油泻出。当顶面用作统一基准面时，对它的平面度要求应更高些。

⑤ 表面粗糙度 表面粗糙度会影响到连接面的配合性质或接触刚度。一般主轴孔的表面粗糙度为$Ra1.6～0.8\mu m$，其他各孔的表面粗糙度为$Ra1.6\mu m$；孔内端面的表面粗糙度为$Ra3.2\mu m$，装配基准面和定位基准面的表面粗糙度为$Ra1.6～0.8\mu m$，其他平面的表面粗糙度为$Ra6.3～1.6\mu m$。

(3) 车床主轴箱的加工工艺分析

① 定位基准的选择

a. 粗基准的选择。主轴箱加工选主轴孔毛坯面和距主轴孔较远的Ⅰ轴孔作为粗基准。保证主轴孔加工余量均匀以免因加工余量不均匀而在加工时引起振动和产生加工误差，还可保证箱体内壁与装配的旋转零件间有足够的间隙。在中小批生产中，毛坯精度较低，一般采用划线找正法安装工件，是以主轴孔的毛坯孔中心线作为找正基准来调整划线的；在大批量生产中，直接以主轴孔为粗基准在专用夹具上定位，工件安装迅速，生产率高，如图11-16所示。

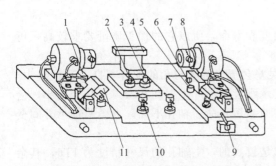

图 11-16 以主轴孔为粗基准的铣夹具
1、3、5—支承；2—辅助支承；4—支架；
6—挡销；7—短轴；8—活动支柱；
9、10—操纵手柄；11—夹紧块

b. 精基准的选择。主轴箱加工的精基准按基准重合原则和基准统一原则选取，通常优先考虑基准统一原则。

ⅰ. 在中、小批量生产中，以箱体底面导轨 M 面和 N 面为基准定位，符合基准重合原则，装夹误差小。加工时，箱体开口朝上，便于安装调整刀具、测量孔径等。但加工箱体中间壁上的孔时，需要加中间导向支承。由于结构的限制，中间导向支承只能采用吊架方式，如图 11-17 所示。每加工一件需要装卸一次，吊架与镗模之间虽有定位销定位，但刚度较差，经常装卸也容易产生误差，且使加工的辅助时间增加。因此，这种定位方式只适用于单件、小批生产。

ⅱ. 在大批量生产中，按基准统一原则，采用顶面 R 和两定位销孔（一面两孔）作定位基准。这种定位方式，加工时箱体口朝下安装。这时中间导向支承可以紧固在夹具体上，解决了吊架方式问题，工件装卸方便，易于实现加工自动化。不足之处在于存在基准不重合误差，且加工过程中无法观察、测量和调整刀具。为保证主轴孔至底面 M 的尺寸要求，须提高顶面 R 至底面 M 的加工精度。

② 加工方法的选择　车床主轴箱的主要加工对象是平面和轴承支承孔。

a. 平面加工。主要平面的加工，对于中、小件，一般在牛头刨床或普通铣床上进行。对于大件，一般在龙门刨床或龙门铣床上进行。

刨削的刀具结构简单，机床成本低，调整方便，但生产率低；在大批量生产时，多采用铣削；当批量大而且精度要求较高时，可采用磨削。

单件、小批生产精度要求较高的平面时，除一些高精度的箱体仍需手工刮研外，一般采用宽刃精刨；当生产批量较大或为保证平面间的相互位置精度，可采用组合铣削或组合磨削，如图 11-18 所示。

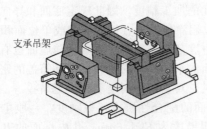

图 11-17 吊架式镗模

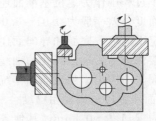

图 11-18 多刀铣削箱体

b. 孔系的加工。

ⅰ. 镗模法。最常用浮动连接，精度主要取决于镗模的精度、镗杆刚度，多刀切削；定位夹紧迅速，生产率高。镗模精度高，制造周期长，成本高，一般用于成批及大量生产。单件、小批生产，精度高，结构复杂的箱体孔系也采用镗模法。

ⅱ. 坐标法。中、小批生产采用数控镗铣床、加工中心，生产率高、精度高、适用广、产品试制期短，工序少，简化管理。

ⅲ. 找正法。精度不高，通用机床上借助辅助装置找正，适用于单件、小批生产。

支承孔：直径小于 50mm 的孔，一般不铸出，可采用钻—扩（或半精镗）—铰（或精镗）的加工方案；对于已铸出的孔，采用粗镗—半精镗—精镗（用浮动镗刀片）的加工方案。由于主轴孔精度和表面质量要求比其余轴孔高,所以在精镗之后,还要用浮动镗刀片进行精细镗。对于箱体上的高精度孔,最后精加工也可采用珩磨、滚压等工艺方法。

③ 加工工艺路线　整体式箱体的加工工艺路线,一般根据生产规模的大小分为两种情况。对于中、小批生产,其加工工艺路线大致是:铸造—划线—平面加工—孔系加工—钻小孔—攻螺纹;大批量生产的工艺路线大致是:铸造—加工精基准平面及两工艺孔—粗加工其他各平面—精加工精基准平面—粗、精镗各纵向孔—加工各横向孔和各次要孔—钳工去毛刺。

④ 加工顺序的安排　主轴箱加工顺序,是按先粗后精、先基准后一般、先面后孔、先主要表面后次要表面的原则来安排的,顺序如下:

a. 加工精基准面。铣顶面 R 和钻、铰 R 面上两定位孔,同时加工 R 面上的其他小孔。

b. 主要表面的粗加工。粗铣底平面(M、N)、侧平面(O)和两端面(P、Q),粗镗、半精镗主轴孔和其他孔。

c. 人工时效处理。可以避免粗加工中产生的大量切削热以及工件内应力重新分布对精加工精度的影响。

d. 次要表面加工。在两侧面上钻孔、攻螺纹,在两端面上和底面上钻孔、攻螺纹。

e. 精加工精基准面。磨顶面 R。

f. 主要表面精加工。精镗、金刚镗主轴孔及其他孔,磨箱体主要表面。

但中、小批量箱体加工时,如果安排粗、精加工分开,则机床、夹具数量要增加,工件运转也费时费力,所以实际生产中是将粗、精加工放在一道工序内完成。但从工步上讲粗、精加工还是分开的,如粗加工后将工件松开一点,然后用较小的夹紧力夹紧工件,使工件因夹紧力而产生的弹性变形在精加工时得以消除。龙门刨床刨削主轴箱基准面时,粗刨后将工件放松一点,然后再精刨基准面就是这个道理。又如导轨磨床磨削主轴箱基准面时,粗磨后进行充分冷却,然后再进行精磨。

(4) 车床主轴箱加工精度提高方法及质量控制措施

① 轴孔加工时,由于刀具和辅助工具(如铰刀和镗杆)的尺寸受到孔径的限制,刚性较差,容易变形,会影响到孔加工的精度。加工箱体内隔板上的精密孔时,刀具因悬伸较长更易变形,使精度较难保证。

② 主轴箱平面采用粗铣—磨削的加工方案,其中粗铣是以"一面两孔"为基准加工,而磨削是以两主轴支承孔为主要定位基准加工的,这样可以提高底面、导向面的自身形状精度,以及它们相对主轴支承孔的位置精度,而且可以提高并长时间地保持主轴箱的装配精度。

③ 主轴支承孔的加工精度和表面粗糙度要求比其他孔高,应在其他轴孔加工之后再单独进行精加工。而且精镗和半精镗工序应在不同的设备上进行,否则也应在半精镗之后使工件松夹,使夹压和内应力变形在精镗中加以纠正。

11.4.2　减速器箱体

(1) 减速器箱体的结构特点

减速器箱体在整个减速器总成中起支撑和连接的作用,它把各个零件连接起来,支撑传动轴,保证各传动机构的正确安装,是传动零件的基座,应具有足够的强度和刚度。因此减速器箱体的加工质量的优劣,将直接影响到轴和齿轮等零件位置的准确性,也会影响减速器的使用寿命和性能。

一般减速器为了便于轴系部件的安装和拆卸,常做成可剖分的即分体式箱体,如图 11-19 所示。箱体沿轴心线水平剖分成上箱盖和下底座两部分,用螺栓连接成一体。其结构和形状复杂,壁薄中空,外部为了增加其强度设有很多加强筋。为提高箱体刚度和便于连接,在剖分面处应设置有一定厚度和宽度的凸缘,在轴承孔附近加支撑肋。有精度要求较高的多个平面、轴承孔、螺纹孔等需要加工，因为刚度较差，切削中受热大，易产生振动和变形。为保证减速器安置在基础上的稳定性并尽可能减少箱体底座平面的机械加工面积，底座一般不采用完整的平面。

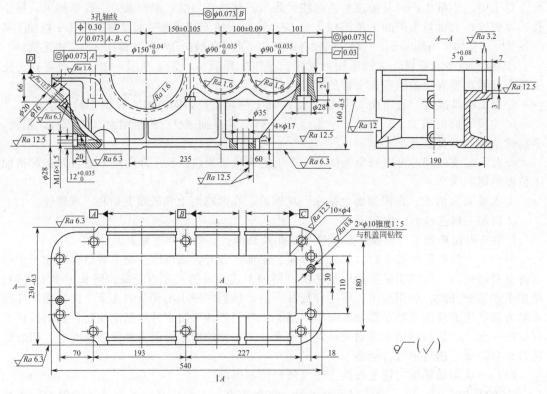

图 11-19　分体式减速器箱体底座

（2）减速器箱体的主要精度要求分析

减速器箱体的主要加工表面可归纳为三类：主要平面，箱盖的对合面和顶部透视孔端面、底座的底面和对合面、轴承孔的端面等；主要孔，轴承孔及孔内环槽等；其他加工部分，如连接孔、螺孔、销孔、斜油标孔以及孔的凸台面等。

轴承孔的尺寸精度为 IT7，表面粗糙度 $Ra1.6\mu m$，圆柱度误差不超过孔径公差 1/2，孔距精度公差为 $0.10\sim0.16mm$。轴承孔必须在对合面上，公差为 0.4mm；对合面对底座的平行度公差为 0.5mm，对合面的表面粗糙度取 $Ra1.6\mu m$，两对合面的结合间隙不超过 0.03mm。

同轴轴承孔的同轴度公差为 0.073mm，轴线间的平行度公差为 0.073mm，各轴线对对合面的位置度公差为 0.3mm。

（3）减速器箱体的加工工艺分析

① 定位基准的选择

a. 粗基准的选择。分体式减速箱的粗基准，是指在加工箱盖和底座的对合面之前，划加工参照线所依据的基准。分体式箱体一般不能以轴承孔的毛坯面作为粗基准，而是选择箱盖和底座凸缘的不加工面为粗基准。这样既可以保证不加工的凸缘至对合面间的高度一致，还可以保证对合面加工凸缘的厚薄均匀，减少箱体合装时对合面的变形。

b. 精基准的选择。分体式箱体的对合面与底面（装配基准面）有一定的尺寸精度和相互位置精度要求；轴承孔轴线应在对合面上，与底面也有一定的尺寸精度和相互位置精度要求。为了保证以上精度要求，加工底座的对合面时，应以底面为精基准，使对合面加工时的定位基准与设计基准重合；箱体合装后加工轴承孔时，仍以底面为主要精基准，并与位于底面对角线上的两孔组成典型的一面两孔定位方式。这样轴承孔的加工，其定位基准既符合基准统一的原则，也符合基准重合的原则，有利于保证轴承孔轴线与对合面的重合度及与装配基准面的尺寸精度和平行度。

② 加工顺序的安排

a. 分体式箱体虽然遵循一般箱体的加工原则，但由于结构上的可分离性，有些不同之处。分体式箱体整个加工过程可分为三个阶段：第一阶段加工箱盖凸台面、上下箱体对合面，箱盖窥视孔面以及钻孔、攻螺纹窥视孔台阶面；第二阶段是对底座的加工，主要是加工底座底面、上下箱体对合面、钻锪底座螺栓孔、排油孔和油标孔；第三阶段是将箱盖和底座合装后，完成两侧端面和轴承孔的加工。由于各对轴承孔的轴线在箱盖和底座是对合面上，所以两侧端面及轴承孔必须待对合面加工后装配成整体箱体再进行加工。顺序一般是：钻铰定位销孔、钻连接孔，以底面为基准铣轴承孔端面和镗轴承孔，最后钻轴承孔端面的螺钉孔。

b. 在第二和第三阶段之间应安排钳工工序，将箱盖和底座合装成箱体，并用两锥销定位，以保证轴承孔和螺栓连接孔的加工精度和拆装后的重复精度。为保证效率和精度的兼顾，就孔和面的加工还需粗、精分开。

c. 安排箱体的加工工艺，首先需按"先面后孔"的工艺原则加工。由于轴承孔及各主要平面，都要求与对合面保持较高的位置精度，所以在平面加工方面，应先加工对合面，然后再加工其他平面，体现先主后次原则。然后，还应遵循组装后镗孔的原则。因为如果不先将箱体的对合面加工好，轴承孔就不能进行加工。另外，镗轴承孔时，必须以底座的底面为定位基准，所以底座的底面也必须先加工好。

d. 此外，安排加工顺序时，还应考虑箱体加工中的运输和装夹。箱体的体积、重量较大，故应尽量减少工件的运输和装夹次数。为了便于保证各加工表面的位置精度，应在一次装夹中尽量多加工一些表面。箱体零件上相互位置要求较高的孔系和平面，一般尽量集中在同一工序中加工，以减少装夹次数，从而减少安装误差的影响，有利于保证其相互位置精度要求。

(4) 减速器箱体加工精度提高方法及质量控制措施

① 减速器整个箱体壁薄容易变形，在加工前要进行时效处理，以消除内应力，加工时要注意夹紧位置和夹紧力大小，防止零件变形。另外，箱盖放置一段时间后，与减速器底座的配合面平面度精度降低。因此，当日进入生产线的毛坯必须完全加工至成品入库，储存过程中，与减速器底座呈装配状态，可以消除这种平面变形。

② 箱盖和底座结合面上孔系（包括两装配定位销孔）是采用配作方式加工而成的。所以，装配时要一一对应，另外，为避免削弱箱体刚度，加工时，要尽量保证凸缘厚度，且厚度均匀。

③ 合理选择定位基准，使加工余量均匀。

④ 精加工应采用较小的切削用量，并使加工各孔所用的切削用量基本一致，以减少切削力的影响。

第 12 章 齿轮类零件

齿轮传动广泛应用于机床、汽车、飞机、船舶及精密仪器等行业中,因此齿轮是机械工业的标志性零件,其功用是按规定的传动比传递运动和动力,改变运动速度和方向,要求其运转平稳,有足够的承载能力。

12.1 齿轮类零件的结构特点与技术要求

(1) 齿轮类零件的结构特点

齿轮的结构因使用要求不同而有所差异,从工艺角度来看,可将其分成齿圈和轮体两部分。按照齿圈上轮齿的分布形式,可以分为直齿轮、斜齿轮、人字齿轮、曲线齿轮等;按照轮体的结构形式,齿轮可分为盘类齿轮、套类齿轮、轴类齿轮、齿条等,如图 12-1 所示;按照齿廓曲线可分为渐开线齿轮、摆线齿轮、圆弧齿轮等;按照外形可分为圆柱齿轮、圆锥齿轮、非圆齿轮、齿条、蜗轮蜗杆等;按照齿轮所在表面可分为外齿轮和内齿轮;按照制造方法可分为铸造齿轮、切制齿轮、轧制齿轮、烧结齿轮等。

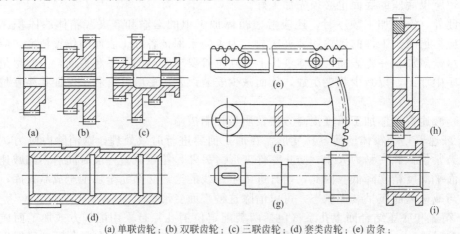

(a) 单联齿轮;(b) 双联齿轮;(c) 三联齿轮;(d) 套类齿轮;(e) 齿条;
(f) 扇形齿轮;(g) 连轴齿轮;(h) 装配式齿轮;(i) 内齿轮

图 12-1 齿轮的结构形式

(2) 齿轮类零件的技术要求

齿轮本身的制造精度,对整个机器的工作性能、承载能力及使用寿命都有很大影响。根据齿轮的使用条件,对齿轮传动提出以下几方面的精度要求。

① 齿顶圆的加工精度要求 在齿轮类零件的技术要求中,应注意齿顶圆的尺寸精度要求,因为齿厚的检测是以齿顶圆为测量基准的,齿顶圆精度太低,必然使所测量出的齿厚值无法正确反映齿侧间隙的大小。所以,在这一加工过程中应注意下列三个问题;当以齿顶圆直径作为测量基准时,应严格控制齿顶圆的尺寸精度;保证定位端面和定位孔或外圆相互的

垂直度；提高齿轮内孔的制造精度，减小与夹具芯轴的配合间隙。

② 传动精度　齿轮作为传动的主要元件，要求它能准确地传递运动，传动比恒定。即保证主动轮转过一定转角时，从动轮按传动比转过一个相应的转角。但是，当从动轮的齿形有加工误差时，回转角度也将发生误差，回转角误差越大，其转动就越不均匀，也就是传动比变化越大。为了保证传动质量，必须控制齿轮一转中最大转角误差不能超过相应的规定值。实际上是控制齿廓渐开线的准确性和齿形位置在节圆上分布的均匀性。

③ 工作平稳性　一对齿轮在啮合时，要求传动平稳。影响其传动平稳性的原因是两齿轮相对应啮合齿的齿距不等，致使在换齿过程中出现冲击，引起振动和噪声。

④ 齿面接触精度　齿面接触精度是指齿面上接触痕迹的分布面积。接触面积大，越靠近齿面中部，则接触精度越高。在传动中，接触不良的齿轮，由于齿面受力不均匀造成局部载荷过大引起应力集中，使齿面过早磨损，甚至折断。

⑤ 齿侧间隙　相互啮合的一对齿轮，齿轮副工作齿面接触时，非工作齿面之间应留有一定的间隙，这个间隙不取决于齿形的加工精度，而主要由齿轮的齿厚和齿轮箱体上的孔中心距确定。它的作用是：可以储存润滑油利于油膜的形成，并可以补偿因温度升高、弹性变形所引起的尺寸变化以及齿轮加工、装配时的一些误差，防止齿轮在工作中发生卡死或齿面烧蚀现象。

12.2　齿轮类零件的加工工艺分析

12.2.1　齿轮材料、毛坯及热处理

根据齿轮的受力特点，对齿轮材料性能的要求是，齿轮的齿体应有较高的抗折断能力，齿面应有较强的抗点蚀、抗磨损和较高的抗胶合能力，即要求：齿面硬、芯部韧。

正确地选用齿轮材料和进行合理的热处理，对齿轮的工作情况至关重要。

(1) 齿轮材料

齿轮应按照使用的工作条件选用合适的材料。齿轮材料的选择对齿轮的加工性能和使用寿命都有直接的影响。

钢材的韧性好，耐冲击，通过热处理和化学处理可改善材料的力学性能，最适于用来制造齿轮。一般用齿轮用含碳量为 $(0.15\sim0.6)\%$ 的碳素钢，重要齿轮用合金钢。例如，对于一些重载、高速、有冲击载荷的齿轮可选用 38CrMoAlA、18CrMnTi 等强度和韧性较好的中碳合金结构钢，以提高齿轮的硬度、耐磨性和抗冲击能力；对于低速轻载的开式齿轮传动可选取 ZG40、ZG45 等铸钢材料或灰口铸铁；非传力或传力较小的齿轮可选用铸铁、尼龙、夹布胶木等材料；轻载或要求噪声低的齿轮传动可选用塑料齿轮，与其配对的齿轮一般用导热性好的钢齿轮。

(2) 齿轮毛坯

齿轮毛坯的选择取决于齿轮的材料、形状、尺寸、使用条件、生产批量等因素，常用的毛坯形式有棒料、锻件和铸件，其中：棒料，用于尺寸小、结构简单、受力不大的齿轮；锻件，用于高速重载、耐磨和耐冲击齿轮，生产批量小或尺寸大的齿轮采用自由锻造，批量较大的中小齿轮则采用模锻；铸件，尺寸较大（直径大于 400~600mm）且结构复杂的齿轮，常采用铸造方法制造毛坯，小尺寸而形状复杂的齿轮可以采用精密铸造或压铸方法制造毛坯。

(3) 齿轮热处理

在齿轮加工工艺过程中，热处理工序的位置安排十分重要，它直接影响齿轮的力学性能

及切削加工的难易程度,一般可分为齿坯的预备热处理和轮齿的表面淬硬热处理。

① 齿坯的预备热处理 齿坯的热处理通常为正火和调质,正火一般安排在粗加工之前,调质则安排在齿坯加工之后。

铸钢毛坯要正火,可以消除铸造或锻造内应力,使组织重新结晶得到细化,从而改善材料的加工性能。安排在粗加工之前,刀具磨损小,加工表面粗糙度小。铸铁毛坯应进行退火,其作用与正火相同。

中碳钢锻件毛坯要进行调质处理,消除粗加工内应力,材料综合性能好。安排在粗加工之后,由于材料稍硬,刀具磨损较大。

② 齿面的热处理 为延长齿轮使用寿命,常常对轮齿进行表面淬硬处理,一般安排在滚齿、插齿、剃齿之后,珩齿、磨齿之前。根据齿轮材料不同,常安排的热处理方式如下。

a. 高频淬火。高频淬火属于表面淬火,只是对工件一定深度的表面强化,而芯部基本上保持处理前的组织和性能,因而可获得高强度、高耐磨性和高韧性的综合。一般用于中碳钢和中碳合金钢,如45、40Cr等。表面淬火后轮齿变形小,可不磨齿,硬度可达52~56HRC,面硬芯软,能承受一定冲击载荷。

b. 渗碳淬火。对于低碳合金钢制作的齿轮可采用渗碳淬火,经渗碳使表面层碳分增高,淬火后齿面硬度很高,可达56~62HRC,芯部仍是低碳合金钢,淬火后保持中等硬度。这样使齿面有较高硬度和耐磨性,而芯部保持原有的强度和韧性,适用于高速、中载或具有冲击载荷的重要传动。渗碳淬火工艺在汽车、拖拉机行业得到广泛应用。渗碳淬火齿轮变形较大,为了减小变形,对于较大的圆柱齿轮和形状复杂的齿轮,在淬火时都要采用淬火压床进行压淬,并进行磨齿。

c. 调质。调质一般用于中碳钢和中碳合金钢,如45、40Cr、35SiMn等。调质处理后齿面硬度为:220~260HBS。因为硬度不高,故可在热处理后精切齿形,且在使用中易于跑合。

d. 感应淬火。对于中碳钢制作的齿轮可采用感应淬火,可以获得高硬度的表层和有利的残余应力分布,以提高齿轮的耐磨性或疲劳强度,而且感应淬火齿轮变形较小。一般在机床行业中采用较多。

e. 碳氮共渗或渗氮。碳氮共渗是向钢的表层同时渗入碳和氮,习惯上又称为氰化。主要有两种:中温气体碳氮共渗,主要目的是提高钢的硬度、耐磨性和疲劳强度;低温气体碳氮共渗以渗氮为主,其主要目的是提高钢的耐磨性和抗咬合性,渗氮后齿面硬度可达60~62HRC。氮化处理温度低,轮齿变形小,适用于难以磨齿的场合,如内齿轮,材料为38CrMoAlA。由于表面硬化层较薄,故不宜用于重载齿轮。

有键槽的齿轮,淬火后内孔呈椭圆,键槽易淬火后加工,轴齿轮淬火后一般要进行校直。

12.2.2 齿轮的加工

齿轮加工过程可大致分为齿坯加工和齿形加工两个阶段。其主要工艺有两方面:一是齿坯内孔(或轴颈)和基准端面的加工精度,它是齿轮加工、检验和装配的基准,对齿轮质量影响很大;二是齿形加工精度,它直接影响齿轮传动质量,是整个齿轮加工的核心。齿轮的机械加工工艺路线一般可归纳为:毛坯制造—齿坯热处理—齿坯加工—齿形粗加工(成形铣齿、滚齿、插齿)—齿端倒角—热处理前的齿形精加工(精滚齿、精插齿、剃齿、挤齿)—加工花键、键槽、油孔、螺纹孔等—(清洗、清理后)齿轮精度检查—热处理—(清理轮齿后)安装基准面的精加工—热处理后的齿形精加工—强力喷丸或磷化处理—(清洗、清理后）成品齿轮配对检验和最终检验。

（1）齿坯加工

齿坯加工主要包含毛坯制备、内孔和基准端面加工，圆和其他表面加工等过程。内孔和基准端面应在一次装夹中加工，以保证基准端面对内孔的垂直度要求；外圆精加工应以内孔在芯轴上定位，以保证外圆对内孔的同轴度要求。齿坯加工在整个齿轮加工工艺过程中占有很重要的地位，因为齿形加工和检测所用的基准必须在此阶段加工出来，因此无论是从提高生产率，还是从保证齿轮的加工质量上来看，都应该重视齿坯加工。

① 单件、小批量生产的齿坯加工　一般齿坯的内孔、端面及外圆的粗、精加工都在通用车床上，经两次安装完成。但必须注意将内孔和基准面的精加工放在一次安装内完成，以保证相互间的位置精度。对于有台阶的盘类齿轮齿坯，考虑到下料和热处理工艺等，可以采用粗车—精车的加工方案，即：

a. 正火后，粗车。以齿坯外圆或凸缘作为粗基准，三爪卡盘装夹，在普通车床或转塔车床上粗车小端端面、外圆及台阶端面；调头粗车大端端面、外圆和内孔。

b. 调质后，精车。精车小端端面、外圆及台阶端面，倒内外角；调头精车大端端面、镗内孔车大端外圆和倒内外角。

c. 划键槽加工线，插键槽。

② 成批生产的齿坯加工　常采用车—拉—数控车的方案，即：

a. 以齿坯外圆或轮毂定位，在普通车床上粗车外圆、端面和内孔。

b. 以齿坯端面支承拉出内孔（或花键孔）。

c. 以内孔定位在数控车床上精车外圆和端面等。

③ 大批量生产的齿坯加工　大批量生产中，无论圆柱孔还是花键孔，均采用高生产率的机床加工，如拉床、多轴自动或多刀半自动车床、数控车床等，常采用钻—拉—多刀车的加工方案，即：

a. 以毛坯外圆及端面定位进行钻孔或扩孔；

b. 以端面支承进行拉孔；

c. 以内孔定位，在多刀半自动车床上粗、精车外圆、端面、切槽和倒角等。

对直径较小的齿坯，可采用棒料在卧式多轴自动或半自动车床上将外圆、基准端面和内孔在一道工序中全部加工完成。

（2）齿形加工

一个齿轮的加工过程是由若干工序组成的。为了获得符合精度要求的齿轮，整个加工过程都是围绕着齿形加工工序进行的。齿形加工方法很多，按加工过程中有无切屑，可分为无切屑加工和有切屑加工两大类。

① 无切屑加工　齿形的无切屑加工包括热轧、冷轧、精锻、精铸、粉末冶金、注塑等工艺。无切屑加工具有生产率高，材料消耗少，成本低等优点。但因其加工精度较低和工艺不稳定，所以目前还未广泛应用。

② 有切屑加工　齿形的有切屑加工，因其具有良好的加工精度，目前仍是齿形的主要加工方法。按其加工原理可归纳为成形法和展成法两大类。

a. 成形法也称仿形法，就是利用与被加工齿轮齿槽形状相同的成形刀具，在齿坯上加工出齿面的方法。即齿形由刀具形状来保证，牙齿分布的均匀性一般靠分度装置来保证。因此这种方法的生产率和加工精度都比较低，只适用于低精度（9级以下）的单件、小批和大模数齿轮的加工。用成形原理加工齿形的方法有：成形铣齿、成形磨齿和拉齿等。

b. 展成法又称范成法、滚切法，它是利用齿轮刀具与工件按齿轮副的啮合关系作展成运动切出齿面的加工方法，工件的齿面由刀具的切削刃包络而成。即通过保持刀具和齿坯之间按渐开线齿轮啮合的运动关系，来保证齿形的准确和轮齿分布均匀。齿数不同的齿轮，只要模数和齿形角相同，都可以用同一把刀具来加工。用展成原理加工齿形的方法有：滚齿、插齿、剃齿、磨齿和珩齿等。其中滚齿和插齿可在齿坯圆周上直接切出渐开线齿形，而剃齿、珩齿和磨齿则是在已形成的渐开线齿轮表面上精加工齿轮的方法。展成法的加工精度和生产率都较高，刀具通用性好，所以在生产中应用十分广泛。

对于不需要淬火的齿轮，一般来说上述就是齿轮加工的最后工序，可以加工出完全符合图样要求的齿轮来。对于需要淬硬的齿轮，必须在这个工序中加工出能满足齿形精加工所要求的齿形精度。这是保证齿轮加工精度的关键阶段，应特别注意。

(3) 齿形加工方法及方案

齿轮齿面的精度要求比较高，加工工艺复杂，选择加工方案时应综合考虑齿轮的结构、尺寸、材料、精度等级、热处理要求、生产批量及工厂加工条件等。

① 齿形加工方法介绍

a. 铣齿。在卧式或立式铣床上用盘形齿轮铣刀或指状齿轮铣刀加工齿形，是成形法加工齿轮中应用较为广泛的一种。加工时，将齿坯安装在分度头上，铣完一个齿槽后再用分度头分齿，铣完另一个齿槽，依次铣完所有齿槽。齿形由齿轮铣刀的切削刃形状来保证，轮齿分布的均匀性由分度头来保证。铣齿加工的生产率和加工精度都较低，通常用于IT9级以下的齿轮，使用的是普通铣床，刀具也容易制造，所以多用于单件、小批量生产或修配加工低精度齿轮。

b. 拉齿。拉齿也属于成形法加工，是使用拉刀加工齿轮，宜于拉内齿轮。拉齿效率高、质量稳定、精度较高，但拉刀多为专用工具，结构复杂，制造成本高，只适用于大量生产。

c. 滚齿。滚齿是用齿轮滚刀在滚齿机上加工齿轮，相当于一对螺旋齿轮作无侧隙强制性的啮合。滚齿加工的通用性较好，既可加工圆柱齿轮，又能加工蜗轮；既可加工渐开线齿形，又可加工圆弧、摆线等齿形，是目前齿形加工中生产率较高、应用最广的一种方法。滚齿加工的尺寸范围很大，小至仪器仪表中的小模数齿轮，大到矿山和化工机械中的大型齿轮。

滚齿用于未淬硬齿形的粗、精加工。滚齿可直接加工出精度 $9\sim8$ 级，$Ra3.2\sim1.6\mu m$ 的齿轮，如果采用A级齿轮滚刀和高精度滚齿机，也可直接加工出7级精度的齿轮，对于7级精度以上的齿轮，通常用滚齿作为剃齿或磨齿等精加工前的粗加工和半精加工工序。滚齿可以获得较高的运动精度，但因滚齿时齿面是由滚刀的刀齿包络而成，参加切削的刀齿数有限，且滚刀沿工件轴向进给时，会在齿面留下纵向波纹，因而齿面较粗糙。为了提高滚齿的加工精度和齿面质量，宜将粗、精滚齿分开。

提高滚齿的精确度可以有很多方法：滚刀安装前应检查刀具所注规格是否符合要求，然后将刀内孔、端面擦干净，用手推入刀杆不允许用重锤敲击，还要严格限制锁紧螺母轴线对端面的不垂直度，其操作质量的好坏直接影响齿形精度；保障齿轮的中间点和机床的回转点两者之间能够重合，以此来降低齿圈的跳动误差；加强滚齿机的工作台上的蜗轮副回转的精确度，尽可能地降低传动链引发的不均匀的分布，降低公法线长度的误差问题；使用精度高的滚刀以此来提高滚轮的精确度，还有就是在安装时保障轴向跳窜；机床的调整就是要注意刀架的垂直方向和零件轴线的偏移量，让上尾座的顶端和工作台的回转中间点持平，以此提高关于差动挂轮的计算精确度；滚轮的磨损也是需要注意的，剩余量不能太大，否则齿轮的渗碳硬度层就会被磨损掉，过度的磨损导致硬度不断地下降。

下面介绍滚齿加工过程中常见问题及采取措施。

ⅰ. 齿轮齿数不对或乱齿。重新计算分度交换齿轮或差动交换齿轮；调整机床、刀架的垂直进给方向与零件轴线的偏移量，使上尾座顶尖中心与工作台回转中心保持一致，提高差动挂轮计算精度，使交换齿轮的齿数正确；正确选择滚刀的模数和头数；检测齿坯夹紧方式，使齿坯夹紧可靠；固紧交换齿轮，可放防松垫圈。

ⅱ．齿形误差较大。左右齿廓对称，但齿顶部变肥。提高滚刀铲磨或刃磨精度，避免铲磨时齿廓角度小或刃磨时产生较大的正前角，使齿廓角变小。齿顶部变瘦，以此类推。

左右齿廓不对称，一边齿顶部变肥，另一边变瘦。提高滚刀刃磨精度，减少滚刀前刀面刃磨时的导程误差；使滚刀与工件回转轴线对中；正确调整滚刀刀架回转角。

齿面上有凸出或凹进的棱边。重磨滚刀前刀面，控制容屑槽周节误差；重新安装滚刀，控制径向和轴向圆跳动。

齿廓一侧齿顶多切，另一侧齿根多切。找正滚刀，调整滚刀刀杆间隙，防止刀杆轴向窜动。

ⅲ．径向跳动大。提高齿坯基准面精度要求，保证齿坯的加工精度；改进夹具结构，提高夹具定位面精度；调整机床上、下顶尖位置，使机床上、下顶尖同轴，提高顶尖孔的加工精度；保证齿轮的中心与机床的回转中心重合；使芯轴、垫圈、夹紧螺母保持所要求的精度。

ⅳ．公法线长度变动大。检查分度交换齿轮齿面，保证啮合间隙；提高滚齿机工作台蜗轮副回转精度，尽量减少传动链引起的分度不均匀；提高滚刀的轴向定位精度或更换平面轴承；机床滚刀精度是否符合要求。

ⅴ．螺旋线偏差大。检修设备，保证刀架导轨与工作台轴线的平行度，上、下顶尖轴线与工作台轴线的同轴度要求；改进夹具设计，提高夹具制造精度；合理选择定位夹紧点，保证有足够的夹紧力，提高工艺系统刚度。

ⅵ．齿面表面质量差。

ⅰ）齿面呈撕裂状。可以控制齿坯材料质量，选用硬度均匀的材料，采用正火处理；及时更换滚刀或让滚刀轴向窜刀；合理选择切削用量和切削液，增大切削液的流量，使冷却良好。

ⅱ）齿面呈鱼鳞状。可以调整工件材料硬度避免过硬或选择合适的刀具和切削用量；重新刃磨滚刀，合理选择切削液和增大切削液流量。

ⅲ）齿面出现振纹。修理或调整机床各导轨副、丝杠副、轴承等某传动环节，避免间隙量过大；固紧支承，提高滚刀安装的刚性；提高滚刀安装或制造、刃磨精度。

ⅳ）齿面啃齿。调整立柱导轨间隙使刀架垂直进给稳定；更换液压油，保持油路畅通，油压稳定。

d．插齿。插齿是运用一对圆柱齿轮啮合的展成原理加工齿形。插齿时，插齿刀与齿坯之间保持一定的啮合关系，插齿刀作往复切削运动、圆周和径向进给运动及让刀运动，工件作相应的展成运动。为了避免刀具擦伤已加工的齿面并减少刀齿的磨损，在插齿刀向上运动时，工作台带动工件退出切削区一段距离（径向）。插齿刀工作行程时，工作台再恢复原位。插齿可以加工出精度 9～6 级，表面粗糙度 $Ra3.2～0.4\mu m$ 的齿轮圆柱齿轮，装上附件后可加工齿条、锥度齿和端面齿轮。

ⅰ．插齿和滚齿相比，在加工质量，生产率和应用范围等方面都有其不同特点。

ⅰ）加工质量方面。插齿的齿形精度比滚齿高，插齿加工的齿形误差较小。滚齿时，形成齿形包络线的切线数量只与滚刀容屑槽的数目和基本蜗杆的头数有关，它不能通过改变加工条件而增减；但插齿时，形成齿形包络线的切线数量由圆周进给量的大小决定，并可以选择。此外，制造齿轮滚刀时是以近似造型的蜗杆来替代渐开线基本蜗杆，这就有造型误差。而插齿刀的齿形比较简单，可通过高精度磨齿获得精确的渐开线齿形。

插齿后齿面的粗糙度比滚齿细。这是因为滚齿时，滚刀在齿向方向上作间断切削，形成鱼鳞状波纹；而插齿时插齿刀沿齿向方向的切削是连续的，所以插齿时齿面粗糙度较细。

插齿的运动精度比滚齿差。这是因为插齿机的传动链比滚齿机多了一个刀具蜗轮副，即多了一部分传动误差。另外，插齿刀的一个刀齿相应切削工件的一个齿槽，因此，插齿刀本身的周节累积误差必然会反映到工件上。而滚齿时，因为工件的每一个齿槽都是由滚刀相同的2~3圈刀齿加工出来，故滚刀的齿距累积误差不影响被加工齿轮的齿距精度，所以滚齿的运动精度比插齿高。

插齿的齿向误差比滚齿大。插齿时的齿向误差主要决定于插齿机主轴回转轴线与工作台回转轴线的平行度误差。由于插齿刀工作时往复运动的频率高，使得主轴与套筒之间的磨损大，因此插齿的齿向误差比滚齿大。

插齿时引起齿轮切向误差的环节比滚齿多，使被加工齿轮产生更大的周节累积误差，故插齿所得齿轮的公法线长度变动较大。

所以就加工精度来说，对运动精度要求不高的齿轮，可直接用插齿来进行齿形精加工，而对于运动精度要求较高的齿轮和剃前齿轮（剃齿不能提高运动精度），则用滚齿较为有利。

ⅱ）生产率方面。插齿的生产率与滚齿相比较，由于滚齿是连续铣削，而插齿有空回程，故生产率比滚齿低。但对于模数较小和宽度窄的齿轮，由于滚刀的切入长度大，如不采用多件叠合加工，则插齿的生产率反而高于滚齿。

ⅲ）应用范围方面。加工带有台肩的齿轮以及空刀槽很窄的双联或多联齿轮，只能用插齿，这是因为：插齿刀"切出"时只需要很小的空间，而滚齿则滚刀会与大直径部位发生干涉；加工无空刀槽的人字齿轮、内齿轮，只能用插齿；加工蜗轮，只能用滚齿；加工斜齿圆柱齿轮，两者都可用，但滚齿比较方便。插制斜齿轮时，插齿机的刀具主轴上须设有螺旋导轨，来提供插齿刀的螺旋运动，并且要使用专门的斜齿插齿刀，所以很不方便。

ⅱ．插齿加工过程中，常见问题及采取措施如下。

ⅰ）齿距偏差大。调整工作台或刀架体的分度蜗杆，正确安装工件和刀具，使工作台主轴和锥面与工作台体锥孔配合接触良好，不要过紧或过松；重新安装插齿刀并调整其位置，抵消工作台较大的径向圆跳动；工件安装应符合四点要求，即工件的两端面应平行且与安装孔垂直，工件定位芯轴保证有足够的精度且必须与工作台旋转中心重合，工件孔与工件定位芯轴的配合要适当不能太松，工件压垫的两平面须平行不得有铁屑污物黏附。

ⅱ）齿廓偏差大。重磨插齿刀前刀面，减小前角偏差；检查与调整分度蜗杆的轴向窜动，更换传动链中精度太低的零件，以避免运动误差；刮研工作台主轴及工作台壳体上的圆锥接触面，减小工作台的径向圆跳动；重新安装插齿刀，使误差抵消，还可修磨插齿刀主轴端面。

ⅲ）螺旋线偏差大。重新安装刀架，减小插齿刀主轴移动方向对工作台轴线的平行度误差，及其径向、轴向圆跳动误差；工件安装要求同上。

ⅳ）公法线长度变动大。修理刀架系统，使其恢复精度减小系统偏心；检查插齿刀的制造精度和安装精度，必要时可以进行修磨或重新安装；保证径向进刀机构和工作台让刀机构的稳定性。

ⅴ）齿面的表面质量差。提高机床传动链的精度，避免磨损后间隙过大，保证传动的平稳性；刮研导轨面，保证主轴配合面接触良好，接触过紧会使工作台影响转动加大摩擦生热，接触过松会使运转时产生振动及工作台游动；调整让刀机构，避免回程时刮伤齿面；修磨切削刃，避免齿面撕裂现象；合理安装刀具和工件，避免切削时由于过松产生振动；及时更换切削液，并且将切削液对准切削区；改善热处理情况，使齿面硬度达到要求。

e．剃齿。常规齿轮精加工工艺主要有剃齿和磨齿两种。剃齿是利用剃齿刀与被切齿轮在轮齿双面紧密啮合的相对滑动，实现微细切削过程。剃齿大量用于大批量生产中精加工未淬硬的直齿、斜齿圆柱齿轮。剃齿刀的精度分 A、B、C 三级，分别加工 6、7、8 级精度的齿轮，表面粗糙度为 $Ra1.6\sim0.4\mu m$。剃齿加工的生产率高，加工一个中等尺寸的齿轮一般只需 $2\sim4$ min，与磨齿相比较，可提高生产率 10 倍以上。由于剃齿加工是自由啮合，机床无展成运动传动链，故机床结构简单，机床调整容易。

剃齿一般只适用于软齿面的精加工，有很强的误差纠正能力。虽然经过剃齿的齿轮精度可达 $7\sim6$ 级。但热处理后齿轮易发生变形，精度又降低 $1\sim2$ 级，而且剃后齿面的粗糙度较高。近年来出现的中硬齿面剃削加工技术，目前还不够成熟，特别是刀具的使用寿命较短。

ⅰ. 保证剃齿质量应注意的几个问题。

ⅰ）对剃前齿轮的要求。剃前齿轮材料要求密度均匀，无局部缺陷，韧性不得过大，以免出现滑刀和啃切现象，影响表面粗糙度，剃前齿轮硬度在 $22\sim32$HRC 范围内较合适。

剃前齿轮精度不能低于剃后要求，特别是公法线长度变动量应在剃前保证，这是由于剃齿加工不能修正公法线长度变动量。其他各项精度可比剃后低一级。虽对齿圈径向跳动有较强的修正能力，但为了避免由于径向跳动量过大而在剃削过程中转化为公法线长度，所以要求剃前齿轮的径向误差不能过大。由于剃齿刀本身的修正作用，剃齿对基节偏差和齿形误差有较强的修正能力。

ⅱ）剃齿余量的大小要求。剃齿余量的大小，对加工质量及生产率均有一定影响。余量不足，剃前误差和齿面缺陷不能全部除去；余量过大，刀具磨损快，剃齿质量反而变坏。

ⅲ）剃后的齿形误差与剃齿刀齿廓修形。剃齿后的齿轮齿形有时出现节圆附近凹入，一般在 0.03mm 左右。被剃齿轮齿数越少，中凹现象严重。为消除剃后齿面中凹现象，可将剃齿刀齿廓修形，需要通过大量实验才能最后确定。也可采用专门的剃前滚刀滚齿后，再进行剃齿。

ⅱ. 剃齿加工过程中常见问题及采取措施如下。

ⅰ）齿距偏差、公法线长度变动及径向跳动误差大。提高剃齿刀的精度和安装精度，保证剃齿刀的齿距偏差、径向圆跳动、公法线长度变动在允许值范围之内；保证齿轮剃前的加工精度，如齿轮的齿距偏差、径向圆跳动等；提高齿轮的安装精度，避免装夹偏心。

ⅱ）齿廓偏差大。及时刃磨剃齿刀，提高剃齿刀齿廓精度；重新安装工件与剃齿刀，保证不偏心；正确调整轴交角；保证剃前齿轮加工精度，减少齿根及齿顶余量。

ⅲ）螺旋线偏差大。分两齿面同向和两齿面异向两种情况。

两齿面同向。提高齿轮剃前的加工精度，降低剃前的螺旋线偏差；提高轴交角调整精度。

两齿面异向，呈锥形。提高剃齿芯轴相当于齿轮旋转轴的安装精度；加强芯轴刚度或减少剃齿径向进给量和余量。

ⅳ）加工不完整。剃齿后，齿面上有剃前的加工痕迹。需要调整合理的剃齿余量，并提高剃前齿轮的精度。

ⅴ）齿廓中凹。齿轮的齿数少，尽可能提高剃齿时的重合度；对剃齿刀正确修形。

ⅵ）齿面的表面质量差。及时磨削剃齿刀，保持切削刃锋利；准确调整轴交角、剃齿刀轴线与刀架旋转轴线的同轴度、纵向进给量的大小；选择合适的切削液及其用量；正确安装工艺系统，保持足够的工序和抗振性，齿轮要牢固夹紧。

f. 磨齿　磨齿是目前齿形加工中精度最高的一种方法，磨齿适用于硬齿面的精加工。对磨齿前的加工误差及热处理变形有较强的修正能力。加工精度可达 $7\sim3$ 级，表面粗糙度为 $Ra0.8\sim0.1\mu m$。其缺点是磨齿工艺成本高，设备较复杂，生产率较低，一般只在精密齿轮和高精度齿轮的生产中采用。

ⅰ. 提高磨齿精度的措施主要考虑下面三点。

ⅰ）合理选择砂轮。砂轮材料选用白刚玉（WA），硬度以软、中软为宜。粒度则根据所用砂轮外形和表面粗糙度要求而定，一般在 46♯～80♯ 的范围内选取。对蜗杆型砂轮，粒度应选得细一些。因为其展成速度较快，为保证齿面较低的粗糙度，粒度不宜较粗。此外，为保证磨齿精度，砂轮必须经过精确平衡。

ⅱ）提高机床精度。主要是提高工件主轴的回转精度，如采用高精度轴承，提高分度盘的齿距精度，并减少其安装误差等。

ⅲ）采用合理的工艺措施。主要有：按工艺规程进行操作；齿轮进行反复的定性处理和回火处理，以消除因残余应力和机械加工而产生的内应力；提高工艺基准的精度，减少孔和轴的配合间隙对工件的偏心影响；隔离振动源，防止外来干扰；磨齿时室温保持稳定，每磨一批齿轮，其温差不大于 1℃；精细修整砂轮，所用的金刚石必须锋利，等等。

ⅱ. 磨齿加工过程中，常见问题及采取措施如下。

ⅰ）齿廓偏差大。更换金刚石滚轮，采用较细粒度的砂轮；调整机床参数；重新修整金刚石修整器装置的角度调整块规值。

ⅱ）螺旋线偏差大。重新调整行程长度、阻尼压力、工件架回转角差动交换挂轮比等的大小；调整头尾架顶尖同轴度。

ⅲ）齿面表面质量差。加强砂轮动平衡，调整磨削用量、磨削循环，选择合适的砂轮硬度和粒度，更换砂轮和金刚石等。

② 齿轮光整加工方法介绍

a. 珩齿。珩齿是齿轮光整加工工艺中应用最广泛的方法。珩齿原理与剃齿相似，珩轮与工件类似于一对螺旋齿轮呈无侧隙啮合，利用啮合处的相对滑动，并在齿面间施加一定的压力来进行珩齿。在珩轮带动下，工件高速正反向转动，工件沿轴向往复运动及工件径向进给运动。与剃齿不同的是开车后一次径向进给到预定位置，故开始时齿面压力较大，随后逐渐减小，直至压力消失。

珩轮结构和磨轮相似，但珩齿速度甚低（通常为 1～3m/s），加之磨粒粒度较细，珩轮弹性较大，故珩齿过程实际上是一种低速磨削、研磨和抛光的综合过程。珩齿时，齿面间隙沿齿向有相对滑动外，沿齿形方向也存在滑动，因而齿面形成复杂的网纹，提高了齿面质量，其表面粗糙度 $Ra0.8～0.2\mu m$，加工精度 7～5 级。珩轮弹性较大，对珩前齿轮的各项误差修正作用不强。珩轮主要用于去除热处理后齿面上的氧化皮和毛刺。珩齿余量小，一般不超过 0.025mm，珩轮转速达到 1000r/min 以上，纵向进给量为 0.05～0.065mm/r。珩轮生产率甚高，一般一分钟珩一个，通过 3～5 次往复即可完成。

珩齿也有不足之处，主要表现为：加工过程要经常修整珩轮，齿轮的质量在很大程度上依赖操作者的经验，所以珩磨精度不稳定。另外，珩轮的几何精度、磨料和基体物理性能、切削性能等技术指标不易测定。每批珩磨后的齿轮质量指标很难达到一致，这也是珩磨工艺不稳定的另一个重要因素。近年来，蜗杆珩齿工艺和内啮合珩齿工艺的采用，提高了珩齿的精度和效率。目前，蜗杆珩齿后，齿面粗糙度值可从 $Ra3.2～2.0\mu m$ 降到 $Ra1.25～0.2\mu m$。

b. 研齿。研齿的工作原理基本上与剃齿、珩齿相同，在 2 个齿面轻微制动下无侧隙自由啮合过程中，产生相对滑动，如在齿面间注入研磨剂，即产生相对研磨作用。

研齿是在其他金属切削加工方法未能满足工件精度和表面粗糙度要求时，所采用的一种精密加工工艺。自身具有润滑作用，研磨时的磨料对工件进行微量切削的压力可达工件的工作负荷，被研工件表面不划伤、不嵌砂、不胶合，且可在很高温度下使用。当齿轮加工精度低、齿面粗糙，在啮合中仅有少数几点接触时，会产生噪声和振动，研磨可以降低噪声，成为提高产品质量的关键问题。研磨剂可以用于各种材料的齿轮及蜗轮、蜗杆研磨，可以使其精度提高 2 个等级以上，只要适当选择研磨剂的粒度，可以满足所要求的任何粗糙度值，从而可以提高传动效率。需要进行磨削的齿轮，在精滚和硬化处理后可不经磨齿，装配后直接在工作状态下进行研磨，其效率比磨齿高十几倍至几十倍，且质量超过磨齿，又比磨齿经济，因此是一种提高齿轮精度的有效方法。

c. 抛齿　抛齿能够完成高精度齿轮的超精加工，常用于降低齿面的粗糙度和清除热处理后的氧化皮，但对提高齿轮的精度意义不大，齿形精度取决于抛光前加工的精度，抛光后的齿轮齿面粗糙度一般可降到 $Ra0.4\sim0.1\mu m$，最高可达 $Ra0.025\mu m$。抛齿工艺简单，其工作原理与剃齿、珩齿相同，可在珩齿机床上或将铣床改装后进行，抛光轮的材料通常为木质，有的也用毛毡或软铅合金等。

d. 精滚齿　精滚齿是在精滚机上被滚压的齿轮放在 2 只经过淬硬和精磨的标准齿轮之间，标准齿轮带动被精加工的齿轮转动。2 只标准齿轮的中心距逐渐缩小，使被滚压的齿轮齿面表层金属组织变形，达到高度准确的齿形与所要求的表面粗糙度。

e. 挤压珩磨　也称黏弹性磨料流加工。齿轮经挤压珩磨后，齿廓边缘形成了均匀的圆角，减小了齿面和齿根的表面粗糙度值，改善了齿轮的应力状态，提高了它的使用寿命。这种加工方法可以用来加工内齿轮、外齿轮、螺旋锥齿轮和摆线齿轮。这种加工方法可以加工各种材料和硬度的齿轮，也可以用来对齿轮进行修形或修缘。

③ 齿轮加工方案的选择　主要取决于齿轮的精度等级、生产批量和热处理方法等。下面提出常用的齿形加工方案以供参考，如表 12-1 所示。

表 12-1　齿形加工方法、加工质量及应用范围

加工方法	加工质量		应用范围
	精度等级	表面粗糙度 $Ra/\mu m$	
铣齿	10～9 级	6.3～3.2	加工精度和生产率均较低，用于单件、小批生产或修配外圆柱齿轮、齿条、锥齿轮、蜗轮
拉齿	7 级	1.6～0.4	加工精度和生产率均较高，拉刀多为专用工具，结构复杂，制造成本高，适用于大批量生产，宜于拉内齿轮
滚齿	9～7 级	3.2～0.4	生产率较高，通用性好，常用于加工外啮合圆柱齿轮和蜗轮
插齿	9～6 级	3.2～0.4	生产率较高，通用性好，常用于加工内、外啮合齿轮，扇形齿轮，多联齿轮及小型齿条
剃齿	8～6 级	1.6～0.4	生产率高，用于齿轮滚、插、预加工后，淬火前的精加工
珩齿	7～5 级	0.8～0.2	生产率很高，适用于大批量生产，多用于经过剃齿和高频淬火后齿形的精加工
磨齿	7～3 级	0.8～0.1	生产率较低，加工成本较高，精加工已淬火齿轮

（4）齿端加工

齿轮的齿端加工有倒圆、倒尖、倒棱和去毛刺四种方式。如图 12-2 所示，经倒圆、倒尖后的齿轮，在换挡沿轴向滑动时容易进入啮合状态，减少撞击现象；倒棱可去除齿端的锐边和毛刺，防止齿端热处理后产生裂纹。图 12-3 所示为用指状铣刀倒圆的原理。倒圆时，齿轮慢速旋转，指状铣刀在高速度旋转的同时沿齿轮轴向作往复直线运动。齿轮每转过一齿，铣刀往复运动一次，两者在相对运动中即完成齿端倒圆。加工完一个齿后工件沿径向退离铣刀，经分度再快速向铣刀靠近加工下一个齿的齿端，生产率较高。齿端加工必须安排在齿轮淬火之前进行，通常都在滚（插）齿之后，剃齿之前。

（5）精基准修正

齿轮淬火后基准孔产生变形，为保证齿形精加工质量，对基准孔必须给予修正。对外径定心的花键孔齿轮，通常用花键推刀修正。推孔时要防止歪斜，有的工厂采用加长推刀前引

导来防止歪斜,已取得较好效果。对圆柱孔齿轮的修正,可采用推孔或磨孔,推孔生产率高,常用于未淬硬齿轮;磨孔精度高,但生产率低,对于整体淬火后内孔变形、硬度高的齿轮,或内孔较大、厚度较薄的齿轮,则以磨孔为宜。

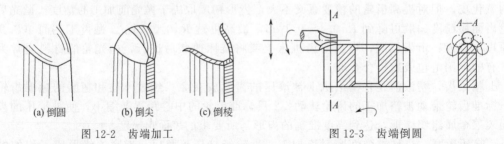

(a) 倒圆　　(b) 倒尖　　(c) 倒棱

图 12-2　齿端加工　　　　　　图 12-3　齿端倒圆

(6) 齿形精加工

热处理后的齿形精加工主要用于修正齿轮经过淬火后所引起的齿形变形,进一步提高齿形精度,使之达到最终的精度要求。在这个阶段中首先应对定位基准面(孔和端面)进行修正,因淬火以后齿轮的内孔和端面均会产生变形,如果在淬火后直接采用这样的孔和端面作为基准进行齿形精加工,是很难达到齿轮精度的要求的。以修正过的基准面定位进行齿形精加工,可以使定位准确可靠,余量分布也比较均匀,以便达到精加工的目的。一般有两种方法:磨齿,对于精度要求较高的齿轮热处理后可采用磨齿;珩齿,珩齿有外啮合齿轮形珩齿、内啮合齿轮形珩齿和蜗杆形珩齿等,生产率很高,主要用于大批大量生产。

12.2.3　齿轮类零件加工的定位基准和装夹

齿轮类零件加工基准的选择,应符合基准重合的原则,尽可能与装配基准、测量基准一致;同时在齿轮加工的整个过程中应选用同一定位基准,以保持基准统一。齿轮加工定位基准的选择,常因齿轮的结构形状不同,而有所差异。

① 带轴齿轮的齿坯和齿面加工基准的选择与一般轴类零件相似。小直径带轴齿轮主要采用两端中心孔作定位基准;对于大直径带轴齿轮,由于自重及切削力较大,不宜用中心孔作为定位基准,而应采用轴颈定位,并以一个较大的端面作支承。

② 带孔齿轮在加工齿面时常采用以下两种定位、夹紧方式。

a. 以内孔和端面定位。即以工件内孔和端面联合定位,确定齿轮中心和轴向位置,并采用面向定位端面的夹紧方式。这种方式可使定位基准、设计基准、装配基准和测量基准重合,只要严格控制内孔精度,在专用芯轴上定位时不需要找正,定位精度高,生产效率高,广泛用于批量生产中,但对夹具的制造精度要求较高。

b. 以外圆和端面定位。工件内孔和夹具芯轴的配合间隙较大,用千分表校正外圆以决定中心的位置,并以端面定位;从另一端面施以夹紧。这种方式因每个工件都要校正,故生产效率低;它对齿坯的内、外圆同轴度要求高,而对夹具精度要求不高,故适用于单件、小批量生产。

12.3　齿轮类零件的精度

12.3.1　齿轮类零件的精度测量

由于制造与安装等方面的原因,实际齿轮总是存在着误差。齿轮制造的误差可能来自于机床制造误差、刀具误差、齿坯制造误差、安装误差等,这些误差对传动系统的精度与动态特性（特别是振动与噪声）有直接的影响。因此，齿形加工完成后应对其精度进行检测。

根据齿轮误差来源的几个方面，齿轮测量归结为：几何长度测量；轮廓测量；粗糙度测量；齿轮整体误差测量和传动噪声测量。

齿轮几何长度的测量主要有以下几个项目：公法线、齿厚、跨棒距（M 值）、顶圆直径、齿轮中心距等。测量齿轮几何量可以用通用测量工具如公法线千分尺、万能齿轮测量仪等进行测量，也可以用带表装置进行测量。对于高精度、大批量精密齿轮的测量可以定做专用检具进行测量，例如气动综合测量仪、电感综合测微仪等。

对于其他项目的测量，齿轮类型不同方法也不同，在以下内容分类说明。

12.3.2 齿轮类零件精度影响因素及措施

齿轮制造最常用的工艺就是滚剃工艺，虽然剃齿能提高齿轮的精度，但是由于剃齿加工工序的非强制性啮合特点，剃齿精度在很大程度上依赖于滚齿精度，可以说滚齿精度决定了齿轮的精度。因此滚齿中的一些误差项目如齿圈径跳、公法线变动量、基节偏差以及齿形齿向误差必须严格控制，才能制造出精确的齿轮。下面以滚齿加工齿轮为例，分析影响齿轮类零件加工精度的主要原因及控制加工质量的措施。

(1) 滚齿加工精度分析

圆柱齿轮精度主要有运动精度、平稳性精度和接触精度。滚齿加工中用控制径向跳动和公法线长度变动来保证运动精度，用控制齿形误差和基节偏差来保证工作平稳性精度，用控制齿向误差来保证接触精度。下面对滚齿加工中易出现的几种误差原因进行分析。

① 影响齿轮传动精度的加工误差分析 影响齿轮传动精度的主要原因是，在加工中滚刀和被切齿轮的相对位置和相对运动发生了变化。

相对位置的变化（即几何偏心）产生齿轮的径向误差，它以径向跳动 ΔF_r 来评定。径向跳动是指在齿轮一转范围内，测头在齿槽内或轮齿上，与齿高中部双面接触，测头相对于轮齿轴线的最大变动量，也是轮齿齿圈相对于轴中心线的偏心。这种偏心是由于在安装零件时，零件的回转中心与工作台的回转中心安装不重合或偏差太大而引起，或因滚齿机顶尖和滚齿芯轴顶尖孔制造不良，使定位面接触不好造成偏心。为此，必须采用工件毛坯的内孔和端面为定位面，保证内孔中心线与端面的垂直度要求；同时，还必须保证工件定位芯轴中心线与机床工作台面的垂直度，工件定位芯轴中心线与机床工作台回转中心的同轴度等要求。通过上述方法，可以控制并减小径向跳动量的误差。

相对运动的变化（即运动偏心）产生齿轮的切向误差，它以公法线长度变动 ΔF_w 来评定。滚齿是用展成法原理加工齿轮的，从刀具到齿坯间的分齿传动链要按一定的传动比关系保持运动的精确性。但是这些传动链是由一系列传动元件组成的，它们的制造和装配误差在传动过程中必然集中反映到传动链的末端零件上，产生相对运动的不均匀性，影响轮齿的加工精度。公法线长度变动是反映齿轮牙齿分布不均匀的最大误差，这个误差主要是滚齿机工作台蜗杆副回转精度不均匀造成的，还有滚齿机工作台圆形导轨磨损、分度蜗轮与圆形导轨不同轴造成的，再者分齿挂轮齿面有严重磕碰或挂轮时咬合太松或太紧也会影响公法线变动超差。为此，主要应提高机床分度蜗轮的制造和安装精度，必须及时检修或更换。对高精度滚齿机还可通过校正装置去补偿蜗轮的分度误差，使被加工齿轮获得较高的加工精度。

② 影响齿轮工作平稳性的加工误差分析 影响齿轮传动工作平稳性的主要因素是齿轮的齿形误差和基节偏差。齿形误差会引起每对齿轮啮合过程中传动比的瞬时变化；基节偏差会引起一对齿过渡到另一对齿啮合时传动比的突变。齿轮传动由于传动比瞬时变化和突变而产生噪声和振动，从而影响工作平稳性精度。滚齿时，产生齿轮的基节偏差较小，而齿形误

差通常较大。

齿形误差是指在齿形工作部分内，包容实际齿形廓线的理想齿形（渐开线）廓线间的法向距离。齿形误差主要是由于齿轮滚刀在制造、刃磨和安装中存在误差，其次是机床工作台回转中存在的小周期转角误差等原因造成的，因此在滚刀的每一转中都会反映到齿面上。常见的齿形误差形式有：齿面出棱、齿形不对称、齿形角误差、齿面上的周期性误差及齿轮根切，如图 12-4 所示。由于齿轮的齿面偏离了正确的渐开线，使齿轮传动中瞬时传动比不稳定，影响齿轮的工作平稳性。为了保证齿形精度，应根据齿轮的精度等级正确地选择刀具和机床精度等级。目前齿形加工的刀具大多采用滚刀和插齿刀，根据齿形的形成原理，在制造和刃磨刀具时，应严格控制刀具的螺旋升角的误差；在调整机床刀轴倾斜度时，刀轴的倾斜度应由刀具螺旋升角和轮齿螺旋角来确定，安装刀具芯轴应检查刀具芯轴的径向跳动和同轴度的要求；采用对刀块装置来检查与调整刀具与齿坯的对中要求。通过上述措施，可以控制并减少齿形误差。

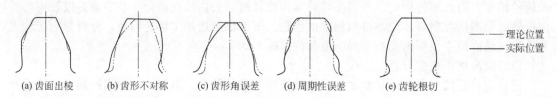

图 12-4 常见的齿形误差形式

产生基节误差的原因主要来自于机床中分齿运动瞬时速比变化。周节误差的主要控制方法：提高分齿配换挂轮的精度和提高分齿配换挂轮传动比的精度。首先要提高分齿配换挂轮的精度等级，计算配换挂轮传动比应尽可能提高传动比的精度，防止一对齿轮传动比超过 1：2.5，否则小齿轮因速比太大造成磨损过快，增大齿间隙；安装分齿配换挂轮中应注意齿轮啮合间隙要适宜，若间隙太小，由于润滑不足，磨损过快，齿轮寿命下降，若间隙太大，齿轮在传动运动中产生撞击，因间隙太大，影响其瞬时速比变化，加工齿轮毛坯和齿形时均应用芯轴定位。采取上述措施之后，周节误差就可以获得控制。

③ 影响齿轮接触精度的加工误差分析　齿轮接触精度受到齿宽方向接触不良和齿高方向接触不良的影响，齿轮齿面的接触状况直接影响齿轮传动中载荷分布的均匀性，影响齿轮接触精度的是齿向误差。

齿向误差是在分度圆柱面上，全齿宽范围内，包容实际齿向线的两条设计齿向线的端面距离。引起齿向误差的主要原因是机床、刀架的垂直进给方向与零件轴线有偏移；或滚齿机上尾座顶尖中心与工作台回转中心不一致；滚齿夹具和齿坯制造、安装、调整精度低；或者当齿轮加工过程中需差动机构，其差动配换挂轮传动比精度达不到要求造成齿向误差超差。齿轮的齿向误差来自于机床、齿坯、夹具的误差。

④ 齿面粗糙度的影响因素与控制方法　齿面粗糙度的好坏是直接影响齿轮传动精度的一项不可忽视的因素，齿面粗糙会引起齿轮传动发生噪声，加剧齿面磨损，降低使用寿命，目前常见齿面粗糙的现象有齿面撕裂、啃齿、振纹和鱼鳞等。造成齿面粗糙的原因有如下几方面。

a. 齿轮工件材料选用和热处理不当。齿轮工件材料选用和热处理不当，不能满足工件的内部组织改善和均匀性要求。由于在齿轮传动中，齿轮处于高速运动，齿面要承受极大的冲击力和摩擦力，所以对齿轮的材料要求为：内部要具有韧性，能承受冲击力，齿面应耐磨，能承受摩擦力，从而提高其使用性能和寿命。目前，齿轮的材料大量采用中低碳钢（中低碳合金钢），一般正火安排在齿坯粗加工之前，可以消除内应力，改善材料加工性能；而调质处理则安排在齿坯粗加工之后，可以消除内应力，提高材料的综合力学性能。根据齿轮材料与技术要求不同，轮齿的齿面热处理常安排渗碳淬火或表面淬火及液体碳氮共渗等热处理工序。中碳钢（中碳合金钢）进行表面淬火，表面淬火常采用高频淬火。对于小模数的齿轮，齿部可以淬透，效果较好；对于模数 3.6mm 的齿轮，宜采用超高频感应淬火；对于更大模数的齿轮，宜采用单齿沿齿沟中频感应淬火。

b. 切削用量选择不当。在加工齿形中，目前常采用粗、精加工分开，先进行粗加工，后进行精加工，必须根据刀具和工件材料性质及加工精度要求，科学选用合理的切削用量。切削用量选择是否合理，不仅关系到生产效率的高低，也会影响加工齿形的质量，特别影响齿面粗糙度，目前齿形加工刀具的材料大多采用高速钢。当粗加工时，为了减少机床振动，提高刀具的使用寿命，应采用低速切削、大进刀量和小进给量为宜。在精加工中则应采用高速切削、小进刀量和大进给量为宜，这样可以避免刀具产生积屑瘤，改善齿面的粗糙度。

c. 间隙不当。刀轴两端轴颈与轴瓦的安装间隙过大或磨损过大，必须及时维修和调整，保证加工过程中合理间隙。产生间隙不当主要有以下两方面原因。

ⅰ. 刀具芯轴与刀具内孔配合间隙过大，造成刀具在加工过程中产生振动，增大齿面的粗糙度。所以刀具芯轴必须符合设计要求，芯轴与刀具内孔配合精度不得超差。

ⅱ. 刀轴两端轴颈与轴瓦的安装间隙过小或过大。若间隙过小，轴颈与轴瓦产生摩擦，造成轴颈和轴瓦损坏。若间隙过大，轴颈与轴瓦间润滑剂不能形成油膜，起不到润滑作用，刀轴在刀具切削力冲击下产生变形，加剧振动，增大齿面粗糙度。所以间隙是否合理必须以产生油膜为准。润滑剂的选择，随机床周围的气温高低和机床运转时间长短来选择。

(2) 提高滚齿加工精度的方法

通过以上对滚齿加工精度的分析，明确了滚齿加工过程中各种误差的产生来源，主要因素是所加工零件本身的精度、机床夹具、刀具以及整个工艺系统的精度、加工过程中的调整等。

① 提高齿坯本身的加工质量　齿坯质量是齿轮加工精度的基础，对于制造高精度齿轮，齿坯的精度更是起着至关重要的作用。齿轮加工大多以其内孔及端面作为定位基准，数控机床的使用使得圆柱齿轮可在一次安装中车削出齿轮的定位内孔和端面，轴向跳动小于 0.015mm。而过去在多刀半自动车床或普通车床上加工同类齿坯，轴向跳动大约为 0.05mm。定位基准精度的提高，大大地提高了齿轮加工的精度，特别是齿向精度。轴齿轮类零件一般以中心孔作为定位基准，所以中心孔的制造精度一定要保证锥面粗糙度好，不允许有任何磕碰是关键。

② 提高滚齿夹具的制造、安装精度　由前面的分析可知，滚齿夹具的制造、安装精度不高，会产生径向跳动和齿向误差。齿坯的安装精度也主要取决于夹具的制造精度和安装精度。盘类齿轮滚齿芯轴的设计，定位外圆和定位端面的跳动在 0.005mm 以内，定位外圆和齿坯的配合间隙在 0.002～0.008mm。对轴齿轮零件而言，滚齿夹具的结构一般是上下顶尖定位，夹紧工件外圆。因此，顶尖制造质量的好坏对轮齿径向跳动影响很大。顶尖锥面粗糙度值必须达到 $Ra0.8\mu m$ 以下，而且对顶尖中心线的径向跳动≤0.008mm，锥面不允许有磕碰和过度磨损。在提高夹具制造精度的同时，滚刀刀杆、刀垫、螺母的制造精度也应保证刀杆直径精度最低必须按 6 级制造，配合处表面粗糙度值达到 $Ra0.8\mu m$ 以下，两顶尖孔的同轴度要求在 0.01mm 以内，轴向跳动在 0.005mm 以内，刀杆锥部与机床刀架主轴孔的接触面积在 70% 以上。螺母拧在刀杆上后，其端面对刀杆轴线的垂直度≤0.01mm。此外在调整夹具安装精度时一定注意，上尾座顶尖中心与工作台回转中心应保持一致，装夹零件后检查芯轴径向跳动不能超过 0.01mm。

实践证明，改进工艺方法及工装结构是提高齿轮制造精度行之有效的方法：使夹具芯轴的轴心与工作台轴心重合,在夹具底面设有固定止口,虽与工作台配合间隙很小,但仍存在位置误差,为使夹具安装偏心很容易找正至零或接近于零,将夹具的固定止口改为可微调偏心止口。

③ 提高刀具的刃磨精度　刀具本身的制造精度和刃磨精度对被切齿轮的齿形精度有很大的影响,因此,为了保证加工精度,必须正确选择刀具的精度等级和提高刀具的刃磨精度。刀具精度一般按被加工齿轮的精度选择。这里需要特别说明的是,滚刀刃磨后必须涂层。国产机床的滚刀刃磨精度基本上可保证滚齿齿形精度,但加工时要有合理的窜刀量及刃磨涂层。使用磨损了的滚刀滚齿时,会降低齿轮的齿形精度和恶化表面质量,也会加剧机床的振动。滚刀磨损量在粗切时超过 $0.8\sim1.0\mathrm{mm}$ 或精切时超过 $0.2\sim0.5\mathrm{mm}$,就需要重磨前刀面。滚刀的重磨精度对于滚刀的齿形精度有很大影响,必须十分重视。

④ 保证和提高机床本身的精度和调整精度　从前面的误差分析可知,机床传动链的传动误差会造成齿轮的运动偏心,而且影响最大的环节是分度蜗杆副,因此,保持机床应有的工艺精度是保证齿轮加工精度的重要方面。如果发现滚齿后公法线变动超差,就应检查机床工作台分度啮合副的啮合情况,如果啮合间隙超过 $0.03\mathrm{mm}$ 就应调整,保证始终在 $0.03\mathrm{mm}$ 以内,否则须对蜗杆副进行检修。在滚切斜齿时,应注意差动挂轮比的计算要准确到小数点后五位或六位。机床刀架滑板对工作台回转轴线的平行度对滚齿齿向误差有影响,提高滚齿机刀架导轨系统精度,也是保证齿向的一方面。由机床资料可知,在 $250\mathrm{mm}$ 长度上,平行度公差是 $0.021\mathrm{mm}$。

⑤ 提高热处理能力　渗碳齿轮的热处理变形直接影响到齿轮的精度、强度、噪声和寿命,即使在渗碳热处理后加上磨齿工序,变形仍然会降低齿轮的精度等级。控制齿轮变形也必须在制造齿轮的全过程中设法去解决:减少齿轮材料冶金因素对变形的影响;采用控温正火或等温退火来处理齿轮锻件;改进设备,优化工艺,减少淬火对变形的影响。

⑥ 滚齿时要控制留磨量　余量不能过大,否则磨齿后齿轮的表面渗碳硬度层会被磨掉,造成硬度下降,降低齿轮的接触疲劳强度。

12.4　齿轮类零件精度测量及质量控制示例

12.4.1　圆柱齿轮

圆柱齿轮是机械齿轮中一种重要的齿轮类型,更是最为普遍的一种齿轮样式。圆柱齿轮根据轮齿的方向,可分为直齿、斜齿和人字齿圆柱齿轮。

(1) 圆柱齿轮类零件的结构特点

圆柱齿轮类零件按照结构大致可分为:盘类齿轮、套类齿轮及轴类齿轮。盘类齿轮,孔的长径比小于1,内孔有带键槽孔或花键孔;单联齿轮和多联齿轮又称套类齿轮,孔的长径比大于1,内孔有光孔、带键槽孔或花键孔;轴类齿轮上具有一个以上的齿圈。

(2) 圆柱齿轮类零件的技术要求分析

齿轮坯是供制造齿轮用的工件。齿轮坯的尺寸偏差、几何误差及表面粗糙度等,不仅直接影响齿轮的加工质量和检验精度,还影响齿轮副的接触精度和运行的平稳性。在一定的加工条件下,用控制齿轮坯质量来提高齿轮加工精度是一项积极的工艺措施。圆柱齿轮坯的技术要求主要包括以下三个部分,如图 12-5 所示。

① 尺寸精度　对作为定位和安装基准的齿轮内孔、齿轮轴轴颈和齿顶圆的尺寸精度要求。

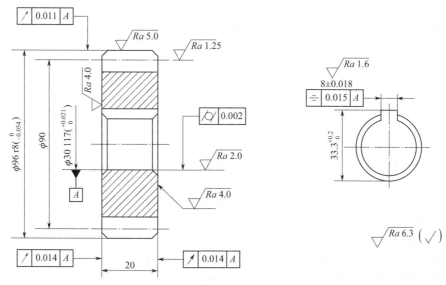

图 12-5 圆柱齿轮坯的技术要求

② 几何精度 基准面及安装面（工作安装面、制造安装面）的形状精度，有圆度、圆柱度和平面度要求；当基准轴线与工作轴线不重合时，则工作安装面相对于基准轴线的跳动量，必须在图样上予以控制。

③ 表面粗糙度 齿面的表面粗糙度对齿轮的传动精度、表面承载能力和弯曲强度等都会产生很大的影响；其他主要表面也将影响齿轮加工方法、使用性能和经济性，所以都规定了相应的表面粗糙度值。

(3) 圆柱齿轮类零件加工工艺分析

① 定位基准的选择及修正 圆柱齿轮加工时的定位基准应尽可能与设计基准、装配基准和测量基准相一致。齿坯加工主要为齿面加工准备好定位基准，所以齿轮的内孔和端面、轴齿轮的中心孔、轴颈外圆和端面，必须具有一定的精度要求。

a. 盘类齿轮。盘类齿轮加工时，先以毛坯的一端和外圆作为粗基准定位，在车床上加工另一个端面、内孔、外圆及沟槽等；然后调头加工内孔、第一个端面、外圆及其他表面。

b. 套类齿轮。套类齿轮以内孔作为主要定位基准。一般先对内孔粗、精加工到IT7（有时还要加工外端面），然后以内孔定位加工外圆、端面、齿面和沟槽等。

c. 轴类齿轮。轴类齿轮是先加工两端面，然后加工两端中心孔。再以两端中心孔为基准，加工外圆、沟槽等。

齿轮淬火后基准孔产生变形，为保证齿形精加工质量，对基准孔必须给予如下修正。

对外径定心的花键孔齿轮，通常用花键推刀修正，推孔时要防止歪斜，可以采用加长推刀前引导来防止歪斜。

对圆柱孔齿轮的修正，可采用推孔或磨孔。推孔生产率高，常用于未淬硬齿轮；磨孔精度高，但生产率低，对于整体淬火后内孔变形大硬度高的齿轮，或内孔较大、厚度较薄的齿轮，以磨孔为宜。磨孔时一般以齿轮分度圆定心。这样可使磨孔后的径向跳动较小，对以后磨齿或珩齿有利。

② 加工工艺路线 影响齿轮加工工艺过程的因素很多，主要有精度要求、尺寸大小、结构形式、材料及热处理方式、生产批量、现有设备等。即使是同一齿轮，由于具体情况不同，采用的加工工艺过程也会有所差别。一般可以归纳为以下工艺路线：毛坯制造—齿坯热处理—齿坯加工—齿轮齿面的粗加工—齿轮热处理—齿轮齿面的精加工—检验。

盘类齿轮齿坯加工方法为：车孔、端面和一部分外圆—精镗孔—车另一端面和其余外圆；套类齿轮齿坯加工方法为：钻、扩孔—拉孔—粗、精车齿坯外圆及端面；轴类齿轮的齿坯是个阶梯轴，加工方法为：加工两端面—钻两端中心孔—粗、精车齿坯。

(4) 圆柱齿轮类零件的精度测量

① 齿距偏差的测量

a. 用万能测齿仪测量。万能测齿仪是较精密的仪器，可测量4～7级精度，读数精度可达0.001mm。万能测齿仪以被测齿轮轴心线为基准，上、下顶尖定位，采用指示表类器具测量圆柱齿轮、锥齿轮、蜗轮的齿距误差，还可测量基节偏差、公法线长度、径向跳动等。

b. 用齿轮周节检测仪和齿轮基节检测仪测量。这两种检测仪用于7级或7级以下精度齿轮的检测。

c. 用齿轮检测中心测量。齿轮检测中心测量2级精度齿轮，可测量周节偏差、周节累积误差、径向跳动误差等项目。

② 齿廓偏差的测量

a. 用单盘式渐开线检查仪测量。将被测齿轮齿廓与渐开线检查仪所形成的理论渐开线轨迹进行比较，两者的差异即为齿廓偏差，其数值由指示表读出。

b. 影像法。实际齿廓投影仪放大后的影像与理论齿廓的放大图进行比较，两者的差异即为齿廓偏差。

③ 螺旋线偏差的测量

a. 用齿轮径向跳动检测仪测量。将指示表的测头在齿高中部与齿面接触（尽可能垂直于齿面）并平行于齿轮轴线移动，测出沿齿宽两端面的读数差，即为螺旋线偏差。

b. 用偏摆检查仪测量。在齿轮齿槽内放上一个圆柱（圆柱直径应使圆柱在齿轮分度圆附件接触），用偏摆仪上的指示表测量圆柱的两端，其读数差即为螺旋线偏差。

④ 切向综合偏差的测量　用单面啮合综合检查仪进行测量。测量时，以被测齿轮回转轴线为基准，被测齿轮与测量齿轮作有间隙的单面啮合传动，被测齿轮每齿的实际转角与测量齿轮的转角进行比较，其差值通过计算机偏差处理系统得到。由输出设备将其记录成切向综合偏差曲线，在该曲线上按偏差定义取出切向综合偏差。

⑤ 径向综合偏差的测量　用双面啮合综合检查仪进行测量。测量时，以被测齿轮回转轴线为基准，通过径向拉力弹簧使被测齿轮与测量齿轮作无间隙的双面啮合传动，啮合中心距的连续变动通过测量滑架和测微装置反映出来，其变动量即为径向综合偏差。将这种变动按被测齿轮回转一周（360°）排列，记录成径向综合偏差曲线，在该曲线上按偏差定义取出径向综合偏差。

⑥ 径向跳动的测量　用径向跳动测量仪进行测量。测量时，检查仪指示表首先调零位，然后使测头（根据被测齿轮的模数选择尺寸合适的测头）进入齿槽内，与该齿槽在齿高中部双面接触，并记下指示表的示值。这样依次测量其余的齿槽，从各次示值中找出最大示值和最小示值，它们的差值即为齿轮径向跳动的测量值。

⑦ 齿厚偏差的测量　用齿厚游标卡尺测量分度圆弦齿厚。测量时，将齿厚游标卡尺置于被测齿轮上，使垂直游标尺与齿轮齿顶可靠接触。然后移动水平游标尺上的活动量爪，使它与固定量爪、轮齿的左、右齿面接触，用透光判断接触情况（齿轮齿顶与垂直游标尺高度定位板之间不得出现空隙），并从水平游标尺上读出弦齿厚的实际值。在相对180°分布的两个齿上测量，测得的齿厚实际值与齿厚公称值之差即为齿厚偏差，取其中的最大值和最小值作为测量结果。

齿厚测量以齿顶圆为测量基准，测量结果受齿顶圆加工误差的影响。因此，必须保证齿顶圆的精度，以降低测量误差。

⑧ 公法线长度偏差的测量　用公法线千分尺进行测量。测量时，根据确定的跨齿数 k，用公法线千分尺测量沿被测齿轮圆周均布的 k 条公法线长度，取所测 k 个实际公法线长度的平均值减去公法线公称值，即为公法线长度偏差。

用公法线千分尺测量公法线长度的优点是：可以直接在加工机床上进行测量；不以齿顶圆作为定位基准，所以测量精度与齿顶圆误差无关，这样可以放宽齿顶圆的直径公差。

⑨ 齿面粗糙度的测量　齿轮齿面的粗糙度检测方法一般用比较法。就是用表面粗糙度比较样块与被测齿轮齿面的粗糙度进行比较，用目测或借助放大镜、比较显微镜等直接进行比较，或用手感（摸，指甲划动的感觉）来评定表面粗糙度。还可用油滴在被测齿面上和表面粗糙度保证样块上，用油的流动速度（此时，要求样块与齿面倾斜角度与温度相同）来评定表面粗糙度，流动快的表面粗糙度数值小。

（5）保证圆柱齿轮加工质量应采取的措施

有关控制圆柱齿轮加工精度问题，在 12.2.2 节及 12.3.2 节已有论述，还需注意以下几点：

① 内孔定位时，要提高齿轮内孔的制造精度，使夹具芯轴的轴心与工作台轴心重合，在夹具底面设有固定止口，虽与工作台配合间隙很小，但仍存在位置误差。为使夹具安装偏心很容易找正至零或接近于零，将夹具的固定止口改为可微调偏心止口。

② 定位端面与定位孔或外圆应在一次装夹中加工出来，以保证定位端面和定位孔或外圆间的垂直度要求。

③ 当以齿顶圆作为测量基准时，应严格控制齿顶圆的尺寸精度。这是因为，齿厚的检测是以齿顶圆作为测量基准的，齿顶圆精度太低，必然使测量出的齿厚值无法正确反映齿侧间隙的大小。

12.4.2　圆锥齿轮

圆锥齿轮简称锥齿轮，它用来实现两相交轴之间的传动，两轴交角可根据传动需要确定，一般多采用 90°。

（1）锥齿轮类零件的结构特点

锥齿轮的轮齿排列在截圆锥体上，轮齿由齿轮的大端到小端逐渐收缩变小。锥齿轮按其轮齿齿长形状可分为直齿、斜齿、弧齿等几种，如图 12-6 所示。直齿锥齿轮设计、制造及安装均较简单，生产成本低廉，故应用最为广泛，但噪声较大，用于低速传动（小于 5m/s）；斜齿锥齿轮由于加工困难，应用很少，并逐渐被弧齿锥齿轮代替；弧齿锥齿轮需要专门机床加工，但较直齿锥齿轮有传动平稳、噪声小及承载能力高等优点，正在汽车、拖拉机及煤矿机械等高速重载的场合中推广使用。

(a) 直齿圆锥齿轮　　　(b) 斜齿圆锥齿轮　　　(c) 弧齿圆锥齿轮

图 12-6　圆锥齿轮

（2）锥齿轮类零件的技术要求

锥齿轮类零件的技术要求主要包括以下五个部分：齿轮基准面（包括定位基准面、测量基准面和装配基准面）的尺寸精度和位置精度；安装距；面锥角；表面粗糙度；热处理要求。

(3) 锥齿轮加工工艺分析

锥齿轮的加工方法：对于精度要求高的，一般是在刨齿机上用展成法加工；精度要求较低的，在没有齿轮加工专用机床的情况下，通常在普通铣床上用成形铣刀加工。

① 加工工艺要求　对直齿圆锥齿轮来说一般工艺要求包括如下内容。

a. 大端齿形要求准确。

b. 为了保证圆锥齿轮的运动精度。齿圈径向跳动的误差要在一定范围内。

c. 为了保证圆锥齿轮工作的平稳性。齿轮周节误差也要在一定范围内。

d. 为了保证圆锥齿轮侧隙。要求大端和小端齿厚误差在允许范围内。

e. 为了保证齿轮接触精度。要求齿向误差在允许范围内。

f. 齿面的表面粗糙度应达到图纸要求。

② 定位基准的选择　锥齿轮加工时的定位基准应尽可能与设计基准、装配基准和测量基准相一致。齿坯加工主要为齿面加工准备好定位基准，所以齿轮的内孔和端面、轴齿轮的中心孔、轴颈外圆和端面，必须具有一定的精度要求。对于以内孔为主要定位基准的锥齿轮，一般先粗、精加工到IT7，然后以内孔定位加工外圆、端面、前后锥面等。

③ 加工工艺路线　影响锥齿轮加工工艺的因素很多，主要有结构形式、尺寸大小、精度要求、生产类型、材料、热处理方式及现有设备等。即使同一锥齿轮，由于具体情况不同，工艺过程也会有差别。一般可以归纳为以下工艺路线：毛坯制造—齿坯热处理—齿坯加工—齿轮齿面的粗加工—齿轮热处理—齿轮齿面的精加工—检验。

锥齿轮轴的齿坯加工方法一般为：加工端面—钻中心孔—粗、精车齿坯。

锥齿轮齿坯的加工方法一般为：车孔、端面和前后锥面—调头车另一端面和其余部分。

(4) 锥齿轮的精度测量

锥齿轮检测可分为几何量检测、综合检测和滚动接触区检测。

① 锥齿轮的几何量检测

a. 齿距误差的测量。齿距误差包括齿距的偏差和齿距累积误差，其中齿距的偏差影响被测齿轮的轮齿相对于回转轴分布的不均匀性，而齿距累积误差则反映了齿轮传递运动的准确性。齿距偏差的测量是在齿高中部靠近节锥的位置，以齿轮旋转轴心为轴心的圆周上测量的。锥齿轮的齿距测量可以采用与圆柱齿轮齿距测量相同的仪器和方法。

b. 齿圈径向跳动的测量。齿圈径向跳动是指位于节锥面上的齿宽中点处，齿廓表面相对于齿轮轴线的最大变动量。测量时，测头在节锥上与齿面中部接触，且垂直于节锥母线，一般用结构简单的齿圈跳动检查仪检测。

c. 齿厚的测量。齿厚误差直接影响齿轮传动中啮合的齿侧间隙，锥齿轮齿厚的测量最常用的是齿厚千分尺，直接测量在给定弦齿高处的弦齿厚。

另一种齿轮齿厚的测量方法是用标准的锥齿轮与被测齿轮比较。测量时，先将球形测头垂直于标准轮节锥母线，测头与两侧齿面同时接触，将指针对零，然后换上被测齿轮，由读数变化可得到被测齿轮的齿厚差。

d. 齿面形貌的测量。弧齿锥齿轮齿面是空间三锥曲面，进行齿貌测量需要根据机床调整参数计算出齿面各点的坐标，利用齿轮测量中心准确测量大小齿轮的齿面形貌。需要说明的是，齿轮测量中心在检测锥齿轮的齿面形貌前需要有轮齿的名义数据，该数据是轮齿上网格位置点的坐标值，名义数据一般由齿轮的计算分析软件产生；齿轮测量中心测量这些网格点的实际坐标值，并将测量结果同名义数据相比较，输出差值，配合修正软件可以计算出机床调整参数修正量。

e. 齿面粗糙度的测量。表面粗糙度测量可以利用表面粗糙度量块目测比较法，也可使用便携式粗糙度量仪和通用轮廓仪,对齿面粗糙度进行定量评价。

② 锥齿轮的综合检测 综合检测是指滚动一对齿轮副进行测量,可以是一个被测齿轮同一个标准轮对滚,也可以两个被测齿轮对滚。锥齿轮的综合检测有单面啮合测量和双面啮合测量两种。

a. 单面啮合测量。齿轮以理论安装距安装在检验机(如数控检验机床)上,在只有一侧齿面接触的情况下进行有侧隙的滚动,测量齿轮设计回转角度与理论回转角度的差值。

b. 双面啮合测量。齿轮安装在轴上之后,在弹簧力作用下使双侧齿面接触,测量齿轮旋转时安装距的变化。双面啮合测量是一种高效率、低成本的综合测量方式。

③ 锥齿轮的滚动接触区检测 锥齿轮的刚度接触区检测采用 EPG 检验法。E:指垂直于主动轮、从动轮轴线方向的二者轴线相对位置(偏置距)改变量;P:指主动轮轴向轮位(安装距)改变量;G:指从动轮轴向轮位(安装距)改变量。EPG 检验时,根据检验机构不同,可以通过移动主动轮实现,也可以通过移动从动轮实现。方法是:将齿轮副按理论安装距安装在滚动检验机上,并在从动轮的齿面上涂上红丹粉或专用涂料,在轻载情况下短时间正、反转后,观察齿面接触区,通过改变偏置距及移动接触区位置,记录 E、P 值并进行数据处理。接触区太长,容易导致轮齿在边缘接触,形成载荷的边缘集中。正确的接触长度和位置应通过齿轮箱的加载实验确定,进行审查管理和工艺控制。

通过 EPG 检验,可以确定接触区长度、对角方向和大小、标准安装距下的接触区位置和形状、接触区中心与齿面中心的偏移量、齿轮副接触区敏感程度即可能承受的载荷变形量。

(5) 锥齿轮传动过程中易出现的问题

① 齿轮的传动误差 在实际运转中,主动和从动齿轮的转速传递并不是均匀不变的,主要原因有:齿轮副的设计误差;齿轮副的各种加工误差,齿距误差,跳动误差等;齿轮副的装配误差;加载后系统变形。

② 齿轮传动过程中的噪声 齿轮空转时,声音必须平滑而无敲击声;齿轮加制动载荷时,允许有较空载时高的噪声,但应连续和平滑。齿轮噪声检测,根据不同要求可以利用保证声级计或专用声学测试分析仪进行检测并作频谱分析。

齿轮产生噪声的主要原因有:

a. 齿面接触区不好,特别是边缘接触、干涉等,易产生较大的噪声。

b. 主动和从动锥齿轮的齿圈径向跳动公差过大,出现周期性噪声。

c. 齿轮齿距误差大,应检查机床分度机构和铣齿夹具、检验夹具的跳动和间隙等。齿面的表面粗糙度达不到要求,齿面有碰伤或毛刺等,都容易产生频率较高的噪声。

(6) 保证锥齿轮加工质量应采取的措施

① 装卸齿坯时,不松开床鞍手把,改用退开分齿箱的方法装卸,使床鞍与杠杆间的打滑达到平衡状态,避免第一齿的齿厚比最后一齿小。

② 以孔定位的锥齿轮夹具的核心部件是芯轴,为稳固地夹持零件,芯轴与主轴锥度表面的接触长度越大越好,一般不小于 75%,而且接触区应在大端。芯轴安装基准面的尺寸精度应在 0.005mm 以内,芯轴径向和轴向圆跳动一般不超过 0.005mm,齿轮精度高,夹具精度应该更高。

③ 刨齿加工锥齿轮时,为了提高刨齿精度,模数大于 2mm 的齿轮一般要分粗刨和精刨两道工序。由于切入法粗刨出的齿形呈直线,当齿数少特别是节锥角小时,精加工余量必须足够大,往往会影响到精刨的精度,此时可以考虑采用滚切法,保证精切余量比较均匀。

12.4.3 蜗杆蜗轮

(1) 蜗杆传动的主要特点

蜗杆传动是由蜗杆和蜗轮组成的,用于传递空间交错的两轴之间的运动和动力,通常两轴交错角为 90°。在一般蜗杆传动中,都是以蜗杆为主动件。蜗杆传动形式分为三大类:圆柱蜗杆传动、环面蜗杆传动和锥蜗杆传动,如图 12-7 所示。

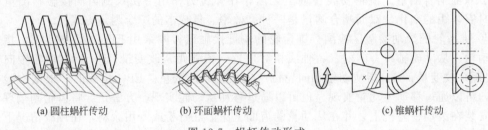

(a) 圆柱蜗杆传动　　(b) 环面蜗杆传动　　(c) 锥蜗杆传动

图 12-7　蜗杆传动形式

① 圆柱蜗杆传动的特点　圆柱蜗杆传动包括普通圆柱蜗杆传动和圆弧圆柱蜗杆传动。在各种蜗杆传动中,普通圆柱蜗杆的传动应用最广。普通圆柱蜗杆的齿面一般是在车床上用直线刀刃的车刀车制的,圆弧圆柱蜗杆传动与普通圆柱蜗杆传动的区别仅是加工用的车刀为圆弧刀刃。

a. 普通圆柱蜗杆传动的特点。

ⅰ. 传动平稳,振动、冲击和噪声较小。

ⅱ. 传动结构紧凑,传动比大,减速比的范围是 5~70,增速比的范围是 5~15。

ⅲ. 蜗杆与蜗轮间啮合摩擦损耗较大,传动效率比齿轮传动低,且易产生发热和出现温升过高现象,传动件也较易磨损。

b. 圆弧圆柱蜗杆传动的特点。

ⅰ. 传动效率高,一般可达 90% 以上。

ⅱ. 承载能力高,约为普通圆柱蜗杆的 1.5~2.5 倍。

ⅲ. 结构紧凑。

② 环面蜗杆传动的特点

a. 传动效率高,一般可达 85%~90%。

b. 承载能力高,约为阿基米德蜗杆的 2~4 倍。

c. 要求制造和安装精度高。

③ 锥蜗杆传动的特点　锥蜗杆传动中,蜗杆是由在节锥上分布的等导程的螺旋形成的,而蜗轮在外观上就像一个曲线锥齿轮,它是用与锥蜗杆相似的锥滚刀在普通滚齿机加工而成的。其传动特点是:

a. 同时接触的点数较多,重合度大。

b. 传动比范围大,一般为 10~360。

c. 承载能力和传动效率高。

d. 制造安装简便,工艺性好。

(2) 普通圆柱蜗杆蜗轮的结构特点及加工方法

① 普通圆柱蜗杆、蜗轮的结构

a. 蜗杆。蜗杆类似螺栓,螺旋部分的直径不大,所以常和轴做成一个整体;当蜗杆螺旋部分的直径较大时,可以将轴与蜗杆分开制作。蜗杆上没有退刀槽时,加工螺旋部分只能用铣削的方法；有退刀槽时，螺旋部分可铣削，也可车削，但该结构的刚度较前一种差。

b. 蜗轮。从外形上看，蜗轮很像斜齿圆柱齿轮。蜗轮通常采用耐磨性较高的青铜制作。为了节省铜材，当蜗轮直径较大时，采用组合式蜗轮结构，齿圈用青铜，轮芯用铸铁或碳素钢，常用蜗轮的结构形式如图 12-8 所示。

工作时，蜗轮轮齿沿着蜗杆的螺旋面作滑动和滚动。为了改善轮齿的接触情况，将蜗轮沿齿宽方向做成圆弧形，使之将蜗杆部分包住，这样蜗杆蜗轮啮合时是线接触而不是点接触。

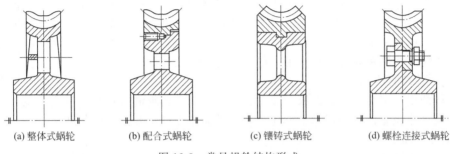

(a) 整体式蜗轮　　(b) 配合式蜗轮　　(c) 镶铸式蜗轮　　(d) 螺栓连接式蜗轮

图 12-8　常见蜗轮结构形式

② 普通圆柱蜗杆的分类　普通圆柱蜗杆根据车刀安装位置的不同，所加工出的蜗杆齿面在不同截面中的齿廓曲线也不同。根据不同的齿廓曲线，普通圆柱蜗杆可分为以下四种。

a. 阿基米德蜗杆（ZA 蜗杆）。蜗杆齿面为阿基米德螺旋面，轴向截面齿廓为直线，法向齿廓为凸曲线，其齿形角 α 为 20°。在与之相啮的蜗轮中间端截面中，蜗轮齿廓为渐开线，蜗杆轴向啮合类似于渐开线斜齿圆柱齿轮与齿条的啮合。ZA 蜗杆可在车床上用直线刀刃的单刀（当导程角 γ≤3°时）或双刀（当导程角 γ>3°时）车削加工，制造和检验方便。在大批量生产中，也可采用斜齿渐开线刀具铣切。但采用砂轮磨削加工难以获得精确齿廓，不适于采用硬齿面加工工艺。

用这种基本蜗杆制成的滚刀，制造与检验滚刀齿形均比渐开线蜗杆简单和方便，但有微量的齿形误差。不过这种误差是在允许的范围之内，为此，生产中大多数精加工滚刀的基本蜗杆均用阿基米德蜗杆代替渐开线蜗杆。

b. 渐开线蜗杆（ZI 蜗杆）。蜗杆齿面为渐开线螺旋面，端面齿廓为渐开线；在切于基圆柱的轴截面内，齿廓一侧为直线，另一侧为凸曲线。ZI 蜗杆可视为齿数等于蜗杆头数、大螺旋角的渐开线圆柱斜齿轮，因此不仅可以车削，还可以像圆柱齿轮那样用齿轮滚刀滚削，并可用单面或单锥面砂轮磨削，制造精度较高，适用于成批生产和大功率传动。用这种基本螺杆制造的滚刀，没有齿形设计误差，切削的齿轮精度高，但是制造滚刀困难。

c. 法向直廓蜗杆（ZN 蜗杆）。蜗杆齿廓在方向截面中为直线，齿廓在蜗杆轴向截面中呈微凹形曲线，在端截面中，齿廓理论上为延伸渐开线。ZN 蜗杆也是用直线刀刃的单刀或双刀在车床上车削加工。ZN 蜗杆传动一般难以用磨削的方法加工出高精度的蜗轮滚刀，因此常用飞刀切出蜗轮。若用这种蜗杆代替渐开线蜗杆作滚刀，其齿形设计误差大，故一般作为大模数、多头和粗加工滚刀用。

d. 锥面包络圆柱蜗杆（ZK 蜗杆）。ZK 蜗杆是一种非线性螺旋曲面蜗杆，不能在车床上加工，只能在铣床上铣削或在磨床上磨削加工。加工时，工件作螺旋运动，刀具作旋转运动。蜗杆的精度较高，应用日渐广泛。

与上述各类蜗杆配对的蜗轮齿廓，完全随蜗杆齿廓而异。蜗轮一般是在滚齿机上用滚刀或飞刀加工。为了保证蜗杆和蜗轮能正确啮合，切削蜗轮的滚刀齿廓应与蜗杆的齿廓一致；

深切时的中心距,也应与蜗杆传动的中心距相同。

(3) 蜗杆蜗轮的技术要求

蜗杆蜗轮的技术要求主要包括:各基准面(包括定位基准面、测量基准面和装配基准面)的尺寸精度和位置精度;表面粗糙度。

(4) 蜗杆蜗轮零件加工工艺分析

① 蜗杆蜗轮的材料　蜗杆和蜗轮材料要求具有足够的强度、良好的耐磨性和良好的抗胶合性。

蜗杆一般选用碳素钢或合金钢,表面光洁、硬度高。一般不太重要的低速中载的蜗杆可采用40钢、45钢,并经调质处理;高速重载蜗杆常采用15Cr或20Cr、20CrMnTi等,并经渗碳淬火。蜗轮一般选用铸造锡青铜,减摩、耐磨性、抗胶合性好,也可以用铸造铝铁青铜或灰铸铁等,铸铁蜗轮为防止变形一般需要进行时效处理。

② 定位基准的选择

a. 蜗杆的定位基准。一般选取两端中心孔作为加工和测量的基准。

b. 蜗轮的定位基准。一般选取蜗轮内孔、端面作为加工和测量的基准。

③ 蜗杆的加工工艺分析

a. 粗加工蜗杆各面。

b. 精切蜗杆的装配表面或定位基准面。对于不需要热处理的蜗杆,应直接加工到成品尺寸;对于需要热处理的蜗杆,需要给热处理后的加工留有余量。

c. 热处理前粗、精加工蜗杆螺旋面。对于不需要热处理的蜗杆,应直接加工到成品尺寸。对于需要热处理的蜗杆螺旋面,应留出磨削余量;若热处理后不再加工蜗杆螺旋面,那么热处理前的精加工需要考虑热处理变形的影响。

d. 对于需要热处理的蜗杆进行热处理。

e. 对热处理以后的蜗杆的安装表面和定位表面进行加工。

f. 对蜗杆进行精加工和光整加工。

④ 蜗轮的加工工艺分析　蜗轮的精度取决于蜗轮坯的加工精度和齿部的加工精度,所以要首先保证蜗轮坯的精度。

蜗轮在粗加工后进入人工时效处理,然后进行精加工和滚齿加工。

加工时,左端的端面与蜗轮孔一次装夹车出,再以左端面和蜗轮孔定位,定好中心距、中心高后开始滚齿。精加工齿部外圆时,可以以孔定位。

(5) 蜗杆蜗轮的精度测量

① 蜗杆的测量　蜗杆各误差项目的测量,除专用仪器外,由于其形成原理与螺纹类似,因而螺纹的测量方法和量仪也适用于蜗杆相应误差项目的测量。对于多头蜗杆,应分别测量每个头的误差和每个头之间的相对误差,取其中最大值作为测量结果。

a. 蜗杆螺旋线误差的测量。蜗杆螺旋线误差是较重要的综合误差指标。它综合反映蜗杆轴向齿距偏差、齿廓偏差、齿槽径向跳动等误差的影响。考虑到蜗杆传动的特征,一般规定该项误差由蜗杆一转范围内螺旋线误差和在蜗杆齿的工作长度内螺旋线误差两部分组成。测量蜗杆螺旋线误差的仪器要具有被测蜗杆相对于测量头的旋转运动和与旋转运动相联系的精确的轴向移动两个基本运动。目前,测量蜗杆螺旋线误差有两种方法:相对法和坐标法。

b. 蜗杆齿形误差的测量。蜗杆齿形误差是齿形角偏差和齿面形状误差的综合。

ⅰ. 在专用仪器上测量蜗杆齿形误差。这类专用仪器有滚刀检查仪、蜗杆检查仪、导程仪等。用专用仪器测量蜗杆齿形误差时,仪器上应具有能按蜗杆形成原理、保证测头在齿廓为直线的截面上进行测量的装置。

ⅱ. 在万能工具显微镜上测量蜗杆齿形误差。这种方法主要适用于测量小的、一般精度的蜗杆。根据被测蜗杆螺旋角的不同，可选用影像法或光学灵敏杠杆接触法测量。

c. 蜗杆轴向齿距偏差的测量。蜗杆轴向齿距偏差和蜗杆轴向齿距累积误差都是在与蜗杆轴线平行的直线上测量。能够测量蜗杆螺旋线误差的仪器均可测量蜗杆轴向齿距偏差，其测量方法与螺纹螺距或斜齿轮轴向齿距的测量方法基本相同。

d. 蜗杆齿槽径向圆跳动的测量。蜗杆齿槽径向圆跳动的测量可以使用径向圆跳动检查仪和滚刀检查仪等，也可以在万能工具显微镜上用测微仪测量。测量时，蜗杆转动，测头随蜗杆转动沿蜗杆轴线方向作相对移动。被测蜗杆安装在顶尖间，测微仪球形测头的轴线应位于和蜗杆轴线相垂直的轴截面上，测头与两齿廓接触，转动蜗杆并移动滑板，测微仪的变化即为蜗杆齿槽的径向圆跳动。

e. 蜗杆齿厚偏差的测量。蜗杆齿厚偏差的测量，应以蜗杆工作轴线为基准，采用直接测量或间接测量两种方法。

直接测量是指直接测量蜗杆实际齿厚，求其与公称值之差，获得齿厚偏差。对于大尺寸、低精度蜗杆的实际齿厚，可用齿厚游标卡尺以蜗杆顶圆为基准直接测量。必要时，可按顶圆实际尺寸与顶圆径向跳动来校正测量结果。

对于精度高或尺寸小、螺旋角大的蜗杆，可采用量柱测量距 M 值来间接地评定齿厚偏差。当蜗杆头数为偶数时，用两根量柱测量即可；当蜗杆头数为奇数时，需用三根量柱测量。对于一般的蜗杆，M 值可用千分尺或指示千分尺测量；而对于精度较高的蜗杆，则在测长仪或光学计上测量。

② 蜗轮的测量　由于蜗轮轮齿的加工方法基本上与渐开线圆柱齿轮相同，评定蜗轮质量的各误差项目的含义与渐开线圆柱齿轮精度标准中各误差项目的含义基本一致，因而蜗轮各误差项目的测量方法和使用仪器也基本上与渐开线圆柱齿轮相应误差项目相同，需要注意的是蜗轮各误差项目的测量应在中央截面上进行。

a. 蜗轮综合误差的测量。蜗轮主要用啮合法测量其综合误差，也可以用测量单项误差（齿距累积误差、齿圈径向跳动和齿距偏差）来代替各项综合误差的测量。

蜗轮的切向综合误差和切向一齿综合误差的测量必须在蜗杆式单面啮合仪上精确测量。蜗轮的径向综合误差和径向一齿综合误差的测量一般在备有蜗杆副测量专用附件的双面啮合综合检查仪上测量。其他在单、双啮测量中的方法、评价等，都与渐开线圆柱齿轮相同。

b. 蜗轮轮齿齿廓偏差的测量。蜗轮轮齿齿廓偏差的测量也与渐开线圆柱齿轮基本相同，不同的是，应该根据相配蜗杆的类型正确地选择蜗轮齿廓误差的测量截面。调整测头的位置，使测头在指定测量截面上与被测蜗轮的齿面接触，进行测量。

c. 蜗轮齿圈径向跳动的测量。蜗轮齿圈径向跳动测量时，只能使用球形测头，且球形测头理论上应位于和蜗轮轴线相垂直的中心平面上。其他如装置、读数、评价等都与渐开线圆柱齿轮相同。

d. 蜗轮齿厚的测量。蜗轮齿厚的测量，可用两根精确测量过的蜗杆平行放置在蜗轮直径方向，并与其紧密啮合，进行测量；也可用两个钢球放在蜗轮对径方向的齿槽内，进行测量。对于精度不高的蜗轮，还可以用游标卡尺直接测量分度圆的法向齿厚。

同蜗杆的测量一样，蜗轮的各项误差也可以在齿轮测量中心上一次测量完成。

③ 蜗杆副和蜗杆传动的测量　蜗杆副和蜗杆传动的测量都是配对的蜗杆和蜗轮综合误差和接触斑点的测量，其不同点是蜗杆副的测量是在蜗杆式单面啮合仪上进行的一对蜗杆副的配对测量；而蜗杆传动的测量是蜗杆副安装好后进行啮合传动，且在蜗轮和蜗杆相对位置变化一个整周期内测量，它直接反映了蜗杆传动装置的传动精度。

蜗杆副的切向综合公差和相邻齿切向综合公差分别按蜗轮的切向综合公差和相邻齿切向综合公差确定。蜗杆副的接触斑点面积的百分比要求按传动接触斑点要求增加 5% 确定。

蜗杆副的侧隙一般也在蜗杆副安装好后进行检查。测量时,蜗杆不动,自由地转动蜗轮,通过蜗轮轮齿齿面上的测微仪读出的最大圆周摆动量就是蜗杆副的侧隙。

(6) 保证蜗杆蜗轮加工质量应采取的措施

① 为了保证两端中心孔同心,蜗杆中心孔在开始时仅作为临时中心孔。最后在精加工时,需要修研中心孔或磨中心孔,再以精加工过的中心孔定位。

② 粗加工时,刀具垂直于螺旋面安装,其外形对称中心线和蜗杆螺旋面的中心线相合。这样安装的车刀两切削刃的切削角相同,利于切削,并且切削分力垂直于车刀外形平面,所以刀具切削性能好。

③ 车削蜗杆时,车刀顶刃宽度应等于蜗杆螺旋槽底槽的宽度。通常采用与螺旋槽几何尺寸相应的尺寸制作样板,再依据样板来刃磨车刀。为保证螺旋表面粗糙度和槽底尺寸,车刀顶刃宽度宜略小于样板。

④ 滚齿加工蜗轮时,滚刀与蜗轮的中心距逐渐缩小,滚刀沿蜗轮径向进刀,从蜗轮的齿顶逐渐切至全齿深。最好采用螺旋角不大于6°的滚刀,以免产生过切现象。

⑤ 剃齿加工蜗轮时,剃刀齿后面的棱带宽度一般为 0.1~0.2mm,有时为了提高刃口强度,棱带宽度可适当加大,但不应超过 0.3~0.4mm,以保证剃齿质量。

⑥ 加工圆弧圆柱蜗杆时刀具的安装和调整,必须根据安装参数来控制,才能保证具有正确的齿廓。而且,车削这种蜗杆时最好采用偏刀加工,尤其是螺旋角较大时,更要采用偏刀,两侧螺旋面分别车削,磨削时也两侧分别磨削,以保证蜗杆齿廓形状的正确性,同时可减少有切削力引起的振动,提高加工精度和降低表面粗糙度。如果螺旋角比较小(一般需小于5°)可采用成形车刀加工,对提高齿廓形状精度有利。

⑦ 加工环面蜗杆时,为保证其加工精度,切刀的切削刃与蜗杆轴线的偏移量不得超过 0.15mm;在被切长度上蜗杆轴线与切刀旋转平面的平行度不大于 0.02mm;中心距偏差不应超过 0.04mm。

⑧ 环面蜗杆传动中对环面蜗杆的螺旋面质量有较高的要求,为保证齿面的加工质量,切刀的切削刃和刀具的后刀面应进行研磨,表面粗糙度应小于 $Ra0.16\mu m$;切削螺旋面时要使用切削液,切削速度为 1.0~1.5m/min;在精修蜗杆螺旋面时,切刀顶刃不应与蜗杆齿槽底部接触,因此在粗加工时,齿槽深度应多切 0.2~0.5mm,并将切削刃上的碎屑随时清除掉。为改善螺旋面质量可采用抛光方法,推荐使用毛毡轮和研磨膏进行抛光;如果齿面硬度小于 35~40HRC,也可采用滚压轮滚压齿面。

第13章 螺纹类零件

螺纹类零件，是在其圆柱或圆锥母体表面上加工出螺纹结构的零件。

13.1 螺纹的分类与技术要求

（1）螺纹的分类

① 螺纹按其截面形状（牙型）可分为五类（如图13-1所示）。

a. 三角形螺纹。三角形螺纹截面为三角形，牙型角多为55°和60°，是使用最普遍的螺纹，所以又称为普通螺纹。它分粗牙和细牙两种，粗牙普通螺纹多用于一般连接。细牙普通螺纹的螺距小、升角小、自锁性能好，常用于细小零件、薄壁管、有振动或变载荷的连接以及微调装置等。

b. 梯形螺纹。梯形螺纹截面为等腰梯形，牙型角为30°。梯形螺纹是应用很广泛的传动螺纹，与矩形螺纹相比，传动效率略低，但工艺性好，牙根强度高，对中性好，例如车床上的长丝杠和中、小滑板丝杠等。

c. 锯齿形螺纹。锯齿形螺纹是非对称牙型的螺纹，牙的工作边接近矩形直边，多用于承受单向轴向力，如螺旋压力机、水压机、起重机的吊钩等。目前使用的有：牙侧角为3°/30°、3°/45°、7°/45°、0°/45°等数种锯齿形螺纹。

d. 矩形螺纹。矩形螺纹截面为矩形，主要用于传动，效率高。但对中精度低，使得内、外螺纹旋合定心较难，而且牙根强度弱。目前仅用于对传动效率有较高要求的机件，没有制定国家标准。矩形螺纹因不易磨制，精确制造较为困难，螺旋副磨损后的间隙难以补偿或修复，故常被梯形螺纹代替。

e. 圆螺纹。圆螺纹是一种按照德国标准的牙型角为30°、螺纹顶和螺纹底都是圆弧状的螺纹。可以查阅标准DIN 405，目前还没有中文版的标准。其截面为半圆形，主要用于传动，在滚动丝杠上应用最广。与矩形螺纹相比，工艺性好，螺纹效率更高，对中性好，目前很多地方都取代了矩形螺纹和梯形螺纹，但因其配件加工复杂，成本较高，所以对传动要求不高的地方应用很少。

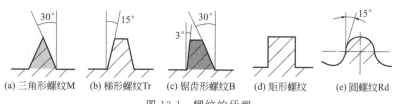

图13-1 螺纹的牙型

② 螺纹按用途可分为三类。

a. 紧固螺纹。主要用于连接和紧固各种机械零件并可拆卸。对这类螺纹的使用要求主要是良好的旋合性和连接的可靠性，如螺栓与螺母连接、螺钉与机体连接等。所谓旋合性，是指同规格的内、外螺纹在给定的轴向长度易于旋入、拧出，以便装配和拆换；所谓连接可靠性，是指用于连接和紧固时具有足够的连接强度和紧固性，接触均匀，螺纹不易松脱，螺牙不过早损坏。常用的紧固螺纹多为单线、三角形牙型。

b. 传动螺纹。主要用于传递动力、运动和位移。其主要的使用要求是传递动力可靠、传动准确和传动比稳定，以及螺牙接触良好、耐磨等。如千斤顶的起重螺杆和摩擦压力机的传动螺杆，主要用来传递载荷，也使被传物体产生位移，但对所移位置没有严格要求，需要螺纹结合时有足够的强度。机床进给机构中的微调丝杠和测量器具中的测微丝杠，主要用来传递位移，故要求传动准确。螺纹用于传动时要求进升快或效率高，采用双线或多线，但一般不超过4线。常用的传动螺纹的牙型有梯形、锯齿形和矩形。

c. 紧密螺纹。主要用于使两个零件紧密连接而无泄漏地结合。其主要的使用要求是结合紧密和密封性好。如管螺纹，配合要有一定的过盈量，以保证不漏水、不漏气、不漏油。常用紧密螺纹的牙型为三角形，多用于管件。

③ 螺纹按母体形状不同分为两类：在圆柱母体上形成的螺纹叫圆柱螺纹，在圆锥母体上形成的螺纹叫圆锥螺纹。

④ 螺纹按分布在母体内、外表面分为两类：在母体外表面的叫外螺纹，在母体内表面的叫内螺纹。

⑤ 螺纹按螺旋线方向分为左旋和右旋两种，一般用右旋螺纹。

⑥ 螺纹按螺旋线的线数可分为单线螺纹、双线螺纹和多线螺纹。连接多采用单线螺纹，传动多采用双线或多线螺纹。

(2) 螺纹类零件的技术要求

螺纹类零件具有倒角、端面、退刀槽、外圆或内圆、螺纹等结构，因此与其他类型表面一样，有一定的尺寸精度、几何精度和表面质量的要求。由于它们的用途和使用要求不同，技术要求也有所不同。

对于紧固螺纹和无传动精度要求的传动螺纹一般只要求中径和顶径（即外螺纹的大径、内螺纹的小径）的精度。对于有传动精度要求或用于读数的螺纹，除要求中径和顶径的精度外，还要求螺距和牙型角的精度。为了保证传动或读数精度及耐磨性，对螺纹的表面粗糙度和硬度等也有较高的要求。

13.2 螺纹类零件的加工工艺分析

(1) 螺纹类零件的材料及热处理

螺纹类零件的材料一般为中低碳钢、中低合金钢，多数是低碳钢如20钢等，高强度如45钢、40Cr、35CrMo等。低强度一般不进行热处理，冷作硬化就可以了。高强度的要求调质处理，还有的要求渗碳。

对于一般精度的螺纹，可在热处理前加工螺纹，但热处理时要进行保护。热处理时螺纹孔通常用一些材料堵住，避免淬火介质进入，通常都是一些耐热、耐火的材料，比如石棉绳、石棉毡等。外螺纹最好用缠绕的方法，如果拧上螺母就拿不下来了。如果淬火后硬度较高者，一般也都是先加工螺纹，再进行热处理。对于精度要求高的螺纹，先在最终热处理前进行粗加工，热处理后再对螺纹进行精加工。

(2) 螺纹类零件的加工工艺路线

以外螺纹为例，把零件右端面轴心处作为零件坐标系原点，工艺路线安排如下。

切削工件左端，齐端面、切削外圆、长度至尺寸要求；调头切削零件右端面，保证总长尺寸合格；粗加工零件表面，留精加工余量 0.5mm；精加工零件外圆至尺寸要求；粗、精加工螺纹退刀槽；粗、精加工外螺纹至尺寸要求；去毛刺。

（3）螺纹加工方法的分析

螺纹的加工方法很多，可以在车床、钻床、螺纹铣床、螺纹磨床等机床上利用不同的工具进行加工。选择螺纹的加工方法时，需要考虑的因素较多，其中主要是工件形状、螺纹牙型、螺纹的尺寸和精度、工件材料和热处理以及生产类型等。表 13-1 列出了常见螺纹加工方法所能达到的精度等级和表面粗糙度，可作为选择螺纹加工方法的依据和参考。

表 13-1 常见螺纹加工方法所能达到的精度等级及表面粗糙度

加工方法	精度等级	表面粗糙度 $Ra/\mu m$
螺纹车削	4～9	0.4～12.5
螺纹铣削	6～9	1.6～12.5
螺纹旋风切削	6～9	1.6～12.5
螺纹磨削	4～6	0.4～1.6
螺纹研磨	3～4	0.2～0.4
攻螺纹	6～8	1.6～6.3
套螺纹	7～9	3.2～6.3
螺纹滚压	3～9	0.2～12.5

① 螺纹车削　螺纹车削是螺纹加工最常用的方法，它可用各类卧式车床或专门的螺纹车床加工。螺纹车削可用来加工各种形状、尺寸以及精度的内、外螺纹，特别是尺寸较大的非淬硬工件的螺纹加工，如图 13-2 所示。在车床上车削螺纹可采用成形车刀或螺纹梳刀。用成形车刀车削螺纹，由于刀具结构简单，是单件和小批量生产螺纹工件的常用方法；用螺纹梳刀车削螺纹，生产效率高，但刀具结构复杂，只适于中、大批量生产中车削细牙的短螺纹工件。普通车床车削螺纹的精度一般只能达到 8～9 级；对于不淬硬精密丝杠的加工，利用精密车床车削，可以获得较高的精度和较小的表面粗糙度值。在专门的螺纹车床上加工螺纹，生产效率或精度可显著提高。

② 螺纹铣削　螺纹铣削一般都是在专门的螺纹铣床上进行，如图 13-3 所示。根据所用铣刀的结构不同，可以分为两种：盘形螺纹铣刀加工和梳形螺纹铣刀加工。

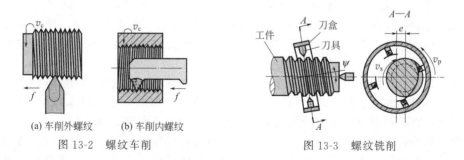

图 13-2　螺纹车削　　　　图 13-3　螺纹铣削

盘形螺纹铣刀加工：这种方法适合于大螺距的长螺纹，例如丝杠、螺杆等梯形螺纹。铣削时，铣刀轴线与工件轴线倾斜一定的角度。

梳形螺纹铣刀加工：是用若干盘形铣刀组合成多刃铣刀铣削，一般用于加工短且螺距不大的三角形内、外螺纹。加工时，工件只需转一周多一点（大约 1.25～1.5 转），就可以将全部螺纹切出，生产率很高。用这种方法可以加工靠近轴肩或者盲孔底部的螺纹，而且不需要退刀槽。

螺纹铣削由于加工精度较低，这种方法适用于成批生产一般精度的螺纹工件或磨削前的粗加工。

③ 螺纹旋风切削　螺纹旋风切削是用装在高速旋转刀盘上的成形刀头从工件上铣削出螺纹的加工方法，因铣削速度很高，切屑飞溅如旋风而得名。旋风切削主要用于加工丝杠和螺旋送料杆等长的外螺纹工件，也可加工直径较大的内螺纹，所用的机床一般是专门的旋风铣床或在普通车床的溜板上附装一个旋风头。旋风切削螺纹，根据旋风头与工件间的相互位置，可分为外切法和内切法两种。旋风头环形刀盘的外圆周（外切法）或内圆周（内切法）上装有均匀分布的数把硬质合金成形刀头，由 1 台电动机驱动作高速旋转。一般采用 4 把刀头，其中 2 把用于粗切螺纹，1 把用于切倒角，1 把用于精切螺纹。刀盘轴线相对工件轴线倾斜一个螺旋升角。工件由机床主轴驱动作低速旋转，工件每转 1 转，旋风头移动 1 个螺距或导程。内切法与外切法比较，刀头与工件接触弧较长，加工表面质量较高，刀具寿命较长，故应用比外切法广泛。加工内螺纹时，只能采用外切法。由于切削速度很高，且一次走刀即可加工成形，生产率可比普通车削或铣削螺纹提高几倍。

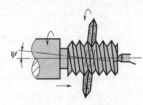

图 13-4　螺纹磨削

④ 螺纹磨削　螺纹磨削是一种高精度的螺纹加工方法，常在专门的螺纹磨床上进行加工，如图 13-4 所示。主要用于淬火后具有高硬度和高精度的螺纹，如丝锥、螺纹量规、滚丝轮及精密传动螺杆上的螺纹等。螺纹在磨削之前，可用车、铣等方法进行粗加工，对于小尺寸的精密螺纹，也可不经粗加工直接磨出。

螺纹磨削按砂轮截面形状不同分单线砂轮磨削和多线砂轮磨削两种。单线砂轮磨削，砂轮修整较方便，这种方法适于磨削精密丝杠、螺纹量规、蜗杆、小批量的螺纹工件和铲磨精密滚刀。多线砂轮磨削又分纵磨法和切入磨法两种。纵磨法的砂轮宽度小于被磨螺纹长度，砂轮纵向移动一次或数次行程即可把螺纹磨到最后尺寸。切入磨法的砂轮宽度大于被磨螺纹长度，砂轮径向切入工件表面，工件约转 1.25 转就可磨好，生产率较高，但精度稍低，砂轮修整比较复杂。切入磨法适于铲磨批量较大的丝锥和磨削某些紧固用的螺纹。

⑤ 螺纹研磨　用铸铁等较软材料制成螺母型或螺杆型的螺纹研具，对工件上已加工的螺纹存在螺距误差的部位进行正反向旋转研磨，以提高螺距精度。淬硬的内螺纹通常也用研磨的方法消除变形，提高精度。

⑥ 攻螺纹和套螺纹　直径和螺距较小的螺纹，可以用攻螺纹（又称攻丝）和套螺纹（又称套丝）的加工方法。攻螺纹或套螺纹的加工精度较低，主要用于加工精度要求不高的普通螺纹。单件小批生产时，可用手工操作；当批量较大时，可在车床、钻床、攻丝机和套丝机上进行加工。

攻螺纹是用一定的转矩，将丝锥旋入工件上预钻的底孔中加工出内螺纹，如图 13-5(a) 所示。对于小尺寸的内螺纹，攻制螺纹几乎是唯一有效的加工方法。以车床上攻螺纹为例，首先进行钻孔，孔口倒角要大于内螺纹大径尺寸，并找正尾座套筒轴线与主轴轴线同轴，移动尾座向工件靠近，根据攻螺纹长度，在丝锥上做好长度标记。开车攻螺纹时，转动尾座手柄，使套筒跟着丝锥前进，当丝锥已攻进数牙时，手柄可停止转动，让丝锥自动前进直到所需尺寸，然后开倒车退出丝锥即可。

套螺纹是用板牙在棒料（或管料）工件上切出外螺纹，如图 13-5(b) 所示。用板牙套螺纹，一般用在不大于 M16 或螺距小于 2mm 的外螺纹。以车床上套螺纹为例，首先把螺纹大径车至要求尺寸，并倒角，接着把装有套螺纹工具的尾座拉向工件，注意不要与工件碰撞，然后固定尾座，开动车床，转动尾座手柄，当工件进入板牙后，手柄就停止转动，由工具自动轴向进给。当板牙切削到所需要的长度尺寸时,主轴迅速倒转,使板牙退出工件,螺纹加工完成。

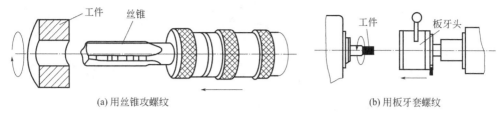

图 13-5 攻螺纹和套螺纹

⑦ 螺纹滚压 螺纹滚压是用成形滚压模具使工件产生塑性变形以获得螺纹的加工方法。螺纹滚压一般在滚丝机、搓丝机或在附装自动开合螺纹滚压头的自动车床上进行,适用于大批量生产标准紧固件和其他螺纹连接件的外螺纹。滚压螺纹的外径一般不超过 25mm,长度不大于 100mm。滚压一般不能加工内螺纹,但对材质较软的工件可用无槽挤压丝锥冷挤内螺纹(最大直径可达 30mm 左右),工作原理与攻螺纹类似。冷挤内螺纹时所需转矩约比攻螺纹大 1 倍,加工精度和表面质量比攻螺纹略高。

a. 螺纹滚压的优点:
ⅰ. 表面粗糙度小于车削、铣削和磨削;
ⅱ. 滚压后的螺纹表面因冷作硬化而能提高强度和硬度;
ⅲ. 材料利用率高;
ⅳ. 生产率比切削加工成倍增长,且易于实现自动化;
ⅴ. 滚压模具寿命很长。

b. 螺纹滚压的缺点:
ⅰ. 滚压螺纹要求工件材料的硬度不超过 40HRC;
ⅱ. 对毛坯尺寸精度要求较高;
ⅲ. 对滚压模具的精度和硬度要求也高,制造模具比较困难;
ⅳ. 不适用于滚压牙形不对称的螺纹。

c. 按滚压模具的不同,螺纹滚压可分搓丝和滚丝两类。

ⅰ. 搓丝。两块带螺纹牙型的搓丝板错开 1/2 螺距相对布置,静板固定不动,动板作平行于静板的往复直线运动。当工件送入两板之间时,动板前进搓压工件,使其表面塑性变形而形成螺纹,如图 13-6 所示。

ⅱ. 滚丝。滚丝有径向滚丝、切向滚丝和滚压头滚丝 3 种,如图 13-7 所示。

径向滚丝:2 个或 3 个带螺纹牙型的滚丝轮安装在互相平行的轴上,工件放在两轮之间的支承上,两轮同向等速旋转,其中一轮还作径向进给运动。工件在滚丝轮带动下旋转,表面受径向挤压形成螺纹。对某些精度要求不高的丝杠,也可采用类似的方法滚压成形。

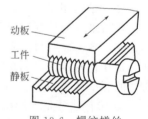

图 13-6 螺纹搓丝

切向滚丝:又称行星式滚丝,滚压工具由 1 个旋转的中央滚丝轮和 3 块固定的弧形丝板组成切向滚丝。滚丝时,工件可以连续送进,故生产效率比搓丝和径向滚丝高。

滚压头滚丝:在自动车床上进行,一般用于加工工件上的短螺纹。滚丝头中有 3~4 个均布于工件外周的滚丝轮。滚丝时,工件旋转,滚压头轴向进给,将工件滚压出螺纹。

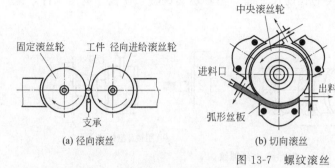
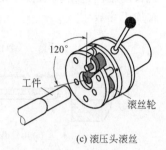

(a) 径向滚丝　　　　　(b) 切向滚丝　　　　　(c) 滚压头滚丝

图 13-7　螺纹滚丝

13.3　螺纹类零件的精度

13.3.1　螺纹类零件的精度测量

以普通螺纹为例。普通螺纹有两种检测方法：综合检验和单项测量。应根据螺纹的不同使用场合及螺纹加工条件，由产品设计者自己决定采用何种螺纹检验手段。

（1）综合检验

普通螺纹的综合检验是指一次同时检验螺纹的几个参数，以几个参数的综合误差来判断螺纹的合格性。对螺纹进行综合检验时，使用的是光滑极限量规和螺纹量规，它们都是由通规（通端）和止规（止端）组成。

使用光滑极限量规用于检验内螺纹和外螺纹实际顶径的合格性。

使用螺纹通规用于控制被测螺纹的作用中径不超出最大实体牙型的中径（d_{2max} 或 D_{2min}），同时控制外螺纹小径和内螺纹大径不超出其最大实体尺寸（d_{1max} 或 D_{min}）。通规应具有完整的牙型，并且螺纹的长度要接近于被测螺纹的旋合长度。

使用螺纹止规用于控制被测螺纹的单一中径不超出最小实体牙型的中径（d_{2min} 或 D_{2max}）。止规采用截短牙型，并且只有 2~3 个螺距的螺纹长度，以减少牙型半角误差和螺距偏差对检验结果的影响。

检验内螺纹用的螺纹量规称为螺纹塞规，检验外螺纹用的螺纹量规称为螺纹环规。如图 13-8 所示为外螺纹的综合检验，图 13-9 为内螺纹的综合检验。

综合检验操作方便、检验效率高，适用于成批生产且精度要求不太高的螺纹件。

（2）单项测量

普通螺纹的单项测量是指分别对螺纹的各个几何参数进行测量，即每次只测量螺纹的一项几何参数，以所得的实际值来判断螺纹的合格性。单项测量主要用于单件、小批量生产，尤其是在精密螺纹（如螺纹量规、螺纹刀具的测量等）和传动螺纹的生产中应用极为广泛。常用的螺纹单项测量方法有以下三种。

① 影像法测量　影像法测量螺纹是指用工具显微镜将被测螺纹的牙型轮廓放大成像，按被测螺纹的影像来测量其螺距、牙型角和中径，也可测量其基本大径和基本小径。

a. 工具显微镜介绍。工具显微镜是一种以影像法作测量基础的精密光学仪器，它可以测量螺纹的基本参数（大径、中径、螺距、牙型半角等），也可测量轮廓复杂的样板、成形刀具以及其他各种零件的长度、角度、半径等。

工具显微镜有万能、大型和小型三种，目前还有在仪器上附有微处理机和数显等装置，其读数精度和测量效率都大为提高。

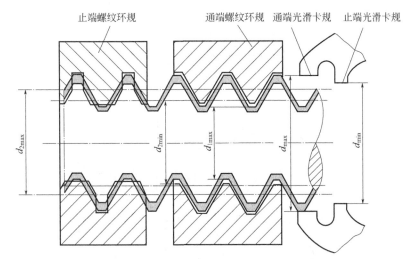

图 13-8 用螺纹环规和光滑极限卡规检验外螺纹

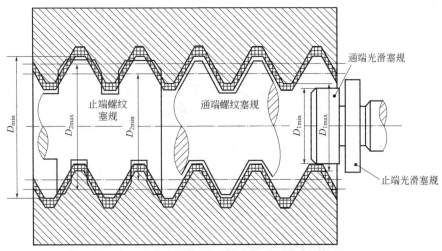

图 13-9 用螺纹塞规和光滑极限塞规检验内螺纹

b. 大型工具显微镜测量原理。大型工具显微镜的光学系统如图 13-10 所示。其测量原理为：光源 1 发出的光经聚光镜 2、滤光镜 3、可变光阑 5、反射镜 6 后垂直向上，再通过透镜 7 形成一组远心光束，照明被测工件 9。通过物镜把放大的工件轮廓成像在目镜分划板上，然后由目镜进行观察。同时，依靠纵向和横向千分尺的移动，以及工作台、目镜度盘的移动取得数据。

c. 大型工具显微镜测量方法。如图 13-11 所示，首先将工件安装在大型工具显微镜两顶尖之间，同时检查工作台圆周刻度是否对准零位。然后，接通电源，调节光源及光阑（根据被测螺纹的直径，可从仪器说明书中查出适宜的光阑直径），直到螺纹影像清晰。再按被测螺纹的旋向和螺纹升角 φ，旋转立柱倾斜手轮 14，调整立柱的倾斜度。旋转升降手轮 9 使米字线、分值刻线清晰，调节仪器的焦距，使被测轮廓影像清晰。

ⅰ. 测量螺纹单一中径。用压线法进行测量，步骤如下。

ⅰ) 转动纵向千分尺 15 和横向千分尺 7，以移动工作台；转动目镜左侧的米字线旋转手轮（图 13-11 中被 1、2 两目镜挡住，未显示出），使米字线分划板中两条相交 60°的斜线

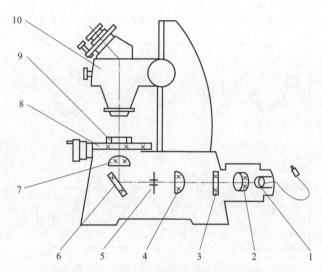

图 13-10 大型工具显微镜的光学系统
1—光源;2—聚光镜;3—滤光镜;4—透镜;5—可变光阑;6—反射镜;
7—透镜;8—工作台;9—被测工件;10—显微镜物镜与目镜部分

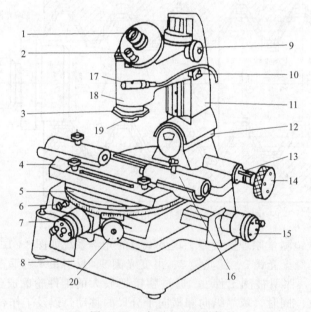

图 13-11 大型工具显微镜
1—目镜;2—角度读数目镜;3—微对焦环;4—顶尖座;5—圆工作台;6—螺钉;7—横向千分尺;8—底座;
9—升降手轮;10—锁紧螺钉;11—立柱;12—连接座;13—连杆;14—立柱倾斜手轮;15—纵向千分尺;
16—顶尖架;17—照明灯;18—显微镜筒;19—物镜;20—圆工作台转动手轮

分别与牙型影像边缘相压,如图 13-12 所示,记下横向千分尺第一次示值。

ⅱ)把立柱反向转一个 φ 角,纵向千分尺不动,转动横向千分尺,依照上述方法测量牙型影像,记下横向千分尺第二次示值。

ⅲ)两次示值之差即为被测螺纹一侧的实际中径。

ⅳ)为了消除被测螺纹安装误差对测量结果的影响,需要在左、右侧面分别测出 $d_{2左}$ 和

$d_{2右}$,取两者的平均值作为中径的实际尺寸 d_2,即
$$d_2=(d_{2左}+d_{2右})/2 \qquad (13\text{-}1)$$

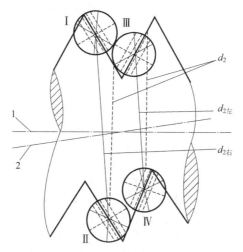

图 13-12　压线法测量螺纹单一中径
1—螺纹轴线；2—测量轴线

ⅱ.测量螺纹螺距。用压线法进行测量,步骤如下。

ⅰ)移动纵向和横向千分尺,同时转动目镜左侧的米字线旋转手轮,把目镜米字线的中心虚线 A—A 瞄准牙型轮廓影像的一个侧边,如图 13-13 所示,记下纵向千分尺第一次示值。

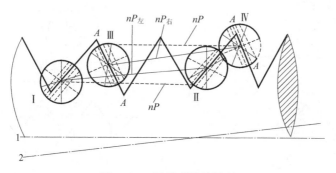

图 13-13　压线法测量螺距
1—螺纹轴线；2—测量轴线

ⅱ)横向千分尺不动,转动纵向千分尺,使工作台移动 n 个螺距的距离,把中心虚线 A—A 瞄准牙型轮廓影像的同向侧边,记下第二次示值。这两次示值之差即为一侧 n 个螺距的实际长度。

ⅲ)为了消除被测螺纹安装误差对测量结果的影响,应在左、右侧面分别测出 $nP_{左}$ 和 $nP_{右}$,取两者的平均值作 n 个螺距的实际尺寸 $nP_{实际}$,即
$$nP_{实际}=(nP_{左}+nP_{右})/2 \qquad (13\text{-}2)$$

n 个螺距的累积偏差为:
$$\Delta P_{实际}=nP_{实际}-nP \qquad (13\text{-}3)$$

ⅲ.测量螺纹牙型半角。用对线法进行测量,步骤如下。

ⅰ)转动目镜左侧的手轮,使角度读数目镜中的示值为 0°0′,则表示目镜米字线的中心

虚线 $A—A$ 垂直于工作台纵向轴线。

ⅱ) 转动纵、横向千分尺,同时转动目镜左侧的手轮,使目镜视场中的米字线的中心虚线分别与牙型影像的边缘相压,如图13-14所示,此时角度读数目镜中的示值即为该侧的牙型半角数值。

ⅲ) 为了消除被测螺纹安装误差,对测量结果的影响,应在左、右侧面分别测出 $\left(\dfrac{\alpha}{2}\right)_{\mathrm{I}}$、$\left(\dfrac{\alpha}{2}\right)_{\mathrm{II}}$、$\left(\dfrac{\alpha}{2}\right)_{\mathrm{III}}$、$\left(\dfrac{\alpha}{2}\right)_{\mathrm{IV}}$。当测量完 $\left(\dfrac{\alpha}{2}\right)_{\mathrm{I}}$ 后,应移动纵向千分尺测量,同时调整目镜左侧的手轮,测量 $\left(\dfrac{\alpha}{2}\right)_{\mathrm{II}}$。然后,按照测量中径的方式调整仪器测量 $\left(\dfrac{\alpha}{2}\right)_{\mathrm{III}}$、$\left(\dfrac{\alpha}{2}\right)_{\mathrm{IV}}$。并按下式计算牙型左、右两侧的半角 $\left(\dfrac{\alpha}{2}\right)_{左}$ 和 $\left(\dfrac{\alpha}{2}\right)_{右}$。

$$\left(\dfrac{\alpha}{2}\right)_{左} = \left[\left(\dfrac{\alpha}{2}\right)_{\mathrm{I}} + \left(\dfrac{\alpha}{2}\right)_{\mathrm{IV}}\right]/2$$

$$\left(\dfrac{\alpha}{2}\right)_{右} = \left[\left(\dfrac{\alpha}{2}\right)_{\mathrm{II}} + \left(\dfrac{\alpha}{2}\right)_{\mathrm{III}}\right]/2$$

将它们与牙型半角公称值 $\dfrac{\alpha}{2}$ 比较,则牙型半角偏差为:

$$\Delta\left(\dfrac{\alpha}{2}\right)_{左} = \left(\dfrac{\alpha}{2}\right)_{左} - \dfrac{\alpha}{2}, \quad \Delta\left(\dfrac{\alpha}{2}\right)_{右} = \left(\dfrac{\alpha}{2}\right)_{右} - \dfrac{\alpha}{2} \tag{13-4}$$

ⅳ) 根据螺纹互换性条件,判断螺纹的合格性。

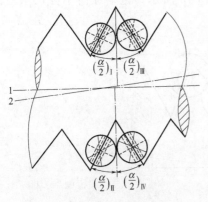

图13-14 对线法测量牙型半角
1—螺纹轴线;2—测量轴线

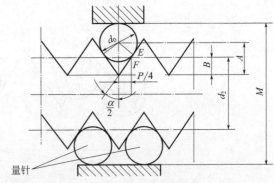

图13-15 三针法测量外螺纹单一中径

② 三针法 三针法主要用于测量外螺纹的单一中径,是一种间接测量法。因其方法简便,测量准确度高,在生产中应用很广。

a. 测量方法。如图13-15所示,将三根直径相等的精密量针放在被测螺纹的沟槽中,然后用接触式量仪(如杠杆千分尺、测长仪等)测出针距 M 值,通过被测螺纹已知的螺距 P、牙型半角 $\dfrac{\alpha}{2}$ 和量针公称直径 d_0 等数值,计算出被测螺纹的单一中径 d_2。计算公式为:

$$d_2 = M - d_0\left(1 + \dfrac{1}{\sin\dfrac{\alpha}{2}}\right) + \dfrac{P}{2}\cos\dfrac{\alpha}{2} \tag{13-5}$$

对普通螺纹,$\alpha = 60°$,则:

$$d_2 = M - 3d_0 + 0.866P \tag{13-6}$$

对梯形螺纹，$\alpha = 30°$，则：

$$d_2 = M - 4.863d_0 + 1.866P \tag{13-7}$$

如果量针与螺纹的接触点 E 正好位于螺纹中径处，则螺纹牙型半角的误差将不影响测量结果，此时所用的量针直径称为最佳直径，其值可按下式计算：

$$d_0 = \frac{P}{2\cos\frac{\alpha}{2}} \tag{13-8}$$

对普通螺纹，$\alpha = 60°$，则：

$$d_{0\text{最佳}} = 0.577P \tag{13-9}$$

对梯形螺纹，$\alpha = 30°$，则：

$$d_{0\text{最佳}} = 0.518P \tag{13-10}$$

b. 量针介绍。量针的制造精度有两级：0 级用于测量中径公差为 $4\sim 8\mu m$ 的螺纹塞规；1 级用于测量中径公差大于 $8\mu m$ 的螺纹塞规或螺纹工件。

量针有两种结构，悬挂式量针是挂在架上使用的，座砧式量针是套在测头上使用的，如图 13-16 所示。

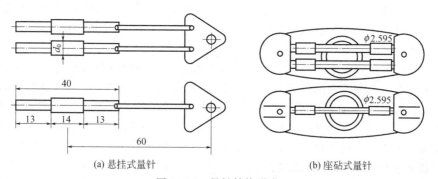

(a) 悬挂式量针　　(b) 座砧式量针

图 13-16　量针结构形式

量针是按组供应的，公称直径和精度等级相同的的三根组成一组，为了防止混淆和便于选用，每组挂有号牌，号牌上标着量针的公称直径、精度等级和制造厂标志。为了简化量针的尺寸规格，工厂生产的量针尺寸是几种尺寸相近螺纹共用的标准值，不一定恰好等于所要的最佳直径。测量时要按公式(13-9)或公式(13-10)计算出最佳直径后，从成套量针中挑选直径最接近的一组。

③ 用螺纹千分尺测量外螺纹中径　螺纹千分尺是利用螺旋副原理，对尺架上的锥形测量面和 V 形凹槽测量面间分隔的距离进行读数的测量器具，如图 13-17 所示。螺纹千分尺的结构及使用方法与外径千分尺基本相同，不同之处在于测头的形状不同而且是可更换的，每对测头只能测量一定螺距范围内的螺纹中径。螺纹千分尺是专用量具之一。螺纹千分尺主要用于测量公差等级为 7~9 级的普通外螺纹的中径尺寸。

在测量时，首先，根据被测螺纹的螺距选取一对测头。然后将测头及被测螺纹擦干净，测头安装在尺架上，校正好千分尺零位。再将被测螺纹放入两测头之间（V 形测头跨在被测螺纹的牙尖上，锥形测头插在牙槽内），找正中径部位。分别在同一截面相互垂直的两个方向上测量螺纹中径，取它们的平均值作为被测螺纹的实际中径。将此值与标准中径进行比较，即可判定被测螺纹的中径是否合格。

注意，当螺纹千分尺两个测头的测量面与被测螺纹的牙型接触后，旋转千分尺的测力装置，并轻轻晃动千分尺，当千分尺发出"咔咔"声后，即可读数。

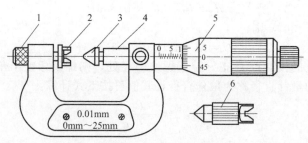

图 13-17 螺纹千分尺

1—调零装置；2—V形测头；3—锥形测头；4—测微螺杆；5—微分筒；6—校对量杆

13.3.2 螺纹类零件精度影响因素及措施

(1) 螺纹类零件的精度影响因素

对于螺纹类零件，影响其精度的参数主要有三个：中径、螺距和牙型半角。另外，基本大径和基本小径也影响螺纹的精度，所以必须对这五个参数分别规定极限偏差，加以限制。

① 螺纹中径误差对精度的影响　螺纹在加工过程中，不可避免地会产生加工误差。就螺纹中径而言，若外螺纹的中径比内螺纹的中径大，内、外螺纹将因干涉而无法旋合；若外螺纹的中径与内螺纹的中径相比太小，又会使螺纹结合过松，同时影响接触高度，降低螺纹连接的可靠性。

螺纹的基本大径和基本小径，主要是要求外螺纹的大径和小径不能过小，内螺纹的大径和小径不能过大，否则就会降低连接强度。国家标准 GB/T 197—2018《普通螺纹　公差》对外螺纹基本大径 d 和内螺纹基本小径 D_1，规定了较大的公差值；对外螺纹基本小径 d_1 和内螺纹基本大径 D，没有规定公差值。这是由于底径在加工时和中径一起由刀具切出，其尺寸由刀具保证，在正常情况下，外螺纹基本小径 d_1 不会过小，内螺纹基本大径 D 不会过大。对于梯形螺纹和锯齿形螺纹国家标准规定了中径公差，可以查阅 GB/T 5796.4—2005《梯形螺纹　第4部分：公差》、GB/T 13576.4—2008《锯齿形（3°、30°）螺纹　第4部分：公差》。

② 螺距偏差对精度的影响　普通螺纹的螺距偏差可分为两种，一种是单个螺距偏差，另一种是螺距累积偏差。影响螺纹精度的，主要是螺距累积偏差。对紧固螺纹来说，螺距偏差主要影响螺纹的可旋合性和连接的可靠性；对传动螺纹来说，螺距偏差直接影响传动精度和螺牙上负荷分布的均匀性。

当螺距产生偏差时，可采用改变中径的方法满足旋合性要求。即，如果外螺纹存在螺距累积偏差，可将其中径减少一个数值；如果内螺纹存在螺距累积偏差，可将其中径增大一个数值。该增大或减小的中径值，称为螺距偏差的中径当量。

③ 螺纹牙型半角误差对精度的影响　牙型半角误差也会影响螺纹的可旋合性与连接强度。因为，即使内螺纹具有理想牙型，内、外螺纹的中径及螺距都没有偏差，但外螺纹牙型半角有误差，这样牙侧间将发生干涉而不能旋合，并影响其连接强度。

当螺距牙型半角产生偏差时，也可采用改变中径的方法满足旋合性的要求。该增大或减小的中径值，称为牙型半角的中径当量。

因此，国家标准中只规定中径公差，而螺距偏差和牙型半角误差都由中径公差来综合控制。或者说，是用中径极限偏差构成的牙廓最大实体边界来限制以螺距偏差及牙型半角误差形式出现的几何误差。当有螺距偏差和牙型半角误差时，内螺纹的作用中径小于实际中径，外螺纹的作用中径大于实际中径；当没有螺距偏差和牙型半角误差时，实际中径就是作用中径，即：

$$d_{2\text{作用}} = d_{2\text{实际}} + (f_p + f_{\frac{a}{2}}) \tag{13-11}$$

$$D_{2\text{作用}} = D_{2\text{实际}} - (f_p + f_{\frac{a}{2}}) \tag{13-12}$$

式中，f_p、$f_{\frac{a}{2}}$ 为螺距偏差和牙型半角误差在中径上造成的影响。

根据以上分析，螺纹中径是衡量螺纹精度的主要指标。对于内、外螺纹来讲，作用中径不超过一定的界限，螺纹的旋合性就能保证。而螺纹的实际中径不超过一定的值，螺纹的连接强度就有保证。因此，要保证螺纹的精度，就要保证螺纹的作用中径和单一中径不超过各自一定的界限值。即，实际螺纹的作用中径不能超出最大实体牙型的中径，而实际螺纹上任何部位的单一中径不能超出最小实体牙型的中径。

对于外螺纹：$d_{2\text{作用}} \leqslant d_{2\max}$ 且 $d_{2\text{单一}} \geqslant d_{2\min}$。

对于内螺纹：$D_{2\text{作用}} \geqslant D_{2\min}$ 且 $D_{2\text{单一}} \leqslant D_{2\max}$。

(2) 车削加工螺纹常见问题及措施

由于螺纹结构的特殊性和工艺的复杂性，螺纹加工存在着精度低、效率低等问题，既有设备的原因，也有刀具、操作者等的原因。所以在螺纹加工过程中，要具体情况具体分析，通过各种检测手段，找出具体的影响因素，采取有效的解决方法。通过选择正确的加工刀具、合理的工件装夹方式及使用准确的切削系数，可以高精度、高效、稳定可靠地加工出合格的螺纹产品。

① 在数控车床上加工螺纹　随着技术的发展，数控车床越来越普及，在数控车床上车削螺纹被越来越多地使用。数控车床以加工精度高、产品同一性好、加工范围广、调试方便（特别是它能精密加工在普通车床上比较难加工的一些特殊表面零件）等优势，在机械加工中占有越来越重要的地位。在数控车床上车削螺纹时常见故障及解决方法主要有以下几点。

a. 扎刀的主要原因及解决方法。

ⅰ. 车刀的前角太大，使得机床丝杆间隙较大。可以通过减小车刀前角，利用数控车床的丝杆间隙自动补偿功能，补偿机床 X 轴丝杆间隙。

ⅱ. 车刀安装得过高或过低。过高，则吃刀到一定深度时，车刀的后刀面顶住工件，增大摩擦力，甚至把工件顶弯，造成扎刀现象；过低，则切屑不易排出，车刀径向力的方向是工件中心，加上横进丝杠与螺母间隙过大，致使吃刀深度不断自动趋向加深，从而把工件抬起，出现扎刀。此时，应及时调整车刀高度，使其刀尖与工件的轴线等高，可利用尾座顶尖对刀。在粗车和半精车时，刀尖位置比工件的中心高出工件直径的1%左右。

ⅲ. 工件装夹不牢。工件本身的刚性不能承受车削时的切削力，因而产生过大的挠度，改变了车刀与工件的中心高度（工件被抬高了），形成切削深度突增，出现扎刀，此时应把工件装夹牢固，可使用尾座顶尖等，来增加工件刚性。

ⅳ. 车刀磨损过大。引起切削力增大，顶弯工件，出现扎刀，此时需要刃磨刀具几何角度参数。

ⅴ. 切削用量（主要是背吃刀量和切削速度）太大。可以根据工件导程大小和工件刚性，选择合理的切削用量。

b. 乱牙的主要原因及解决方法。乱牙是当丝杠转一转时，工件未转过整数转而造成的。

ⅰ. 主轴编码器同步带磨损。由于数控车床车削螺纹时，主轴与车刀的运动关系是由机床主机信息处理中心发出的指令来控制的，车削螺纹时，主轴转速恒定不变，X 轴或 Y 轴可以根据工件导程大小和主轴转速来调整移动速度，所以中心必须检测到主轴同步真实转速，以发出正确指令控制 X 轴或 Y 轴正确移动。如果系统检测不到主轴的真实转速，在实际车削时会发出不同的指令给 X 轴或 Y 轴，那么这时主轴转一转，刀具移动的距离就不是一个导程，第二刀车削时螺纹就会乱牙。这种情况下，只有维修机床，更换主轴同步带。

ⅱ.编制输入的程序不正确。车削螺纹时为了防止乱牙，必须保证后一刀车削轨迹与前一刀车削轨迹重合。在数控车床上，常用程序来预防乱牙，就是在编制加工程序时，用程序控制螺纹刀在车削前一刀后，退刀，使后一刀起点位置与前一刀起点位置重合，这样车出的螺纹就不会乱牙。有时，由于程序输入的导程不正确（后一段程序导程与前一段程序导程不一致），车削时也会出现乱牙现象。

ⅲ. X 轴或 Y 轴丝杆磨损严重。维修机床，更换 X 轴或 Y 轴丝杆。

c.螺距不正确的主要原因及解决方法。

ⅰ.主轴编码器传送回机床系统的数据不准确。维修机床，更换主轴编码器或同步传送带。

ⅱ. X 轴或 Y 轴丝杆和主轴窜动过大。调整主轴轴向窜动，X 轴或 Y 轴丝杆间隙可以用系统间隙自动补偿功能补偿。

ⅲ.编制和输入的程序不正确。检视程序，务必使程序中的指令导程与图纸要求一致。

d.牙型不正确的主要原因及解决方法。

ⅰ.车刀刀尖刃磨不正确。正确刃磨和测量车刀刀尖角度，对于牙型角精度要求较高的螺纹车削，可以用标准的机械夹固式螺纹刀车削，或者把螺纹刀用磨床刃磨。

ⅱ.车刀安装不正确。装刀时用样板对刀，或者通过用百分表找正螺纹刀杆来装正螺纹刀。

ⅲ.车刀磨损。根据车削加工的实际情况，合理选用切削用量，及时修磨车刀。

e.螺纹表面质量差的主要原因及解决方法。

ⅰ.刀尖产生积屑瘤。用高速钢车刀切削时应降低切削速度，并正确选择切削液。

ⅱ.刀柄刚性不够，切削时产生振动。增加刀柄截面，并减小刀柄伸出长度。

ⅲ.车刀径向前角太大。减小车刀径向前角。

ⅳ.切削厚度太小或切屑向倾斜方向排出，拉毛已加工牙侧表面。高速钢切削螺纹时，最后一刀的切屑厚度一般要大于 0.1mm，并使切屑沿垂直轴线方向排出。

ⅴ.工件刚性差，而切削用量过大。选择合理的切削用量。

ⅵ.车刀表面粗糙度数值大。刀具切削刃口的表面粗糙度应比零件加工表面粗糙度值小 2~3 个档次。

② 在普通车床上加工螺纹

a.中径尺寸不正确的主要原因及解决方法。

ⅰ.中滑板刻度不准。精车时，检查刻度盘是否松动。

ⅱ.切削时，吃刀太大。精车余量要适当，车刀刃口要锋利，要及时选用正确的测量方法和合理的测量工具认真进行测量。

b.螺距不正确的主要原因及解决方法。

ⅰ.螺纹全长上螺距不正确。原因是挂轮搭配不当或进给箱手柄位置不对，可重新验算挂轮或检查进给箱手柄位置。

ⅱ.螺纹局部螺距不正确。原因是车床丝杠本身的螺距局部误差（一般由磨损引起），可更换丝杠或局部修复。

ⅲ.螺纹全长上螺距不均匀。原因是丝杠的轴向窜动，主轴的轴向窜动，溜板箱的开合螺母与丝杠不同轴而造成啮合不良、溜板箱燕尾导轨磨损而造成开合螺母闭合时不稳定、挂轮间隙过大等。

如果是丝杠轴向窜动造成的，可对车床丝杠与进给箱连接处的调整圆螺母进行调整，以消除连接处推力球轴承轴向间隙。

如果是主轴轴向窜动引起的，可调整主轴后调整螺母，以消除后推力球轴承的轴向间隙。

如果是溜板箱的开合螺母与丝杠不同轴而造成啮合不良引起的，可修整开合螺母并调整开合螺母间隙。

如果是溜板箱燕尾导轨磨损，可配制燕尾导轨及镶条，以达到正确的配合要求。

如果是挂轮间隙过大，可采用重新调整挂轮间隙。

ⅳ.出现竹节纹。原因是从主轴到丝杠之间的齿轮传动有周期性误差，如挂轮箱内的齿轮或进给箱内齿轮，由于本身制造误差、或局部磨损、或齿轮在轴上安装偏心等造成旋转中心低，从而引起丝杠旋转周期性不均匀，带动刀具移动的周期性不均匀，导致竹节纹的出现，可以修换有误差或磨损的齿轮。

c. 牙型不正确的主要原因及解决方法。

ⅰ.车刀装夹不正确，产生螺纹的牙型半角误差。一定要使用螺纹样板对刀。

ⅱ.车刀刀尖角刃磨得不正确。正确刃磨和测量刀尖角。

ⅲ.车刀磨损。合理选择切削用量和及时修磨车刀。

d. 牙侧表面质量差的主要原因及解决方法。

ⅰ.高速切削螺纹时，切削厚度太小或切屑倾斜方向排出，拉毛牙侧表面。高速切削螺纹时，最后一刀切削厚度一般不小于0.1mm，切屑要垂直于轴线方向排出。

ⅱ.产生积屑瘤。用高速钢车刀切削时，应降低切削速度，切削厚度小于0.07mm，并加注切削液。

ⅲ.刀杆刚性不够，切削时引起振动。刀杆不要伸出太长。

ⅳ.车刀刃口磨得不光洁，或在车削中损伤了刃口。提高刀刃质量。

e. 螺纹乱牙的主要原因及解决方法。

ⅰ.车床丝杠螺距不是工件螺距的整数转时，直接启动开合螺母车削螺纹。车床丝杠螺距不是工件螺距的整数转时，如果在退刀时，采用打开开合螺母，将床鞍摇至起始位置，那么，再次闭合开合螺母时，就会发生车刀刀尖不在前一刀所车出的螺旋槽内，以致出现乱牙。使用开倒顺车法车螺纹，即每一次工作行程以后，立即横向退刀，不提起开合螺母，开倒车，使车刀退回原来的位置，再开顺车，进行下一次工作行程。这样往复过程中，因主轴、丝杠和刀架之间的传动没有分离过，车刀始终在原来的螺旋槽中，就不会出现乱牙。

ⅱ.开倒顺车车螺纹时，开合螺母抬起。调整开合螺母的镶条，用重物挂在开合螺母的手柄上。

对于车削车床丝杠螺距与工件螺距比值成整倍数的螺纹，工件和丝杠都在旋转，提起开合螺母后，至少要等丝杠转过一转，才能重新合上开合螺母，这样当丝杠转过一转时，工件转了整数倍，车刀就能进入前一刀车出的螺旋槽内，就不会出现乱牙。

f. 出现扎刀和顶弯工件的主要原因及解决方法。

ⅰ.车刀背前角太大，中滑板丝杠间隙较大。减小车刀前角，调整中滑板的丝杠间隙。

ⅱ.进刀方法和进给量选用不当。大螺距加工时刀具两刃同时参与切削和进给量过大致使切削力过大，造成扎刀现象。在大螺距加工时采用左右切削法或斜进法进行，车刀是单刃切削的，切削力和摩擦力都相对减小，所以不容易产生扎刀现象。实际工作中采用弹性螺纹车刀（如图13-18所示），它在切削力超过一定值时，车刀能自动让刀，使切削保持适当厚度，有效避免扎刀现象的产生。

g.出现啃刀的主要原因及解决方法。

ⅰ.车刀安装过高或过低。过高时,吃刀量到一定程度,车刀的后刀面顶住工件增大摩擦力,甚至顶弯工件,造成啃刀现象。过低时,刀屑不易排出,车刀背向力的方向是工件中心,加上横进的丝杆与螺母的间隙过大,使得背吃刀量自动趋向加深,把工件抬起,出现啃刀。此时,应及时调整车刀高度,使刀尖与工件的轴线等高,在粗车和半精车时,刀尖位置比工件的中心高出工件直径1‰左右。

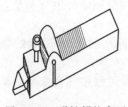

图13-18 弹性螺纹车刀

ⅱ.工件装夹不牢。工件本身的刚性不能承受车削时的车削力,因而产生过大的挠度,改变了工件的中心高度(工件被抬高了),形成的背吃刀量突增,出现啃刀。此时应把工件装夹牢固,可以用尾座顶牢,以增加工件刚性。

ⅲ.车刀磨损过大,引起车削力增大,顶弯工件出现啃刀。此时应对车刀加以修磨。

③ 车削螺纹的注意事项 一个螺纹的车削需要多次切削加工而成,每次切削逐渐增加螺纹深度,否则刀具寿命也比预期短得多。为实现多次切削的目的,机床主轴必须恒定转速旋转,且必须与进给运动保持同步,保证每次刀具切削开始位置相同,每次切削深度都在螺纹圆柱的同一位置上,最后一次走刀加工出各项精度合格的螺纹。

a.车削外螺纹的注意事项。

ⅰ.装夹外螺纹车刀时,刀尖应与主轴线等高(可根据尾座顶尖高度检查)。车刀刀尖角的对称中心线必须与工件轴线垂直,装刀时可用样板来对刀。加工螺纹过程中,若产生扎刀现象应换刀,消除丝杠间隙后应对刀,即开正转进行中途对刀。工件在精车前,最好重新修正顶尖孔,以保证同轴度。

ⅱ.选择较低的主轴转速,防止因床鞍移动太快,来不及退刀而发生事故。

ⅲ.根据工件、机床丝杠两者的螺距判断是否会产生乱牙,选择合理的操作方法。

ⅳ.车螺纹时,要注意检查进刀和退刀位置是否够用。

ⅴ.采用左右切削法或斜进法粗车螺纹时,每边应留0.2~0.3mm精车余量。

ⅵ.车削时,为了防止因溜板箱手轮回转时不平衡,使床鞍移动时产生窜动,可去掉手柄。

ⅶ.在吃刀时,注意不要多摇进一圈,否则会发生车刀撞坏,工件顶弯或飞出事故。

ⅷ.车削高台阶的螺纹车刀,靠近高台阶一侧的切削刃应短些,否则会碰伤轴肩端面。

ⅸ.车削螺纹中途复装工件时,应保持拨杆原位,以防乱牙。

ⅹ.螺纹加工两侧吃力,切削环境恶劣,应分多次进刀,逐渐加工到尺寸,否则难以保证精度,甚至出现崩刀。

b.车削内螺纹的注意事项。车削内螺纹比车削外螺纹要困难些,主要是因为车削内螺纹时不易观察和测量,排屑和冷却条件比较差。

ⅰ.加工内螺纹时,内螺纹刀杆受孔径大小和孔深的限制,使得刀具的刚性不足,增加了加工的难度。内螺纹车刀是根据它的车削方法和工件材料及形状来选择的。它的尺寸大小受到螺纹孔径尺寸限制,一般内螺纹车刀的刀头径向长度应比孔径小3~5mm。否则退刀时会碰伤牙顶,甚至不能切削。

ⅱ.刀杆的大小在保证排屑的前提下,要粗壮些。刀柄的伸出长度应大于内螺纹长度约10~20mm。

ⅲ.刀尖应与工件轴线等高。如果装得过高,车削时容易引起振动,使螺纹表面产生鱼鳞斑;如果装得过低,刀头下部会与工件发生摩擦,车刀切不进去。

ⅳ.钻孔时,要选择适当的转速和进刀量,根据材料不同,选择合理的冷却润滑液,以防止过高的切削热能,而加厚冷硬层,给以后车削螺纹造成困难。

ⅴ. 底径大于10mm时,最好先钻孔再扩孔,使底径达到所要的直径和表面粗糙度,底孔表面粗糙度应不小于 3.2μm。这样可以避免造成工件弯曲和倾斜,以致使螺纹牙型不完整和歪斜。

ⅵ. 车削内螺纹的车刀两侧切削刃要平直,否则螺纹牙型侧面不平直。

ⅶ. 车平底孔螺纹时,左侧切削刃要磨得短些,这样可使车刀切削刃两侧在退刀槽中留有一定的空隙。

ⅷ. 小滑板应调整得紧一些,以防车削时车刀移位而产生乱牙。

13.4 螺纹类零件精度测量及质量控制示例

以丝杠为例。丝杠是细长轴,如图13-19所示。它的长度 L 与直径 d 的比值很大,一般为 20~50,刚性较差,形状复杂,还有阶梯、沟槽等结构。丝杠能精确地确定工作台坐标位置,其主要功能是将旋转运动转换成直线运动,将转矩转换成往复轴向作用力。丝杠作为机床传动链一个重要的传动部件,其自身的制造精度的高低直接影响着被加工件的精度。

(1) 丝杠的分类

机床丝杠按其摩擦特性可分为三类:即滑动丝杠、滚动丝杠及静压丝杠。

① 滑动丝杠 由于滑动丝杠结构简单,制造方便,所以在机床上应用比较广泛。滑动丝杠的牙型多为梯形,具有效率高、传动性能好、精度高、加工方便等优点。滑动丝杆传动过程中的发热量比较大(长时间用时需冷却),从而寿命短。

图 13-19 丝杠

滑动丝杆一般情况下仅用于传递力、没有较高定位要求且不长时间连续使用的场合。

② 滚动丝杠 滚动丝杠又分为滚珠丝杠和滚柱丝杠两大类。滚珠丝杠与滚柱丝杠相比,摩擦力小,传动效率高,传动灵活,而且精度保持性也好,因而比较常用,但是其制造工艺比较复杂。滚珠丝杆的精度是滑动丝杆远远不能及的,因此在高精度要求的检测仪器上面只能安装滚珠丝杆。滚珠丝杆大多数用在数控机床、定位工作台等需要精密定位传动的场合,多配合伺服电机与步进电机使用。

③ 静压丝杠 静压丝杠中静压油腔位于螺母上,静压油膜位于静压螺母和精密丝杠之间,静压螺母和丝杠本身并不接触,因此没有磨损。静压丝杠的摩擦力和速度成正比,低速时几乎为零。静压丝杠极佳的减振性,能完全消除滚珠丝杠具有的振动和噪声。静压丝杠可调整为在任何一个方向的轴向载荷、最大速度、刚度水平。其螺纹牙型与标准梯形螺纹牙型相同,但牙型高于同规格标准螺纹 1.5~2 倍,目的在于获得良好油封及提高承载能力。但是由于静压丝杠调整比较麻烦,而且需要一套液压系统,工艺复杂,成本较高,常被用于精密机床和数控机床的进给机构中。

(2) 丝杠加工工艺分析

丝杠是一种精度要求很高的零件,所以丝杠的加工从毛坯到成品的每道工序都要周密考虑,以提高其加工精度,工艺过程应考虑以下几点。

① 丝杠加工过程中,中心孔是主要定位基准,但由于是柔性件易出现直线度、圆柱度等加工误差,不易达到图样上的几何精度和表面质量要求。因此加工时需要增加辅助支承,将外圆表面与跟刀架相接触,防止因切削力造成的工件弯曲变形。同时,为了确保定位基准的精度,可以在工艺过程中多次安排研磨中心孔工序。

② 丝杠加工过程中，外圆为定位的辅助基准。丝杠外圆本身的圆度和圆柱度、跟刀套与丝杠的配合精度、跟刀套与两顶尖连线的同轴度，都会影响螺纹的加工精度。所以每次加工螺纹前，都是热处理后，先加工丝杠外圆，然后以丝杠外圆和两端中心孔作为定位基面加工螺纹，这样可以提高螺纹加工精度。

③ 每次粗加工外圆及粗加工螺纹后都要进行时效处理，以便消除内应力。丝杠的精度要求越高，时效处理的次数也越多。

④ 每次时效处理后都要重新打中心孔或修磨中心孔，以修正时效处理时产生的变形，并除去氧化皮等，使加工有可靠而精确的定位基面。

⑤ 由于丝杠螺纹是关键部位，为防止因淬火应力集中引起裂纹，及避免螺纹在全长上的变形而使磨削余量不均匀，螺纹加工过程中采用热处理后直接磨削工艺，以确保螺纹加工精度。

⑥ 对外圆和螺纹可分多次加工，逐步减少切削量，从而减少切削力和内应力，减少加工误差，提高加工精度。

⑦ 丝杠加工过程中要进行校直和热处理。这道工序是保证丝杠精度，防止弯曲变形的关键。但是，校直本身会产生内应力，而内应力的逐渐消失会引起丝杠变形，这就影响了丝杠精度的保持。所以，对精度要求高、直径较大的精密丝杠，在加工过程中不校直，而是采用加大径向总余量和工序间余量的方法，逐次切去弯曲变形，经多次时效处理及把工序划分得更细，来解决变形问题。

(3) 精度等级

按 JB/T 2886—2008《机床梯形丝杠、螺母 技术条件》规定，机床丝杠根据用途及使用要求，可分为七个等级，即 3、4、5、6、7、8、9，其中 3 级精度最高，依次逐渐降低。

各级精度丝杠应用范围如下：3 级为目前最高级，一般很少应用；4、5 级用于精密仪器及精密机床，如坐标镗床、螺纹磨床等；6 级用于精密仪器、精密机床和数控机床；7 级用于精密螺纹车床、齿轮加工机床及数控机床；8 级用于一般机床，如卧式车床、铣床；9 级用于刨床、钻床及一般机床的进给机构。3～6 级精度的丝杠检测螺旋线轴向偏差，应用动态测量方法检测。7～9 级精度的丝杠检测螺距误差和螺距累积误差，检测方法不予规定。

一般所说的精密丝杠是指 5～7 级丝杠。精密丝杠有淬硬丝杠和不淬硬丝杠两种。前者的耐磨性较好，能较长时间保持加工精度，但加工工艺复杂，必须有高精度的螺纹磨床加工和专门的热处理设备，而后者只需要精密丝杠车床加工。

(4) 技术要求

丝杠螺纹的技术要求可分为如下几项：

① 精度等级；

② 表面粗糙度；

③ 螺旋线轴向公差；

④ 螺距公差和螺距累积公差；

⑤ 螺纹有效长度上中径尺寸的一致性公差；

⑥ 螺纹大径对其轴线的径向圆跳动公差；

⑦ 牙型半角的极限偏差；

⑧ 螺纹大径、中径、小径的极限偏差。

(5) 丝杠材料的选择

丝杠材料的选择是保证丝杠质量的关键，一般要求是：

① 具有优良的加工性能，磨削时不易产生裂纹，能得到良好的表面粗糙度和较小的残余内应力，对刀具磨损较小。

② 抗拉极限强度一般不低于 588MPa。

③ 有良好的热处理工艺性,淬透性好,不易淬裂,组织均匀,热处理变形小,能获得较高的硬度,从而保证丝杠的耐磨性和尺寸的稳定性。

④ 材料硬度均匀,金相组织符合标准。常用的材料有:不淬硬丝杠常用 T10A、T12A 及 45 钢等;淬硬丝杠常用 9Mn2V、CrWMn 等。其中 9Mn2V 有较好的工艺性和稳定性,但淬透性差,常用于直径不大于 50mm 的精密丝杠;CrWMn 钢的优点是热处理后变形小,适用于制作高精度零件,但其容易开裂,磨削工艺性差。丝杠的硬度越高越耐磨,但加工时不易磨削。

(6) 丝杠加工路线的选择

淬硬长丝杠和滚珠丝杠的螺纹通常要经过 2~4 次的机械加工,才能达到尺寸、牙型和表面质量的要求,避免"欠磨"和"过磨"及"过磨"引起的局部烧伤和牙型畸变。常用的加工路线如下。

① 粗车螺纹(校正螺纹)→淬硬(滚珠丝杠用中频淬火)→粗磨螺纹(单线砂轮)→半精磨螺纹→精磨螺纹。

② CNC 旋风铣(校正螺纹)→中频淬火→粗磨螺纹(单线或多线砂轮)→半精磨螺纹→精磨螺纹。

③ 淬硬(滚珠丝杠用中频淬火)→螺纹粗磨开槽(单线或多线砂轮)→半精磨螺纹→精磨螺纹。

④ 光杆淬硬(滚珠丝杠用中频淬火)→高速车螺纹(硬质合金刀)→粗磨螺纹→精磨螺纹。

⑤ 粗车或旋风铣螺纹(校正螺纹)→沿轨道螺纹槽中频淬火→粗磨螺纹→半精磨螺纹→精磨螺纹。

(7) 影响丝杠加工精度的原因

① 工艺系统的误差

a. 主轴误差。机床主轴是工件的位置和运动的基准,主轴的回转误差会造成工具的圆度误差,主轴的轴向窜动会产生单个螺距内的周期误差。

b. 导轨误差。导轨是机床上确定各机床部件相对位置关系的基准,也是机床进给运动的基准。导轨在水平面内的直线度误差和前后导轨的平行度误差(扭曲)都会使工件产生圆柱度误差。

c. 传动链误差。在卧式车床上加工螺纹时,必须保证工件与刀具之间的运动关系,即主轴每转一圈(工件转一圈),刀具均匀地移动一个螺距(或导程)。这些成形运动间的传动比关系是由机床的传动链来保证的,是影响加工精度的主要因素。

d. 刀具的误差。梯形螺纹牙型为等腰梯形,牙型角为 30°,刃磨车刀时刀尖角不正确,即车刀两切削刃在基面上投影之间的夹角与加工螺纹的牙型角不一致,导致加工出的螺纹角度不正确。有时为了使车刀排屑顺利,减小表面粗糙度,减少积屑瘤现象,经常磨有径向前角,这样就引起车刀两侧切削不与工件轴向重合,使得车出工件的螺纹牙型角大于车刀的刀尖角,径向前角越大,牙型角的误差也越大。同时使车削出的螺纹牙型在轴向剖面内不是直线,而是曲线,影响螺纹副的配合质量。车刀安装不正确即车刀两切削刃的对称中心线与工件轴线不垂直,造成加工出的牙型角倾斜(俗称倒牙)。

e. 调整误差。调整误差是机械加工中由于"机床-夹具-工件-刀具"工艺系统没有调整到正确的位置而产生的加工误差。而梯形螺纹加工中样板本身的制造误差、安装误差、对刀误差都是造成调整误差的因素。

f. 工艺系统受力、受热变形产生的误差。螺纹在加工过程中,由于受切削力、摩擦力的影响会产生加工变形，从而引起的误差。

g. 测量误差。梯形螺纹一般是用三针测量其中径，由于牙型角、螺距、量针直径等参数都存在误差，因此就影响了测量的准确性。

② 加工过程中影响梯形螺纹精度的因素

a. 牙型角不正确。梯形螺纹车刀刃磨时刀尖角不正确、车刀安装不正确、刀具磨损后没有及时刃磨，都会造成工件的牙型角不正确。

b. 螺距（或导程）不正确。进给箱、溜板箱有关手柄位置扳错，车床丝杠和主轴的窜动过大，溜板箱手轮转动不平衡，开合螺母间隙过大，车削过程中开合螺母自动抬起，都会引起螺距不正确。

c. 螺纹表面质量差。表面粗糙度值大的原因：一是刀尖产生积屑瘤；二是刀柄刚性不够，切削时产生振动；三是车削时没有及时加注冷却液；四是高速钢切削螺纹时，切削厚度太小或切屑向倾斜方向排出，拉毛已加工牙侧的表面；五是切削用量选择不当；六是车刀后角角度过小，造成车削时后刀面与螺纹两侧面摩擦。

d. 乱牙。乱牙是当丝杠转一转时，工件未转过丝杠转数整数倍而造成的，即工件转数不是丝杠转数的整数倍。

(8) 提高梯形螺纹加工精度的措施

① 适当提高主轴及箱体的制造精度，选用高精度的轴承，提高主轴部件的装配精度，对高速主轴部件进行平衡，对滚动轴承进行预紧等，均可提高机床主轴的回转精度。

② 修括、调整滑板与导轨间隙，提高配合精度。开合螺母与丝杆的配合要适中。

③ 在车削梯形螺纹前，应调整机床各处间隙，尤其是床鞍及中小滑板必须进行检查和调整，主要控制机床主轴的轴向窜动、径向圆跳动以及丝杆轴向窜动。

④ 正确地选用刀具材料和选用新型耐磨的刀具材料，合理地选用刀具几何参数，正确地采用冷却液。刃磨车刀时必须使用角度尺或样板来检测，得到正确的牙型角。用角度尺或样板来安装车刀，使对称中线与工件轴线垂直，并且刀尖与工件中心等高。车刀磨损后及时刃磨。当中途重新装螺纹车刀车削时，应先重新对刀，以防乱牙，对刀时应采用惯性对刀的方法。

⑤ 装夹车刀时车刀刀杆不能伸出过长，选择刀杆刚性强的螺纹车刀。

⑥ 采用粗车—半精车—精车的加工方法，粗车时可采用较大的前角，以求切削轻快，精车时刀刃应保持锋利，要求螺纹两侧面光洁。

⑦ 合理选择切削用量，用高速钢螺纹车刀车削时，切削速度不要过大，切削厚度小于 $0.06mm$。用硬质合金车刀时，最后一刀的切削深度要大于 $0.1mm$，使切削垂直于工件轴向方向流出。精车时选择较低的切削用量，以减少工件变形，提高加工质量。车削时注意使用充分的冷却润滑液。

⑧ 合理选择切削方法。

总之，加工梯形丝杠螺纹时影响精度的因素是多种多样的，既有设备原因，也有刀具、测量、操作等原因，要提高螺纹加工精度应具体情况具体分析，通过各种检测方法和诊断手段，找出具体的影响因素，采取有效、合理的解决方法。

参 考 文 献

[1] 薛岩，刘永田.互换性与测量技术知识问答［M］.北京：化学工业出版社，2012.
[2] 薛岩，刘永田.公差配合新标准解读及应用示例［M］.北京：化学工业出版社，2013.
[3] 何永熹.机械精度设计与检测［M］.北京：国防工业出版社，2006.
[4] 郭溪茗，宁晓波.机械加工技术［M］.北京：高等教育出版社，2004.
[5] 马凤岚，杨淑珍.机械产品精度测量［M］.北京：人民邮电出版社，2012.
[6] 张秀珍，晋其纯.机械加工质量控制与检测［M］.北京：北京大学出版社，2013.
[7] 王先逵.机械加工质量及其检测 机械加工安全与劳动卫生［M］.北京：机械工业出版社，2008.
[8] 张宝珠.典型精密零件机械加工工艺分析及实例［M］.北京：机械工业出版社，2013.
[9] 陈宏钧，方向明.典型零件机械加工生产实例［M］.北京：机械工业出版社，2013.
[10] 马凤岚.机械产品精度测量［M］.北京：人民邮电出版社，2012.
[11] 王玉.机械精度设计与检测技术［M］.北京：国防工业出版社，2005.
[12] 龙创平.浅析箱体类零件加工工艺［J］.装备制造技术，2012，(11)：82-84.
[13] 刘敏，姜蕾，季玉琼.细长轴类零件加工工艺过程的研究［J］.中国高新技术企业，2013，(18)：55
[14] 谢立明.机械加工的质量控制技术研究［J］.中国化工贸易，2014，(10)：122.
[15] 王先逵.机械加工工艺手册［M］.北京：机械工业出版社，2008.
[16] 张琳娜.图解GPS几何公差规范及应用［M］.北京：机械工业出版社，2017.
[17] 南秀蓉.机械零件几何量测量技术［M］.北京：科学出版社，2018.
[18] 邬建忠.机械测量技术［M］.北京：电子工业出版社，2019.
[19] 周湛学，赵小明.机械零件加工精度测量及实例［M］.北京：化学工业出版社，2014.
[20] 朱红，侯高雁.3D测量技术［M］.武汉：华中科技大学出版社，2017.
[21] 李中伟.三维测量技术及应用［M］.西安：西安电子科技大学出版社，2016.
[22] JJF 1408—2013，关节臂式坐标测量机校准规范［S］.北京：中国标准出版社，2013.
[23] GB/T 1800.1—2009，产品几何技术规范（GPS） 极限与配合 第1部分：公差、偏差和配合的基础［S］.北京：中国标准出版社，2009.
[24] GB/T 1800.2—2009，产品几何技术规范（GPS） 极限与配合 第2部分：标准公差等级和孔、轴极限偏差表［S］.北京：中国标准出版社，2009.
[25] GB/T 1801—2009，产品几何技术规范（GPS） 极限与配合 公差带和配合的选择［S］.北京：中国标准出版社，2009.
[26] GB/T 2822—2005，标准尺寸［S］.北京：中国标准出版社，2005.
[27] JJG 146—2011，量块［S］.北京：中国质检出版社，2012.
[28] JB/T 10313—2013，量块检验方法［S］.北京：机械工业出版社，2014.
[29] GB/T 1957—2006，光滑极限量规 技术条件［S］.北京：中国标准出版社，2006.
[30] GB/T 3177—2009，产品几何技术规范（GPS） 光滑工件尺寸的检验［S］.北京：中国标准出版社，2009.
[31] GB/T 10920—2008，螺纹量规和光滑极限量规 型式与尺寸［S］.北京：中国标准出版社，2009.
[32] GB/T 1182—2018，产品几何技术规范（GPS） 几何公差 形状、方向、位置和跳动公差标注［S］.北京：中国标准出版社，2018.
[33] GB/T 4249—2018，产品几何技术规范（GPS） 基础 概念、原则和规则［S］.北京：中国标准出版社，2018.
[34] GB/T 16671—2018，产品几何技术规范（GPS） 几何公差 最大实体要求（MMR）、最小实体要求（LMR）和可逆要求（RPR）［S］.北京：中国标准出版社，2018.
[35] GB/T 1184—1996，形状和位置公差 未注公差值［S］.北京：中国标准出版社，1997.
[36] GB/T 1958—2017，产品几何技术规范（GPS） 几何公差 检测与验证［S］.北京：中国标准出版社，2017.
[37] JJF 1001—2011，通用计量术语及定义［S］.北京：中国质检出版社，2012.
[38] GB/T 131—2006，产品几何技术规范（GPS） 技术产品文件中表面结构的表示法［S］.北京：中国标准出版社，2007.
[39] GB/T 3505—2009，产品几何技术规范（GPS） 表面结构 轮廓法 术语、定义及表面结构参数［S］.北京：中国标准出版社，2009.
[40] GB/T 192—2003，普通螺纹 基本牙型［S］.北京：中国标准出版社，2003.
[41] GB/T 197—2018，普通螺纹 公差［S］.北京：中国标准出版社，2018.
[42] GB/T 193—2003，普通螺纹 直径与螺距系列［S］.北京：中国标准出版社，2003.

[43] GB/T 15756—2008,普通螺纹 极限尺寸 [S].北京:中国标准出版社,2009.
[44] GB/Z 18620.1—2008,圆柱齿轮 检验实施规范 第1部分:轮齿同侧齿面的检验 [S].北京:中国标准出版社,2008.
[45] GB/Z 18620.2—2008,圆柱齿轮 检验实施规范 第2部分:径向综合偏差、径向跳动、齿厚和侧隙的检验 [S].北京:中国标准出版社,2008.
[46] GB/Z 18620.3—2008,圆柱齿轮 检验实施规范 第3部分:齿轮坯、轴中心距和轴线平行度的检验 [S].北京:中国标准出版社,2008.
[47] GB/Z 18620.4—2008,圆柱齿轮 检验实施规范 第4部分:表面结构和轮齿接触斑点的检验 [S].北京:中国标准出版社,2008.
[48] GB/T 10095.1—2008,圆柱齿轮 精度制 第1部分:轮齿同侧齿面偏差的定义和允许值 [S].北京:中国标准出版社,2008.
[49] GB/T 10095.2—2008,圆柱齿轮 精度制 第2部分:径向综合偏差与径向跳动的定义和允许值 [S].北京:中国标准出版社,2008.
[50] GB/T 10610—2009,产品几何技术规范(GPS) 表面结构 轮廓法 评定表面结构的规则和方法 [S].北京:中国标准出版社,2009.